E-Book inside.

Mit folgendem persönlichen Code
erhalten Sie die E-Book-Ausgabe
dieses Buches zum kostenlosen
Download.

1018r-65p6w-
s1800-4hpn2

Registrieren Sie sich unter
www.hanser-fachbuch.de/ebookinside
und nutzen Sie das E-Book
auf Ihrem Rechner*, Tablet-PC
und E-Book-Reader.

* Systemvoraussetzungen:
Internet-Verbindung und Adobe® Reader®

Neitzel, Mitschang, Breuer
Handbuch Verbundwerkstoffe

Manfred Neitzel
Peter Mitschang
Ulf Breuer

Handbuch Verbundwerkstoffe

Werkstoffe, Verarbeitung, Anwendung

2., aktualisierte und erweiterte Auflage

HANSER

Die Herausgeber:

Prof. Dr.-Ing. Manfred Neitzel,
Konrad-Adenauer-Straße 106, 67663 Kaiserslautern

Prof. Dr.-Ing. Peter Mitschang,
Institut für Verbundwerkstoffe GmbH (IVW), Technische Universität Kaiserslautern,
Erwin-Schrödinger-Straße/Geb. 58, 67663 Kaiserslautern

Prof. Dr.-Ing. Ulf Breuer,
Institut für Verbundwerkstoffe GmbH (IVW), Technische Universität Kaiserslautern,
Erwin-Schrödinger-Straße/Geb. 58, 67663 Kaiserslautern

Bibliografische Information Der Deutschen Bibliothek:
Die Deutsche Bibliothek verzeichnet diese Publikation in der Deutschen Nationalbibliografie;
detaillierte bibliografische Daten sind im Internet über <http://dnb.d-nb.de> abrufbar.

Print-ISBN: 978-3-446-43696-1
e-book-ISBN: 978-3-446-43697-8

© Carl Hanser Verlag, München 2014
Herstellung: Steffen Jörg
Coverconcept: Marc Müller-Bremer, www.rebranding.de, München
Coverrealisierung: Stephan Rönigk
Satz, Druck und Bindung: Kösel, Krugzell
Printed in Germany

Herrn Prof. Manfred Neitzel
zum 80. Geburtstag gewidmet.

Inhaltsverzeichnis

Vorwort

Verbundwerkstoffe und insbesondere die faserverstärkten Polymere haben sich in den letzten 60 Jahren zu einer eigenständigen Werkstoffgruppe entwickelt und die Nische eines exklusiven Hochleistungswerkstoffs verlassen. Neue Anwendungen wie beispielsweise der BMW i3 oder der A350 von Airbus sind imageprägend und zeigen eine eindeutige Richtung hin zu konsequenten Leichtbautechnologien in größeren Stückzahlen. Ein wichtiger Erfolgsfaktor für die Verbundwerkstoffe ist auch das politische Umfeld und die sich wandelnde Einstellung der Gesellschaft zum Umgang mit den natürlichen Ressourcen und dem Umweltschutz. Hier leisten Verbundwerkstoffe aufgrund ihres hervorragenden Leichtbaupotentials per se einen Beitrag zu Nachhaltigkeit und Ressourcenschonung.

Obwohl sich die zur Entwicklung und Herstellung von Faser-Kunststoff-Verbunden eingesetzten Polymere, Fasern, Berechnungsmethoden und Prozesstechniken in den letzten 10 Jahren im Grundsatz nicht wesentlich verändert haben, sind dennoch einige wichtige Neuentwicklungen zu verzeichnen, die eine Überarbeitung und Aktualisierung dieses Buches erforderlich machten.

Durch das gesteigerte Interesse der Automobilindustrie hat auch die Großchemie die Verbundwerkstoffe als neuen Wachstumsmarkt wiederentdeckt, was zu entsprechenden Werkstoffoptimierungen und einer gewissen Verbreiterung des Angebots an Polymervarianten geführt hat. Die vielleicht wichtigsten Entwicklungen haben allerdings im Bereich der Verarbeitungsprozesse stattgefunden. Neben einer nach wie vor vorhandenen Tendenz, neue und hochspezialisierte Verfahren zu entwickeln, treten Aspekte wie vollständige Automatisierung, Qualitätssicherung und Großserie immer stärker in den Vordergrund. Die Hersteller haben eine breite Palette an Verfahrensoptionen zur Auswahl. Diese reichen von Handlegeverfahren über teilautomatisierte Prozesse bis hin zu vollautomatisierten Anlagen im Sinne einer Direktverarbeitung von Polymer und Faser zum komplexen Bauteil.

Dem Leitgedanken der Ressourceneffizienz folgend entwickeln sich Trends sowohl bei den Ausgangsmaterialien durch den Einsatz von biobasierten Polymeren und Naturfasern, aber auch durch eine ganzheitliche Auslegung und Prozessentwicklung. Neue Forschungsergebnisse zur Strukturoptimierung oder zum Langzeitverhalten sowie der verstärkte Einsatz der Prozesssimulation führen zu effizienteren Prozessen und Produkten. Besondere Anforderungen ergeben sich speziell in den

Themenfeldern der Prozess- und Bauteilüberwachung, der Reparatur von Verbundwerkstoffen, der Hybridisierung, den Multimaterialkonzepten, den hybriden Prozessansätzen und durch die ganzheitliche Integration von Produkt- und Prozessentwicklung.

Neben den offensichtlichen Potenzialen und Zukunftsthemen sind aber auch ganz aktuell gewisse Einsatzhemmnisse zu überwinden. An erster Stelle sind hier die Herstellkosten von Verbundwerkstoffen zu nennen. Im Kostenfokus stehen allerdings auch die Ausgangsmaterialien und hier besonders die noch immer vergleichsweise teuren Kohlenstofffasern und Hochleistungspolymere. Um die prognostizierten zweistelligen Wachstumsraten realisieren zu können, sind weiterhin große Anstrengungen entlang der gesamten Prozesskette notwendig.

Die Zielsetzung und Ausrichtung des Handbuches sowohl als Lehrbuch aber auch als Nachschlagewerk für den Praktiker wurde nicht verändert. So stehen die etablierten Verarbeitungsprozesse, deren werkstoffliche und prozesstechnischen Grundlagen, die Verfahrensbeschreibung und ein starker Praxisbezug nach wie vor im Fokus. Neue Prozessentwicklungen werden insbesondere dann berücksichtigt, wenn diese ein hohes Umsetzungspotential aufweisen und eine industrielle Einführung absehbar ist. Das Handbuch will auch an den Schnittstellen der Verarbeitungstechnik zu den eingesetzten Materialien und Bauweisen einen Beitrag leisten und hier die erforderlichen Brücken schlagen und somit eine ganzheitliche Sichtweise auf die Faser-Kunststoff-Verbunde ermöglichen.

Wie auch bei der Erstausgabe ist bei der nun vorliegenden Überarbeitung sowohl die langjährige Erfahrung der genannten Mitautoren eingeflossen als auch die Ergebnisse vieler junger Wissenschaftler und Ingenieure der Institut für Verbundwerkstoffe GmbH, die im Rahmen von Dissertationen und sonstigen Forschungsarbeiten entstanden sind. Ein besonderer Dank gilt den Industriepartnern für die Zusammenarbeit und Bereitstellung von Bildmaterial, sowie Frau Andrea Hauck, die mit großem Engagement das Zusammenführen der Einzelbeiträge organisiert und unterstützt hat.

Manfred Neitzel, Peter Mitschang, Ulf Breuer

Abkürzungs-verzeichnis

Kurzform	Bedeutung
1D	Eindimensional
2D	Zweidimensional
3D	Dreidimensional
AFM	Atomic Force Microscope
ARALL	Aramid Fiber Reinforced Aluminum Laminates
AFK	Aramidfaserverstärkter Kunststoff
ARTM	Advanced Resin Transfer Molding
BMC	Bulk Molding Compound
CBT	Cyclic Butylene Terephthalate
CF	Kohlenstofffasern
CF	Kresol-Formaldehyd-Harz
CFK	Kohlenstofffaserverstärkter Kunststoff
CPC	Bisphenol-A-Polycarbonate
CTT	Conversion Temperature Transformation
DCB	Double Cantilever Beam
DFP	Directed Fiber Preforming
DIN	Deutsches Institut für Normung
DMC	Dough Molding Compound
DPRTM	Differential Pressure Resin Transfer Molding
EP	Epoxid Harze
FF	Furan-Formaldehyd-Harz
FKV	Faser-Kunststoff-Verbund
FPA	Final Preform Assembly
GF	Glasfasern
GLARE	Glass Fiber Reinforced Laminates
GMT	Glasmattenverstärkte Thermoplaste
HE	Heizelementschweißen
HF	Hochfrequenzschweißen
HM	High Modulus
HT	High Tenacity
IM	Intermediate Modulus
IND	Induktionsschweißen

Kurzform	Bedeutung
IPN	Interpenetrierendes Netzwerk
KIS	Kontinuierlicher Induktionsschweißprozess
LAS	Laserschweißen
LCC	Life Cycle Costing
LCM	Liquid Composite Molding
LFT	Langfaserverstärkte Thermoplaste (diskontinuierlich)
MAG	Multi-Axial-Gelege
MAK	Maximale Arbeitsplatzkonzentration
MF	Melamin-Formaldehyd
MFI	Melt Flow Index
MVI	Melt Volume Index
OB	Organoblech
OSS	One-Side-Stitch
PA	Polyamid
PAEK	Polyaryletherketon
PAN	Polyarylnitril
PBT	Polybutylenterephthalat
PC	Polycarbonat
PE	Polyethylen
PE-UHMW	Polyethylen-Ultra High Molecular Weight
PEEK	Polyetheretherketon
PEI	Polyetherimid
PEI-GF	Glasfaserverstärktes Polyetherimid
PES	Polyethersulfon
PET	Polyethylenterephthalat
PF	Phenol-Formaldehyd-Harz
PI	Polyimid
PKD	Polykristalliner Diamant
PMMA	Polymethylmethacrylat
PMR	Polymerisation of Monomer Reactants
PP	Polypropylen
PP-GF 30	Glasfaserverstärktes PP mit einem Faseranteil von 30 Gew.-%
PP-GM 30	Glasmattenverstärktes PP mit einem Faseranteil von 30 Gew.-%
PP-GMT	Glasmattenverstärktes PP
PPS	Polyphenylensulfid
ProSimFRT	Process Simulator for Fiber Reinforced Thermoplastic Tapes
PSU	Polysulfon
PTFE	Polytetrafluorethylen
PUR	Polyurethan

Kurzform	Bedeutung
PVC	Polyvinylchlorid
RF	Resorcin-Formaldehyd-Harz
RFI	Resin Film Infusion
R-GMT	Glasmattenverstärkter Thermoplast mit Rezyklatanteil
RIM	Reaction Injection Molding
RTM	Resin Transfer Molding
SB	Stahlblech
SCRIMP®	Seemann Composites Resin Infusion Molding Process
SLI	Single Line Injection
SMC	Sheet Molding Compound
SMC-D	SMC mit Faservorzugsrichtung
SPM	Stiche pro Minute
SRIM	Structural Reaction Injection Molding
TERTM	Thermal Expansion Resin Transfer Molding
TLK	Tapelegekopf
TPU	Thermoplastische Elastomere auf Basis Polyurethan
TR	Tailored Reinforcement
TTT	Time Temperature Transformation
UD	Unidirektional
UF	Harnstoff-Formaldehyd-Harz
UHM	Ultra-high Modulus
UP	Ungesättigtes Polyester Harz
US	Ultraschall
UV	Ultraviolett
VARTM	Vacuum Assisted Resin Transfer Molding
VE	Vinylester
VEUH	Vinylester-Urethan-Hybridharz
VI	Vakuuminjektion
VIB	Vibrationsschweißen
WID	Widerstandsschweißen
XF	Xylenol-Formaldehyd-Harz

1 Einführung

U. Breuer, P. Mitschang

■ 1.1 Stand der Technik

Verbundwerkstoffe kommen heute in einer Vielzahl von Anwendungen für die unterschiedlichsten Branchen zum Einsatz und sind aus dem täglichen Leben kaum wegzudenken. Eine besondere Stellung nehmen dabei die Faser-Kunststoff-Verbunde (FKV) ein, die mehr und mehr konventionelle, unverstärkte Kunststoffe und Metalle ersetzen und zu erheblichen technischen und wirtschaftlichen Produktverbesserungen führen.

Für endlosfaserverstärkte Polymere mit besonders hohem Leichtbaupotenzial hat seit Beginn ihrer Entwicklung in den 30er und 40er Jahren des vergangenen Jahrhunderts die Luftfahrt eine Vorreiterstellung eingenommen. Hier kommen heute für nahezu alle lasttragenden Primärstrukturen Hochleistungsverbundwerkstoffe mit Kohlenstofffasern zum Einsatz. Faservolumengehalt, Lagenaufbau, exakte Orientierung der Fasern und Fehlerfreiheit sind entscheidend für das erforderliche hohe strukturmechanische Leistungsvermögen und die Zuverlässigkeit der Flugzeugstrukturen, mit denen täglich Millionen von Passagieren transportiert werden.

Zwar erfüllen die heute zur Produktion von Strukturbauteilen aus Verbundwerkstoffen eingesetzten Verarbeitungsverfahren für die Luftfahrt die hohen Qualitätsanforderungen, allerdings gilt es – insbesondere im Hinblick auf zukünftige Anwendungen mit gleichartig hochwertigen Verbundwerkstoffsystemen in anderen Branchen, in denen das mögliche Leichtbaupotential u. U. zu geringeren Produktwertsteigerungen führt – die Wirtschaftlichkeit der Herstellungsprozesse entscheidend zu verbessern.

In Verbindung mit den Vorschriften zu Arbeitssicherheit und Umweltschutz sowie der Forderung nach der Prognosefähigkeit der Eigenschaften der Bauteile bzw. der Reproduzierbarkeit hat sich auch die Verarbeitungstechnik in den relevanten Anwendungsbereichen wie etwa dem Maschinenbau oder dem Automobilbau darauf eingestellt. Allerdings sind weiterhin Defizite vorhanden, die mit den wirtschaftlichen Anforderungen oft unverträglich sind.

Für die Fertigungstechnik der Verbundwerkstoffe besteht bei den meisten Verfahren noch erheblicher Entwicklungsbedarf im Hinblick auf Kosten und in vielen Fällen auch im Hinblick auf die Qualität der Bauteile. Sie ist deswegen neben den andauernden Bemühungen zur Senkung der Kosten der Ausgangshalbzeuge, insbesondere der Kohlenstofffasern, als Schlüsseltechnologie für die weitere Marktdurchdringung der Faserverbundwerkstoffe mit polymerer Matrix anzusehen.

Für die Weiterentwicklung der Fertigungstechnik ist die gezielte Aus- und Weiterbildung unerlässlich. Materialien liegen hierzu in umfassender thematischer Breite vor, aber oft nur in Form von Zeitschriftenpublikationen. Verfügbare Sachbücher geben Teilaspekte wieder oder sind nicht in deutscher Sprache verfasst bzw. vergriffen.

Die Herausgeber sind daher gerne auf die Idee des Verlages eingegangen, das vorhandene Wissen in einem umfassenden Überblick darzustellen. Intention ist dabei eine tiefergehende Betrachtung von Kernproblemen und Potenzialen der Verarbeitung der Faser-Kunststoff-Verbunde. Dafür werden Technologie und Grundlagen unter Nutzung von Modellbildung und Simulation im Vergleich mit experimentellen Ergebnissen dargestellt. Hierzu war es erforderlich, die wichtigsten Eigenschaftswerte der betreffenden Werkstoffe und Verstärkungskomponenten sowie die thermodynamischen und rheologischen Stoffdaten in Abhängigkeit von Zeit und Temperatur zu aktualisieren. Dies gilt in gleicher Weise für die Beschreibung der Verarbeitungsverfahren und ihrer Kernprozesse mit den relevanten physikalischen und/oder chemischen Vorgängen im Werkzeug.

Das Buch ist in vier größere Blöcke mit insgesamt 17 Kapiteln gegliedert. Die Kapitel 1 bis 5 behandeln nach einem Überblick zur aktuellen Marktentwicklung und einer Wirtschaftlichkeitsbetrachtung die Matrixharze und die Fasern als Werkstoffgrundkomponenten, die textilen Halbzeuge sowie die vorimprägnierten Halbzeuge und deren Herstellung. Das Thema Preformverfahren in Kapitel 4 hat aufgrund des Vordringens der Flüssigimprägnierverfahren besondere Bedeutung gewonnen und soll das notwendige Grundwissen vermitteln, das in der Fokussierung auf die Verbundwerkstoffverarbeitung bisher in kurzer, aber ausreichend umfassender Form nicht zur Verfügung stand.

Im zweiten Block mit Kapitel 6 werden die Grundlagen der Verarbeitungsprozesse behandelt und die bestehenden Defizite aufgrund der meist noch verwendeten Näherungslösungen bei der Modellierung der chemischen und physikalischen Prozesse erläutert. Dies schließt die Grundlagen der Imprägnierung und Härtung ein. Das Ziel liegt darin, den Übergang von der noch vorherrschenden Prozesssteuerung zur Prozessregelung zu unterstützen und das Qualitätsmanagement abzusichern. Stand und Perspektiven der erforderlichen sensorunterstützten Online-Prozessüberwachung werden dargestellt und die Grundlagen sowie der Stand der verwendeten Modelle und Simulationsprogramme diskutiert.

Hier wird auch das wichtige Thema der Wechselwirkung zwischen Bauweise und Fertigung aufgegriffen. Diese wird heute im Hinblick auf die Reduzierung der Entwicklungszeit und damit auch der Kosten über das sog. „Concurrent Engineering" beachtet, hat aber auf dem Gebiet der Verarbeitungstechnik der Verbundwerkstoffe noch nicht den angemessenen Stellenwert erlangt. Dabei soll erläutert werden, welche Konsequenzen die Vorgabe einer bestimmten Bauweise für die Wahl des entsprechenden Verarbeitungsprozesses hinsichtlich Machbarkeit und Kosten hat und bereits in der frühen Konzeptphase durch intensiven Austausch den Gedanken des „Design to Manufacturing" unterstützt. Zusätzliche Bedeutung kommt dieser Thematik durch den Übergang zu Mischbauweisen mit unterschiedlichen Werkstoffen wie Stahl und Verbundwerkstoffen zu.

Im anschließenden dritten Abschnitt werden in den Kapiteln 8 bis 12 alle wesentlichen Verarbeitungsverfahren der FKV und Varianten vorgestellt. Es sind dies: Autoklaventechnik, Pultrusion, Wickeltechnik und die Injektions- bzw. Infusionsverfahren mit dem individuellen Stand der Simulationsanwendungen, Pressverfahren, Umformen kontinuierlich verstärkter thermoplastischer Halbzeuge und Rollformen. Bei allen dafür in Betracht kommenden Verfahren wird jeweils auf die Varianten mit thermoplastischer und duroplastischer Matrix eingegangen.

Im vierten Abschnitt werden mit den Verfahren zur Bearbeitung von FKV-Bauteilen auch deren Oberflächenqualität und Materialkreisläufe auf der Grundlage der geltenden gesetzlichen Regelungen und die entsprechenden Verwertungs- bzw. Entsorgungswege in den Kapiteln 13 und 14 dargestellt. Ferner wird in Kapitel 15 die Verbindungstechnik, u.a. im Hinblick auf die Mischbauweisen z.B. mit metallischen Teilstrukturen, behandelt. Hierzu gehören Hinweise auf geeignete Reparaturverfahren.

Die Kapitel 16 und 17 beinhalten die wichtigsten Aspekte der Arbeitssicherheit und den Werkzeugbau für alle Verarbeitungsverfahren. Ein Abkürzungsverzeichnis enthält die für Verbundwerkstoffe spezifischen Abkürzungen. Das abschließende Sachwort-Register mit ca. 1000 Begriffen soll dem Leser den schnellen Zugriff auf seine Fragen ermöglichen und das Buch in seinem Nutzen als Handbuch abrunden.

■ 1.2 Technisch-wirtschaftliche Entwicklung

U. Breuer, J. Schlimbach, M. Neitzel

1.2.1 Einleitung

Aufgrund ihres physikalischen und chemischen Eigenschaftsprofils weisen Faser-Kunststoff-Verbunde (FKV) wesentliche technische Vorteile gegenüber Konkurrenzwerkstoffen in einer großen Zahl von Anwendungsfeldern auf. Aufzuführen sind hier vor allem das Leichtbaupotential, aber z.B. auch Korrosionsbeständigkeit, Medienbeständigkeit, Dauerfestigkeit, Durchbrandeigenschaften, einstellbare Richtungsabhängigkeit der mechanischen Eigenschaften, Energieabsorption und verschleißarme Oberflächen, um nur wenige zu nennen. Trotz des daraus resultierenden Marktpotenzials konnten sich die FKV jedoch in einigen Branchen noch nicht umfassend industriell durchsetzen. Ursache hierfür ist die im Allgemeinen zwischen FKV und traditionellen Materialien bestehende signifikante „Wirtschaftlichkeitslücke". Hierzu tragen vor allem die vergleichsweise noch hohen Werkstoffkosten bei, insbesondere die der Kohlenstofffasern, aber auch der Stand der Verarbeitungstechnik, der in einem breiten Feld an Verfahren von der händischen Fertigung bis zur Großserienanlagentechnik in vielen Fällen noch nicht über ausreichend effiziente Prozessketten mit entsprechendem Qualitätsmanagement verfügt.

Im Folgenden soll daher zunächst anhand einer Reihe von Anwendungsbeispielen aus den verschiedensten Einsatzfeldern auf den technisch-wirtschaftlichen Hintergrund der Anwendung und die mögliche weitere Entwicklung eingegangen werden. Es schließt sich eine Darstellung der Möglichkeiten der Nutzung von Sensitivitätsanalysen zur Abschätzung der Wirtschaftlichkeit von Verarbeitungsprozessen für FKV-Bauteile an, die den Entwicklungsprozess unterstützen können.

1.2.2 Der industrielle Einsatz

Faser-Kunststoff-Verbunde sind eine seit nunmehr über 70 Jahren im industriellen Maßstab eingesetzte Werkstoffklasse. Primäre Merkmale von FKV sind hohe Festigkeit und Steifigkeit in Verbindung mit relativ geringer Dichte. Bei FKV besteht, anders als bei unverstärkten Kunststoffen oder Metallen, ein zusätzlicher Konstruktions-Freiheitsgrad durch gezieltes Ausnutzen anisotroper Eigenschaften, d. h. durch vorteilhafte Nutzung der Faserorientierung, womit eine Optimierung der für Festigkeits- und Steifigkeitsanforderungen erforderlichen Masse von Strukturen bzw. Bauteilen ermöglicht wird [1]. Ferner bestehen durch die Flexibilität der FKV bezüglich der Gestaltung von Materialaufbau und Geometrie besonders gute Voraussetzungen für einen hohen Grad an Funktionsintegration [2]. Die realisierbaren Integralbauweisen, gekoppelt mit dem Leichtbauvermögen, begründen das elementare Leistungspotenzial der FKV und damit wesentliche Vorteile gegenüber den Konkurrenzwerkstoffen in einer Reihe von industriellen Anwendungsfeldern sowie im Sport- und Freizeitbereich [3]. Neben diesen übergeordneten Vorzügen von FKV kommt ein breites Spektrum weiterer, durch die zu wählende Materialkonfiguration maßgeschneiderter Eigenschaften von FKV hinzu, wie etwa extrem günstiges Ermüdungsverhalten, Transparenz für elektromagnetische Wellen, geringe bzw. für die Anwendung optimierte thermische Ausdehnung, gute Dämpfungseigenschaften sowie Isolationseigenschaften.

1.2.2.1 Luft- und Raumfahrt, Wehrtechnik

Wegen der gegenüber konventionellen Werkstoffen erheblich besseren massebezogenen strukturmechanischen Leistungsfähigkeit konnten sich hochpreisige FKV aus carbonfaserverstärktem Kunststoff (CFK) zunächst vor allem in Hochtechnologiesektoren wie zum Beispiel der Raumfahrtindustrie oder der Wehrtechnik etablieren. Ein beeindruckendes Beispiel der Verarbeitung in sehr großen Bauteilen ist die aus CFK bestehende Struktur des Stealth Boat Visby der schwedischen Marine mit einer Länge von über 70 m, Bild 1.1.

Auch im zivilen Flugzeugbau wird CFK zunehmend angewendet, da gegenüber Aluminiumlegierungen nicht nur eine signifikante Steigerung der strukturmechanischen Leistungsfähigkeit, die mit entsprechender Treibstoffersparnis bzw. Reichweitenerhöhung einhergeht, sondern aufgrund der Ermüdungsfreiheit auch Einsparungen bei der Wartung im Betrieb zu erzielen sind, die zu einer höheren Verfügbarkeit der Flugzeuge beitragen. Der zunehmende Einsatz von CFK leistet damit entscheidende Beiträge zur Erfüllung der Vorgaben der Europäischen Kommission für die Reduktion des Kerosinverbrauchs und unerwünschter Emissionen. Dies ist vor dem Hintergrund des mit jährlich etwa 5 % wachsenden Passagieraufkommens und einer erwarteten Verdopplung der heutigen (2013) weltweiten Flotte von rund 20 000 Passagierflugzeugen in den nächsten 20 Jahren von besonderer Bedeutung [15]. Bei einem Mittelstreckenflugzeug bedeutet die Verminderung der Strukturmasse um 1 kg über das gesamte Flugzeugleben gesehen eine Treibstoffersparnis von bis zu 2000 l Kerosin. Hierfür werden u. U. auch Herstellungsmehrkosten in Kauf genommen, die sich typischerweise zwischen 500 und 1000 € pro eingespartem kg Strukturmasse bewegen können.

Meilensteine der Einführung von CFK für sicherheitsrelevante Steuerungselemente und tragende Primärstrukturen in großen zivilen Verkehrsflugzeugen (> 100 Sitze) waren Spoiler und Ruder im Jahr 1982 für den Airbus A310, das komplette Seitenleitwerk des A310 im Jahr 1985, Querruder, Landeklappen und Höhenleitwerk des A320 im Jahr 1987, hochbelastete Rumpfelemente wie die den Druckbereich im Heck abschließende Kalotte sowie der Kiel des A340 im Jahr 2001, die tragende Fußbodenstruktur des oberen Passagierdecks, der Flügelmittelkasten sowie das unbedruckte Heck des Rumpfes des A380 im Jahr 2005, sowie schließlich der gesamte bedruckte Rumpf der Boeing B787 im Jahr 2009 und des A350 im Jahr 2013. Damit erreicht der Massenanteil an CFK in modernen Verkehrsflugzeugen heute über 50 %, Bild 1.2. Zusätzlich werden FKV auch in nicht primär lasttragenden Bereichen der Flugzeuge eingesetzt, wie z. B. in der Flugzeugkabine in Form von Verkleidungen, Trennwänden oder Gepäckablagefächern.

Von besonderer Bedeutung für die vorteilhafte Nutzung von CFK in tragenden Strukturen im Flugzeugbau ist der Umstand, dass durch die konstruktive Auslegung bzw. Dimensionierung die maximal auftretenden Spannungen bzw. Dehnungen so limitiert werden können, dass bei Eintritt von Beschädigungen ein Wachstum von Rissen aufgrund der dynamischen Betriebslasten im betroffenen Bauteilabschnitt ausgeschlossen wird („no growth concept"). Dieser Umstand führt im Betrieb zu Einsparungen von erheblichem Aufwand der Flugzeugbetreiber, der bei Aluminiumstrukturen heute für die regelmäßige Inspektion des Risswachstums in vorgeschriebenen Intervallen erforderlich ist.

Zum Einsatz kommen in hochbelasteten Flugzeugstrukturen heute hauptsächlich Verbundwerkstoffe, die aus mehreren, in unterschiedlicher Orientierung aufeinander geschichteten Lagen aus unidirektional ausgerichteten Kohlenstofffasern in einer Epoxidharzmatrix bestehen. Typisch ist ein Faservolumengehalt von 60 %, und es dominiert für großflächige Strukturen wie Flügel- oder Rumpfschalen die Autoklaventechnik. Während für Lasteinleitungsbereiche häufig Harzinfusionsverfahren in geschlossenen Werkzeugen zur Anwendung kommen, wird für kleinere Strukturbauteile wie z. B. Anschlusswinkel, die in relativ kurzer Taktzeit in größeren Stückzahlen produziert werden müssen, auch das Thermoformen von Organoblechen eingesetzt.

Insbesondere vor dem Hintergrund des Aufkommens neuer, hinsichtlich ihrer strukturmechanischen Leistungsfähigkeit sowie des Preis-Leistungs-Verhältnisses verbesserter Aluminiumlegierungen mit Lithium- oder mit Magnesium-Scandium-Anteilen besteht allerdings großer Entwicklungsbedarf für die Reduktion der Herstellungskosten (Materialkosten, Kosten der Verarbeitungsprozesse) sowie der unzureichenden elektrischen Leitfähigkeit von CFK. Diese reduziert heute das Leichtbaupotenzial erheblich, da zur Erfüllung wichtiger elektrischer Funktionen wie z. B. Erdung, Aufnahme von Fehlerströmen elektrischer Systeme, elektromagnetische Abschirmung und Blitzschutz entsprechende metallische Zusatzmassen im CFK-Flugzeugrumpf installiert werden müssen.

Bild 1.1 Stealth Boat „Visby" der schwedischen Marine [4]

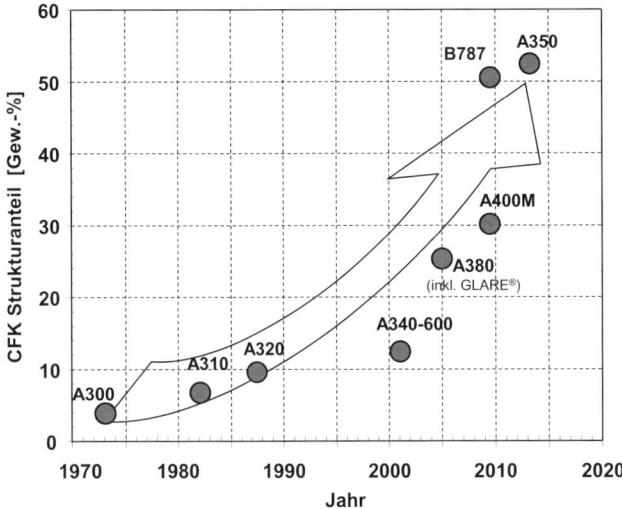

Bild 1.2
Strukturgewichtsanteil von
CFK in Verkehrsflugzeugen
[6]

1.2.2.2 Migration in andere Branchen

Aufgrund ihrer Vorzüge migrierte die FKV-Technologie neben der Luft- und Raumfahrt auch in andere Industriesektoren. Die besondere Eignung der FKV, einen Beitrag zur Lösung der sozio-technologischen Problemstellungen der 70er, 80er und 90er Jahre (Veränderung der Lage auf den Energiemärkten, gesteigertes Umweltbewusstsein) zu leisten, war ein wesentlicher Faktor der stetig zunehmenden Anwendung in verschiedensten Industriesektoren [5].

Der verschärfte Wettbewerb auf den Weltmärkten und der damit erzeugte zusätzliche Innovationsdruck hinsichtlich der Verbesserung der technologischen und ökonomischen Produktcharakteristika stellt bei der Entwicklung neuer Produkte immer höhere Anforderungen an die zu verwendenden Werkstoffe. Dieser Problematik kann in bestimmten Industriebereichen nur durch die Anwendung neuartiger Werkstoffe im Allgemeinen und FKV im Speziellen begegnet werden. In Bild 1.3 sind die übergeordneten ökonomischen und ökologischen Gründe für den ansteigenden industriellen Einsatz von FKV zusammengestellt.

Bild 1.4 veranschaulicht die Nachfrageprognose für endlosfaserverstärkte Verbundwerkstoffe für den Zeitraum 2011 – 2020.

Aufgrund der dargelegten industriellen Erfordernisse einerseits und des Leistungspotenzials der Materialklasse andererseits haben sich die Anwendungsfelder von FKV über die Jahre Schritt für Schritt erweitert. Es sind dies im Wesentlichen:

- Verkehrstechnik und Transport,
- Elektro-/Elektronikindustrie,
- Maschinenbau,
- Bauwesen,

▪ Chemie und Apparatebau (v. a. Behälter, Rohrleitungen),

▪ Energietechnik, Windkraft, Offshore,

▪ Sport und Freizeit.

Die Gliederung der Anwendungen in Branchen ist nicht einheitlich. Verkehrstechnik und Transport setzen sich aus den Industriezweigen Luftfahrt, Automobil, Schienenfahrzeuge und Schiffbau zusammen. Die hier verwendete Zuordnung basiert auf den Markdaten nach [7]. Das Bild 1.5 zeigt die Zuordnung der Produktion von glasfaserverstärktem Kunststoff (GFK) auf Branchen in Europa sowie den globalen CFK-Verbrauch nach Anwendungen. Für GFK dominieren Bauwesen und Transport (hier spielt der Automobilbau eine wichtige Rolle), für CFK dominiert heute die Windkraft noch vor der Luftfahrt sowie dem Sport- und Freizeitsektor.

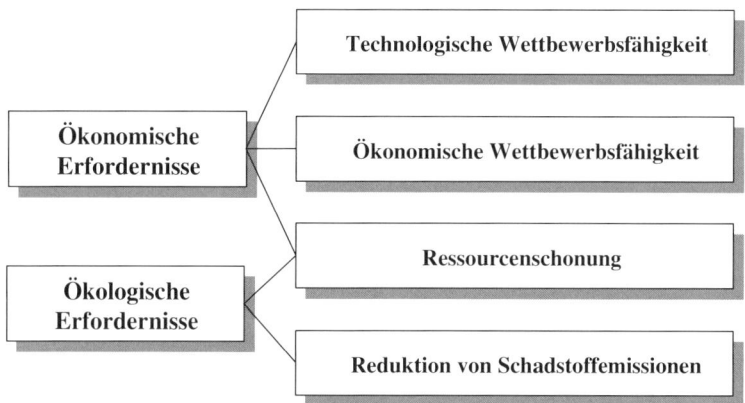

Bild 1.3 Übergeordnete Gründe für den industriellen Einsatz von FKV nach [8]

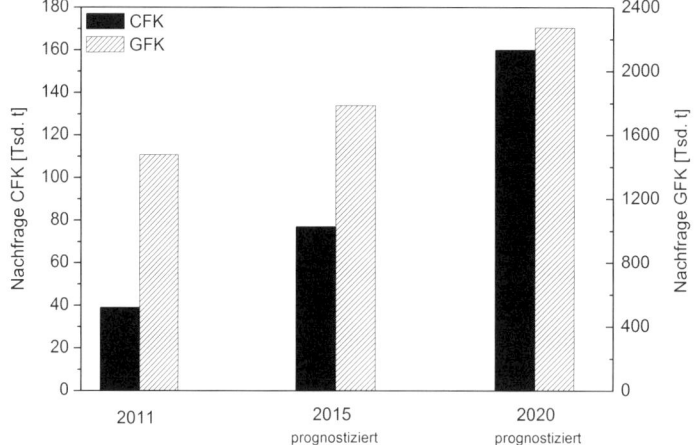

Bild 1.4 Nachfrageprognose für endlosfaserverstärkte Verbundwerkstoffe [9]

Ein weiteres Beispiel im Bereich Verkehrstechnik ist der Einsatz von FKV in Schienenfahrzeugen. Damit können neben erheblichen Gewichts- und Formvorteilen auch Herstellkosten durch Integration gesenkt werden, Bild 1.6.

Anwendungen der Elektro- und Elektronikbranche sind u. a. Trockentrafos, Hochspannungsschaltstangen oder Kryostate.

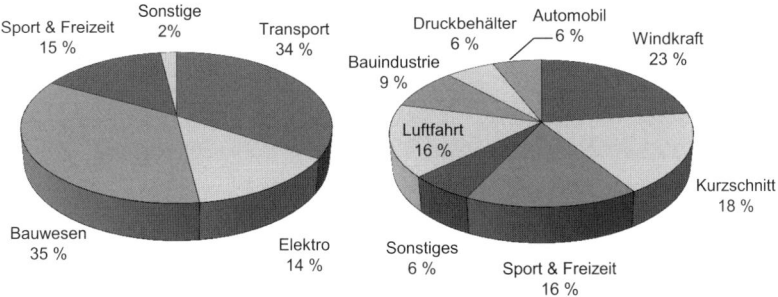

Bild 1.5 Aufteilung der GFK-Produktion (100 % = 1,01 Mio t) 2012 in Europa auf Anwendungsindustrien *(links)* sowie globaler CFK-Verbrauch (100 % = 57 000 t) 2011 nach Anwendungen *(rechts)* [7]

Bild 1.6 ICE mit FKV-Außenhaut [10]

Ein typisches Beispiel aus dem Bereich Bauwesen und Konstruktion ist der Brückenbau, Bild 1.7. Die abgebildete Konstruktion wurde anlässlich der Schweizer Expo 2002 für Fußgänger voll funktionstauglich aufgebaut und ist von mehreren 100 000 Besuchern benutzt worden [11].

In der hier verwendeten Einteilung des Marktes ist der Maschinenbau zum Teil den Bereichen Verkehrstechnik und Offshore, aber weitestgehend dem Sektor Bauwesen/Konstruktion zugeordnet. Als Anwendungen können beispielsweise hochbelastete CFK-Blattfedern genannt werden, aber auch große Bauteile wie Abgaskanäle in der Klimatechnik, Bild 1.8.

Bild 1.7 Brückenkonstruktion aus GFK [11]

Bild 1.8
Abgaskanal aus GF-UP [12]

Der Bereich Offshore stellt mengenmäßig einen nicht unerheblichen Teil der Gesamtproduktion dar. Die Anwendungen finden sich einerseits in Offshore-Windparks, Bild 1.9, zum anderen in Förderleitungen für Bohrinseln, wobei die Plattformen mittlerweile auch schon als Unterwasserstationen vorgesehen werden.

Bild 1.9
Utgrunden-Windpark in Schweden [13]

1.2.2.3 Entwicklung des FKV-Marktes

Derzeit beherrschen Werkstoffe mit duroplastischer Matrix den FKV-Markt. In Europa beträgt der Anteil duroplastischer FKV am Gesamtmarkt rund 80 % gegenüber rund 20 % thermoplastischer FKV [7].

Eine Übersicht über die Aufteilung des europäischen FKV-Marktes nach Matrixsystemen und den Verarbeitungsverfahren gibt Bild 1.10.

Für den im Vergleich zu CFK mengenmäßig wesentlich bedeutsameren GFK-Markt dominieren SMC- (Sheet Molding Compound) und BMC-Pressmassen (Bulk Molding Compound) mit zusammen rund 26 % Marktanteil. Von besonderer Bedeutung sind dabei Anwendungen für den Elektro- und Elektronikbereich (BMC) sowie für den Automobilbereich (SMC), die relativ hoch automatisiert in großen Serien hergestellt werden. Von großer Bedeutung sind GFK-Automobilanwendungen auch für die glasmattenverstärkten Thermoplaste (GMT) und die langfaserverstärkten Thermoplaste (LFT), die sich durch ein überdurchschnittliches Marktwachstum auszeichnen. Kurzfaserverstärkte Thermoplaste werden in sehr großen Mengen für Spritzgussbauteile verwendet, die zwar prinzipiell auch zu den FKV gezählt werden, bezüglich der Werkstoffeigenschaften jedoch weit hinter der Kategorie der langfaserverstärkten Kunststoffe zurückbleiben.

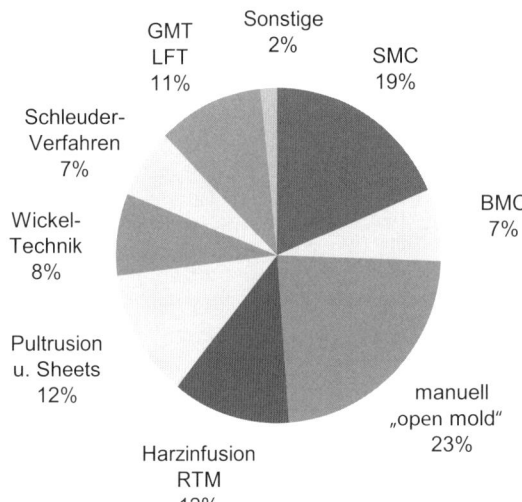

Bild 1.10
GFK-Produktion in Europa 2012 nach
Fertigungsverfahren [7]

Rückläufig sind dagegen die Entwicklungen der sogenannten „offenen Verfahren"
wie Handlaminieren und Faserspritzen. Die Produktion von GFK-Rotorblättern für
Windkraftanlagen wird teilweise in das nicht-europäische Ausland verlagert. Weiterhin gibt es hier aufgrund der zunehmenden Rotorblattgröße einen Trend zur Sub-
stitution von GFK durch CFK.

Die im Resin Transfer Molding Verfahren (RTM) hergestellten Anwendungen haben
weiterhin viel Entwicklungspotential, insbesondere im Zusammenhang mit neuen,
schnell aushärtenden Harzsystemen für die Serienfertigung größerer Stückzahlen
im Automobilbau.

Die Herstellung von GFK-Platten, die in kontinuierlichen Verfahren mit großem
Automatisierungsgrad und hohen Ausbringungsmengen erfolgt, verzeichnet in Europa weiterhin Wachstum, während GFK-Pultrusionsprofile, die überwiegend im
Bauwesen eingesetzt werden, aufgrund der in vielen europäischen Ländern brach-
liegenden Baukonjunktur derzeit rückläufig sind.

Eine bedeutende Anwendung für die GFK-Wickeltechnik ist die Sanierung der Ab-
wasserkanäle mit sogenannten „Schlauchlinern", d. h. aus FKV bestehenden neuen
Rohren, die in die sanierungsbedürftigen alten Kanäle eingezogen werden (Bild 1.11)
[14]. Weiterhin von Bedeutung ist auch die Herstellung von Rohr- und Tankbauteilen.

Bild 1.11 Sanierung von Abwasserkanälen mit Schlauchlinern [Bildquelle: Firma RelineEurope [14]]

Hinsichtlich der eingesetzten Verstärkungssysteme wird der FKV-Markt ganz klar von den Glasfasern beherrscht. Jedoch kann eine deutliche Verlagerung zu noch höheren Eigenschaftsprofilen und damit im Wesentlichen zu Kohlenstofffasern als Verstärkungsstrukturen festgestellt werden. Andere Faserarten (z.B. Naturfasern) gewinnen vor allem in der Automobilindustrie, aber auch im Bauwesen für Teile ohne höhere strukturelle Belastung an Bedeutung.

Die früher übliche Unterscheidung zwischen technischen und Hochleistungsverbundwerkstoffen ist überholt. Heute weisen die Verbundwerkstoffe ein Leistungsspektrum auf, das in der Breite von keiner anderen Werkstoffgruppe erreicht wird. Dabei sind Festigkeit und Steifigkeit im Bereich von 50 bis 3000 MPa bzw. 5 bis 500 GPa einstellbar. Diskontinuierlich glasfaserverstärkte Pressmassen mit mineralischen Füllstoffen und unidirektionale mit 60 Vol.-% Kohlenstofffasern verstärkte Prepregs bilden dabei beispielhaft die Extreme. Entsprechend bewegen sich auch die Werkstoffkosten zwischen etwa 2 €/kg und 1000 €/kg.

Entscheidend für neue Entwicklungen und Anwendungen von FKV bleibt die Erfüllung der Anforderungsprofile zu akzeptablen Kosten, die wesentlich auch von den Verarbeitungsverfahren und der Seriengröße bestimmt werden. Der Markt und das Image der Verbundwerkstoffe haben in den letzten Jahren in der breiten Öffentlichkeit wesentlich durch den zunehmenden Einsatz im Sport- und Freizeitbereich gewonnen, da mit dem Begriff „Carbon" für Kohlenstofffaserbauteile z.B. in Rennrädern, Snowboards, Surfbrettern, Golf- und Tennisschlägern höchste Leistung und Qualität assoziiert werden.

Neben den bisher diskutierten FKV-Konstruktionswerkstoffen haben sich inzwischen Kohlenstofffasern in Pressmassen bzw. Compounds mit einem Anteil von etwa 50 % der Gesamtproduktion als Funktionswerkstoffe einen bedeutenden Markt erobert. Dabei wird ihre gute Wärmeleitfähigkeit und die elektromagnetische Abschirmung in elektronischen Bauteilen genutzt, was bei dem heute stark zunehmenden Einsatz der drahtlosen Daten- und Informationsübertragung von großer Bedeutung und Umweltrelevanz ist.

1.2.3 Technisch-wirtschaftliche Entwicklung der Kohlenstofffasern

M. Heine

1.2.3.1 Status und Trends

Kohlenstofffasern als Verstärkungskomponenten in Faser-Kunststoffverbunden besitzen das größte Potenzial zur Umsetzung von Leichtbaukonstruktionen. Die aktuellen Diskussionen zum Klimawandel und die Energiepreisthematik haben wesentlich dazu beigetragen, dass dieser Werkstoff eine wichtige gesellschaftliche Bedeutung bekommen hat. Die voranschreitende Globalisierung erfordert im hohen Maße eine Zunahme der Mobilität mit allen damit verbundenen negativen Begleiterscheinungen. Die Einsparung von bewegten Massen, sowohl bei erdgebundenen Transportmitteln, als auch bei Flugzeugen, trägt direkt zur Klimaentlastung bei. Das verstärkt stattfindende Umdenken bei der Auswahl von Materialien zur Herstellung bewegter leichter, hochsteifer und fester Konstruktionen hat die Bedeutung der Verbundwerkstoffe maßgeblich in den Fokus gerückt. Kohlenstofffasern sind hier das wichtigste Material, um die bisherigen Materialien zu substituieren. Es ist damit je nach Anwendungsfall möglich, bei doppelter Festigkeit und Steifigkeit um bis zu 80 % leichter als mit Stahl und um bis zu 50 % leichter als mit Aluminium zu konstruieren.

Angesichts der prognostizierten Zunahme der Weltbevölkerung und der massiven Anstrengungen aufstrebender Staaten nach mehr Wohlstand ist weltweit von einer stetig zunehmenden Mobilität und steigendem Energiebedarf auszugehen. In diesem Zusammenhang stellt sich die Frage, welche technologischen Ansätze heute ergriffen werden können, um die Folgen dieser Entwicklung zu beherrschen.

Durch den direkten Zusammenhang zwischen Energiebedarf und bewegter Masse wird der Ersatz traditioneller Konstruktionswerkstoffe durch leichte Materialien zunehmend in den Vordergrund gelangen. Hier werden Verbundmaterialien mit Carbonfasern einen wichtigen Beitrag leisten.

Die generelle Zunahme des Bedarfs an Energie kann grundsätzlich und mittelfristig über die Energie-Erzeugung auf alternativen Wegen, also ohne Öl, Kohle oder Kernkraft, abgefangen werden. Ein wichtiger Aspekt wird hier die Nutzung der Windenergie sein, wobei eine Verschiebung der Windkraftanlagen vom Land in die Offshore-Bereiche erwartet wird. Die Frage der Verfügbarkeit von Plätzen mit hoher und gleichmäßiger Windstärke lässt sich so leichter lösen und die generelle Zunahme der Rotorblatt-Größen durch Verstärkung mit Kohlenstofffasergurten lässt den Wirkungsgrad deutlich steigen.

Die Luftfahrt ist Vorreiter beim Einsatz von CFK-Bauteilen im Flugzeug und nutzt bereits seit Jahrzehnten das damit verbundene Leichtbaupotenzial. Die höhere Nutzlast bzw. die Senkung des Kerosinverbrauchs sind hier wichtigste Innovationstreiber.

Einen ähnlichen Schub in der Verwendung von CFK-Bauteilen erwartet man beim Automobil. Das enorme Potenzial zeigt sich insbesondere schon im Sportwagenbereich, allerdings kann man prinzipiell davon ausgehen, dass diese Entwicklung im Gegensatz zur Luftfahrt eher revolutionär als evolutionär erfolgen wird. Der aktuell erwartete Trend zur Elektromobilität kann hier einen zusätzlichen Innovationsschub bewirken.

Hierzu müssen jedoch noch erhebliche Hürden in der Produktionstechnik genommen werden, um eine automatisierte Fertigung der notwendigen hohen Stückzahlen umsetzen zu können. Auch die Fragen zur Schadenserkennung und Reparatur im Fall eines Crashs und ein wirtschaftliches Recycling von CFK-Bauteilen sind erst im Ansatz beantwortet.

Bei der Automatisierung der Fertigung von CFK-Bauteilen könnten neue Robotersysteme mit bewegten Komponenten aus CFK eine entscheidende Rolle spielen. Die geringeren bewegten Massen lassen sich schneller und präziser steuern. Dies kann zu entsprechend kürzeren Taktzeiten führen. Zusätzlich muss die heutige Preform- und Prepreg-Technologie weiterentwickelt werden, um die für den Großserieneinsatz notwendigen Kostenziele zu erreichen.

Ein wichtige Rolle wird hier auch die Kombination der Kohlenstofffasern mit anderen Werkstoffen spielen, wie z. B. bei Metall-CFK-Hybridstrukturen, die u. a. bei B-Säulen in der Automobilkarosserie bereits zum Einsatz kommen.

Auch die Nutzung der Korrosionsbeständigkeit in Kombination mit Werkstoffen in der Bauindustrie, wie z. B. Beton oder Holz lassen zukünftig ein immenses Potenzial erwarten, da diese neuen Werkstoffkombinationen hinsichtlich ihrer Stabilität und Langlebigkeit dem heutigen Stahlbeton und Spannbeton überlegen sein werden.

Bei allen Anwendungen ist die Weiterentwicklung der heutigen Verarbeitungstechnologien zu großserientauglichen Prozessen der Schlüssel zum Erfolg.

Die aktuellen Forschungsarbeiten, z. B. im Rahmen des Spitzenclusters MAI Carbon im Raum München-Augsburg-Ingolstadt [16] tragen hier wesentlich zu einer Weiterentwicklung der Faserverbundtechnologie und der großserientauglichen Prozesse bei.

MAI Carbon ist eine Abteilung des Carbon Composites e. V. (CCeV) und wurde als Initiative des Dachverbandes im Rahmen des Cluster-Wettbewerbs des Bundesministeriums für Bildung und Forschung (BMBF) am 19. Januar 2012 zum Spitzencluster nominiert.

MAI Carbon wird durch Unternehmen, Bildungs- und Forschungseinrichtungen sowie unterstützende Organisationen gebildet, die in der MAI Region München-Augsburg-Ingolstadt auf dem Technologiefeld „Carbonfaserverstärkte Kunststoffe" (CFK oder Carbon) agieren. Die Mitglieder stammen aus sämtlichen Branchen, in denen Hochleistungs-Faserverbundwerkstoffe Anwendung finden. Der Hauptfokus liegt auf den Anwenderbranchen Automobilbau, Luft- und Raumfahrt sowie dem Maschinen- und Anlagenbau. Ziel des Clusters ist der Ausbau der MAI Region zu einem europäischen Kompetenzzentrum für CFK-Leichtbau, das die gesamte Wertschöpfungskette der CFK-Technologie abdeckt und den vertretenen Partnern in der Schlüsseltechnologie CFK zu einer Weltmarkt-Spitzenposition verhilft.

1.2.3.2 Marktentwicklung

Die aktuellen gesellschaftlichen Trends wie Nachhaltigkeit und Umweltbewusstsein werden den Werkstoff Faserverbund mit Kohlenstofffasern zum Durchbruch verhelfen. Entscheidend ist die allgemeine Akzeptanz des neuen Werkstoffs in Anwendungen, die Eigenschaften wie hohe Steifigkeit und Festigkeit bei geringem Gewicht nutzen können. Hier ist generell auch ein Umdenkungsprozess zu beobachten, der nicht die Einzelsubstitution eines Bauteils im Vordergrund sieht, sondern von einem systemischen Ansatz ausgeht. Die Dominanz des konstruktiven Denkens z. B. in reinen metallischen Strukturen muss kontinuierlich in Richtung einer Mischbauweise geändert werden. Ein intelligenter Materialmix kann entscheidend dazu beitragen, dass die Gesamtkosten sinken, obwohl teure Carbonmaterialien eingesetzt werden. Mittelfristig werden hier auch bionische Strukturen der Natur in die Konstruktionen einfließen, denn Biomaterialien sind oft im Vorteil, wenn Material und Ressourcen effizient genutzt werden sollen.

Die Prozesskette der kohlenstofffaserverstärkten Kunststoffverbunde wird zunehmend als Prozessnetzwerk gesehen und umgesetzt werden. Dies geht einher mit einer Zentralisierung und Fokussierung der Entwicklungsarbeiten zwischen Industrie und wissenschaftlichen Instituten, wie sie beispielhaft beim bereits erwähnten Spitzencluster MAI Carbon stattfinden.

Die lokale Präsenz von entsprechenden Industrieunternehmen aus dem Bereich des Automobilbaus, der Luftfahrt, des Maschinenbaus und der Ausgangsmaterialien, wie Kohlenstofffasern und deren Halbzeuge, stellen sicher, dass innovative Ansätze auch wirtschaftlich umgesetzt werden.

In entsprechender Weise wichtig ist die gleichzeitige Verzahnung von Ausbildung, wissenschaftlicher Lehre und Forschung mit industriellem Denken, um so zu nachhaltigen Gesamtsystemen zu kommen.

1.2.3.3 Mengenentwicklung

Für Verstärkungszwecke einsetzbare Kohlenstofffasern haben eine vergleichsweise kurze Historie. Sie basieren heute überwiegend auf Polyacrylnitril, das erst in den 50er Jahren entdeckt wurde.

Davor gab es bereits Kohlenstofffäden basierend auf Cellulose, die aber anfangs lediglich in Glühlampen zum Einsatz kamen und eine sehr geringe mechanische Festigkeit aufwiesen.

Die Umwandlung des weißen Polymers in eine schwarze unbrennbare Faser wurde erstmals Anfang der 60er Jahre durch Shindo beschrieben und dann in Europa Ende der 60er Jahre erstmalig durch die heutige SGL Group mit einer Pilotanlage realisiert. Erst im Zeitraum von 1990 bis 2010 stiegen die Jahres-Bedarfsmengen deutlich von 5000 to/Jahr auf 30 000 to/Jahr an. In diesem Zeitraum wurde von SGL in weitere Anlagen investiert (Bild 1.12).

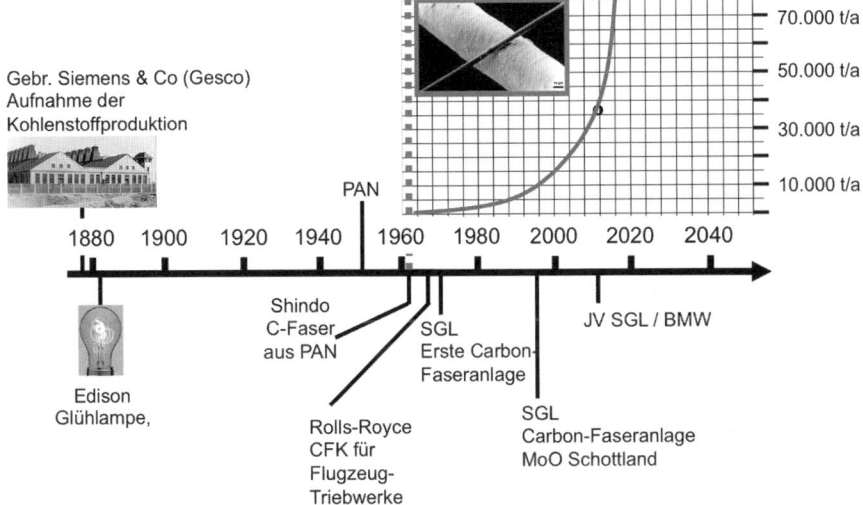

Bild 1.12 Kohlenstofffasern – ein Material mit erst kurzer Historie

Betrachtet man die Mengenentwicklung der letzten 6 Jahre und die geschätzte zukünftige Entwicklung, so wird deutlich, dass der größte Anstieg der Bedarfsmengen bei Industrieanwendungen zu erwarten ist (Bild 1.13). Die Mengen für Sportanwendungen bleiben durchweg auf gleichem Level und steigen nur geringfügig. Kohlenstofffasermengen für Flugzeuganwendungen steigen durchaus moderat, jedoch ist ihr Anteil bezogen auf den Gesamt-Weltbedarf prozentual gesehen rückläufig.

Jährlicher CF Bedarf für Anwendungen [1000t]

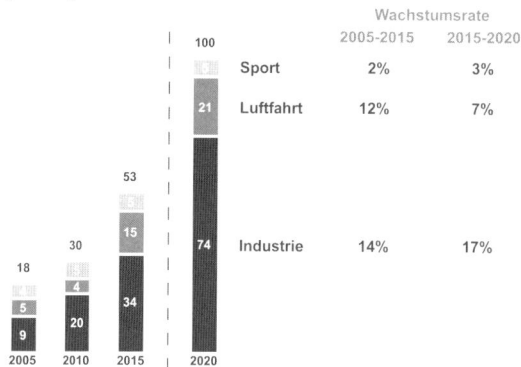

Bild 1.13
Kohlenstofffaserbedarf nach
Marktsegmenten [17]

Source: SGL Group

Betrachtet man speziell den Bereich der industriellen Anwendungen, so wird der aktuell am stärksten wachsende Teilmarkt im Bereich der Automobilteile gesehen (Bild 1.14). In diesem Zusammenhang ist insbesondere das Engagement der BMW GROUP zusammen mit dem JV ACF (SGL/BMW) zu erwähnen, die im Herbst 2013 ein elektrisch betriebenens „Mega-City-Vehicle" auf den Markt gebracht haben (BMW i3) und wenig später eine Sportwagenversion (BMW i8), bei der ein Elektroantrieb mit einem Benzin-Range-Extender kombiniert ist.

Jährlicher CF Bedarf für Industrieanwendungen [1000t]

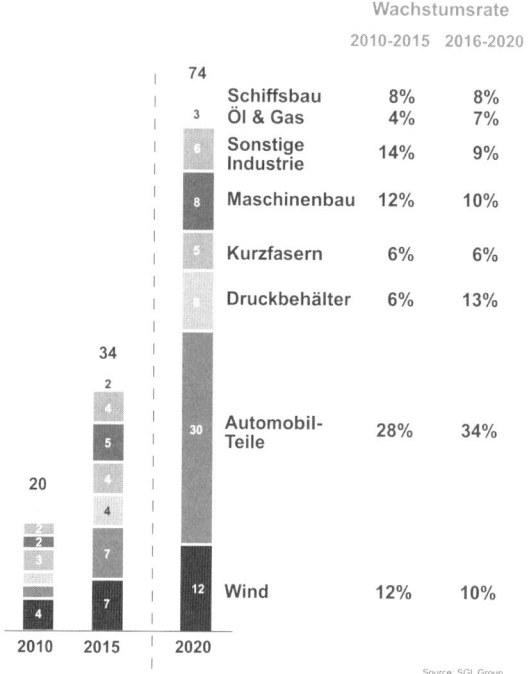

Bild 1.14
Kohlenstofffaserbedarf für das Marktsegment „Industrielle Anwendungen"
[18]

Source: SGL Group

1.2.4 Ökonomische Bewertung der FKV-Verarbeitungstechnologien

R. Holschuh, J. Mack

Eine ökonomische Bewertung von FKV-Verarbeitungstechnologien hinsichtlich ökonomischen Aspekten ist stark determiniert durch das spätere Anwendungsfeld der Bauteile. In der letzten Dekade hat sich eine deutliche Verschiebung abgezeichnet, ausgehend von den traditionellen polymerbasierten Hochleistungsapplikationsfeldern wie „Luft- und Raumfahrt" hin zu einem stark verbreiteten Einsatz von FKV-Bauteilen basierend auf Standard- und technischen Polymeren [19]. Durch integrative Betrachtung und Optimierung der gesamten Prozessentstehungskette in Verbindung mit gesunkenen Material- und Halbzeugkosten können kostenneutrale bzw. kosteneffiziente Bauteile mit gleichzeitig gesteigerten Eigenschaftsprofilen hergestellt werden [20]–[22].

In Tabelle 1.1 sind die jeweiligen Kosten eines Bauteils aus Stahl, Aluminium und CFK im Jahr 2010 und 2030 (prognostiziert) dargestellt. Das Kostenverhältnis von CFK zu Stahl sinkt von Faktor 5,7 auf 1,9. [23]

Tabelle 1.1 Prognostizierter Bauteilkostenvergleich (2010 – 2030)

Material	Jahr 2010	Jahr 2030
Stahl	100	100
Aluminium	130	140
FKV mit Kohlenstofffasern	570	190

Technologieentscheidungen werden nach wie vor auf Basis einer Kostenvergleichsrechnung im Sinne einer statischen Vollkostenanalyse vorhandener Technologie mit einem Substitut getroffen. Langfristige Mehrwerte, die durch den Einsatz neuer Technologien und damit verbunden auch neuer Materialien generiert werden, wie beispielsweise Gewichtseinsparungspotential, verringerte Produktlebenszykluskosten oder reduzierter CO_2-Footprint, sind jedoch ebenfalls zu berücksichtigen. Es besteht bei der ökonomischen Bewertung oder bei Rentabilitätsvergleichen der FKV-Technologien mit klassischen Werkstoffen und Herstellungsverfahren die folgende Grundproblematik:

- die statischen Methoden der Wirtschaftlichkeitsanalysen im Sinne einer Kostenvergleichsrechnung sind typischerweise begrenzt auf die Herstellung bzw. Entwicklung der Substitute;

- qualitative Elemente werden häufig nicht quantifiziert bzw. die Daten reichen aufgrund der Neuheit meist nicht aus, verlässliche Aussagen über längere Zeiträume zu treffen;

- die meist neuartigen Herstellungsverfahren sind in Bezug auf die relevanten Prozessparameter noch nicht ausreichend untersucht bzw. diese sind nicht bekannt;

▪ es existieren nur wenige aussagekräftige Langzeitstudien über Serienfertigung und Betrieb sowie Einsatzkosten der neuen Bauteile.

Diese und andere Gründe haben in der Vergangenheit dazu geführt, dass Wirtschaftlichkeitsanalysen inhärent punktuelle Momentaufnahmen darstellten, was die betrachtete neue Technologie häufig als nachteilig erscheinen ließ. Die Ökobilanzierung ist dagegen eine Methodik, die auch langfristige ökologische Folgen jedes Bauteils über die gesamte Lebensspanne und alle damit verbundenen und zurechenbaren Prozesse ganzheitlich bilanziert. In der Konsequenz sind auch ökonomische Aspekte über den Herstellungsprozess hinaus bilanzierbar und sollten bei der Entscheidungsfindung bezüglich der Einführung einer neuen Technologie berücksichtigt werden.

1.2.4.1 Grundlagen

Ökonomische Bewertungen können im Rahmen technologischer Entwicklungen durch Projektion von Wirtschaftlichkeitskenngrößen, die auf Basis des jeweiligen Planungsstands nach dessen Realisierung zu erwarten sind, durchgeführt werden. Die Bewertung der ökonomischen Vorteilhaftigkeit kann dabei absolut oder relativ i. S. einer Kostenvergleichsrechnung erfolgen.

Dabei gilt zur Ermittlung dieser Bewertungsdaten der ökonomische Grundsatz:

Eine ökonomische Tätigkeit wird als wirtschaftlich bezeichnet, wenn das Verhältnis zwischen Output und Input größer ist als das vergleichbarer Alternativen.

Diese Aussage ist eine in sich logische Dichotomie: Entweder muss bei gegebenem Output der Input minimiert oder umgekehrt bei gegebenem Input maximaler Output generiert werden. In der Regel ist das vorrangige Ziel bei kommerziellen Anwendungen, die Kosten bei gegebenem Leistungsniveau zu minimieren. Somit ergibt sich ein einfaches Substitutionsmodell.

Das Bild 1.15 soll exemplarisch aufzeigen, wann eine traditionelle Technologie zu verlassen und auf eine fortschrittlichere Technologie überzugehen ist. Dies kann sinnvoll sein, wenn durch den Wechsel auf die neue Technologie zum einen eine höhere Wirtschaftlichkeit und zum anderen die Erreichbarkeit eines höheren technischen Leistungsniveaus realisiert werden kann.

Das Leistungsniveau L_1 kann aus technischer Sicht durch beide Alternativen erreicht werden. Allerdings mit geringeren Kosten bei der traditionellen Technologie, weshalb diese hier wirtschaftlich ist. Steigen die Ansprüche an die technische Leistungsfähigkeit auf das Niveau L_2, liegen die Anforderungen über der maximalen Leistungsfähigkeit L_{grenz1} der traditionellen Technologie, die somit nicht mehr genutzt werden kann. Es muss zur neuen gewechselt werden. Der Schnittpunkt bei den Kosten/Leistungskurven bildet den Indifferenzpunkt (K_t, L_t) der Substitutionsentscheidung.

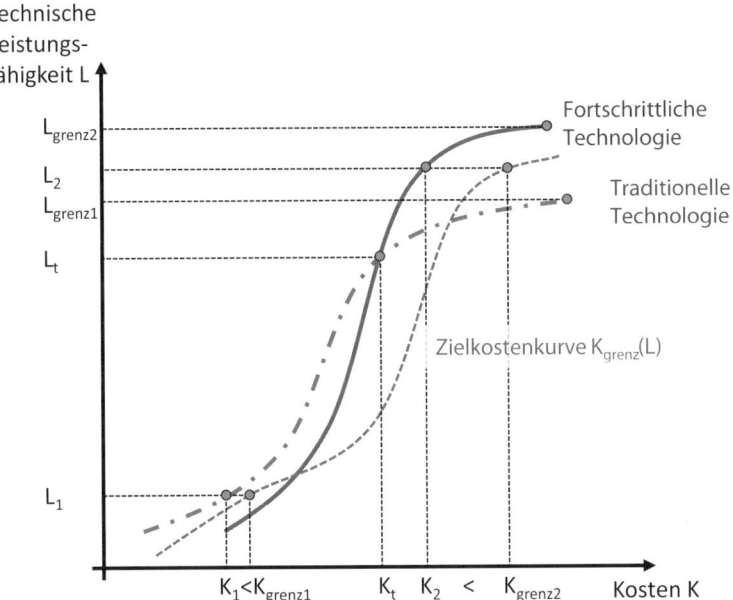

Bild 1.15 Einfaches Substitutionsmodell

In vielen Anwendungsbereichen liegen jedoch nicht nur Leistungsmerkmale vor, die es dann kostengünstig monokausal alternativ zu realisieren gilt, vielmehr gibt es eine Kostenobergrenze für die gelieferte Leistung der Produkte. Die daraus resultierende Zielkosten/Leistungskurve ist der marketingtechnisch realisierbare Marktpreis. In Bild 1.15 liegt diese Kurve so, dass es generell immer möglich ist, je nach Leistungsniveau entweder mit traditioneller oder fortschrittlicher Technologie die marktseitigen Kostengrenzen (K_{grenz1} und K_{grenz2} bzw. $K_{grenz}(L)$) zu erreichen. Dies ist aber nicht immer gegeben. Es ist durchaus denkbar, dass gewisse Leistungen nicht zum Marktpreis herstellbar sind bzw. die Leistungsmerkmale keine ökonomische Relevanz haben. Dann liegt die Zielkosten/Leistungskurve $K_{grenz}(L)$ über den technologisch realisierbaren Kurven.

1.2.4.2 Bisherige Ansätze

In den USA wurden eine ganze Reihe von FKV-Entwicklungsprogrammen aufgelegt, die neben technischen Zielsetzungen auch stärker als bisher auf die Reduktion der Herstellkosten von FKV-Bauteilen und -Strukturen ausgerichtet waren. Ein Beispiel ist das „Advanced-Composite-Technology-Programm" unter Federführung der NASA, welches das zentrale Ziel verfolgte, FKV-Primärstrukturen für den zivilen Flugzeugbau zu entwickeln, die gegenüber der traditionellen Leichtmetallbauweise auch hinsichtlich der Herstellkosten wettbewerbsfähig sein sollen.

Im Rahmen der Forschungsarbeiten mit luft- und raumfahrtindustrieller Schwerpunktsetzung bildeten sich drei im theoretischen Ansatz grundsätzlich unterschiedliche Modellfamilien zur FKV-Wirtschaftlichkeitsanalyse heraus:

- parametrische, empirisch basierte Kostenmodelle,
- leistungsorientierte Kostenrechnungsmodelle,
- prozessanalytische Kostenmodelle.

Die parametrischen Kostenmodelle versuchen dabei aus empirischen Daten mittels statistischer Methoden (zumeist multiple Regression) Funktionen abzuleiten, die den Zusammenhang zwischen parametrisierten, technischen Charakteristika von Bauteilen (Gewicht, geometrische Komplexität etc.) und den in verschiedenen Kategorien entstehenden Kosten darstellen. Kostenmodelle, die zu dieser Familie gehören, werden hauptsächlich vor dem Einsatz etablierter Technologien zur Abschätzung von Kosten verwendet. Da die Funktionen auf empirischen Daten beruhen, ist eine Übertragung auf neue Technologien nicht möglich, weshalb die parametrischen Kostenmodelle für FKV-Entwicklungsaufgaben ungeeignet sind [24], [25].

Die leistungsorientierten Kostenmodelle ermöglichen es, alle Inputs in einem bestimmten Prozess zu erfassen, um so die Kosten pro Einheit des Outputs dieses Prozesses zu bestimmen. Als relativ verbreiteter Ansatz ist hier das Activity Based Costing zu nennen. Eine bessere Zuordnung der Kosten von Aktivitäten, die nicht zur Wertschöpfung beitragen, wird durch sehr kleine Kostenzuordnungseinheiten und eine detaillierte Berücksichtigung der Handlungsebenen im Prozess der Herstellung von FKV-Bauteilen erreicht. Nachteilig ist vor allem der hohe Aufwand, der für die Generierung der Input-Daten anfällt. Ob die Berechnungsgenauigkeit, die theoretisch erzielt werden kann, bei Entwicklungsaufgaben tatsächlich erreicht wird, ist zweifelhaft. Problematisch ist vor allem die inhärente „Unschärfe" der Inputdaten [24] – [26].

In der Vergangenheit fanden bei der Abschätzung der Herstellkosten von FKV-Bauteilen vor allem auf betriebswirtschaftlichen Kostenrechnungsstandardmethoden basierende prozessanalytische Kostenmodelle Anwendung, da der notwendige Dateninput hier relativ gering ist und die theoretischen Grundlagen transparent sind. Bei solchen Modellen wird der Ressourcenverbrauch der einzelnen Prozessschritte eines Verarbeitungsprozesses ermittelt. Der abgeschätzte Ressourcenverbrauch wird monetär bewertet, um so die einzelnen Kosten, aufgeteilt nach Kostenarten, zu ermitteln. Es werden dabei alle Kosten erfasst, die mit einem Prozess zusammenhängen. Zu diesen Kosten gehören Materialkosten, Personalkosten, Gemeinkosten sowie Einmalkosten und sonstige wiederkehrende Kosten [24], [26], [27].

Allerdings sind zur Durchführung derartiger Analysen detaillierte Kenntnisse oder Vorplanung des Prozesses notwendig. Die Genauigkeit der prozessanalytischen Kostenmodelle ist sehr stark von der Qualität und dem Detaillierungsgrad der verfügbaren Eingabedaten abhängig.

Die bekanntesten prozessanalytischen Kostenmodelle für FKV sind:

- Advanced Composite Cost Estimating Model (ACCEM),
- Manufacturing Cost Model for Composites (MCMC),
- MSU Cost Comparison Model,
- Composite Optimization Software for Transport Aircraft Design (COSTADE).

Diese Modelle wurden jeweils im Auftrag bzw. in Eigenregie von großen US-amerikanischen Luft- und Raumfahrtunternehmen entwickelt und basieren auf bzw. beinhalten unternehmensspezifische Daten. Aus diesem Grund sind diese Modelle und die damit erarbeiteten Detailergebnisse für allgemeine Forschungszwecke nicht zugänglich.

In Europa bzw. in Deutschland sind ebenfalls Arbeiten zur FKV-Wirtschaftlichkeitsanalyse durchgeführt worden. Neben einzelnen Untersuchungen des Luftfahrtsektors wurden Arbeiten vor allem von der Automobilindustrie im Rahmen von Machbarkeitsstudien zum Einsatzpotenzial der FKV vorangetrieben. Inhaltlich konzentrierten sich die Studien auf die Vorkalkulation der Herstellkosten von FKV-Prototypbauteilen sowie Variantenuntersuchungen hinsichtlich FKV-Bauweisen und alternativen FKV-Verarbeitungsprozessen. Allerdings sind keine konkreten Wirtschaftlichkeitsdaten aus den Untersuchungen veröffentlicht worden. Auch die Einbindung von monetär nicht bewertbaren Kosten oder auch einem Nutzen wie Imagegewinn wurde untersucht [28].

Längerfristige wissenschaftliche Untersuchungen zur ökonomischen Bewertung der FKV-Technologie sind auch aus Projekten der Deutschen Forschungsgemeinschaft (DFG) bekannt. Die bislang umfangreichsten Arbeiten in Deutschland wurden an der RWTH Aachen im Kontext des DFG-Sonderforschungsbereichs 332 „Produktionstechnik für Bauteile aus nichtmetallischen Faserverbundwerkstoffen" durchgeführt. Kern des entwickelten Expertensystems hinsichtlich der ökonomischen Bewertung ist ein Modell zur Vorkalkulation der Herstellkosten von FKV-Bauteilen auf Basis eines modifizierten, ressourcenorientierten Prozesskostenrechnungsansatzes [29].

1.2.4.3 Erweiterte Ansätze

Um einige der genannten Defizite klassischer Bewertungsmethoden zu überwinden, wurden Modelle entwickelt, die den speziellen Gegebenheiten der FKV-Technologien Rechnung tragen sollen. Ein Ansatzpunkt stellt dabei das Konzept der Lebenszykluskostenrechnung (LCC = Life Cycle Costing) dar, Bild 1.16. Hauptziel dieses Ansatzes bildet die Erweiterung des zeitlichen Horizonts der Kostenbewertung: Es werden nunmehr entlang des FKV-Lebenszyklus alle Kosten in die Berechnung mit einbezogen und entsprechend ihres Auftritts bewertet.

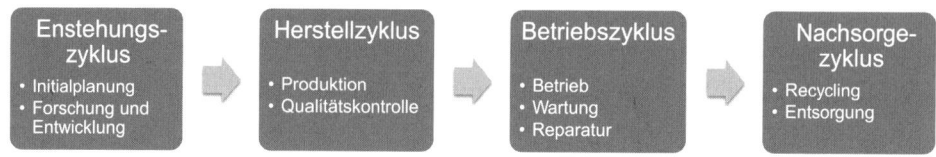

Bild 1.16 Der FKV-Lebenszyklus

Ein wesentlicher Vorteil des LCC-Modells ist die Möglichkeit, interperiodische Kostensubstitutionspotenziale schon in der Entwicklungsphase aufzeigen zu können [24]. Die zeitlichen Aspekte der Trade-Off-Beziehungen zwischen den einzelnen Lebenszyklusphasen sind in Bild 1.17 vereinfacht exemplarisch dargestellt.

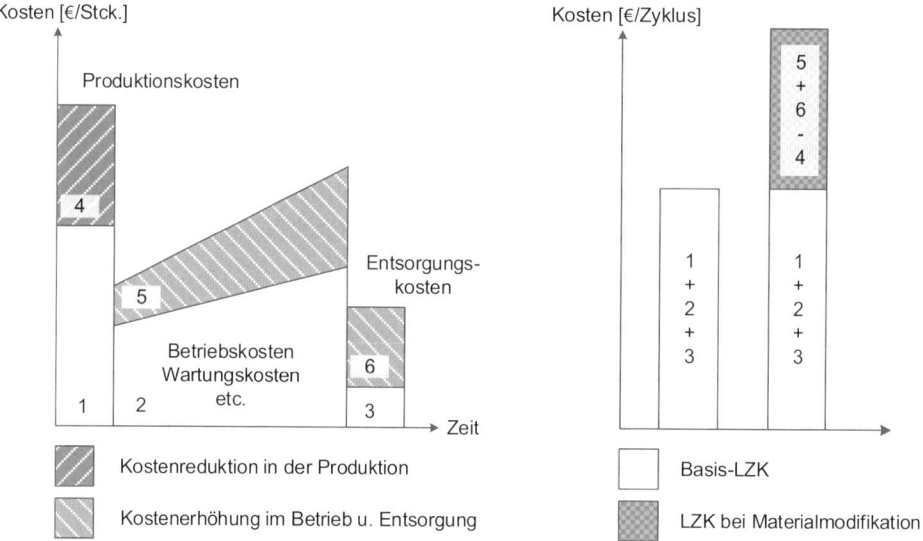

Bild 1.17 Interperiodische Kostensubstitution und resultierende LZK-Effekte

Die Lebenszykluskostenanalyse deckt die Kosteneffekte der verschiedenen Lebenszyklusphasen auf. Diese können beispielsweise höhere Verbräuche bei KFZ durch die Gewichtszunahme, ansteigende Wartungskosten bei niedrigerem Qualitätsniveau oder ein Anstieg der Entsorgungskosten aufgrund geringerer Verwertungsmöglichkeiten sein. Eine Summierung der Kosten entlang des Lebenszyklus führt zu einer Gesamtkostenbewertung. In diesem Beispiel sind diese Summen auf der rechten Seite der Grafik zu sehen und ergeben, dass die Materialmodifikation in der Gesamtbetrachtung des Systems höhere Kosten verursacht als in der Produktion punktuell an Einsparungen erreicht werden konnten.

Ein weiterer Aspekt dieser Methodik ist die Einbeziehung von Geldwertentwicklungen. Diese Effekte bedingen, dass die einzelnen Posten über die Lebensdauer des Systems nicht einfach addiert werden können. Der Zeitpunkt ihres Auftretens hat wesentliche Bedeutung. Die grundsätzliche Überlegung, die hinter dieser Berechnungsmethodik liegt, sind die Kapitalkosten, die sich aus entgangenen Investitionen oder Opportunitätskosten bzw. zusätzlichen Kosten für nötig werdende Finanzmittel ergeben. Daraus resultiert, dass heutige Kosten gegenüber zukünftigen als höher zu bewerten sind. Dieser Effekt ist in Bild 1.18 dargestellt.

Wird eine Investition im Jahre 0 – also heute – getätigt, ist der Gegenwert in 5 Jahren (Punkt A) ohne Abnutzung alleine durch die Effekte der Geldwirtschaft wesentlich geringer. Umgekehrt bedeutet dies, dass Kosten, die erst zum Zeitpunkt C getätigt werden, einen noch niedrigeren Gegenwartswert aus heutiger Sicht darstellen. Folglich sind damit Kosten, die später anfallen, bei nominal gleicher Höhe günstiger als früher anfallende. Der Effekt verschärft sich, je besser die virtuell entgangenen Anlagemöglichkeiten sind bzw. je höher der kalkulatorische Zinssatz ist. Der Gegenwartswert sinkt also weiter auf der Linie A – B. Die für den Gegenwartswert angenommene Inflation beträgt 1,9 % (gemittelter Durchschnitt 1992–2012) [30].

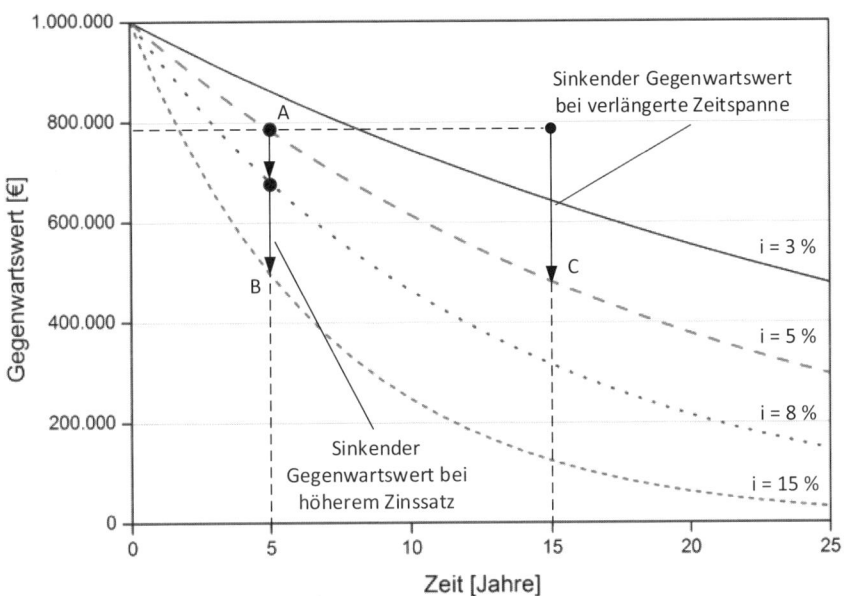

Bild 1.18 Gegenwartswert von 1 Mio. € in Abhängigkeit vom Zeitpunkt des Kostenfalls und Zinssatzes

Wenngleich der Ansatz eine wissenschaftliche Grundlage besitzt und den gesamten Lebenszyklus berücksichtigt, so besitzt er dennoch einige Schwachstellen:

- Aufbau eines Expertensystems, das den Unternehmen nicht direkt, sondern über eine Beratungsdienstleistung zur Verfügung gestellt wird.
- Unternehmen erwerben keine Kenntnis oder Sensibilität bzgl. des Prozesses.
- Produktkomplexität wird hauptsächlich produktbezogen betrachtet und nicht stetig skaliert.

- Die Datenbasis und Ausprägung der Verbrauchs- und Kostenfunktionen sind nicht transparent.
- Das Konzept bzw. die Modelle lassen sich nur auf Basis von empirischen Werten anwenden.
- Das Konzept bzw. die Modelle basieren nicht auf den Prozessparametern, so dass wichtige Informationen wie z. B. die Zykluszeit zur Herstellung eines Formteils nicht ausgegeben werden.

Ein weiteres Modell zur Vorhersage der Fertigungszeit und -kosten wurde vom Laboratory for Manufacturing and Productivity (LMP) am Massachusetts Institute of Technology (M. I. T.) entwickelt. Im Rahmen eines Projektes wurde ein Kosten-Abschätzungsprogramm entwickelt, das jedem Externen frei zur Verfügung steht [31]. Es kann von Firmen genutzt werden, die für ihre Bauteile die geeignete FKV-Fertigungstechnik identifizieren müssen. Der Nutzer kann dazu zwischen verschiedenen Bauteiltypen und Fertigungsverfahren auswählen. Nach Eingabe der bauteilspezifischen Daten können zusätzlich Produktionsparameter an die eigenen Produktionsgegebenheiten angepasst werden. Anschließend berechnet das Programm die entsprechenden Stückkosten und liefert weitere Informationen zum Fertigungsprozess.

Klassische Instrumente zur Analyse von Kosten haben ihren Ursprung in der Kostenrechnung. Sie basieren auf dem, was bereits existiert oder gemacht wurde. Diese zeitliche und technologische Rückwärtsorientierung erlaubt nicht, die Effekte durch Änderungen am Prozess- oder Bauteil-Design zu verstehen [32]. Die in der Vergangenheit benutzten Kostenanalyse-Methoden werden ausführlich in [33] beschrieben. Im Allgemeinen haben diese Methoden eine oder mehrere Schwachstellen: Sie basieren auf Intuition oder Schätzung, sind unabhängig von der Technologie und es fehlt die Betrachtung der Zykluszeit.

Die bisherigen Modelle vernachlässigen, dass Kosten abhängig von ihrem Kontext sind. Die Verwendung der prozessbasierten Modellierung hat folgende Vorteile:

- Auferlegung von Struktur,
- Berücksichtigung von Wissen,
- Implementierung von Annahmen,
- Einbeziehung von Technologie.

Auf der anderen Seite existieren die beiden möglichen Nachteile, dass die Analyse aufgrund schlechter Ausgangsdaten keine brauchbaren Ergebnisse liefern kann oder ein hoher Aufwand bzgl. Zeit und Kosten [34] entsteht.

Ein Ansatz zur Analyse von Kosten ist die prozessbasierte Kostenmodellierung (PBKM). Sie dient als mathematische Transformation, Abbildung der Beschreibung eines Prozesses und seiner Betriebsbedingungen zur Messung der Prozessleistung. Im Allgemeinen arbeitet die PBKM rückwärts von den Kosten zu den technischen Parametern, die verändert werden können. Durch Berücksichtigung der Kostenauswirkung von Prozessgrößen und ökonomischen Parametern stellt die technische Modellierung eine Erweiterung der normalen Modellierung dar. Hierbei werden die Kosten beeinflussenden Elemente individuell von Ingenieurprinzipien und den technischen Parametern des Herstellungsprozesses abgeleitet.

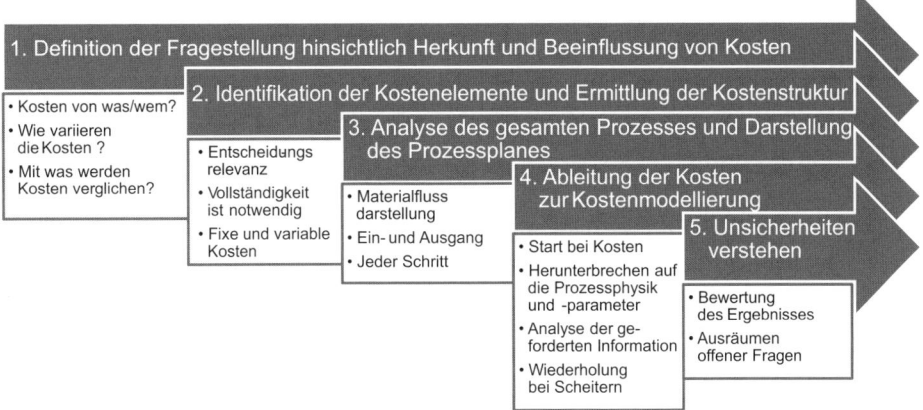

Bild 1.19 Vorgehensweise bei der prozessbasierten Kostenmodellierung

Erster Schritt zur Ableitung einer PBKM ist die Definition der Fragestellungen hinsichtlich Herkunft und Beeinflussung von Kosten. Im zweiten Schritt werden die Kostenelemente identifiziert und die Kostenstruktur ermittelt. Anschließend erfolgt eine Analyse des gesamten Prozesses. Der ausgearbeitete Prozessplan ist nun Basis für die Kostenmodellierung im 4. Schritt. Hierbei werden die Prozesselemente auf ihre technische Basis heruntergebrochen. Im 5. und letzten Schritt werden offene Fragen ausgeräumt, Bild 1.19.

Zentrales Element dieser Vorgehensweise ist der Schritt 4. Innerhalb dieses Schrittes wiederum ist die Ableitung der Prozesszykluszeit die wichtigste Aktivität, da insbesondere die Zykluszeit maßgebend für die Stückkosten ist.

1.2.5 Zusammenfassung

Wegen der wesentlichen technischen Vorteile gegenüber anderen Werkstoffen weisen Faser-Kunststoff-Verbunde (FKV) in vielen Anwendungsbereichen ein hohes Marktpotenzial auf. Ausgehend von Spezialanwendungen und Nischenmärkten hat sich diese Werkstoffklasse in nahezu allen technischen Bereichen etablieren können. In Abhängigkeit der Zielsektoren ist ein signifikanter Unterschied zwischen GFK und CFK erkennbar. In großserientauglichen Märkten wie beispielsweise im Automobilsektor ist der Einsatz von glasfaserverstärkten duroplastischen oder thermoplastischen Matrizes dominierend. Im Hochleistungssektor finden vor allem Kohlenstofffasern in Verbindung mit duroplastischen Polymersystemen Einsatz.

Derzeit beherrschen dabei aus Kostengründen die Anwendungen mit duroplastischer Matrix den Markt, jedoch sind deutliche anteilige Zuwächse für thermoplastische Matrixsysteme zu verzeichnen. Ferner dominieren aus den gleichen Gründen als Verstärkungskomponente zurzeit Glasfasern. Auch hier ist ein klarer Trend zu verzeichnen, so dass in den nächsten Jahrzehnten eine deutliche Verlagerung in Richtung CFK erwartet wird. Ein wesentlicher Bestandteil dieser Entwicklung sind aber nach wie vor die weiter steigenden Anforderungen an die Materialien, die glasfaserverstärkte Kunststoffe nicht mehr leisten können, aber durch die C-Fasern in Verbindung mit optimierten Matrixsystemen realisiert werden können.

Die Herstellverfahren für FKV sind mit denen der Metallindustrie nicht unmittelbar vergleichbar. Deshalb können die dort verwendeten Bewertungsmethoden nicht direkt auf die Verarbeitungstechnologien der FKV übertragen werden. Je nach Verfahren sind sehr unterschiedliche Prozessparameter vorhanden, die bedingt durch die Vielzahl junger Prozessvarianten noch nicht ausreichend auf ökonomische Auswirkungen untersucht sind. Zusätzlich stellt das sehr unterschiedliche Materialverhalten (z.B. höhere Integrationsgrade und Standzeiten, andere Reparaturstrategien und -zyklen) neue Anforderungen an die Bewertungsmethodik.

Für eine realistische Kostenberechnung kommen neuere Konzepte wie die prozessbasierte Kostenmodellierung in Betracht. Die Bestimmung von Lebenszykluskosten kann dazu beitragen, die Eindimensionalität von Rentabilitätsvergleichen zu überwinden. Jedoch sind alle bisher entwickelten Konzepte nicht durchgehend einsetzbar, was dazu führt, dass Wirtschaftlichkeitsanalysen immer fallweise durchgeführt werden und nicht vergleichbar sind.

Literatur

[1]   *Flemming, M.; Roth, S.:* Faserverbundbauweisen, Springer, Berlin, 2003

[2]   *Schürmann, H.:* Konstruieren mit Faser-Kunststoff-Verbunden, Springer, Berlin, 2007

[3]   *Ehrenstein, G. W.:* Faserverbund-Kunststoffe, 2. vollständig überarbeitete Auflage, 2006, Hanser, München, 1992

[4]   FMV Annual Report, Swedish Defence Materiel Administration 2009, www.fmv.se/Global Document

[5]   *Spur, G.:* Bedeutung der Technologie der Faserverbundkunststoffe für die zukünftige Entwicklung in der industriellen Produktionstechnik. Proceedings, 25. Internationale AVK-Tagung, 1993

[6]   *Breuer, U.:* Herausforderungen an die CFK-Forschung aus Sicht der Verkehrsflugzeug-Entwicklung und Fertigung, 10. Nationales Symposium SAMPE Deutschland e.V., 2005

[7]   AVK Industrievereinigung Verstärkte Kunststoffe, Composites-Marktbericht 2012

[8]   *Köhler, E.; Bergner, A.:* Faserverbundbauweisen – Chancen für den Maschinenbau und die Verkehrstechnik. Proceedings, Verbundwerkstoffe und Werkstoffverbunde, Deutsche Gesellschaft für Materialkunde, Frankfurt, 1995, S. 259 – 270

[9] Roland Berger Studie: Serienproduktion von hochfesten Faserverbundbauteilen, 09/2012

[10] Foto: Deutsche Bahn AG/Günter Jazbec

[11] TEC 21 Fachzeitschrift für Architektur, Ingenieurwesen und Umwelt, Nr. 44, 30. Okt. 2006

[12] KTD-Plasticon Kunststofftechnik Dinslaken

[13] http://www.bsh.de/de/Meeresnutzung/Wirtschaft/Windparks/index.jsp, Zugriff 08.05.2013

[14] RELINEEUROPE AG, www.relineeurope.com, Zugriff 15.04.2013

[15] Boeing Current Market Outlook 2012–2031, www.boeing.com

[16] https://www.mai-carbon-now.de/site/, Zugriff 22.10.2013

[17] Angaben und Schätzung durch SGL GROUP (Stand 2013)

[18] Angaben und Schätzung durch SGL GROUP (Stand 2013)

[19] *Lässig, R.; Eisenhut, M.; Mathias, A.; Schulte, R. T.; Peters, F.; Kühmann, T.; et al.:* Serienproduktion von hochfesten Faserverbundbauteilen. Perspektiven für den deutschen Maschinen- und Anlagenbau, 2012

[20] *Ickert, L.; Matheis, R.; Seidel, K.; Eckstein, L.:* Thermoplastic FRP for Automotive Applications – A Strong Competitor in the Material Range. SAMPE Fall Technical Conference Proceedings: Navigating the Global Landscape for the New Composites. Charleston, SC: Society for the Advancement of Material and Process Engineering, 2012

[21] *Holschuh, R.; Becker, D.; Mitschang, P.:* Verfahrenskombination für mehr Wirtschaftlichkeit des FVK-Einsatzes im Automobilbau. Lightweight Design, 2012

[22] *Holschuh, R.; Becker, D.; Mitschang, P.:* Cost Competitiveness of Hybrid Structures Based on Thermplastic In-Situ Tape-Placement Process. SAMPE Fall Technical Conference Proceedings: Navigating the Global Landscape for the New Composites. Charleston, SC: Society for the Advancement of Material and Process Engineering, 2012

[23] McKinsey, 2011, Manager Magazin Nr. 2/2012, 27. Januar 2012

[24] *Hartmann, A.:* Lebenszykluskostenrechnung als strategisches oder operatives Bewertungs- und Planungsinstrument für die Technologie der Faser-Kunststoff-Verbunde, in: *Neitzel, M. (Hrsg.):* Schriftenreihe Institut für Verbundwerkstoffe GmbH, Band 11, Diss. Universität Kaiserslautern, 2000

[25] *Eaglesham, M. A.; Deisenroth, M. P.:* Advanced Composites Manufacturing Cost Estimation Decision Support System. In: Proceedings, 6th Industrial Engineering Research Conference. o. O: The Institute of Industrial Engineers, 1997

[26] *Eaglesham, M. A.:* A Decision Support System for Advanced Composites Manufacturing Cost Estimation. Blacksburg: o. V., 1998

[27] *Neitzel, M.; Hartmann, A.:* Sensitivitätsanalyse der Wirtschaftlichkeit von Bauteilen aus faserverstärkten thermoplastischen Kunststoffen. Projektbericht zum DFG-Projekt Ne 546/4-1. Institut für Verbundwerkstoffe GmbH, Universität Kaiserslautern, Kaiserslautern, 1998

[28] *Liebetrau, A.:* Beitrag zur Wirtschaftlichkeitsanalyse von schnell rotierenden Bauteilen aus Faser-Kunststoff-Verbunden, in: Fortschrittsberichte VDI, Reihe 16: Technik und Wirtschaft, Nr. 96, Diss. Universität Kaiserslautern, 1997

[29] *Eversheim, W.:* FVK-Bauteilkosten systematisch bestimmen, Ingenieurwerkstoffe 4 (2000) 1, S. 54 – 58

[30] Statistisches Bundesamt, 2012

[31] *Kim, C. E.:* Composites Cost Modeling: Complexity, Master-Thesis, M. I. T., 1993

[32] *Clark, J.; Field, F. R.:* Process-Based Cost Modeling: Understanding the Economics of Technical Decisions, MIT Vorlesungsskript, Wintersemester 2000

[33] *Busch, J. V.; Field, F. R.:* Technical Cost Modeling, in: *Rosato D. V., Rosato, D. V., Alberghini, A. C. (Pub.):* Blow Molding Handbook: Technology, Performance, Markets, Economics: the Complete Blow Molding Operation, Hanser, München 1989, S. 839 – 871

[34] *de Neufville, R.; Clark, J.; Field, F. R.:* Introduction to Technical Cost Modeling – Concepts and Illustrations, in: Dynamic Strategic Planning, MIT Vorlesungsskript 2000

2 Werkstoffe

J. Karger-Kocsis

Faserverbundwerkstoffe bieten synergetisch eine Kombination der positiven Eigenschaften von mindestens zwei Materialien, nämlich Fasern und Matrix. Dabei können unterschiedliche Fasern mit verschiedenen Matrizes kombiniert werden. Die Fasern mit hoher Steifigkeit und Festigkeit übertragen die Lasten und bilden die Verstärkungskomponente. Die Funktion der Matrix ist der Schutz der Fasern gegen äußere Einflüsse und sie fixiert die Fasern in ihrer Position. Die Grenzfläche zwischen der Matrix und den Fasern bewirkt, dass die Last von der Matrix in die tragenden Fasern eingeleitet wird. Diese „Interphase" hat daher besondere Bedeutung für die mechanischen Eigenschaften und das Langzeitverhalten des Verbundwerkstoffs.

In der folgenden Übersicht sollen die häufigsten in Faserverbundwerkstoffen eingesetzten Verstärkungsfasern sowie die duroplastischen und thermoplastischen Matrixpolymere mit ihren charakteristischen Eigenschaften beispielhaft dargestellt werden. Dabei stehen neben den werkstofflichen Basiskennwerten und der Grenzflächenproblematik vor allem die für die Verarbeitungsverfahren wichtigen rheologischen, thermodynamischen und reaktionskinetischen Prozessparameter im Vordergrund. Ein kurzer Ausblick auf die technischen und ökonomischen Entwicklungstendenzen soll das Kapitel abrunden.

■ 2.1 Fasern

2.1.1 Eigenschaften

Verstärkungsfasern können nach verschiedenen Kriterien eingruppiert werden, wie z. B. nach Aufbau (anorganisch-organisch), nach Herstellung/Gewinnung (künstlich-natürlich) oder nach Eigenschaften (hochfest-hochsteif). Allerdings kann keine der obigen einfachen Zuordnungen der Vielfalt der verfügbaren Verstärkungsfasern gerecht werden. Daher sind die in Verbundwerkstoffen am häufigsten verwendeten Fasern mit ihren Eigenschaften in Tabelle 2.1 zusammengefasst. Die jeweiligen Kennwerte stammen aus unterschiedlichen Quellen. Trotz ihrer sorgfältigen Auswahl sind sie daher als Richtwerte zu betrachten. Die jeweiligen Zug- und Druck-kennwerte der meisten Fasern mit anorganischem Aufbau sind miteinander ver-gleichbar. Dies trifft allerdings nicht auf die polymeren Fasern (z. B. Aramid, Polyethylenterephthalat, Polyethylen) bzw. auf die aus polymeren Precursoren her-gestellten Varianten (Kohlenstofffaser) zu, welche – im Gegensatz zu den anorga-nischen Fasern – über kein dreidimensionales Netzwerk verfügen. Dies ist auf fehlende starke intermolekulare Kräfte bzw. auf das nicht Vorhandensein eines drei-dimensionalen Netzwerkes zurückzuführen. Es ist auch bekannt, dass dünne Fasern deutlich höhere Festigkeitswerte aufweisen als dickere aus dem gleichen Material. Dies ist ein Anzeichen dafür, dass die Wahrscheinlichkeit von Fehlstellen in einem Material mit der Dimensionsreduzierung deutlich abnimmt. Entsprechend ändert sich die Faserfestigkeit in Abhängigkeit der Einklemmlänge, welche üblicherweise mit der Weibull-Statistik beschrieben wird.

Die Daten in Tabelle 2.1 belegen, dass die hohe Steifigkeit und Festigkeit gewöhnlich eine niedrigere Dehnung (Duktilität) mit sich bringt (und umgekehrt). Diese Tatsa-che ist die Erklärung dafür, warum die gleichzeitige Anwendung von verschiedenen Fasern bzw. Faserkombinationen (Hybridverstärkung) schon früh vorangetrieben wurde. Die Dehnbarkeit der Fasern bestimmt auch ihren tolerierbaren Krümmungs-radius, welcher bei der Verarbeitung von großer Bedeutung ist.

Tabelle 2.1 Höchste Kennwerte der häufigsten Verstärkungsfasern

Faser		Zug			Druck	Dichte	T_{max}
		Modul GPa	Festigkeit GPa	Dehnung %	Festigkeit GPa	g/cm³	°C
Stahl		200	2,8	4,8	–	7,8	1000
Glas	S-Typ	90	4,5	5,7	1,1	2,46	250 – 300
	E-Typ	80	3,5	4,0	–	2,54	300 – 350
Bor		440	3,5	1,0	5,9	2,6	1800
SiC		400	4,8	0,9	3,1	2,8	1300
Kohlen-stoff	Pan-HT	240	3,75	1,6	2,9	1,78	500
	– HM	400	2,45	0,7	1,6	1,85	600
	– UHM	540	1,85	0,4	1,1	2,0	600
	Pech-HM	800	3,5	0,4	0,7	2,15	600
	– isotrop	50	1,0	2,3	0,7	1,55	400
Aramid	Kevlar 49	135	3,5	2,8	0,48	1,45	250 – 300
	Kevlar 149	185	3,4	2,0	0,46	1,47	250 – 300
UHMW-PE		172	3,3	4,0	0,17	0,97	100
Textil PET		16	1,2	15	0,09	1,39	150
Natur-faser	Hanf	70	0,60	1,6	–	1,45	200
	Flachs	30	0,75	2,0	–	1,48	200
	Jute	55	0,55	2,0	–	1,3–1,5	200
	Sisal	20	0,60	2,0	–	1,45	200

Ein weiteres Unterteilungskriterium der verwendeten Verstärkungsfasern stellt die Faserlänge dar. Prinzipiell wird zwischen Filamenten (= Endlosfasern) und Fasern mit endlicher Länge (= Stapelfasern) unterschieden. Natürliche Verstärkungsfasern liegen dabei stets als Stapelfasern vor. Die Faserlänge ist je nach Material sehr unterschiedlich und beträgt z.B. bei Baumwolle zwischen 5 und 40 mm, wohingegen Flachsfasern eine Länge zwischen 100 und 500 mm aufweisen. Dies verursacht, dass die Stapelfasern für die Verarbeitung zu einem Gewebe oder Gelege stets zuvor zu einem Garn verarbeitet werden müssen. Hierfür stehen unterschiedliche textile Verarbeitungsprozesse wie z.B. das Ringspinnen, das Umwindespinnen oder das Luftspinnen zur Verfügung. Im Gegensatz zu natürlichen Fasern liegen künstliche Fasern, wie z.B. Glasfasern oder Kohlenstofffasern, aufgrund Ihres Herstellungsprozesses grundsätzlich als Filamente vor. Aber auch für diese Verstärkungsmaterialien gibt es Bemühungen, textile Halbzeuge bestehend aus Stapelfasern anzufertigen. Bei „Stretch-Broken" Kohlenstofffasern werden die Kohlenstofffasern bis über die Bruchgrenze gestreckt und dadurch an faserinhärenten Fehlstellen aufgebrochen. Der Zusammenhalt der so erzeugten Stapelfaserrovings wird dabei zum einen über eine Garnverdrillung, ähnlich der bei natürlichen Garnen, gewährleistet. Zudem wird dieses Mischgarn durch ein endloses, polymeres Umwindegarn umhüllt. Das letztere kann später die Rolle des Matrixmaterials übernehmen (Bild 2.1).

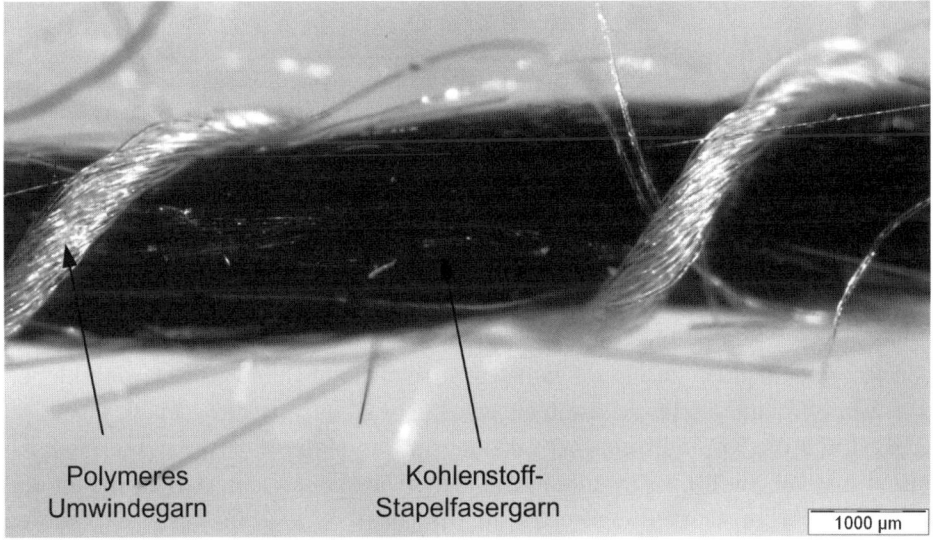

Bild 2.1 Stapelfasergarn

Der Einsatz von Stapelfasertextilien hat gegenüber der Verstärkung mit Filamenttextilien den Vorteil, dass komplexere Geometrien abgebildet werden können. Durch das Gleiten der Stapelfaser wird eine plastische Längenänderung des Garns ermöglicht. Somit wird zusätzlich zum gebräuchlichen Drapierungsmechanismus über Gewebescherung ein Tiefziehverhalten, ähnlich dem metallischer Werkstoffe, ermöglicht (Bild 2.2). Die maximal realisierbare Festigkeit wird durch das Vorliegen von Stapelfasern allerdings nur wenig beeinflusst. Die Faserlänge ist bei Stretch-Broken Fasern zwar zufällig verteilt, jedoch übersteigt diese meistens die kritische Faserlänge, so dass die eingeleiteten Kräfte über den Matrixwerkstoff auf benachbarte Fasern vollständig übertragen werden können.

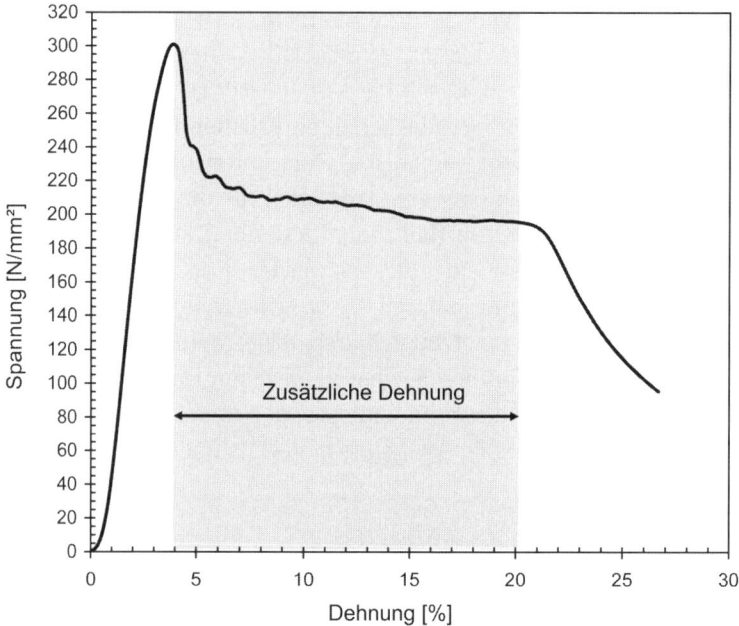

Bild 2.2 Spannungs-Dehnungsverhalten von Stapelfasergarnen

2.1.2 Herstellung und Anwendung der Fasern

2.1.2.1 Glasfasern (GF)

Glasfasern entstehen aus einer Schmelze verschiedener Oxide als Netzwerkbildner, wie z. B. SiO_2, und Netzwerkwandler, wie z. B. Alkalioxide, die schnell abgekühlt werden, um die Kristallisation zu verhindern. Das Material ist zwar thermodynamisch instabil, stellt im Anwendungsbereich aber einen hochfesten Werkstoff dar. Es gibt mehrere Herstellungsverfahren für Glasfasern. Textilglasfasern werden nach dem Düsenziehverfahren hergestellt, Bild 2.3. Fasern können nur aus solchen Glaszusammensetzungen gezogen werden, deren Viskositätsänderung in Abhängigkeit der Temperatur gewisse Voraussetzungen erfüllt. Die Glasschmelze fließt dabei frei durch die Lochnippel (bis zu 4000 Löcher mit ca. 1 bis 2 mm Durchmesser pro Spinnplatte), wird abgekühlt, beschlichtet und mit hoher Geschwindigkeit aufgewickelt. Der Nenndurchmesser der Glasfasern, meist im Bereich von 5 bis 25 µm, wird durch die Abziehgeschwindigkeit kontrolliert.

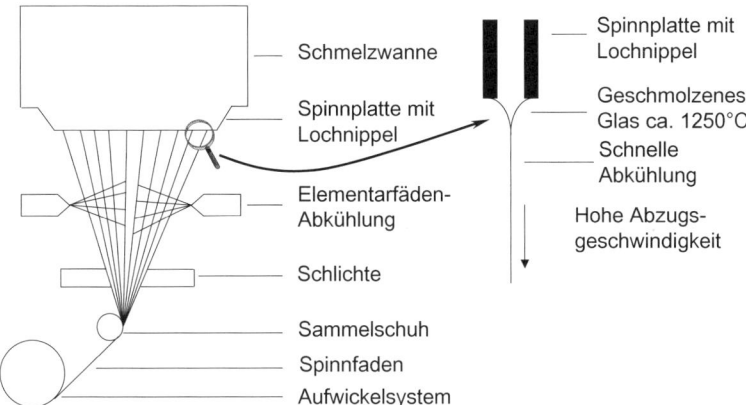

Bild 2.3 Herstellung von Glasfasern – schematisch

Die aufgebrachte Schlichte (Finish) beeinflusst die Glas/Polymer-Grenzfläche im Verbundwerkstoff und dementsprechend auch dessen Eigenschaftsprofil. Die Schlichte ist ein komplexes wässriges Gemisch, dessen Hauptkomponente der polymere Filmbildner ist. Dieser sorgt für den Zusammenhalt der Glasfilamente während der Herstellung, wodurch der abriebbedingte Faserbruch vermieden wird. Im Verbundwerkstoff hat der Filmbildner die Aufgabe, die benötigte Verträglichkeit zwischen der Matrix und dem Glas zu gewährleisten. Die üblichen Filmbildner werden auf Basis von Polyvinylacetat, Polyurethan, Polyacrylat oder Epoxidharz hergestellt. Weitere wichtige Bestandteile der Schlichte sind Gleitmittel (Glas selber hat einen sehr hohen Reibungskoeffizientcn) und Haftvermittler (Coupling agent). Letztere (z. B. Organosilan-Verbindungen) beeinflussen die Faser/Matrix-Haftung maßgeblich (siehe Abschnitt 2.3). Für die textiltechnische Verarbeitung von Glasfilamenten (z. B. Zwirnen, Weben) benötigt man andere Schlichten. Diese werden nach der Textilstrukturierung durch Wärmebehandlung entfernt, und es wird eine neue Schlichte mit Haftvermittler als Hauptkomponente, maßgeschneidert für die vorgesehene Matrix, aufgebracht.

Glasfasern sind aufgrund ihres günstigen Preis/Leistungsverhältnisses die bedeutendsten technischen Verstärkungsfasern. Nach Art ihrer Zusammensetzung tragen Glasfasern unterschiedliche Bezeichnungen, von denen im Folgenden nur die drei marktgängigsten kurz charakterisiert werden sollen:

E-Glas E	elektrisch (ursprünglich für den elektr. Einsatz entwickelt), in FKV standardmäßig eingesetztes Aluminiumborsilikatglas, Alkalioxidgehalt < 1 %
C-Glas C	verbesserte chemische Beständigkeit durch höheren Borgehalt, mechanische Eigenschaften ähnlich wie E-Glas, etwas geringere Bruchdehnung
S-Glas S	Strength, spezielles Glas mit höherer Bruchfestigkeit und Steifigkeit als E-Glas, besonders feuchtigkeitsbeständig

2.1.2.2 Kohlenstofffasern (CF)

Als Kohlenstofffasern bezeichnet man solche technische Fasern, welche in einem Temperaturbereich von 1000 bis 2000 °C hergestellt bzw. behandelt wurden und deren Kohlenstoff-Gehalt zwischen 92 und 99,90 Gew.-% liegt. Graphitfasern resultieren aus einer kurzzeitigen Behandlung oberhalb von 2500 °C. Die Fasern besitzen die zweidimensionalen Graphitstrukturen und weisen nur im Ausnahmefall eine dreidimensionale, kristalline Struktur auf.

Zur Herstellung von Kohlenstofffasern benutzt man meist strukturell vorgeformte, hochmolekulare Materialien (Precursor), z. B. organische Fasern oder Pech, obwohl sie auch aus niedermolekularen Stoffen zu synthetisieren sind, z. B. katalytisch hergestellte Kohlenstofffasern. Grundsätzlich eignen sich verschiedene Polymerfasern als Precursor zur Kohlenstofffaser-Herstellung, heute werden jedoch fast ausschließlich Polyacrylnitril-Varianten (PAN) eingesetzt. Ihr Siegeszug ab Ende der 60er Jahre ist ungebrochen. Chemisch wird die ursprüngliche Struktur des Precursors über Pyrolyse in eine gekoppelte („vernetzte"), gereckte polyaromatische Struktur umgewandelt, Bild 2.4.

Das Bild 2.4 verdeutlicht, dass der Kohlenstoff-Gehalt der Fasern während des Pyrolyseprozesses deutlich zunimmt, wobei flüchtige Oxidationsprodukte entstehen. Für die Kohlenstofffaserherstellung gibt es grundsätzlich 3 Verfahrensvarianten: Bei der Streckgraphitierung werden in den Precursorfasern zunächst aromatische Strukturen aufgebaut, dann gekoppelt und gereckt. Durch das Recken werden die aromatischen Strukturen in Richtung der Faserachse (Streckrichtung) orientiert und die Graphitebenen parallel zueinander ausgerichtet. Da das Recken der pyrolisierten Fasern problembehaftet ist, wird der Reckvorgang vorverlegt, d. h. in die Oxidierungs/Zyklisierungs-Stufe eingebaut, Bild 2.4. Dies erfolgt bei 200 bis 300 °C an gereckten PAN-Fasern. Die Reaktion ist stark exotherm, wobei durch die Wärmeentwicklung eine reale Brandgefahr für die Gesamtanlage besteht. Daher werden dafür spezielle PAN-Copolymere statt des Homopolymers verwendet. Die durch die Oxidation entstandene zyklische Struktur stabilisiert die oxidierten Fasern, die dann auch in dieser Form vermarktet werden. Durch das Recken während der Oxidierungsphase findet eine strukturelle Vororientierung statt, welche die gewünschte orientierte Graphitisierung unterstützt. Dieser Schritt wird in einer inerten Atmosphäre vorgenommen. Das weitere Aufheizen (z. B. unter Argon) auf ca. 2000 °C führt zu hochzugfesten (HT – high tenacity, C-Gehalt: 92 bis 96 Gew.-%), hochmoduligen (HM – high modulus, C-Gehalt: 99 Gew.-%) oder ultrahochmoduligen (UHM – ultrahighmodulus, C-Gehalt > 99 Gew.-%) Typen, abhängig von dem für diese Behandlung gewählten Temperatur- und Zeitverlauf.

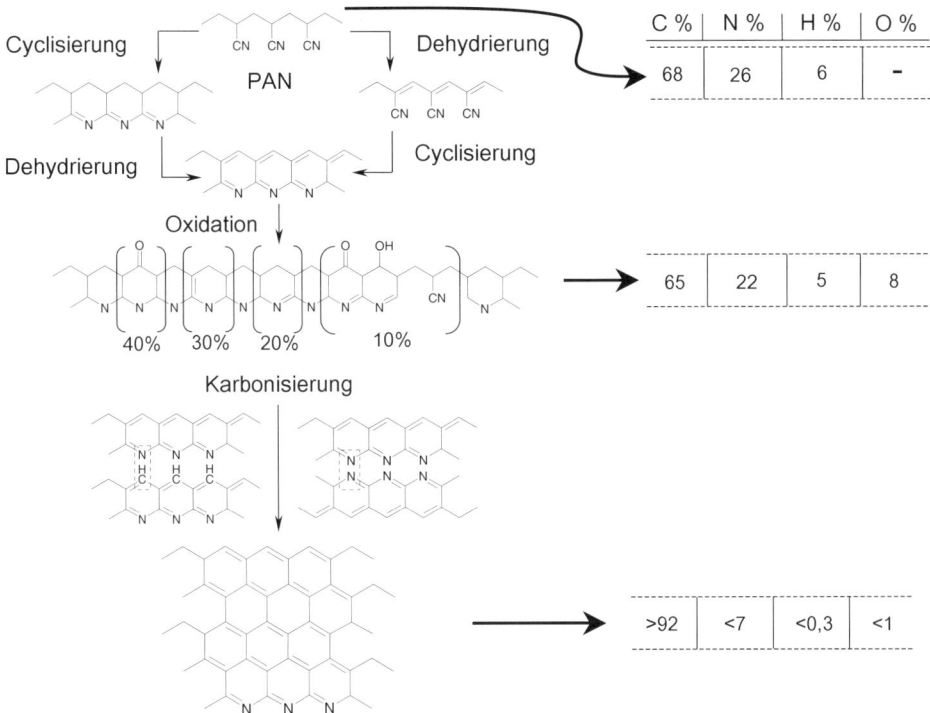

C %	N %	H %	O %
68	26	6	-
65	22	5	8
>92	<7	<0,3	<1

Bild 2.4 Schritte der Graphitstrukturbildung aus PAN-Precursor

UHM Typen werden auch als Graphitfasern bezeichnet, da die Temperatur während dieser zweiten Variante der Herstellung üblicherweise höher als 2500 °C ist. Wie aus Tabelle 2.1 ersichtlich, führt die Zunahme der Steifigkeit zu einem Abfall von Festigkeit und Dehnung.

Die dritte Variante der Kohlenstofffaserherstellung nutzt die Möglichkeit, die benötigte molekulare Ausrichtung während des Spinnvorgangs des Precursors zu erzeugen. Sie basiert auf dem flüssigkristallinen Charakter polyaromatischer Verbindungen aus Pech, Teer und Asphalt. Die späteren Graphitebenen werden in diesem Fall teilweise bereits durch das Spinnen vorgebildet. Sie werden daher auch als Graphitfasern bezeichnet, obwohl die Pyrolysetemperatur während der Herstellung 2500 °C meist nicht überschreitet. Allerdings ist das Spinnen aus der flüssigkristallinen Phase (Mesophase) verfahrenstechnisch aufwendig. Ferner weisen Pechfasern aus einer isotropen Schmelze nur geringere Festigkeits- und Steifigkeitswerte auf, Tabelle 2.1.

Aufgrund ihrer hervorragenden mechanischen Eigenschaften haben sich Kohlenstofffasern in vielen Anwendungsbereichen etabliert. Neben dem mechanischen Eigenschaftsprofil sind sie elektrisch leitend und verfügen entsprechend auch über eine gute Wärmeleitfähigkeit. Der thermische Ausdehnungskoeffizient in axialer Richtung ist typenabhängig und meistens leicht negativ (im Bereich von 0,6 bis $1 \cdot 10^{-6} \, K^{-1}$).

Auf die Bedeutung und weitere Entwicklung der Kohlenstofffasern wurde schon in Kapitel 1 eingegangen.

2.1.2.3 Aramidfasern

Der Begriff Aramid leitet sich aus der chemischen Bezeichnung „*aromatisches Poly-amid*" ab. Laut Definition sollen dabei mehr als 85 % der Amidgruppen direkt 2 aromatische Ringe koppeln. Die Schmelztemperatur der Aramide liegt oberhalb ihrer Zersetzungstemperatur, weswegen sie nicht aus der Schmelze verarbeitbar sind.

Die ersten Aramidfasern wurden im Jahre 1962 unter dem Markennamen Nomex® von DuPont eingeführt. Dies ist ein sogenanntes Meta-Aramid – präzise ein poly(m-phenylenisophtalamid) – welches zu den flexiblen Varianten gehört. Meta-Aramid ist in einem geeigneten organischen Lösungsmittel lösbar. Die Fasern können aus der Lösung mittels Trocken- oder Nassverfahren gesponnen werden. Der Durchbruch für die Aramidfasern erfolgte ca. 10 Jahre später, als die steife, para-substituierte Version (Para-Aramid) unter dem Markennamen Kevlar® von DuPont kommerzialisiert wurde. Dieses poly(p-phenylenterephtalamid) ist sehr schwer löslich, zeigt aber flüssigkristalline Eigenschaften (d.h. ausgeprägte molekulare Orientierung) bei einer gewissen Temperatur und Konzentration in Schwefelsäure. Die hohe Orientierung der steifen Ketten bleibt auch nach dem Erstarren des Polymers im Fällbad erhalten. Die Fasern weisen daher – ohne einen Streckvorgang – sehr hohe Festigkeitswerte, aber einen niedrigeren Modul (ca. 50 GPa) auf.

Hochmodulige Typen (HM, E-Modul > 120 GPa) werden durch nachträgliches Strecken bei erhöhter Temperatur hergestellt. Die Glasumwandlungstemperatur von Aramid liegt bei ca. 350 °C, daher ist die maximale Einsatztemperatur bei ca. 300 °C anzusiedeln, Tabelle 2.1. Steifigkeit und Festigkeit von Aramid bei Zugbelastung sind mit HT und IM (intermediate) Kohlenstofffasern vergleichbar. Ihre Duktilität ist zwar hoch, aber bleibt unter der von Glasfasern. Ein weiterer Vorteil von Aramidfasern ist ihre Chemikalienbeständigkeit (ausgenommen starke Säuren und Basen), Flammwidrigkeit (selbstverlöschend, da ihr Sauerstoffindex bei 29 % liegt), Dimensionsstabilität, niedrige elektrische Leitfähigkeit und Wärmeleitfähigkeit. Gewisse Probleme bereiten andere charakteristische Eigenschaften wie hohe Wasseraufnahme (bis zu 7 Gew.-%), schlechte axiale und radiale Druckbelastbarkeit (der radiale Druckmodul liegt bei GPa), Anfälligkeit gegenüber UV-Bestrahlung und eine geringe Kompatibilität mit typischen Matrixharzen. Entsprechend werden die Aramidfasern beschlichtet. Geeignete Lösungen gibt es für Gummi und Epoxidharze. Das schlechte Abschneiden bei Druckbelastung ist auf den Zusammenhalt der steifen Ketten (H-Brücken) zurückzuführen. Vergleichbar zu den Kohlenstofffasern ist ihr thermischer Ausdehnungskoeffizient negativ (-2 bis $-6 \cdot 10^{-6}$ K^{-1}). Eine weitere Ähnlichkeit mit Kohlenstofffasern, die aber auf alle hochkristallinen Fasern zutrifft, ist, dass sich ihre zur kristallinen Struktur zugeordneten Raman-Absorptionsbänder in Abhängigkeit der Belastung (Zug/Druck) ändern und aufgrund einer geeigneten Eichung die herrschende Belastung exakt bestimmt werden kann, d. h. die Fasern wirken als lokal eingebaute Dehnungssensoren.

Hauptanwendung der Aramidfasern sind heute Verbundwerkstoffe mit thermoplastischen Elastomeren für schusssichere Schutzkleidung. Dabei wird die hohe Energieabsorption der Fasern aufgrund ihrer Neigung zur Fibrillierung (Aufspleißen) ausgenutzt. Ein großes Einsatzgebiet bildet auch die Verstärkung von Gummi in Reifen und Transportbändern.

Die weitere Entwicklung der Aramidfasern konzentriert sich auf verfahrenstechnische Aspekte. Hohe Priorität wird auch der Oberflächenbehandlung (Schlichteentwicklung) gewidmet. Auf der Materialseite wird nach wie vor an thermoplastisch verarbeitbaren Aramiden geforscht. Dabei würde man die damit verbundene Eigenschaftsverschlechterung für eine einfachere und umweltfreundlichere Faserherstellung in Kauf nehmen. Aramidfasern sind unter den Markennamen Kevlar®, Twaron®, Armos® und Technora® erhältlich.

2.1.2.4 Polyethylenfasern

Polyethylenfasern werden aus Polyethylen ultrahoher Molekülmasse (PE-UHMW – ultrahigh molecular weight polyethylene) durch Gelspinnen hergestellt. Gelspinnen (Gelextrusionspinnen) ist eine Abwandlung des Lösungsspinnens. Bei diesem Verfahren erzeugt man Filamente aus gelartigen Lösungen, deren Polymergehalt 80 Gew.-% erreichen kann. Hochmodulige Polyethylenfasern werden aus einer Lösung von 1 bis 2 Gew.-% UHMWPE (mittlere Molekülmasse, M_w ca. 5 bis 7 Million g/mol, gelöst in Xylol, Naphthalin oder Dekalin) hergestellt. Dabei werden die Moleküle parallel zueinander angeordnet, wobei durch zusätzliches Strecken und Thermofixierung eine spezielle Kristallstruktur entsteht. Diese verleiht den Fasern die hohe Steifigkeit und Festigkeit. Das Streckverhältnis der Fasern wird üblicherweise zwischen 30 und 100 eingestellt. Dies ist von der Verschlaufungsdichte des jeweiligen Polyethylens (kontrolliert durch M_w) sowie vom Lösemittelgehalt der „Grünfasern" abhängig.

Vorteile der PE-UHMW-Fasern sind die niedrige Dichte, hohe Steifigkeit und Festigkeit, chemische Beständigkeit, elektrische Isolierung. Nachteilig wirken die geringe Einsatztemperatur sowie die schlechte Faser/Matrix-Haftung. Polyethylenfasern werden unter den Markennamen Dyneema®, Spectra® und Tekmilon® angeboten.

Mit PE-UHMW-Fasern verstärkte PE-Verbundwerkstoffe werden heute in der Medizintechnik sowie für den ballistischen Schutz eingesetzt.

2.1.2.5 Naturfasern

L. Medina

Naturfasern können tierischen (z. B. Wolle), pflanzlichen oder mineralischen Ursprungs (z. B. Asbest) sein. Für den Verbundwerkstoffsektor sind besonders die Pflanzenfasern von Bedeutung. Sie sind zu unterscheiden in Bastfasern (aus den

Pflanzenstängeln, wie Flachs, Hanf, Kenaf und Jute) und Hartfasern (aus Blättern, Früchten usw., wie z. B. Sisal bzw. Kokos). Das heutige besondere Interesse an solchen Fasern als Verstärkungsmaterial hängt mit dem großen Leichtbaupotential der Naturfasern aufgrund ihrer niedrigen Dichte (ca. 1,5 g/cm³) und mit dem zunehmenden Umweltbewusstsein zusammen, da nachwachsende Rohstoffe keinen Beitrag zur globalen Erwärmung durch CO_2-Emission leisten.

In diesem Zusammenhang spielt die Anwendung von Naturfasern als Verstärkung in Verbundwerkstoffen eine wichtige Rolle, da der Einsatz von erneuerbaren oder biobasierten Materialien nicht nur die CO_2-Emissionen reduzieren kann (Ersatz von fossilen Rohstoffen, aber auch durch Bauteilgewichtsreduktion), sondern auch das positive Image eines Unternehmens durch die Förderung von Nachhaltigkeit und Umweltbewusstsein stärken.

Naturfasern sind diskontinuierliche Fasern: Sowohl ihre Länge als auch ihr Durchmesser variieren in einem breiten Bereich. Dies hat einen großen Einfluss auf die jeweiligen mechanischen Kennwerte, Tabelle 2.1. Zwar zeigen die pflanzlichen Fasern hohe Steifigkeit, verfügen aber nur über moderate Festigkeitswerte. Die Ursache liegt nicht nur in ihrem Stapelfasercharakter, sondern auch in ihrem Aufbau. Bild 2.5 verdeutlicht am Beispiel von technischen Flachsfasern, wie komplex deren Aufbau ist und wie wichtig diejenigen Komponenten sind, welche für den Zusammenhalt dieser Struktur sorgen („Pektin" in Bild 2.5). Die große Streuung der scheinbaren Festigkeit – der Faserdurchmesser ist nie rund – in Abhängigkeit von der Einspannlänge weist bereits darauf hin, dass man es hier mit einem Naturprodukt zu tun hat. Naturprodukt bedeutet, dass seine Qualität von zahlreichen Umweltparametern abhängig ist (Klima, Kultivierung, Boden usw.). Weiterhin spielt die sogenannte Röste eine entscheidende Rolle in der Faserqualität. Bei der Röste handelt es sich um einen mikrobiologischen Prozess, bei dem die chemischen Bindungen zwischen den Fasern aufgelöst werden (Degradation von Pflanzenkomponenten wie z. B. Pektine und Hemicellulose). Im Anschluss werden die Fasern in mehreren mechanischen Verfahren aus den Pflanzen gewonnen.

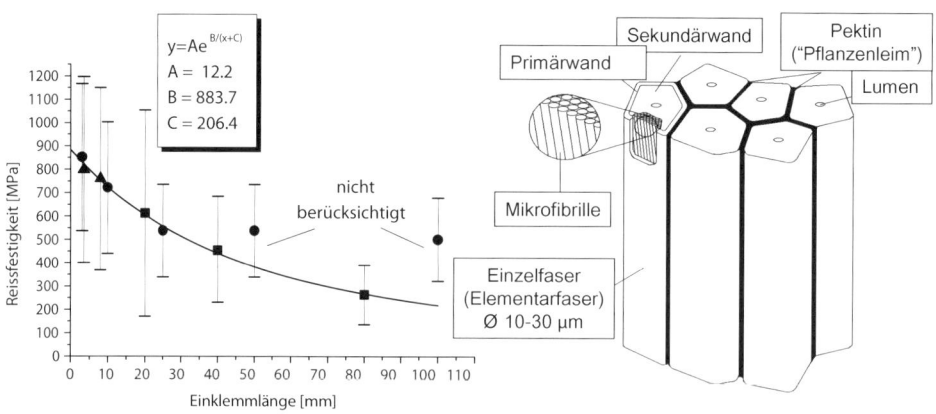

Bild 2.5 Aufbau und Festigkeit technischer Flachsfasern in Abhängigkeit von der Einspannlänge

Bei der Anwendung liegt der Schwerpunkt häufig auf den mechanischen Eigenschaften, wobei vergessen wird, dass die Naturfasern für hervorragende mechanisch-akustische Eigenschaften sorgen. Ein weiterer Vorteil ist, dass sie während der Verarbeitung deutlich weniger abrasiv sind als konkurrierende Fasern. Das Hauptproblem der Naturfasern ist ihre hohe Feuchtigkeitsaufnahme (typenabhängig, aber bis zu 14 Gew.-%). Ein weiteres Defizit stellt die niedrige thermische Belastbarkeit dar. Thermogravimetrische Analyse (TGA) der Naturfasern zeigt, dass manche Faserkomponente bereits ab Temperaturen von ca. 200 °C thermisch degradieren. Dies begrenzt bedeutend die Auswahl der Polymeren, die aufgrund höherer Verarbeitungstemperaturen mit Naturfasern „gemischt" werden können. Die Benetzbarkeit durch apolare thermoplastische Schmelzen ist ebenfalls nicht befriedigend, da die stark polaren Naturfasern nur relativ schwache physikalische Kräfte (z. B. Van der Waals) zwischen Faser und Matrix bilden können (Grenzflächenproblematik).

Naturfasern finden heute in weiten Bereichen sowohl mit thermo- als auch duroplastischer Matrix bei untergeordneter mechanischer Belastung Anwendung. Die weitere technische Entwicklung bewegt sich in Richtung Geruchsminderung (Emissionsreduzierung), verbesserte Faser/Matrix-Haftung, reduzierte Wasseraufnahme und Flammwidrigkeit. Sie wird auch bestimmt werden durch die Verfügbarkeit und den Preis, sowie durch die „politischen Rahmenbedingungen" (manche Länder, z. B. Malaysia, kompensieren den rückläufigen Tabakanbau durch Kenaf-Plantation).

2.1.2.6 Stahlfasern, Metallfasern

U. Breuer

Stahlfasern können in unterschiedlichen Legierungen nach traditionellen Drahtziehverfahren hergestellt werden. Dies ist heute großtechnisch auch bereits für sehr geringe Filamentdurchmesser möglich (1,5 μm). In sehr großen Mengen werden sie für Reifen und Transportbänder eingesetzt. Daneben bestehen Einsatzgebiete für elektrisch leitfähige Textilien sowie für die Verwendung von Kurzfasern in polymeren Verbundwerkstoffen zur Verbesserung elektrischer Funktionalitäten (z. B. elektromagnetische Abschirmung). Neuere Entwicklungen befassen sich mit der Integration von Stahlfilamenten in Verbundwerkstoffstrukturen zur Verbesserung des Energieabsorptionsverhaltens insbesondere bei Biege- und Zugbeanspruchung, um die im Vergleich zu Glas- und Kohlenstofffasern hohe Duktilität der Stahlfasern (ca. 10 % Bruchdehnung) auszunutzen. Hiervon verspricht man sich auch Vorteile bezüglich einer Verbesserung der Strukturintegrität z. B. bei Crashfällen (Vermeidung umherfliegender Bruchstücke, Nutzung noch intakter Lastpfade). Neben Stahlfasern werden oft auch Kupfer- bzw. Bronzetextilien mit Verbundwerkstoffen kombiniert. So kommen z. B. für die Verbesserung der Ableitung elektrischer Ladung beim Blitzeinschlag auf der Oberfläche tragender Flugzeugstrukturen aus CFK metallische Gewebe zum Einsatz, die die Schadensgröße bei Blitzschlag infolge thermischer Beanspruchung durch ihre hohe elektrische Leitfähigkeit auf ein zulässiges lokales Minimum limitieren.

■ 2.2 Matrixsysteme

2.2.1 Eigenschaften

Als Matrizes in Verbundwerkstoffen dominieren Duroplaste noch deutlich. Allerdings zeigen die Thermoplaste höhere Zuwachsraten. Beide haben Vor- und Nachteile hinsichtlich der Verarbeitung, Eigenschaften und Anwendungen. Zwar gab es auch Ansätze, um synergetische Effekte durch Anwendung von Matrix-Kombinationen zu erzielen, z.B. thermoplastisch verarbeitbare Duroplaste oder phasensegregierende Duroplast/Thermoplast-Mischungen, jedoch haben sich solche Systeme bis heute nicht durchsetzen können.

Tabelle 2.2 Typische Eigenschaften duroplastischer Matrixwerkstoffe

Duroplast	Zug			Biegung		Dichte	HDT-A (1,82 MPa)
	Modul GPa	Festigkeit MPa	Dehnung %	Modul GPa	Festigkeit MPa	g/cm^3	°C
Ungesättigte Polyesterharze (UP)	2,8 – 3,5	40 – 75	1,3 – 3,3	3,4 – 3,8	80 – 130	1,25 – 1,30	80 – 140
Vinylesterharze (VE)	2,9 – 3,1	~80	3,5 – 5,5	3,0 – 3,7	120 – 140	~ 1,1	100 – 150
Epoxidharze (EP)	2,8 – 3,4	45 – 85	1,3 – 5,0	2,6 – 3,6	100 – 130	> 1,16	50 – 175

Im Folgenden werden die wichtigsten Duro- und Thermoplaste, welche als Matrizes in Verbundwerkstoffen zum Einsatz kommen, mit ihren Eigenschaften, der Herstellung und den Anwendungen gegenübergestellt. Charakteristische, vergleichende Daten sind aus Tabelle 2.2 und Tabelle 2.3 zu entnehmen.

Tabelle 2.3 Typische Eigenschaften thermoplastischer Matrixwerkstoffe

Thermoplast	Zug			Biegung		Dichte	HDT-A (1,82 MPa)
	Modul GPa	Festigkeit MPa	Dehnung %	Modul GPa	Festigkeit MPa	g/cm^3	°C
Polypropylen (PP) – isotaktisches Homopolymer	1,3 – 1,8	30 – 40	> 50	1,1 – 1,6	~ 30	0,90 – 0,91	55 – 70
Polyamid 66 – trocken	3,0 – 3,5	75 – 100	> 20	~ 2,8	~ 110	1,13 – 1,20	75 – 100

Thermoplast	Zug			Biegung		Dichte	HDT-A (1,82 MPa)
	Modul GPa	Festigkeit MPa	Dehnung%	Modul GPa	Festigkeit MPa	g/cm³	°C
Polyethylen-terephthalat (PET) – teil-kristallin	2,8 – 3,5	55 – 80	> 20	~ 2,3	~ 90	1,38 – 1,40	65 – 75
Poly-phenylen-sulfid(PPS)	3,3 – 3,5	70 – 110	1,5	3,5 – 3,8	100–140	1,30 – 1,35	135
Polyether-etherketon (PEEK)	3,5 – 3,8	90 – 105	> 50	~ 3,6	~ 150	1,32	140 – 155

2.2.2 Duroplaste

2.2.2.1 Herstellung und Anwendung

Duroplaste entstehen durch eine irreversible chemische Reaktion von Reaktionsharzen, die meist als Vernetzung oder Härtung bezeichnet wird. Sie werden auch Präpolymere oder Oligomere genannt, da sie grundsätzlich als Monomere und Oligomere in flüssiger oder fester Form vorliegen. Die Glasumwandlungstemperatur T_g der festen Präpolymere liegt gewöhnlich oberhalb der Raumtemperatur, um ein Verkleben während der Lagerung zu vermeiden. Die Vernetzungsreaktion führt zu einem engmaschigen Netzwerk. Engmaschig bedeutet hierbei, dass die durchschnittliche Länge der Molekülsegmente zwischen den Vernetzungspunkten sehr gering ist, in deutlichem Unterschied zum Gummi, welches über eine weitmaschige Netzwerkstruktur verfügt. Dieses Netzwerk verleiht der Duroplast-Matrix unter anderem eine hohe Glasübergangstemperatur und entsprechend hohe Wärmeformbeständigkeit, gute Beständigkeit gegen Chemikalien und geringe Kriechneigung. Die chemische Vernetzungsreaktion ist irreversibel und bedeutet für die Duroplaste unter Umweltgesichtspunkten ein schwierigeres Recycling.

Die wichtigsten Duroplaste sind die ungesättigten Polyester- und Vinylesterharze (UP bzw. VE), Epoxidharze (EP) sowie die Phenolharze. Zwar unterscheiden sich die Harze hinsichtlich ihrer Vernetzung und entsprechend auch in den Eigenschaften, jedoch gibt es auch gemeinsame Merkmale. So kommt es während der Vernetzung zu einer Überlagerung zwischen Gel- und Glaszustand. Die Glasübergangs- oder Einfriertemperatur (T_g) ist erreicht, wenn die Bewegungsmöglichkeit der Moleküle, bzw. ihrer Kettensegmente endet. Das Bild 2.6 verdeutlicht das Geschehen am Beispiel eines EP-Harzes (Funktionalität: 2) mit einer primären Diaminverbindung (Funktionalität: 4). Mit zunehmender mittlerer Molekülmasse während der Vernetzungsreaktion, hier als Polyaddition, erhöht sich die Viskosität und das Harz geht aus einem Newtonschen Fluid über in ein viskoelastisches Fluid beim Gelieren. Beim Gelpunkt entstehen hochverzweigte Moleküle, welche dann sehr schnell den zur Verfügung stehenden Raum füllen. Es entsteht eine 3D-Struktur, in der die verzweigten Moleküle im flüssigen Rest des Harzes aufgequollen sind. Das Harz ist beim Gelpunkt noch vollständig lösbar (Solgehalt = 1, Gelgehalt = 0). Nach dem Gelieren beginnt die Vernetzung, wodurch sich der Gelgehalt erhöht und der Solgehalt abnimmt. Gleichzeitig geht das Harz von einem kautschukartigen, viskoelastischen in einen viskoelastischen Glaszustand über (d. h. erstarrt als Glas).

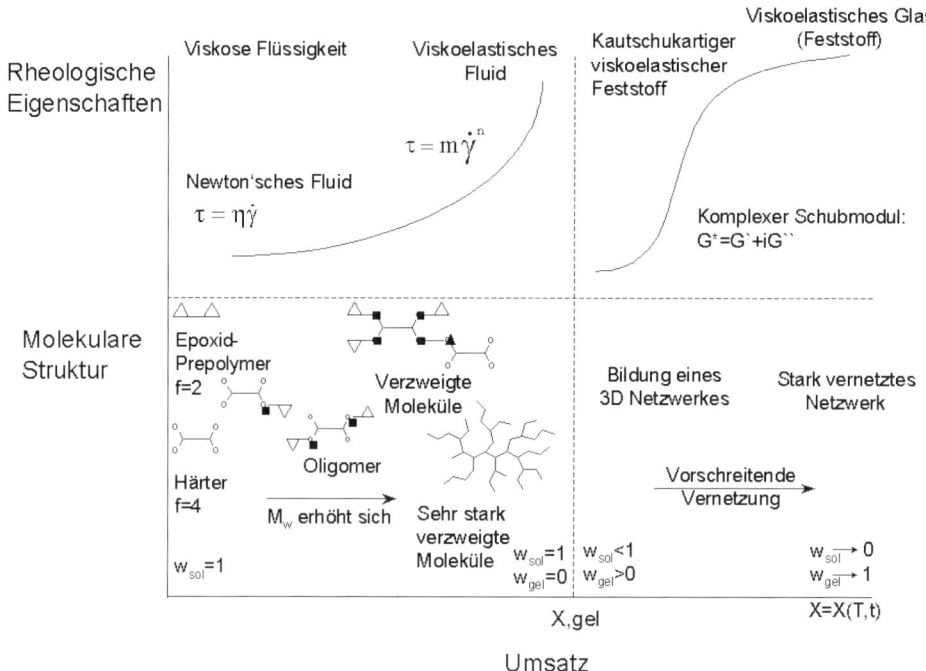

Bild 2.6 Aminvernetzung eines EP-Harzes schematisch, Umsatz (X) ist temperatur- (*T*) und zeitabhängig (*t*)

Der Gelpunkt hängt von der Art der Vernetzungsreaktion ab. Im Falle von Polyadditions-EP-Harzen kommt es bei ca. 60 % Umsatz zur Gelierung. In VE-Systemen, welche durch radikalische Copolymerisation härten, liegt der Umsatz beim Gelpunkt unter 10 %. Der Gelpunkt – bei isothermen Bedingungen spricht man von Gelzeit – ist dadurch definiert, dass die Viskosität des Harzes hier unendlich wird (Pre-Gel-Bereich in Bild 2.6), oder dass der Schubmodul einen Anfangsplateauwert (Gleichgewichtswert) erreicht (Post-Gel-Bereich in Bild 2.6). Eine exakte Bestimmung der Gelzeit ist allerdings schwierig und methodenabhängig.

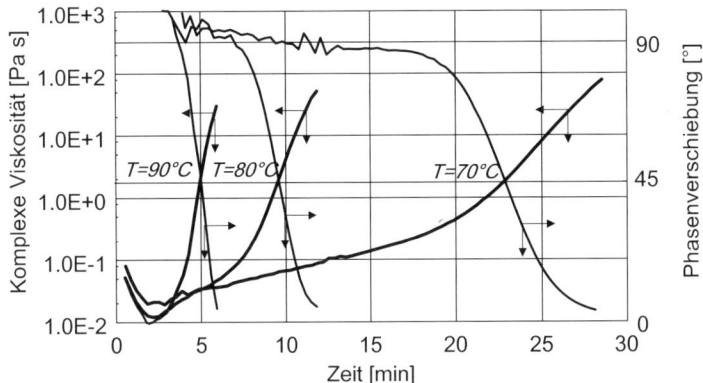

Bild 2.7 Bestimmung der Gelzeit mittels eines Platte/Platte-Rheometers; komplexe Viskosität η^* bzw. Phasenverschiebung δ, in Abhängigkeit der Zeit bei verschiedenen isothermen Bedingungen für ein VE-Harz

Man löst daher das Problem durch willkürlich definierte Parameter bzw. Eigenschaften, z.B. Erreichen einer definierten Viskosität oder durch die Messung der Gelzeit mittels einer vibrierenden Nadel. Eine zuverlässige wissenschaftliche Methode beruht darauf, den Gelpunkt durch $\tan \delta = G''/G' = 1$ bzw. $\delta = 45°$ zu definieren, wobei G'' und G' den Verlust- bzw. Speichermodul des komplexen Schubmoduls und δ die Phasenverschiebung darstellen, Bild 2.7. Hierbei ist anzumerken, dass $\tan \delta = \infty$ (unendlich) bzw. $\tan \delta = 0$ für eine Newtonsche Flüssigkeit bzw. für einen Hookeschen Körper gelten.

Es muss darauf hingewiesen werden, dass sich T_g mit der mittleren Molekülmasse erhöht. Wenn die Vernetzungstemperatur nicht oberhalb der ständig wachsenden T_g gehalten wird, erstarrt daher das Harz im Glaszustand, ohne sich weiter zu vernetzen, da die zur Vernetzung benötigte Molekülbeweglichkeit im Glaszustand nicht vorhanden ist. Dieser Übergang erfolgt entlang der Vitrifikationslinie in Bild 2.8, welche den Zusammenhang zwischen Umsatz und Temperatur beschreibt (conversion-temperature transformation oder CTT-Diagramm). Der Duroplast (Präpolymer + Härter) liegt zu Beginn (X = 0) entweder als Flüssigkeit oder im nichtgelierten Glaszustand vor. Für die Lagerung soll eine Temperatur $T < T_{g,0}$ gewählt werden, wobei $T_{g,0}$ den T_g-Wert des Systems bei X = 0 (kein Umsatz) angibt. Gelieren bedeutet einen Übergang zwischen flüssig und kautschukartig bzw. nicht geliertem und geliertem Glas, Bild 2.8. Bei $T_{g,gel}$ geht das Harz in ein geliertes Glas über.

Der Zustand, in dem sich der Duroplast während der Anwendung befindet, ist der des gelierten Glases. Daher sind die Eigenschaften in diesem Zustand von großer praktischer Bedeutung. Oberhalb der Temperatur des vollständig vernetzten Duroplasten (T_g,∞) setzt die thermische Zersetzung ein. Führt man diese bei isothermen Bedingungen oberhalb T_g,∞ aber unterhalb der Zersetzung durch (siehe Linie a in Bild 2.8), findet eine vollständige Vernetzung statt.

In der Praxis wird aber eher entlang der Linie b, d. h. isotherm zwischen $T_{g,gel}$ und $T_{g,\infty}$, gearbeitet. Hierbei besteht nämlich die Möglichkeit, die große Reaktionswärme abzuführen, was bei einer Härtung entlang der Linie a nur schwer möglich ist. Der erzielbare Umsatz ist hier durch die Vitrifikation begrenzt. Daher ist es notwendig, den Duroplast zu „devitrifizieren" und die Härtung in mehreren Schritten bei stetig höher gewählten Temperaturen durchzuführen, Bild 2.9. Die Harzhersteller geben hierzu entsprechende Hinweise wie: Abführung der Reaktionswärme, die bis zu 400 J/g erreichen kann, Erhöhung der Temperatur in kleinen Schritten und jeweils Abwarten der Vitrifikation.

Härtung entsprechend der Linie b in Bild 2.8 resultiert in einem Fertigteil (geliertes Glas). Wenn man ein Zwischenprodukt erzielen möchte, sollte die Vernetzung entlang der Linie c, d. h. zwischen $T_{g,0}$ und $T_{g,gel}$, erfolgen. Das Ergebnis ist dann ein vorvernetztes Material im sog. B-Zustand, welches als Ausgangsstoff für eine Formgebung mit gleichzeitiger Vernetzung dienen kann. B-Zustand bedeutet, dass das Material beim Erwärmen erweicht und in bestimmten Lösemitteln weiter löslich bleibt.

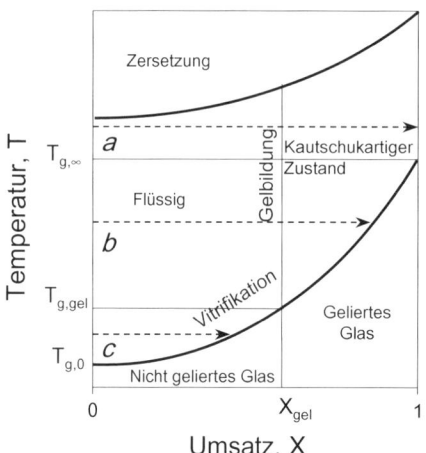

Bild 2.8
Umsatz-Temperatur-Diagramm (CTT) für Duroplast-Systeme – schematisch

Eine andere übliche Darstellung der Vorgänge während der Vernetzung ergibt sich, wenn man statt des Umsatzes die Zeit wählt (time-temperature-transformation, TTT-Diagramm, Bild 2.9). Das TTT-Diagramm kann aufgrund des CTT-Diagramms oder durch die experimentelle Bestimmung der Gel- und Vitrifikationslinien unter isothermen Bedingungen konstruiert werden. Im Falle der Anwendung des CTT-Diagramms muss die Umsatzgeschwindigkeit bekannt sein. Sie wird bis zum Gelieren bzw. zur Vitrifikation nach der Zeit integriert. Arbeitet man oberhalb einer Temperatur, bei der die Zeit zum Gelieren und Erstarren im Glaszustand gleich groß ist (d. h. > $T_{g,gel}$), entsteht zunächst ein Gel. Mit fortschreitender Zeit polymerisiert das flüssige Restmaterial, und die ganze Mischung erstarrt glasartig. Durch den statistischen Ablauf der Vernetzung bleiben viele reaktive Gruppen ungesättigt, deren weitere Reaktion im kautschukartigen Zustand diffusionskontrolliert abläuft und im Glaszustand praktisch zum Stillstand kommt. Daher ist es notwendig, einen Nachhärtungszyklus durchzuführen, welcher mehrere Vitrifikations- und Devitrifikations-Stufen beinhalten kann, Bild 2.9.

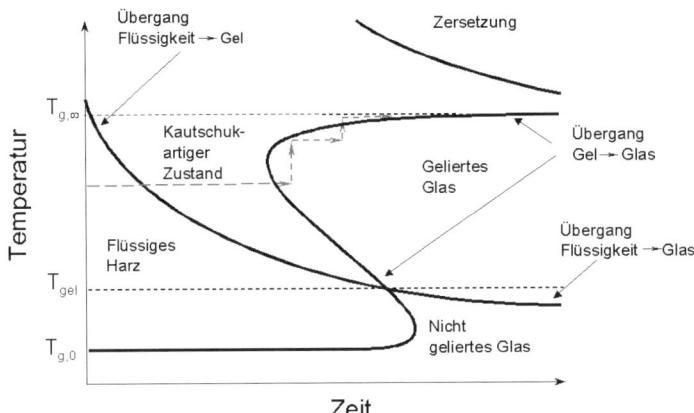

Bild 2.9 Zeit-Temperatur-Diagramm (TTT) für Duroplast-Systeme – schematisch

Die Vernetzung ist mit einer Schwindung verbunden, da dabei eine dichtere Molekülstruktur entsteht. Die Schwindung in Duroplasten kann bis zu 10 % betragen. Übliche Gegenmaßnahmen zur Reduzierung der Schwindung sind die Zugabe von Füll- und Verstärkungsstoffen, die Anwendung von Harzen mit hoher Molekülmasse oder das Kompensieren mit feindispergierten Thermoplasten, sog. low profile additives. Duroplaste sind spröde Harze, ihre Duktilitätswerte und ebenso die Zähigkeit sind niedrig. Die Verbesserung der Zähigkeit ist daher ein permanentes Entwicklungsthema.

Um hohe Zähigkeitswerte zu erzielen, muss die Scherdeformation des vernetzten Netzwerkes ausgelöst bzw. gefördert werden.

Die Entwicklung bei den Duroplasten konzentriert sich dabei auf Harzkombinationen wie Harzsysteme mit verschiedenen Vernetzungsreaktionen, schnellere Härtung mit Elektronenstrahlung oder UV-Initiierung und gezielte Eigenschaftsbeeinflussung wie Schrumpfreduzierung, Zugabe von Flammschutzmitteln und solchen zur Erzielung elektrischer Leitfähigkeit.

2.2.2.2 Polymerisations-Duroplaste

Diese Duroplaste entstehen durch die radikalische Polymerisation von tri- und höherfunktionellen Monomeren bzw. Präpolymeren. Dabei ist charakteristisch, dass die mittlere Funktionalität eines Duromer-Systems ≥ 3 betragen soll. Zu den Polymerisations-Duroplasten zählen u. a. die ungesättigten Polyester- (UP) und Vinylester-Harze (VE).

UP-Harze werden durch Polykondensation von Glykolen (Ethylen-, Propylen-, Neo-pentyl-, Diethylen-Glykol) mit gesättigten und ungesättigten Dicarbonsäuren bzw. -anhydriden mit Glykolüberschuss hergestellt. Typische Komponenten sind Phtal-säureanhydrid, Terephtalsäure, Isophtalsäure, Adipinsäure, Maleinsäureanhydrid und Fumarsäure. Das daraus resultierende Harz verfügt über mehrere Doppelbil-dungen, welche statistisch entlang der Molekülkette verteilt sind. Das UP-Harz wird über seine Doppelbindungen durch Copolymerisation von Vinylverbindungen – in erster Linie mit Styrol – vernetzt. Da Styrol eine Funktionalität von 2 hat, wirkt dabei überwiegend das UP-Harz als Vernetzer während der Copolymerisation. Die radikalische Copolymerisation kann als Warmhärtung über Peroxide oder ther-misch-zersetzbare Initiatoren oder durch Kalthärtung über Redox-Initiierungs-systeme ausgelöst werden. Während der Vernetzung werden nicht alle Doppelbil-dungen umgesetzt. Dies hat eine nur moderate Witterungsbeständigkeit zur Folge. Als Faustregel gilt für alle Kunststoffe mit Doppelbindungen, dass sie insgesamt nicht besonders witterungsbeständig sind.

Die Schrumpfung der technischen UP-Harze mit Styrol als reaktivem Lösungsmittel liegt bei ca. 8 %. Zur Kompensation werden schrumpfreduzierende Additive wie Polystyrol oder Polymethylmethacrylat eingesetzt. Die Eigenschaften der UP-Harze können durch die Auswahl der Komponenten variiert werden. Der Entwicklung der UP-Harze folgt das Ziel, die Emission des Styrols bei der Verarbeitung zu reduzieren bzw. zu eliminieren. Dies erfolgt durch die Ausbildung von Oberflächensperrschich-ten und den Einsatz von geringer flüchtigen und physiologisch unbedenklichen Vinylverbindungen.

Um 1965 erschienen die Vinylester-Harze auf dem Markt. Sie werden mittels Reak-tion von Acryl- bzw. Methacrylsäuren und EP-Harzen auf Bisphenol-A-Basis herge-stellt. VE-Harze sind deutlich reaktiver als UP-Harze, da sich die Doppelbindungen nicht entlang der Kette, sondern an den Kettenenden in terminaler Position befin-den. Ihre Funktionalität beträgt 4, so dass sie mit Styrol (Funktionalität: 2) gut ver-netzbar sind. Die vorhandenen sekundären OH-Gruppen können an einer weiteren Vernetzungsreaktion – z.B. mit Polyisocyanaten – teilnehmen. Die entsprechenden Harze sind als Vinylester-Urethan-Hybridharze (VEUH) bekannt, Bild 2.10.

Durch diese Reaktion ändert sich auch die Morphologie. Aufnahmen mittels Atom-kraft-Mikroskopie (AFM) belegen, dass die ursprüngliche mikrogelierte Struktur des VE-Harzes in ein kompakteres, interpenetrierendes Netzwerk (IPN) übergeht, Bild 2.11.

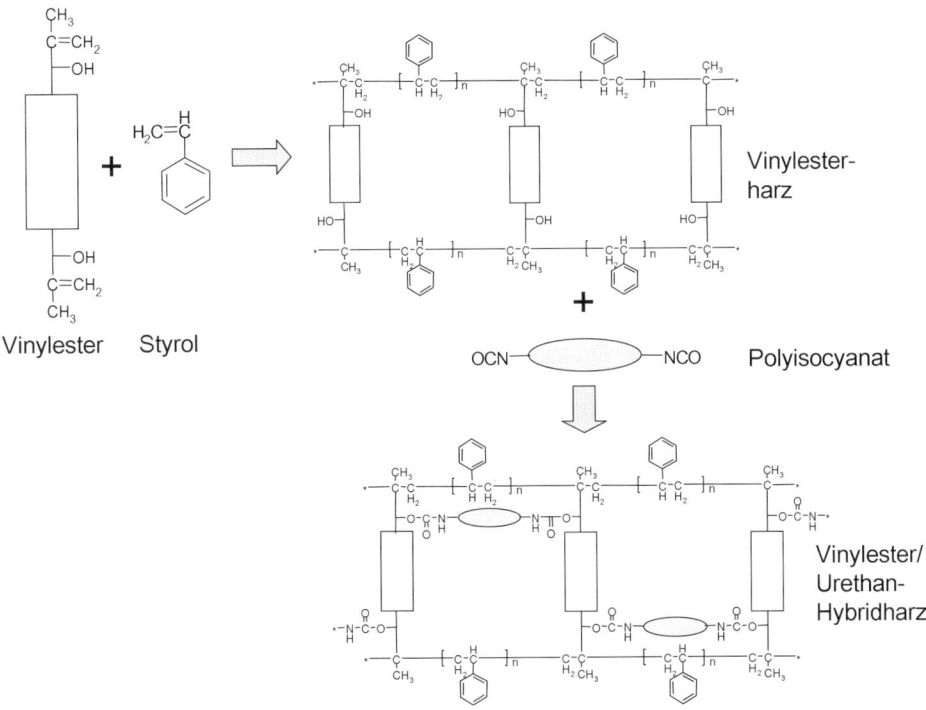

Bild 2.10 Aufbau und Vernetzung von Vinylester-Urethan-Hybridharzen – schematisch

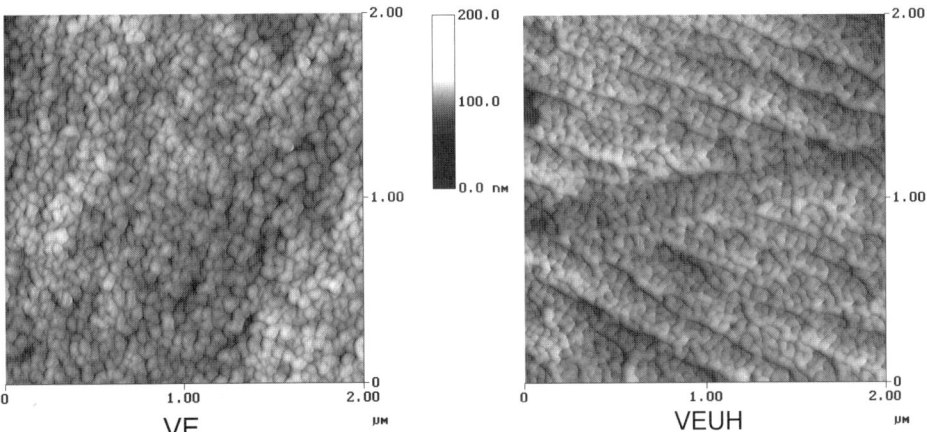

Bild 2.11 AFM-Aufnahmen mittels Ionenerosion physikalisch geätzter Oberflächen von VE- und VEUH-Harzen (Topografie)

VE-Harze zeichnen sich durch höhere T_g-Werte, bessere Wärme- und Chemikalien-beständigkeit, geringere Schrumpfung und auch verbesserte Zähigkeit gegenüber den traditionellen UP-Harzen aus. Da der Anteil von Estergruppen in VE-Harzen deutlich niedriger ist als in UP-Harzen, zeigen sie eine hohe Hydrolysebeständigkeit. Gleichzeitig benetzten VE-Harze wegen der Präsenz der OH-Gruppen in ihrer Kette Glasfasern besser als UP-Harze, Bild 2.10. Die aktuelle Entwicklung bei VE-Harzen zielt auf die folgenden Eigenschaften ab:

Flammwidrigkeit, reduzierte Rauchemission bei Brand, verbesserte Zähigkeit, Korrosions- und Chemikalienbeständigkeit.

2.2.2.3 Polyadditions-Duroplaste

Zu dieser Kategorie gehören die Epoxidharze (EP) und die vernetzbaren Polyurethane. Da die letzteren, außer im Reaktionsspritzgießen (reaction injection molding, RIM), im Verbundwerkstoff-Bereich eine untergeordnete Rolle spielen, werden sie hier nicht näher behandelt.

EP-Harze sind Oligomere mit Oxirangruppen. Die meisten EP-Harze sind aromatische bzw. cycloaliphatische Oligomere als Glycidylether des Bisphenols A aus der Reaktion mit Epichlorhydrin. In Abhängigkeit ihrer Molekülstruktur und Molekülmasse sind sie entweder flüssig oder fest. Ihre Vernetzung wird üblicherweise kalt mit polyfunktionellen Aminen oder warm mit multifunktionellen Carbonsäuren bzw. Carbonsäureanhydriden durchgeführt. Diese Vernetzungsvarianten sind auch unter dem Begriff der Heteropolymerisation bekannt. EP-Harze lassen sich sowohl nach anionischen als auch kationischen Mechanismen homopolymerisieren. Die Reaktionswege der Vernetzung sind schematisch in Bild 2.12. dargestellt. Dabei ist die Funktionalität des EP-Harzes bzw. des Härters vom jeweilgen Mechanismus abhängig.

Die homopolymerisierten EP-Systeme verfügen wegen ihrer Ether-Verbindungen über sehr gute Temperatur- und Chemikalienbeständigkeit. Um eine möglichst vollständige Vernetzung zu erzielen, muss das Harz/Härter-Verhältnis unter Berücksichtigung der Funktionalitäten als stöchiometrisches Verhältnis eingestellt werden. Abweichungen hiervon beeinflussen die Gelbildung, die Vernetzung und alle Eigenschaften. Wenn das Verhältnis Amin/Epoxy (r) im Bereich $1 < r < 3$ liegt, erhält man ein flüssiges, aminfunktionalisiertes Präpolymer, welches durch Zugabe von EP-Harz vernetzt werden kann. Dies wird in der Praxis in sog. 2-Stufen-Prozessen ausgenutzt. Mit EP-Überschuss, d.h. $r < 1$, wird nicht gearbeitet wegen der schnellen und kaum kontrollierbaren Gelierung bzw. Homopolymerisation ab $r < 1/3$. Das Harz/Härter-Verhältnis bei EP-Harzen ist von wesentlich größerer Bedeutung als bei UP- oder VE-Harzen. Aus der Vielfalt der verfügbaren EP-Harze und Härter sind jedoch wegen der besonderen Anforderungen nur wenige Formulierungen für Verbundwerkstoffe geeignet. So bieten hohe thermische Stabilität und ausreichende Festigkeit nur aromatische und cycloaliphatische EP-Harze. Zum Überblick und Vergleich wird auf die einschlägigen Tabelle 2.2 und Tabelle 2.3 verwiesen.

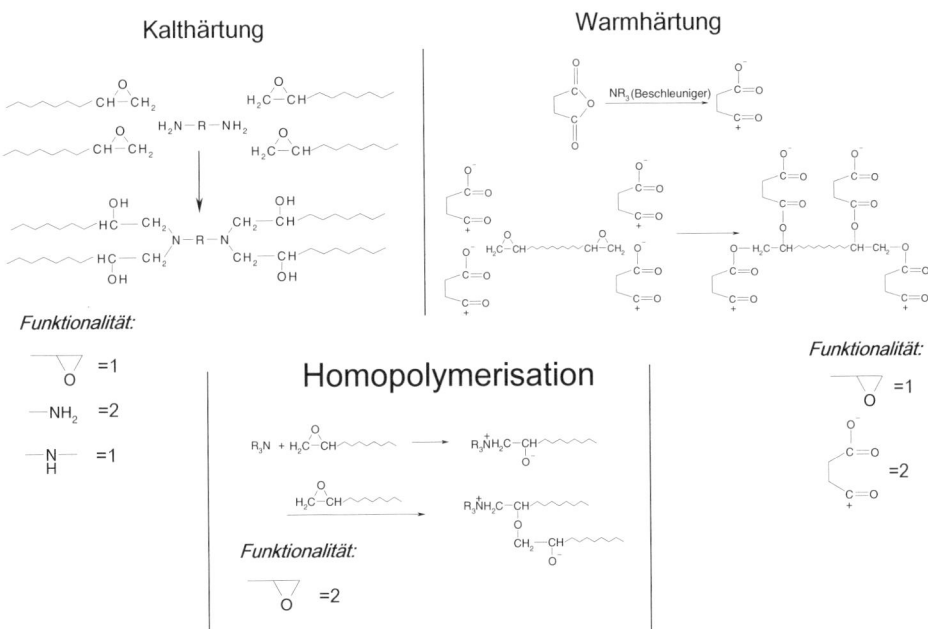

Bild 2.12 Reaktionswege der EP-Vernetzung – schematisch

Weitere Entwicklung – Potentiale

EP-Harze zeigen sehr gute Festigkeit und Steifigkeit bei moderater Zähigkeit. Zur Erhöhung der Zähigkeit bieten sich verschiedene Wege an:

Eine geeignete Methode ist die Einstellung der Vernetzungsdichte mittels reaktiver Verdünner. Ebenso hat sich die Zugabe von funktionellen Kautschuken gut bewährt, welche während der Vernetzung in eine feine Dispersion übergehen. Die Zähigkeitserhöhung resultiert hierbei aus dem Abbau der Eigenspannungen durch Kautschukkavitation und einer erhöhten Scherdeformation der Matrix, Bild 2.13. Diese Maßnahmen führen jedoch gleichzeitig zu Steifigkeitsverlust und Erniedrigung der Glasübergangstemperatur. Um diese Effekte zu vermeiden, werden auch Thermoplastpartikel zugemischt bzw. duch Phasensegregierung in situ erstellt. Die Schrumpfung von EP-Harzen beträgt 4,5 bis 6 %. Die Wasseraufnahme von EP-Harzen bleibt unter 0,9 %.

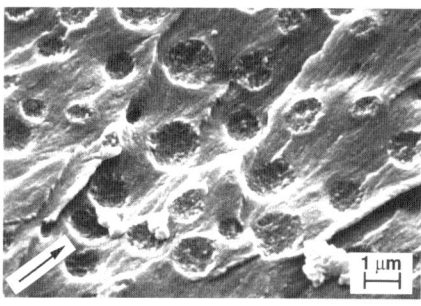

Bild 2.13
Bruchfläche eines warmgehärteten EP-Harzes, zähmodifiziert mit 10 Gew.-% carboxylfunktionalisiertem Flüssigkautschuk

Die Entwicklung von EP-Harzen befindet sich auch in einer „Reifephase". Neue Systeme werden nur anhand der ganzheitlichen Bilanzierung entwickelt. Man erhofft eine weitere Eigenschaftsverbesserung durch die Kombination von UP- und VE- mit EP-Harzen. In solchen Kombinationen findet eine schnelle (Copolymerisation mit Styrol) und eine langsamere Reaktion (z.B. Polyaddition zwischen Epoxid- und Amin-Gruppen) statt, wodurch die inneren Spannungen im Formteil besser abbaubar und das Formteil früher entformbar ist. Bei dieser Harzkombination kann es zur Entstehung einer ineinander dringenden Netzwerkstruktur (interpenetrating network, IPN – siehe Bild 2.14) kommen, welche nicht nur hervorragende Zähigkeit mit sich bringt, sondern auch deutliche Vorteile bietet in Anbetracht der Faser/Matrix-Haftung (EP-Harze benetzen die Verstärkungsmaterialien deutlich besser als VE-Harze und außerdem sind EP-beschlichtete Fasern auf dem Markt). Weitere Eigenschaftsverbesserungen erhofft man sich durch Konzepte der Nanoverstärkung. In diesem Falle werden Nanopartikel zugemischt bzw. in situ erstellt. Letzteres passiert bei dem Einsatz von organophilen Schichtsilikaten sowie durch die Anwendung der Sol-Gel-Chemie. Um die Vernetzung zu beschleunigen bzw. vervollständigen, wird mit Elektronen- und UV-Bestrahlung an geeigneten Systemen experimentiert.

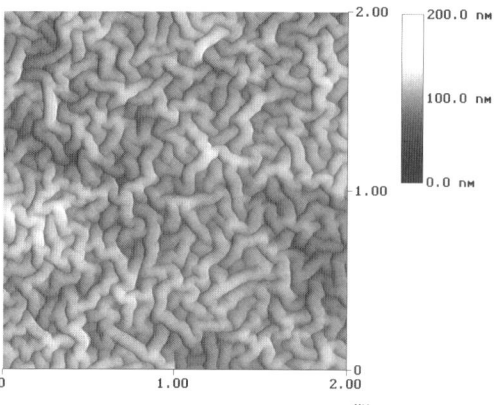

Bild 2.14 AFM-Aufnahme einer IPN-strukturierten VE/EP Harzkombination (Probe durch Ionenbombardierung „physikalisch geätzt")

2.2.2.4 Polykondensations-Duroplaste

Zu dieser Gruppe zählen vernetzbare Polyimide (PI) sowie Harze aus der Reaktion von Formaldehyd mit Phenolen (PF), Harnstoff (UF) oder Melamin (MF). Für Verbundwerkstoffe sind nur PI (weniger) und PF (stärker) relevant.

Es wurde früh erkannt, dass hohe thermische und thermooxidative Stabilität und ein hoher T_g-Wert oberhalb von 300 °C nur durch solche Ketten realisierbar sind, welche repetierend aromatische Heterozyklen bei einem Minimum von aliphatischem Anteil beinhalten. Diese Erkenntnis führte auch zur Entwicklung der vernetzbaren PI. Zwar werden die Harze selbst durch Polykondensation hergestellt, ihre Vernetzung kann auch durch radikalische Polymerisation (anhand der Doppelbindungen an den Kettenenden) erfolgen. Die wichtigsten vernetzbaren PI sind PMR-15 (PMR ist eine Abkürzung von Polymerization of Monomer Reactants) und PMR-II. Zwar zeigen sie eine für die Imprägnierung günstige Schmelzviskosität und im vernetzten Zustand einen T_g-Wert bei ca. 340 °C, ihre Wasseraufnahme ist jedoch relativ hoch (2 bis 4 %).

PF ist der erste synthetisch erzeugte Kunststoff (1907). Bei der Reaktion mit Phenolüberschuss und Säurekatalyse entstehen Novolake. In diesem Falle ist das Kondensationszwischenprodukt (Mehylolphenol) nicht stabil und reagiert weiter mit den H-Atomen in ortho- (o) und para (p)-Stellungen des Phenols. Dadurch entstehen Methylenbrücken zwischen den Phenolringen (siehe Bild 2.15). Das Endprodukt Novolak ist fest, hat eine geringe mittlere Molekülmasse und stellt wegen seines linearen Aufbaus ein thermoplastisches Harz dar. Für die Härtung von Novolaken wird gewöhnlich Hexamethylentetramin („Hexa") angewandt, welches bei erhöhter Temperatur zu Formaldehyd und Ammoniak zerfällt. Das zu dieser Reaktion benötigte Wasser liefert das aus der Polykondensation zwischen Phenol (Funktionalität = 3) und Formaldehyd entstehende Wasser. Da die Vernetzung in p-Stellung schneller abläuft als in o-Stellung, sollten die Methylol-Endgruppen der Novolake eine o-Stellung haben.

Führt man die Reaktion zwischen Phenol und Formaldehyd basenkatalysiert und mit Formaldehyd-Überschuss durch, erhält man flüssige oder feste Resole. Die ortho- und para-Stellungen des Phenols sind hier gleich reaktiv, wodurch eine verzweigte Struktur entsteht. Diese hat sowohl Methylen- als auch Dimethylenether-Brücken. Die niedrigmolekulare Resole ist wasserlöslich. Die Vernetzung der Resolharze erfolgt über die freien Methylolgruppen (Bild 2.15). Dabei tritt Wasser aus, welches aus dem vernetzenden Produkt entfernt werden muss. Maßgebliche Vorteile der PF-Harze sind folgende: Hohe Temperatur- und Chemikalienbeständigkeit, inhärente Flammwidrigkeit, geringe und weniger korrosive Rauchgasentwicklung beim Brennen gegenüber flammhemmend ausgerüsteten UP-Harzen. Für die Zähigkeitserhöhung von PF-Harzen können die üblichen Strategien („reaktive Verdünnung" bzw. „Partikelmodifizierung") benutzt werden. Ein größeres Problem der PF-Harze stellt die mögliche Formaldehyd-Emission dar.

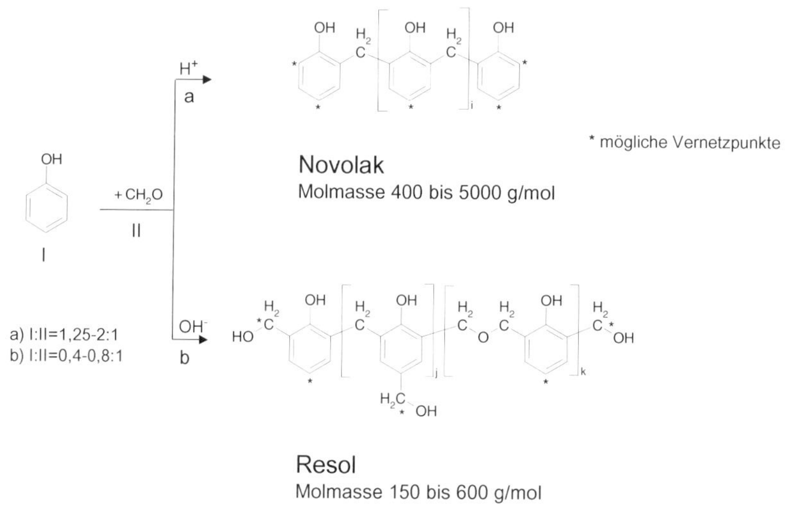

Bild 2.15 Herstellung und Aufbau von Novolak- und Resol-Harzen

2.2.2.5 Biobasierte Duroplaste

Als biobasierte Polymere werden solche betrachtet, deren Ausgangsmaterialien in Form von Mono-, Oligo- und Polymeren aus erneuerbaren, nachwachsenden Quellen stammen. Dies bedeutet nicht, dass alle biobasierten Systeme bioabbaubar sind. Die biologische Abbaubarkeit hängt nämlich nicht nur vom biobasierten Anteil des jeweiligen Polymers ab. Es können auch nicht abbaubare Polymere (z. B. PE) synthetisiert werden auf nachwachsender Rohstoffbasis (im erwähnten Fall aus Bioethanol).

Polymerisations-Duroplaste

Modifizierte, funktionalisierte Pflanzöle werden in zunehmendem Maße für Polymerisations-Duroplaste angewandt. Pflanzliche Öle sind aus Ölpflanzen gewonnene Öle und Fette. Von ihrer chemischen Zusammensetzung her sind sie Triglyceride, d. h. Ester des Glycerols mit Fettsäuren. Die letzteren können über für die Vernetzung benötigte mehrfache Ungesättigkeit verfügen. Diese Doppelbindungen sind aber wenig reaktiv. Daher werden die Pflanzöle (z. B. Soja- und Leinöl) chemisch modifiziert. Die akrylierten, epoxidierten Öle können zu UP- und VE-Harzen beigemischt werden. Deren Anteil überschreitet 15 Gew.% nicht, wegen einer erheblichen Eigenschaftsverminderung. Insbesondere die Steifigkeit und T_g-Wert sind beeinträchtigt, da die Kettensegmente zwischen den Vernetzungspunkten sehr lang und flexibel sind. Reaktionsfähige Doppelbindungen können auch an Zuckeralkoholen ausgebildet werden.

Polyadditions-Duroplaste

Biobasierte epoxid-funktionalisierte Öle finden Anwendung seit längerer Zeit als Weichmacher in der Kunststoffindustrie (z. B. epoxidiertes Sojaöl in Polyvinylchlorid, PVC). Heutzutage sind sehr große Anstrengungen zu vermerken, um epoxidierte Pflanzöle – mit und ohne „petrochemisch" hergestellten EP-Harzen – zu verwenden, wobei die üblichen Härter zum Einsatz kommen. Dies ist mit einer Abnahme der Vernetzungsdichte und daher Verschlechterung in den wichtigsten thermo-physikalischen Eigenschaften verbunden.

Der nachwachsende Anteil der vernetzbaren Polyurethane ist inzwischen beachtlich. Dies ist darauf zurückzuführen, dass die Polyol-Komponenten (Glycerol aus Pflanzölen, Zuckeralkohole aus Kohlehydraten, Bioethanol-basierter Synthesewege) einfach und kostengünstig herstellbar sind.

Polykondensations-Duroplaste

Auf dem Gebiet sind Furanharze zu erwähnen, die aber nicht aus Furan, sondern aus Furfurylalkohol-Kondensaten bestehen. Ihr nachwachsender Rohstoff ist meistens Abfall, welcher bei Zuckerrohrherstellung entsteht. Die Vernetzung der Furanharze läuft in sauren Medien. Die jeweiligen Produkte zeigen hervorragende chemische und thermische Beständigkeit sowie exzellente Flammwidrigkeit auf.

Polybenzoxazine stellen eine weitere zukunftsträchtige Gruppe dar. Für ihre Herstellung benötigte Phenol-Derivate können aus mehreren erneuerbaren Quellen bzw. Agrarabfällen (Cardanol) stammen.

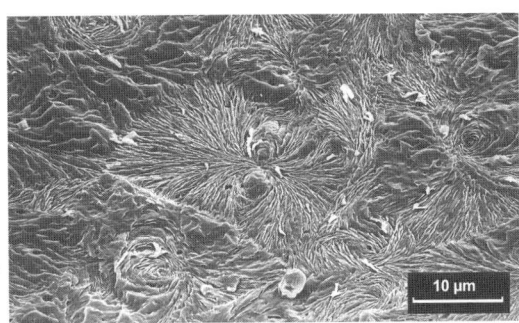

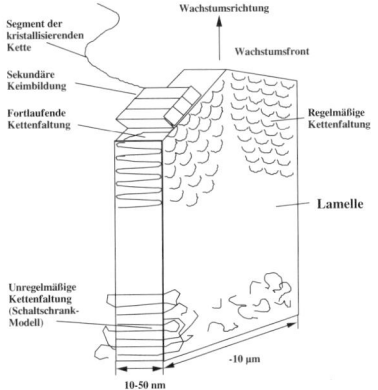

Bild 2.16
Sphärolithische Struktur eines β-Polypropylens nach chemischer Ätzung und schematischer Aufbau von Kristalllamellen

Polybenzoxazine vernetzen sich über Ringöffnung und nicht durch Polykondensation und stellen somit eine neue Generation der PF-Harze dar. Diese Harze, welche mit vielen anderen zielorientiert kombiniert werden können, verzeichnen praktisch keine Schwindung sowie extrem gute thermische- und Feuerbeständigkeit. Leider ist ihre Vernetzungstemperatur zu hoch für die gängige Praxis.

2.2.3 Thermoplaste

2.2.3.1 Herstellung und Anwendung

Die zunehmende Anwendung von Thermoplasten als Matrizes in Faserverbundwerkstoffen geht auf eine Reihe von Gründen zurück. Ihre Verarbeitung ist deutlich schneller als bei den Duroplasten, da keine Härtung erfolgen muss. Thermoplaste besitzen sehr günstige Eigenschaften, die sich besonders bei Faserverbundwerkstoffen auswirken. Dies sind u. a. Delaminationswiderstand, hohe Restdruckfestigkeit nach subkritischer Belastung senkrecht zur Laminatebene und Chemikalienbeständigkeit. Thermoplaste sind darüber hinaus nicht toxisch, quasi unbegrenzt lagerfähig und einfach über die Schmelze rezyklierbar. Dagegen sind aber auch einige weniger vorteilhafte Eigenschaften zu beachten, wie z. B. hohe Schmelzviskosität und die Kriechneigung.

Thermoplaste sind entweder amorph oder teilkristallin. Amorphe Thermoplaste werden auch als polymere Gläser bezeichnet. Ihre Moleküle liegen ungeordnet, d. h. völlig regellos vor. In dieser Hinsicht liegt eine Analogie zu den Duroplasten vor. Teilkristalline Polymere verfügen über eine molekulare Nahordnung. Der teilkristalline Zustand stellt sich ein, weil die langen Ketten nicht imstande sind, vollständig zu kristallisieren. Hauptgründe dafür sind ein unregelmäßiger Aufbau durch die Synthese der Ketten oder eine schnelle Abkühlung aus der schmelzflüssigen Phase. Teilkristalline Polymere können aber auch, sogar gleichzeitig, in mehreren Kristallmodifikationen (Polymorphie) vorliegen, wobei die Anordnung und Packung in den jeweiligen Kristallgittern unterschiedlich sind. Bei der von einem Keim ausgehenden Kristallisation entstehen Lamellen (Dicke < 50 nm), welche aus gefalteten Molekülketten bestehen. Die räumliche Anordnung von Kristalllamellen führt zur Entstehung von Sphärolithen (Durchmesser < 100 µm). Diese Überstruktur wird oft als Morphologie oder Gefügestruktur bezeichnet, Bild 2.16. Die Lamellen und deren Wachstumsrichtung sind deutlich auf der rasterelektronenmikroskopischen Aufnahme erkennbar.

Man könnte zunächst annehmen, dass ein teilkristallines Polymer eine Zweiphasenstruktur besitzt, in der die Kristallblöcke in einer amorphen Matrix verteilt sind. Die Realität folgt dem aber nicht, da die amorphen und teilkristallinen Bereiche – wegen der Moleküllänge – miteinander verknüpft sind. Dies erfolgt über die sog. Verbindungsmoleküle (tie molecules). Ihre Rolle ist sehr wichtig, da sie für den

Abbau der auf molekularer Ebene auftretenden Spannungen zuständig sind. Es ist praktisch nicht möglich, einen Parameter der komplizierten kristallinen Struktur allein zu variieren. Ändert man z. B. durch Keimbildner die Kristallmodifikation, werden große Änderungen auf der Lamellenebene (Dicke, Abstand) und sogar in der Gesamtkristallinität hervorgerufen. Eine gezielte Änderung der sphärolithischen Struktur z. B. durch Abkühlung, führt zu nicht vernachlässigbaren Änderungen in den Lamellencharakteristika und der Kenngrößen der amorphen Phase inklusive der Verbindungsmoleküle. Man kann davon ausgehen, dass ein ausgewogenes Eigenschaftsprofil bei einer optimalen kristallinen Struktur vorliegt, worunter nicht allein die ziemlich einfach bestimmbare Gesamtkristallinität verstanden wird. Zunehmende Kristallinität verursacht eine Steifigkeitsverbesserung, dies ist eine klare Analogie zur Verstärkung. Über eine kritische Kristallinität hinaus werden aber die Festigkeit und/oder Zähigkeit deutlich herabgesetzt. Die Gründe dafür liegen auf der Hand: Fehlende Verbindungsmoleküle und Hohlraumentstehung durch die kristallisationsbedingte Schrumpfung.

Es ist ferner zu beachten, dass das Kristallisationsverhalten und die entstehende Morphologie auch von der „Schmelzebelastung" abhängig (scherströmungs-induzierte Kristallisation, Haut-Kern-Morphologie in Spritzgussteilen) und sogar mit „Memorie"-Erscheinungen verbunden ist. Die Morphologie in der Festphase ändert sich auch durch äußere Belastung. Da zum Aufbrechen der kristallinen Struktur deutlich mehr Energie benötigt wird als zum Deformieren der verknäulten Moleküle in der amorphen Phase, zeigen die teilkristallinen Thermoplaste einen höheren Widerstand gegen Kriechen (statische Belastung), Ermüdung (zyklische Belastung) und Ermüdungsrissausbreitung. Aufgrund dieser Effekte könnte man annehmen, dass die Eigenschaften von amorphen Thermoplasten besser voraussagbar sind als diejenigen von teilkristallinen.

Man darf aber nicht außer Acht lassen, dass der Glaszustand instabil ist. Eine Auslagerung unterhalb T_g führt zu einer Kompaktierung der Moleküle im Glaszustand, welche z. B. durch Dichtemessung gut verfolgbar ist. Dieser Prozess – als „physikalische Alterung" bezeichnet – kann starke Materialversprödung herbeiführen. Anderseits kann diese physikalische Alterung durch sog. Verjüngung (kurzfristige Auslagerung oberhalb der T_g) rückgängig gemacht werden. Einige teilkristalline Polymere lassen sich durch schnelle Abkühlung in völlig amorphem Zustand erstarren. Sie kristallisieren aber mehr oder weniger schnell, wenn T_g überschritten wird. Um die Kristallisation aus der Schmelze zu fördern, werden Thermoplasten heterogene Keimbildner zugemischt. Erwähnenswert ist, dass im Normalfall eine homogene Kristallisation stattfindet, d. h., die Primärkeime bilden sich aus den Polymerketten selbst. Die amorphe Phase altert auch in teilkristallinen Polymeren: oberhalb T_g läuft sie entsprechend schneller ab. Mit zunehmender Temperatur kann es sogar zur Nachkristallisation kommen, die gewöhnlich mit einer Versprödung verbunden ist.

Für die Verarbeitungstemperatur von Thermoplasten gilt die folgende Faustregel: Für amorphe – $T > T_g + 100\ °C$ und für teilkristalline – $T > T_m + 40\ °C$.

2.2.3.2 Polymerisations-Thermoplaste

Das wichtigste Mitglied dieser Produktfamilie ist das isotaktische Polypropylen (PP oder iPP). Polypropylen ist teilkristallin und verfügt über eine Schmelztemperatur T_m von ca. 165 °C, Tabelle 2.2. PP ist kommerziell in unterschiedlicher Taktizität verfügbar. Allerdings ist nur das isotaktische PP für Faserverbundwerkstoffe von Bedeutung. Dies ist begründet durch die guten Steifigkeits- und Festigkeitswerte sowie die Chemikalien- und Wärmeformbeständigkeit. Zur Erhöhung der Zähigkeit (T_g bei 0 °C) wird das Propylen mit Ethylen oder anderen α-Olefinen copolymerisiert bzw. mit geeigneten Elastomeren (z. B. Ethylen/Propylen-Copolymer) modifiziert.

Die mittlere Molekülmasse hat einen sehr großen Einfluss auf die rheologischen, mechanischen und anwendungsrelevanten Eigenschaften. Mit steigender Molekülmasse nimmt die Schmelzviskosität zu, die Kristallisationsgeschwindigkeit ab, und es sind deutliche Verbesserungen der mechanischen Eigenschaften, in erster Linie der Zähigkeit, zu erzielen.

Die mittlere Molekülmasse wird meist während der Polymerisation eingestellt. Für ihre Charakterisierung findet man in den Produktbroschüren nur begrenzte Angaben. Der Schmelzindex (melt flow index, MFI) und der Schmelzvolumenindex (melt volumen index, MVI) geben die über eine Kapillare unter standardisierten Bedingungen ausgeflossene Schmelzmenge pro 10 min an. Je höher diese Werte, desto kleiner ist die mittlere Molekülmasse.

Die PP-Schmelze ist ein strukturviskoses Fluid, d. h., die Viskosität nimmt mit zunehmender Schergeschwindigkeit ab. Leider liefert der MFI dafür keinen Hinweis, da dessen Bestimmung einem Punkt auf der Viskositätskurve (Schmelzviskosität in Abhängigkeit der Scherrate) entspricht. Dieser Viskositätsabfall kann – außer beim Spritzgießen – bei der Verarbeitung von Verbundwerkstoffen kaum genutzt werden. Des Weiteren herrscht während der Verarbeitung eine Kombination von Scher- und Dehnströmungen. Es ist zu beachten, dass die Dehnviskosität von Polymerschmelzen deutlich höher liegt als die Scherviskosität (ca. dreifach) und meistens nur eine geringfügige Änderung mit der Dehngeschwindigkeit zeigt. Der Einfluss der Gefügestruktur (Kristallinität) lässt sich am besten am Beispiel von PP darstellen. Eine homogene, feinsphärolithische Struktur liefert optimale Eigenschaften.

PP wird besonders oft in Kombination mit anderen Polymeren als Blend eingesetzt. Die Kombination von PP und Polyamid (PA) hat als Ziel, die Zähigkeit und Fließfähigkeit des PP zu verbessern und die Feuchtigkeitsaufnahme von PA kostengünstig zu reduzieren. Als Verträglichkeitsmacher dienen dabei Maleinsäureanhydrid (PP grafted with maleic anhydride, PP-g-MA) oder Acrylsäuregepfropfte Polypropylene. Die wichtigste Entwicklung beim PP hängt mit der Metallocen-Synthese zusammen. Diese erlaubt nicht nur eine sehr genaue Einstellung der Molekülmasse und deren

Verteilung, sondern auch eine neue molekulare Architektur (verzweigte Variante für Schäume, PP mit polaren Endgruppen). An dieser Stelle ist darauf hinzuweisen, dass die üblichen Verstärkungsmaterialien polaren Charakter haben. PP ist andererseits vollkommen apolar, was die erforderliche Benetzung und Adhäsion deutlich erschwert. Für eine gute Benetzbarkeit sollte die Schmelze eine höhere Oberflächenenergie als die der Verstärkungkomponente haben. Diesbezüglich haben sich die bereits erwähnten gepfropften Polymere sehr gut bewährt. Nach wie vor ist ein großer Nachteil des PP das Brandverhalten. Um eine ausreichende Flammwidrigkeitsstufe zu erreichen, werden ca. 50 Gew.-% Mg(OH)$_2$ oder Al(OH)$_3$ benötigt, wodurch die Schmelzviskosität sehr stark angehoben wird. Die zukünftige Entwicklung auf diesem Gebiet konzentriert sich auf aufschäumbare Systeme (intumescents).

2.2.3.3 Polyadditions-Thermoplaste

Zu dieser Kategorie gehören die thermoplastischen Polyurethane (TPU), welche die für Elastomere typischen Eigenschaftsmerkmale aufzeigen. Diese Polymere enthalten die bei der Polyaddition gebildeten Urethan-Gruppen (– NH – CO – O –) als charakteristisches Strukturelement. Die Eigenschaften werden durch das Verhältnis von Hart- (bestimmt durch Polyisocyanat) und Weichsegmenten (bestimmt durch Polyester-, Polyetherdiole) eingestellt. Weiche Produkte (Shore A Härte: 70 bis 85) enthalten 20 bis 25 Gew.-%, harte (Shore D Härte: 60 bis 80) bis zu 55 Gew.-% Polyisocyanate. Diejenigen TPU, welche Polyether-Segmente in ihrer Kette beinhalten, sind deutlich beständiger gegen Hydrolyse als solche mit Polyestern. Der Marktanteil von TPU in Faserverbundwerkstoffen ist zurzeit gering. Die zu erwartende zunehmende Anwendung von TPU ist in dem hervorragenden Widerstand gegen Abnutzung (Abrasion, Erosion usw.) begründet. In Bild 2.17 sind Kennwerte der dynamisch-mechanischen Thermoanalyse (DMTA) am Beispiel eines weichen und eines harten TPU vergleichend dargestellt.

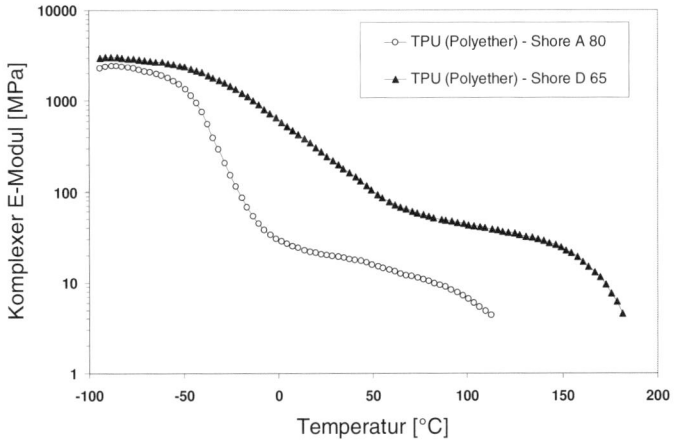

Bild 2.17 DMTA-Kurven (komplexer E-Modul und mechanischer Verlustfaktor, tan δ in Abhängigkeit der Temperatur) von TPU-Sorten mit verschiedenem Härtegrad

2.2.3.4 Polykondensations-Thermoplaste

Zu dieser Gruppe gehören unter anderen die Polysulfone (PSU) als amorphe Thermoplaste und die Polyamide (PA) als teilkristalline Thermoplaste sowie die linearen Polyester, Polyarylensulfide und Polyaryletherketone (PAEK). Polykondensate verfügen über eine deutlich niedrigere mittlere Molekülmasse, zwischen 15 000 und 40 000 g/mol, als Polymerisate bis zu 100 000 g/mol und höher. Andererseits ist die Molekulargewichtsverteilung deutlich enger und liegt nahe dem Wert von 2. Die Verteilung der Molekülmasse ist durch die Polydispersität gekennzeichnet, welche das Verhältnis der massenmittleren und zahlenmittleren Molekülmasse ($P = M_w / M_n$) darstellt.

Polyethersulfone

Die thermoplastische Verarbeitbarkeit der aromatischen Polyethersulfone mit ihren C_6H_4-SO_2-C_6H_4-O-Bausteinen ist der flexibilisierenden Wirkung der Ethergruppen in der Kette zu verdanken. Der Aufbau der handelsüblichen Typen ist in Bild 2.18 dargestellt.

Sie besitzen eine hohe Glasübergangstemperatur und sind thermisch und hydrolytisch sehr stabil. Ihre UV-Beständigkeit ist andererseits wegen der Sulfongruppen niedrig. Die amorphen Polysulfone sind beständig gegen wässrige Lösungen von Säuren, Alkalien und Salzen, jedoch anfällig gegen Spannungsrisskorrosion in organischen Lösemitteln. Bemerkenswert ist, dass die Polysulfone aufgrund ihres Aufbaus bzw. der niedrigen Molekülmasse keine Strukturviskosität zeigen. Daher haben die über die Schmelze daraus hergestellten Produkte auch keine ausgeprägte mechanische Anisotropie.

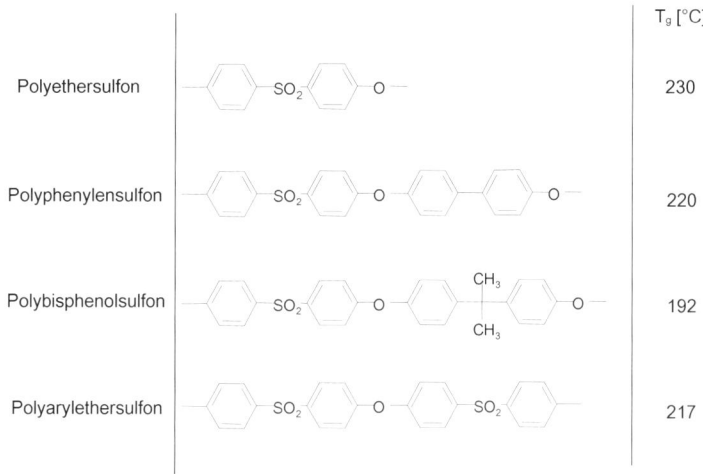

Bild 2.18 Molekularer Aufbau und Glastemperatur T_g der Polyarylethersulfone

Polyamide

Als Polyamide (PA) definiert man Polymere, deren Monomere durch Amidgruppen (– CO – NH –) verknüpft werden. In der Natur ist dieser Bindungstyp in Polypeptiden vorhanden. Die Monomere können aliphatischer und/oder aromatischer Natur sein. Die Wahl der Monomere beeinflusst die Eigenschaften der Polyamide. Sie werden hier unter die Polykondensate eingeordnet. Einige Typen lassen sich jedoch ebenfalls durch Polymerisation herstellen, auch sind nicht alle PA-Typen teilkristallin.

Die aliphatischen Versionen werden häufig durch Nummern bezeichnet, und zwar abhängig davon, ob es sich um einen Aminocarbonsäure-Typ AB, oder einen Diamin-Dicarbonsäure-Typ AA/BB handelt. PA 6 und PA 12 gehören zum Typ AB und werden aus Capro- bzw. Laurinlactam hergestellt. Die Zahlen 6 und 12 stehen in diesem Fall für die Anzahl der C-Atome in den jeweiligen Lactamen. Das aliphatische PA aus Hexamethylendiamin und Adipinsäure (Typ AA/BB) wird als PA 66 bezeichnet. In diesem Falle bedeutet die Reihenfolge die Zahl der C-Atome der Diaminsäure, gefolgt durch die der Dicarbonsäure.

Die thermoplastisch verarbeitbaren teilkristallinen Polyamide zeichnen sich durch folgende Eigenschaften aus: Hohe Steifigkeit, Schlagzähigkeit und Wärmeformbeständigkeit. Sie sind beständig gegen Chemikalien und Spannungsrissbildung. Die Eigenschaften ändern sich typenabhängig mit der Wasseraufnahme. PA 6 und PA 66 nehmen bei Sättigung ca. 10 bzw. 9 Gew.-% Wasser auf. Unter den als Konditionierung benannten Bedingungen (d. h. Raumtemperatur und 50 % relative Feuchtigkeit) beträgt der Wert für beide nur ca. 3 Gew.%. Mit zunehmender Zahl der CH_2-Gruppen wird die Wasseraufnahme geringer. So nimmt PA 12 bei Sättigung ca. 1,5 Gew.-% und nach Konditionierung ca. 1 Gew.-% Wasser auf.

Im konditionierten Zustand nehmen Steifigkeit und Festigkeit stark ab, gleichzeitig werden aber Reißdehnung und Zähigkeit erhöht. Die T_g- und T_m-Werte von PA 6, PA 12 und PA 66 betragen ca. 56/220, ca. 42/180 und ca. 48/260 °C. Die Verarbeitung oder der Einsatz bei erhöhten Temperaturen bedarf einer Stabilisierung gegen thermooxidativen Abbau.

Durch die anionisch aktivierte Polymerisation von Capro- bzw. Laurinlactam kann das jeweilige Polymer – technisch infrage kommen PA 6 bzw. PA 12 – auch in situ, z. B. in einem Werkzeug, in ein Fertigteil überführt werden. Dies könnte eine sehr interessante Möglichkeit zur Flüssigimprägnierung von textilen Verstärkungsmaterialien für hochbelastbare Bauteile werden, wenn die Probleme des hohen Restmonomergehalts bzw. der werkstoffbedingten Empfindlichkeit des Verfahrens gelöst werden.

Abschließend ist darauf hinzuweisen, dass – in Analogie zu den Duroplasten – CTT- und TTT-Diagramme auch für Thermoplaste erstellt werden können. Besonders interessant sind sie für die Ringöffnungspolymerisation von Monomeren und Oligomeren, bei denen die Temperatur isotherm und unterhalb der Schmelztemperatur des Endproduktes gehalten wird. Hier findet nämlich zunächst die Polymerisation in der Schmelzphase der Oligomere statt, gefolgt durch die Kristallisation des Zwischenproduktes, welches in der Festphase weiter polymerisiert.

Lineare Polyester

Polyester enthalten in der Hauptkette die Estergruppe – CO – O –. Ihre Synthese erfolgt nicht nur über Polykondensation von Dicarbonsäuren und Diolen, sondern auch durch andere Methoden wie Selbstkondensation von α, ω-Hydroxysäuren und Ringöffnung von Lactonen. Polybutylenterephthalat (PBT) und Polyethyleneterephthalat (PET) sind teilkristalline Polyester aus Terephtalsäure oder Terephthalsäuredimethylester und 1,4-Butandiol bzw. Ethylenglykol. Zwar sind die linearen Polyester in der Regel teilkristallin, einige können jedoch auch im amorphen Zustand erstarren, wie z. B. PET, bzw. lassen sich als stabile amorphe Copolyester herstellen. Homo- und Copolyester – ebenso wie Polyamide – werden von zahlreichen Herstellern angeboten.

Um höhermolekulare Polyester herstellen zu können, d. h. PBT $> 40\,000$ und PET $> 30\,000$ g/mol, wird die Polykondensation oder ihr letzter Schritt in der festen Phase unterhalb T_m durchgeführt. Diese Typen verfügen über deutlich verbesserte mechanische und thermische Eigenschaften. T_g und T_m von PBT und PET liegen bei ca. 60 und 227 bzw. 95 und 255 °C. Polyester sind empfindlich gegenüber der Hydrolyse als Umkehrung der Polykondensationsreaktion. Schon eine geringe Menge Wasser ($> 0,01$ Gew.-%) verursacht einen erheblichen Abfall der Viskosität und mittleren Molekülmasse. Daher müssen die Polyester vor der Schmelzeverarbeitung gründlich getrocknet werden. PET wird häufig mit Keimbildnern versehen, um eine schnelle Kristallisation herbeizuführen. Polyester sind kerbempfindlich, daher werden zahlreiche modifizierte, schlagzähe Typen angeboten.

Der Mechanismus der Zähigkeitserhöhung bei Thermoplasten ist anders als bei Duroplasten. Zwar dienen die feindispergierten Polymerpartikel mit Durchmessern < 1 µm als Spannungkonzentratoren und bauen durch Kavitation die entstehenden dreidimensionalen Spannungen ab, wobei die Matrix durch das sog. Crazing reagiert. Crazes bestehen aus rissähnlichen Hohlräumen, welche durch Polymerfibrillen stabilisiert werden, Bild 2.19. Ihre Entstehung und das Wachstum bis zur maximalen lokalen Dehnbarkeit der Moleküle absorbiert große Energiebeträge und ist stark von den molekularen Parametern des Matrixpolymers abhängig.

Mit erhöhter Zähigkeit ergibt sich eine Verschlechterung der mechanischen Eigenschaften wie Steifigkeit, Festigkeit und Härte, die von der Kristallinität des jeweiligen thermoplastischen Polyesters beeinflusst wird. Die Dauertemperaturbelastbarkeit wird wegen der Kautschukmodifizierung ebenfalls reduziert. Andererseits wird der duktil/spröd-Übergang bei Schlagbeanspruchung als positiver Effekt deutlich in Richtung niedrigerer Temperatur verschoben. Der teilkristalline Charakter von PET und PBT ist Garant für die gute Beständigkeit gegen Chemikalien, organische Lösemittel wie aliphatische und halogenierte Kohlenwasserstoffe, Kraftstoffe, Öle und Fette. Ferner zeigen PBT und PET gute Witterungsbeständigkeit und Resistenz gegen energiereiche Strahlung. Lineare Polyester werden als Komponenten in zahlreichen Mischungen verwendet, deren Ziel eine Eigenschaftsverbesserung, meistens der Zähigkeit, ist.

Die heutige Entwicklung bei den Polyestern konzentriert sich auf die Herstellung von biologisch abbaubaren Produkten, wobei die biotechnologische Synthese, wie z. B. bei der Herstellung von Polyhydroxyfettsäuren und deren Derivaten bevorzugt wird. Sie könnten auch für Verbundwerkstoffe Bedeutung erlangen, da eine Kombination von Naturfasern mit polymeren Matrizes nur dann ökologisch sinnvoll ist, wenn das Matrixpolymer auch aus erneuerbaren natürlichen Ressourcen stammt.

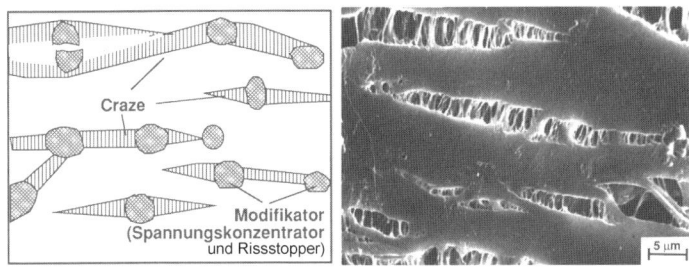

Bild 2.19 Oberflächen-Craze-Bildung bei erhöhter Temperatur in einem kautschukmodifizierten PA 6 *links:* Entstehung schematisch, *rechts:* elektronenmikroskopisches Bild

Über ein großes Anwendungspotenzial verfügt die in situ Polymerisation von zyklischen Oligomeren. Zyklische Butylenterephthalat-Oligomere lassen sich sowohl in der Schmelze ($T > T_m$ von PBT) als auch in der Festphase ($T_{cr} < T < T_m$) mit einem Umsatz von ca. 96 bis 97 % polymerisieren, wobei T_{cr} die Kristallisationstemperatur bedeutet. Das Verfahren ist athermisch und besonders für die Flüssigimprägnierung von Verstärkungsmaterialien gut geeignet. Bild 2.20 zeigt die Änderung der Viskosität und Phasenverschiebung bei isothermer Ringöffnungspolymerisation ($T = 190\ °C$, d. h. unterhalb von T_m des PBT) von zyklischen Oligomeren zu PBT. Dabei ist eine gute Imprägnierung bis zu einer Viskosität von ca. 1 Pas möglich. Diese Ringöffnungspolymerisation ist grundsätzlich auch für weitere Polymere wie Polyethylenterephthalat, Polycarbonat, Polyarylensulfid und Polyaryletherketon durchführbar.

Polyarylensulfide

Polyarylensulfide bestehen aus aromatischen Monomereinheiten, die über eine Schwefelbrücke verbunden sind. Zwar gibt es zahlreiche Polyarylensulfide, jedoch hat nur das Polyphenylensulfid (PPS) praktische Bedeutung erlangt.

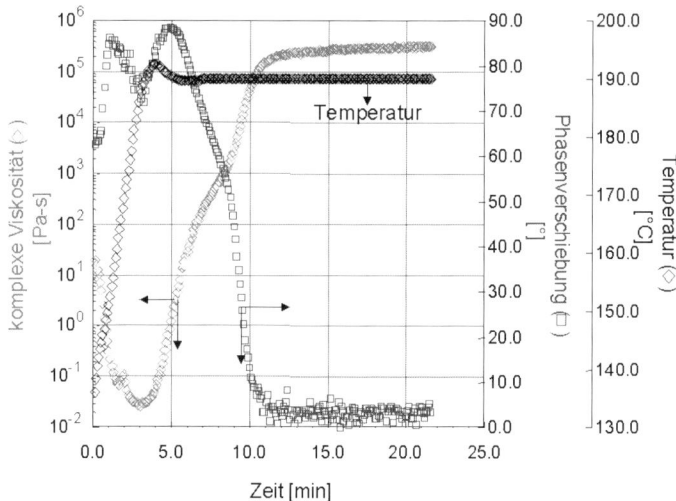

Bild 2.20 Änderung von komplexer Viskosität und Phasenwinkel während der isothermen Polymerisation eines zyklischen Butylenterephthalat-Oligomers bei $T = 190\ °C$

Die kommerziellen Typen sind linear aufgebaut oder verzweigt. Die T_g und T_m von PPS liegen bei ca. 90 und 285 °C. PPS ist ein spezieller Thermoplast, da es vernetzt werden kann. Thermische Behandlung in oxidierender Atmosphäre führt dabei zu Verzweigung bzw. zur Vernetzung. Die Verzweigungen entstehen durch die oxidative Kopplung zweier Polymerketten über Etherbildung. Bei thermischer Kettenspaltung entstehen sowohl Aryl- als auch Thiyl-Radikale, welche Umlagerungen an der Polymerkette und die Vernetzung ermöglichen. PPS hat eine ausgezeichnete Chemikalienbeständigkeit und steht in der Rangfolge direkt hinter Polytetrafluorethylen (PTFE). Ein Sauerstoffindex (limiting oxygen index, LOI) von 44 % macht dieses Polymer zu einem der inhärent flammwidrigen Thermoplasten. PPS ist im Vergleich der konkurrierenden Hochleistungsthermopaste, z. B. mit Polyaryletherketon, als spröde einzustufen. Daher wird es nicht ohne Verstärkung und/oder Zähmodifizierung angeboten. PPS ist witterungsbeständig und zeigt hohen Widerstand gegen energiereiche Strahlung.

Polyaryletherketone

Polyaryletherketone (PAEK) enthalten in der Kette p-Phenylen-Einheiten sowie Ether- und Ketogruppen. Es sind kommerziell verschiedene Varianten erhältlich, welche in der Reihenfolge der Ether- (flexibel) und Ketogruppen (steif) variieren, Bild 2.21. Dabei nehmen mit steigendem Ether/Keto-Anteil die Werte für T_g und T_m ab.

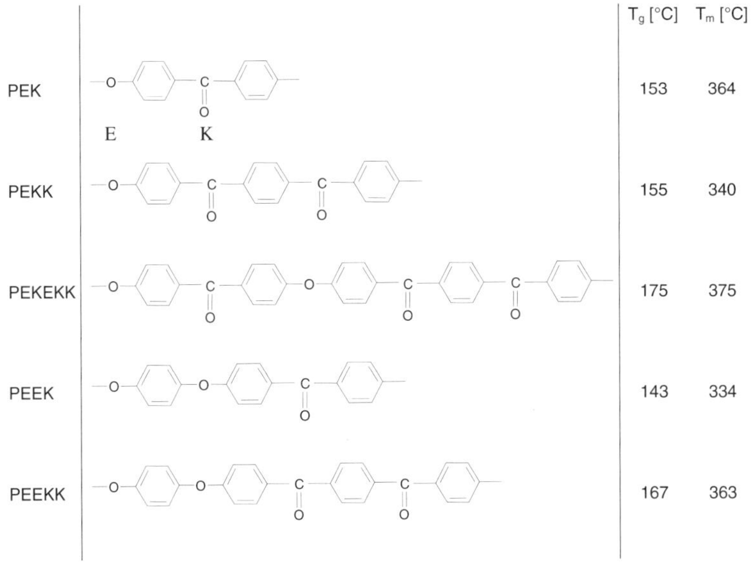

	T_g [°C]	T_m [°C]
PEK	153	364
PEKK	155	340
PEKEKK	175	375
PEEK	143	334
PEEKK	167	363

Bild 2.21 Molekularer Aufbau, T_g und T_m der Polyaryletherketone

Polyaryletherketone sind teilkristallin, neigen aber bei hoher Abkühlgeschwindig-keit zur Erstarrung im amorphen Zustand. Sie besitzen hohe Steifigkeit, Festigkeit und ausgezeichnete Zähigkeit. Allerdings ist die Schmelzviskosität relativ hoch. Polyaryletherketone sind beständig gegen die meisten Lösemittel und halogenierte Kohlenwasserstoffe. Weitere Vorteile sind sehr geringe Wasseraufnahme von < 0,5 Gew.-%, sehr gute Beständigkeit gegen ionisierende Strahlung und hohe Zeit-standfestigkeit bis zu Temperaturen zwischen 220 bis 260 °C. Die am umfang-reichsten untersuchte und erprobte Variante ist das Polyetheretherketon (PEEK). Für den Einsatz in Verbundwerkstoffen mit optimalen Eigenschaften soll die Kristal-linität der Matrix bei 30 % liegen. Die chemisch aufwendige Herstellung von PEEK und seiner Varianten schlägt sich aber auch in hohen Preisen nieder. Daher werden zunehmend preisgünstigere binäre und ternäre Mischungen, z. B. durch Zugabe von PES oder Polyetherimid hergestellt.

2.2.4 Biobasierte Thermoplaste

Polymerisations-Thermoplaste

Bioethanol wird aus lokal vorhandenen Pflanzen und aus pflanzlichem Abfall mit hohem Zucker- und Stärkegehalt durch Fermentierung hergestellt. Dies wird als Plattformchemikalie für die Synthese von verschiedenen chemischen (Zwischen-) Produkten angewandt. Durch Dehydratisieren des Bioethanols wird Ethylen gewon-nen, welches aus Monomeren für die Synthese von PE benutzt wird. Das Endpro-dukt wird z. B. in Brasilien als „grünes Polyethylen" angeboten.

An dieser Stelle wird auch die thermoplastische Stärke aufgeführt, obwohl ihr Entstehungsweg mit Polymerisation nicht unbedingt im Einklang ist. Stärke ist ein Polysaccharid, welches zu den wichtigsten nachwachsenden Rohstoffen gehört. Stärke wird aus lokal vorhandenen Nutzpflanzen gewonnen, wie z.B. Kartoffel, Mais, Weizen, Maniok, Reis. Die direkte Nutzung von Stärke im Kunststoffbereich erfolgt über ihre thermoplastische Variante. Thermoplastische Stärke wird durch Extrusionsaufbereitung hergestellt, welche eine Destrukturierung der Stärkepartikel unter Anwendung von Wasser und weiteren Weichmachern (z.B. Glycerin) bedeutet. Thermoplastische Stärke ist oft mit anderen biobasierten Polymeren vermischt bzw. modifiziert in der Schmelze. Dies sorgt dafür, dass das Eigenschaftsprofil der Blends (z.B. mechanische Eigenschaften, Wasseraufnahme, Abbaubarkeit) mit den Anforderungen abgestimmt wird. Zahlreiche Untersuchungen sind im Gange, um naturfaserverstärkte Verbundwerkstoffe mit thermoplastischer Stärke als Matrix zu entwickeln, deren Hauptanwendungen kurzlebige Produkte (Verpackungsindustrie) sind.

Polyadditions-Thermoplaste

Hier sind thermoplastische Polyurethane zu vermerken, deren Polyol-Komponenten – wie bei den biobasierten Duroplasten schon erwähnt – aus nachwachsenden Rohstoffen stammen.

Polykondensations-Thermoplaste

Die wichtigsten Polymere auf diesem Gebiet sind thermoplastische Polyester, welche wiederum nicht unbedingt durch Polykondensation hergestellt sind. Polyhydroxyalkanoate (PHA) sind natürlich vorkommende, biologisch abbaubare Polymere, die von vielen Bakterien synthetisiert werden können. Durch diese Biosynthese können die Bakterien bis zu 80 Gew.% PHA beinhalten. Je nach chemischer Zusammensetzung unterscheiden sich diese Polyester in ihren Eigenschaften.

Polylactide (PLA), die auch Polymilchsäuren genannt werden, liegen in zwei Stereoisomeren (D und L) vor. Sie werden durch Ringöffnungspolymerisation aus Lactiden hergestellt, obwohl die direkte Polykondensation aus Milchsäure auch möglich ist. Lactide selbst lassen sich durch Vergärung oder Fermentation von Zucker-Derivaten mit Hilfe verschiedener Bakterien herstellen.

Die Eigenschaften der PLA hängen vor allem von der Molekülmasse und Kristallinität ab. PLA ist üblicherweise spröd, erstarrt nach der Verarbeitung oft in einer mehr oder weniger amorphen Form. Daher neigt sich PLA für Kaltkristallisation oberhalb seiner T_g (ca. 50 °C). Die Zähigkeit von PLA ist durch Blenden mit geeigneten Polymeren zu verbessern.

Durch die Verbindung von PHA und PLA mit Naturfasern lassen sich biologisch abbaubare Verbundwerkstoffe aus vollkommen nachwachsenden Rohstoffen herstellen. Diese können eine Alternative zu den konventionellen faserverstärkten oder gefüllten Kunststoffen in gewissen Anwendungsgebieten darstellen.

■ 2.3 Grenzfläche und Grenzphase

2.3.1 Allgemeines

Das Eigenschaftsprofil von Faserverbundwerkstoffen kann nicht allein aus den Eigenschaften ihrer Komponenten abgeleitet werden, sondern es müssen auch die Qualität und das Lastübertragungspotenzial in der Faser/Matrix-Ankopplungs-schicht berücksichtigt werden. Man betrachtet dabei heute nicht mehr die geometri-sche zweidimensionale Grenzfläche zwischen Faser und Matrix im Verbundwerk-stoff, sondern die dreidimensionale Grenzphase als Grenzschicht (interphase). Dieses Dreiphasenmodell von Faser-Grenzschicht-Matrix geht davon aus, dass Wechselwirkungen einerseits über Adhäsionsvorgänge und/oder chemische Reak-tionen an der Grenzfläche von Grenzschicht und Matrix stattfinden, andererseits aber die Grenzfläche zwischen Grenzschicht und Matrix durch Diffusion, Ausbil-dung eines Durchdringungsnetzwerks und Wechselwirkungen weiterer Art (z.B. Dipol-Dipol, Säure-Base, Komplexbildung) ebenfalls beeinflusst wird.

Die Modellvorstellung basiert in erster Linie auf der Tatsache, dass die Verstär-kungsfasern durch spezielle Oberflächenbeschichtungen auf das jeweilige Matrix-polymer abgestimmt werden. Eine entsprechende Grenzschicht kann aber auch eine spezielle Matrixmorphologie erzeugen, wie dies bei der Transkristallisation erfolgt. Neben der Funktion als Haftvermittler hat die Ankoppelungsschicht auch die Auf-gabe, die empfindlichen Faseroberflächen bei der Herstellung und textilen Weiter-verarbeitung der Fasern vor Beschädigungen und Bruch zu schützen.

Die Grenzschichtproblematik ist technisch sehr komplex und leidet unter der Tatsa-che, dass die Faserhersteller in der Regel die Zusammensetzung und Wirkungs-weise der Schlichte/Oberflächenbehandlung nicht offen legen. Hinzu kommt, dass die Festigkeit der Grenzschicht belastungsabhängig ist und allgemein alle Eigen-schaften nicht einfach zu ermitteln sind. Die Faustregel, dass matrixüberzogene Fasern einer Bruchfläche auf eine gute Faser/Matrix-Haftung hindeuten, gilt somit nicht in jedem Fall. Durch Variation der Belastung, z.B. der Dehnrate oder der Fre-quenz, kann vielmehr das Gegenteil belegt werden. Auch die häufig zu findende Aussage, dass schlechte Faser/Matrix-Haftung zu erhöhter Zähigkeit des Verbund-werkstoffes führt, ist nicht korrekt. Hierbei sind entscheidend die Versagensart der Grenzschicht (kohäsiv oder adhäsiv) bzw. der Matrixtyp. Ferner ist zu berücksich-tigen, dass die Deformation der verstärkten Matrix wesentlich von der des unver-stärkten Harzes abweichen kann.

2.3.2 Charakterisierung der Grenzschicht

Man ist heute in der Lage, wichtige Kennwerte zur Festigkeit der Grenzschicht durch geeignete Methoden und Proben zu gewinnen. Allerdings erhält man daraus keinen Hinweis, wie z.B. etwa die Grenzschicht mit dem Ziel erhöhter Zähigkeit einzustellen ist, d.h. ob man eher eine weichere oder eine härtere Schicht als die Matrix selbst aufbringen sollte. Die Bearbeitung des Problems erfolgt heutzutage mit großem experimentellen Aufwand. Für die Bestimmung der Grenzschichtcharakteristika wird dabei die AFM Technik eingesetzt. Weitere Fortschritte zum Verständnis der Problematik verspricht man sich durch den Einsatz der Methode der finiten Elemente. Als universelle Regel für die Grenzphasengestaltung kann gelten, dass eine chemische Ankopplung der Verstärkungsfasern an die Matrix immer anzustreben ist.

Nachfolgend werden die wichtigsten Maßnahmen zur Grenzphasenkontrolle in Duro- und Thermoplasten dargestellt.

2.3.2.1 Duroplaste

Bei glasfaserverstärkten Duroplasten spielt der Haftvermittler eine entscheidende Rolle. Als Haftvermittler werden fast ausschließlich funktionelle Silanverbindungen angesetzt. Die Alkoxygruppen der Silane hydrolisieren dabei zunächst und binden sich kovalent an die Glasoberfläche mittels Polykondensation zwischen den jeweiligen OH-Gruppen. Diese Bindung ist zwar hydrolyseempfindlich, bildet sich aber nach Trocknung erneut aus. Die Silanol-Gruppen reagieren miteinander durch Polykondensation, wodurch ein Siloxan-Netzwerk entsteht. Die funktionellen Gruppen, in Bild 2.22 als Y bezeichnet, können z.B. Vinyl-, Epoxy-, Amin-Funktionalitäten haben. Dadurch ist eine chemische Reaktion mit den Matrixkomponenten möglich, Bild 2.22.

Interessanterweise ist es nicht notwendig, dass Y mit der Matrix reagiert. Allerdings muss die Oberflächenschicht so gestaltet werden, dass sie aus mindestens 100 Monomerschicht-Äquivalenten besteht. Auf diese Weise entsteht eine für die benötigte Interdiffusion geeignete Grenzschicht. Für UP- und VE-Harze verwendet man Trialkoxyvinylsilane, für aminhärtende EP-Harze Trialkoxyepoxysilane und für anhydridvernetzbare EP-Harze epoxyfunktionelle Silane im Verschnitt mit Melamin-Formaldehydharz. Bei Kohlenstofffasern und Polyethylenfasern (PE-UHMW) werden im Gegensatz zu Glasfasern unterschiedliche Faseroberflächenbehandlungen eingesetzt. Die Haftvermittlung soll in erster Linie über die Erzeugung reaktiver Gruppen auf der Faseroberfläche selbst erfolgen. Hierzu wird bei den meisten industriell gebräuchlichen Verfahren, wie Nassoxidation, Trockenoxidation, anodische oder elektrolytische Oxidation oder Plasmabehandlung, die Oberfläche der Faser anoxidiert, um eine große Zahl von funktionellen bzw. polaren Gruppen (z.B. $-COOH$, $-CO-$, $-OH$) zu erzeugen. Diese können mit den reaktiven Gruppen der Matrix Bindungen eingehen oder mindestens Dipol-Dipol Wechselwirkungen hervorrufen.

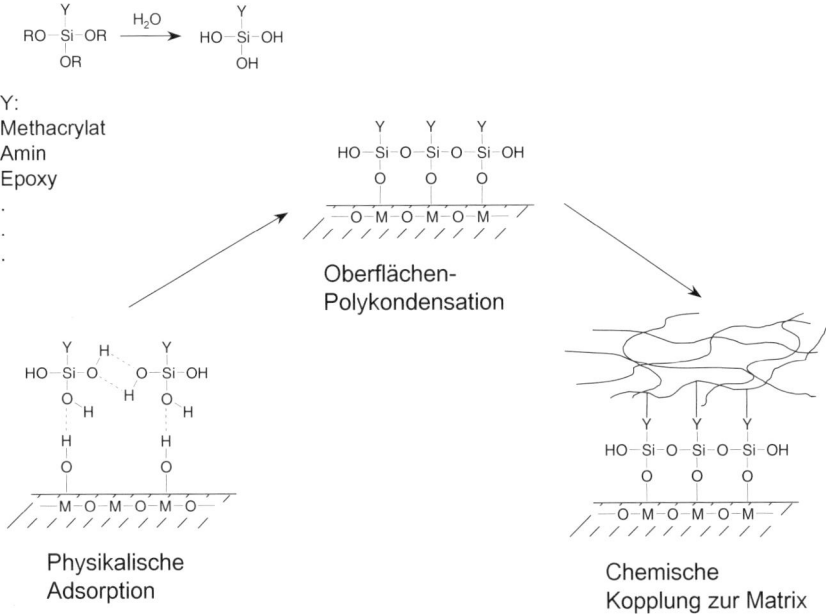

Bild 2.22 Monoschicht-Modell zur Wirkungsweise von Silan-Haftvermittlern auf Glasoberflächen

Die Oxidierung der Faser kann durch den polaren Anteil der Oberflächenspannung gut quantifiziert werden. Es wurde eindeutig nachgewiesen, dass sowohl die Benetzbarkeit als auch die Adhäsion durch bzw. zur Matrix mit zunehmender Polarität der Faseroberfläche steigen. Um eine akzeptable Haftung bei Aramidfasern zu erzielen, werden geeignete Epoxidharz-Verbindungen als Filmbildner bzw. Niedrigtemperatur-Plasmaverfahren eingesetzt. Für Naturfasern in Duroplastmatrizes wurden ebenfalls verschiedene Verfahren zur Oberflächenmodifizierung erprobt. Gute Ergebnisse konnten durch Alkalibehandlung sowie durch Anwendung von Isocyanat- und Silanverbindungen erzielt werden.

2.3.2.2 Thermoplaste

Allgemein gilt für Verbundwerkstoffe mit Thermoplast-Matrix, dass der Einfluss des Filmbildners deutlich größer ist als der des Haftvermittlers. Dies ist durch die mögliche Interdiffusion zwischen Molekülen des Filmbildners und des Matrixpolymers zu erklären. Das filmbildende Polymer muss mit der Matrix gut verträglich sein, um die benötigte Interdiffusion zu gewähren. Wenn polare Verstärkungsfasern (Glasfasern, oxidierte Kohlenstofffasern, Naturfasern) in eine apolare Matrix eingebaut werden, sollen daher polymere Haftvermittler eingesetzt werden. Hierbei haben sich mit Maleinsäureanhydrid und Acrylsäure gepfropften Polymere als geeignet erwiesen, da deren funktionelle Gruppen mit denen der Faser reagieren können und dadurch zur Adhäsion beitragen. Bei Glasfaser/Thermoplast-Systemen setzt man nach wie vor auf die bewährten Silan-Verbindungen. Dazu sollen dann solche

Verbindungen ausgewählt werden, die eine längere Kette – mit oder ohne funktionelle Gruppen – aufweisen und dadurch die Interdiffusion mit den Polymerketten ermöglichen. Für Polyamidmatrix-Verbundwerkstoffe eignen sich besonders anhydrid-terminierte Alkoxysilane, für lineare Polyester epoxyfunktionalisierte Alkoxysilane.

Setzt man kristalline Fasern wie Kohlenstoff-, Natur- oder Aramidfasern in kristallinen Polymeren als Verstärkung ein, tritt das Phänomen der Transkristallisation auf. Die Faseroberfläche wirkt dabei als heterogener Keimbildner mit einer sehr hohen Keimdichte. Daher wachsen die Sphärolithe nur in eine Richtung, und zwar radial zur Faseroberfläche. Die Ursachen dieser Transkristallisation sind noch nicht vollkommen verstanden. Ihr Entstehen und charakteristische Merkmale hängen von mehreren Parametern wie Kristallisationsbedingungen, Faseroberfläche und -kristallinität und der Zeit ab, Bild 2.23.

In der Literatur findet sich hierzu eine Reihe von Beiträgen, in denen über Grenzschichten mit verbesserten Eigenschaften berichtet wird. Es stellt sich allerdings dazu die Frage der Bedeutung, da ein positiver Einfluss nur dann zu erwarten ist, wenn die transkristalline Schicht eine optimale Kristallinität und Lamellenanordnung im Hinblick auf die lokale Belastung aufweist, Bild 2.24. Nach der Modellvorstellung in diesem Bild bewirken die gute Haftung und Benetzung die amorphe Phase – daher optimale Kristallinität – und die gute Lastübertragung die Anordnung der Kristalllamellen. Die Trans- bzw. zylindrische Kristallisation, welche jeweils durch heterogene bzw. scherinduzierte homogene Keimbildung entstehen, spielen eine besonders wichtige Rolle in den sog. selbstverstärkten Polymer-Systemen.

Bild 2.23 Transkristallisation von PP auf der Oberfläche von PET-Fasern bei isothermen Bedingungen
links: nach 4 h Kristallisation bei T = 140 °C, *rechts:* nach 15 min Kristallisation bei T = 125 °C. [Bildquelle: J. Varga, Budapest]

Die Entwicklung und Verbesserung der Grenzschicht befindet sich weiterhin in einer Phase der Gewinnung neuer Erkenntnisse. Sie wird jedoch nach wie vor noch mit empirischen Näherungsverfahren betrieben (Trial-and-error-Methode). Molekülsimulation und -modellierung könnten jedoch in Zukunft einen wesentlichen Beitrag zu den offenen Fragen wie Entstehungsdynamik, Stabilität, Ausmaß und Spannungsübertragung leisten.

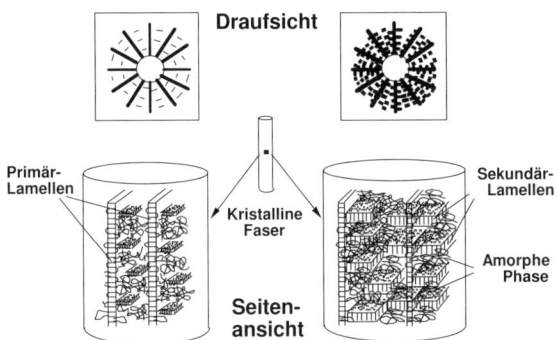

Bild 2.24 Möglicher Aufbau der transkristallinen Schicht, welche die Belastbarkeit der Grenzphase beeinflusst – schematisch

Literatur

Åström, B. T.: Manufacturing of Polymer Composites, Chapman and Hall, London, 1997

Elias, H.-G.: Makromoleküle, Bd. 1–4, Wiley-VCH, Weinheim, 1999

Jang, B. Z.: Advanced Polymer Composites: Principles and Applications, ASM, Material Park, 1994

3 Textile Halbzeuge

A. Ogale, C. Weimer, T. Grieser, P. Mitschang

■ 3.1 Halbzeugformen

Neben der direkten Verwendung der Verstärkungsfasern in Form von Multifilamenten oder Rovings in der Prepregtechnologie, der Direktimprägnierung, dem Wickeln und der Pultrusion werden insbesondere für anspruchsvollere Teile der Verkehrstechnik und des Maschinenbaus als Zwischenstufe textile Halbzeuge eingesetzt. Typische Vertreter sind die Gewebe und zunehmend die Gelege [1], [2], [3].

Die Fasern werden dabei textiltechnisch zu komplexeren, meist flächigen Anordnungen zusammengefasst, die dann in weiteren Verarbeitungsschritten mittels Thermoplastschmelze oder Flüssigimprägnierung in eine weitere Halbzeugstufe oder direkt zu Bauteilen verarbeitet werden. Bild 3.1 zeigt eine Einteilung der textiltechnischen Halbzeuge für FKV nach dem Orientierungsgrad der Fasern. Die Bereitstellungsformen (Aufmachungsformen) der Fasern sind auf deren Einsatz zur Herstellung textiler Halbzeuge angepasst.

Durch den Einsatz textiler Halbzeuge wurde eine Basis zur standardisierten FKV-Bauteilherstellung geschaffen. Zusätzlich wird die Produktvorbereitung auf verschiedene Parteien aufgeteilt, sodass Zuständigkeiten verlagert und der finale Bauteilherstellungsprozess verkürzt werden kann. Die Qualität der Halbzeuge wird zunehmend den Anforderungen der FKV-Verarbeiter angepasst, eine Wareneingangskontrolle ist jedoch unerlässlich.

Die Vielzahl an unterschiedlichen verfügbaren textilen Faserhalbzeugen für die FKV-Verarbeitung bedingt ein tiefergehendes Verständnis bei der Auswahl der zum Einsatz kommenden Verfahren. Dabei müssen die technische Leistungsfähigkeit und das wirtschaftliche Potenzial in deren Betrachtung mit eingeschlossen werden. Gleichermaßen müssen materialabhängige Faktoren wie das Sizing, der Crimp, die Anordung der Vernähung/Verwirkung, das gegebenfalls applizierte Bindersystem etc. berücksichtigt werden. Erst dadurch kann die maximale Leistungsfähigkeit der Verarbeitungsverfahren und eine hervoragende Bauteilqualität errreicht werden.

Im folgenden Kapitel werden die wichtigsten textilen Halbzeuge für die FKV-Verarbeitung vorgestellt und hinsichtlich ihrer Leistungsfähigkeit bewertet.

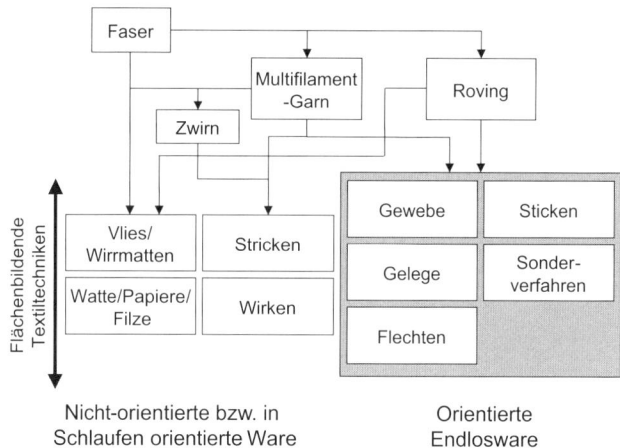

Bild 3.1 Textiltechnische Wege von der Faser zum textilen Halbzeug für FKV

3.1.1 Matten (Non-wovens)

Wirrfasermatten sind die am weitest verbreiteten textilen Halbzeuge, die in großem Umfang vor allem bei GMT- und SMC-Halbzeugen eingesetzt werden. Ein weiteres Einsatzgebiet sind die Harzinjektionsprozesse, da Wirrfasermatten leicht mit Harz zu tränken sind und als Fließhilfen dienen können. Des Weiteren werden sie als Decklagen bei der Bauteilherstellung zur Erhöhung der Oberflächenqualität eingesetzt. Hier werden typische Fasergewichtsanteile von 30 bis 40 % erreicht.

In Bild 3.2 sind die drei wichtigsten Mattentypen dargestellt. Hier ist grundsätzlich zwischen Mattensystemen zu unterscheiden, deren Fasern im Wesentlichen in der Mattenebene liegen und solchen Systemen, deren Fasern nach allen drei Raumrichtungen ausgerichtet sind. Die Fasern können je nach Herstellverfahren endlos oder geschnitten vorliegen.

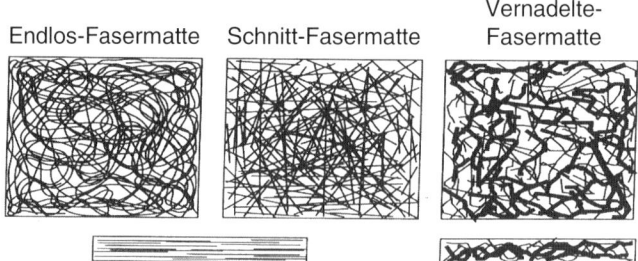

Bild 3.2 Verschiedene Non-woven-Konfigurationen

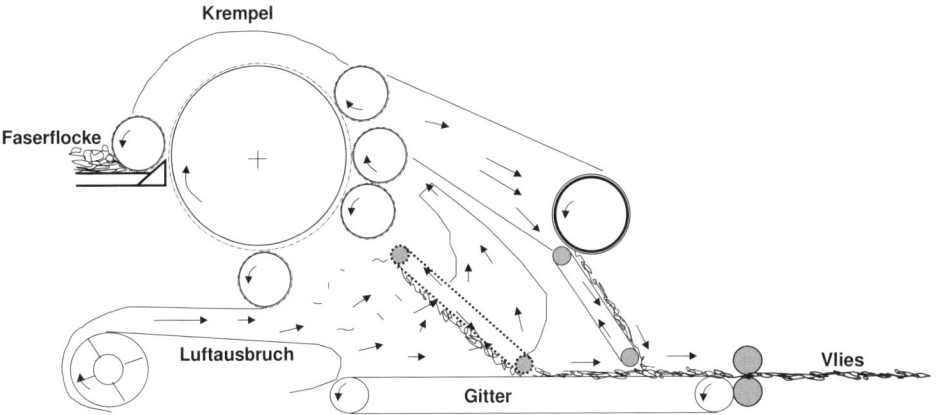

Bild 3.3 Aerodynamischer Vlieslegungsprozess

3.1.1.1 Aerodynamische Vlieslegung

Ein Verfahren zur Herstellung von Fasermatten ist die aerodynamische Vlieslegung. Dabei werden die Fasern einem Luftstrom zugeführt und von dort auf ein sich bewegendes Band oder eine perforierte Trommel abgelegt. Die Fasern können sehr kurz sein und bilden auf dem Ablageband ein Wirrlagenvlies. Aerodynamisch gelegte Vliese weisen gegenüber kardierten Vliesen eine niedrigere Dichte, eine größere Weichheit und keine Schichtstruktur auf. Zudem bieten Sie eine größere Vielseitigkeit hinsichtlich der Faserarten und Fasermischungen.

3.1.1.2 Nadelvliese

Eine weitere Gruppe innerhalb der Fasermatten sind die Nadelvliese, die nach dem Schema in Bild 3.4 aus Faserfloren hergestellt werden. Zunächst wird die Faserflocke den Krempeln zugeführt. Die Aufgabe der Krempel besteht darin, die Faserbündel zu parallelisieren, zu reinigen, zu verfeinern und mechanisch zum Faserflor zu ordnen. Der hauchdünne Faserflor wird an ein Transportband übergeben und mittels Querleger zum mehrschichtigen Faserflor gelegt. Diesem Prozess schließt sich die Vernadelung zum Nadelvlies an.

Bei diesem Verfahren besteht die Möglichkeit, überlange Faserbündel (> 500 mm) einzukürzen und die Faserbündel zu verfeinern. Hierbei entstehen jedoch geringe Materialverluste. Staub, Schäben und Kurzfasern werden zum Großteil entfernt und unterschiedliche Faserarten intensiv vermischt. Ein wesentliches Charakteristikum für transportables Faserflor ist die Faserhaftung. Diese muss ausreichend groß sein. Bei zu geringer Faserhaftung kann diese durch den Einsatz von Avivagen verbessert werden. Richtungsabhängigkeiten in der Faserablage und somit im Faserflor äußern sich direkt in unterschiedlichen mechanischen Eigenschaften in Quer- und Längsrichtung.

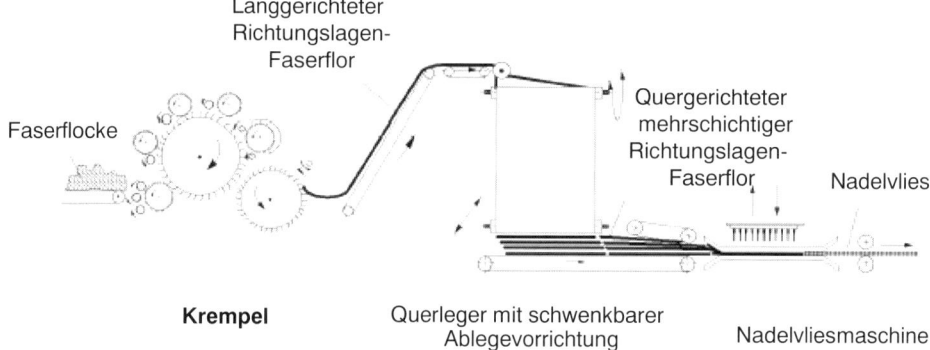

Langgerichteter
Richtungslagen-
Faserflor

Faserflocke

Quergerichteter
mehrschichtiger
Richtungslagen-
Faserflor

Nadelvlies

Krempel

Querleger mit schwenkbarer
Ablegevorrichtung

Nadelvliesmaschine

Bild 3.4 Herstellung von Nadelvliesen

3.1.1.3 Chemisch fixierte Matten (Gebondete Vliese)

Zur Herstellung chemisch fixierter Matten werden mit einer entsprechenden Schlichte versehene Fasern durch zwei Walzen geführt und mäanderförmig auf einem in Produktionsrichtung ausgerichteten Faserbett abgelegt, Bild 3.5. Die Schlichte besteht aus einer chemischen Verbindung, welche direkt nach der Spinndüse auf die Faseroberfläche aufgebracht wird. Das so gebildete Faserpaket durchläuft anschließend einen Ofen bei ca. 100 °C. Hierbei wird die Faserschlichte aktiviert, so dass diese bei sich berührenden Fasern reagieren kann und eine chemische Vernetzung zwischen den Einzelfasern entsteht. Es ist darauf zu achten, dass noch nicht gebundene Restbestandteile der Faserschlichte bei diesem Prozess entweichen können, damit eine Einflussnahme auf spätere Verarbeitungsprozesse ausgeschlossen werden kann. Es können sehr geringe Flächengewichte bis zu 5 g/m² hergestellt werden. Entsprechend gering ist die Dichte solcher Mattensysteme (0,01 g/cm³ bis 0,08 g/cm³).

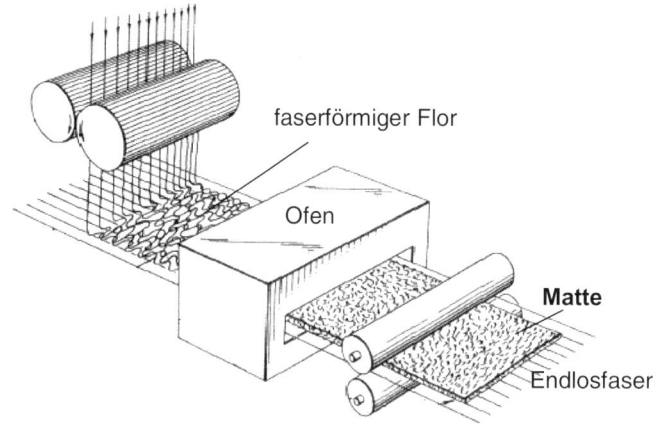

faserförmiger Flor

Ofen

Matte

Endlosfaser

Bild 3.5 Schema einer Anlage zur Fertigung chemisch fixierter Matten

3.1.2 Gewebe

Kontinuierliche Verstärkungsfasern können zu flächigen Halbzeugen mit konventioneller Webtechnik verarbeitet werden, Bild 3.6.

Es kommen verschiedene Webarten zum Einsatz, wobei die Webart je nach Anforderung des Einsatzgebietes und des zu verarbeitenden Fasertyps ausgewählt werden muss.

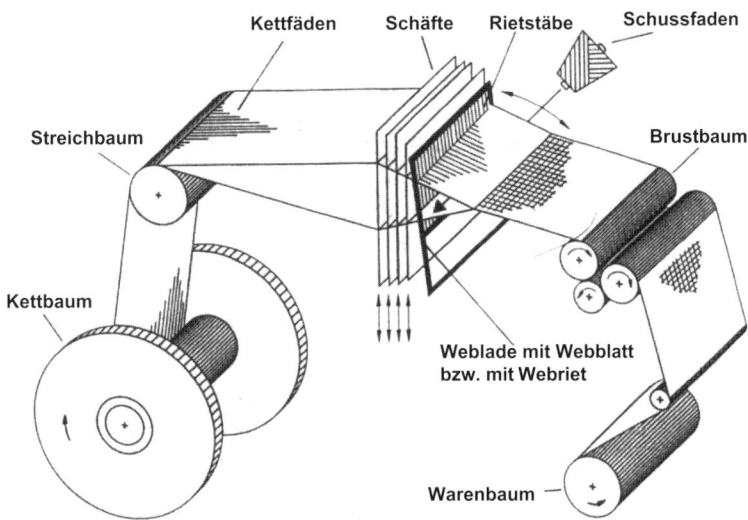

Bild 3.6 Webprozess

3.1.2.1 2D-Gewebe

In Bild 3.7 sind die drei gängigsten Webarten (Leinwand-, Köper- und Atlasbindung) für Verstärkungssysteme dargestellt. Maßgebend für das Verhalten dieser Faserarchitekturen während deren Weiterverarbeitung sind die Webpunkte (Bindungspunkte). Unter Webpunkten versteht man die Abschnitte des Verstärkungsgebildes, an denen sich die einzelnen Faserbündel kreuzen und einen Webknoten bilden. Die Anordnung dieser Webpunkte bestimmt maßgeblich das Drapierverhalten, die Permeabilitätscharakteristik sowie die mechanischen Eigenschaften des späteren Bauteils mit.

Die Atlasbindung liefert aufgrund der nur wenig ondulierten Fasern bessere mechanische Eigenschaften, jedoch werden die textilen Eigenschaften bezüglich Drapierung und Handhabung negativ beeinflusst. Zudem bietet die Atlasbindung die Möglichkeit, die Anzahl der Schussfäden stark zu reduzieren, so dass man ein nahezu unidirektionales Bandgewebe erzeugen kann. Man spricht dann von einem UD-Gewebe.

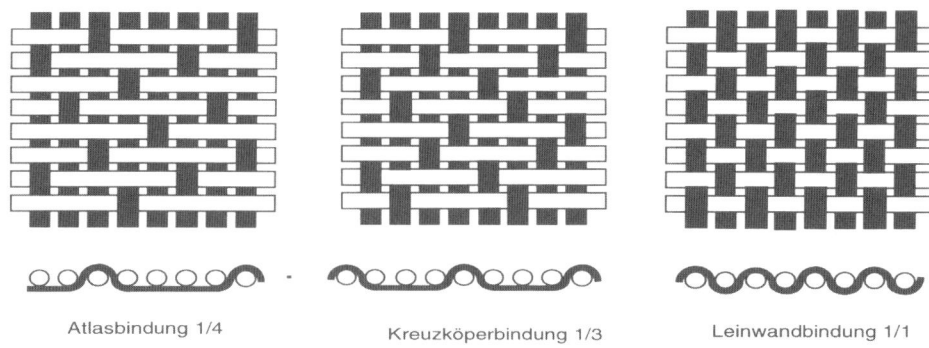

Atlasbindung 1/4   Kreuzköperbindung 1/3   Leinwandbindung 1/1

Bild 3.7 Verschiedene Webarten für Verstärkungssysteme [4]

Bei der Leinwandbindung erreicht man sehr gute Handlingeigenschaften aufgrund der hohen (höchsten) Anzahl an Webpunkten. Das mechanische Eigenschaftsprofil ist aufgrund der hohen Faserondulation gegenüber einer Atlas- oder Köperbindung abgesenkt.

Bei der Köperbindung sind die Webpunkte nebeneinander angeordnet, was die Drapierfähigkeit etwas einschränkt. Die freie, nicht ondulierte Faseranordnung ist gegenüber der Atlasbindung reduziert, was sich in etwas geringeren mechanischen Eigenschaften im FKV äußert. Die Köperbindung stellt somit einen Kompromiss zwischen den guten mechanischen Eigenschaften der Atlasbindung und dem guten Handlingverhalten der Leinwandbindung dar. Die Imprägnierbarkeit/Tränkbarkeit der textilen Faserstrukturen kann in diesem Zusammenhang nicht direkt von der jeweiligen Webstruktur abgeleitet werden. Herstellerbedingte Faktoren, wie beispielsweise das Sizing oder die Fadenspannung beim Herstellungsprozess beeinflussen ebenfalls dieses Verhalten [5].

Es können alle Verstärkungsfasern, die eine ausreichende Zugfestigkeit für den textilen Verarbeitungsprozess besitzen, zu Geweben verarbeitet werden. Typisch sind Glas-, Kohlenstoff- und Aramidfasern. Auch Hybridfasersysteme aus einer Kombination von unterschiedlichen Verstärkungsfasern (Kohlenstoff- und Glasfasern) oder als Mischgarn, sogenannte „commingling yarns" mit einer Mischung von Verstärkungsfasern und Thermoplastfilamenten sind am Markt verfügbar. Jüngste Forschungsaktivitäten beschäftigen sich mit Implementierungsstrategien von metallischen Verstärkungsfasern. Diese Thematik ist nicht neu, aber durch Optimierungen der metallischen Garnstrukturen (z. B. kleinere Filamentdurchmesser) ist das Potential solcher Hybridbauteile enorm gestiegen.

Zur optimalen textilen Verarbeitung, vor allem in Hinblick auf eine maximale Verarbeitungsgeschwindigkeit und somit kostenoptimierten Textilprozessen, werden die zu verarbeitenden Faseraufmachungen (Rovings, Zwirn, Multifilament) mit einer textilen Avivage, meist auf Basis von Silikonen, Fetten oder Wachsen präpariert. Diese Avivagen sind in der Regel nicht FKV-kompatibel, was bedeutet, dass bei einer

Imprägnierung des Fasersystems keine Anhaftung der Matrix an die Faser erfolgt und somit deutliche Einbußen bei den mechanischen Eigenschaften zu erwarten sind. Aus diesem Grund ist es erforderlich, eine zusätzliche Ausrüstungsstufe bei der Halbzeugherstellung einzusetzen. Hierbei wird die textile Avivage von der Faseroberfläche gewaschen oder thermisch entfernt und anschließend eine harzkompatible FKV-Schlichte appliziert, die Probleme bei der Imprägnierung verhindern soll.

Innovative Spreiztechniken ermöglichen darüberhinaus die Herstellung ultraleichter Gewebe zur vollständigen Ausnutzung des Leichtbaupotenzials dieser Materialen. Weiterhin ermöglicht die neuartige Produktionstechnologie Open Reed Weaving (ORW) die Herstellung sogenannter Multiaxialgewebe durch Kombination des Web- und Strickprozesses. Bisher war es nicht möglich, Gewebe mit Faserverstärkungen in +– 45°-Orientierung herzustellen. Diese Technologie befindet sich jedoch noch in der Entwicklung.

3.1.2.2 3D-Gewebe

Die in der Textiltechnik als Mehrlagen-Webverfahren eingesetzten Methoden wurden in den letzten Jahren zur Verarbeitung von Hochleistungsfasern weiterentwickelt. Es sind dreidimensionale Faserstrukturen herstellbar, jedoch mit der Einschränkung, dass bisher keine 45°-Lagen eingewebt werden können. Bei den 3D-Geweben sind zahlreiche Arten der Anbindung zwischen Kett- und Schussfadenebenen möglich. In Bild 3.8 sind exemplarisch drei 3D-Gewebebindungen dargestellt.

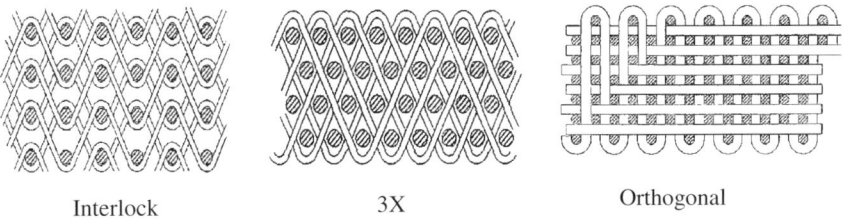

Interlock   3X   Orthogonal

Bild 3.8 Schematische Darstellung von 3D-Bindungsarten [7]

Die Verfahren Interlock und 3X in Bild 3.8 liefern nur geringe in-plane Eigenschaften (mechanische Eigenschaften in der Flächenebene), was auf die starke Welligkeit der Fäden zurückzuführen ist. Die Verstärkungswirkung in Dickenrichtung ist dagegen vergleichsweise hoch. Durch Einsatz der Bindungsart Orthogonal, Bild 3.9, werden mechanische Kennwerte erreicht, die mit denen herkömmlicher mehrlagiger Laminate vergleichbar sind. Die Restdruckfestigkeit nach Impact liegt sogar um den Faktor 2 höher.

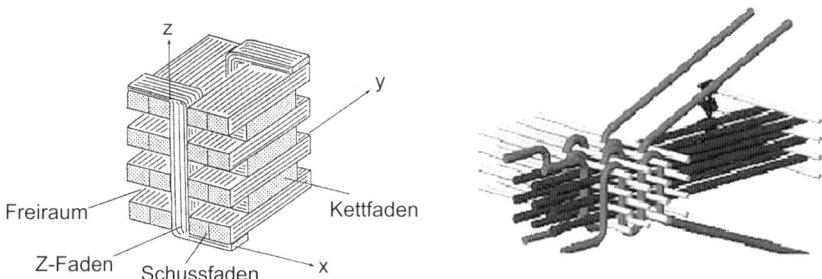

Bild 3.9 Elementzelle eines orthogonalen 3D-Gewebes mit drei Fadenebenen [Bildquelle: 3Tex]

Bei der orthogonalen Bindungsart gelang es, die Schussfäden geradlinig anzuordnen. Nur die Z-Fäden, auch Bindekette genannt, werden durch die Schäfte auf und ab bewegt. Schusseinträge werden in die Zwischenräume, die sich zwischen der oberen Bindekette, den einzelnen Kettebenen und der unteren Bindekette ergeben, eingebracht.

Das Potential dieser Technologie zur Herstellung von belastungsangepassten Textilstrukturen ist sehr hoch. Mit einer entsprechenden Konstruktion der Webbindung ist es möglich, 3D-Strukturen zu weben, die auch die Herstellung von profilförmigen Bauteilen ermöglichen. Es handelt sich dabei um ein Webverfahren mit Greiferschusseintrag. Das Verfahren basiert darauf, dass Kett- und Schussfäden im Gewebe rechnergesteuert lokal verändert werden können (Shape3-Weaving [4]). Ein besonderer Vorteil dieser Verstärkungshalbzeuge ist die einfache Weiterverarbeitung, z. B. im RTM-Verfahren. Hierbei sind die Fasern vorfixiert und können sich bei der Positionierung im Werkzeug nicht mehr verschieben. Die Herstellung bauteilangepasster Faserarchitekturen ermöglicht es, relativ hohe Flächengewichte bis zur Endbauteildicke im Textil zu realisieren, was zum einen eine wirtschaftlichere Herstellung der Textilstruktur ermöglicht und zum anderen den Zeitaufwand zum Konfektionieren und zum Beschicken des Werkzeugs reduziert.

Für die großtechnische Anwendung ist es ebenfalls vorstellbar, die Form des Gewebes bereits auf die Endmaße des späteren Bauteils zu bringen. Hierzu fehlt allerdings noch die entsprechende Maschinentechnik. Das Weben von sphärischen Objekten ist ebenfalls denkbar. Neue Entwicklungen zielen auf das zusätzliche Einbringen von 45°-Lagen ab.

Trotz der geometrischen und technologischen Vorteile konnten sich 3D-Gewebe aufgrund der höheren Herstellkosten bislang am Markt nicht durchsetzen.

Den prinzipiellen Aufbau eines 3D-Gewebes mit 45°-Lagen zeigt Bild 3.10. Dargestellt ist das Verfahren, wie es bei der Firma Short Brothers PLC in Irland entwickelt wurde.

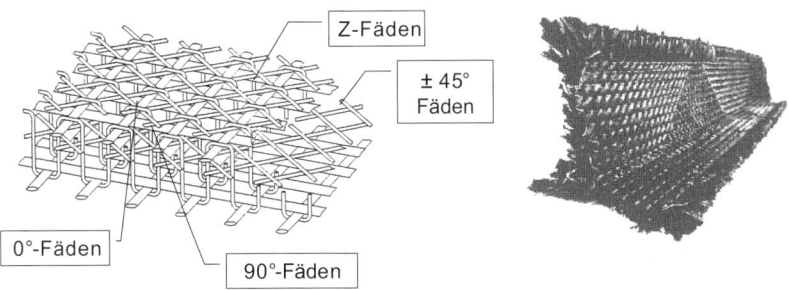

Bild 3.10 Schematische Darstellung eines 3D-Gewebes mit zusätzlicher ± 45°-Verstärkung, exemplarisches Webmuster [Bildquelle: Short Brothers]

3.1.2.3 Abstands-Textilien

Abstandsgewebe dienen zur Herstellung von sehr leichten Sandwichstrukturen, die aus zwei Gewebedecklagen, in der Regel E-Glas, bestehen und durch senkrechte Stehfäden auf Abstand gehalten werden, Bild 3.11. Durch spezifische Ausführungen kann erreicht werden, dass sich das Abstandsgewebe nach der Tränkung mit Polyester- oder Epoxidharz selbständig auf die vorgegebene Höhe aufstellt (Parabeam®). Abstandsgewebe können sowohl im Handlaminierverfahren als auch in geschlossenen Verfahren eingesetzt werden. Bei der Auswahl an Harzsystemen muss darauf geachtet werden, dass sich in dem entstehenden Hohlraum keine Styrolkonzentration bildet, da diese eine vollständige Aushärtung verhindern würde.

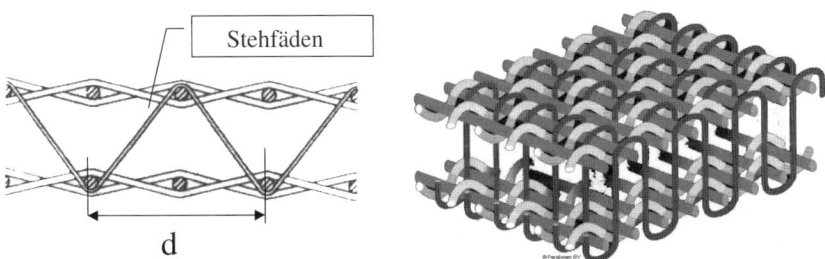

Bild 3.11 Abstands-Gewebe mit Stehfäden

Neben den Abstandsgeweben besteht auch die Möglichkeit, sogenannte Abstandsgewirke einzusetzen [6]. Hier werden zwei Gewirkeseiten (Decklagen) gebildet und durch Verbindungsfäden miteinander verbunden, Bild 3.12. Das Abstandsgewirke kann bis zu 60 mm dick sein [7].

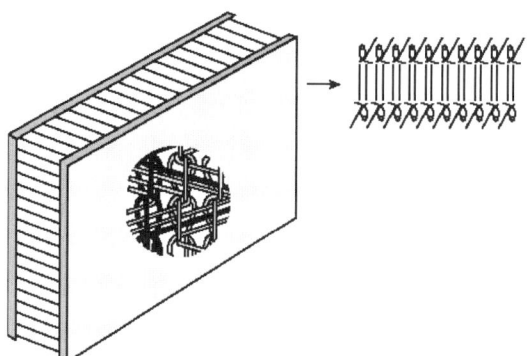

Bild 3.12
Abstands-Gewirke [Bildquelle:
Karl Mayer Textilmaschinen]

3.1.2.4 Spiralgewebe

Wie bei orthogonalen Geweben besteht ein Spiralgewebe aus verwobenen Kett- und Schussfäden, wobei die Kettfäden in der Spiralrichtung geordnet und die Schussfäden radial eingebracht werden, Bild 3.13. Lage und Zuführung der Kettfäden ist sowohl von der gewünschten Gewebebreite als auch dem gewünschten Innen- und Außenradius abhängig. Sonderausführungen erlauben auch einen gebogenen Schussfadeneintrag, so dass eine hohe Variabilität erreicht werden kann. Systembedingt liegt bei Spiralgeweben ein konstanter Flächenanteil an Kettfäden vor, während der Schussfadenanteil aufgrund der Spreizung bei zunehmendem Radius von innen nach außen stetig abnimmt, Bild 3.13 a. Das Gewebe hat hierdurch bedingt in der Kettrichtung einen konstanten und in der Regel höheren spezifischen Modul.

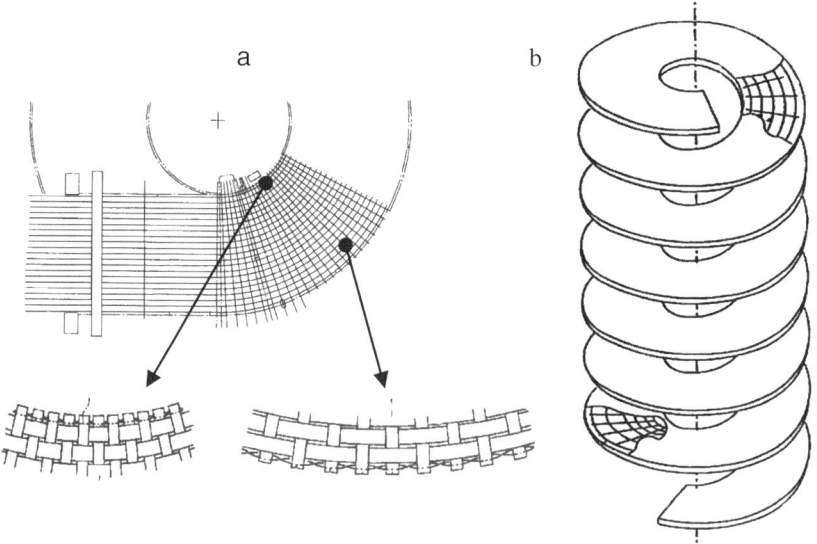

Bild 3.13 a: Herstellung von Spiralgewebe, b: schematische Darstellung eines Spiralgewebes

3.1.3 Gelege

Gegenüber den Geweben zeichnen sich Gelege durch die beim Ablegen nicht ondulierten Faserbündel aus. Dementsprechend ist es möglich, die mechanischen Eigenschaften der Verstärkungsfasern optimal auszunutzen, da diese direkt in Faserrichtung belastet werden können.

Gelege bieten darüber hinaus neue Möglichkeiten bei der Realisierung unterschiedlicher Faserorientierungen. Durch die Variabilität der Legebarren können bei den neuesten Anlagengenerationen Faserorientierungen mit Faserwinkeln von $+20°$ bis $-60°$, relativ zur Produktionsrichtung, eingestellt werden [8]. Die Anzahl der einzeln abgelegten Flächen richtet sich nach der Anzahl der zur Verfügung stehenden Legeeinheiten: es entstehen sogenannte Multiaxial-Gelege oder Non-Crimp-Fabrics (NCF). Die zu erreichenden Flächengewichte sind abhängig von der Spreiztechnologie der Faserbündel bzw. der ausgewählten Faserorientierung relativ zur Maschenrichtung. Bild 3.14 zeigt ein Schema zur Gelegeherstellung.

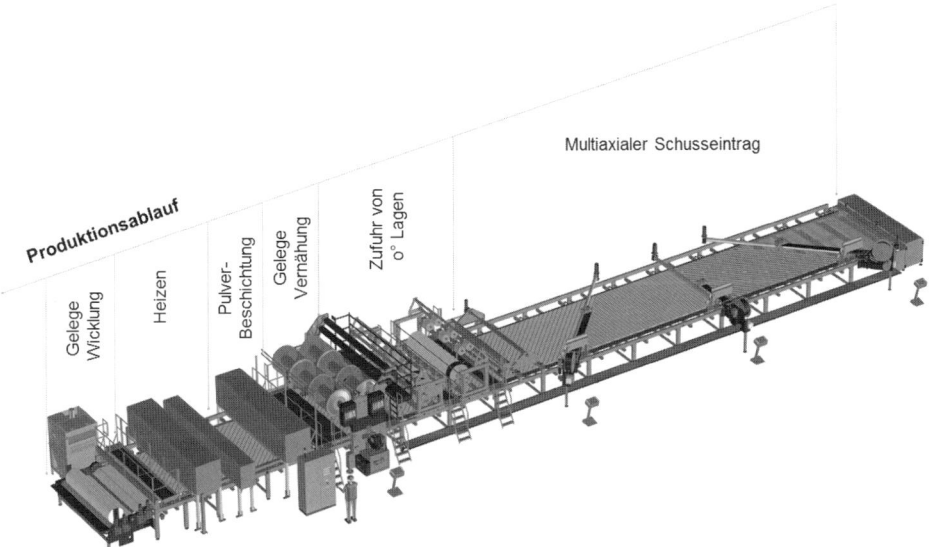

Bild 3.14 Schematische Darstellung der Maschinentechnik MAX-5 [Bildquelle: Liba Maschinenfabrik]

Die Maschenbildung, Bild 3.15, erfolgt mittels einer Wirkstation, die eine Maschenstruktur in die abgelegte Faserstruktur in Dickenrichtung einbringt. Die Maschen umschließen die Faserscharen (Einzelfaserlagen) und bilden mit diesen zusammen das Flächengebilde. Hierbei werden die abgelegten Einzelfaserlagen von den Wirknadeln durchstochen, was sowohl zu Faserondulationen als auch direkten Faserschädigungen führen kann.

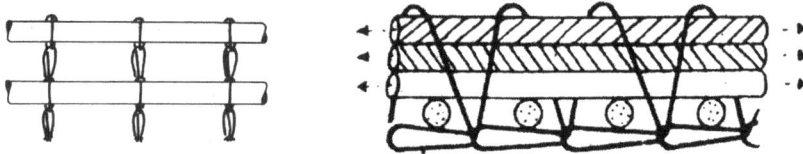

Bild 3.15 Maschentechnische Abbindung der Faserbündel

Entsprechend ihren spezifischen Vorzügen werden verschiedene Maschen- oder Wirkstrukturen eingesetzt.

So bietet die Trikot-Bindung mit einer Zick-Zack-Anordnung der Maschen ein sehr gutes Drapierverhalten, was im Wesentlichen durch das größere Volumen von Bindefaden bedingt ist, Bild 3.16. Fransenbindungen führen zu geringerer Faserondulation, bieten aber nicht das gute Drapierverhalten der Trikot-Bindung.

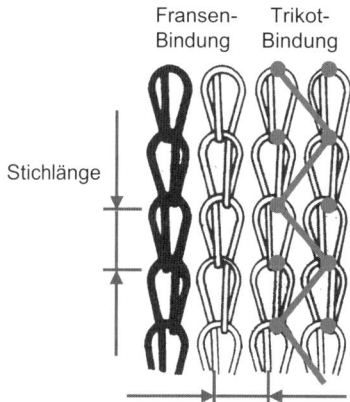

Fransen-   Trikot-
Bindung   Bindung

Stichlänge

Bild 3.16
Bindungsarten bei der Gelege-Herstellung

Um das Problem des Durchstechens der Einzelfaserlagen zu umgehen, wurden Anlagen entwickelt, die es erlauben, die eingebrachten Faserbündel direkt nach deren Einbringung durch eine Masche gegeneinander zu fixieren. Wie zuvor beschrieben kann durch die Variation der Wirk- oder Nähparameter das Drapierverhalten als auch der Grad der Faserondulation eingestellt werden [9]. Ebenso können bspw. die Fasern gelockert im Gelege vorliegen, was dem vereinfachten Nachdrapieren dient. Komplexere und faltenfreie Bauteile mit erhöhten mechanischen Eigenschaften sind somit realisierbar. Auch die Tränkbarkeit (Imprägnierbarkeit) und das Kompaktierungsverhalten werden dadurch beeinflusst [5].

Neueste Entwicklungen zeichnen sich durch mehrere Schusseintragssysteme aus, was eine große Flexibilität herstellbarer Gelegestrukturen bedeutet. Für die Verarbeitung von Glas- und Kohlenstofffasern müssen unterschiedliche Vorkehrungen für Schusslegersysteme, die Maschinenelektronik, die Schussfadenzuführungen und Schusslegeprinzipien getroffen werden [10].

Das Anwendungsspektrum der Gelege ist sehr breit gefächert und umfasst u.a. Rotorblätter für Windkraftanlagen, Formteile im Fahrzeug-, Flugzeug- und Schiffbau sowie diverse Sport- und Freizeitartikel [11].

Eine weitere Möglichkeit, unidirektionale Faserbündel in Form eines Geleges miteinander zu verbinden, stellt die Stricktechnik dar. Bisher konnten nur 0/90°-Lagen eingestrickt werden (Biaxialstricken). Das Einbringen von zusätzlichen 45°-Lagen ist Bestandteil aktueller Weiterentwicklungen, die wesentlich am Institut für Textilmaschinen und Textile Hochleistungswerkstofftechnik (ITM) der TU Dresden vorangetrieben werden, Bild 3.17 [6]. Weiterhin zielt die Entwicklung neuer Gestrickstrukturen auf das Herstellen komplexer integraler Strukturen ab, die gleichzeitig anisotrop verstärkt werden können.

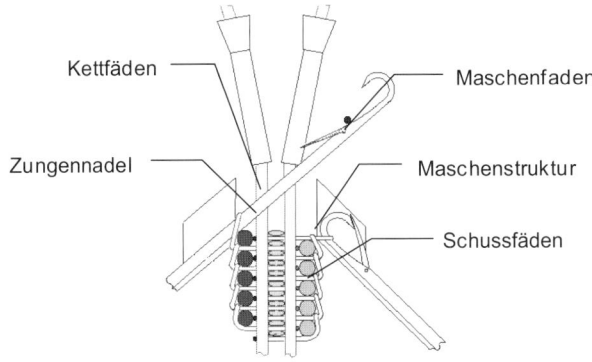

Bild 3.17 Systematik beim Bi-Axial-Stricken [Bildquelle: ITM, Dresden]

3.1.4 Flechten

S. Wiedmer, K. Friedrich

Mit Hilfe von Flechtverfahren werden mehrere Faserbündel gleichzeitig zu einem Geflecht verarbeitet, Bild 3.18. Geflechte sind definiert als Flächen- oder Körpergebilde mit regelmäßiger Fadendichte und geschlossenem Warenbild, deren Fäden sich in schräger Richtung zu den Warenkanten verkreuzen [6], [12].

Das Flechtverfahren ermöglicht eine exakte und auch komplexe Faserorientierung mit hoher Reproduzierbarkeit. Durch das Legen der Fasern in die spätere Belastungsrichtung soll eine optimale Ausnutzung der Faserfestigkeit ermöglicht werden. Dies führt zur Herstellung optimierter FKV-Bauteile, z.B. mit geringem Gewicht, sehr guten mechanischen Eigenschaften in Dickenrichtung oder hohem Energieabsorptionsvermögen [13].

Da die Fasern sich nicht gegeneinander verschieben können, ist das Geflecht selbststützend [14], und es kann eine direkte Beflechtung oder eine gleichmäßige Kernbedeckung von geometrisch einfachen, aber auch von komplizierten Körpern erfolgen.

Das mechanische Flechtverfahren wurde von der Hand-Flechttechnik abgeleitet, bei der mindestens drei Fäden in einen Zopf verflochten werden. Die Fäden befinden sich auf Spulen, die in sogenannten Klöppeln (Spulenhaltern) eingespannt werden. Im Allgemeinen erfolgt die Bewegung der Spulen mittels Flügelrädern, die selbst über Zahnräder angetrieben werden. Es sind heute Flechtmaschinen verfügbar, die bis zu 600 einzelne Spulen aufnehmen können [14].

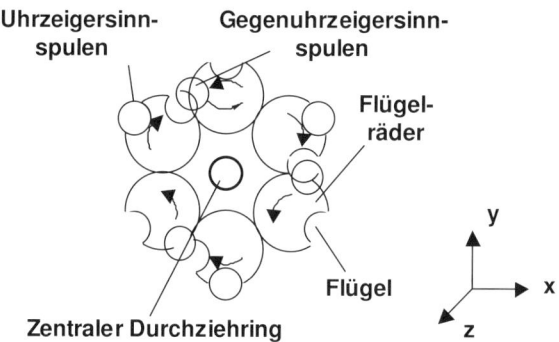

Bild 3.18 Prinzip der Automatisierung des Flechtens mit sechs Klöppeln

Das Prinzip der Automatisierung des Flechtens mit z. B. sechs Spulen ist in Bild 3.18 dargestellt. Die Spulen befinden sich in zwei geschlossenen Gangbahnen mit gegenläufiger Bewegungsrichtung, die Fäden werden in z-Richtung abgezogen und durch die Überkreuzung der Klöppel entsteht das Geflecht. Die auf diesem zweidimensionalen Bewegungsprinzip beruhenden Flechtmaschinen werden üblicherweise „Maypole"-Flechtmaschinen genannt. Beispiele hierfür zeigen Bild 3.19 und Bild 3.20.

Auf einer Seite der Maschine befinden sich die rotierenden Spulen. Es besteht allerdings die Möglichkeit, auf der anderen Seite der Maschine zusätzliche Stehfäden einzusetzen, die als unidirektionale Verstärkungsfasern in das Geflecht mit eingebunden werden.

Die Flechttechnik kann auch zur Fertigung dreidimensionaler Verstärkungsstrukturen angewendet werden. Dadurch ergibt sich sowohl die Möglichkeit einer zusätzlichen Verstärkung in Dickenrichtung, als auch der Vorteil, komplexe Geometrien realisieren zu können. Ein Beispiel hierfür zeigt Bild 3.21.

Bild 3.19 Flechtmaschine der Fa. Herzog

Bild 3.20 2D-Braiding mit Roboterführung [Bildquelle: EADS, Ottobrunn]

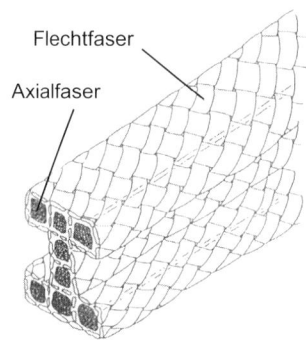

Flechtfaser

Axialfaser

Bild 3.21
Schematische Darstellung eines geflochtenen I-Trägers (3D)
mit axialer Verstärkung [13]

Seit etwa 1960 wird die sogenannte „track-column"-Flechtmethode [15] – auch „Cartesian"- oder „row and column"-Methode genannt – eingesetzt. Hierbei werden die Spulenhalter entsprechend der gewünschten Geometrie in einer Anordnung von Reihen und Spalten zusammengesetzt. Durch die individuelle Ansteuerung jeder Reihe und Spalte können die Spulenhalter sich sequentiell in X- und Y-Richtung bewegen [15].

Ein neues 3D-Flechtverfahren stellt das Rotationsflechten – „Rotary"- oder „Horngear"-Methode genannt – dar. Das Prinzip beruht auf dem 2D-Rotationflecht-Prinzip, wobei die Klöppel mittels Flügelrädern bewegt werden. Das Bild 3.22 stellt ein Beispiel seines Flügelrad-Aufbaus dar.

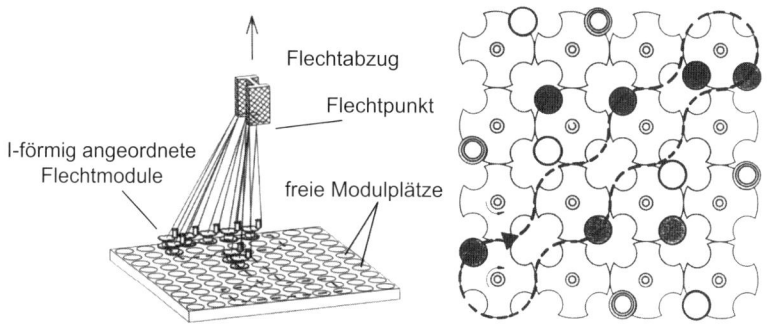

Flechtabzug

Flechtpunkt

I-förmig angeordnete
Flechtmodule

freie Modulplätze

Bild 3.22 Beispiel eines Flügelrad-Aufbaus

Weiterhin ist es möglich, eine Veränderung des Flechtquerschnitts während des Prozesses zu erzeugen, sowie Krafteinleitungselemente in das textile Halbzeug einzuarbeiten [16]. Das Verfahren verfügt zwar nur über geringe Flexibilität im Gegensatz zu der „track-column"-Methode, es sind aber höhere Prozessgeschwindigkeiten realisierbar [16], [17]. Das Bild 3.23 zeigt ein Beispiel einer 3D-Flechtmaschine zum Flechten von I-Trägern.

Aktuelle Untersuchungen im Bereich des 3D-Flechtens beschäftigen sich vor allem mit einer Verbesserung der Flexibilität und der Produktionsgeschwindigkeit [16],

[17], [18]. Gleichermaßen spielen Reproduzierbarkeit und Qualitätssicherung eine wichtige Rolle und können durch optimierte Umspulvorgänge, Klöppelbeschaffenheiten und Faserbeschichtungen bei der Herstellung von FKV-Bauteilen realisiert werden [18].

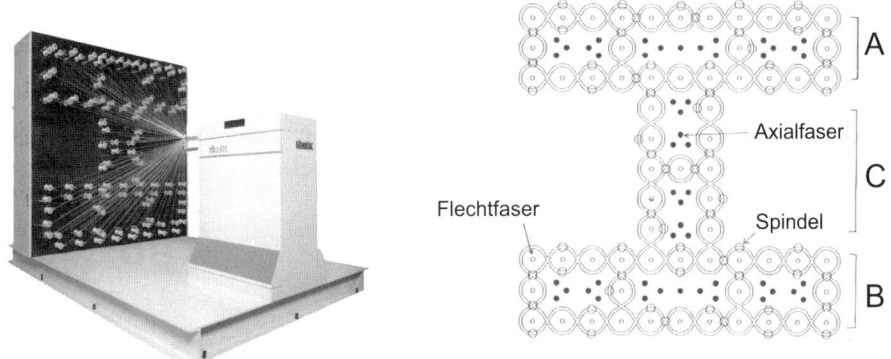

Bild 3.23 Flechtmaschine für I-Träger und entsprechender Flügelrad-Aufbau [13]

3.1.5 Maschenware

Ein gegenwärtig noch eher exotischer Textilprozess für Anwendungen in Faserverbundwerkstoffen ist die Stricktechnologie. Hierbei sind die Fasern wie bei der Wirkware in einem Maschensystem angeordnet, was allerdings zu einer sehr geringen Ausnutzung der mechanischen Fasereigenschaften führt. Vorteilhafte Eigenschaften sind die extrem hohe Drapierbarkeit und die hohe Flexibilität bezüglich der Halbzeuggeometrie, Bild 3.24. Die moderne Stricktechnologie bietet die Möglichkeit, in einem rechnergestützten Design- und Produktionsprozess sehr komplexe Faserhalbzeuge herzustellen, wie beispielsweise Knotenelemente oder komplex geformte Schalen [19].

 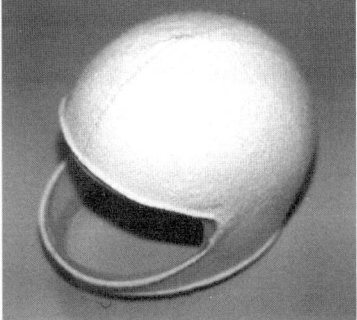

Bild 3.24 Beispiele für den Einsatz von Strickware (*links:* Knotenelement, *rechts:* Helmstruktur)

Wie in Bild 3.24 dargestellt, können so auch komplexe Geometrien net-shape, das heißt in der Endkontur und ohne wesentlichen Verschnitt, hergestellt werden. Das Handhaben dieser Strukturen stellt sich aufgrund der kompakten Geometrien einfach dar. Hingegen ist die Verarbeitung von Kohlenstofffasern wegen der starken Faserumlenkungen (Verschlaufungen) sehr schwierig. Auch die Weiterverarbeitung oder das nachträgliche Schneiden vermaschter Faserstrukturen ist kaum möglich.

Der Strickprozess zählt in der Textiltechnik zu den wirtschaftlichsten Verfahren. Dies muss jedoch für den Bereich der FKV in Relation zu erreichbaren mechanischen Eigenschaften bewertet werden. Demnach werden die Gestricke bei den FKV nur dann eine Rolle spielen, wenn ihr ausgezeichnetes Drapiervermögen unabdingbar ist.

3.1.5.1 Rundstricken

Die hohe Drapierfähigkeit der Rundgestricke erreicht man nur auf Kosten der mechanischen Eigenschaften in der Ebene. Neuere Entwicklungen lassen auch eine biaxiale Verstärkung von Gestricken zu. Diese Technik schädigt die eingebrachten Schuss- und Kettfäden kaum, da eine weite Maschenstruktur vorliegt. Allerdings ist ein Verlust an Drapierbarkeit festzustellen [20].

Einen Nachteil der Stricktechnik bei dem großtechnischen Einsatz stellen die verwendeten Fasern dar. Während bereits erfolgreich Untersuchungen mit Glasfasern und Aramidfasern durchgeführt wurden, scheitert der Einsatz von Kohlenstofffasern bisher immer noch an einer nicht angepassten Maschinentechnik. Beim Stricken werden die Fasern aufgrund von Kräften quer zur Faserrichtung stark geschädigt, was sich besonders bei den empfindlichen Kohlenstofffasern auswirkt.

3.1.6 Technische Gesticke

Das Prinzip des technischen Stickens zeigt Bild 3.25. Dabei wird ein Roving von einer Führung aus abgelegt und anschließend mit einer Nadel im Kreuzstich auf einem Grundmaterial festgestickt. Das Grundmaterial kann dabei ein dünnes Vlies, ein Glasgewebe oder auch ein Kohlenstofffasergewebe von bis zu 5 mm Dicke sein. Mit dieser Technik ist es möglich, Fasern entlang der Kraftflusslinien (Hauptspannungen) eines Bauteils abzulegen und so eine theoretisch bestmögliche Faserausnutzung zu erhalten.

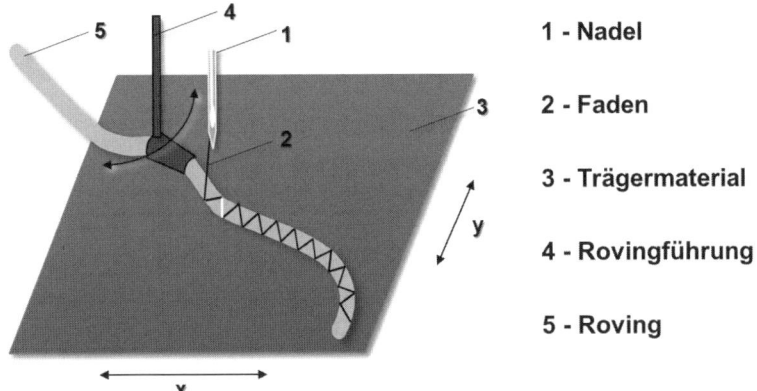

1 - Nadel

2 - Faden

3 - Trägermaterial

4 - Rovingführung

5 - Roving

Bild 3.25 Prinzip des Tailored-Fiber-Placement (TFP)
1: Nadel, 2: Nadelfaden, 3: Kohlenstofffaserroving, 4 Nähfuß 5: Grundmaterial, X,Y: mögliche Bewegungsrichtungen [Bildquelle: Hightex, Dresden]

Mit dieser Methode können komplette Bauteile hergestellt werden, indem man mehrere Lagen übereinander stickt. Optimal eingesetzt, kann diese Technik zu deutlichen Materialeinsparungen aufgrund des optimierten Faseraufbaus beitragen [21].

Die TFP-Technolgie ist besonders für kleinere komplexe Bauteile geeignet. Für herkömmliche flächige Strukturen sind lokale Verstärkungen vorstellbar. Diese Verstärkungen können dann mit der FE-Methode optimiert und zum Abbau lokaler Spannungsspitzen eingesetzt werden [21], [22]. Das Bild 3.26 zeigt eine TFP-Struktur als lokale Verstärkung für ein unbelastetes Loch (z. B. Durchbruch in einer druckbelasteten Struktur). Mit der TFP-Technologie können, im Gegensatz zu herkömmlichen textilen Faserstrukturen, Geometrie, Faserart und -ausrichtung direkt durch die Bauteilanforderungen angepasst werden.

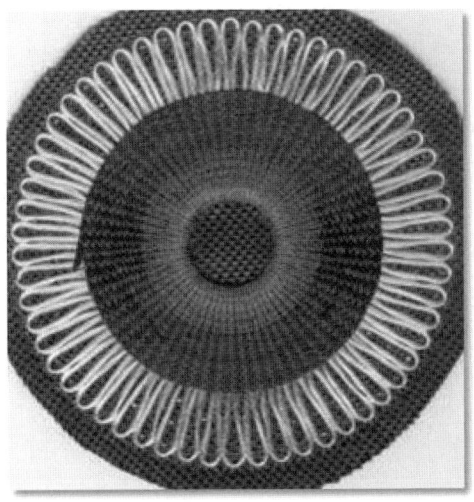

Bild 3.26
TFP-Struktur als lokale Verstärkung für ein unbelastetes Loch [22] [Bildquelle: Hightex, Dresden]

3.1.7 Biaxialgewirke

Charakteristisch für Gewirke ist, wie bei den Gestricken, die Bildung von Maschen. Diese maschengerechte Faserstrukturen werden auf Kettenwirkmaschinen (Raschelmaschinen) gefertigt [9].

Gewirke mit einer ausschließlichen Maschenstruktur weisen eine extrem hohe Dehnbarkeit und somit Drapierbarkeit auf. Dazu führt die maschenartige Anordnung der Garne zu einer hohen Elastizität [6]. Aufgrund der Maschenbildung derartiger Verbundstrukturen können sich nur sehr geringe Faservolumenanteile erzielen lassen, was sich nachteilig auf hochbelastete Verbundbauteile auswirkt. Des Weiteren sind Schädigungen an den Fasern aufgrund der engen Umschlingungen beim Herstellungsprozess vorhanden [23]. Verbesserungen im Faservolumenanteil lassen sich jedoch durch die Integration von multiaxial orientierten, gestreckten Verstärkungsfäden erreichen, die für Gewirke schon technische Anwendungsreife erreicht haben [23].

Die 2D-Technologie bietet umfangreiche Möglichkeiten. Stehfäden sind geradlinig verlaufende Fadenstrecken, welche in Längsrichtung zwischen zwei Maschenstäbchen eingebunden sind. Somit sind Verstärkungsfäden in 0°-Richtung maschenstäbchengerecht und in 90°-Richtung maschenreihengerecht integriert. Werden diese beiden Varianten der Fadeneinbringung miteinander kombiniert, entstehen biaxiale Faserstrukturen mit Verstärkungen in 0°- und 90°-Richtung [9].

Dadurch entstehen zum einen hochfeste Faserstrukturen ohne Konstruktionsdehnung basierend auf den geradlinig eingebrachtem Fadenmaterial, zum anderen entstehen flexible und dehnbare Strukturen durch die vorhandenen Fadenschlingen [23]. Weitere Optimierungen lassen sich durch die Kombination unterschiedlicher Materialien erreichen, sodass prinzipiell jedes textile Flächengebilde (Vlies, Gewebe etc.) mit Fadenelementen mono- oder biaxial verstärkt werden kann [9].

Literatur

[1] *Lomov, S.:* Non-crimp fabric composites: Manufacturing, properties and applications. Woodhead Publishing Limited, 2011

[2] *Klopp, K.; Gries, T.:* Maßgeschneiderte Verstärkungstextilien. Kunststoffe, 6, 2003, S. 46 – 50

[3] *Long, A.:* Design and manufacture of textile composites, Woodhead publishing in textiles, 2005

[4] *Büsgen, W.-A.:* Neu Verfahren zur Herstellung von dreidimensionalen Textilien für den Einsatz in Faserverbundwerkstoffen, Diss. RWTH Aachen, 1993

[5] *Rieber, G.:* Einfluss von textilen Paramtern auf die Permeabilität von Multifilamentgeweben für Faserkunststoffverbunde. IVW-Schriftenreihe Bd. 96. Diss. Universität Kaiserslautern. Kaiserslautern, 2011

[6] *Cherif, C.:* Textile Werkstoffe für den Leichtbau – Techniken, Verfahren, Materialien, Eigenschaften. Springer Verlag, 2011

[7] Firmenprospekt Technische Textilien, Karl Mayer Textilmaschinen, 2003

[8] Firmenprospekt: Copcentra MAX 5 CNC: Kettenwirkmaschine

[9] *Weimer, C.; Mitschang, P.:* Aspects of the Stitch Formation Process on the Quality of Sewn Multi-Textile-Preforms, Composites Part A 32 (2001), S. 1477–1484

[10] Firmenpropekt Multiaxial, Karl Mayer Textilmaschinen, Wirkmaschinen mit multiaxialem Schusseintrag, 2013

[11] Firmenprospekt Technische Textilien, Karl Mayer Textilmaschinen, 2013 mit multiaxialem Schusseintrag. Liba Maschinenfabrik, 2013

[12] DIN 60 000: Textilien, Grundbegriffe, Beuth-Vertrieb, Berlin, Köln, 1969

[13] *Hamada, H.:* Can Braided Composites be Used in Crushing Elements of Car Proceeding ICCM-11, 1997, 218–246

[14] *Lehmann, U.; Blaurock, J.; Rau, S.:* Fertigung von Bauteilen und Halbzeugen aus endlosfaserverstärkten Verbundkunststoffen, Kombiniertes Flecht-Pultrusionsverfahren, Proceedings, 18. IKV Kunststofftechnisches Kolloquium, Aachen (1996), Block 11, 8–11

[15] *Bechtold, G.:* Pultrusion von geflochtenen und axial verstärkten Thermoplast Halbzeugen und deren zerstörungsfreie Porengehaltsbestimmung, Diss. Universität Kaiserslautern, 2000

[16] *Büsgen, A.; Wulfhorst, B.; Brandt, J.; Siegling, H.-F:* Application of 3D Braiding For Composites, Proc. 5th European Conference of Composite Materials, ECCM, Bordeaux, 1992

[17] *Birkefeld, K.; Röder, M.; von Reden, T.; Bulat, M.; Drechsler, K.:* Characterization of Biaxial and Triaxial Braids: Fiber Architecture and Mechanical Properties. Appl Compos Mater, Vol. 19, 2012, S. 259–273

[18] *Grave, G.; Horn, J.:* Flexible und reproduzierbare Preformherstellung mittels Flechttechnik. 13. Chemnitzer Textiltechnik-Tagung, 2012

[19] *Bibo, G. A.; Hogg, P. J.; Backhause, R.; Mills, A.:* Carbon-Fibre Non-Crimp Fabric Laminates for Cost-Effective Damage-Tolerant Structure, Composites Science and Technology (1998), No. 58, S. 129–143

[20] *Minguet, P. J.; Fedro, M. J.; Gunter, C. K.:* Test Methods for Textile Composites, NASA Contractor Report No. 4609 (1994)

[21] *Gardiner, G.:* Tailored fiber placement: Besting metal in volume production.High Performance Composites, September, 2013, S. 54–61

[22] *Feltin, D.:* Faserverbundgerechtes 3D-Preforming für Serienfertigung. Fachtagung CCeV, Augsburg, 22.–23.11.2012

[23] *Köhler, E.:* Entwicklung und Realisierung von Herstellungstechnologien für belastungsgerechte Strukturgelege und deren Anwendung in Bauteilen der Verkehrstechnik. Forschungsbericht InnoRegio INNtex, Chemnitz, 2006

4 Preformverfahren

C. Weimer, T. Grieser, P. Mitschang

■ 4.1 Einleitung

Wie in den vorherigen Kapiteln bereits erwähnt, trägt die Faserverstärkungsstruktur eines FKV-Bauteils maßgeblich zu dessen Eigenschaftsprofil bei. Des Weiteren befindet sich die Form und Art der Bereitstellung der Fasern in enger Wechselwirkung mit einer geeigneten Prozesstechnik zur Bauteilherstellung. Die Bereitstellung des Fasergerüsts bzw. der Preform definiert somit die Auswahl und Reihenfolge der Prozessschritte und letztenendes die Produktionszeit und -kosten. Unter einer Preform oder einem textilen Vorformling versteht man eine noch nicht imprägnierte Faserstruktur, die, bereits orientiert am gewünschten Faseranteil des Bauteils, in die vorgegebene Orientierung gebracht und fixiert wurde. Diese wird anschließend in einem Verarbeitungsverfahren mit einer Matrix imprägniert und somit in ein konsolidiertes FKV-Bauteil überführt.

Die Anforderungen an die Preform bzw. den Preformingprozess sind mit dem breiteren Einsatz der FKV-Bauteile in den Branchen Freizeit, Rennsport, Luft- und Raumfahrt, Windenergie, aber auch Automobiltechnik vielfältig und wachsen stetig. Hierzu zählen:

- Darstellung komplexer Geometrien,
- hohe Faservolumengehalte und Dimensionstoleranz,
- hohe Formstabilität für Handlingsoperationen,
- hoher Automatisierungsgrad, kurze Taktzeiten, geringe Werkzeug- und somit geringe Stückkosten,
- hohe Qualität bei gleichzeitiger Reproduzierbarkeit,
- Einsatz der Fasern im Sinne optimierter Strukturmechanik,
- Integrierbarkeit in bestehende Prozessketten.

Diese Anforderungen lassen sich nur erfüllen, wenn die einzelnen Schritte des Gesamtprozesses, d. h. die Preformtechnik zur Vorbereitung der trockenen Verstärkungsstrukturen, die Werkzeugbestückung sowie der Injektionsprozess zur Infiltration des Matrixsystems optimiert und aufeinander abgestimmt ablaufen, Bild 4.1. Der Preformtechnik kommt hierbei eine Schlüsselfunktion zu.

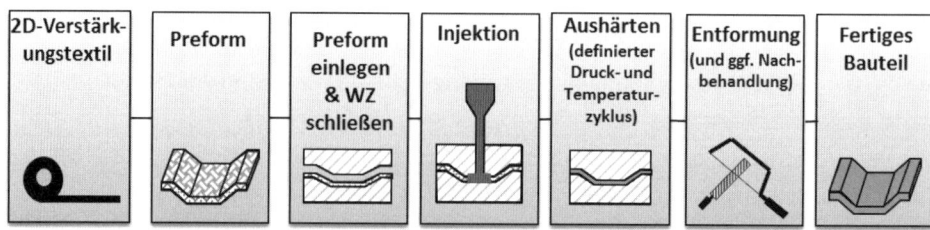

Bild 4.1 Gesamtprozess Preform-Harzinjektion

Erste Ansätze zur automatisierten Herstellung von Vorformlingen stammen aus dem Jahre 1940. Damals wurde ein Verfahren zum Ablegen von geschnittenen Glasrovings mittels eines Luftstroms auf ein perforiertes Werkzeug entwickelt. Ein Binder fixiert den auf dem luftdurchlässigen Werkzeug gebildeten Faservorformling. Dieses Prinzip wird noch heute bei der Faserspritztechnologie angewandt [1]. Erste Anwendungen textiler Halbzeuge für FKV wurden seit 1980 in der Serienproduktion eingesetzt [1]. Seit 1990 haben sich die Unternehmen des Textilmaschinenbaus dem neuen Markt der FKV intensiver zugewandt und spezifische Maschinenentwicklungen für FKV kompatible Textilstrukturen entwickelt [2]. Dies hat zu vollkommen neuen Faserarchitekturen geführt, die wiederum neue Bauweisen ermöglicht haben. Diese Phase der gegenseitigen Befruchtung zwischen neuen Konstruktionsprinzipien und angepassten Faserstrukturen für deren Umsetzung ist noch nicht abgeschlossen und lässt in Kombination mit neuen konfektionstechnischen Ansätzen weitere Umsetzungspotentiale erwarten.

Aus dem Gedanken heraus, ein technisches Textil innerhalb eines FKV-Bauteils an der Stelle einsetzen zu können, wo die spezifischen textilen Vorteile optimal ausgenutzt werden, wurde der Bedarf nach einer textil-, aber auch faserverbundgerechten Verbindungstechnik deutlich. Aus diesem Grund hat sich die klassische Nähtechnik an die FKV-Bedürfnisse angepasst. Durch den Einsatz der Nähtechnik wurde es möglich, multitextile Preforms herzustellen und so weitere Freiheitsgrade für bauteilangepasste Faserorientierungen zu realisieren. Neben dem Nähen hat sich insbesondere die Bindertechnologie, auch in Kombination mit Fügeverfahren (z.B. Ultraschallschweißtechnik), etabliert [3]. Im Prototypenbau hat sich beispielsweise das Klammern als einfache und schnelle Fügemethode erwiesen.

Das automatisierte Handling von textilen Vorprodukten und ganzen Preforms befindet sich zur Zeit noch in der Entwicklung, wobei sich gewisse Grundstrukturen bereits abbilden. Im Bereich der Fertigung sehr großer Bauteile, wie etwa Flügel für Windkraftanlagen, ist das automatisierte Ablegen von Textilbahnen bereits gelöst [4]. Für das Greifen, transportieren und Ablegen von Preforms werden robotergestützte und an die Geometrie angepasste Greifersysteme eingesetzt. Die Greifersysteme sind meist als Vakuumgreifer ausgeführt [5], [6] oder basieren auf dem Prinzip der elektrostatischen Anziehung [7].

Die im Folgenden beschriebenen Preformverfahren können infolge der sich stetig weiterentwickelnden Techniken nur einen Überblick darstellen. Im Mittelpunkt der Betrachtung stehen die grundsätzlichen Möglichkeiten, Restriktionen und Grenzen der einzelnen Verfahren.

■ 4.2 Grundlagen

Aufgrund des zunehmenden Einsatzes und der steigenden Bedeutung neuer textiltechnischer Verfahren zur Erzeugung komplexer Faserstrukturen für die anschließenden Verarbeitungsverfahren erscheint es sinnvoll, einige grundlegende Begriffe zu erläutern:

3D-Struktur: „Volumenbildende Anordnung von wenigstens drei oder mehr Fadensystemen oder Fadenvorzugsrichtungen, in die kein rechtwinkliges Koordinatensystem so gelegt werden kann, dass eine der drei Achsen senkrecht zu allen Fadensystemen oder senkrecht zu allen Vorzugsrichtungen des textilen Körpers steht [8]."

3D-Geometrie: „Volumenbildende Ausdehnung des textilen Körpers ohne die vorherige Einwirkung umformender Maßnahmen, so dass ein Volumen durch die Textilstruktur (selbst) gebildet oder von ihr umschlossen wird, unabhängig von der Anzahl der Fadensysteme und der durch sie gebildeten Struktur [8]".

Preform: „Preform oder Vorform ist ein der Bauteilgeometrie entsprechendes Verstärkungsgebilde vor der Imprägnierung/Konsolidierung. Eine Preform kann sowohl eine *3D-Struktur* als auch eine *3D-Geometrie* darstellen. Eine Preform besteht mindestens aus einem, meist mehreren Einzelteilen, den *Sub-Preforms*. Im Idealfall besteht eine Preform aus einem Teil, welches ausschließlich durch Einzelfasern gebildet wird."

Sub-Preform: „Als Sub-Preform werden individuelle Halbzeuge, also zugeschnittene textile Flächengebilde bezeichnet. Sub-Preforms stellen somit die einfachste Entwicklungsstufe einer Preform dar."

Um eine geeignete Preformtechnologie für ein spezifisches Bauteil auswählen zu können, müssen zunächst die anwendungs- und anforderungsspezifischen Eigenschaften quantifiziert werden. Hierbei handelt es sich um:

- Faserorientierung und Art der Fasern,
- Faseranteile in den Raumrichtungen,
- Komplexitätsgrad,
- Geometrieeigenschaften des zu realisierenden Bauteils.

Generell können zwei Wege zur Herstellung von Preforms unterschieden werden. Während 3D-Textiltechniken auch zur direkten Preformherstellung eingesetzt werden können, basiert der Einsatz der Binder- oder der Nähtechnik immer auf einem Vorprodukt, in der Regel 2D-Textilien, Bild 4.2. Das Binder- bzw. die Nähverfahren werden dabei als Verarbeitungsschritte definiert, die jeweils auf verschiedene Halbzeuge aufbauen.

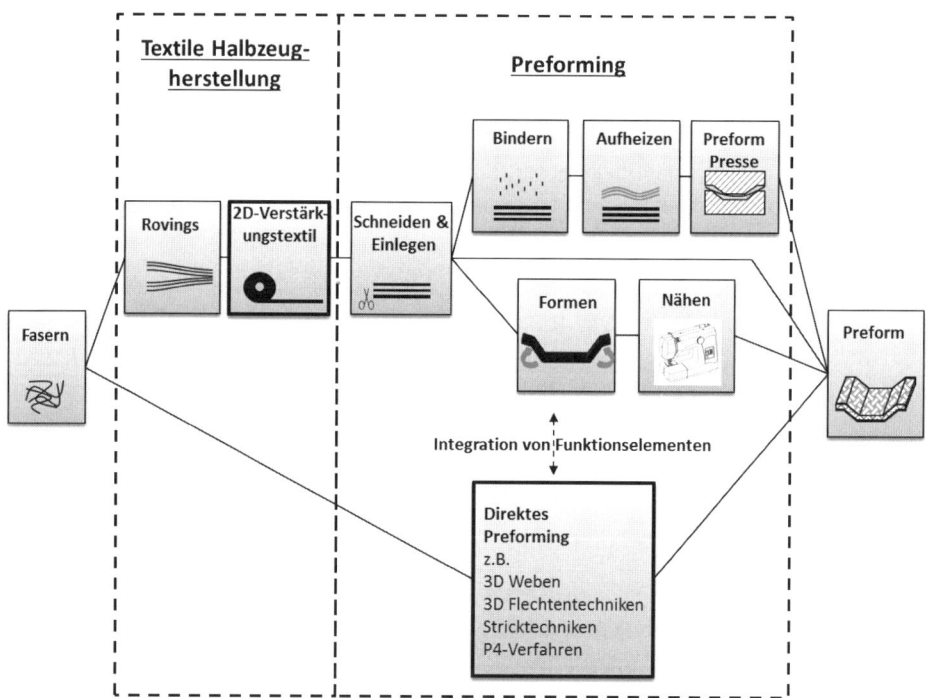

Bild 4.2 Prozesskette zur Preform-Herstellung

Basierend auf Fasermaterialien unterschiedlicher Typen und Aufmachungen können verschiedene Wege zur Herstellung einer Bauteil-Preform bei der direkten Preformherstellung gewählt werden. Die Möglichkeiten erstrecken sich über die Standard-Preformingverfahren bis hin zu direkten, textiltechnischen Verfahren der Preformherstellung. Hierzu zählen auch die „Fibre-Placement"-Techniken, die auf Bindersystemen [9] bzw. sticktechnischen Methoden („Tailored Fiber Placement" – TFP) beruhen [10]. Bei diesen Verfahren legt man Faserbündel dem Kraftfluss entsprechend ab und nutzt dadurch das Leichtbaupotenzial der eingesetzten Verstärkungsfasern optimal aus [11].

Zum Einsatz kommen auch sequentielle Preformherstellungsverfahren. Die hierbei notwendigen Fertigungsstufen zur Erzeugung der 3D-Geometrie werden in der Regel mittels eines Binders bzw. der Nähtechnik umgesetzt. Beide Verfahren basieren jeweils auf einem textilen Halbzeug, meist einem ebenem Textil, das zunächst speziell für den Preformprozess vorbereitet werden muss (Sub-Preform). Anschließend kann in weiteren Prozessschritten die komplette Preform erzeugt werden.

Bild 4.3 gibt einen vergleichenden Überblick zu den Möglichkeiten der direkten und der sequentiellen Herstellung von Preforms.

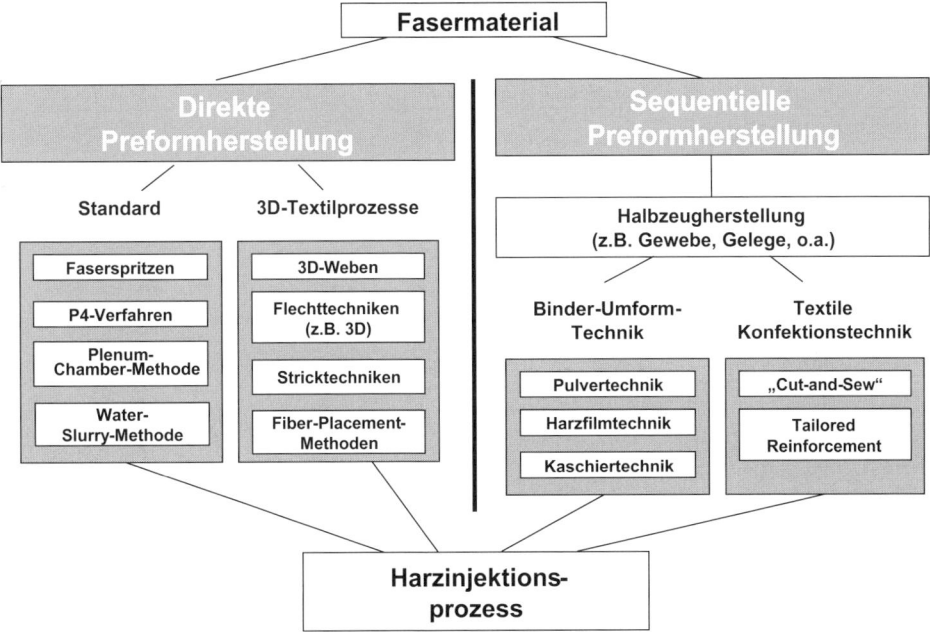

Bild 4.3 Übersicht der verschiedenen Verfahren zur Preformherstellung [12]

Während der Werkzeugbestückungsaufwand von den Eigenschaften der erzeugten Preform abhängt, richtet sich die Qualität des Bauteils unabhängig von den mechanischen Eigenschaften nach folgenden Kriterien:

- Schiebefestigkeit der Preform,
- Sicherung der Faserbündel vor Ausfransen im Bauteil-Randbereich,
- Dimensionstoleranz: ± 0,5 bis 1,5 mm,
- Preformbiegesteifigkeit,
- Verformungsverhalten der Geometrie nach dem Preformprozess („Springback") und
- „Re-bulking" der vorkompaktierten Struktur.

Die stark unterschiedlichen Anforderungen an die jeweils einzusetzende Preform definieren den erforderlichen Aufwand und damit die Kosten für deren Herstellung.

Die Beurteilung ist aufgrund der Vielzahl unterschiedlicher Variationen der Technologien nur qualitativ und mit Einschränkungen möglich. In der Praxis ist davon auszugehen, dass jeweils nach Einsatzfall auch Kombinationen aus unterschiedlichen Ansätzen angewendet werden müssen, um ein optimales Ergebnis zu erzielen. Solche Ansätze können unter dem Begriff „Multi-Textile-Preforming" [13] zusammengefasst werden.

Tabelle 4.1 Qualitativer Vergleich unterschiedlicher Preforming-Konzepte für komplexe Verstärkungsstrukturen

Anforderungen	Standard Preforming	3D-Textil-prozesse	Binder-Umformtechnik	Textile Konfektionstechnik
Endkonturgenauigkeit	+ / –	+ / –	+ / –	++
Einsatz von Kohlenstofffasern	+	++	++	++
Ausnutzung der Fasereigenschaften	–	+ / –	++	++
Konstante Paketdicken	–	– ... ++	++	++
Realisierbare Paketdicken	+ / –	+	– ... +	– ... +
Lagenanzahl / Sprünge	–	– / +	++	++
Lokale Verstärkungen (z. B. multi-textil)	+ / –	–	+	++
Dickenverstärkung	–	++	–	+
Integration von Krafteinleitungen (Inserts)	–	– ... +	–	++
Komplexe Formen	–	+ / –	+	+
Bauteilgrößen	+	+ / –	+ / –	+ / –
Automatisierung	+	+	++	++

■ 4.3 Direkte Preformherstellung

Unter direkten Preformverfahren versteht man Methoden, die eine Herstellung von 3D-Preformgeometrien direkt aus den Fasern und etwaigen Hilfsstoffen (Binder) erlauben. Hierbei ist zunächst keine Aussage über die Komplexität der Geometrie, den erreichbaren Faservolumengehalt oder den Grad der Faserorientierung getroffen.

4.3.1 Standardverfahren

Zur Herstellung von Preforms aus regellos orientierten Verstärkungsfasern (Kurzfasern) mit 3D-Geometrie können unterschiedliche Verfahren eingesetzt werden [14]. Je nach Einsatzzweck werden Faser-Spritzverfahren zum Preforming verwendet, die in der Regel als „Directed Fiber Preforming" (DFP) bezeichnet werden [15]. Meist werden diese sehr einfachen Faserstrukturen mit Harzinjektionstechniken zu FKV-

Bauteilen weiterverarbeitet. Bei vielen Einsatzfällen mit höherer Stückzahl konkurrieren die DFP-Verfahren in Kombination mit der Harzinjektionstechnik mit den SMC-Verfahren.

Für die Gruppe der DFP-Verfahren soll hier exemplarisch das sog. P4-Verfahren (Programmable Powdered Preform Process) [16] beschrieben werden.

Basis des P4-Verfahrens sind zwei perforierte Preform-Werkzeuge (Siebformen), die die gleiche Geometrie aufweisen wie das Werkzeug selbst. Mittels eines rechnergesteuerten Roboters, der mit einer speziellen Schneidvorrichtung ausgestattet ist, werden die geschnittenen Rovings auf die Oberfläche der unteren Siebform geblasen und so ein Glasvlies erzeugt. Während dieses, sowie des folgenden Verfahrensschrittes, wird Luft durch die Siebform gesaugt, um die Glasfasern auf der Oberfläche zu halten. Nach der ersten Lage werden weitere geschnittene Glasfasern auf die Siebform gespritzt, wobei die Faserbündel je nach Formteil-Spezifikation entweder ungeordnet oder orientiert abgelegt werden können. Gleichzeitig mit den Glasfasern wird auch der pulverförmige Binder in die Preform eingebracht. Nach Abschluss des Faser- und Binderauftrags wird die untere Siebform in eine Presse gefahren. Nach dem Aufsetzen der oberen Siebform wird der Vorformling auf ein Endmaß zusammengepresst. Zeitgleich strömt für die Dauer von ca. 20 s Heißluft durch die Siebform. Dabei wird der Binder aufgeschmolzen. Nach einer Kühlzeit von weiteren 5 s (Kaltluftzufuhr) erstarrt der Binder wieder, und der Vorformling kann entnommen werden. Die Herstellung des Bauteils, meist durch Injektion eines duroplastischen Harzes sowie das Aushärten, erfolgen in einem separaten Werkzeug.

Für die Gruppe der DFP-Verfahren können die Haupteinschränkungen wie folgt zusammengefasst werden:

- meist hoher Energieverbrauch,
- schwierige Entformung aufgrund des Anklebens von Binderresten im Werkzeug,
- Beschränkung hinsichtlich der Variabilität der Verstärkungsstruktur,
- bisherige Anlagen arbeiten meist mit Glasfasern.

Die optimalen Einsatzgebiete der DFP-Verfahren bieten sich an für Anwendungen im Bereich von 20 % bis 35 % Faservolumengehalt, geringen Komplexitätsgraden, mittleren bis hohen Stückzahlen (10 000 bis 200 000 Stück/a) und moderaten Ansprüchen an die mechanischen Eigenschaften.

4.3.2 Direkte textiltechnische Preformverfahren

Ein direktes textiltechnisches Verfahren (One-Step-Textiltechnik) hat die Aufgabe, eine 3D-Geometrie in einem Schritt zu erzeugen. Die jeweiligen verfahrensspezifischen Gegebenheiten determinieren die Einsatzgrenzen für mögliche Anwendungen.

3D-Strukturen wie 3D-Gewebe und 3D-Geflechte wurden ursprünglich entwickelt, um einem Grundproblem der FKV, der Einzellagenseparierung (Delamination), begegnen zu können. Dazu werden in Laminatdickenrichtung zusätzliche Verstärkungsfasern eingebracht, um ein Fortschreiten der Rissfront aufzuhalten [17]. Weiterentwicklungen dieser Verfahren werden heute auch zur Herstellung von einfachen 3D-Geometrien verwendet. Eine weitere Möglichkeit zur Generierung von 3D-Strukturen bieten Abstandsgewebe. Diese bestehen aus zwei Decklagen verbunden mit senkrechten Stehfäden (siehe Abschnitt 3.1.2.3) [18].

Getrennt hiervon sind die 3D-Webtechniken bzw. die TFP-Methoden einzustufen. Beiden liegt die Möglichkeit zugrunde, eine in der Ebene produzierte Faserstruktur so zu generieren, dass die zu erzeugende Form des späteren Bauteils durch Drapieren dargestellt werden kann.

3D-Faserarchitekturen eignen sich insbesondere aufgrund des hohen Energieabsorptionsvermögens für Crashelemente, Panzerungen für Personen und Fahrzeugschutz, sowie Bauteile mit Anforderungen an eine hohe Schadenstoleranz, wie beispielsweise Fahrwerksklappen und Triebwerksgehäuse.

Die Produktion spezieller Strukturen, wie z. B. Spante als Rumpfstrukturen in der Luftfahrt, kann durch Verfahren wie das 3D-Flechten ermöglicht werden. Es wurden, ausgehend von Forschungsarbeiten aus den 90ern, bereits Pilotanlagen zur Herstellung geflochtener Versteifungsstrukturen entwickelt [19]. Der Einsatz dieser Strukturen hat sich in der Breite jedoch noch nicht durchgesetzt.

3D-Gewebe bieten die Möglichkeit zur Einstellung eines sehr hohen Faseranteils in Dickenrichtung, bis zu 17 % Faservolumengehalt des gesamten Faserpaketes [20]. Die Haupteinschränkungen dieser Technologien sind:

- die mangelnde Flexibilität,
- die nicht frei einstellbare Faserorientierung im Verbund,
- Fließkanäle zwischen einzelnen Faserbündeln
- und die reduzierten mechanischen Eigenschaften in der Ebene (in-plane).

Für 3D-Geflechte stellt sich die Situation ähnlich dar. Die möglichen Dimensionen sind jedoch noch stärker eingeschränkt als bei den 3D-Geweben. Neuere Entwicklungen zielen auf die Vorhersagefähigkeit der mechanischen Eigenschaften in Abhängigkeit von den eingestellten textiltechnischen Parametern ab [21].

Strickwaren bieten ein sehr großes wirtschaftliches Potenzial im Hinblick auf die Konfektionierung nachbearbeitungsfreier Preforms in Bauteildimension (net-shape). Jedoch sind die erzielbaren mechanischen Eigenschaften der Maschenstruktur unbefriedigend und eher vergleichbar mit denen von Wirrfasermatten [22].

Zur kraftflussorientierten Ablage von Faserbündeln bietet sich zur Ausnutzung des Festigkeitspotenzials der Fasern die Anwendung der Placement-Techniken an. Mehrlagigkeit, Homogenität des Verbundes und Imprägnierbarkeit müssen jedoch je nach Anwendungsfall beurteilt werden.

Die Tabelle 4.2 gibt eine Übersicht über die unterschiedlichen Arten der textiltechnischen Verfahren zur direkten Preformherstellung. Die Produktivität sämtlicher hier vorgestellter Verfahren wird im Bereich der Bekleidungstechnik hoch angesetzt, wobei die Verarbeitbarkeit der Verstärkungsfasern auf den komplex arbeitenden Textilmaschinen zu hohen Rüstzeiten und Verschleißraten der Anlagenelemente und somit auch zu untypischen Stillstandszeiten führen kann. Zudem ist die verarbeitungsbedingte Vorschädigung der Verstärkungsfasern durch die in der Regel sehr kleinen Umlenkradien der Textilmaschinen nicht zu vernachlässigen.

Tabelle 4.2 Übersicht verschiedener Verfahren zur Erzeugung von 3D-Strukturen

Verfahren	Unterklassen	Besonderheiten
3D-Weben	Shape-Weaving [23], SPARC [24] und 3TEX-Technik	• einfache Profile sowie ebene Halbzeuge • Einarbeitung von Inserts • hohe Produktivität, sehr hoher Rüstaufwand • eingeschränkte Faserorientierungen (0/90 + Dickenrichtung)
Flechttechniken	3D-Technik, Channel-Braiding und Multilayerbraiding [25]	• offene und geschlossene Profile sowie ebene Halbzeuge • Flechtfäden 10 – 80° lokale Einbringung von 0°-Fäden • hohe Produktivität, großer Rüstaufwand
Stricktechniken	Flachstricken [26], Rundstricken [27] und Mehrlagenstricken [26, 28]	• sehr komplexe Halbzeuggeometrien (Knotenelemente) • Maschenstruktur, teilweise orientiert verstärkt [28] • mittlere Produktivität, geringer Rüstaufwand • geringe Schiebefestigkeit der Produkte
Fiber-Placement-Techniken	Sticktechnik, Sticktechnik mit Bändchenzufuhr und mit Binder [10]	• Anbringung zusätzlicher Fasergarne auf eine Basisstruktur (Umformreserve) • sehr komplexe Faserorientierung und Dickenverstärkung • geringe Produktivität, geringer Rüstaufwand

■ 4.4 Sequentielle Preformherstellung

Im Gegensatz zu den direkten textiltechnischen Preformverfahren werden bei den sequentiellen Verfahren mehrere Prozessschritte zur Herstellung einer 3D-Gesamtpreform benötigt.

4.4.1 Binder-Umformtechnik

Bei der Binder-Umformtechnik werden drapierte Faserstrukturen durch einen meist thermoplastischen Binder in der Endkontur geometrisch fixiert. Binderbeschichtete Halbzeuge werden nach dem Zuschnitt und dem Aufbau des Laminats in einer Heizstrecke erwärmt und zu einer Umformstation transportiert. Dort wird das Halbzeug in einem kalten Preformwerkzeug umgeformt und abgekühlt. Es entsteht eine Vorform, die allerdings noch nicht endkonturgenau hergestellt werden kann, da spezifische Einspannvorrichtungen eingesetzt werden müssen, um die Umformung des Verstärkungstextils zu steuern.

Zur Herstellung komplexer Preforms in Binder-Umformtechnik greift man weitgehend auf bereits beschichtete Faser-Halbzeuge zurück, die ähnlich der Prepregtechnik weiterverarbeitet werden können [29]. Diese bebinderten Halbzeuge können auch in Form von Bindertapes vorliegen und beispielsweise als Versteifungselemente appliziert werden (siehe Abschnitt 10.2.3 Binder-Tapelegen). Im Falle von nicht-orientierten Glasfaserhalbzeugen können die Aufbringung, der Anteil und die Verteilung des Bindemittels auf den trockenen Fasern als unkritisch angesehen werden. Allgemein jedoch können bei Binder-Preforms Probleme hinsichtlich der Pulververteilung und einer möglichen Blockierung des Harzflusses während der Injektion durch Agglomerationen entstehen.

Neuartige Ansätze gehen von trockenen Faserstrukturen aus, die erst während dem Zusammenbau des Verstärkungspaketes oder der Sub-Preform lokal mit einem Binder versehen werden. Die Applizierung des Bindermaterials kann in Form von Pulvern, Vliesen oder Emulsionen sowie eingearbeiteten Garnen geschehen. Darüber hinaus gibt es Bindersysteme, die sowohl thermoplastische als auch duroplastische Komponenten beinhalten. Dementsprechend können die Produkte auf die eingesetzten Matrixsystem und folglich auf das Fertigungsverfahren hin optimiert werden. Man ist damit unabhängig von verfügbaren Halbzeugen. Gleichzeitig kann der Bindemittelanteil stark herab gesetzt werden. In Bild 4.4 ist ein Fensterrahmen des Airbus A350 im lackierten und unlackierten Zustand dargestellt. Der Fensterrahmen wurde im RTM-Verfahren mit vorschaltetem Preforming hergestellt.

Bild 4.4 Unlackierter *(links)* und lackierter *(rechts)* Fensterrahmen des Airbus A350 [Bildquelle: ACE Advanced Composite Engineering GmbH]

Ein weiteres Verfahren zur Herstellung von Preforms ist beispielsweise die Kaschierung mit speziellen Vliesen zur Fixierung der Preform nach dem Drapiervorgang [30], [31]. Zur Reduzierung der Zykluszeit beim Umformen werden Ansätze mit UV-aushärtenden Bindersystemen erprobt.

4.4.2 Textile Konfektionstechnik

Konfektionstechnik bedeutet in diesem Zusammenhang das lokale Fixieren und Fügen von ebenen oder drapierten flächigen Textilhalbzeugen. Die am weitesten verbreitete und am häufigsten im Einsatz befindliche Konfektionstechnik ist das Nähen. Aber auch andere Fügetechniken, wie zum Beispiel Schweißtechniken, können zum Einsatz kommen.

4.4.2.1 Nähtechnik

Die Nähtechnik wird für FKV seit etwa 1980 eingesetzt. Zunächst wurde der Versuch unternommen, Laminate aus ebenen Prepregs in Dickenrichtung durch Einsatz der Nähtechnik zu verstärken, um die Schadenstoleranz bzw. die bruchmechanischen Eigenschaften der Verbunde zu verbessern [32], [33].

Die Ansätze zum Einsatz der Nähtechnik zur Konfektion von Verstärkungsstrukturen stammen weitgehend von Lockheed Engineering & Science, Grumman Corporation, CRC bzw. NASA Langley. Hauptantrieb dieser Technologien war die Möglichkeit, Verstärkungsstrukturen mit Endmaß und Enddicke in das Werkzeug einlegen zu können. Gleichzeitig sollten jedoch auch die gewünschten Eigenschaften realisiert werden, z. B. eine verbesserte Schadenstoleranz. Erst später wurden die daraus gewonnen Erkenntnisse auf den Einsatz der Nähtechnik zur reinen Montage von Vorformlingen übertragen [34].

Diese Technik wird als „Cut-and-Sew" bezeichnet, da zunächst die Zuschnitte erstellt werden und sich an das Schneiden die Vernähung anschließt. Merkmale sind:

- die endkonturgenaue Fertigung von hochintegralen Preforms,
- den Einsatz sämtlicher verfügbarer textiler Halbzeuge,
- hohe Faservolumengehalte,
- die Herstellung von Bauteilen mit sehr guten mechanischen Eigenschaften,
- die Auslegung der Bauteile weitgehend wie bei der Prepregtechnik,
- die Ermittlung von Materialkennwerten aus ebenen Platten,
- die reproduzierbare Herstellung von maßgeschneiderten Preforms.

Die klassische, textile Konfektionstechnik auf Basis des Nähens beruht auf ebenen Zuschnitten eines Verstärkungshalbzeuges bzw. auf bereits auf Endmaß gefertigten Einzelteilen, die mit Hilfe der Nähtechnik zu komplexen 3D-Geometrien montiert werden [35]. Insbesondere sollen Vorteile hinsichtlich des Preform-Komplexitätsgrads erzielt werden.

Die Ausnutzung aller Vorteile (mechanische Eigenschaften, Drapierbarkeit, Kompatibilität) kann nur durch den Einsatz verschiedener Nähtechniken erreicht werden. Bisherige Ansätze konzentrieren sich jedoch auf die Lösung individueller Problemstellungen, was die Verallgemeinerung eines solchen Ansatzes weitgehend verhinderte. Prinzipiell ist die Anwendung der „Cut-and-Sew"-Technik als arbeitsintensiv zu bezeichnen, wobei hier das Handhaben der trockenen, biegeschlaffen Einzelteile im Vordergrund steht. Die Automatisierung des Preformingprozesses ist Teil heutiger Forschungs- und Entwicklungsstrategien. In diesem Zusammenhang werden jedoch oftmals Roboterarme zur Reduzierung/Teilautomatisierung der manuellen Arbeitschritte eingesetzt. Jüngst entwickelte kontinuierliche Preformingverfahren dagegen besitzen das Potenzial das Preforming wirtschaftlicher zu gestalten. In Abschnitt 4.4.3 wird dies genauer beschrieben.

Ein wesentlicher Vorteil der textilen Konfektionierung liegt in der Integrationsmöglichkeit artfremder Materialien. So können auch Trägermaterialien, wie beispielsweise Schaumkerne, eingesetzt bzw. in die Faserstruktur eingearbeitet werden [36]. Auch metallische Inserts können in die Struktur eingebunden (angenäht) werden. Ebenso können die Eigenschaften des herzustellenden Verbundes durch beispielsweise Schmelzgarne aus thermoplastischen Matrices zähmodifiziert werden. Möglichkeiten der exakten Positionierung sind bei der textiltechnischen Konfektionierung kritische Faktoren.

Für die Preform-Konfektion ist der Grad der Automatisierung entscheidend für einen wirtschaftlichen Einsatz. Um den Einsatz von Automatisierungstechnologien zu steigern, sind handhabbare, das heißt in ihrer Kontur fixierte und verschiebefeste Preformstrukturen erforderlich. Aus dieser Forderung heraus entwickelten sich weitere Ansätze zur Schaffung reproduzierbarer Substrukturen, sogenannter „Tailored Reinforcements (TR)" [12].

Das Bild 4.5 zeigt die Vorgehensweise bei der Erzeugung solcher Tailored Reinforcements und deren Weiterverarbeitung zu komplexen 3D-Geometrien. Die spezifischen Vorteile der Einzelprozessschritte sind jeweils angegeben.

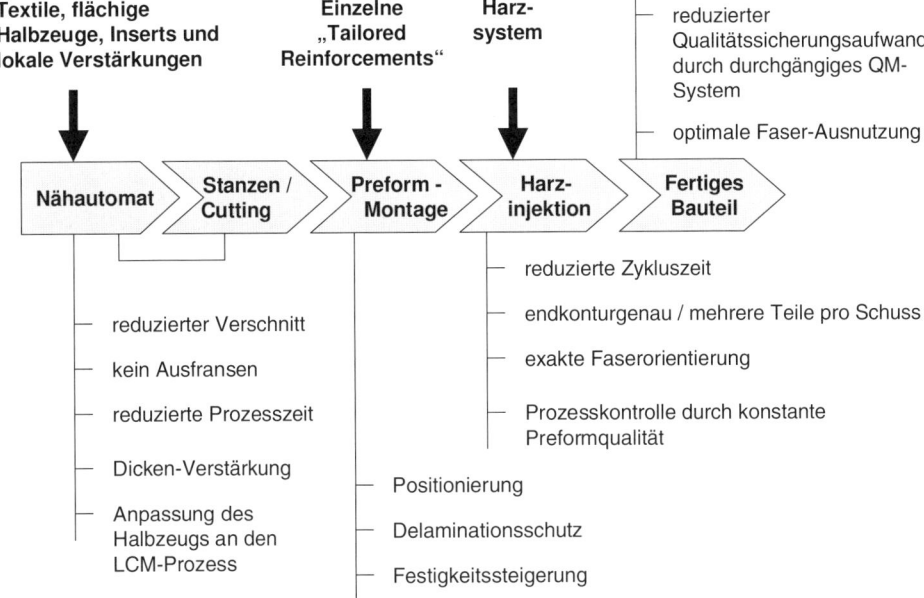

Bild 4.5 Fertigungskette „Tailored Reinforcement"

Der wesentliche Prozessschritt ist die Vorbereitung der Einzelteile vor den weiteren Montagestufen, dem Sub-Preform-Assembly und Final-Preform-Assembly (FPA). Die als Flächen zur Verfügung stehenden Textilhalbzeuge (Gewebe, Gelege usw.) werden über eine Abwickelstation einem Großflächennähautomaten zugeführt und die spätere Endkontur abgenäht. Anschließend erfolgt ein Weitertransport auf einen NC-Cutter, der die Endkontur ausschneidet, Bild 4.6. Zur Sicherung der Preformkante wird meist eine Doppelnaht genäht, zwischen der anschließend geschnitten wird. Hierdurch verbleibt je eine kantensichernde Naht auf dem Halbzeug und eine auf der Preform.

Die vorgefertigten Tailored Reinforcements werden anschließend zu Sub-Preforms zusammengefasst, die in einem optionalen Fügeprozess zu einer Gesamtpreform verbunden werden können, Bild 4.7.

Diese Vorgehensweise, eine definierte Gesamtpreform in einzelne Sub-Preforms und diese wiederum in entsprechende Tailored Reinforcements zu zerlegen wird als Preform Engineering bezeichnet. Exemplarisch sind in Bild 4.8 die Einzelkomponenten bei der Herstellung eines PKW-Spoilers mit integrierten Krafteinleitungselementen dargestellt.

Bei der textiltechnischen Preform-Montage kommt der Auswahl eines FKV-geeigneten Stichtyps die entscheidende Rolle zu. Im Folgenden werden daher die verschiedenen zum Einsatz kommenden Nähverfahren beschrieben und hinsichtlich ihrer Einsatzfähigkeit für entsprechende Bauteile bewertet.

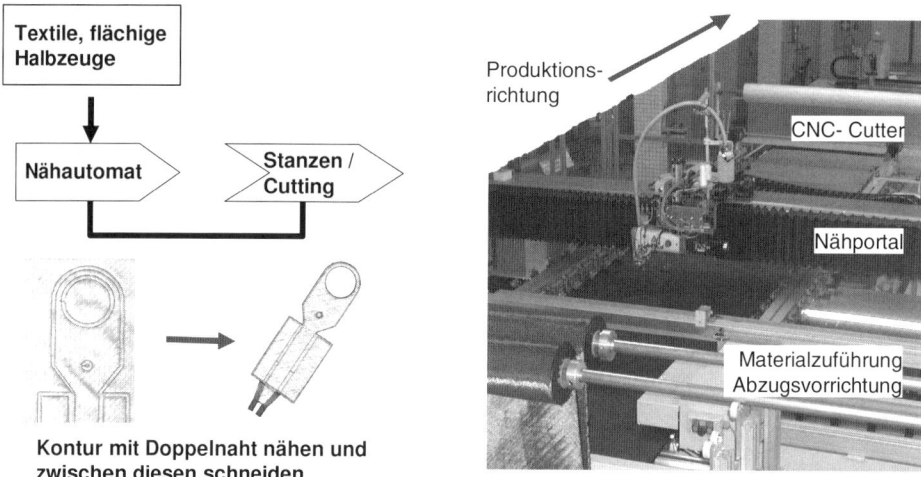

Bild 4.6 Vorbereitung der Tailored-Reinforcements

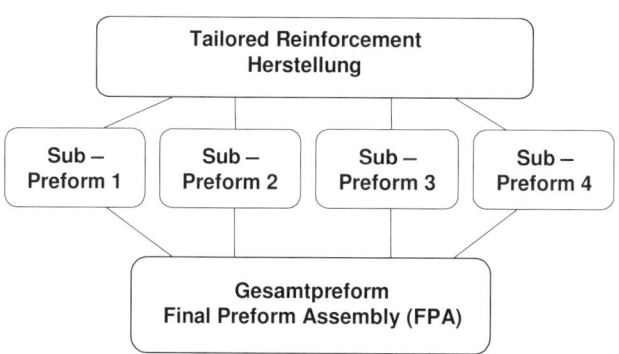

Bild 4.7 Preform-Engineering

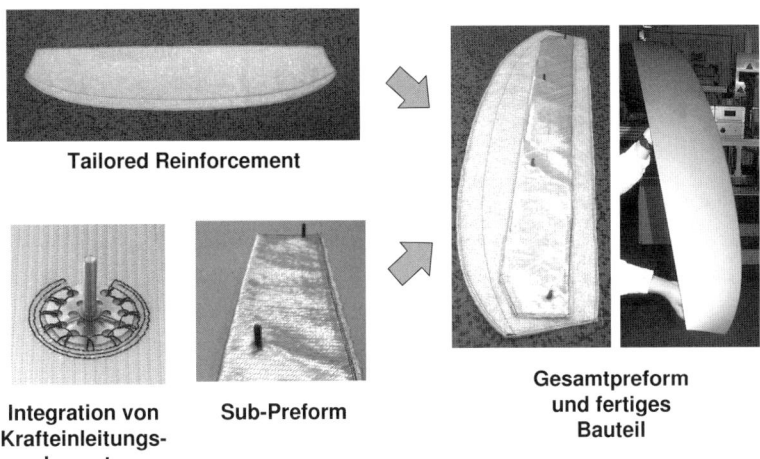

Tailored Reinforcement

Integration von Krafteinleitungselementen   **Sub-Preform**   **Gesamtpreform und fertiges Bauteil**

Bild 4.8 PKW-Spoiler in Preform-Engineering-Bauweise

4.4.2.2 Stichtypen für die Preform-Montage

Die Schwierigkeit bei der Auswahl eines geeigneten Stichtyps liegt zunächst in der breiten Problemstellung des Einsatzes der Nähtechnik für FKV und der unterschiedlichen Ansätze zur Preformherstellung. Eine Unterscheidung ist zunächst zwischen rein konfektionstechnischem bzw. handhabungsorientiertem Nähen und einem strukturellen Nähen z. B. zur Erzielung einer Verstärkung der textilen Grundstruktur in Dickenrichtung zu treffen.

Betrachtet werden muss jeweils die konkrete Anwendung. Die Freiheitsgrade des Einzelfalls werden durch verarbeitungstechnische Fragestellungen und solche der mechanischen Eigenschaften bestimmt. Dies betrifft sowohl die Imprägnierung/Konsolidierung als auch die Handhabung des fertigen Verstärkungsgebildes.

Im Wesentlichen kommen derzeit drei Stichtypen für den Einsatz bei FKV infrage:

- Kettenstich,
- Blindstich und OSS®,
- Doppelsteppstich.

Schwerpunkt bisheriger Untersuchungen waren Strukturen, die mit den o. g. Stichtypen vernäht und hinsichtlich ihrer mechanischen und prozesstechnischen Eigenschaften untersucht wurden. Selten findet man Beiträge, die den Einsatz des Nähens hinsichtlich einer Einbindung in eine Preform-Fertigungskette zum Ziel haben [37].

Bei der Etablierung neuartiger Prozessketten zur Realisierung von Faserpreforms auf Basis konfektionstechnischer Methoden besteht die Gefahr, grundlegende Fragestellungen aus der FKV-Verarbeitung zu vernachlässigen, da bereits eine lange Entwicklungstradition sowie ein großer Erfahrungsschatz in den klassischen Anwendungsbereichen wie der Bekleidungstechnik existieren. Dagegen spielen bei der

Herstellung von FKV-Preforms die Handhabung der trockenen Faserpakete, die Orientierung der Fasern zu einer Bezugskante, die unbeeinflusste Homogenität der Faserstruktur, die Zugänglichkeit verschiedener Bauteilsektionen und die eigentliche geometrische Dimension der Einzellagen meist die entscheidende Rolle.

Zur Beurteilung der Einsatzfähigkeit für FKV-Bauteile sind die Stichbildungsparameter, die Fadeneinbringung, Einschnürung der Faserstruktur sowie die Beeinflussung der Tränkbarkeit in der Ebene und in Dickenrichtung des Verstärkungslagenpaketes entscheidend. Ebenso ist das Verhalten des Lagenpaketes bei der späteren Kompaktierung während des Imprägnier- und Konsolidierungsprozesses aufgrund der unterschiedlichen Fadenlage im Material verschieden für die einzelnen Sticharten. Der Thematik der Einschnürung des Faserhalbzeugs in der Ebene durch den Sticheinzug kommt dabei besondere Bedeutung zu. Die während der Stichbildungsphase ablaufende Interaktion von Nähmaschine, Nähfaden und Nähgut bestimmt die Preformeigenschaften im Sinne von Faserschädigung, Drapierfähigkeit, Imprägnierqualität usw.

Im Folgenden werden die verschiedenen Grundstichtypen hinsichtlich ihrer Anwendungsmöglichkeiten für FKV kurz erläutert.

Kettenstich

Beim Kettenstich entsteht auf der Materialunterseite eine Verschlaufung der Nähfäden. Der Sticheinzug erfolgt bei Kettenstichmaschinen mittels des Greiferelementes (Fänger), welches die gefangene Schlaufe des Oberfadens zum nächsten Einstich zieht. Die von der Nadelaufwärtsbewegung neu gebildete Schlaufe verriegelt die Schlaufe des vorangehenden Stiches. Charakteristisch für den Kettenstich ist die Materialanhäufung auf der Nähgutunterseite aufgrund der übereinander liegenden Schlaufen (Bild 4.9).

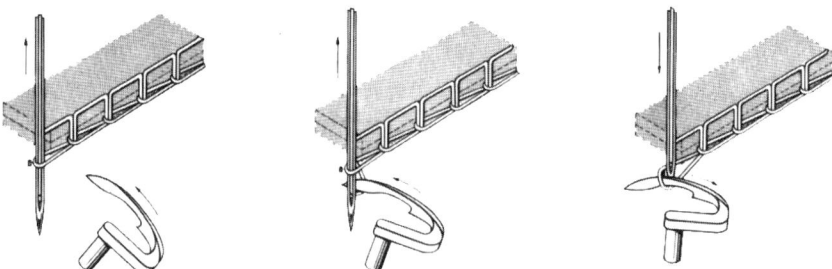

Bild 4.9 Stichbildung beim 1-Fadenkettenstich

Die Materialöffnung an der Ober- bzw. Unterseite des Lagenpaketes kann durch die beidseitig wirkenden Zugkräfte im Garn nicht vermieden werden, wie dies beim Doppelsteppstich der Fall ist. In Bild 4.10 sind Materialober- und Materialunterseite gegenübergestellt.

Bei dem Nähgut handelt es sich um einen Lagenaufbau aus Multiaxial-Gelegen (Nährichtung 45° zur Faserrichtung der obersten Lage des MAG). Verwendet wurde hier ein Kohlenstofffasernähgarn (Toray T900 2-ply). Dieses Garn besitzt eine sehr hohe Steifigkeit bei geringer Dehnfähigkeit. Deutlich wird auf der Materialunterseite die Anhäufung des Nähfadens. Diese verursacht einen „Kräuseleffekt", welcher zu Faser-Desorientierungen sowohl in der Ebene als auch in Dickenrichtung führt. Eine solche Anhäufung von Nähfäden findet man insbesondere beim Doppelkettenstich, bei dem auf der Nähgutunterseite dreimal die Stichlänge mitsamt Umschlingungen aufgetragen wird. Diese Sequenz von Verschlaufungen mit gleichzeitig teilweise übereinander liegenden Nähfäden führt bei der Harzinjektion zur Ausbildung von unerwünschten Harzkanälen bzw. lokal erhöhten Faserkonzentrationen. Nach der Kompaktierung des Lagenaufbaus finden bei der Imprägnierung Faserdesorientierungen im Lagenaufbau statt. Gleichzeitig bildet sich im Bereich der Verschlaufungen eine harzreiche Zone. Es ist ebenfalls zu beobachten, dass der Knoten in die Verstärkungsstruktur eingezogen wird. Die exakte Lage des Fadens im Querschnitt des Verbunds kann somit nicht vorhergesagt werden.

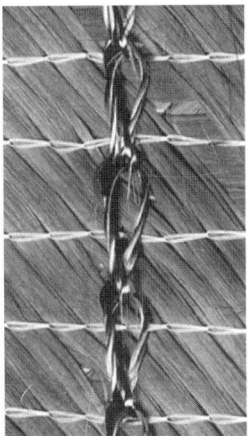 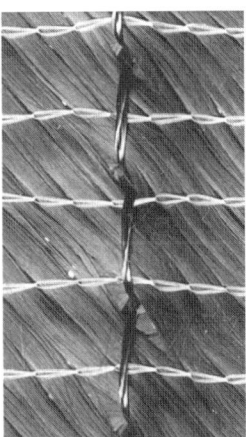

Bild 4.10 Vergleich der Materialober- *(rechts)* mit der Materialunterseite *(links)* einer Doppel-Kettenstich-Naht

Bezüglich der Konfektion von Verstärkungsstrukturen, die meist aus mehreren Fertigungsschritten besteht, ist eine hohe Genauigkeit (± 0,2 mm) in der Dimension der einzelnen Pakete (Tailored Reinforcements und Sub-Preforms) notwendig. Der Kettenstich kann aufgrund seiner Schlaufenstruktur nur eine begrenzte Nahtfestigkeit erzeugen. Die Unsicherheit im Handling mit einem möglichen Lösen der Naht und die begrenzte Variabilität hinsichtlich programmierbaren Stichdichten begrenzen die Einsatzmöglichkeiten des Kettenstichs für FKV-Anwendungen. Wesentliche Daten zum Einsatzbereich fasst Tabelle 4.3 zusammen.

Tabelle 4.3 Kettenstich: Technische Daten

	Kettenstich
Stichdichte (Stichbreite/Stichlänge)	Nadeldurchmesser/20 mm
Minimaler Nahtabstand	Nadeldurchmesser
Nähgeschwindigkeit	4000 bis 8000 SPM (abhängig vom Faden)
Max. Nähgutdicke	Maschinenabhängig typisch < 25 mm
Geometrische Flexibilität	keine Einschränkungen

Blindstich

Der Blindstich bietet in seiner klassischen Form die Möglichkeit, Materialien, d.h. Lagenpakete, miteinander zu verbinden, ohne dass das Nähgut in Gänze durchstochen werden muss. Das Bild 4.11 zeigt die Phasen zur Erzeugung eines Blindstichs auf Basis des Einfadenkettenstichs nach Baxter [38]. Das Nähgut (c) wird von einem Gegenhalter (hier nicht gezeigt) auf der Rückseite und dem Presserfuß (e) fixiert. Die gebogene Nadel (b) durchdringt das Material nur bis zu einer definierten Tiefe und stößt wieder durch die Oberseite des Nähguts. Bei der Rückwärtsbewegung der Nadel entsteht durch den Nähfaden (d) eine Schlaufe, die von einem Greifer (a) aufgenommen wird. Beim Weitertransport des Nähgutes wird diese Schlaufe aufgeweitet und beim erneuten Einstich der Nadel durch die neu gebildete Schlaufe verriegelt.

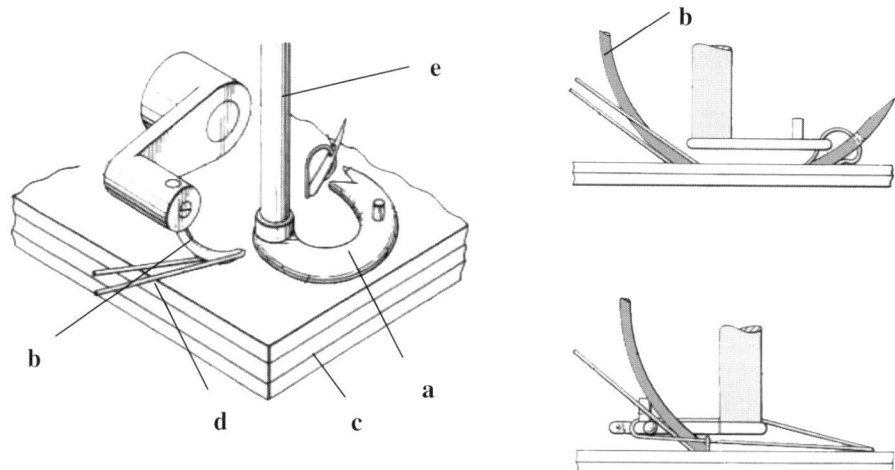

Bild 4.11 Stichbildung beim Blindstich ohne Darstellung des Gegenhalters auf der Nähgutrückseite (Erläuterungen siehe Text)

Um diesen Vorteil für die Verarbeitung von Verstärkungsstrukturen nutzbar zu machen, entwickelte die Firma KSL GmbH, Lorsch, eine Möglichkeit, diese Stichbildung ohne den Gegenhalter durchzuführen. Nach dem gleichen Prinzip arbeiten auch die Verfahren der Firma British Aerospace Public Limited Co., Hampshire,

England, und der Firma Aerospatiale Societe National Industrielle, Paris, Frankreich.

Wird der Nähkopf z. B. an einen Roboterarm appliziert, Bild 4.12, kann das Preforming zum Teil im späteren Injektionswerkzeug durchgeführt werden, da auf der Rückseite der Verstärkungsstruktur nur eine einfache Auflage benötigt wird. Dadurch könnte, im Gegensatz zu den anderen Stichtypen, an dieser Stelle auf eine Nahtapplikationseinheit in einem externen Werkzeug verzichtet werden. Der Einsatz komplizierter Nähschablonen und ein zusätzlicher Transport von einer Nähstation ins Werkzeug könnten somit ebenfalls entfallen. Die Nadelstärke und Eindringtiefe ist dem jeweiligen Einzelfall (Halbzeugart, Vorkompaktierungsgrad, Laminataufbau usw.) anzupassen.

Bild 4.12
Blindstich-Nähkopf [Bildquelle: KSL
Keilmann Sondermaschinenbau]

Durch den in Laminatdickenrichtung eingebrachten Faden verändert sich das Kompaktierungsverhalten des gesamten Lagenpaketes. Es entstehen veränderliche Faservolumengehalte. Im Schnitt durch ein Laminat (Multiaxialgelege; Aufbau [0/90/+45/−45]2s; Amann Ackermann Kevlar 50 Nähfaden) wird diese Problematik deutlich, Bild 4.13. Im nichtvernähten Laminat kann die gewünschte homogene Laminatqualität erzielt werden. Die Nähfaden-Materialanhäufung im Nahtbereich und die damit verbundene Verdrängung der eigentlichen Verstärkungsfasern führen zur Ausbildung von Fehlstellen und können zu frühzeitigem Bauteilversagen führen. Material-Inhomogenitäten treten in den Bereichen innerhalb des Stiches bzw. an den Verschlaufungspunkten auf. Teilweise wurden, bei nicht vollständiger Imprägnierung, lokal sehr geringe Faservolumengehalte und harzreiche Zonen festgestellt. Untersuchungen zur möglichen Eindringtiefe des Stiches in das Laminat und deren Einfluss auf die Laminatqualität und die mechanischen FKV-Eigenschaften sind bisher nicht bekannt.

Bild 4.13 zeigt die 3D-Faserlage im Nähprozess. Die Stichbildung des Blindstichs führt in der Verkettung zur Ausbildung verschiedener Knotenpunkte (b, c), welche wiederum die Laminatqualität beeinflussen (Faserondulation, Faservolumengehalt etc.). Die Eindringtiefe (ET) führt im Nähbereich zu einer Separierung des Lagenaufbaus. Im nicht vernähten Halbzeugbereich liegt der ungestörte Faseraufbau vor. Dies führt vor allem im Hinblick auf den weiteren Verarbeitungsprozess zu veränderten Faservolumengehalten entsprechend der Dicke des Laminats.

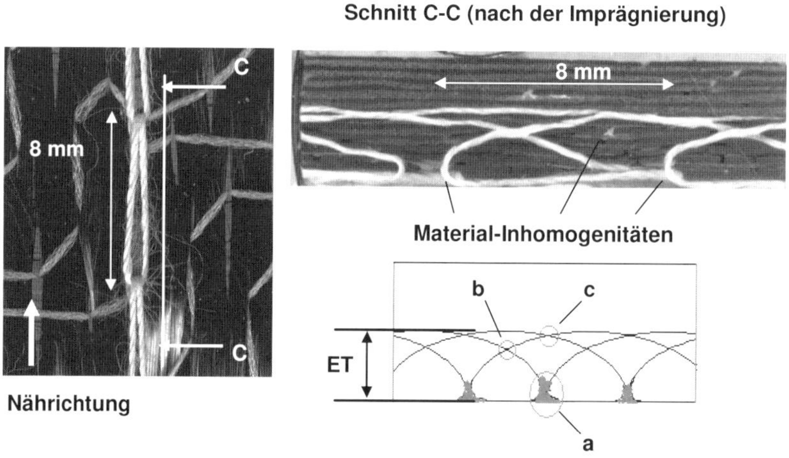

Bild 4.13 Nahtbild (Materialoberseite, *links*) und Schliffbild quer zur Nährichtung *(rechts)* a: Material-Inhomogenitäten, b, c: Knotenpunkte, ET: Eindringtiefe

Bild 4.14 verdeutlicht den Zusammenhang zwischen auftretenden Fadenspannungen und der sich einstellenden Lagenverschiebung im Laminat. Ebenso wird die Lage des Nähfadens im Verbund deutlich. Die Schlaufen- und Knotenpunkte führen zu Nähfadenanhäufungen. Diese wirken in der Regel als Störstellen und beeinträchtigen sowohl das Kompaktierungsverhalten im Herstellungsprozess des FKV als auch die Festigkeit.

Um eine Verstärkungswirkung zur Verbesserung der out-of-plane Eigenschaften zu erreichen, ist die Ausnutzung der Nähfäden in Dickenrichtung des Laminataufbaus wichtig. Diese sollen möglichst gestreckt und in einem definierten Winkel zu den eigentlichen Verstärkungslagen angeordnet sein. In Bild 4.14 ist der Nähfadenbereich (v) zu erkennen, welcher in Abhängigkeit von Einstichtiefe und Stichlänge einen definierten Winkel zur Laminatebene bildet. Nichtsdestotrotz ist der Anteil orientierter Nähfäden in Dickenrichtung zu gering bei gleichzeitig hohem Gesamtnähfadenanteil. Weitere kritische Faktoren sind eine erforderliche Mindestdicke von ca. 5 mm zur Nahtgenerierung.

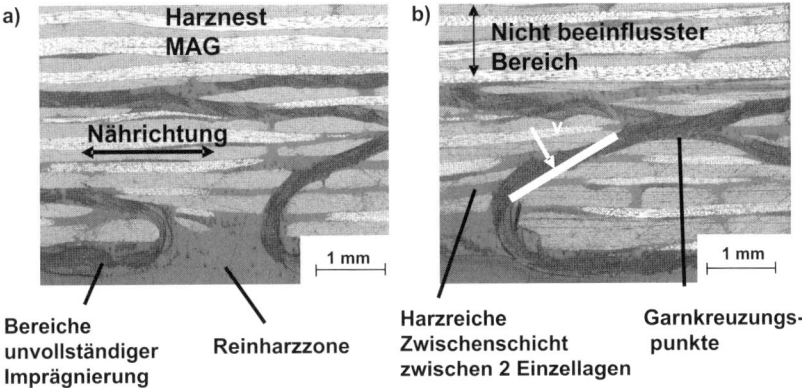

Bild 4.14 Aufnahmen einer Blindstich-Naht, Blickrichtung senkrecht zur Nährichtung
a: Einstichbereich der Bogennadel, b: Kreuzungsbereich zweier Nähstiche

Die folgende Tabelle 4.4 gibt einen Überblick über die technischen Eigenschaften und Möglichkeiten des Blindstichs.

Tabelle 4.4 Blindstich: Technische Daten

	Blindstich
Stichdichte (Stichbreite/Stichlänge)	Nadelstärke / 8 mm
Minimaler Nahtabstand	1,5–2 mm
Nähgeschwindigkeit	max. 1000 SPM
Max. Nähgutdicke	abhängig von der Einstichtiefe der Blindstichnadel
Geometrische Flexibilität	nur große Radien

One-Side-Stitch (OSS)

Die Forderungen aus dem Bereich der Luftfahrt nach großen integralen Preformstrukturen hat zur Entwicklung neuartiger Nähstichtypen geführt. Die Firma Altin-Nähtechnik GmbH, Altenburg, hat dabei den Weg zur Verwendung zweier Nadeln beschritten, die beide oberhalb des Nähgutes angeordnet sind. Die Rückseite des Nähgutes ist dabei von der Stichbildung als unabhängig zu betrachten, jedoch ist die Konstruktion des Werkstückhalters dem Wirkprinzip der Nadeln angepasst zu gestalten. Prinzipiell erfolgt die Verschlingung nach dem Prinzip des Kettenstichs.

In Bild 4.15 ist der Ablauf der OSS®-Stichbildung [39] schematisch dargestellt. Die Verschlingung des Nähfadens – und damit die verkettete Stichbildung – erfolgt durch das translatorische Zusammenspiel von Nähnadel (a) und Fängernadel (b). Die Nähnadel, welche den Nähfaden mitführt, durchsticht das Material. Nach dem unteren Totpunkt beginnt die Nähnadel ihre Aufwärtsbewegung und bildet eine Schlinge kurz oberhalb des Nadelöhrs (Phase I). Die Fängernadel durchsticht diese Schlinge während ihrer zu diesem Zeitpunkt andauernden Abwärtsbewegung und führt diese bei der sich anschließenden Aufwärtsbewegung an die Materialoberseite (Phase II). Nähnadel und Fängernadel sind nun beide außerhalb des Nähgutes (Phase III). Zu diesem Zeitpunkt wird die Relativbewegung der Nadeln zum nächsten Einstich durchgeführt (Phase IIIa). Hierbei ist n die Stichlänge. Während der Abwärtsbewegung der Fängernadel kommt die gebildete Schlinge auf der Nähgutoberseite zum Stehen (Phase IV). Die folgende Aufwärtsbewegung der Fängernadel muss bei aufeinander folgenden Stichen zusätzlich zur translatorischen Bewegung eine rotatorische Bewegung beinhalten, um nicht die zuvor gebildete Schlinge, die auf der Materialoberseite abgelegt wurde, während der Aufwärtsbewegung mit ihrem Haken zu erfassen (Phase V). Es erfolgt die Verkettung der Einzelstiche in Nährichtung (Phase VI).

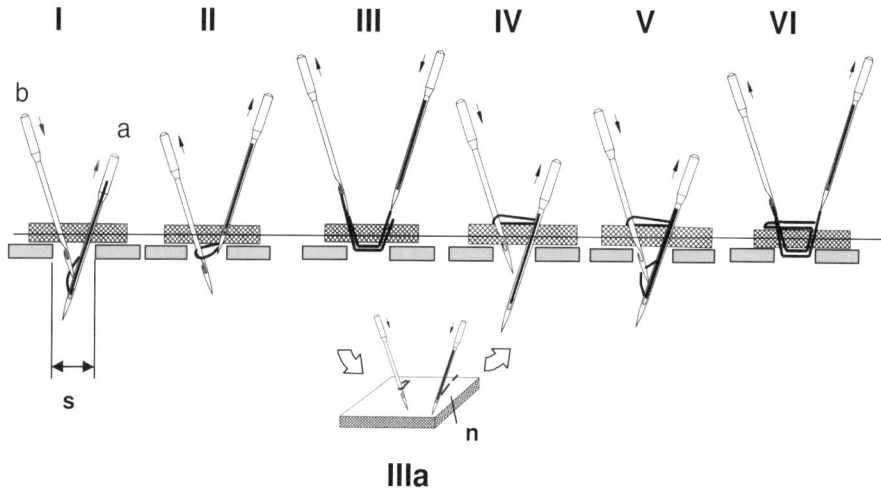

Bild 4.15 Stichbildungsphasen bei der OSS®-Nähtechnik
a: Nähnadel, b: Fängernadel, n: Stichlänge, S: Nähspalt

Die Führung des Einseitennähkopfes kann an Portalsystemen bzw. mittels eines Roboters erfolgen, Bild 4.16.

Der Gestaltung der Nähgutauflage, Bild 4.17 (Stichplatte), kommt bei Anwendung der OSS®-Technik eine besondere Bedeutung zu. Das Fangen der Schlinge, die mit Hilfe der Nähnadel durch das Material auf die Nähgutunterseite transportiert wurde, muss außerhalb des Nähgutes stattfinden, was die Notwendigkeit des Durchdringens des Nähgutes mit beiden Nadeln bedeutet. Während des Nähvorgangs wird also das Nähgut kurzzeitig nach unten in den Nähspalt, Bild 4.17 (Nähspalt s), gezogen. Das beim Auszug der Nadel möglicherweise auftretende Anheben des Materials wird durch den Niederhalter verhindert, der permanent auf dem Material aufsetzt. Die Materialkompaktierung wird durch den aufgesetzten Fuß eingestellt.

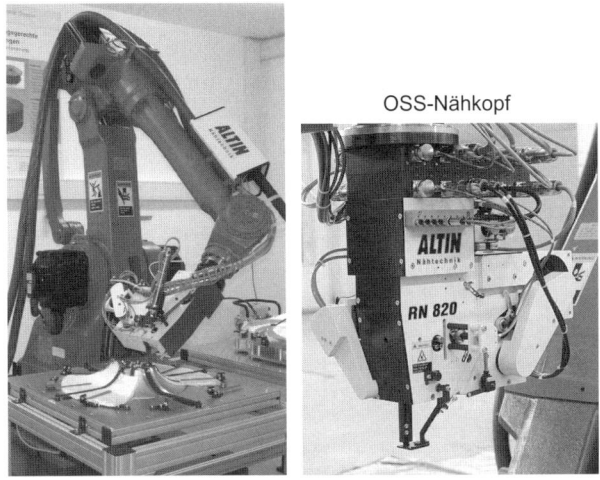

Bild 4.16 Nähroboter mit OSS®-Nähkopf [Bildquelle: ALTIN Nähtechnik]

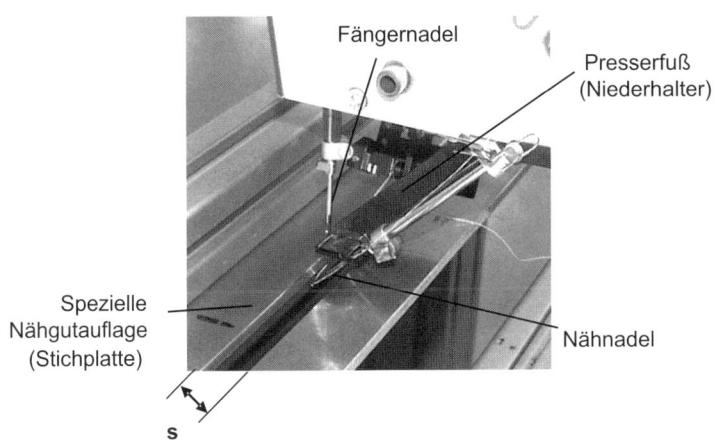

Bild 4.17 Nähgutauflage und Nadelanordnung des OSS®-Nähkopfes Altin RN 820

OSS-Nahtreihen sind dadurch charakterisiert, dass die das Nähgut in Dickenrichtung durchdringenden Fäden in einem spitzen Winkel sowohl in Nährichtung von Stich zu Stich als auch quer zur Nährichtung im Laminat vorliegen. Bild 4.18 zeigt mit einem Kevlar®- Nähgarn (Amann Ackermann Kevlar 50) ausgeführte Nähte auf einem Multiaxialgelegeaufbau (Quasi-isotrop; [0/90/+45/−45]2s), Nährichtung 90°.

Durch den kontinuierlich stattfindenden Nähprozess wird die Stichlochaufweitung durch den Sticheinzug noch verstärkt.

Bild 4.19 zeigt die veränderte Mikrostruktur eines FKV durch den Einsatz der OSS®-Nähtechnik. Deutlich wird ein Bereich (D), der lokal zwischen den Einstichen der Fänger- und Nähnadel entsteht. Der Faservolumengehalt wird aufgrund fehlender Materialkompaktierung herabgesetzt. Die Kompaktierung der Faserbündel in Nährichtung, in die auch der Sticheinzug wirkt, verursacht in diesem Bereich einen höheren Faseranteil. Außerhalb der Stichzone, ab etwa 3 bis 5 mm Entfernung, stellt sich die Faseranordnung wieder homogen ein. Auch bei diesem Stichtyp ist eine senkrechte Verstärkung in Dickenrichtung nicht möglich und der Anteil der eingebrachten Nähfäden relativ hoch.

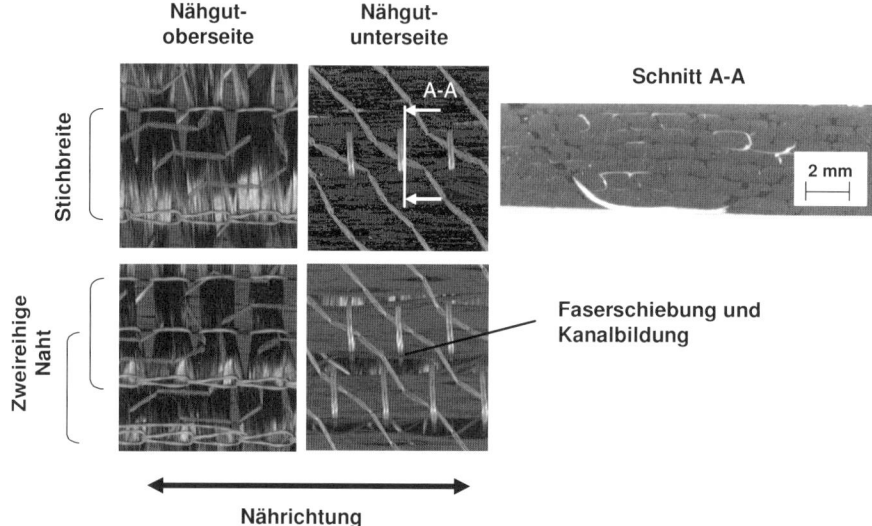

Bild 4.18 Nahtbilder der OSS®-Technologie

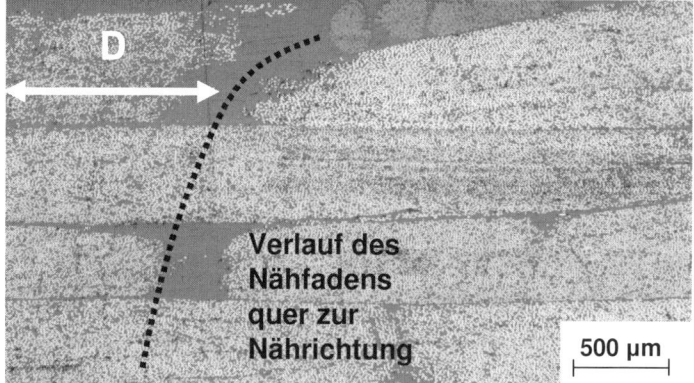

Bild 4.19 Variation der lokalen Faservolumenanteile im Einstichbereich des OSS®-Stichs

Das OSS®-Verfahren wird sowohl zur Verstärkung von Laminaten in Dickenrichtung als auch für reine Preformingaufgaben eingesetzt.

Die wesentlichen technischen Daten des OSS® sind in Tabelle 4.5 zusammengefasst.

Tabelle 4.5 One-Side-Stitch OSS®: Technische Daten

	OSS®
Stichdichte (Stichbreite/Stichlänge)	3 … 7 mm / 13 mm
Minimaler Nahtabstand	Überstich s (10 mm)
Nähgeschwindigkeit	max. 1000 SPM
Max. Nähgutdicke	10 mm
Geometrische Flexibilität	> 5 mm

Doppelsteppstich

Der Doppelsteppstich ist neben dem Kettenstich der in der Bekleidungstechnik am häufigsten zum Einsatz kommende Stichtyp. Durchgesetzt hat sich dieser Stichtyp aufgrund der hohen Nahtfestigkeit und der Möglichkeit zur Verwendung unterschiedlicher Fäden (z.B. unterschiedliche Farben) auf Ober- bzw. Unterseite der zu verbindenden Textilien.

Eingesetzt zur Konfektion bzw. zur Dickenverstärkung von FKV-Verstärkungsstrukturen bietet der Doppelsteppstich eine sehr gute Handhabbarkeit der vernähten Halbzeuge. Die Kombination unterschiedlicher Garntypen als Nadel- bzw. Greiferfaden gibt die Möglichkeit, die Größe der Verknotung zu minimieren und die Lage der Verknotung im Laminat zu beeinflussen.

Doppelsteppstichnähte können nur schwer aufgetrennt werden. Dies ist auch im Falle der Vorbereitung von Verstärkungsstrukturhalbzeugen von Bedeutung. Die geringe Dehnfähigkeit der Nähte erlaubt zudem eine sehr exakte Vorbereitung der Preform-Einzelteile, was beispielsweise für den späteren Zuschnitt bzw. die Positionierung von zusätzlichen lokalen Verstärkungsapplikationen wichtig ist. Die reine Nahtbreite beschränkt sich im Idealfall auf den Garndurchmesser.

Die weite Verbreitung der Doppelsteppstichnähmaschinen führt zu einem sehr großen Angebot an Anbietern und Bauarten unterschiedlicher Nähwerkzeuge, die jedoch nur teilweise für den Einsatz für FKV geeignet sind. Die genauere Kenntnis des Zusammenspiels der entsprechenden nähenden Maschinen-Elemente führte bis zur Entwicklung von vollständig mechanisch entkoppelten Nähkopf(Oberteil)- und Nähmaschinenbett(Unterteil)-Systemen. Gleichzeitig kann dadurch die Möglichkeit zum intermittierenden Transportieren beibehalten werden [40]. Die unabhängige Adaption der zum Nähen notwendigen Elemente, Oberteil und Greifer, an ein robotergestütztes Nähsystem erscheint machbar [41]. Drehfähige Nähköpfe zum tangentialen Nähen gehören bei der Airbag-Konfektion in der Automobilbranche zum Standard.

Stichbildung beim Doppelsteppstich

Von den rund 100 verschiedenen Maschinen-Sticharten ist der Doppelsteppstich (Nähstichtyp 301; DIN 61400) der gebräuchlichste. Aufgrund des häufigen Einsatzes dieses Stichtyps ist der Vorgang der Stichbildung grundlegend erforscht [42]. Gebildet wird der Doppelsteppstich aus zwei Fäden, Bild 4.20. Wie zuvor beschrieben, ist der Einsatzzweck entscheidend für die Auslegung der Naht. In der klassischen nähtechnischen Konfektion ist die Verknotungslage in die Mitte des Nähgutes zu legen, um der Ober- und Unterseite der Naht ein gleiches Aussehen zu verleihen und die Möglichkeit der farblichen Anpassung zu gewährleisten.

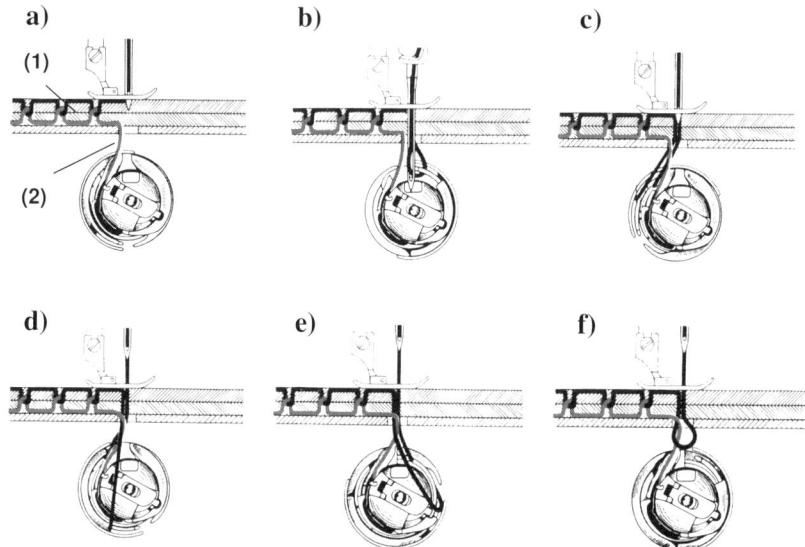

Bild 4.20 Stichbildung beim Doppelsteppstich
a: Nadeleinstich, b: Schlingenbildung, c, d: Schlingenaufweitung, e: Schlingenabsprung, f: Stichbildung

Beim Doppelsteppstich liegt für die Lage der Naht im Verbund ein verändertes Lastenheft zugrunde. In der Literatur wird der Effekt bezüglich des Einflusses der Verknotungslage auf die mechanischen Eigenschaften der FKV hinreichend beschrieben [43]. Die Verknotungslage ist demnach auf jeweils einer Seite des Nähgutes zu belassen und nicht als Verknotung in das Verstärkungsmaterial einzuziehen, Bild 4.21.

Die Auswahl der richtigen Nähparameter stellt das wesentliche Qualitätsmerkmal bei der Ausbildung des Doppelsteppstichs dar. Bild 4.21 zeigt deutlich, dass eine zu hohe Oberfadenkraft einen dominierenden Trichter bildet, was zu einer entsprechenden Matrixanhäufung führt. Eine zu starke Kompaktierung durch den Presserfuß der Nähmaschine führt zu einer lokalen Fadenentlastung und infolge zu einer unerwünschten Fadenverknotung in der Laminatmitte. Nur durch eine ausgewogene Abstimmung der Nähparameter gelingt es, einen im Sinne der FKV-Technologie optimalen Fadenverlauf in der Verstärkungsstruktur zu realisieren, wie dies in Bild 4.21 rechts dargestellt ist. Die Nähfadenverknotung liegt auf der Laminatunterseite und der Oberfaden steht gestreckt im Laminat, beziehungsweise liegt glatt und ohne Trichterbildung auf der Laminatoberseite.

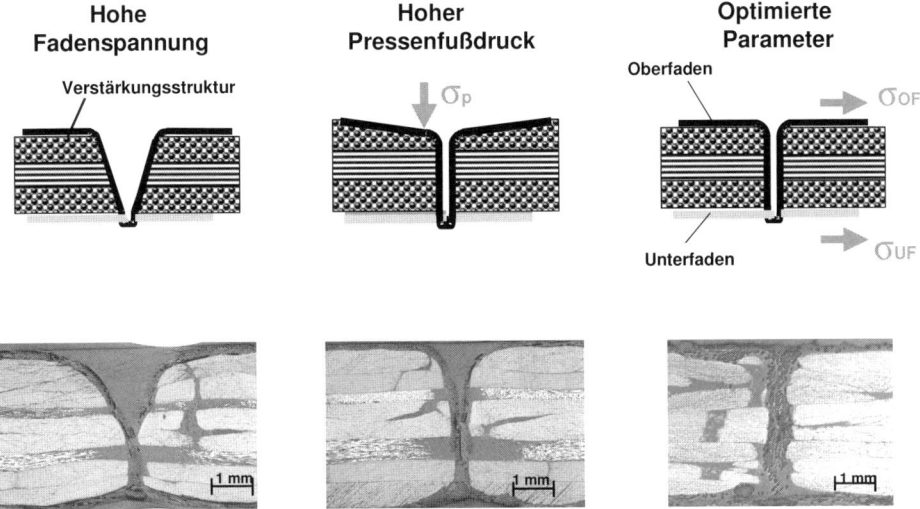

Bild 4.21 Lage der Verknotung beim Doppelsteppstich

Eine Empfehlung für die Wahl der Nähparameter kann Tabelle 4.7 entnommen werden. Hier wird entsprechend obiger Festlegung in Fixier- oder Positioniernähte, in Montagenähte und strukturelle Füge- oder Verbindungsnähte unterschieden.

Tabelle 4.7 Wahl der Nähparameter

	Kompaktierung	Fadenkraftniveau/Stichdichte
Fixier- und Positioniernaht	Qualität richtet sich nach den Halbzeugeigenschaften	Sehr niedrig/gering
Montagenaht	Für exakte Werkzeugbestückung wesentlich	Angepasst an die einzustellende Kompaktierung/mittel – hoch
Füge- oder Verbindungsnaht	Angepasst an Bauteildicke zur Vermeidung von Garnkräuseln in der Naht	Derzeit keine eindeutige Aussage/bauteilabhängig

Nicht nur die Lage der Verknotung der Nähfäden (Nähgarne) sondern auch deren Struktur, mechanische Eigenschaften und Oberflächenbehandlung (Avivage) haben einen maßgeblichen Anteil an der resultierenden Bauteilqualität. Tabelle 4.8 zeigt eine Übersicht von Einflussfaktoren bzgl. der Nähgarngeometrie und -eigenschaften.

Tabelle 4.8 Übersicht der Einflussfaktoren von Nähgarnen auf die resultierende Bauteilqualität von FKV [44]

Garngeometrie	Garneigenschaften	Andere
Garntyp	Zugfestigkeit	Wechselwirkung mit dem Harzsystem
Lineare Dichte	Dehnung	Haftung/Bindung
Fasern im Querschnitt	Reibeigenschaften	Oberflächenbehandlung
Ausmaß der Verdrillung	Schrumpfverhalten	

Die verschieden Faktoren beeinflussen das Ausmaß an Faserdeformationen in der Textilstruktur, die Imprägniergüte des Verbunds, erzeugen einen lokal unterschiedlichen Faservolumengehalt sowie unterschiedlich große harzreiche Bereiche. Die Form der harzreichen Stellen wird dabei als Ellipse beschrieben. Je größer diese sind, desto mehr werden die mechanischen Eigenschaften des Verbunds geschwächt. Bild 4.22 verdeutlicht exemplarisch die Zusammenhänge anhand von Mikroskopaufnahmen der Nähbereiche [44].

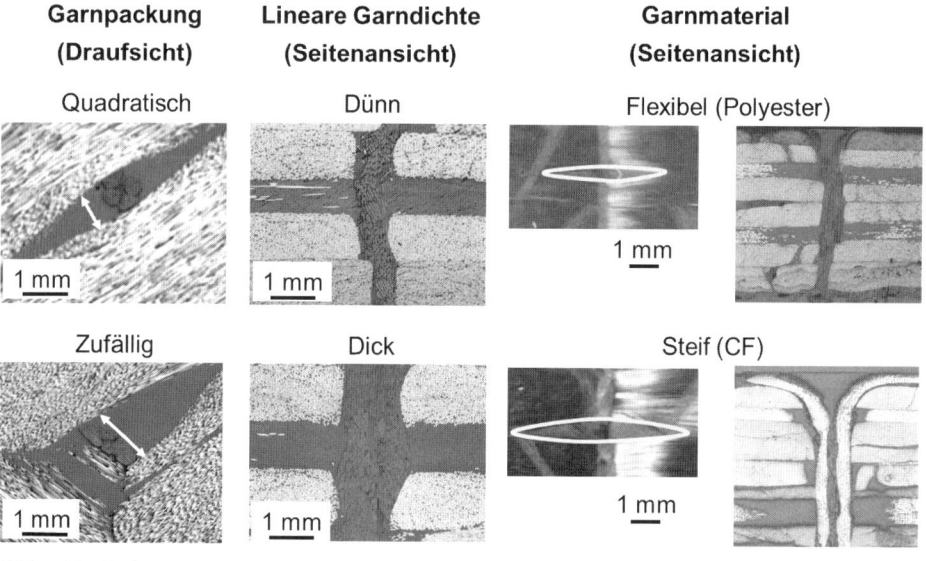

Bild 4.22 Einfluss der Nähgarnparameter Garnpackung, lineare Garndichte und Garnmaterial auf die resultierende Faserstruktur

Auch die Orientierung der einzelnen Textillagen sowie das Zusammenspiel des gesamten Lagenaufbaus zur Nahtausrichtung haben einen Einfluss auf die Geometrie der Ellipsen. Die mechanischen Eigenschaften der FKV-Bauteile, wie die interlaminare Scherfestigkeit oder die Biegefestigkeit, werden ebenfalls von der Wahl des Nähgarns beeinflusst [44], [45]. Anpassungen der Nähprozessparameter auf den jeweiligen Garntyp unter Berücksichtigung der zu vernähenden textilen Faserstruktur sind notwendig und dürfen nicht als trivial angesehen werden. Bild 4.23 zeigt eine Übersicht von kommerziell erhältlichen Nähgarnen und deren Auswirkung auf die Ausbildung der Ellipsen durch Variation der Nähgeschwindigkeit, Garnspannung und Garnsteifigkeit [44].

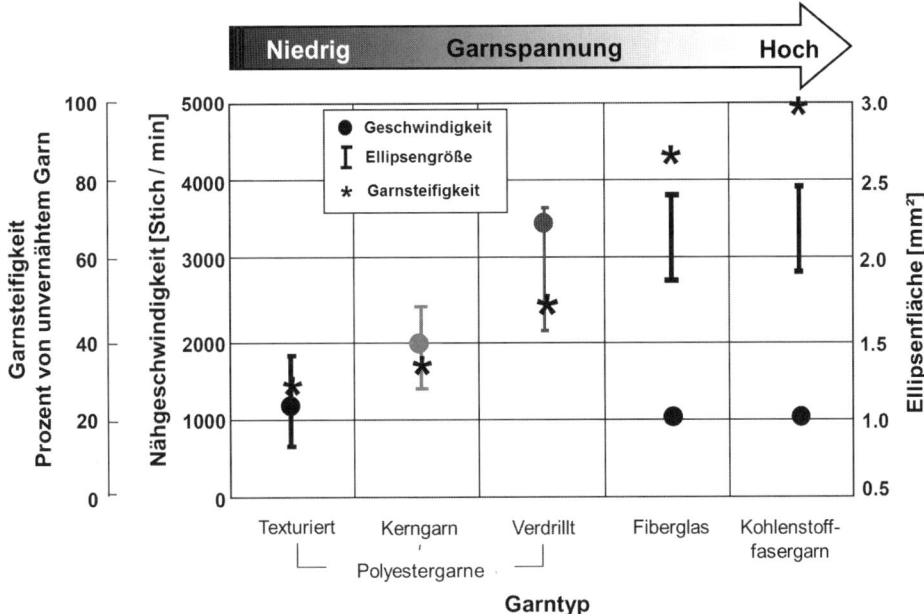

Bild 4.23 Einfluss der Nähgeschwindigkeit, Garnspannung und Garnsteifigkeit verschiedener Nähgarne auf die Ausbildung der Ellipsen

Geht man von einer nicht tragenden Funktion der Verknotung aus, kann beispielsweise eine Hybridisierung der Naht erfolgen, was bei geeigneter Nähfadenauswahl die weitere Reduktion z. B. der Oberfadenspannung erlaubt. Zusätzlich kann die „Stichbalance", also die Lage der Verknotung, an den Lagenaufbau und die zur Verfügung stehende Garnmenge angepasst werden.

Tabelle 4.9 stellt die wesentlichen technischen Daten des Doppelsteppstichs zusammen.

Tabelle 4.9 Doppelsteppstich: Technische Daten

	Doppelsteppstich
Stichdichte (Stichbreite/Stichlänge)	Nadeldurchmesser/20 mm
Minimaler Nahtabstand	Nadeldurchmesser
Nähgeschwindigkeit	2000 bis 4000 SPM (abhängig vom Faden)
Max. Nähgutdicke	Maschinenabhängig typisch < 25 mm
Geometrische Flexibilität	keine Einschränkungen

4.4.2.3 Alternative Preform-Fügetechniken

Neben dem Nähen stehen weitere Fügetechniken zur Preformkonfektionierung zur Verfügung. Die wichtigsten sind das dem Nähen ähnliche Tufting und das Ultraschallschweißen. Andere Verfahren wie das Chemical-Stitching [46] oder Fiber-Patch-Preforming [47] befinden sich noch in der Entwicklung.

Tufting

Das Tufting im Einsatz zur Dickenverstärkung von FKV wurde aus der klassischen Teppichbodenherstellung übernommen. Das Prinzip von in Reihe geschalteten Nadelbarren bei der Teppichherstellung wird durch den Betrieb einer einzelnen Nadel ersetzt. Die Bildung der Naht – die im eigentlichen Sinne nicht als Naht bezeichnet werden darf, da keine Verknotung des Nähfadens erfolgt – basiert auf dem Zusammenspiel von Nähfaden und Nadel mit Nähgut und Nähgutauflage.

Der Nähgutauflage kommt eine zentrale Bedeutung zu. Nach der Penetration des Nähgutes sticht die Nadel in das Trägermaterial ein, wodurch der Nähfaden eingeklemmt wird. Beim Zurückziehen der Nadel bleibt die Schlaufe des Nähfadens in dem Trägermaterial aufgrund der wirkenden Haftreibung zurück. Bild 4.27 a zeigt das Prinzip. Die Rolle des Trägermaterials sowie die Wirkpaarung Nähfaden und Trägermaterial sind daraus ersichtlich.

Bild 4.27 b erläutert eine Variante des Einsatzes des Tuftingstiches für FKV. Die Lage der Verschlaufung kann je nach Einstichtiefe der Nähnadel das Nähgut nur partiell in Dickenrichtung penetrieren. Durch die unterschiedlichen Eigenschaften der penetrierten bzw. nicht penetrierten Lagenpakete entsteht ein inhomogener Verbund über die Laminatdicke. Die sehr niedrige Vorspannung im Stich erleichtert zudem die Bildung eines gekräuselten Nähfadens. Die verstärkende Wirkung des Nähfadens in Dickenrichtung ist somit vermindert. Darüber hinaus muss die Nähnadel das Material über die Höhe b hinaus penetrieren, um die Schlinge, welche wiederum die Haftpaarung Nähgut-Nähfaden beeinflusst, ausbilden zu können.

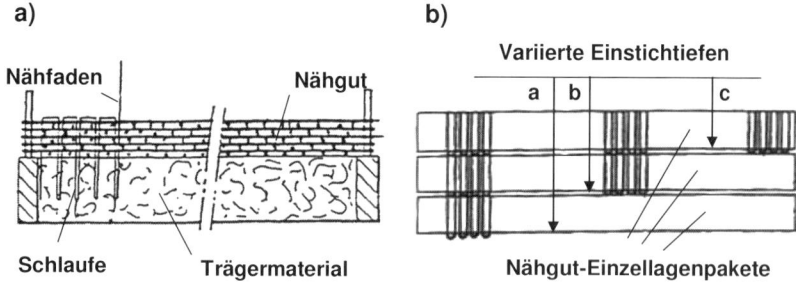

Bild 4.24 Funktionsweise des Tufting beim Einsatz als Nähstich [48]
a: Stichbildung b: Variabilität der Dickenverstärkung

Der Nadeldurchgang (Nadelöhr, Nadelrinne) sollte beim Durchgleiten des stehenden Fadens während der Aufwärtsbewegung der Nadel einen möglichst geringen Widerstand bieten. Steigt dieser Widerstand über die Haftreibung zwischen ausgebildeter Nähfadenschlinge und Trägermaterial an, wird der Faden zurückgezogen, der Stich ist nicht gebildet. Somit zählen zu den einzustellenden Tuftparametern die Nadeldimension sowie deren Konstruktion, der Reibungskoeffizient zwischen Trägermaterial und Nähfaden sowie die Einstichtiefe. Das Zusammenspiel dieser Parameter definiert die Lage der losen Schlaufe im Verstärkungslagenaufbau. Zur Einstellung einer Kompaktierung im Lagenpaket steht nur eine sehr begrenzte Kraft zur Verfügung. In der Regel wird eine erhebliche Menge an Fadenreserve auf der Rückseite des Materials eingebracht, um die Einbringung der Stehfäden in Dickenrichtung des Laminates sicherzustellen. Dies ist umso kritischer zu bewerten, wenn man die Notwendigkeit des Materialhandlings nach dem Tufting-Prozess beim Transfer des Trägermaterials zum Injektionswerkzeug betrachtet.

Das Trägermaterial als solches darf dem Eindringen der Nadel nur einen begrenzten Widerstand entgegen bringen, um zunächst den Nähfaden nicht zu schädigen und um darüber hinaus einen sicheren Nähprozess auch bei höheren Tuftinggeschwindigkeiten zu gewährleisten. Es bietet sich die Verwendung eines Polymerschaums an, der von der Nadel leicht penetriert werden kann und gleichzeitig gute Haftreibungseigenschaften zwischen z. B. Kohlenstofffasermaterial des Nähfadens und dem Schaum bietet. Es existieren mehrere Lösungen zur Umsetzung eines Ein-Nadel-Tuftingssystems. Unterscheidungsmerkmale der verschiedenen Technologien sind zum Teil die Steuerung der Nadelbewegung in Bezug auf das Bewegungssystem oder die Gestaltung der Nähnadel. Auch die Art und Weise der Ablage der zu verbindenden Verstärkungsstrukturen gilt als Unterscheidungsmerkmal [48], [49].

Bild 4.25 zeigt zwei am Markt verfügbare Tufting-Nähköpfe, die ähnlich den Blindstich- oder OSS-Nähköpfen an einen Knickarmroboter montiert werden können, um einen sehr flexiblen Einsatz zu ermöglichen.

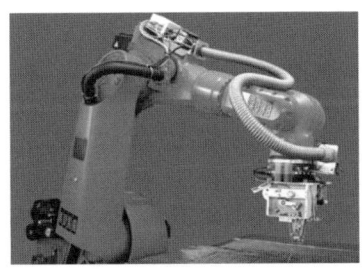

Tuftingnähkopf   Tuftingnähkopf

a)   b)

Bild 4.25 Beispiele für Tufting-Nähköpfe
a) Nähroboter mit Tufting-Nähkopf der KSL Keilmann Sondermaschinenbau,
b) Tufting-Nähkopf der ALTIN Nähtechnik

Zusammenfassung

Tabelle 4.10 zeigt eine zusammenfassende Aufstellung der für FKV-Anwendungen in Frage kommenden Stichtypen.

Tabelle 4.10 Übersicht über verschiedene Stichtypen für die Konfektion von textilen Verstärkungsstrukturen

Stichtyp (nach DIN 61400)	Fadenverbrauch	Handling	Faserdesorientierung	Kompaktierung
Standard-Stichtypen				
2-Faden-Kettenstich	+ Geringer Oberfadenverbrauch – Hoher Unterfadenverbrauch	+ Hohe Dehnfähigkeit – Naht zieht sich leicht auf	+ Geringe Faserverschiebung in der Ebene – Materialanhäufung auf der Rückseite	+ Loses Maschengebilde ermöglicht leichtes Faserbündelgleiten – Materialeinbringung
Einfadenkettenstich (Kl. 101)	– Hoher Oberfadenverbrauch + Kein Unterfaden benötigt	– Naht zieht sich auf – Neigung zum Verzug + Gute Drapierbarkeit	+ Geringe Fadenspannung – Faserverschiebung auf Lagenpaket Ober- und Unterseite	+ Loses Maschengebilde ermöglicht leichtes Faserbündelgleiten – Materialeinbringung
Doppelsteppstich (Kl. 301)	+ Hybridisierung und hoher Effektivitätsgrad möglich – Hohe Fadenzugkräfte	+ Gute Schiebefestigkeit des Lagenpaketes + Geringe Verzugsneigung	+ Unterschiedliche Faserverschiebung auf der Materialober- bzw. -unterseite – Hohe Fadenzugkräfte	+ Exakt einstellbar + Geringe Materialeinbringung
Einseiten-Techniken				
Blindstich (Kl. 103)	– Hoher Fadenbedarf – Geringer Effektivitätsgrad + Kein Unterfaden notwendig	– Kein Verbund der Einzellagen über die ganze Dicke + Nähen in einem festen Werkzeug	– Lokale Nähfadenanhäufung hoher Verschiebungsgrad + Untere Einzellagen ohne Beeinflussung durch den Nähprozess	– Kompaktierung über das Lagenpaket nicht einstellbar – Bei Vorkompaktierung leichte Abweichung der Nadel möglich

Stichtyp (nach DIN 61400)	Faden-verbrauch	Handling	Faserdesorien-tierung	Kompak-tierung
OSS®-Stich	− Hoher Faden-verbrauch − Orientierung der Dicken-verstärkung unterschied-lich	+ Gute Verschiebe-festigkeit − Keine Pro-grammierung von Einzel-stichen	− Fadeneinzug wirkt groß-flächig − Hoher Ver-schiebungs-grad − Penetration des Materials mit 2 Nadeln	− Stichbreite führt zu groß-flächiger Materialbe-einflussung
Tufting	+ Sehr hoher Effektivitäts-grad bei opti-maler Lage im Verbund (ohne Schlau-fen)	− Keine Ver-schlaufung kein Kraft-schluss zwischen Einzellagen	− Durch grobe Nadelausfüh-rungen Ver-schiebungen im Laminat + Geringe Fadenkräfte	− Fadenkräfte nicht aus-reichend zur Einbringung einer Kom-paktierungs-kraft

Ultraschallschweißen

Das Ultraschallschweißen ist eine alternative Verbindungstechnik zur Montage bebinderter Preforms. Die Potentiale dieser Technologie liegen in der Möglichkeit zur Reduzierung von Prozesszeit und Energieverbrauch, der Erhöhung des Auto-matisierungsgrades und der Verarbeitung komplexer Geometrien [50]. Im Gegen-satz zur Binder-Umformtechnik wird der Binder nicht flächig, sondern nur lokal in der Fügezone aktiviert. Weitere alternative Verbindungs-/Schweißtechnologien sind das Heizelement-, Hochfrequenz-, Laser- und Induktionsschweißen. Diese werden aber hier nicht weiter vertieft.

Das Wirkprinzip beim Ultraschallschweißen basiert auf der Entstehung von Rei-bungswärme durch den Eintrag von mechanischen Schwingungen unter Druck-applizierung. Sie wird durch äußere als auch innere Reibung erzeugt und deren Verhältnis wird von den jeweiligen Fügepartnern bestimmt. Die zu schweißenden Werkstoffe (meist thermoplastische Binder) werden dadurch in der Fügezone auf-geschmolzen. Nach Beendigung der Beschallung kühlt sich der aufgeschmolzene Schweißwerkstoff ab und erstarrt. Dadurch entsteht eine stoffschlüssige Verbindung [50].

Eine Ultraschall-Schweißanlage besteht im wesentlichen aus folgenden Komponen-ten: Generator, Konverter, Amplitudentransformator, Sonotrode und Amboss. Der Generator erzeugt zunächst eine hochfrequente Wechselspannung. Die Wechsel-spannung wird anschließend zum Konverter geleitet, in mechanische Schwingung umgewandelt (piezoelektrischer Effekt), vom Amplitudentransformator („Booster") definiert vergrößert und in die Sonotrode eingekoppelt. Der Schall wird schließlich durch die Sonotrode in den Werkstoff eingeleitet. Der Amboss dient als Gegenhalter auf der Unterseite des zu schweißenden Werkstoffs. Der Frequenzbereich der Schwingungen befindet sich meist zwischen 20–70 kHz, mit Amplituden bis zu 120 μm und Schweißzeiten bis ca. fünf Sekunden [50].

Bild 4.26 zeigt die Umsetzung eines robotergestützten Ultraschall-Endeffektors (links) sowie das Ablaufschema zum Fügen eines Frame-Beam-Element (rechts).

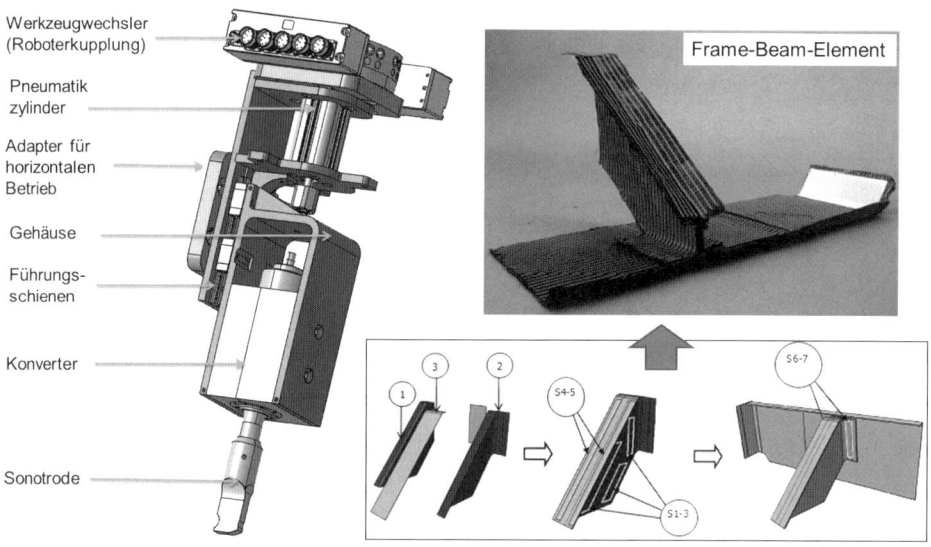

Bild 4.26 Preform-Ultraschallschweißendeffektor und Ablaufschema zur Herstellung eines geschweißten Frame-Beam-Elements [Bildquelle: Eurocopter Deutschland GmbH]

Der Generator des Endeffektors kann separat gelagert oder direkt am Roboter montiert werden. Die Schwingeinheit des Endeffektors wird mit einem pneumatischem Druck beaufschlagt, wobei ein konstanter Schweißdruck durch einen doppelt wirkenden Kompaktzylinder gewährleistet wird. Die Profilschienenführung ermöglicht den benötigten axialen Verfahrweg der Schwingeinheit und zwei Adapterplatten den horizontalen Betrieb. Ebenfalls ist bei dieser Ausführung eine Anbindung der Schwingeinheit in 0° und 90° gewährleistet, sodass Schweißungsvorhaben auch bei eingeschränkter Zugänglichkeit durchführbar sind [50].

Zur Montage des Frame-Beam-Elements werden vier Sub-Preforms benötigt, welche durch sieben Schweißnähte miteinander verbunden werden. Die Sub-Preforms 1 und 2 werden durch die Schweißnähte S1, S2 und S3 gefügt und anschließend mit der dritten durch die Nähte S4 und S5 verbunden. Im letzten Schritt wird diese Preform-Baugruppe an das Beam-Element mit den Nähten S6 und S7 montiert. Der vollautomatisierte Montageprozess benötigt eine Prozesszeit von ca. 2 min [50].

Die Vorteile des Ultraschallschweißens zeichnen sich durch einen geringen Invest, hohe Flexibilität bezüglich der Materialsysteme, hohe Robustheit, abgesichte Qualität, hohen Grad der Automatisierbarkeit, Energieeffizienz und der geringen Taktzeit aus. Nachteilig sind die Entstehung von Faserondulationen der nicht aktivierten Preforms und die begrenzte Effektorwirkfläche [50].

4.4.3 Kontinuierliches Preforming

Insbesondere aus wirtschaftlichen Gründen ist in den letzten Jahren ein Trend zum kontinuierlichen Preforming entstanden. Hierbei sollen die technologischen Vorteile des Direkt-Preformings (vgl. Abschnitt 4.3.2) mit den wirtschaftlichen Vorteilen der klassischen Textiltechnik kombiniert werden. Ausgangpunkt sind in der Regel ebene Textilstrukturen (Gewebe oder Gelege), die anschließend in einem Umform- und Fixierverfahren kontinuierlich zu dreidimensionalen Preforms weiterverarbeitet werden. Die vorgeformten und fixierten Preforms, meist Profilpreforms (U-, T-, L-, I-Profile), können am Ende auf die gewünschte Länge zugeschnitten werden und stehen direkt einem nachfolgenden Harzinjektionsprozess (z. B. Resin Transfer Molding Verfahren) zur Verfügung. Das Grundprinzip der existierenden Verfahrensvarianten ist sehr ähnlich, sie unterschieden sich jedoch in der Art der Fixierung (Binder- oder Nähtechnologie) und in der Geometrie der Profile. Basierend auf der Bindertechnologie als Fixierungsverfahren existieren bspw. zwei Prototypanlagen, welche Profile mit variablen Steghöhen [51] oder einer gewissen Krümmung [52] generieren können. Jedoch ist für beide Varianten die Binderaktivierung und -aushärtung der limitierende Faktor für die Produktionsgeschwindigkeit. Im Gegensatz hierzu basiert das Kontinuierliche Profil-Preforming System (Continuous Profile Preforming System - CPPS) auf der Nähtechnologie. Bild 4.27 zeigt exemplarisch die Herstellung eines I-Profil-Preforms unter Verwendung der entwickelten Prototypenanlage.

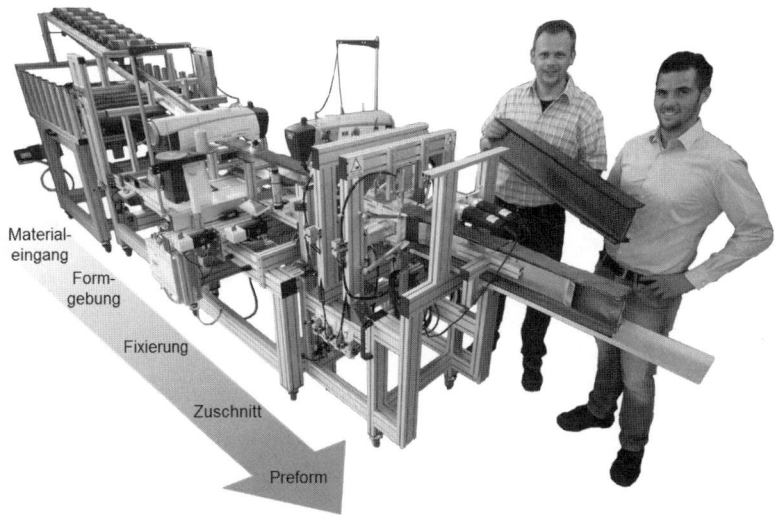

Bild 4.27 Anlage zur kontinuierlichen Herstellung einer I-Profil-Preform [Bildquelle: IVW GmbH]

Das in Bild 4.27 dargestellte Preformingsystem besteht aus vier modular aufgebauten Grundeinheiten: Materialzuführungs-, Formbildungs-, Konfektionierungs- und einer Trenneinheit. Ausgehend von bis zu 16 ebenen Textilbahnen können Profile mit einer Geschwindigkeit von 3 m/min gefertigt werden. Kern der Anlage sind die Form- und Fixierungseinheit. In der Formbildungseinheit dient ein fünfteiliges Schienensystem der Profilformgenerierung. Durch einen Wechsel der Schienen können, aufgrund des modularen Aufbaus, bei kurzen Rüstzeiten weitere Profile hergestellt werden. Durch den Einsatz der Nähtechnologie ist, im Gegensatz zu der Bindertechnolgie, eine definierte Verstärkung in Dickenrichtung möglich. Kritische mechanische Eigenschaften, wie bspw. das Delaminationsverhalten, können dadurch gesteigert werden.

Optimierte Vorschubsysteme minimieren die Belastung der Fasermaterialien, wodurch die Leistungsfähigkeit und Orientierung der Fasern vollständig erhalten bleiben. Des Weiteren wurden Biegesteifigkeits- und Reibungsuntersuchungen an einer Vielzahl von textilen Faserstrukturen (Gewebe und Gelege) durchgeführt, um Prozess- sowie Materialparameter abzustimmen und folglich die Prozessgeschwindigkeit zu optimieren. Mit dem kontinuierlichen Preforming ist somit die Behandlung zentraler Themenfelder, wie Automatisierung, kontinuierliche Herstellung, Qualitätssicherung und Wirtschaftlichkeit möglich, was zur langfristigen Etablierung von FKV-Bauteilen dienen kann.

Literatur

[1] *Räckers, B.:* Introduction to Resin Transfer Moulding, in: *Kruckenberg, T.; Paton, R.:* Resin Transfer Moulding for Aerospace Structures, Chapman and Hall, London, 1998, S. 1– 24

[2] *Ko, F. K.:* Three-Dimensional Fabrics for Composites, in: *Chou, T.-W.; Ko, F.-K.:* Textile Structural Composites, Elsevier, Amsterdam, 1989, S. 129 –171

[3] *Weiland, F.:* Ultraschall-Preformmontage zur Herstellung von CFK-Luftfahrtstrukturen. IVW-Schriftenreihe Bd. 104. Diss. Universität Kaiserslautern. Kaiserslautern, 2013

[4] *Ohlendorf, J.-H.; Rolbiecki, M.; Schmohl, T.; Müller, D. H.; Thoben, K.-D.:* Entwicklung von Handhabungseinrichtungen für biegeschlaffe Materialien – Automatisierter Preform-Aufbau für Rotorblätter von Windenergieanlagen. Gemeinsames Kolloquium Konstruktionstechnik. Rostock: Shaker Verlag, 2011, S. 141–146

[5] *Reinhart, G. Sc.; Ehinger, C.; Straßer, G.:* Ansteuerungsentwicklung für ein roboterbasiertes, flexibles Handhabungswerkzeug zum automatisierten Absortieren von Zuschnitten. IWB Anwenderzentrum Augsburg, 2010, S. 158 –169

[6] *Koult, H.:* Automartisierung: Innovative Handhabungslösungen für die Produktionstechnik. DFG Abschlusskolloquium Forschergruppe 860, Aachen, 2012

[7] *Ozolin, B.:* Handhabungstechnologien für trockene und imprägnierte Preforms. DFG Abschlusskolloquium Forschergruppe 860, Aachen, 2012.

[8] *Büsgen, W.-A.:* Neue Verfahren zur Herstellung von dreidimensionalen Textilien für den Einsatz in Faserverbundwerkstoffen, Diss. RWTH Aachen, 1993

[9] *Rudd, C. D.; Turner, M. R.; Long, A. C.; Middleton, V.:* Tow Placement Studies for Liquid Composite Moulding. Composites Part A, Vol. 30 (1999) 9, S. 1105–1121

[10] *Feltin, D.:* Entwicklung von textilen Halbzeugen für Faserverbunde unter Verwendung von Stickautomaten, Diss. TU Dresden, 1997

[11] *Crothers, P. J.; Drechsler, K.; Feltin, D.; Herszberg, I.; Kruckenberg, T.:* Tailored Fiber Placement to Minimise Stress Concentrations, Composites Part A, Vol. 28A (1997), S. 619–625

[12] *Weimer, C.:* Zur nähtechnischen Konfektion von textilen Verstärkungsstrukturen für Faser-Kunststoff-Verbunde. IVW-Schriftenreihe Bd. 31. Diss. Universität Kaiserslautern. Kaiserslautern, 2002.

[13] *Mitschang, P.; Weimer, C.:* Komplexe multi-textile Preforms (Potenziale der Nähtechnik), Kunststoffe 4 (2000), S. 114–116

[14] *Steenkamer, D. A.:* The Influence of Preform Design and Manufacturing Issues on the Processing and Performance of Resin Transfer Molded Composites, Diss. University of Delaware, 1994

[15] *Rudd, C.-D.; Long, A.-C.; Kendall, K.-N.; Mangin, C. G. E.:* Liquid Moulding Technologies – Resin Transfer Moulding, Structural Reaction Injection and Related Processing Techniques, Woodhead Publishing, Cambridge, 1997, S. 151–202

[16] *Chavka, N. G.; Dahl, J. S.:* P4: Glass Fiber Preforming Technology for Automotive Applications, in: Benjamin, W. P.: Resin Transfer Moulding. SAMPE Mono-graph No. 3, 1999, S. 165–174

[17] *Bilisik, K.:* Multiaxis three-dimensional weaving for composites: A review. Textile Research Journal (2012), S. 1–19

[18] *Torun, A. R.:* Advanced Manufacturing Technology for 3D Profiled Woven Preforms, Diss. Universität TU Dresden, 2011

[19] *Beaumont, M.:* Vision der Luftfahrtindustrie für CFK. Bayern Innovativ Cluster Treff, Rosenheim, 2010.

[20] *Mohamed, M.-H.; Zhang, Z.:* US Pat. 5,085,252., 4. 2. 1992

[21] *Schneider, M.; Pickett, A. K.; Langer, H.:* Exemplary CAE Design Tools for Textile Reinforced Composites by Means of FE-analysis, in: Stephan, A. (Hg.): Proceedings of the 1st Stade Composite Colloquium, Stade, 7.–8. September 2000

[22] *De Haan, J.; Fischbach, T.; Reber, R.; Mayer, J.; Wintermantel, E.:* Comparison of Plain Weft Knitted Carbon Fiber Reinforced Thermoplastics and Thermosets. The 4th International Symposium for Textile Composites, Kyoto Institute of Technology, 12.–14. Oktober 1998

[23] *Büsgen, A.; Finsterbusch, K.; Birghan, A.:* Simulation of composite properties reinforced by 3D shaped woven fabrics. 12th int. Conference on Composite Materials (ECCM12), Biarritz, 29. Aug.–1.Sep., 2006

[24] *Wilson, S.; Wenger, W.; Simpson, D.; Addis, S.:* „SPARC" 5 Axis, 3D Woven, Low Crimp Preforms, in: Benjamin, W. P.: Resin Transfer Moulding, SAMPE Monograph No. 3, 1998, S. 101–114

[25] *N.N.:* Braiding Technology Tested on Aerospace Structures. Reinforced Plastics (1998), Oktober, S. 52 – 54

[26] *Leong, K.H.; Ramakrishna, S.; Huang, Z.M.; Bibo, G.A.:* The Potential of Knitting for Engineering Composites – a review. Composites Part A, Vol. 31 (2000) 3, S. 197– 220

[27] *Cherif, C.:* Textile Werkstoffe für den Leichtbau – Techniken, Verfahren, Materialien, Eigenschaften. Springer-Verlag, 2011

[28] *Godau, U.; Diestel, P.; Offermann, P.:* Biaxial-verstärkte Mehrlagengestricke für die Kunststoffarmierung. Technische Textilien, Vol. 41 (1998), November, S. 202 – 204

[29] *Rohatgi, V.; Lee, J.; Melton, A.:* Overview of Fibre Preforming, in: *Kruckenberg, T.; Paton, R.:* Resin Transfer Moulding for Aerospace Structures, Chapman and Hall, London, 1998, S. 149 –173

[30] *N.N.:* Prefabricated Preforms to the Rescue, Composites Technology (1999), Jan/Feb, S. 20 – 28

[31] http://www.ab-tec.com/fileadmin/zertifikate/ProduktuebersichtAB-Tec_dt.pdf [Zugriff: 19.08.2012]

[32] *Mignery, L.A.; Tan, T.M.; Sun, C.T.:* The Use of Stitching to Supress Delamination in Laminated Composites, in: *Johnson, W.S.:* Delamination and Debonding, AST STP 876, American Society for Testing and Materials, Philadelphia, 1985, S. 371– 385

[33] *Pelstring, R.M.; Madan, R.C.:* Stitching to Improve Damage Tolerance of Composites, 34th International SAMPE Symposium, 8. –11. Mai 1989, S. 1519 –1528

[34] *Palmer, R.J.; Branko, S.:* Reinforcing Member for Composite Workpieces and Associated Methods. US 6,051,089., 18.4.2000

[35] *Rödel, H.:* Analyse des Standes der Konfektionstechnik in Praxis und Forschung sowie Beiträge zur Prozessmodellierung. Shaker Verlag, Aachen, 1996

[36] *Methner-Opel, B.:* Roboterarm in Leichtbauweise entwickelt. BW Technics 2/2001, S. 20

[37] *Mouritz A.P.; Cox B.N.:* A Mechanistic Approach to the Properties of Stitched Laminates. Composites Part A Vol. 31 (2000) 1, pp. 1– 27

[38] *Baxter, S.:* Blind Stitching Apparatus and Composite Material Manufacturing Methods, US Patent 5,829,373, 3.11.1998

[39] *Wittig, J.:* Robotic Three-Dimensional Stitching Technology, Proc. Int. SAMPE Conference „2001: A Material and Processes Odyssey", Long Beach, California, USA, 6.–10. Mai 2001

[40] *Hägle, F.:* „Net-Shape" für Faserverbundwerkstoffe durch zukunftsweisende Prozessautomation in der Nähtechnik. Proceedings: 8. Nationales Symposium SAMPE Deutschland. Institut für Verbundwerkstoffe Kaiserslautern, 7.– 8. März 2002

[41] *Keilmann, R.:* Nähvorrichtung. EP 0699794A1., 4.9.1995

[42] *Leiner, M.:* Untersuchung zum Zusammenwirken von Nähmaschine und Faden, VDI-Verlag, Düsseldorf, 1993

[43] *Shim, S.B.; Ahn, K.; Seferis, J.C.; Berg, A.J.; Hudson, W.:* Cracks and Microcracks in Stitched Structural Composites Manufactured with Resin Film Infusion Process, Journal of Advanced Materials (7/1995), S. 48 – 62

[44] *Ogale, A.:* Investigation of sewn preform characteristics and quality aspects for the manufacturing of fiber reinforced polymer composites. IVW-Schriftenreihe Bd. 70. Diss. Universität Kaiserslautern. Kaiserslautern, 2006

[45] *Ogale, A.; Mitschang, P.:* effect of sewing threads on interlaminar shear strength and flexural bending strength of stitched non-crimp carbon fabric laminates, Advanced Composites Letters, Vol. 15(6), 2006

[46] *Thoma, B.; Weidenmann, K. A.; Henning, F.:* Chemical-Stitching, ein vielversprechender Ansatz für die automatisierte Preform-Fertigung, Zeitschrift Kunststofftechnik, 8 (2012) 5, S. 490 – 514

[47] *Meyer, O.:* Kurzfaser-Preform-Technologie zur kraftflussgerechten Herstellung von Faserverbundbauteilen, Diss. Universität Stuttgart, 2008

[48] *Cahuzac, G.:* Verfahren und Vorrichtung zur Herstellung einer Verstärkungsplatte für einen Teil Verbundmaterial. EP 0678610 B1. 3. 4. 1995

[49] *Cahuzac, G.; His, S.:* AEROTISS 4.5D – A New Technology for Thick Multiply Composite Panels. „Proceedings of the 21st International SAMPE Europe Conference of the Society for the Advancement of Material and Process Engineering", *Markus A. Earth* (Ed.), Paris, La Défense, France, April 18th – 20th, 2000, pp. 233 – 241

[50] *Weiland, F.:* Ultraschall-Preformmontage zur Herstellung von CFK-Luftfahrtstrukturen. IVW-Schriftenreihe Bd. 104. Diss. Universität Kaiserslautern. Kaiserslautern, 2013

[51] *Borgwardt, H.; Hühne, C.:* Automated continuous preforming with variable web height adjustment. Internationale Textilkonferenz, Dresden, 29. – 30. November, 2012

[52] *Purol, H.:* Entwicklung kontinuierlicher Preformverfahren zur Herstellung gekrümmter CFK-Versteifungsprofile. Diss. Universität Bremen, 2011

5 Imprägnierte Halbzeuge

L. Medina, J. Mack, M. Christmann

■ 5.1 Einleitung

Mit thermoplastischer oder duroplastischer Matrix vorimprägnierte, ebene, flächige Halbzeuge werden allgemein als Prepregs bezeichnet (preimpregnated material). In ihrer ursprünglichen Form handelte es sich um 1960 von der Fa. Boeing entwickelte, unidirektional verstärkte duroplastische Harze für die Herstellung von Strukturbauteilen in Flugzeugen. Diese neue Werkstoffgruppe hat sich dann sehr schnell durchgesetzt und dominiert, auch heute noch, beim Einsatz von Faserverbundwerkstoffen in der Luft- und Raumfahrt. Seit etwa 1980 wurden auch entsprechende Halbzeuge auf der Basis thermoplastischer Harze eingeführt.

Zu der Kategorie der imprägnierten Halbzeuge gehören im Prinzip auch die Pressmassen, die erstmals um 1930 unter dem Begriff „Bakelite" bekannt wurden und in vielfältiger Form unter neuen Namen in großem Umfang eingesetzt werden. Neben den unterschiedlichen Komponenten zur Verstärkung oder für Funktionsaufgaben weisen alle Halbzeuge Harzanteile in stark unterschiedlichem Anteil von 15 Gew.-% bis zu 85 Gew.-% auf, die das Eigenschaftsspektrum oder die Verarbeitung entscheidend prägen. In Tabelle 5.1 sind daher nochmals die anwendungstechnisch wichtigsten Harze für Formmassen und duroplastische Prepregs zusammengestellt. Weitergehende Informationen hierzu finden sich in Abschnitt 2.2.

Tabelle 5.1 Härtbare Harze für Formmassen

Harz-Typen	Kurzzeichen	Polymerbildungsreaktion
Epoxid-Harze	EP	Polyaddition
Formal-Formaldehyd, Furfurylalkohol, Furanharz	FF	Polykondensation
Harnstoff-Formaldehyd	UF	Polykondensation
Kresol-Formaldehyd	CF	Polykondensation
Melamin-Formaldehyd	MF	Polykondensation
Phenol-Formaldehyd	PF	Polykondensation
Resorcin-Formaldehyd	RF	Polykondensation
Ungesättigte Polyester-Harze	UP	Polymerisation
Vinylester-Harze	VE	Polymerisation
Xylenol-Formaldehyd	XF	Polykondensation

Für Bauteile im Fahrzeugbau werden überwiegend Polyester- und Vinylesterharze verwendet. Epoxid-Harze und Melamin-Formaldehyd- sowie Phenol-Formaldehyd-Harze finden sich u. a. in Funktionsanwendungen der Elektrotechnik [1].

Als Verarbeitungsverfahren sind für härtbare Formmassen (Pressmassen) das Spritzgießen, das Spritzpressen, Strangpressen oder Pressen üblich.

Im Folgenden soll auf die für die Faser-Kunststoff-Verbunde wichtigsten Halbzeugtypen eingegangen werden.

■ 5.2 Duroplastprepregs

M. Sommer, M. Neitzel, L. Medina, P. Mitschang

Duroplastprepregs können nach dem späteren Verarbeitungsverfahren in fließfähige und nicht-fließfähige Duroplastprepregs gegliedert werden. Die Halbzeuge sind in flächiger Form oder als Rollenware verfügbar. Zur weiteren Verarbeitung werden sie entsprechend geometrisch und gravimetrisch so konfektioniert, dass sie die formgebende Kavität des Werkzeuges vollständig ausfüllen. Um die Halbzeugrohstoffkosten gering zu halten, werden insbesondere zur Herstellung von Fahrzeug-Formteilen spezielle Rezepturen eingestellt, die sich je nach Bauteil in den Anteilen an Füll- und Verstärkungsstoffen unterscheiden. Neben den beschriebenen Lieferformen werden härtbare Formmassen auch als Mahlkorn, Granulat oder in Stäbchenform angeboten.

5.2.1 Nicht-fließfähige Duroplastprepregs

Dieser Kategorie sind die bereits eingangs genannten „klassischen" Luftfahrtprepregs oder Duroplast-Tapes zuzuordnen. Die Herstellung der unidirektional verstärkten Prepregs erfolgt über die Imprägnierung der parallel angeordneten Faser mit einem entsprechenden duroplastischen Harz. Dabei entstehen Halbzeuge mit einer Breite von 30 cm oder 60 cm, die später je nach Verarbeitungsverfahren oder Anwendung auf das benötigte Maß zugeschnitten werden. Zur Imprägnierung der Fasern verwendete man anfangs die sog. Lösungsmittelimprägnierung, wobei das Harz/Härtergemisch bei Raum- oder leicht erhöhter Temperatur soweit mit Lösungsmittel versetzt wird, bis die zur vollständigen Imprägnierung erforderliche Viskosität erreicht ist. Die Fasergelege werden dann in einem Tränkbad kontinuierlich imprägniert. Es schließt sich ein Trockenturm an, in dem bei erhöhter Temperatur das Lösungsmittel weitgehend entfernt wird und eine Vorvernetzung des Harzes abläuft. Bei Raumtemperatur ist das heißhärtende Harzsystem hochviskos und leicht klebrig, was das Positionieren auf dem Werkzeug erleichtert. Nach diesem Verfahren werden ebenfalls Gewebe-Prepregs hergestellt, in geringerem Umfang auch mit thermoplastischer Matrix. Das Verfahren ist relativ aufwendig und wegen der Lösungsmittelreste in der Verarbeitung unter Umweltgesichtspunkten problematisch.

Bei dem neueren Verfahren der Schmelzharzimprägnierung wird das Matrixharz in einem getrennten Prozess bei Temperaturen von 60 bis 90 °C auf eine Trägerfolie aufgerakelt und zwischengelagert. Anschließend erfolgt die Imprägnierung der Fasern in einer gesonderten Vorrichtung. Dabei wird die Harzfolie durch beheizte Walzen auf Schmelztemperatur gebracht, gleichzeitig bewirkt der Walzendruck die Imprägnierung der Fasern. Nach dem Durchlaufen einer Kühlstrecke erfolgen die Aufwicklung und der Randbeschnitt.

Die dabei verwendeten duroplastischen Harze sind aufgrund ihres autokatalytischen Verhaltens, z. T. bereits bei Raumtemperatur, nicht lagerstabil. Sie müssen daher innerhalb eines definierten Zeitraums zu Fertigteilen verarbeitet werden. Dieser kann allerdings bei einigen Wochen liegen. Darüber hinaus ist die Lagerung in Tiefkühlräumen üblich. Aufgrund der Anforderungen der Luftfahrt kommen vor allem modifizierte EP-Harze mit verbesserter Zähigkeit und hoher Temperaturbeständigkeit zum Einsatz. In Extremfällen werden auch vernetzbare Polyimide und Cyanatester verwendet (s. a. Abschnitt 2.2).

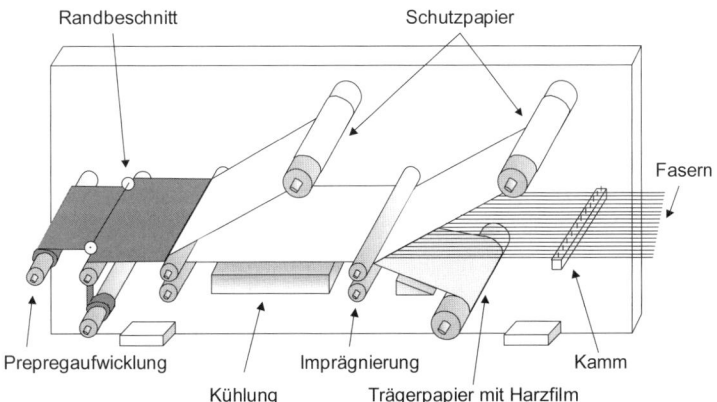

Bild 5.1 Anlagenschema zur kontinuierlichen Herstellung duroplastischer Prepregs

Trotz dieser Rahmenbedingungen hat sich heute die Schmelzimprägnierung bei UD-Prepregs umfassend durchgesetzt. Der Prozess bewirkt eine sehr gute Reproduzierbarkeit des Flächengewichts und damit einen gleichmäßigen Faservolumenanteil, der meist auf etwa 60 % eingestellt wird. Die üblichen Dicken der Tapes liegen bei 0,125 mm bzw. 0,250 mm.

Für extreme Anwendungen in der Raumfahrt oder für physikalische Experimente sind auch Tapes mit einer Dicke ab 0,025 mm erhältlich.

Über 0,4 mm dicke Prepregs werden bei dickwandigeren Teilen in niedriger belasteten Bereichen in anderen Anwendungen, wie etwa im Freizeit- und Sportbereich verwendet. Mit zunehmender Dicke und Volumen entsprechender Prepregs nimmt herstellungsbedingt die Homogenität der Faser/Matrix-Verteilung ab, da nicht mehr alle Rovings gleichmäßig gespannt werden können.

Duroplast-Tapes weisen nur eine eng begrenzte Fließfähigkeit auf, die praktisch keine Faserbewegung erlaubt. Sie sind daher nur für die Herstellung von schalenförmigen oder geometrisch einfachen Bauteilen geeignet. Dabei ermöglichen sie jedoch höchste Festigkeits- und Steifigkeitswerte in der Gruppe der Faserverbundwerkstoffe. Vergleichbare Eigenschaften bieten nur noch Bauteile, die im Präzisionswickelverfahren hergestellt werden können, z. B. Druckbehälter, wobei jedoch die geometrischen Einschränkungen offensichtlich sind.

Aufmachung und Eigenschaften der wichtigsten in der Luft- und Raumfahrt verwendeten Prepregs sind in einer Reihe von Normen spezifiziert. Dabei ist zu beachten, dass ein erheblicher Prüf- und Qualifizierungsaufwand zu betreiben ist. Dies gilt in vergleichbarer Weise sowohl für UD- als auch Gewebeprepregs.

Von größerer wirtschaftlicher Bedeutung sind die mit duroplastischen Harzen imprägnierten Gewebeprepregs, wie sie z. B. in der Elektro- und Elektronikindustrie sowie im Fahrzeugbau eingesetzt werden.

5.2.2 Fließfähige Duroplastprepregs

Fließfähige Duroplastprepregs werden zur Herstellung von flächigen und auch geometrisch komplexen Bauteilen verwendet, die sich durch Rippen oder Hinterschneidungen auszeichnen. Diese Formmassen werden in beheizten Werkzeugen gehärtet. Je nach Anwendung, wie z. B. in der Automobil- oder Elektroindustrie, sind diese Formmassen mit unterschiedlichen Anteilen an Füll-, Farb- und Verstärkungsstoffen ausgerüstet. Durch das Einsatzgebiet bedingt werden teilweise sehr hohe Qualitätsanforderungen an derartige Bauteile und das Werkzeug gestellt. Die Teile müssen eine definierte, hohe Oberflächenqualität aufweisen, um als lackierfähig zu gelten. Bei durchgefärbten Bauteilen, z. B. Schaltschränken, muss ein homogenes Erscheinungsbild gewährleistet sein.

Härtbare fließfähige Formmassen sind in den Lieferformen als staubfreies Mahlkorn, Granulat, schüttfähige Stäbchen- oder Schnitzelformen und als Matten verfügbar. Tabelle 5.2 gibt einen Überblick über die verfügbaren heißhärtenden Formmassen.

Tabelle 5.2 Verfügbare Formmassen (aus: [1])

Bezeichnung	Kurzzeichen	Beschreibung
Bulk Moulding Compound	BMC	feuchte, teigartige faserige Form-massen; chemisch verdickt
Dough Moulding Compound	DMC	feuchte, teigige, spritzgussfähige Form-massen ohne chemische Eindickung
Granulated Moulding Compounds (oder auch Pelletized Moulding Compounds)	GMC (oder PMC)	trockene, granulatförmige Formmassen
Sheet Moulding Compound	SMC	feuchte, vorimprägnierte, faser-verstärkte Harzmatten

Von diesen Formmassen ist das SMC industriell am weitesten verbreitet. Bei Auftei-lung der FKV-Verarbeitungsprozesse in solche mit duroplastischer und thermoplas-tischer Matrix ist festzustellen, dass der Absatz duroplastischer FKV in Europa fast dreimal größer ist als der von thermoplastischen Verbundwerkstoffen (Stand 2012). Die Gesamtmenge an verarbeiteten FKV betrug ca. 1 Mio. Tonnen. Die Produktions-menge von GFK sank im Jahr 2012 im Vergleich zu 2011 von 1,049 t auf 1,01 t. Da immer noch ca. 95 % der Faserverbunde in Europa aus Glasfasern hergestellt wer-den, können diese Zahlen auf den gesamten FKV-Bereich übertragen werden [2].

Noch immer besitzen offene Verfahren wie das Handlaminieren (14 %) oder das Faserspritzen (ca. 9 %) einen beachtlichen Anteil der gesamten GFK-Produktions-mengen in Europa, aber sie werden zunehmend durch geschlossene Verfahren wie z. B. das Fließpressen ersetzt, das stark zur Umweltverträglichkeit der Verarbei-tungsverfahren insgesamt beiträgt.

Neben den offenen Verfahren, die auch die Verarbeitung von nicht fließfähigen Pre-pregs einschließen, stellen SMC und BMC (258 Kt) die größte Werkstoffgruppe dar, die bei den Verarbeitungsprozessen einen Marktanteil von ca. 25 % aller in Europa hergestellten FKV besitzen [2]. Eine detaillierte Übersicht zur Marktentwicklung ist in Kapitel 1 dargestellt.

Die beachtlichen Markterfolge der FKV in den letzten Jahrzehnten sind in der Not-wendigkeit des Leichtbaus zur Ressourcenschonung und Nachhaltigkeit begründet, wozu die Verwendung von SMC und BMC maßgeblich beiträgt [3].

Diese Tendenz wird verstärkt, seitdem in 2009 die Europäische Union eine neue Norm verabschiedete, nach der die Automobilhersteller den CO_2 Ausstoß der neuen Flotte stark reduzieren sollen (130 g CO_2/km bis 2015 und 95 g CO_2/km bis 2015). Seitdem steht die Gewichtsreduktion im Vordergrund von vielen Forschungs- und Entwicklungsarbeiten im Automobilbereich. Gerade großflächige Bauteile bieten großes Potenzial, Gewicht einzusparen.

Im Exterieur Bereich zeigt das SMC sein größtes Potenzial, da aufgrund der Ge-wichtsreduktion Metall- durch Verbundbauteile ersetzt werden können. Diese sollen aber trotz Gewichtsersparnis die Anforderung bezüglich mechanischer Eigenschaften, Oberflächenqualität oder Temperaturbeständigkeit (wichtig für die nachstehende Lackierung der Bauteile) erfüllen. Weitere Vorteile von SMC gegenüber Metall sind das gute Schlag- und Energieaufnahmeverhalten, eine bessere Korrosionsbeständigkeit sowie eine größere Designfreiheit. Typische Anwendungen von SMC-Komponenten im Automobilbau sind Heckklappen, Motorhauben und Dachabschnitte.

SMC und BMC bilden eine besondere Gruppe duroplastischer FKV mit einem Matrixanteil von ca. 25 Gew.-%. Weitere Bestandteile wie etwa 5 % Additive, Trennmittel und bis zu 40 % anorganische Füllstoffe werden zu einer Harzpaste vermischt. Ferner besteht das Halbzeug aus etwa 30 % Glasfasern. Für beide Werkstoffgruppen werden als Matrixwerkstoffe hauptsächlich ungesättigte Polyesterharze verwendet. Art und Anteil der Faserverstärkung bestimmen maßgeblich die mechanischen Eigenschaften. Zusätzliche Füllstoffe und die funktionalen Additive bewirken:

- Herabsetzen der Verarbeitungstemperatur,
- verminderte Entflammbarkeit,
- Reduzierung der Halbzeugkosten.

Die eingesetzten Glasfasern in BMC und SMC unterscheiden sich im Wesentlichen durch ihre Länge. Während beim spritzgießfähigen BMC solche mit einer maximalen Länge von 12 mm eingesetzt werden, sind dies bei SMC 25 mm bis 50 mm als Wirrfasermatte, in wenigen Fällen auch 75 mm bis 200 mm beim gerichteten SMC (SMC – D). Weiterhin besitzt SMC einen vergleichbaren Wärmeausdehnungskoeffizienten wie Stahl, wodurch der Einsatz bei Mischbauweisen im Automobil erleichtert wird. In diesem Anwendungsbereich sind als weitere, besondere Vorteile zu nennen:

- höhere Steifigkeit als bei faserverstärkten Thermoplasten,
- hohe Wärmestabilität und Temperaturwechselfestigkeit,
- gute elektrische Eigenschaften,
- „Class-A" Oberflächen möglich,
- Gestaltungsfreiheit mit Wanddickenunterschieden, Versteifungsrippen,
- Integration von Verbindungselementen in einem Verarbeitungsschritt [4].

Die SMC-Halbzeugherstellung stellt innerhalb der Wertschöpfungskette den qualitätsbestimmenden Prozessschritt bis zum Bauteil dar. Die Vielzahl an Einzelkomponenten (Füllstoffe, Additive) neben Harz und Härter erfordern eine permanent reproduzierbare Überwachung, um konstante Qualität zu erreichen. Sie wird durch die bisher übliche Chargenfertigung erschwert. Bereits kleinere Abweichungen und Produktionsschwankungen im Halbzeugprozess (Füllstoffagglomeration bzw. unzureichende Faserimprägnierung) können zu einer Ausschussrate (bis zu 7 %) in den folgenden Produktionsschritten führen, was die Produktivität in gleicher Höhe vermindert. Hier liegt noch der wesentliche Nachteil dieser Werkstoffgruppe. Anstrengungen eines durchgängigen Qualitätsmanagements, vor allem auf Druck der Automobilindustrie hervorgerufen, kommen inzwischen allerdings deutlich voran.

Die SMC-Technik geht auf den Anfang der 60er Jahre des letzten Jahrhunderts zurück und kann im Wesentlichen als Entwicklung der deutschen Chemieindustrie angesehen werden. Man entdeckte, dass bestimmte Polyesterharze mit Erdalkalioxiden eindickbar sind und daraus ein beträchtlicher Viskositätsanstieg resultiert. Zudem ist der Werkstoff nicht mehr stark klebrig und kann unter Druck und Temperatur die Kavität eines Formwerkzeugs leichtfließend ausfüllen [5]. Die Herstellung ist schematisch in Bild 5.2 dargestellt. Dabei werden Glasfaserrovings von Spulen abgezogen und unter Zuhilfenahme von Schneidwerken auf eine Länge von 10 bis 50 mm geschnitten. Die Glasfasern fallen regellos auf den Harzpastenfilm, der auf die Trägerfolie aufgerakelt ist. Um einen symmetrischen Aufbau des Laminates zu gewährleisten, wird eine zweite, mit Harzpaste beschichtete Trägerfolie aufgebracht. Die Halbzeugherstellung mit dem Ziel einer Rollenware stellt einen kontinuierlichen Prozess dar, während die Harzpastenherstellung diskontinuierlich, chargenweise, erfolgt.

Herkömmliche Standard-Schneidwerke sind auf eine definierte Art von Fasern, meistens Glasfasern, aber auch mittlerweile Kohlenstofffasern, abgestimmt und können Aramid-, Metall- oder Naturfasern (im Vordergrund von mehreren Forschungs- und Entwicklungsarbeiten) [6], [7] nicht verarbeiten. Auch Materialkombinationen mit z. B. Glas- und Kohlenstofffasern/Metallfasern sind mit diesen Schneidwerke nicht realisierbar. Neue entwickelte Schneidsystem, wie das sogenannte FiDoCut (Fiber Dosing und Cutting System), erlauben als Kompromisssysteme auch das gleichzeitige Schneiden von verschiedenen Fasertypen (Glas-, Kohlenstoff-, Aramid-, Basalt- oder Naturfasern) [8].

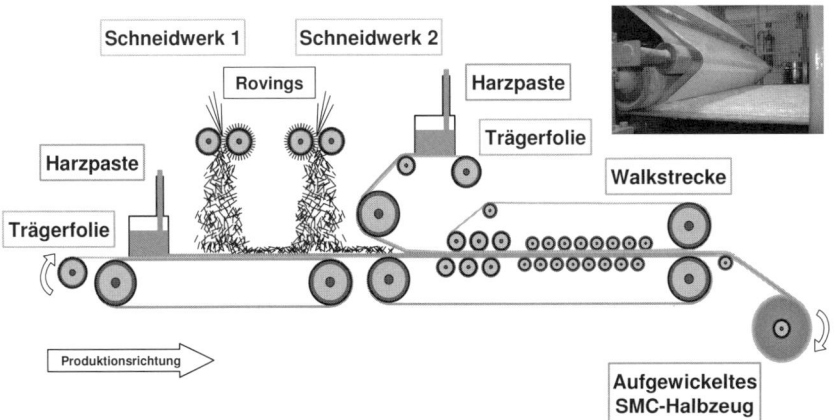

Bild 5.2 Schematische Darstellung der SMC-Herstellung

Bei erhöhten mechanischen Anforderungen, z.B. für Strukturbauteile, können auch Endlosfasern für eine unidirektionale Verstärkung eingebracht werden [9]. Zwischen der oberen, nur mit Harzpaste und der unteren, auch mit Glasfasern belegten Trägerfolie, werden die Glasfasern ungekürzt eingezogen. Danach durchläuft das Laminat wieder die Walkstrecke, die eine optimale Imprägnierung bewirken soll. Das Halbzeug mit einer Dicke von einigen Millimetern wird zu Rollen aufgewickelt. Diese werden je nach Art der Rezeptur für mehrere Tage bis zu einigen Wochen unter definierten Bedingungen gelagert, um einen definierten Reifegrad zu erreichen.

Die Reifezeit bewirkt die für die Verarbeitbarkeit als Pressmasse gewünschte Viskositätssteigerung. Das SMC-Halbzeug wird nach dem Entfernen der Trägerfolie meist in mehreren Lagen flächig ausgelegt, gravimetrisch dosiert und in dem Werkzeug mit einer Temperatur zwischen 125 °C und 170 °C, je nach Harztyp, auf parallelgeregelten, servohydraulischen Pressen verpresst [10].

Für den Pressvorgang sind Drücke von bis zu 100 bar erforderlich. Die Temperatur bewirkt eine starke Verringerung der Viskosität, so dass sehr geringe Wanddicken erzielt werden können. Die Presskraft wird über den Zeitpunkt der Kavitätsfüllung hinaus aufrechterhalten, um den Härtungsprozess und damit die Bauteilqualität sicher zu stellen. Es können je nach Bauteildicke Zykluszeiten zwischen 1 min und 2 min erreicht werden. Nach dem Öffnen der Presse erfolgen die Entformung des Bauteils, eine Säuberung der Kavität und das Beschicken mit dem konfektionierten Halbzeug für das folgende Teil.

In der Regel schließt sich für das Bauteil nach der Entnahme aus dem Werkzeug eine Lackierung an. Weitere Bearbeitungsschritte wie z.B. das Entgraten sind meist noch notwendig oder wie das Bohren möglich. An der Verbesserung der Abläufe im Sinne einer „werkzeugfallenden" Fertigung der Teile ohne erforderliche Nachbearbeitung wird gearbeitet.

Die Viskositätsänderung des SMC-Halbzeugs nach der Herstellung über die Eindickphase und den Verarbeitungsprozess ist schematisch in Bild 5.3 dargestellt.

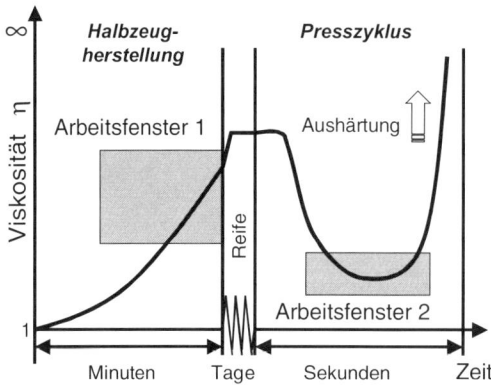

Bild 5.3
Viskositätsverlauf des SMC-Halbzeuges während Eindick- und Pressphase

Beim Formgebungsprozess wird das Material fließfähig und füllt die Kavität aus. Je nach Temperaturprofil und der eingestellten Reaktivität erfolgt die Vernetzung sowie der Anstieg der Viskosität. Die Gesamtkurve gibt den Verlauf des Fließwiderstandes wieder. Den realen Viskositätsverlauf während des Pressvorgangs zeigt Bild 5.4.

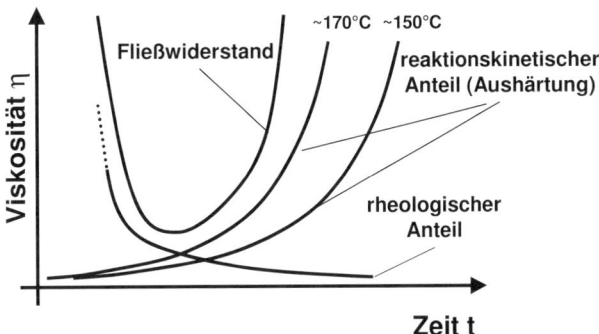

Bild 5.4 Viskositätsverlauf durch Überlagerung der rheologischen und reaktionskinetischen Anteile

Die Viskosität des Harzsystems nimmt zunächst stark ab. Mit fortschreitender Zeit entwickelt sich die chemische Vernetzung bis zur Aushärtung des Bauteils. Die Reaktionsgeschwindigkeit kann durch eine entsprechende Temperaturführung gesteuert werden [11].

Neben dem Viskositätsverlauf gibt der Härtungsverlauf von ungesättigten Polyesterharzen – und damit auch des SMC – Auskunft über den chemischen Prozess. Die Reaktionskurven von UP-Harzen bei Kalt- und Heißhärtung unterscheiden sich dabei charakteristisch.

Zur Härtung von UP-Harzen werden als Reaktionsmittel organische Peroxide und Beschleuniger benötigt. Die Kalthärtung startet bei 15 bis 20 °C, wobei Härter und Beschleuniger verwendet werden. Für die Heißhärtung sind Härter und Wärmezufuhr erforderlich. Die Härtung startet bei ca. 70 °C.

Die Härtermengen betragen 2 % bis 4 %, die Beschleunigermengen 0,5 % bis 1 %. Beide Härtungsvarianten zeigen eine exotherme Reaktion. Bei kalthärtenden Harzen folgt der Härtung in der Regel eine Temperung zur Verbesserung der Chemikalienbeständigkeit. Die Dauer der Temperung kann bei kalthärtenden Standardharzen bis zu 15 h betragen, die sich in drei gleich große Intervalle zu je 5 h bei 80 °C, 60 °C und 50 °C aufteilt. Mit der Vernetzung von UP-Harzen ist eine Volumenschwindung verbunden, die bis zu 9 % betragen kann [12].

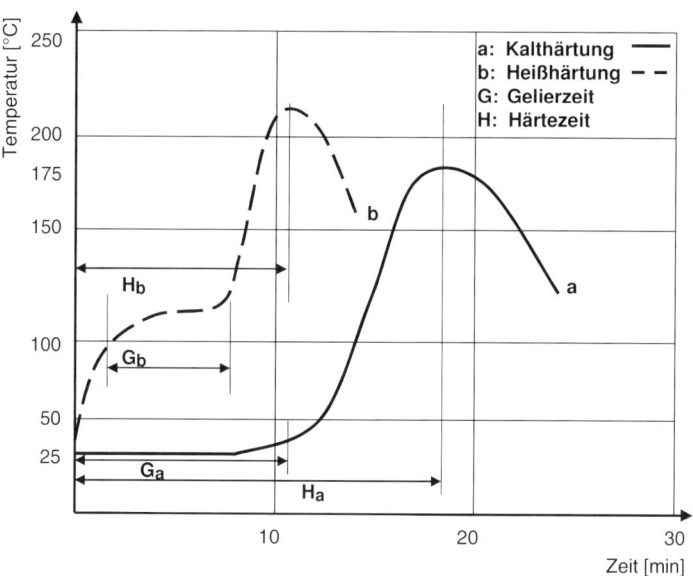

Bild 5.5 Temperatur-Zeit-Verläufe bei der Kalt- bzw. Heißhärtung

Die Schwindung setzt sich dabei aus dem linearen temperaturbedingten Anteil und der Reaktionsschwindung zusammen. Durch die Zugabe von Füllstoffen und durch den Einsatz von Thermoplastanteilen, die über styrolische Lösung in den Matrixwerkstoff eingemischt werden, kann die Reaktionsschwindung und der Gesamtschrumpf auf null reduziert werden. Derartige Systeme werden als „Low Shrink"- oder „Low Profile"-Systeme bezeichnet.

Die Gesamtdauer des Härtungsvorgangs wird wesentlich durch die Wanddicke, die geometrische Komplexität des Bauteils und die Prozessparameter bestimmt. Dabei stehen eine möglichst kurze Zykluszeit und eine vollständige Aushärtung im Gegensatz. Eine Lösung besteht darin, mittels eines Puffers die Teile in entsprechenden Spannwerkzeugen nachzuhärten, bzw. auszulagern und so auch schwindungsbedingte Geometrieabweichungen auszuschließen.

Mit der verfügbaren Auswahl an Additiven im SMC-Halbzeug können die Verarbeitungseigenschaften ebenfalls gezielt beeinflusst werden. Dies gilt z.B. für die Schwindung und die Oberflächenqualität. Lackierfähige Bauteile mit sehr geringem Schrumpf sind bereits seit etwa 30 Jahren herstellbar [13]. Die Weiterentwicklung der Rezepturen ermöglicht heute grundsätzlich auch das Herstellen von SMC-Bauteilen mit sogenannter „Class-A"-Oberflächenqualität. In der industriellen Praxis kann diese jedoch häufig erst mit einem erheblichen Nacharbeitsaufwand realisiert werden [14]. Gründe hierfür liegen weitgehend in den verfahrenstechnisch nicht optimal ausgerüsteten Anlagen und einer sich erst in Ansätzen entwickelnden Online-Prozessregelung. Ferner ergeben sich aus dem sehr weiten Spektrum der Bauteile mit unterschiedlichsten Anforderungen eine Vielzahl von benötigten Rezepturen in teilweise stark unterschiedlichen Mengen, die einen häufigen Wechsel auf den meist wenigen Anlagen eines Halbzeugherstellers zur Folge haben.

Wie in allen derartigen Anwendungen von SMC ist die Kenntnis der prozessbestimmenden Einflussgrößen und das Beherrschen der Prozesse erforderlich, um eine reproduzierbare Bauteilqualität zu erzielen. Die Anforderungen an die Oberfläche werden von den nachstehenden Prozessvariablen des Fließpressverfahrens beeinflusst:

- Fließfähigkeit der SMC-Harzmatte,
- Reproduzierbare Zuschnittgeometrie und Positionierung der Zuschnitte,
- Reproduzierbare Zykluszeiten/Prozessintervalle,
- Werkzeugtemperaturverteilung, Druckverlauf im Werkzeug,
- Entformung des Bauteils und Abkühlung des Bauteils.

Als weiterer abschließender Eigenschaftsvergleich bei der Verarbeitung sind bei duroplastischen Formmassen positiv die geringeren Werkzeuginnendrücke gegenüber thermoplastischen Fließpressmassen anzuführen. Sie betragen bei SMC ca. 100 bar, bei GMT ca. 200 bar und bestimmen wesentlich die Anlagenkosten.

Trotz der dominierenden Rolle der Werkstoffgruppe der SMC/BMC unter den Verbundwerkstoffen sind allerdings auch einige Nachteile bei der Verarbeitung von SMC-Formmassen zu beachten. Dies sind vor allem der meist noch hohe manuelle Nachbearbeitungsaufwand und das Fehlen eines langfristig überzeugenden Recyclingkonzeptes. Während dies im ersteren Fall eher eine lösbare Kosten-, aber auch Imagefrage darstellt, stellen beim Recycling sich abzeichnende, bzw. denkbare politische und damit gesetzliche Regelungen ein grundsätzliches Risiko des zukünftigen Einsatzes dar.

Die Vorteile des Einsatzes von SMC als Verkleidungsteile im Sichtbereich von Nutzfahrzeugen, aber auch bei Pkw's lassen sich an einer großen Zahl von Beispielen zeigen.

So war bereits in 2001 das Top-Modell der Mercedes Car Group (MCG), das S-Klasse Coupé, Bild 5.6, mit einem SMC-Kofferraumdeckel ausgerüstet. Dabei hatte besonders die Anforderung, keine Antennen mehr im Sicht- bzw. Außenbereich als Anbauteile zu positionieren, zu dieser Entscheidung beigetragen. Die Verwendung von SMC ermöglicht eine verbesserte Empfangsqualität für die Antennen und die daran angeschlossenen Systeme [15], da dieses Material für elektromagnetische Wellen nahezu transparent ist. Da in einem Fahrzeug mittlerweile mehrere Antennen (Radio, GPS-Navigationssystem, Handy, etc.) integriert werden müssen, bietet die Designstruktur der Heckklappe in SMC-Ausführung einen großen Vorteil, alle diese Funktionen im nicht sichtbaren Bereich zu verbauen.

Die Vorteile des Materials haben sich bis heute bewährt und so traf zum Beispiel die Daimler AG im Jahr 2008 die Entscheidung, SMC-Bauteile im eigenen Werk in Sindelfingen herzustellen. Die Daimler AG startete die SMC-Bauteilproduktion mit der Heckklappe der Mercedes-Benz CL-Serie. Danach folgte die Heckklappe des SL-Roadsters und der S-Klasse. Um die hohe Anforderung an die Oberflächenqualität (Class-A Qualität) zu erreichen, wird bereits während des Pressvorgangs die Oberfläche des Bauteils beschichtet (In-Mould-Coating). Somit besitzt das Bauteil eine leitende Oberfläche, die ohne zusätzliche Prozesse elektrostatisch lackiert werden kann [16]. In den Oberklassenfahrzeugen der CL- und SL-Klasse kommt das neue „Leicht SMC" der Firma Menzolit zum Einsatz. Beim Leicht-SMC werden herkömmliche Füllstoffe durch Mikro-Hohlglaskugeln ersetzt. Diese haben einen Durchmesser zwischen 20 und 80 µm und eine Dichte von 0,4 bis 0,6 g/m³ [17]. Dadurch kann die Dichte des Bauteils von ca. 1,9 g/cm³ bis auf ca. 1,3 g/cm³ reduziert werden [18].

Aber nicht nur die Daimler AG hat die Vorteile dieses Werkstoffs erkannt. Die Heckklappen des VW Eos, Audi A4 Cabrio und der 6er BMW Serie sowie das Dash Panel und der Trennwand-Aggregatraum des Ford Extension (Bild 5.7) werden ebenfalls aus SMC hergestellt.

Weitere Entwicklungen im Bereich SMC gehen Richtung Kohlenstofffaser-SMC (C-SMC). So bietet zum Beispiel Magna Exteriors and Interiors in Zusammenarbeit mit der Firma Zoltek (Kohlenstofffaserhersteller) C-SMC Bauteile für Automobilanwendungen an. Bei dem neuen entwickelten Material (EpicBlendSMC EB CFS-Z) werden low-cost Kohlenstofffasern eingesetzt und somit Anwendungen im Automobilbereich auch wirtschaftlich ermöglicht.

Bild 5.6
S-Klasse Coupé mit SMC-Kofferraumdeckel [19]

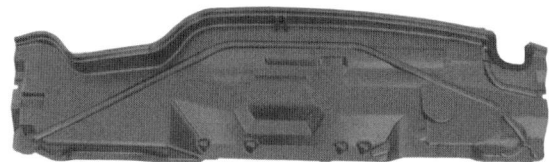

Bild 5.7 Trennwand (Ford Extension) in SMC-Verfahren [Bildquelle: Röchling Automotive SE & Co. KG]

■ 5.3 Thermoplastische Prepregs und Halbzeuge

M. Sommer, K. Edelmann, A. Wöginger, M. Christmann, J. Mack, L. Medina

Im Vergleich zu den duroplastischen Formmassen und Prepregs weisen die thermoplastischen faserverstärkten Halbzeuge und Pressmassen im Jahr 2012 eine überdurchschnittliche Wachstumsrate von 6 % [2] auf. Hierbei spielen die beim Einsatz von Standardthermoplasten eine günstige Rohstoffbasis und die einfachere Wiederverwendbarkeit eine wesentliche Rolle.

Die thermoplastischen FKV können ebenfalls in fließfähige und nichtfließfähige Halbzeuge unterschieden werden. Letztere werden als Thermoformhalbzeuge oder in Form von Prepregs auch als Organobleche bezeichnet. Mit Endlosfasern, wie Geweben oder Gelegen, verstärkte thermoplastische Halbzeuge gelten als nicht fließfähig, sind aber umformbar. Der Grad der Fließfähigkeit hängt wesentlich vom Faserverstärkungssystem (z.B. Wirrfasermatte, Faservlies) ab, aber auch vom Faservolumengehalt, der Fließfähigkeit der Matrix und den Verarbeitungs- und Prozessbedingungen wie der Halbzeugtemperatur. Die Art des Verbundes bestimmt die sich daran anschließende Verarbeitungstechnik. Der stetig steigende Wettbewerbs- und Kostendruck führt zu Weiterentwicklungen. Aus kostengünstigen Rohstoffen werden heute teilweise mittels komplexer Fertigungsanlagen FKV-Bauteile direkt gefertigt, die traditionelle Halbzeugfertigungsschritte umgehen. Als Beispiel ist das Fließpressen von Bauteilen aus GMT zu nennen, das teilweise durch die LFT-Verarbeitung oder durch das Direkt-LFT-Verfahren substituiert wurde [20], [21].

5.3.1 Glasmattenverstärkte Thermoplaste (GMT)

Glasmattenverstärkte Thermoplaste (GMT) stellen Standardhalbzeuge zur Herstellung von thermoplastischen, faserverstärkten Bauteilen dar. Während sich diese Halbzeuggruppe zu Beginn der 90er Jahre des letzten Jahrhunderts noch in der Wachstumsphase mit einer Absatzsteigerung von bis zu 40 % p. a. befand, steht sie seit Ende der Neunziger in der Reife- bzw. Sättigungsphase. Mit dem Erreichen der Reifephase fand auch eine Konzentration auf der Anbieterseite statt. Immerhin bieten GMT noch immer Wachstumsraten, die dem durchschnittlichen Marktwachstum entsprechen [2]. Dieses Wachstum ist einerseits auf die stetige Weiterentwicklung und Variantenbildung der Materialgruppe zurückzuführen. Andererseits führt bei der Variantenbildung die Verfolgung und Umsetzung definierter Entwicklungsziele zur Unterstützung des Absatzes von GMT [22]:

- Verbesserung der Fließfähigkeit bei gleichwertigen mechanischen Eigenschaften,
- Reduktion der Streuung der mechanischen Eigenschaften durch Verbesserung der Halbzeughomogenität,
- Verbesserung der Wirtschaftlichkeit der Herstellungsverfahren,
- Definition einheitlicher Prüfmethoden und Präsentation des Eigenschaftsprofils in Datenbankform.

GMT findet als Werkstoff überwiegend Einsatz im Automobilbau für großflächige Bauteile wie Stossfängerträger, Geräuschkapseln, Unterböden, Sitzstrukturen, Frontends oder Reserveradmulden. Dabei zählte zu den bekanntesten Anwendungen die Herstellung von sogenannten Montageträgern, wie z. B. VW Golf, A4-Plattform. Jedoch zeigte gerade diese Anwendung, wie groß der Wettbewerb und die Vielfalt an Herstellungsmöglichkeiten ist. So steht das Verfahren des Fließpressens im Wettbewerb zu dem des Spritzgießens. Die nachfolgende Generation des Golf, A5-Plattform, besaß nun einen spritzgegossenen Montageträger. Darüber hinaus steht der Werkstoff GMT mit anderen Halbzeugformen (z. B. Direkt-LFT und SMC) für diese spezielle Applikation im Wettbewerb.

Dennoch sind GMT und weitere Materialentwicklungen auf GMT-Basis (z. B. GMTex® der Firma Quadrant), bei dem neben den Wirrfasern Gewebestrukturen als Verstärkung eingesetzt werden, geeignet für Großserien, da diese Materialien eine leichtere Alternative zu metallischen Strukturen bieten, wenn gute Materialeigenschaften in Bezug auf Dimensionsstabilität, Crashperformance, Steifigkeit und Festigkeit gefragt sind. Infolgedessen finden sie Anwendung in strukturellen und semistrukturellen Bauteilen in der Automobilindustrie.

Aktuelle Komponenten aus GMT-Material sind die Reserveradmulde der Audi A8 (Bild 5.8), die Vordersitzstruktur der Bentley Continental oder die Batterieaufnahme/Deckel der Mitsubishi i-MiEV. Die Front-End-Struktur der Mercedes S-Klasse Coupé wird aus GMTex® hergestellt. Weiterhin sind Kombinationen aus klassischem, fließfähigen GMT und gewebeverstärktem GMT durchaus möglich [23].

Bild 5.8
Reserveradmulde (Audi A8), Hybrid mit Stahlblecheinleger in GMT-Verfahren [Bildquelle: Röchling Automotive SE & Co. KG]

Das einzusetzende Verfahren hängt stark von der konstruktiven Gestaltung des Bauteils ab. Sobald Schieber im Werkzeug zur Freigabe von Hinterschnitten des Bauteils erforderlich werden und die Fläche so klein ist, dass die erforderlichen Zuhaltkräfte der Spritzgießmaschinen eine wirtschaftliche Fertigung des Bauteils zulassen, kann dies zur Entscheidung für den Spritzgießprozess führen. Zudem ist es heute möglich, langfaserverstärkte Thermoplastgranulate mit einer Ausgangsfaserlänge von bis zu 25 mm im Spitzgießprozess zu verarbeiten und dabei im Bauteil Faserlängen von durchschnittlich 12 mm zu erreichen [24]. Somit werden GMT-Bauteile, die früher Metallbauteile und auch SMC-Bauteile ersetzten, nun zunehmend durch LFT ersetzt. Die Bedeutung von GMT im Markt gebietet es auch heute noch, sie im Detail vorzustellen.

GMT sind Verbundwerkstoffe, die aus Textilglasmatten und einer thermoplastischen Matrix bestehen. Die Textilglasmatte kann als einfache Schnittfasermatte (wirr, ohne Vorzugsrichtung) oder auch vernadelt vorliegen, Bild 5.9. Vernadelte Glasmatten werden derart hergestellt, dass von Spulen Glasfaserrovings einer Schneidstation zugeführt werden. Die Schnittlänge beträgt meist 50 mm. Die auf ein Transportband fallenden Glasfasern werden zu einem aufwickelbaren Vlies vernadelt. Alternativ ist es möglich, chemisch gebundene Matten zur GMT-Herstellung einzusetzen. Seit den späten 60er Jahren des 20. Jahrhunderts wurden verschiedene Verfahren entwickelt, mittels derer Verstärkungsfasermatten kontinuierlich mit einer thermoplastischen Matrix imprägniert und konsolidiert werden können.

Der Herstellung und der Art der Verstärkungsstruktur kommt eine entscheidende Bedeutung für die resultierenden Verarbeitungs- und Bauteileigenschaften zu.

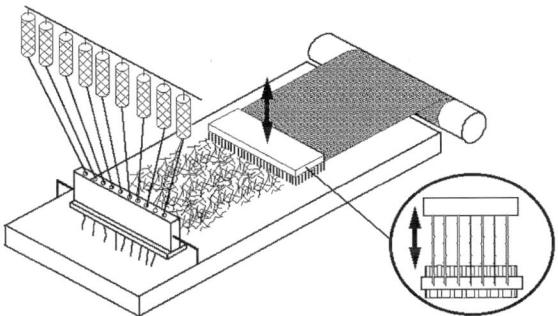

Bild 5.9 Schema der Herstellung einer vernadelten Wirr-Glasfasermatte

Als thermoplastische Matrix hat sich Polypropylen (PP) mit einer niedrigen Schmelzviskosität und der Zielsetzung, eine wirtschaftliche Imprägnierung zu ermöglichen, umfassend durchgesetzt. Dennoch sind auch GMT auf Basis anderer thermoplastischer Matrizes, etwa Polyamid (PA 6) geeignet, kommen aber aus Kostengründen meist nicht in Frage. Die Verarbeitungstemperatur des eingesetzten PP liegt zwischen 200 und 220 °C mit einer Viskosität von 100 bis 200 Pas bei einer Schergeschwindigkeit von 100 s^{-1}.

Zur Herstellung des Halbzeugs haben sich zwei grundsätzlich unterschiedliche Methoden durchgesetzt:

- Schmelzeimprägnierung (Bild 5.10) und
- Nassverfahren (Bild 5.11).

Beim Schmelzeimprägnierverfahren werden chemisch oder mechanisch gebundene Fasermatten in einer Doppelbandpresse mit der Polymerschmelze getränkt. Imprägnierung und Konsolidierung erfolgen in dieser Einheit. Durchgesetzt hat sich eine Verfahrensvariante mittels Doppelbandpresse, bei der zwei Glasfasermatten mit Schmelze aus dem Kern und von Decklagen getränkt werden. Die Schmelze im Kern wird in der Regel von einem Extruder geliefert, während die Decklagen über dünne Folien zugeführt werden. Alle Matrixanteile werden über Schmelztemperatur erhitzt, konsolidiert und schließlich wieder abgekühlt.

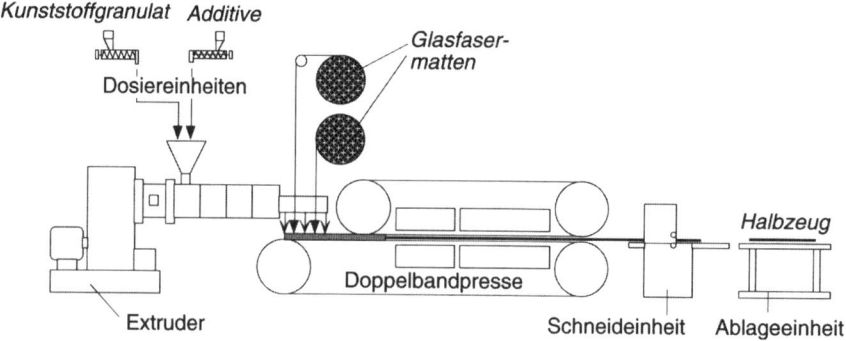

Bild 5.10 Schmelzeimprägnierung von GMT

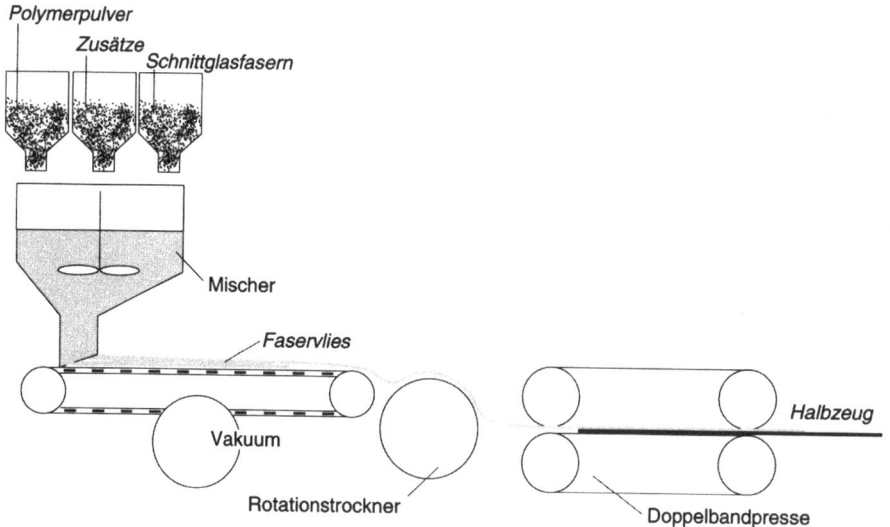

Bild 5.11 Herstellung von GMT nach dem Nassverfahren

Das sogenannte Nassverfahren, auch als Papiermacher-Verfahren bekannt, wurde in Anlehnung an die Papiermachertechnik um 1980 entwickelt. Dabei wird eine in einem Kessel angemischte wässrige Faser/-Polymer-Suspension auf einem Transportband abgestrichen und das Dispergiermittel über verschiedene mechanische und thermische Trocknungsstufen entfernt.

Das so entstandene, durch Bindemittel zusammengehaltene Faser/Polymerpartikel-Gelege wird im Anschluss in einer Doppelbandpresse unter Druck und Temperatur zu einem flächigen Halbzeug konsolidiert. Imprägnierung und Konsolidierung laufen in nachgeschalteten Aggregaten ab. Die in der Regel eingesetzten Faserlängen liegen zwischen 12 mm und 25 mm. Meist müssen mehrere Vliesschichten zu einem Halbzeug konsolidiert werden. Mit beiden Verfahren werden Halbzeuge mit Dicken von 2 mm bis 4 mm hergestellt. Weit verbreitet ist eine Halbzeugdicke von 3,8 mm.

Bei beiden Verfahren besteht die Möglichkeit, durch einfaches Ablegen eine unidirektionale Verstärkung einzubringen, indem Glasfaserrovings ungeschnitten in die Glasfasermatte eingearbeitet werden. Zusätzliches Vernadeln bewirkt ein Aufspleißen des Rovings in Einzelfilamente. Eine UD-Verstärkung hat eine geringere Fließfähigkeit des Verbundes in und besonders quer zur Verstärkungsrichtung zur Folge [25].

Die Weiterverarbeitung der GMT-Halbzeuge zu fertigen Bauteilen setzt sich aus fünf Stufen zusammen:

- Entnahme der Zuschnitte aus den Platten,
- Plastifizieren (Aufheizen) der Zuschnitte in einem Ofen,
- Transferieren der schmelzflüssigen Halbzeuge in das Werkzeug,
- Formgebung durch Verpressen (Fließpressen oder Formpressen),
- Entnahme aus dem Werkzeug und Nachbearbeitung.

Die entsprechende Prozesskette ist in Bild 5.12 dargestellt.

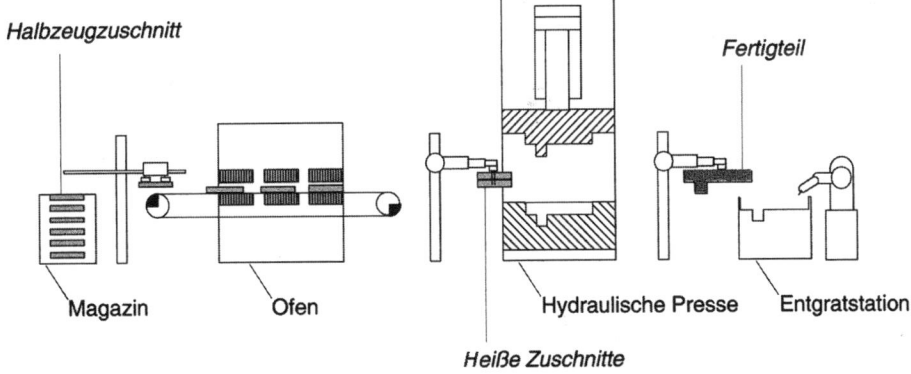

Bild 5.12 Prozesskette zur Herstellung von FKV-Bauteilen aus GMT

Der konfektionierte Halbzeugzuschnitt mit PP-Matrix wird in der Regel in einem Umluftofen mit Gitter- oder Nadelrosten aufgeheizt, auch Infrarotstrahleröfen sind industriell im Einsatz. Die Verarbeitungstemperatur von GMT beträgt ca. 230 bis 235 °C. Damit ergibt sich eine zulässige Verweildauer von 4 bis 6 min. Die Kontaktheizung bietet Vorteile hinsichtlich der Regelbarkeit, Wärmeübertragung und auch im Hinblick auf die Wirtschaftlichkeit. Der Nachteil des Verklebens der GMT-Zuschnitte an den Trägerrosten des Ofens hat bisher jedoch den industriellen Großeinsatz verhindert.

Die Werkzeugtemperatur beträgt in der Regel zwischen 50 und 75 °C, die somit deutlich unter der Kristallitschmelztemperatur des Polypropylens liegt. Daher erfolgt sofort nach dem Ablegen des Zuschnitts eine schnelle Abkühlung der Matrix an der Kavitätswand. Die Wärmeleitfähigkeit von PP beträgt ca. 0,2 W/mK, diejenige von Glasfaserbündeln ca. 0,04 W/mK. Der Werkstoff Glas besitzt als Wärmeleitfähigkeit die Größe 0,7 W/mK, wodurch die schnelle Abkühlung des Bauteils bzw. eine rasche Aufheizung des Halbzeugs im Umluftofen erklärt werden kann [26]. Die rasche Abkühlung des Verbundes im Einlegebereich bewirkt eine Abzeichnung dieses Bereiches bei glatten Werkzeugoberflächen. Der Glanzgrad des Einlegebereichs ist deutlich schlechter als der des Fließbereichs und bereits mit bloßem Auge zu identifizieren. Daher werden heute keine glatten Werkzeugoberflächen für Bauteile vorgesehen, die später im Sichtbereich liegen (z. B. im Fahrzeugbau).

Alternative Herstellungsverfahren wurden mit dem Ziel der Optimierung der Fließfähigkeit und der Verbesserung der Wirtschaftlichkeit entwickelt. Zunächst wurden von der Hoechst AG (heute Ticona GmbH) als erste Stufe des LFT-Granulatfließpressens LFT-Pellets mit Faserlängen von 12 bis 25 mm in einem Schneckenextruder plastifiziert und verpresst (Thermoplast-Fließpressen mit LFT). Ferner gab es erste Versuche, die einzelnen Komponenten des Verbundes – Glasfasern und Polypropylen-Granulat – in einer Einschneckenplastifiziereinheit aufzubereiten und weiter zu verarbeiten, was zur späteren Entwicklung des Direkt-LFT-Prozesses führte.

5.3.2 Langglasfaserverstärkte Thermoplaste in Granulatform (LFT)

Langfaserverstärkte Thermoplaste in Granulatform werden als LFT bezeichnet. Sie ersetzen als kostengünstigere Halbzeugvariante zunehmend GMT, besonders im Bereich der Automobilanwendungen. Dabei stehen sie auch im Wettbewerb zu dem Direkt-LFT-Verfahren, das durch die Fa. Menzolit-Fibron GmbH eingeführt wurde [27]. Die Halbzeugform als Granulat kann inzwischen sowohl im Plastifizierpress- als auch im Spritzgießverfahren eingesetzt werden, wodurch das Anwendungsspektrum erweitert wurde.

Die Halbzeugherstellung des Langfasergranulates erfolgt mittels zweier Verfahren: das kontinuierliche Pultrusionsverfahren und die Imprägnierung mittels eines beheizten Imprägnierbads.

Die Hoechst AG (heute Ticona GmbH) entwickelte auf Basis des Pultrusionsprozesses des Unternehmens ICI PLC ein Verfahren zur Herstellung imprägnierter Faserbündel. Das Verfahren erlaubt die Herstellung von Stäbchengranulat der Länge 10 mm bis 50 mm. Die Fasern sind zudem über den runden Querschnitt in der Matrix verteilt, so dass die Matrix die Einzelfilamente benetzt [28].

Die verschiedenen Granulatformen sind in Bild 5.13 dargestellt. Sie zeigen deutlich die unterschiedlichen Möglichkeiten der Herstellung faserverstärkter Thermoplastgranulate in Form von Kurzfasern, thermoplastummanteltes Faserbündelagglomerat und Langfaserthermoplast mit dispergierten und imprägnierten Fasern.

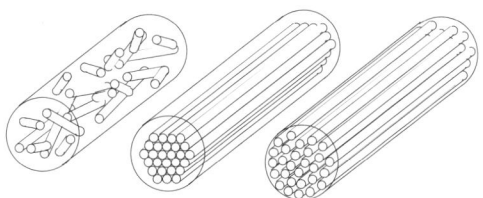

Bild 5.13 Granulatsysteme faserverstärkter Thermoplaste
links: Kurzfasergranulat mit dispergierten, benetzten Fasern, *Mitte:* Langfasergranulat mit agglomerierten, unbenetzten Fasern, *rechts:* Langfasergranulat mit dispergierten und benetzten Fasern

Beim kontinuierlichen Pultrusionsverfahren zur Herstellung langfaserverstärkter Thermoplaste werden vorbehandelte Rovings durch ein Kunststoffschmelzebad mit Haftvermittlerzusätzen geleitet. Anschließend werden sie durch eine Querstromdüse gezogen und mit Thermoplastmatrix imprägniert. Es schließen sich die Kühlstufe und Granulierstufe an, bei der das Thermoplastband zu Stäbchengranulaten der Standardlängen von 10 mm bis 25 mm konfektioniert wird, Bild 5.14. Um die Filamente zu vereinzeln und eine bessere Benetzung mit Schmelze zu erreichen, werden versetzt angeordnete Umlenkungen in der Düse eingesetzt. Gegenüber den ersten Anlagen, die auf sehr niedrige Viskosität angewiesen waren, ist heute die wirtschaftliche Herstellung mit Matrixviskositätswerten bis zu 1500 Pas und Fasergewichtsanteilen bis zu 80 Gew.-% möglich.

In einem weiteren Verfahren erfolgt die Imprägnierung der Faserrovings in einer beheizten Bearbeitungszelle über ein umlaufendes Imprägnierrad, bei dem durch den porösen Materialaufbau Kunststoffschmelze von der Mitte nach außen fließt und die anliegenden Faserbündel imprägniert. Der wesentliche Vorteil dieses Prozesses ist die sehr lange Imprägnierstrecke, die über den Durchmesser des Imprägnierrades und den Umschlingungswinkel verändert werden kann, so dass eine gleichmäßige und vollständige Imprägnierung erfolgt.

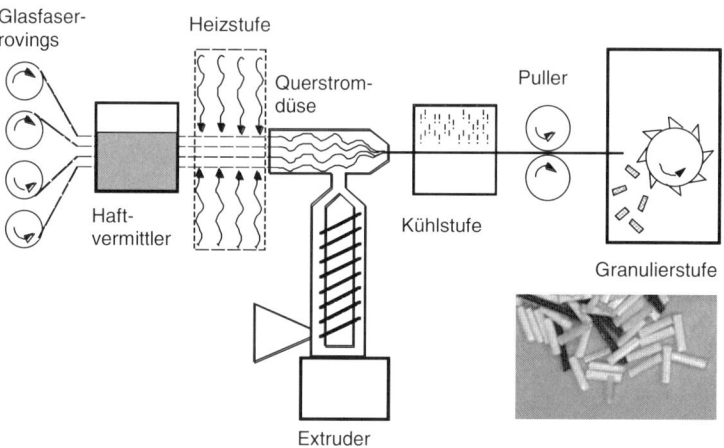

Bild 5.14 Schematische Darstellung einer Pultrusionsanlage zur Herstellung von LFT

Aufgrund der unterschiedlichen Imprägnierungsmethoden werden Stäbchengranulate auch mit deutlich unterschiedlicher Imprägnierqualität erzeugt. Eine gute Imprägnierung zeichnet sich durch eine gleichmäßige Faser-Matrix-Verteilung aus. Mit Matrix ummantelte Glasfasern müssen demnach durch den sich anschließenden Verarbeitungsprozess erst vollständig dispergiert werden, um eine gute Imprägnierung zu erreichen. Hieraus ergeben sich Restriktionen für den Verarbeiter hinsichtlich der Verarbeitungsparameter. Somit ist es zum Herstellen der Pressmasse beim Fließpressverfahren erforderlich, den Staudruck am Plastifizierer zu erhöhen. Die Steigerung des Staudrucks bewirkt eine Zunahme der Dispergierung der Filamente und Imprägnierqualität, allerdings zu Lasten der Faserlänge.

Es ist dabei eine deutliche Unterscheidung hinsichtlich der Qualität und der Einflüsse auf die erzielbaren mechanischen Eigenschaften von kurz- und langfaserverstärkten Bauteilen möglich. Trotz eines vergleichbaren Fasergewichtsanteils sind LFT beispielsweise wärmeformbeständiger als kurzfaserverstärkte Thermoplaste gleichen Typs. Als Matrix werden für LFT hauptsächlich Polypropylen und seltener auch Polyamid verwendet. Mittels der Bilder 5.15 und 5.16 werden die Unterschiede der mechanischen Eigenschaften, die in der Faserlänge begründet sind, beispielhaft dargestellt. Sie lassen sich durch die Verwendung von Langfasern wesentlich verbessern, so dass diese Werkstoffgruppe in einem erweiterten Anwendungsspektrum eingesetzt werden kann [29].

Die Verarbeitung von LFT unterscheidet sich von der Verarbeitung anderer Halbzeugarten. Die LFT-Halbzeugstruktur erlaubt, dass die Granulate in Plastifizierextrudern mit speziellen Schneckengeometrien faserschonend erwärmt und homogenisiert werden. Zudem besteht auch bei Einschneckenextrudern die Möglichkeit, Additive (z. B. Flammschutzmittel) einzumischen und einen vom Langfasergranulat unterschiedlichen Fasergehalt einzustellen [30]. Die Plastifizierextruder für die LFT-

Aufbereitung werden im Gegensatz zu den Extrudern des Spritzgießens so ausgelegt, dass die Granulate nicht durch Friktion, sondern durch die Temperierung des Kanals und durch eine Schneckentemperierung aufgeheizt werden. Diese Art der Heizung schont die Fasern soweit, dass sie im Plastifikat und in dem späteren Bauteil mit nahezu ursprünglicher Faserlänge vorliegen. Ein steigender Staudruck bewirkt einerseits eine Homogenisierung und Kompaktierung des Plastifikates mit geringen Lufteinschlüssen, andererseits eine Faserschädigung durch die auftretenden Scherkräfte an der Zylinderwand.

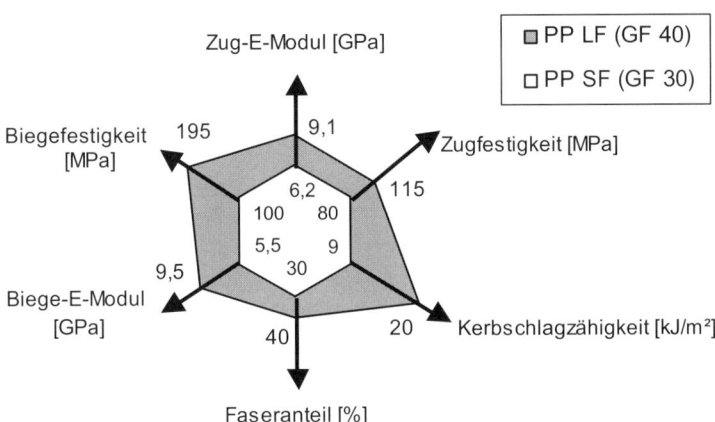

Bild 5.15 Vergleich mechanischer Eigenschaften von glasfaserverstärktem PP mit Langfasern (LF) und Kurzfasern (SF)

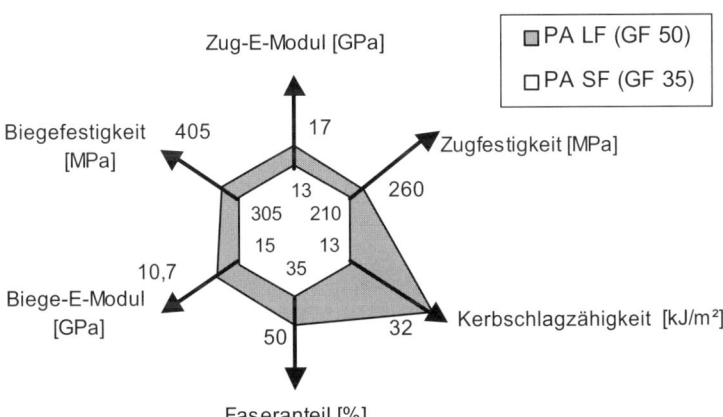

Bild 5.16 Vergleich mechanischer Eigenschaften von glasfaserverstärktem PA mit Langfasern (LF) und Kurzfasern (SF)

Die verwendeten Extruder bestehen im Plastifizierteil aus Einzugs-, Aufschmelz- und Meteringzone. Der Plastifiziervorgang wird bei volumetrischer Dosierung durch das Erreichen des Endschalters der sich zurückziehenden Schnecke beendet, und das Plastifikat wird ausgestoßen. Je nach Ausführung des Düsenkopfes können die ausgestoßenen Pressmassen unterschiedliche Geometrien besitzen. Im Allgemeinen werden kreisrunde Düsen verwendet. Beim Einsatz von Breitschlitzdüsen besitzen die Plastifikate eine flächigere Gestalt, ähnlich wie die GMT-Halbzeuge. Dies bewirkt jedoch eine Umorientierung der Fasern während des Ausstoßvorgangs. Für Plastifizierer bestehen verschiedene Funktionsprinzipien. In Bild 5.17 ist das Funktionsprinzip eines Vertikalplastifizierers dargestellt, der das Plastifikat horizontal ausstößt. Dabei erfolgt ebenfalls eine volumetrische Dosierung. Die Schnecke fördert die aufbereitete Pressmasse in einen schwenkbaren Stauraum. Die Schnecke selbst ist in Förderrichtung starr fixiert.

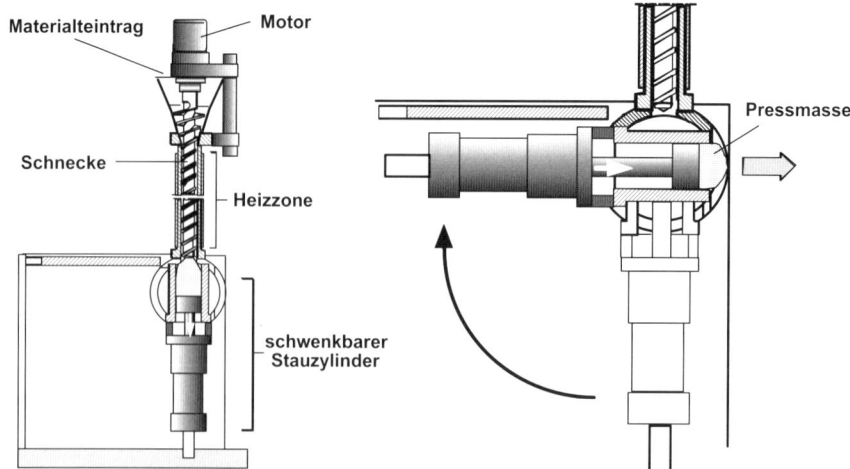

Bild 5.17 Funktionsprinzip eines Plastifizierers mit vertikal angeordneter Schnecke

Charakteristisch für einen Plastifizierextruder sind neben der Schneckengeometrie deren Durchmesser sowie das Länge/Durchmesser (L/D) Verhältnis des Plastifizierers. Ab einem Schneckendurchmesser von 100 mm sollte das L/D-Verhältnis 18 nicht übersteigen [31].

Wie bei SMC oder GMT Fließpressmassen hat sich das LFT aufgrund seines Leichtbaupotentials im Vergleich zu Metall für Automobilanwendungen etabliert. Weitere Vorteile von LFT gegenüber konventionellen kurzfaserverstärkten Kunststoffen sind die höhere Schlagzähigkeit sowie Festigkeits- und Steifigkeitswerte [32].

Neben der Verarbeitung von LFT als Stäbchengranulat, vorwiegend im Spritzgießprozess, haben sich die Direktverfahren am Markt etabliert. Beim LFT-Direktverfahren werden die Verstärkungsfasern in einem Prozess mit der Matrix imprägniert und anschließend im Pressverfahren zum Bauteil verarbeitet (siehe Abschnitt 12.6.2).

5.3.2.1 Pressrheometer zur prozessintegrierten Analyse

Bei der Pressverarbeitung stehen die kurze Zykluszeit bei geringen Werkzeugtemperaturen und der Wunsch nach einer möglichst geringen, häufig begrenzten Presskraft in generellem Widerspruch. Die Presskraft lässt sich durch eine Pressmasse, deren Temperatur deutlich oberhalb der Schmelztemperatur des Polymers liegt ($T_m \gg T_s$), bei gleichzeitig hoher Werkzeugtemperatur reduzieren. Weiterhin werden, um ein frühzeitiges Einfrieren des Materials zu verhindern, hohe Schließgeschwindigkeiten angestrebt, die aber wiederum erhöhte Presskräfte zur Folge haben. Ebenso werden bei einer Pressmasse, deren Temperatur nur knapp über oder im Bereich der Schmelztemperatur des Polymers liegt ($T_m \sim T_s$), durch die erhöhte Pressmassenviskosität sowie schnellere Einfriereffekte besonders hohe Presskräfte erwartet (Bild 5.18).

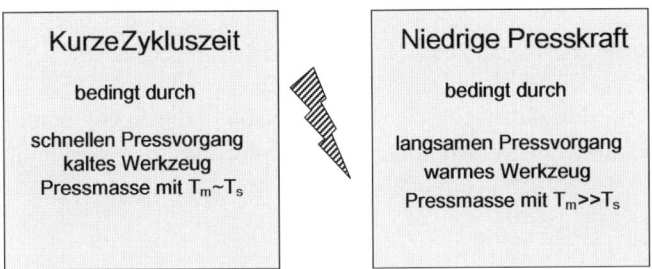

Bild 5.18 Problemfelder der Pressverarbeitung von thermoplastischen FKV

Des Weiteren besteht bei dünnen platten- und schalenförmigen Bauteilen der allgemeine Wunsch zur Gewichtsreduzierung durch Wanddickenverringerung, was aber wiederum einen erheblichen Mehrbedarf an Presskraft erfordert. Für eine Vorhersage der benötigten Presskraft sind daher zuverlässige Materialkenndaten unabdingbar, um den Presskraftbedarf durch den Einsatz von Simulationsprogrammen bereits im Vorfeld einer Bauteilentwicklung abschätzen zu können. In erster Linie stellt mangelnde Kenntnis der Fließfähigkeit, speziell der Viskosität von Pressmassen, die bisher größte Fehlerquelle dar und lässt zuverlässige Presskraftberechnungen von Pressbauteilen nicht zu.

Weil die meisten Kunststoffe in allen Aggregatzuständen sowohl ein elastisches als auch viskoses Verhalten aufweisen, werden sie als viskoelastische Körper bezeichnet. Dieses Verhalten kann mit Hilfe von Dämpfer-Feder-Modellen deutlich gemacht werden. Eine Übersicht der gebräuchlichen Modelle ist in Bild 5.19 wiedergegeben. Die lineare Feder, abgeleitet aus dem Hookeschen Gesetz und ein linearer Dämpfer nach Newton sowie der St.-Vernant-Körper als Reibungselement bilden die Elemente für die verschiedenen Modelle. Schaltet man ein Feder- und ein Dämpfer-Element parallel zum sogenannten Voigt-Kelvin-Modell, so lässt sich dadurch das viskoelastische Verhalten beschreiben. Ein Modell, bestehend aus hintereinander geschalteter Feder und Dämpfer, wird als Maxwell-Modell bezeichnet, welches das elastisch-plastische Verhalten am besten wiedergibt. Dagegen lässt sich das Verformungsverhalten von Polymerwerkstoffen durch das Burger- bzw. 4-Parametermodell beschreiben, das durch Hintereinanderschaltung eines Voigt-Klein und eines Maxwell-Modells entsteht [33].

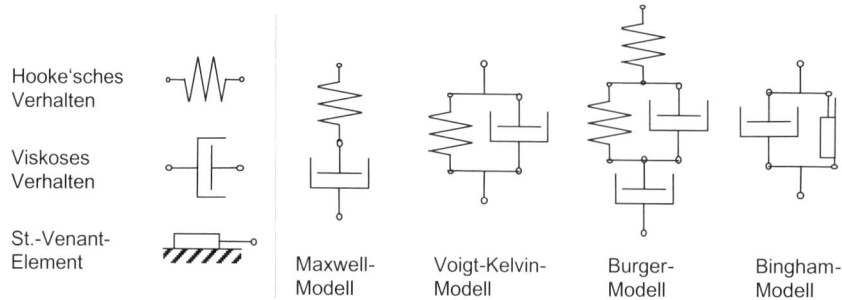

Hooke'sches
Verhalten

Viskoses
Verhalten

St.-Venant-
Element

Maxwell-
Modell

Voigt-Kelvin-
Modell

Burger-
Modell

Bingham-
Modell

Bild 5.19 Modelldarstellung der Feder-, Dämpfer- und Reibungselemente

Hookesches bzw. rein-elastisches Verhalten weisen in der Regel metallische Festkörper auf, bei denen die Deformation ε bzw. Deformationsgeschwindigkeit $\dot{\varepsilon}$-linear gemäß

$$\sigma = E \cdot \varepsilon_{el.} \tag{5.1}$$

bzw.

$$\dot{\sigma} = E \cdot \dot{\varepsilon}_{el.} \tag{5.2}$$

mit der Belastung σ bzw. Belastungsgeschwindigkeit $\dot{\sigma}$-ansteigt. Für viskose bzw. newtonsche Flüssigkeiten, dargestellt durch einen Öl-Dämpfer, gilt

$$\dot{\varepsilon}_{vis} = \frac{\sigma}{\eta} \tag{5.3}$$

wobei η die dynamische Viskosität der Flüssigkeit ist. Andere Materialien verhalten sich bei Belastung unterhalb einer Grenz-Schubspannung auch langzeitig wie ein fester Körper, oberhalb dieser Spannung aber wie Flüssigkeiten. Der typische Vertreter dieser Stoffe (Bingham-Medien) ist ein Farbauftrag, der an senkrechten Flächen dünn aufgetragen haftet, solange die o. g. Grenzspannung noch nicht überschritten ist [34]. Diese Materialien können durch die Parallelschaltung eines Newton- und St. Venant-Elements wiedergegeben werden.

Nach dem Boltzmannschen Superpositionsprinzip können die Verformungen der einzelnen Elemente bei einer Belastung addiert werden, so dass die Gesamtverformung in Abhängigkeit des Belastungsfalles und der Wirkdauer mittels Differentialgleichungen beschrieben werden kann.

Die rheologischen Eigenschaften eines fasergefüllten Kunststoffs sind neben den Matrix-Eigenschaften zudem vom Glasfasergehalt, der Glasfaserorientierung sowie von der Faserlängenverteilung abhängig [35], so dass für die strömungstechnische Beschreibung des Fließpressvorgangs die tatsächlich auftretenden Fließphänomene berücksichtigt werden müssen. Ein Viskositätsmodell sollte hinreichend einfach sein, um gleichzeitig eine analytische Berechnung der Strömungsformen zu ermöglichen.

Eine in der Kunststofftechnik übliche Darstellung der Viskosität in Abhängigkeit von der Schergeschwindigkeit ist in dem doppeltlogarithmischen Diagramm in Abschnitt 6.3.3.1 in Bild 6.17 dargestellt.

Die Viskosität lässt sich weiterhin durch Temperaturerhöhung sowie durch Zugabe von Weichmachern verringern, dagegen führt erhöhter Verarbeitungsdruck, eine höhere Molekülmasse sowie die Zugabe von Füllstoffen, speziell von Glasfasern, zu höheren Viskositätswerten.

5.3.2.2 Rheometer für faserverstärkte Pressmassen

Zur Bestimmung der Viskosität von faserverstärkten Kunststoffen werden verschiedene Rheometertypen verwendet, wobei jedoch Schwierigkeiten gegenüber den unverstärkten oder kurzfaserverstärkten Kunststoffen durch die größere Länge der vorhandenen Fasern entstehen. Aus diesem Grunde kann das Kapillarrheometer, mit dessen Hilfe mittels Druckgas oder Schwerkraft das zu prüfende Medium aus dem Reservoir durch eine enge Kapillare gedrückt wird, für langfaserverstärkte Kunststoffe nicht verwendet werden, wobei die wesentlichen Messgrößen sowohl der Volumenstrom als auch der Druckverlust entlang der Kapillare sind.

Daher haben sich für diese Materialtypen das Platte-Platte-Rheometer (alternativ Platte-Kegel-Rheometer) sowie das Pressrheometer als sinnvolle Messinstrumente herausgestellt.

Kegel-Platte-Rheometer

Beim Kegel-Platte-Rheometer befindet sich die Probe in einem Scherspalt zwischen einem sehr flachen Kegel und einer koaxialen Platte, Bild 5.20. Durch die Wahl des Kegelwinkels wird eine gleichmäßige Schergeschwindigkeitsverteilung im Messspalt erzeugt. Die Steuerung erfolgt über Drehzahl (schergeschwindigkeitsgesteuert) oder Drehmoment (scherspannungsgesteuert). Gemessen werden entsprechend Drehzahl bzw. Drehmoment. Mit Hilfe von Kraftaufnehmern an der Antriebswelle bzw. an der Kegelunterseite kann eine rechnerische Ableitung der Normalspannungen erfolgen.

Die Vorteile einer solchen Kegel-Platte-Versuchsanordnung sind die homogene Schergeschwindigkeitsverteilung und die gute Messbarkeit von Normalkräften und dynamischen Größen. Als Nachteil ist das Austreten von Messsubstanz aus dem Messspalt zu nennen, weshalb eine exakte Kalibrierung und Messspaltsteuerung notwendig ist.

Platte-Platte-Rheometer

Beim Platte-Platte-Rheometer befindet sich das Prüfmedium zwischen zwei koaxialen, kreisrunden Platten, von denen eine rotiert, Bild 5.20. Die Deformationsgeschwindigkeit ist im Gegensatz zum Kegel-Platte-System nicht konstant, sondern steigt von der Mitte nach außen an (inhomogene Deformation). Messung und Steuerung erfolgen über Drehmoment bzw. Drehzahl. Ein Vorteil des Platte-Platte-Rheometers besteht zum einen in der Möglichkeit, die Schergeschwindigkeitswerte durch Änderung von Messspalthöhe und Rotationsgeschwindigkeit einzustellen. Zum anderen ist eine gute Messbarkeit von Normalspannungsdifferenzen und dynamischen Größen möglich. Die Nachteile entsprechen denen des Kegel-Platte-Rheometers, nämlich das Austreten von Messsubstanz aus dem Messspalt und die notwendige exakte Kalibrierung und Messspaltsteuerung. Des Weiteren ist die inhomogene Schergeschwindigkeitsverteilung zu beachten.

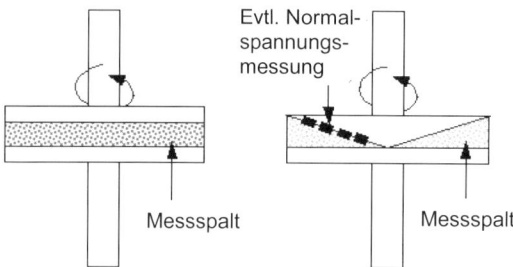

Bild 5.20
Rotationsrheometer in Platte-Platte-
und Kegel-Platte-Anordnung

Pressrheometer

Durch das Zusammendrücken zweier Platten wird ein Fließen des dazwischen liegenden Materials erzeugt. Aus erforderlicher Normalkraft und der Änderung der Probenhöhe bei konstanter Geschwindigkeit bzw. Messung der Geschwindigkeit bei konstanter Kraft kann die Viskosität abgeleitet werden. In der Versuchsdurchführung wird zwischen dem „Parallel-Plate"- und dem „Squeeze-Film-Flow"-Rheometer unterschieden, bei dem zum einen die Kontrollfläche, zum anderen aber das Kontrollvolumen konstant gehalten werden, Bild 5.21.

Vorteile dieses Verfahrens sind die einfache Probenvorbereitung, geringe Deformationen und die einfache Übertragbarkeit auf den realen Fließpressvorgang.

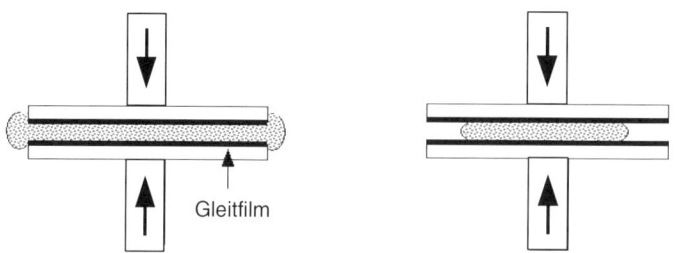

Bild 5.21 Pressrheometer als „Squeeze-Film-Flow"-Rheometer *(links)* und „Parallel-Plate"-Rheometer *(rechts)*

Der reale Fließpressvorgang kann durch Verdrängen der Pressmasse in die offene Kavität sowie durch Schereffekte in werkzeugnahen Regionen beschrieben werden, wobei jeweils eine Überlagerung beider Strömungsformen stattfindet. Aus diesem Grunde liegt es nahe, Viskositätsuntersuchungen mit Hilfe des praxisnahen Pressrheometers durchzuführen.

5.3.2.3 Strömungsprofil beim Pressvorgang

In der Strömungslehre wird grundsätzlich zwischen den beiden Strömungsformen Dehnung und Scherung unterschieden. Eine reine Scherbelastung lässt sich durch die in Bild 5.22 verdeutlichte Couette-Strömung beschreiben, wobei die Schubspannung über der Höhe H konstant ist. Charakteristisch ist, dass jede einzelne idealisiert dargestellte Schicht auf der anderen Schicht ohne jegliche Dehnung abgleitet und somit geschert wird. Voraussetzung sind dabei Wandhaftung sowie geringe Deformationsgeschwindigkeiten zur Erzielung einer laminaren Strömung.

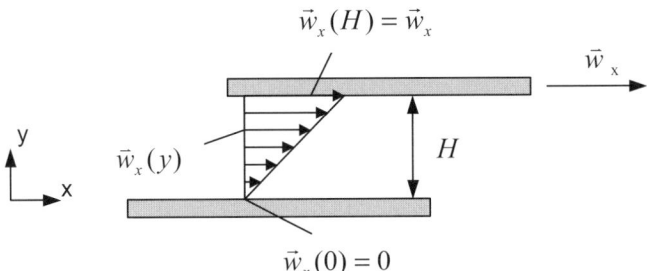

Bild 5.22 Darstellung einer reinen Scherströmung

Ein reines Scherfließen kann auch in einem Laminatmodell mit einer in der Mitte angeordneten, auf Zug belasteten Platte simuliert werden [36], wobei die Ergebnisse auf den realen Pressvorgang nicht direkt übertragbar sind, da in diesen Betrachtungen keine Dehnströmungsanteile berücksichtigt werden.

Verschiedene Darstellungen möglicher Strömungsprofile für den Fließpressvorgang sind in Bild 5.23 aufgezeigt, wobei eine qualitative Aufteilung in Dehn- und Schergeschwindigkeitsanteil vorgenommen wird.

Reine Dehnströmung wird, wie in Bild 5.23 (oben) dargestellt, charakterisiert. Dabei tritt über dem gesamten Querschnittsbereich eine konstante Dehngeschwindigkeit auf, wohingegen im Randbereich ein Schergeschwindigkeitsanteil von unendlich, im mittleren Fließkanal jedoch keine Scherung vorliegt.

In der Presstechnik stellt sich in der Regel eine Überlagerung der Strömungsformen Dehnung und Scherung ein, Bild 5.23 (Mitte). Bei der auftretenden Wandreibung und den daraus resultierenden Schubspannungen mit hohen Scherraten liegt im mittleren Strömungsbereich sowohl Dehn- als auch Anteile von Scherströmung vor. Wegen der vergleichsweise großen Ähnlichkeit der beiden unteren Strömungsprofile in Bild 5.22 wird für Berechnungen auch häufig das parabelförmige Newtonsche Strömungsprofil verwendet, Bild 5.23 (unten), wobei sich für kurzfaserverstärkte thermoplastische Spritzgießmassen eine gute Übereinstimmung der theoretischen und tatsächlichen Viskosität ergeben hat [37].

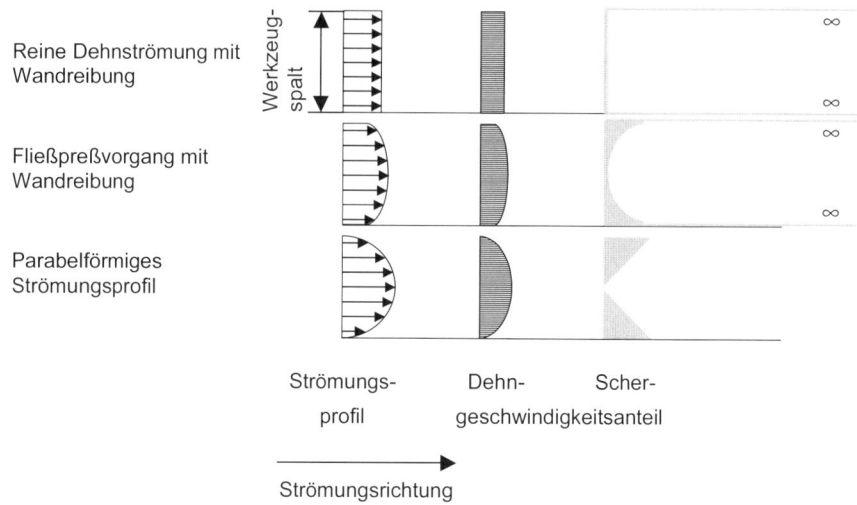

Bild 5.23 Darstellung der Strömungsprofile mit Dehn- und Schergeschwindigkeitsanteil

Auch für SMC konnte bei geringen Pressgeschwindigkeiten ein parabelförmiges Strömungsprofil nachgewiesen werden, welches dem Hele-Shaw-Geschwindigkeitsprofil nahe kommt. Dabei ist grundsätzlich bei höherer Schließgeschwindigkeit (10 mm/s) mit einer ausgeprägten parabelförmigen Strömung zu rechnen, während geringe Schließgeschwindigkeiten von ca. 2 mm/s eine bevorzugte Quetsch- bzw. Dehnströmung verursachen [38].

Bei einem weiteren Ansatz der Berechnung der Viskosität nach Scott [39], bei dem ebenfalls eine Aufteilung in Scher- und Dehnviskosität erfolgt, haben sich in einem Pressrheometer für verschiedene Plattendurchmesser bei unverstärktem Polymer unterschiedliche Viskositätskurven ergeben. Dies entspricht jedoch nicht den Erwartungen, nach denen die Viskosität unabhängig vom gewählten Versuchsaufbau reproduzierbar ermittelt werden sollte. Ebenfalls auf der Grundlage von [44] wird in einem anderen Fließmodell die Viskosität von GMT unter nicht-isothermen Versuchsbedingungen hergeleitet, wofür jedoch die Bestimmung eines Fließexponenten gemäß dem Power-Law-Ansatz erforderlich ist [40].

In Tabelle 5.3 sind die wesentlichen Modellansätze zur Viskosität stichwortartig mit den wesentlichen Kernaussagen bzw. Problemfeldern wiedergegeben.

Aus der Vielzahl der Messmethoden und der Tatsache, dass sich bei zum Teil widersprüchlichen Ergebnissen bisher keines der Verfahren für faserverstärkte Thermoplaste als praxisgeeignet erwiesen hat, wird deutlich, dass die kritische Betrachtung der Verfahren und die Entwicklung eines geeigneten Messverfahrens zur Bestimmung der Viskosität erforderlich wurde. Die wesentliche Anforderung stellt die Ähnlichkeit zu realen Pressvorgängen dar, da sich die Ergebnisse um so leichter auf das tatsächliche Pressen übertragen lassen, je ähnlicher die Strömungsformen im Modell und in der Praxis sind.

Tabelle 5.3 Bisherige Viskositätsansätze für faserverstärkte Pressmassen

Kurzbeschreibung des Ansatzes/ verwendetes Material	Ergebnis
Kurzfaserverstärkte Spritzgießmassen, Annahme: newtonsches Strömungsprofil	Gute Übereinstimmung der theoretischen und tatsächlichen Viskosität
SMC, Untersuchung des Strömungsprofils	Parabelförmiges Strömungsprofil
SMC, Untersuchung des Strömungsprofils	Hohe Schließgeschwindigkeit: parabelförmiges Strömungsprofil; Niedrige Schließgeschwindigkeit: vermehrt Dehnanteile
Berechnung Power-Law-Ansatz mit newtonschem Strömungsprofil	Geringe Unterschiede
Quantifizierung von Scher- und Dehnanteil beim Pressvorgang	Dehnviskosität ≈ 1000fach größer als Scherviskosität, aufwendige Simulation erforderlich
Quantifizierung von Scher- und Dehnanteil beim Pressvorgang	Wesentlich höhere Scher- als Dehndeformation
Viskositätsabhängigkeit vom Prüfplattendurchmesser	Verfahren ungeeignet
Nicht-isotherme Viskositätsermittlung von GMT	Vorherige Ermittlung eines Fließexponenten, Pressversuche bei konst. Kraft, nicht konst. Pressgeschwindigkeit
Viskositätsermittlung von PP und GMT	Reproduzierbarkeit von „Squeeze-Film-Flow"-Rheometer und „Parallel-Plate"-Rheometer

Ein Defizit bei der Pressverarbeitung ist die unzureichende Kenntnis der Fließfähigkeit, speziell der Viskosität der zu verarbeitenden Pressmassen. Für eine Vorhersage der benötigten Presskraft sind allerdings zuverlässige Materialkenndaten unabdingbar, um den Presskraftbedarf durch den Einsatz von Simulationsprogrammen bereits im Vorfeld einer Bauteilentwicklung abschätzen zu können. Ein solches Modell für die Bestimmung von Viskositätswerten wird in Abschnitt 5.3.2.4 hergeleitet, das zudem die schnelle und einfache Versuchsdurchführung zum Ziel hat, um verschiedene thermoplastische Halbzeuge zuverlässig zu vergleichen und die benötigten Eingabeparameter für Simulationsprogramme bestimmen zu können.

5.3.2.4 Rheometerkonzept

Der Versuchsaufbau eines praxisnahen Rheometers ist in Bild 5.24 dargestellt. Dabei wird die Methode mit einer konstanten Belegungsfläche im Gegensatz zu einem konstanten Volumen gewählt, wobei jedoch die Ergebnisse der beiden Methoden grundsätzlich übertragbar sind.

Gegenüber Pressrheometern mit drei Tauchkanten, die ein unidirektionales Strömen in eine Richtung ermöglichen, stellt das in Bild 5.24 dargestellte Rheometer einen erheblichen Vorteil durch das bidirektionale und somit praxisnahe Strömungsbild dar. Weiterhin müssen im Gegensatz zu einem Tauchkantenwerkzeug keine Störeinflüsse durch die Tauchkanten berücksichtigt werden.

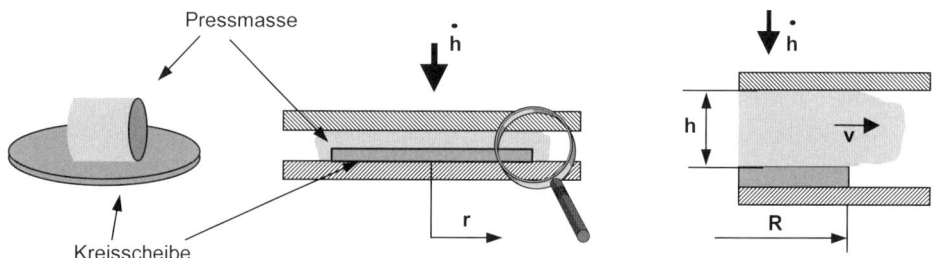

Bild 5.24 Versuchsaufbau zur Bestimmung der Viskosität

Für Viskositätsuntersuchungen mittels Kapillarrheometer mit dem Düsenradius R ist die scheinbare Schergeschwindigkeit $\dot{\gamma}_a$ definiert als:

$$\dot{\gamma}_a = \frac{4\dot{Q}}{\pi R^3} \tag{5.4}$$

wobei als Grundlage ein newtonsches Strömungsprofil mit parabolischem Strömungsquerschnitt vorausgesetzt wird [41]. Unter der gleichen Annahme eines parabelförmigen Strömungsprofils wird analog die Schergeschwindigkeit für ein Pressrheometer mit konstantem Volumenstrom $\dot{Q}$ hergeleitet.

Wie in Bild 5.24 angedeutet, ist für die vorgestellte Modellbildung der Randbereich der Platte von besonderer Bedeutung. Es kann davon ausgegangen werden, dass lediglich die oberhalb der Platte befindliche Pressmasse für die Viskositätsherleitung berücksichtigt werden muss, weil das außerhalb der Platte strömende fließfähige Material quasi in einen Leerraum fließt und nicht zum Presskraftbedarf beiträgt. Unter der Annahme einer konstanten Dichte kann mit der Berechnung der Verdrängung durch das Schließen der Platte der Volumenstrom am Plattenrand und somit eine mittlere Strömungsgeschwindigkeit berechnet werden. Diese mittlere Geschwindigkeit $\bar{v}$ im Randbereich der Platte beträgt

$$\bar{v} = \frac{\dot{h} \cdot R}{2h} \tag{5.5}$$

Dies macht deutlich, dass die mittlere Ausströmgeschwindigkeit linear abhängig von der Pressgeschwindigkeit und vom Plattenradius, dagegen umgekehrt proportional zur verbleibenden Restspalthöhe h ist. Somit ergibt sich für eine Pressgeschwindigkeit von 10 mm/s, einem Plattenradius von 172 mm sowie einer verbleibenden Spalthöhe von 0,3 mm eine mittlere Ausströmgeschwindigkeit von ca. 3000 mm/s.

In Analogie zum Kapillarrheometer wird für das zu entwickelnde Rheometer bei einem parabolischen Strömungsprofil die Schergeschwindigkeit $\dot{\gamma}$ mit

$$\dot{\gamma} = \frac{\bar{v}}{h} \tag{5.6}$$

bestimmt, so dass daraus die scheinbare Schergeschwindigkeit am Rand der Platte

$$\dot{\gamma} = \frac{2 \cdot \dot{h} \cdot R}{h^2} \tag{5.7}$$

folgt.

Es wird deutlich, dass die Schergeschwindigkeit eine nicht-lineare Abhängigkeit von der verbleibenden Pressspalthöhe besitzt. In dem vorgestellten Beispiel ergibt sich somit ein Wert von ca. 150 000 1/s.

Aus dem Zusammenhang der Schergeschwindigkeit und der Viskosität folgt weiterhin, dass, verursacht durch die abnehmende Scherung in der Plattenmitte, in diesem mittleren Bereich mit einer erheblich höheren Viskosität als im Randbereich zu rechnen ist. Aus diesem Grunde wird ein allgemein gültiger Zusammenhang der am Rand auftretenden Viskosität mit den Viskositätswerten im Platteninneren hergeleitet.

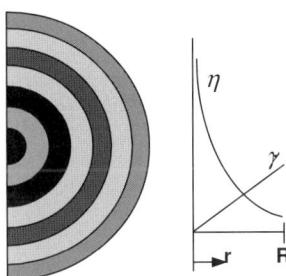 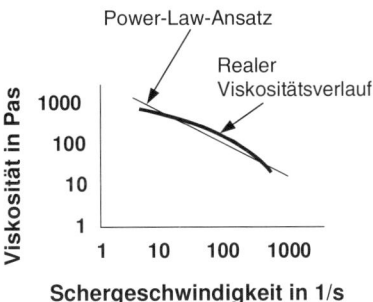

Bild 5.25 Darstellung der Viskosität und Schergeschwindigkeit in Abhängigkeit des Radius sowie realer und idealisierter Viskositätsverlauf

Die Gesamtkraft zum Verpressen setzt sich aus der Summe der Einzelkräfte eines jeden dargestellten Ringsegmentes (Bild 5.25) zusammen, in dem jeweils eine linear vom Radius abhängige Schergeschwindigkeit auftritt. Die Abhängigkeit der Viskosität von der Schergeschwindigkeit ist im Power-Law-Ansatz, bei dem die Konstante C_1 den 1-Durchgang der Geraden auf der Abszisse, die Konstante C_2 dagegen die Steigung der idealisierten Geraden darstellt, folgendermaßen wiedergegeben:

$$\eta = C_0 \cdot \dot{\gamma}^{C_2} \tag{5.8}$$

Da die Presskraft linear abhängig von der Viskosität ist und sich die Gesamtkraft aus den einzelnen Ringsegmentkräften zusammensetzt, ist die Berechnung einer „mittleren Viskosität" η_{mit} durch die Summierung der einzelnen Viskositätswerte zur Bestimmung der Presskraft zulässig:

$$\eta_{mit} \cdot A = \sum_{i=0}^{n} \eta(r) \cdot A_i \qquad (5.9)$$

Für die integrale Schreibweise ergibt sich somit:

$$\eta_{mit} \cdot A = \int_{0}^{R} \eta(r) \cdot U dr \qquad (5.10)$$

Auf diese Weise lässt sich eine mittlere Viskosität in Abhängigkeit der „Randviskosität" herleiten:

$$\eta_{mit} = \frac{2}{2 + C_1} \cdot \eta_R \qquad (5.11)$$

Es ist ersichtlich, dass zwar ein linearer Zusammenhang zwischen den beiden genannten Viskositätswerten besteht, für die weitere Berechnung jedoch die Kenntnis des Exponenten C_2 erforderlich ist. Für einen Wert von $C_2 = -0,5$, wie er z. B. bei [42] für Schnittglasfasermatten bei einer Polypropylenmatrix und einem Fasergehalt von 30 Gew.-% ermittelt wurde, liegt die mittlere Viskosität etwa um den Faktor 1,3 höher als die Viskosität im Randbereich der Platte.

Die vorgestellten Berechnungen machen deutlich, dass es zulässig ist, für den Pressvorgang mit einem nicht-newtonschen Medium in dem kreisförmigen Plattenwerkzeug mit einer mittleren Viskosität zu rechnen.

Der Zusammenhang zwischen Viskosität und Presskraft wird für ein Newtonsches Medium u. a. in den Navier-Stokes-Gleichungen aus

$$\rho \frac{D\vec{w}}{dt} = -grad \, p + \eta \left[\Delta \vec{w} + \frac{1}{3} \nabla div \, \vec{w} \right] + \vec{K} \qquad (5.12)$$

wiedergegeben, zu deren Auflösung jedoch verschiedene Modellannahmen erforderlich sind:

- keine rotatorische Bewegung,
- keine Strömungsgeschwindigkeit in Dickenrichtung,
- keine äußeren Kräfte in radialer Richtung,
- keine Beschleunigungsvorgänge,
- keine thermodynamischen Effekte (keine Abkühlung durch Plattenwand; keine Erwärmung durch Scherung),
- Wandhaftung,
- konstante Dichte.

In Zylinderkoordinaten kann die Navier-Stokes-Gleichung wie folgt aufgelöst werden:

$$\rho\left(\frac{\partial w_r}{\partial t} + w_r\frac{\partial w_r}{\partial r} + \frac{w_\vartheta}{r}\frac{\partial w_r}{\partial \vartheta} - \frac{w_\vartheta^2}{r} + w_z\frac{\partial w_r}{\partial z}\right) =$$
$$-\frac{\partial p}{\partial r} + \eta\left(\frac{\partial^2 w_r}{\partial r^2} + \frac{1}{r}\frac{\partial w_r}{\partial r} - \frac{w_r}{r^2} + \frac{1}{r^2}\frac{\partial^2 w_r}{\partial \vartheta^2} + \frac{2}{r^2}\frac{\partial w_\vartheta}{\partial \vartheta} + \frac{\partial^2 w_r}{\partial z^2}\right) + K_r \tag{5.13}$$

Mit den oben genannten Modellannahmen vereinfacht sich die Navier-Stokes-Gleichung zu

$$\rho\left(\frac{\partial w_r}{\partial t} + w_r\frac{\partial w_r}{\partial r}\right) = -\frac{\partial p}{\partial r} + \eta\left(\frac{\partial^2 w_r}{\partial r^2} + \frac{1}{r}\frac{\partial w_r}{\partial r} - \frac{w_r}{r^2} + \frac{\partial^2 w_r}{\partial z^2}\right) \tag{5.14}$$

Mit Berücksichtigung des Volumenstromes aus der Platte

$$\dot{V} = w_z \cdot \pi r^2 = \overline{w}_r \cdot 2\pi\, rh \tag{5.15}$$

gelangt man zur Differentialgleichung

$$\eta\frac{\partial^2 w_r}{\partial z^2} = \frac{dp}{dr} \tag{5.16}$$

und mit der Randbedingung der Wandhaftung, die maßgeblich für das Strömungsprofil erforderlich ist, zum Zusammenhang zwischen Presskraft F, Pressgeschwindigkeit $\dot{h}$, Pressspalthöhe h, Plattenradius R und Viskosität η:

$$F = \frac{3\dot{h}\eta}{2h^3} \cdot \pi R^4 \tag{5.17}$$

Dieser Ausdruck macht deutlich, dass ein linearer Zusammenhang zwischen der Viskosität und der erforderlichen Presskraft besteht. Es ist ebenso ersichtlich, dass die Bestimmung der Fließkanalhöhe von extremer Wichtigkeit ist, da sich eine fehlerhafte Berechnung in der dritten Potenz auf die zu erwartende Presskraft bzw. auf die Viskosität auswirkt.

Die Messung der während des Pressvorgangs verbleibenden Restspalthöhe beruht auf der Auswertung der Analysedaten in Zusammenhang mit der Berechnung der Dicke der im abgekühlten Zustand zu messenden eingefrorenen Randschicht. Von besonderer Bedeutung bei der Auswertung der Analysedaten ist in diesem Zusammenhang die Berücksichtigung der Pressenelastizität, die auch als Werkzeugatmen bezeichnet wird.

5.3.2.5 Ergebnisse

Zur Überprüfung der vorgestellten Methode zur Berechnung der Viskosität wurden zwei unterschiedliche Materialien untersucht, deren Viskositätsdaten vom Materialhersteller mit Hilfe eines Kapillarviskosimeters bestimmt wurden. Es handelte sich dabei um ein unverstärktes, hochviskoses Polypropylen (MFI = 1,6 g/10 min) sowie um ein kurzfaserverstärktes PP mit einem Fasergewichtsanteil von 30 %. Die Fließfähigkeit des faserverstärkten Materials ist mit dem MFI-Wert von 26 g/10 min jedoch deutlich besser als die des zuerst genannten, unverstärkten Polypropylens.

Viskositätsmessung mit unverstärktem Polypropylen

Die Herstellung der Plastifikate erfolgte bei einer Pressmassentemperatur von 230 °C. Versuche haben gezeigt, dass das Drehmoment des Plastifzierers bei geringeren Temperaturen nicht ausreicht, um eine gleichmäßige und kontinuierliche Aufschmelzung zu gewährleisten. Als Werkzeugtemperatur wurde 180 °C gewählt. Trotz dieser Temperaturdifferenz wird nachfolgend von einer isothermen Versuchsdurchführung gesprochen, da beide Temperaturen deutlich über der Schmelztemperatur von Polypropylen liegen.

Um den Einfluss des Kreisscheibenradius, der mit der vierten Potenz in die Berechnung eingeht, auf die Viskosität des Polymers zu verifizieren, wurde bei den Messungen der Radius der Rheometerplatten von 97 über 122 bis hin zu 172 mm variiert.

Als Pressgeschwindigkeiten wurden Werte zwischen 0,5 mm/s und 20 mm/s gewählt. Innerhalb dieser Versuchsserie sollte auch geklärt werden, ob in dem Modellansatz der Einfluss der unterschiedlichen Materialbeschleunigung tatsächlich vernachlässigt werden kann.

In Bild 5.26 sind die ermittelten Viskositätswerte in Abhängigkeit von der Schergeschwindigkeit aufgetragen, wobei jeder einzelne Kurvenverlauf bei einem Pressvorgang ermittelt wurde. Die Unstetigkeiten der Kurven bei niedrigen Schergeschwindigkeitsbereichen resultieren aus Anfahreffekten zu Beginn der einzelnen Messungen.

Neben den berechneten Viskositätsdaten sind weiterhin die Daten der mit dem Kapillarviskosimeter aufgenommenen Viskositätswerte eingetragen. Daraus wird ersichtlich, dass im gesamten Schergeschwindigkeitsbereich eine gute Übereinstimmung mit den Daten des Herstellers gegeben ist. Es wird weiterhin deutlich, dass sowohl die Versuche mit den unterschiedlichen Plattendurchmessern als auch mit den verschiedenen Pressgeschwindigkeiten zu vergleichbaren Ergebnissen führen. Auf mögliche Ursachen der Abweichungen im oberen Schergeschwindigkeitsbereich wird in Abschnitt 5.3.2.6 eingegangen.

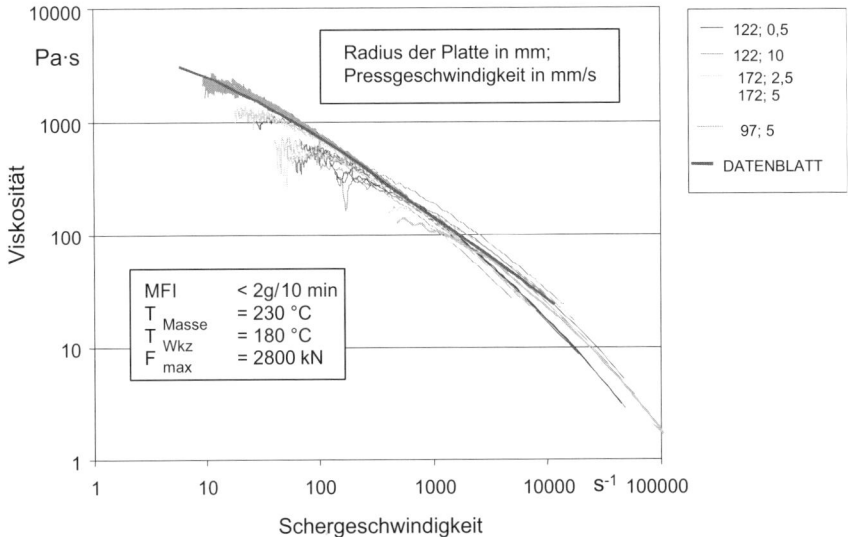

Bild 5.26 Viskosität eines hochviskosen PP-Typs (Stamylan® P 83MF10) mit verschiedenen Versuchsparametern sowie Herstellerangabe (Datenblatt)

In einer weiteren Versuchsreihe wurde der Viskositätseinfluss in Abhängigkeit der Temperatur mit einem Kreisscheibenradius von 97 mm untersucht. Die in Bild 5.27 dargestellten Ergebnisse wurden bei einer Pressgeschwindigkeit von 2 mm/s ermittelt. Neben den Messergebnissen (M.-Kennzeichnung) sind weiterhin die Viskositätsdaten des Herstellers (D.-Kennzeichnung) eingetragen. Es wird ersichtlich, dass die Viskositätsabnahme mit steigender Temperatur mit dem vorgestellten Pressrheometer in der entsprechenden Größenordnung der Herstellerangaben richtig wiedergegeben wird.

Viskositätsmessung mit glasfaserverstärktem Polypropylen

In einer weiteren Versuchsreihe wurden Viskositätsdaten von glasfaserverstärktem Polypropylen ermittelt. Bei dem Material handelte es sich um zerkleinerte StaMax P®-Stäbchengranulate, die nach dem Zerkleinern erneut extrudiert und zu ca. 3 mm langen Granulaten verarbeitet wurden. Auf diese Weise blieb die gleiche Zusammensetzung wie bei den thermoplastischen faserverstärkten Stäbchengranulaten erhalten (GF-Gehalt: 30 Gew. %), obwohl Veränderungen des Polymers (z.B. Degradation) durch das erneute Aufschmelzen nicht ausgeschlossen werden können. Der MFI-Wert betrug 26 g/10 m, das Material war also trotz der Fasern wesentlich niedriger viskos als das zuvor untersuchte unverstärkte Polypropylen.

Aus diesem Grund wurde die Pressmassentemperatur für die weiteren Versuche auf 200 °C festgesetzt. Als Pressgeschwindigkeit wurden Werte von 5 mm/s bzw. 10 mm/s gewählt; für die Untersuchungen wurden Kreisscheiben mit einem Radius von 122 mm verwendet.

In Bild 5.27 sind die berechneten Viskositätswerte zusammen mit dem vom Hersteller auf einem Kapillarviskosimeter ermittelten Werte wiedergegeben.

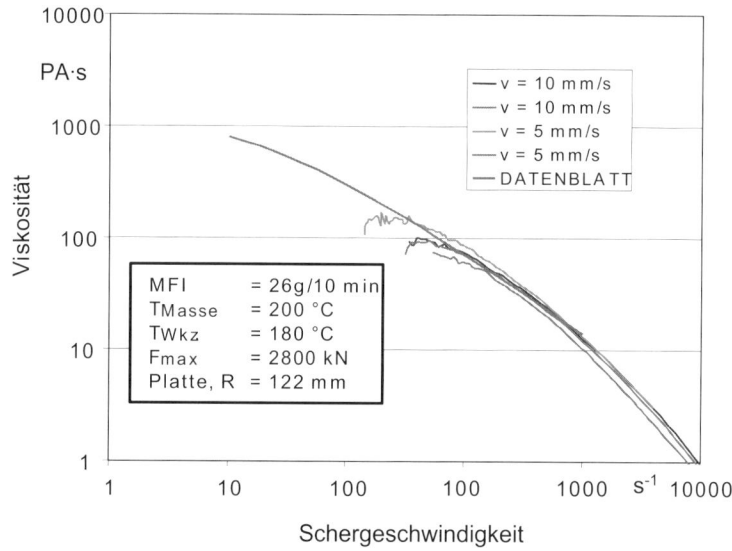

Bild 5.27 Viskosität von zerkleinerten faserverstärkten PP-Stäbchengranulaten (30 Gew.-% Kurzglasfasern, Hersteller: DSM)

In dieser Versuchsreihe wird deutlich, dass die Pressgeschwindigkeit in den Viskositätsberechnungen richtig berücksichtigt wird und das vorgestellte Modell geeignet ist, Viskositätsermittlungen von Pressmassen durchzuführen. Es ist auch erkennbar, dass bei absolut identischer Versuchsdurchführung für zwei unmittelbar aufeinander folgende Versuche (hier: 5 mm/s Pressgeschwindigkeit) geringfügig unterschiedliche Kraft-Weg-Kurven aufgezeichnet und somit verschiedene Viskositätsdaten ermittelt werden. Eine Quantifizierung der wesentlichen Fehlerquelle zur Ermittlung von Viskositätswerten, der Bestimmung der Restspalthöhe, erfolgt im folgenden Abschnitt 5.3.2.6.

5.3.2.6 Fehlerabschätzung

Die Viskositätsermittlung verläuft in einem Pressspaltbereich von etwa 6 mm bis zu einer minimalen Pressspaltdicke von ca. 0,2 mm. Die weitere Materialverdrängung erfolgte bei reduzierten Geschwindigkeiten und findet in den Betrachtungen keine Berücksichtigung mehr.

Im folgenden Beispiel werden neben der korrekt ermittelten Viskosität die Viskositätswerte aufgetragen, die sich bei einem Pressspaltfehler von 0,1 mm ergeben. In dem Beispiel wird bei der erzielten Enddicke von 0,2 mm für die „fehlerhafte" Berechnung ein um jeweils 0,1 mm erhöhter Pressspalt angenommen, so dass sich bei den gemessenen Presskräften deutlich höhere Viskositätsdaten ergeben.

In Bild 5.28 sind die Messkurven sowie die fehlerhafte Viskositätsberechnung mit dem sich daraus ergebenden prozentualen Fehler wiedergegeben.

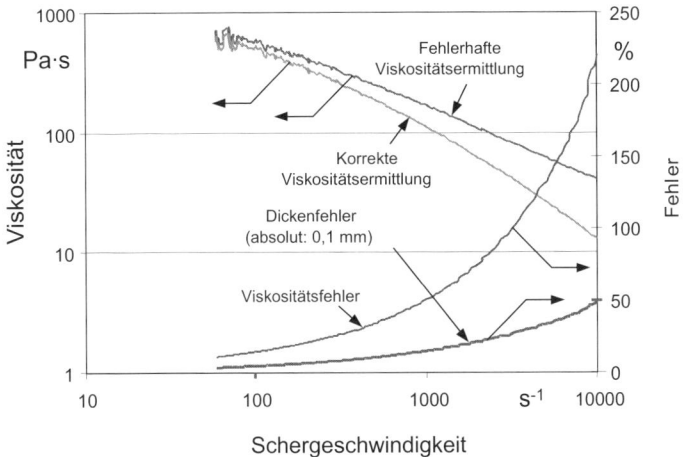

Bild 5.28 Beurteilung des Fehlers durch falsche Pressspaltberechnung

Das Beispiel zeigt deutlich, dass bei der Enddicke von 0,2 mm und einem prozentualen Dickenfehler von 50 % die Viskosität bereits den dreifachen Wert annimmt und ein prozentualer Fehler von über 200 % zu erwarten ist. Noch gravierender wirken sich zu geringe Pressspalthöhen aus, da die ermittelte Dicke dabei gegen Null gehen kann und somit viel zu niedrige Viskositätswerte berechnet werden.

Aus diesem Grunde ist die Messung der Pressspalthöhe von größter Bedeutung. Demnach sind für die vorgestellte Viskositätsmessung lediglich Pressen mit einer Auflösung und Genauigkeit von mindestens 0,01 mm geeignet.

5.3.3 Endlosfaserverstärkte Thermoplaste

5.3.3.1 Prozesskette zur Halbzeugherstellung

Endlosfaserverstärkte thermoplastische Halbzeuge stellen das Ausgangsmaterial für die Herstellung leistungsfähiger Bauteile im Thermoformverfahren dar und erfreuen sich in der jüngeren Vergangenheit steigender Beliebtheit. Die Bauteilherstellung erfolgt dabei entsprechend der in Bild 5.29 dargestellten Prozesskette, wobei die Halbzeugherstellung den ersten entscheidenden Teilprozess darstellt. Ziel ist die Bereitstellung eines vollständig imprägnierten und konsolidierten FKV-Halbzeugs. Handelt es sich dabei um ein flächiges Halbzeug, wird dieses im Allgemeinen als „Organoblech" bezeichnet. Darüber hinaus existieren ebenfalls nicht flächige Halbzeuge wie z. B. kontinuierliche Profile. Durch die Verlagerung der zeitaufwendigen Imprägnierungsschritte in den ersten Teilprozess kann in den darauffolgenden formgebenden Prozessschritten (z. B. Thermoformen) mit kurzen Taktzeiten und

damit hohen Produktionsgeschwindigkeiten gearbeitet werden. Zudem kann in beiden Prozessschritten mit isotherm beheizten Werkzeugen gearbeitet werden, was
die Energieeffizienz deutlich steigert. Abschließend können die Bauteile mit unterschiedlichen Verbindungstechniken zu komplexeren Baugruppen gefügt werden.
Hierfür bieten sich insbesondere unterschiedliche Kunststoffschweißtechniken wie
beispielsweise das Vibrations- oder Induktionsschweißen an.

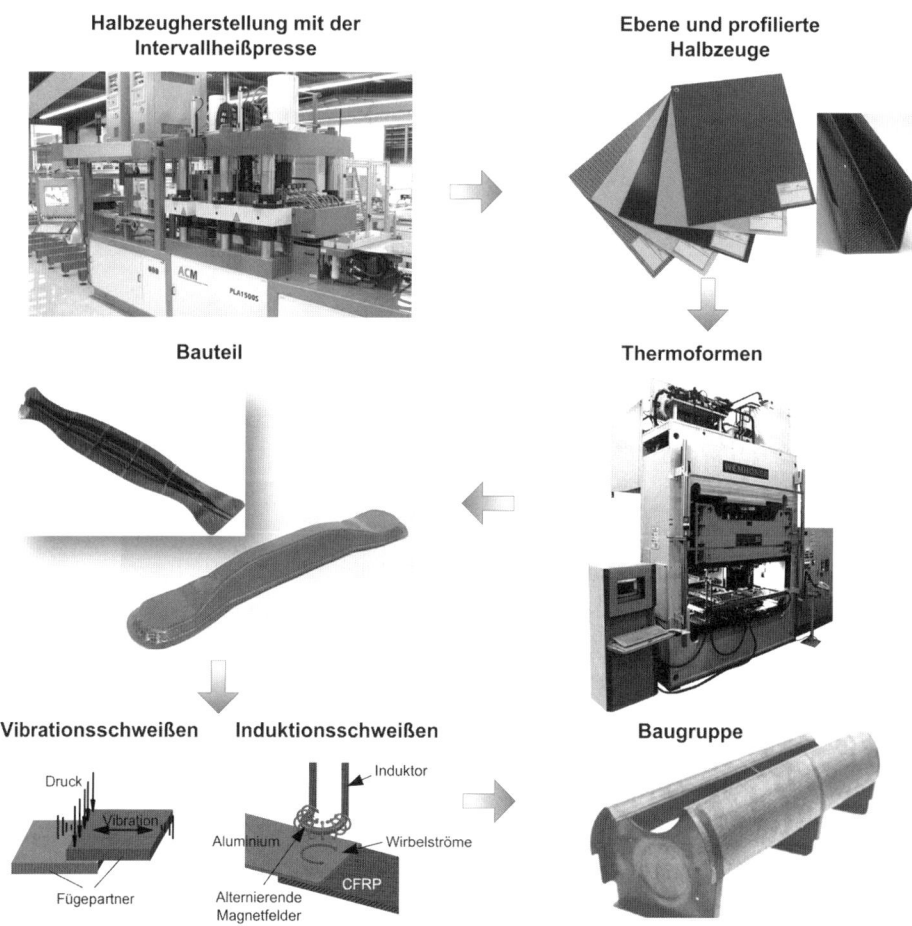

Bild 5.29 Prozesskette für endlosfaserverstärkte thermoplastische FKV

Die derzeit am Markt erhältlichen endlosfaserverstärkten Halbzeuge mit thermoplastischer Matrix unterscheiden sich neben Faserart und Faseranordnung vor
allem durch das verwendete Matrixmaterial. Als Verstärkungsmaterialien kommen
unterschiedliche Textilstrukturen wie Matten/Vliese, Gewebe, Gelege, Gewirke,
Gestricke und Geflechte zum Einsatz. Im Bereich der Matrixwerkstoffe wird das
gesamte Spektrum von Standard-Thermoplasten bis hin zu Hochtemperatur-Ther-
moplasten verwendet. Auch der Einsatz von Polymerblends als Matrixwerkstoff tritt

im Rahmen der Eigenschaftsoptimierung und Kostenreduktion zunehmend in den Vordergrund.

Um den gewünschten Faservolumengehalt im finalen Bauteil zu erzielen, sind bereits die Ausgangsmaterialien in einem definierten Verhältnis dem Halbzeugherstellungsprozess zuzuführen. Hierbei wird grundsätzlich zwischen den Film-Stacking-, den Prepreg- sowie den Direktverfahren unterschieden. Für geringe bis mittlere Mengen werden häufig das Film-Stacking- sowie das Prepregverfahren eingesetzt. Bei ersterem wird ein definiertes Faser-Matrix-Verhältnis durch einen aus alternierend angeordneten Folien- und Textillagen bestehenden Aufbau gewährleistet. Die einzelnen Polymer- und Faserlagen sind nicht miteinander verbunden. Demgegenüber werden unter den Prepregs bereits vorimprägnierte (pre-impregnated) Verstärkungsfasern verstanden. Dabei liegt bereits vor dem Herstellungsprozess eine Verbindung zwischen einzelnen Fasern und der Matrix vor, allerdings sind die Verstärkungsfilamente noch nicht vollständig durch die Matrix benetzt [43]. Prepregverfahren sind darüber hinaus auch für höhere Materialdurchsätze interessant. Alternativ dazu können Direktverfahren zum Einsatz kommen, bei welchen die Matrix- und die Verstärkungsfasern direkt im Bereich des Materialeinlaufs des Pressprozesses zusammengeführt werden. Dabei liegt das Polymer in der Regel bereits im schmelzflüssigen Zustand vor, so dass diese Prozessketten einen hohen anlagentechnischen Aufwand erfordern. Das Bild 5.30 verdeutlicht die Prozesskette der Halbzeugherstellung.

Für die Halbzeugherstellung können in Abhängigkeit von dem benötigten Materialdurchsatz unterschiedlich leistungsfähige Anlagensysteme zum Einsatz kommen. Das Spektrum reicht von statischen Pressensystemen für geringe Stückzahlen über semi-kontinuierliche Anlagen bis hin zu kontinuierlichen Systemen, welche aufgrund der hohen Investitionssummen erst bei hohen Stückzahlen wirtschaftlich betrieben werden können. Grundsätzlich umfasst der Herstellungsprozess unabhängig von der gewählten Anlagentechnik die drei Teilschritte: Imprägnierung, Konsolidierung und Solidifikation. Während der Verarbeitung unterliegen die Eingangsmaterialien den prozessgegebenen Regelgrößen Temperatur, Zeit und Druck, welche die resultierenden Eigenschaften des Halbzeugs bestimmen.

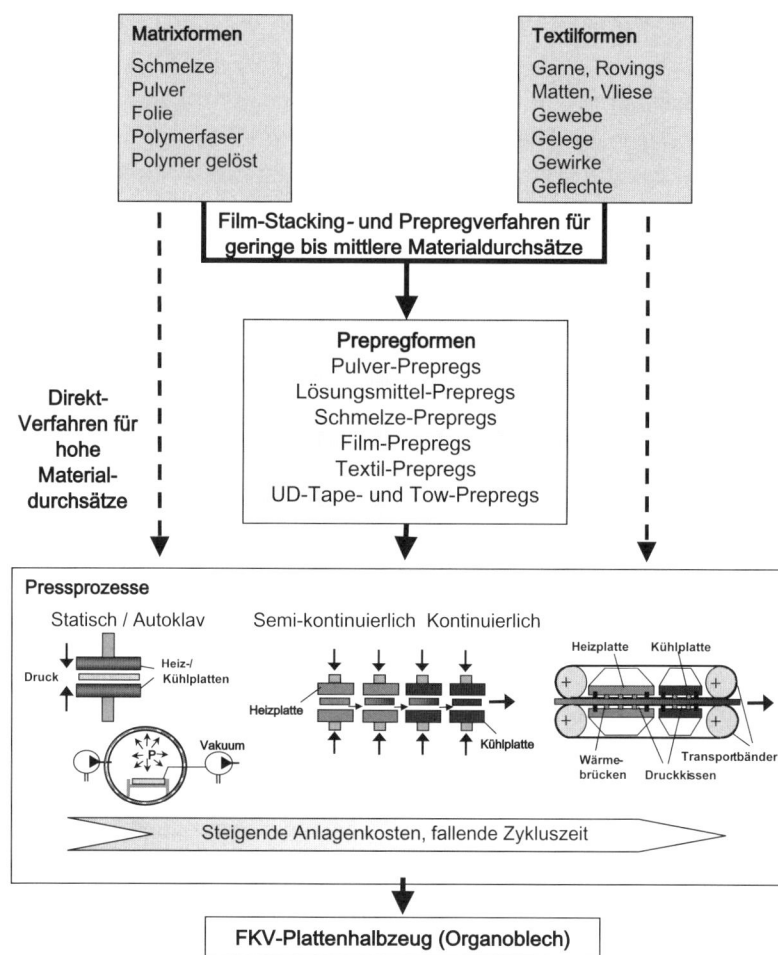

Bild 5.30 Prozessschema zur Herstellung endlosfaserverstärkter thermoplastischer FKV-Plattenhalbzeuge

Zur Imprägnierung wird die thermoplastische Matrix durch Erwärmen über Schmelztemperatur in einen fließfähigen Zustand überführt. Ziel des Vorgangs ist es, jedes Verstärkungsfilament vollständig mit Matrix zu benetzen und ein poren- bzw. luftfreies Laminat herzustellen. Die Fließfähigkeit der Matrix ist abhängig von der Matrixviskosität, welche wiederum von den Größen Temperatur, Druck, Zeit und Schergeschwindigkeit bestimmt wird. Der Einfluss der Schergeschwindigkeit kann bei den angewendeten Herstellungsprozessen jedoch in der Regel vernachlässigt werden. Aufgrund der hohen Schmelzviskosität thermoplastischer Matrixsysteme (100 bis 1000 Pas) wird der Benetzungs- und Tränkungsvorgang erst durch einen zeitgleich einwirkenden Druck ermöglicht. Hierbei dringt die schmelzflüssige Matrix in die Verstärkungsfilament-Zwischenräume ein, verdrängt die eingeschlossene Luft und benetzt die Einzelfilamente unter Ausbildung einer Grenzschicht.

Neben dem Druck und der Matrixviskosität ist die Permeabilität der Verstärkungsstruktur, also deren Durchlässigkeit, der zeitbestimmende Faktor für eine vollständige Imprägnierung.

Während der Konsolidierungsphase wird unter Druck die Verbindung zwischen den einzelnen Verstärkungslagen des Materialverbundes hergestellt. Gleichzeitig verhindert der applizierte Prozessdruck das erneute Entstehen von Lufteinschlüssen und wirkt den elastischen Rückstellkräften der Verstärkungsstruktur entgegen. Ist die Imprägnierungs- und Konsolidierungsphase abgeschlossen, liegt im Idealfall ein porenfreier Verbund vor, der in der Solidifikationsphase durch Wärmeentzug abgekühlt und in den festen Zustand überführt wird. Hierbei bildet sich auch die Morphologie der thermoplastischen Matrix aus.

Wesentliche Eigenschaften und Potenziale der endlosfaserverstärkten thermoplastischen FKV sind in Tabelle 5.4 aufgelistet.

Tabelle 5.4 Eigenschaften endlosfaserverstärkter thermoplastischer FKVs

Werkstofflich	Prozesstechnisch
▪ Leichtbaupotenzial (hohe spezifische Festigkeit und Steifigkeit)	▪ Kurze Zykluszeiten
▪ Hohe Duktilität	▪ Großserientaugliche Verarbeitungsverfahren
▪ Mehrfachverarbeitbarkeit	▪ Hohe Formkomplexität realisierbar in einem Umformschritt
▪ Gute Dämpfungseigenschaften	▪ Mehrfach umformbar
▪ Maßgeschneiderte Eigenschaften (Wärmeausdehnung, elektrische Leitfähigkeit)	▪ Dreidimensionale Formgebung möglich
▪ Unbegrenzte Lagerstabilität	▪ Schweißbarkeit, Reparatureignung
▪ Korrosionsbeständigkeit	▪ Geringe Arbeitsplatzbelastung durch Schadstoffe
▪ Hohe Schadenstoleranz	
▪ Hohes Energieabsorptionsvermögen	

5.3.3.2 Prepregtechnologie

Für die definierte Kombination von Verstärkungsfasern und Polymerwerkstoffen werden das Direkt-, das Film-Stacking- sowie die Prepregverfahren unterschieden. Dabei haben insbesondere die Prepregverfahren aufgrund der einfachen Handhabung, eines vertretbareren Kostenniveaus sowie der hohen Prozesssicherheit große Relevanz in der Praxis. Bild 5.31 gibt einen Überblick über gängige Prepregverfahren und zeigt die dafür angewendeten Halbzeugvorstufen der eingesetzten Verstärkungsfasern sowie der eingesetzten Polymerwerkstoffe. Ausgehend von den Rohstoffen (schwarz hinterlegte Felder) sind die angewendeten polymer- und textilspezifischen Teilprozesse aufgeführt, welche zu den im Prepregverfahren eingesetzten Halbzeugvorstufen (grau hinterlegte Felder), wie z.B. Gewebe, Gelege oder Polymerfolien, führen. In Anlehnung an das zugrundeliegende Prepregverfahren werden folgende Prepregtypen unterschieden:

- Pulver-Prepregs
- Lösungsmittel-Prepregs
- Schmelze-Prepregs
- Film-Prepregs
- Textil- bzw. Hybridgarn-Prepregs

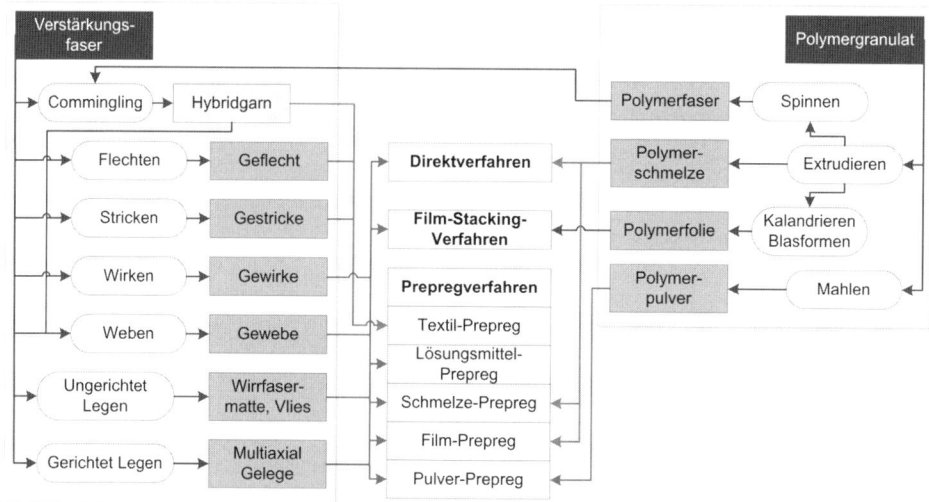

Bild 5.31 Übersicht Prepregverfahren

Je nach Verfahren sind für die Herstellung des Prepregs unterschiedliche Prozessschritte erforderlich. Im Regelfall durchläuft die polymere und die textile Halbzeugvorstufe während der Prepregherstellung die drei Teilschritte Polymerauftrag, Polymerbeheizung sowie Polymerkühl- bzw. Kalibriereinheit. Ausnahmen davon bilden die textilen Prepregs sowie die Schmelze-Prepregs. So erfolgt z. B. die Vermischung von Glasfaserfilamenten mit Polymerfilamenten zu einem Glasfasermischgarn schon während der Rovingherstellung. Ebenso wird die Polymerschmelze nach dem Verlassen des Extruders direkt im schmelzflüssigen Zustand dem Verstärkungstextil zugeführt, um ein Schmelze-Prepreg zu erhalten. Einen Überblick über den Prozessablauf für die Prepregherstellung gibt Bild 5.32.

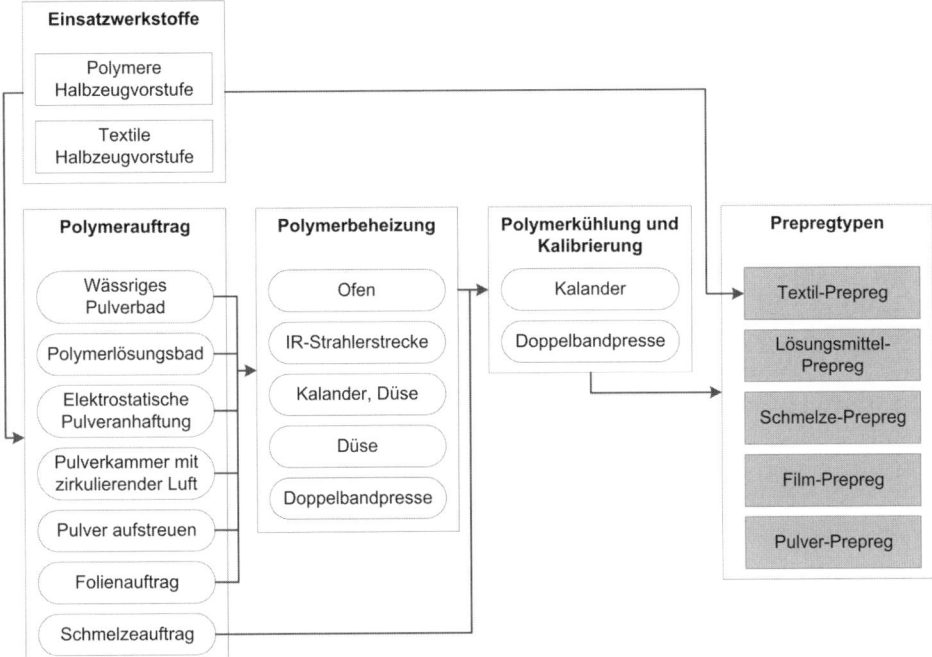

Bild 5.32 Prozessablauf Prepregtypen

Die verschiedenen Prepregtypen unterscheiden sich zudem maßgeblich hinsichtlich des vorliegenden Imprägnierungs- und Konsolidierungsgrades. Tabelle 5.5 stellt typische Querschnittsformen der verschiedenen Materialien schematisch dar und verdeutlicht den realen Imprägnierungsgrad durch Schliffaufnahmen von marktrelevanten und/oder Versuchsprodukten. Die optische Präparationsqualität der Schliffbilder resultiert aus den verschiedenen Imprägnierungs- und Konsolidierungsgraden und ist von der gewählten Materialkombination abhängig.

Tabelle 5.5 Übersicht Prepregmaterialien (● Fasern, ○ Matrix)

Prepregtyp	Imprägnierungs- und Konsolidierungsgrad	Herstellung und Bemerkungen
Pulver-Prepreg (flächige textile Halbzeugvorstufen, z. B. Gewebe) 	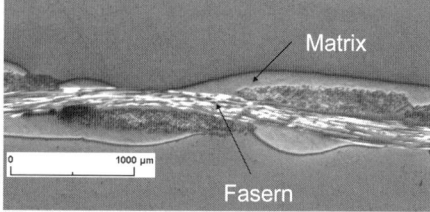	Herstellung über einen Pulverstreuprozess CF/PEEK-Prepreg, Versuchsprodukt (IVW GmbH)
	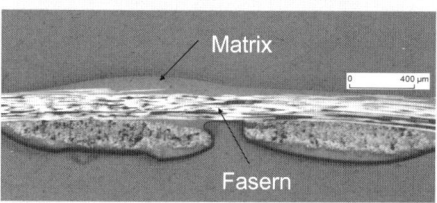	Herstellung über eine wässrige Pulversuspension CF/PEEK-Prepreg, Versuchsprodukt (IVW GmbH)
Pulver-Prepreg (Unidirektionale Roving-Halbzeugvorstufe, „Coated"-Tow) 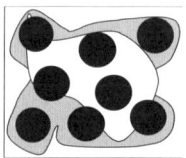		Herstellung über einen Pulverstreuprozess CF/PA6-Prepreg, TowFlex®-Gewebe
Lösungsmittel-Prepreg (flächige textile Halbzeugvorstufen, z. B. Gewebe) 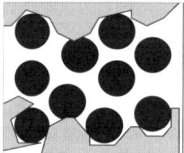		Herstellung über Lösungsmittelbad CF/PEI-Prepreg, Cetex® Thermoplastics
Film- und Schmelze-Prepreg 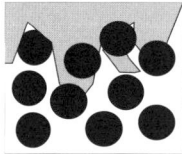	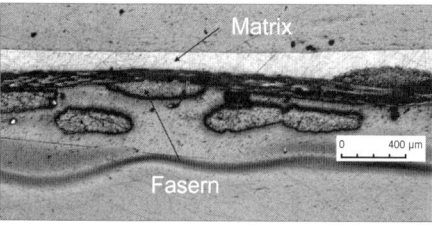	Herstellung über einen Press- oder Kaschierprozess mit einer Folie oder Schmelze GF/PPS-Prepreg, TEPEX® semipreg

Prepregtyp	Imprägnierungs- und Konsolidierungsgrad	Herstellung und Bemerkungen
Textil- bzw. Hybridgarn-Prepregs	Vermischte Hybridgarne (Commingled Garne) Hybrid-Stapelfasergarne Umsponnene Hybridgarne (Co-wrapping Garne)	Herstellung z. B. über Lufttexturiertechniken. Die dargestellten Bilder basieren auf Systemen mit unterschiedlichem Matrix-Faserdurchmesser.
	Textilstrukturen aus Polymer- und Verstärkungsfasern, Co-weaving Textilstrukturen aus Hybridgarnen, z. B. Gewebe	

In Tabelle 5.6 sind die qualitativen Eigenschaften verschiedener Prepregtypen und die verfahrensbedingten Merkmale der zugrundeliegenden Prepregprozesse vergleichend dargestellt.

Tabelle 5.6 Vergleich von Prepregmaterialien und -verfahren

Prepreg-Merkmale	Pulver	Suspension	Lösungsmittel	Schmelze	Film	UD-Tow	UD-Tape	Textil/Hybrid
Imprägnierungsgrad	gering	mittel	mittel	hoch	mittel	mittel	hoch	mittel
Verbleibender Fliessweg	hoch	mittel	mittel	gering	mittel	mittel	gering	gering
Variation Faservolumengehalt	hoch	hoch	hoch	hoch	mittel	hoch	hoch	gering
Handhabbarkeit	hoch	hoch	hoch	hoch	hoch	hoch	hoch	gering

Tabelle 5.6 Vergleich von Prepregmaterialien und -verfahren *(Fortsetzung)*

Prepreg-Merk-male	Pulver	Sus-pension	Lösungs-mittel	Schmelze	Film	UD-Tow	UD-Tape	Textil/Hybrid
Drapier-barkeit*	gering	gering	gering	gering	gering	mittel	gering	hoch
Geschwin-digkeit	hoch	hoch	mittel	mittel	mittel	hoch	hoch	mittel
Verfügbar-keit der TP-Form**	mittel	mittel	nur amorphe TP	hoch	mittel	mittel	mittel	gering
Anlagen-kosten	mittel	mittel	hoch	hoch	hoch	gering	gering	gering – hoch
Emissio-nen	gering	gering	hoch	mittel	mittel	gering	gering	gering

* Drapierbarkeiten von Geweben aus UD-Tows bzw. -Tapes
** TP-Form = Granulat, Pulver, Filament usw.

Pulver-Prepregs (unidirektionale und flächige Textilien)

Eine sehr einfache Möglichkeit zur Herstellung thermoplastischer Prepregs stellt die Verwendung von Polymerpulvern dar. Sofern das Polymer bei der Herstellung nicht direkt als Pulver anfällt, kann die Pulverform durch kryogenes Vermahlen aus dem Granulat hergestellt werden. Auf diesem Weg sind auch spezielle Polymer-compounds und Polymerblends über die Pulver-Prepregtechnologie verarbeitbar. Die Kosten für das Mahlen eines Granulats liegen bei einer Materialmenge von ca. 1 Tonne im Bereich von 1 bis 2 €/kg. Zusätzlich besteht die Möglichkeit einer Eigen-schaftsbeeinflussung des Matrixpulvers durch die Zugabe von pulverförmigen Additiven.

Die Pulverpregherstellung kann dabei einerseits für einzelne Faserbündel sepa-rat erfolgen. Dabei ist das Faserbündel nicht vollständig imprägniert (vgl. „Coated"-Tow in Tabelle 5.5), sondern das im Prozess aufgebrachte Polymerpulver haftet le-diglich an der Bündeloberfläche an (z.B. TowFlex®, Hersteller: Hexcel-Applied Fiber Systems) [44]. Die gängigere Variante stellt allerdings die Kombination eines flächi-gen textilen Halbzeugs (z.B. Gewebe oder Gelege) mit dem Polymerpulver dar. Der Pulverauftrag im Prepregprozess erfolgt bei beiden Versionen entweder in einem Imprägnierbad (mittels Wirbelbett oder dispergiert in einer Flüssigkeit), durch direktes Aufstreuen des Pulvers oder über elektrostatisches Anbinden. Im folgen-den Prozessschritt wird das am Faden- oder der Textilstruktur anhaftende Pulver durch eine Heizstrecke (Ofen, Strahler, Kalander, Düse oder Doppelbandpresse) geführt. Dabei schmilzt das Polymer auf, bzw. im Falle der Tränkung über eine Sus-pension verdampft die Flüssigkeit. Dabei dringt die Matrix, abhängig vom einwir-kenden Prozessdruck, teilweise oder vollständig in die Verstärkungsstruktur ein und verfestigt sie. Dies ist vorteilhaft für die spätere Handhabung des Prepregmaterials. Zuschneiden, Einspannen, Zuführen in einen Folgeprozess werden hierdurch vereinfacht. Nachteilig ist jedoch der Verlust der Drapierbarkeit bei Textilstrukturen. Anhand der bestehenden Prozesstechnik entstand ein Verfahrenspatent [45] für die Herstellung von thermoplastischen Pulver-Prepregs auf Basis von homopolymeren HT-Thermoplasten (PEEK, PPS, PES usw.).

Lösungsmittel-Prepregs

Um 1970 fanden erste Versuche zur Imprägnierung von Kohlenstofffasern mit in organischen Medien gelöstem PSU und PC statt. Mit dieser Technik hergestellte Gewebeprepregs werden heute von der Firma Ten Cate Advanced Composites b. v., insbesondere für Luftfahrtanwendungen, angeboten (CF/PEI und GF/PEI). Die Lösungsmittelimprägnierung zeichnet sich aufgrund der geringen Viskosität der Polymerlösung durch einen bereits weit fortgeschrittenen Imprägnierungsgrad aus, was der in Tabelle 5.5 dargestellte Querschliff eines GF/PEI-Prepregs belegt. Die erkennbaren großen Blasen in den Matrixbereichen resultieren aus der Lösungsmittelverdampfung. Voraussetzung für dieses Verfahren ist die Verfügbarkeit eines für den Matrixwerkstoff geeigneten Lösungsmittels. Dieses sollte gut abdampfbar und möglichst ungiftig (MAK-Wert) sein, da sonst hohe Folgekosten für Absaugung und Reinigung den Prozess unwirtschaftlich machen.

Film- und Schmelze-Prepregs

Ausgehend von einem Polymergranulat kann eine Polymerschmelze entweder direkt mit einer Faden-/Textilstruktur in Kontakt gebracht oder über eine Breitschlitzdüsenextrusion mit einem nachgeschalteten Kalibrierprozess (Kalanderwerk) zu einer Folie geformt werden. Die erzeugten Polymerfolien werden in einem nachgeschalteten Prepregverfahren erneut erwärmt und auf eine Textilstruktur kaschiert oder aufgepresst. Die zusätzlichen Kosten für die Folienextrusion sind hierbei stark vom zu verarbeitenden Matrixwerkstoff abhängig und liegen für Hochtemperaturthermoplaste im Bereich von 20 bis 40 % der Granulatkosten.

Im Bereich der Hochleistungs-Verbundwerkstoffe mit thermoplastischer Matrix sind derzeit unter dem Handelsnamen Cetex® Semi-pregs (Ten Cate Advanced Composites b. v.) vorwiegend kohlenstofffaserverstärkte Prepregs mit PEI, PPS oder PEEK Matrixwerkstoff am Markt erhältlich, welche über eine Polymerfolie hergestellt werden. Diese Art der Prepregtechnologie ist aber prinzipiell für sämtliche anderen gängigen Faser-Polymer-Kombinationen durchführbar. Im Bereich der Standard-Verbundwerkstoffe wird als gängiges Material unter dem Handelsnamen Plytron® (Elycon AG) ein glasfaserverstärktes PP UD-Prepregmaterial angeboten. Die Herstellung erfolgt hierbei über einen Schmelzeimprägnierprozess, wobei gespreizte Glasfaserbündel ein Schmelzebad kontinuierlich durchlaufen und dabei mit dem Matrixsystem getränkt werden.

Textil-Prepregs

Ein textiles Prepreg kann prinzipiell aus jedem Verstärkungs- und Polymermaterial erzeugt werden. Jedoch ist das anwendbare Fertigungsverfahren von beiden Eingangsmaterialien sowie deren Herstellungsprozessen abhängig. Als Grundvoraussetzung müssen beide Materialien in Filamentform verfügbar bzw. herstellbar sein. Falls die Kombination der beiden Herstellungsprozesse möglich ist, kann in einem Prozessschritt ein sog. Mischgarn oder ein Mischroving erzeugt werden, welcher beide Filamentarten enthält. Derartige Rovings und Garne werden als Hybridgarne bezeichnet. Dieser Prepregtyp zeichnet sich dadurch aus, dass die Matrix- und die Faserkomponente bereits sehr gut vermischt vorliegen, so dass die Matrix im Halbzeugherstellungsprozess nur geringe Fließwege zurücklegen muss und dadurch in der Regel die Imprägnierungszeit reduziert wird. Nachteilig an diesem Verfahren ist, dass die erzeugten Hybridgarne ein größeres Volumen einnehmen als reine Verstärkungsgarne/-rovings. Werden diese Hybridgarne anschließend zu ebenen, flächigen Textilien weiterverarbeitet (durch z. B. Weben), ist eine längere Fadenlänge im Gewebe durch das größere Volumen notwendig. Demzufolge weisen die Verstärkungsfasern von Halbzeugen (z. B. Organoblechen), hergestellt aus Hybridgarnen, stärkere Ondulationen auf als andere Halbzeuge. Hybridgarne bieten zudem das Potential, dass diese direkt in den Halbzeugherstellungsprozess integriert werden können, was eine Kombination eines ebenen, kontinuierlichen Textilprozesses mit einem kontinuierlichen Pressprozess bedeutet [46], [47].

Das bekannteste und mengenbezogen wichtigste Hybridgarnprodukt wird unter dem Handelsnamen Twintex® von der Firma Saint Gobain Vetrotex vermarktet und ist als Pellet, endloser Roving, in Gewebeform sowie als konsolidierte Platte erhältlich [48], [49]. Neben der zumeist eingesetzten GF/PP-Materialkombination ist inzwischen auch eine GF/PET-Variante erhältlich. Die Firma Cytec Industries Inc. bietet Commingled-Garne mit PA6 Matrix und GF- oder CF-Verstärkung an (Handelsname Cylon®). Garne mit PPS-, PEI- oder PEEK-Matrix befinden sich im Entwicklungsstadium. Im Bereich der Stapelfasergarne bietet die Firma Schappe Techniques, Charnoz, Frankreich, Hybridgarnprodukte mit GF-, AF-, CF-Verstärkung und PP, PA 6, PA 66, PA 12, PPS, PEI, PEEK an (Handelsname TPFL®) [50].

Ist die Kombination der Herstellungsprozesse der Verstärkungsfilamente und der Polymerfilamente demgegenüber nicht möglich, wie dies z. B. bei Kohlenstofffasern der Fall ist, können die beiden Werkstoffe nachträglich zusammen gebracht werden. Dies kann z. B. durch ein polymeres Umwindegarn erfolgen, so dass die Verstärkungsfilamente von Polymerfilamenten umschlungen werden. Bei diesem Prepregtyp resultiert allerdings keine Verkürzung der Fließwege und damit auch keine Verkürzung der notwendigen Imprägnierungszeit. Demgegenüber liegen die Verstärkungsfasern stärker ausgerichtet als bei Hybridgarnen vor.

Als dritte Alternative können die Verstärkungs- und die Matrixfasern noch im ebenen Textilprozess kombiniert werden. Hier sind Techniken wie das Co-weaving oder Co-knitting zu nennen. Diese Techniken bringen allerdings ebenfalls keine Verkürzung des zurückzulegenden Fliessweges mit sich. Den Vorteilen der Textil-Prepregs, wie z. B. die gute Drapierbarkeit, Lösungsmittelfreiheit und die Verwendung rationeller, textiler Verarbeitungsprozesse, steht der relativ hohe Aufwand der Herstellung der Polymerfilamente gegenüber.

Diesen Nachteil versucht eine erst seit kurzem kommerziell verfügbare Entwicklung von LG Hausys Co. Ltd. und Large Co. Ltd. zu überwinden [51]. Dabei wird das Polymer nicht in Form von Filamenten mit einem Roving kombiniert. Vielmehr wird beim sogenannten MLH-Material (Multi Layer Hybrid) der Roving in einem ersten Schritt gespreizt und anschließend mit einer Polymerfolie (PP oder PA6) kombiniert. Durch nachträgliches Falten des gespreizten Hybridrovings auf eine definierte Breite wird der Zusammenhalt garantiert und die textile Weiterverarbeitung gewährleistet. Letztlich resultiert ein Hybridroving, welcher aus mehreren Faser- und Polymerlagen besteht, so dass auch hierbei der Fließweg verkürzt und somit die notwendige Imprägnierungsdauer verkürzt wird.

5.3.3.3 Unidirektionale Halbzeuge (UD-Tapes)

Für die Herstellung von unidirektionalen Halbzeugen können prinzipiell sämtliche im vorherigen Kapitel aufgeführten Prepregvarianten eingesetzt werden. Ein verbreitetes Herstellungsverfahren basiert auf dem Pulver-Prepregprozess. Dabei werden die Verstärkungsfasern im gespreizten Zustand in einem Bad mit einer Polymersuspension getränkt [52], [53]. Der für den ersten Imprägnierprozess benötigte Flüssigkeitsanteil wird anschließend in einer Ofenstrecke verdampft. Nach der Verdampfung wird das Polymer aufgeschmolzen und in diverse Kalibrierstationen zu einem UD-Tape kalibriert. Das Kalibrieren der Halbzeuge kann sowohl auf die gewünschte Tapebreite als auch auf eine breitere Halbzeugvorstufe erfolgen. Diese Halbzeugvorstufe muss in einem nachgelagterten Prozessschritt in die gewünschte Tapebreite geschnitten (slitten) werden. Das Schneiden von UD-Halbzeugen in Faserrichtung resultiert in einer größeren Standardabweichung der Breite (± Toleranz), jedoch bei reduzierten Fertigungskosten im Vergleich zu einer direkten Herstellung (-Toleranz).

Derartige UD-Tapes werden vorwiegend mittels thermoplastischen Wickel- oder Tapelegeverfahren verarbeitet [54]. Abbildung 5.33 zeigt verschiedene thermolastische UD-Tapes und verdeutlicht den vollständigen Imprägnierungs- und Konsolidierungsgrad anhand eines Schliffbildes.

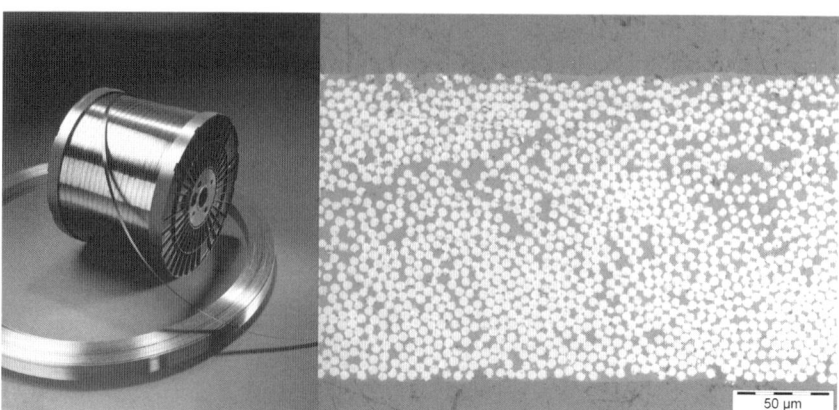

Bild 5.33 UD-Tapes (Produktbild Suprem™ T + Schliffbild eines Tapes)

Die Anzahl von thermoplastischen Tape-Herstellern steigt mit zunehmenden Einsatzmöglichkeiten, weswegen im Nachfolgenden nur einige aufgeführt sind: Cytec (www.cytec.com), Tencate (www.tencate.com), TohoTenax (www.tohotenax-eu.com), Suprem (www.suprem.biz) als auch Ticona (www.celanese.com/ticona). In Tabelle 5.7 sind beispielhaft einige zurzeit erhältlichen Thermoplast-Tapes von Suprem aufgelistet. Diese Tabelle ist je nach erforderlicher Menge bei nahezu jedem der aufgeführten Hersteller beliebig erweiterbar.

Tabelle 5.7 Auswahl von Thermoplast-Tapes (Suprem)

Hersteller	Faser	Matrix	Faser-Vol.-Anteil %	Faser-flächengewicht g/m²	Schmelz-temperatur °C	Konso-lidierte Dicke mm	Breite mm
Suprem*	CF	PA 12	55	≈ 209	≈ 218	0,15	12
Suprem*	CF	PPS	60	≈ 212	≈ 285	0,13	12
Suprem*	CF	PEEK	60	≈ 212	≈ 343	0,13	12

* Standardbreiten erhältlich von: 6, 12, 24, 48, 150 mm

Da es sich bei einem UD-Thermoplast-Tape bereits um ein Halbzeug handelt, welches ohne einen dem Bauteilherstellungsschritt nachgeschalteten Imprägnierungs- und Konsolidierungsprozess direkt zu einem finalen Bauteil verarbeitet wird, ist die Tapequalität von entscheidender Bedeutung. Hierfür wurde am IVW der Q.I.T.T. (Quality Index for Thermoplastic Tapes) entwickelt, welcher 13 Haupt-Qualitätskriterien in eine Qualitätszahl zusammenfasst. Die Qualitätskriterien sind in Tabelle 5.8 aufgeführt.

Tabelle 5.8 Qualitätskriterien für Thermoplast-Tapes

Qualitätskriterium	Liefert Information über	Ermittelte Ausprägungen
1) Genauigkeit der Halbzeugbreite	Genauigkeit des Herstellungsprozesses; Ablegebreite; Prozessplanung	▪ Hohe Genauigkeit, maximale Abweichung von 0,15 mm ▪ Höhere Genauigkeit als die Halbzeugdicke
2) Genauigkeit der Halbzeugdicke		▪ Abweichungen ▪ Schwierige Messung bei Oberflächenrauhigkeiten
3) Konstanz der Halbzeugbreite	Geometriekonstanz; Einstellbarkeit von Maschinenparametern; Ablegebreite	▪ Lokal starke Abweichungen ▪ Höhere Konstanz als die Halbzeugdicke
4) Konstanz der Halbzeugdicke		▪ Hohe Variationskoeffizienten
5) Tapekante	Qualität der seitlichen Konsolidierung	▪ Sieben verschiedene Kantentypen von rechteckig bis stark undefiniert mit Lunker
6) Tapeoberfläche	Möglicher Grad und Geschwindigkeit der Konsolidierung	▪ Geringe bis hohe Rauigkeit ▪ Rauigkeit erhöht sich mit Tapebreite und Tapedicke
7) Genauigkeit des Faservolumenanteils	Genauigkeit des Herstellungsprozesses; Bauteilauslegbarkeit	▪ Hohe Genauigkeit im gesamten Tape
8) Vollständigkeit der Imprägnierung	Mechanische Eigenschaften des Verbunds; Beherrschung des Herstellungsprozesses	▪ Porengehalte zwischen 1 und 8 % ▪ Hohe Variabilität in Längs- und Querrichtung
9) Konstanz des Faservolumenanteils	Auslegbarkeit; Faserschädigung	▪ Hohe Konstanz im gesamten Tape
10) Homogenität der Faserverteilung	Gleichmäßigkeit der Eigenschaften	▪ Ungleichverteilung über den Querschnitt
11) Faserausrichtung	Beherrschung des Herstellungsprozesses; mechanische Eigenschaften des Verbundes, Faserwelligkeit	▪ Mitunter stärkere Welligkeit der Fasern in Längsrichtung
12) Mechanische Charakterisierung (Zugfestigkeit, -steifigkeit, Zugdehnung)		▪ Weitestgehend gleicher Sollwert ▪ Unterschiedliches Versagensverhalten
13) Scherfestigkeit		▪ Für diese Querschnittsgeometrie nicht exakt messbar

Die Qualitätskriterien (1–6) erlauben eine zerstörungsfreie Werkstoffprüfung (kontinuierliche Analyse ist möglich), die weiteren Parameter können nur über eine zerstörende Charakterisierung ermittelt werden (diskontinuierlich). Zur Ermittlung der onlinefähigen Parameter wurde am IVW eine Tape-Qualitäts-Prüfung (TQP) entwickelt. Zwei Sensortypen werden hierbei zur berührungslosen Vermessung eingesetzt. Ein optischer Mikrometer erfasst die Halbzeugbreite, ein zweiter die Halbzeugdicke, zwei Laser-Linien-Sensoren erfassen die Oberflächengeometrie (Ober- und Unterseite). Anhand der erstellten Punktwolke lassen sich sowohl die Oberflächenrauheitswerte, der Kantentyp als auch die Form des Tapes theoretisch ermitteln. Durch eine Charakterisierung der Halbzeugqualität vor der Bauteilherstellung kann gegebenenfalls UD-Material mit einer abweichenden Qualität vor dem Produktionsprozess ausgeschleust werden.

5.3.3.4 Multidirektionale, flächige Halbzeuge

Für die Herstellung multidirektionaler, flächiger Halbzeuge dienen zum einen die bereits beschriebenen Prepregtypen, welche dem nachgelagerten Herstellungsprozess direkt zugeführt werden. Alternativ dazu können UD-Tapes in einem zusätzlichen Prozessschritt zu flächigen Gewebe- oder Gelegehalbzeugen verarbeitet werden, so dass UD-Tapes auch als Ausgangsmaterial für sogenannte Semipregs dienen.

Textile Flächenhalbzeuge auf Basis von UD-Tapes

Die Verwendung von unidirektionalen Tapes zur Herstellung flächiger Halbzeuge erfreut sich gegenwärtig steigender Beliebtheit. Dabei gibt es sowohl Anbieter für Gelege- als auch Gewebehalbzeuge. Die größten Vorteile dieser Prozesstechniken bestehen dabei darin, dass sämtliche Fasern bereits imprägniert vorliegen und somit für die anschließende Weiterverarbeitung zu z. B. vollständig imprägnierten und konsolidierten flächigen Halbzeugen deutlich höhere Prozessgeschwindigkeiten möglich sind. Ebenso bieten diese Technologien daher das Potential, den Prozessschritt der Halbzeugherstellung zu umgehen und die finale Bauteilgeometrie direkt herzustellen, ohne dass der zeitintensive Imprägnierungsvorgang dabei erfolgen muss. An die eingesetzten Tapes werden geringere Qualitätsansprüche gestellt als an Tapes, welche im In-Situ Tapelegeprozess verarbeitet werden, so dass die Prozesstechnik zur Tapeherstellung vergleichsweise einfach, robust und kostengünstig ist.

Anbieter einer Technolgie zur Gelegeherstellung aus UD-Tapes ist z. B. die Fiber-Forge® GmbH [55], [56]. Dabei werden die Tapes dem Prozess auf einer Spule bereitgestellt. Ein Legekopf positioniert anschließend dieses Tape entsprechend einer definierten Orientierung auf einen Ablagetisch, wobei die Fixierung über Vakuum erfolgt. Nach dem Ablegen der benötigten Anzahl an Tapes nebeneinander erfolgt das Ablegen der nächsten Lage mit beliebiger Faserorientierung. Diese beiden Lagen werden anschließend mit dem Ultraschallschweißverfahren punktuell miteinander verbunden, um eine ausreichende Handhabbarkeit für die nachfolgenden Prozessschritte zu erzielen. Ähnlich dem Gelegeherstellungsprozess mit nicht imprägnierten Verstärkungsfasern ist die Realisation jeder beliebigen Faserorientierung für jede Lage individuell möglich. Demgegenüber ist die von FiberForge® angebotene Technologie hinsichtlich der Halbzeugabmessungen auf die Arbeitstischgröße beschränkt. Ein Gelegehalbzeug sowie ein komplex geformtes Bauteil ist in Bild 5.34 dargstellt.

Bild 5.34 Fiber Forge Anlage zur Gelegeherstellung aus UD-Tapes

Gelegehalbzeuge bestehend aus UD-Tapes in quasi endloser Länge werden z. B. von VanWees unter dem Markennamen CrossPly angeboten (Bild 5.35). Eingesetzt werden Glas-, Kohlenstoff- und Naturfasern mit unterschiedlichen Matrixmaterialien, wobei Faservolumengehalte von 35 bis zu 60 % möglich sind. Bei der Herstellung dient ein in Produktionsrichtung ausgerichtetes Tape als Trägermaterial, auf welches UD-Tapes in beliebiger Orientierung abgelegt werden. Durch Hintereinanderschaltung mehrerer Legeschritte ist es so möglich, einen individuellen Lagenaufbau zu erzeugen.

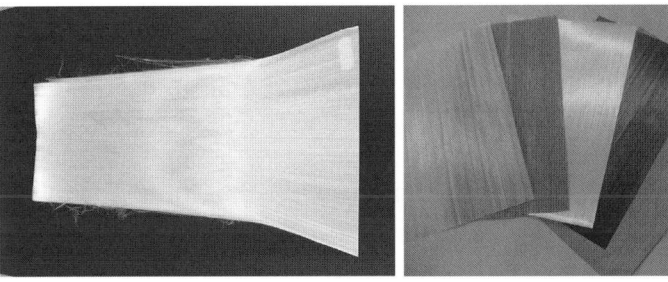

Bild 5.35 CrossPly Material [Bildquelle: Van Wees]

Gewebe bestehend aus UD-Tapes wurden z. B. von der Tissa Glasweberei AG entwickelt. Die eingesetzten Tapes bestehen dabei aus Glas-, Aramid- oder Kohlenstofffasern, welche vorzugsweise mit PEEK als Matrixmaterial kombiniert sind. Die Herstellung des sogenannten Tape-Gewebes erfolgt allerdings aufgrund der hohen Steifigkeit und geringen Duktilität im Vergleich zu nicht imprägnierten Fasern bei deutlich geringeren Geschwindigkeiten. Hierbei ist ebenso wie bei den CrossPly-Materialien die Fertigung von quasi endlosen Geweben möglich. Demgegenüber ist die Faserorientierung gewebetypisch auf 0°/90° Textilien beschränkt (vgl. Bild 5.36).

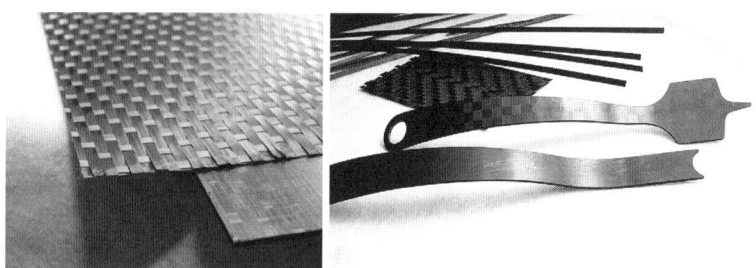

Bild 5.36 Tape-Gewebe [Bildquelle: Tissa Glasweberei AG]

Prozesstechniken zur Halbzeugherstellung

Bei der Halbzeugherstellung kommen, wie in Bild 5.29 und Tabelle 5.9 dargestellt, statische bzw. diskontinuierliche, semi-kontinuierliche und kontinuierliche Anlagen zum Einsatz. Der anlagentechnische Aufwand und die Anlagenkosten steigen mit der Zunahme des Materialdurchsatzes von statisch über semi-kontinuierlich bis hin zu vollkontinuierlichen Systemen. Weiterhin beeinflussen die maximal erreichbaren Prozesstemperaturen und -drücke sowie deren Regelbarkeit (z. B. einstellbare Druckstufen, Temperaturgradienten) innerhalb des Prozesszyklus den Komplexitätsgrad der Systeme und somit die Anlagenkosten.

Um die Anlagensysteme zu charakterisieren und die verschiedenen Möglichkeiten der Anlagengestaltung darzulegen, müssen zunächst die grundlegenden Vorgänge der Temperatur-/Druckerzeugung und deren Übertragung an den zu verpressenden Laminataufbau betrachtet werden. Die zur primären Temperaturerzeugung eingesetzten Wärmequellen und deren Grenztemperaturen sind in Tabelle 5.9 aufgelistet.

Tabelle 5.9 Wärmequellen

Wärmequelle	Medium	Temperaturbereich
Elektrisch beheizte Platten- oder Werkzeugsysteme	Strom	$T_{max.} > 400\ °C$
Medienbeheizte Platten- oder Werkzeugsysteme	Luft / Heißluft	$T_{max.} > 400\ °C$
	Heißdampf / Heißwasser	$100 - 180\ °C$
	Silikonöle	Im offenen Kreislauf $T_{max.} = 200\ °C$
		Im geschlossenen Kreislauf $T_{max.} = 250\ °C$
	Hochtemperaturöle (perfluorierte Polyetheröle)	Im offenen Kreislauf $T_{max.} = 250\ °C$
		Im geschlossenen Kreislauf $T_{max.} = 350\ °C$
Wärmestrahler	Strom	$T_{max.} > 400\ °C$

Den breitesten Temperaturbereich von 25 °C bis >400 °C decken die elektrisch beheizten Platten- und Werkzeugsysteme ab. Beim Heizen mittels eines anderen Mediums werden Luft bzw. Heißluft, Heißdampf, Heißwasser und Öl als Wärmeträger eingesetzt. Die energetisch höchste Effektivität erzielen die mit Öl betriebenen Systeme. Mit konventionellen Silikonölen können im offenen Kreislauf Prozesstemperaturen bis ca. 200 °C und im geschlossenen System bis ca. 250 °C erreicht werden. Substituiert man das Silikonöl durch ein Hochtemperaturöl (perfluorierte Polyetheröle), verschieben sich die Temperaturgrenzen im offenen System auf ca. 250 °C und im geschlossenen auf bis zu 350 °C. Im Falle von Luft bzw. Heißluft sind Maximaltemperaturen > 400 °C erreichbar, jedoch mit einem energetisch geringeren Wirkungsgrad. Heißwasser und Heißdampf decken den Bereich von 100 bis 180 °C ab. Der Einsatz von Wärmestrahlern dient zum direkten Aufheizen der zu verarbeitenden Materialien oder häufig als ergänzende Wärmequelle. Die Kühlsektionen der Pressensysteme arbeiten hauptsächlich mit Luft, Wasser, Öl oder deren Gemischen als Trägermedium zum Wärmeentzug.

Ausgehend von der eigentlichen Wärme-/Kühlquelle wird die Temperatur über die in Bild 5.37 dargestellten Alternativen entweder direkt oder indirekt über ein Transportband (semi-kontinuierliche und kontinuierliche Pressprozesse) an das Laminat weitergeleitet. Als Bänder werden hartverchromte und polierte Stahlbänder oder bei Temperaturen < 250 °C auch PTFE-beschichtete Gewebebänder eingesetzt. Zur primären Druckerzeugung werden vorwiegend mechanisch arbeitende Fluid-Überdrucksysteme (Hydraulik, Pneumatik und Druckkissen) sowie Massenkräfte eingesetzt.

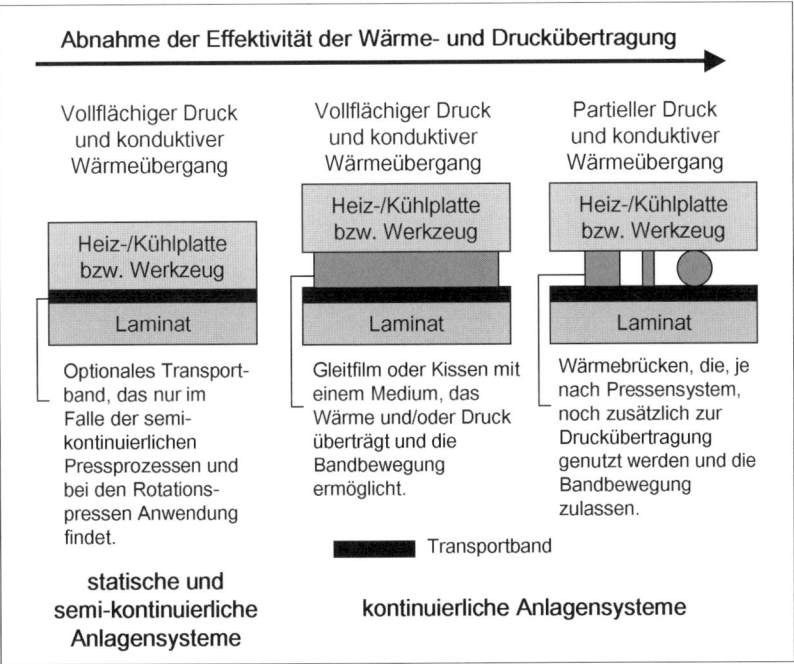

Bild 5.37 Alternativen der Wärme- und Druckübertragung

In Tabelle 5.10 wird bei den kontinuierlichen Pressensystemen zwischen isochor (volumenkonstant) und isobar (druckkonstant) arbeitenden Anlagen unterschieden. Die isochoren Anlagen sind weiter verbreitet und werden z. B. zur Herstellung von Holzfaserplatten, Transportbändern und glasmattenverstärkten Thermoplasten (GMT) eingesetzt. Im isochoren Prozess resultiert der spezifische Arbeitsdruck aus der zugeführten Materialmenge bzw. -dicke und der Höhe des konstant eingestellten Pressspalts. Schwankungen in der Materialzufuhr beeinflussen daher den sich einstellenden Prozessdruck. Isobare Anlagen arbeiten im Gegensatz hierzu mit einem konstanten Flächendruck auf das zu verpressende Laminat. Die sich einstellende Halbzeugdicke wird damit durch den konstant wirkenden Prozessdruck determiniert. Aus diesem Grund eignen sich isobare Anlagensysteme besser zur Herstellung dünner und drucksensibler Laminate.

Tabelle 5.10 Übersichtstabelle Pressensysteme

Pressentyp	Pressprinzip	Bemerkungen	Hersteller, (Beispielhaft)
Statische bzw. diskontinuierliche Pressensysteme			
Vakuumtisch		max. 1 bar Druck, $T_{max.} > 400\ °C$	Diverse Anlagen- und Maschinenhersteller
Autoklav		max. 70 bar Druck, $T_{max.} > 400\ °C$, max. Durchmesser 6,5 m, max. Länge 25 m	Scholz Maschinenbau, Coesfeld
Einfache statische Presse		max. 100 bar Druck, $T_{max.} = 300–340\ °C$ mit Hochtemperaturölen, $T_{max.} > 400\ °C$ elektrisch beheizt, max. Größe 8–10 m²	Diverse Anlagen- und Maschinenhersteller
Statische Etagenpressen			
Semi-kontinuierliche Pressensysteme			
Mit Zonentrennung: Transferpressen, Pressstraßen, Kurztaktpressen		max. 100 bar Druck, $T_{max.} = 300–340\ °C$ mit Hochtemperaturölen, $T_{max.} > 400\ °C$ elektrisch beheizt, Anlagenabmessungen liegen im Bereich der statischen Pressen	INO-Press GmbH, Stuttgart · Schuler SMG, Waghäusel · Heinrich Wemhöner, Herford · Müller Weingarten, Weingarten · Dieffenbacher, Eppingen

Pressentyp	Pressprinzip	Bemerkungen	Hersteller, (Beispielhaft)
Ohne Zonentrennung: Intervallheißpressen	Druck / Transportband / Heizplatte / Kühlplatte / Presswerkzeug	max. 25 bar Druck, $T_{max.}$ > 400 °C elektrisch beheizt, max. Breite 1 m, max. Länge 2 m	Advanced Composites and Machines, Friedrichshafen

Kontinuierliche Pressensysteme

Pressentyp	Pressprinzip	Bemerkungen	Hersteller, (Beispielhaft)
Einfach- und Mehrfachkalander	Heiz-/Kühlwalzen / Druck	Nur Liniendruck! Wärmeeintrag auch nur entlang einer Linie, $T_{max.}$ = 300 – 340 °C mit Hochtemperaturölen, $T_{max.}$ > 400 °C elektrisch beheizt	Eduard Küsters Maschinenfabrik, Krefeld. Reifenhäuser, Maschinenfabrik, Troisdorf
Rotationspressen, „AUMA"-Technologie der Fa. Berstorff	Heiz-/Kühlwalze / Transportband / Druck / Umlenkwalzen	max. 8 bar Druck, $T_{max.}$ = 300 – 340 °C mit Hochtemperaturölen, max. Breite 2,5 m, max. 3 m Trommeldurchmesser	Berstorff, Hannover
Isochore Doppelbandpressen: mit Rollenteppichprinzip	Heizplatte / Kühlplatte / Druck / Umlaufender Rollenteppich / Transportbänder	max. 50 bar Druck, $T_{max.}$ = 300 – 310 °C, max. Breite 2,5 m, wenig Beschränkungen in der max. Länge, es existieren Anlagen im Bereich 35 – 40 m Gesamtlänge	Dieffenbacher, Eppingen. Hymmen, Bielefeld. Siempelkamp, Krefeld. Sandvik Process Systems, Fellbach
Isochore Doppelbandpressen: mit Gleitschichtprinzip	Heizplatte / Kühlplatte / Druck / Gleitschicht / Transportbänder	Ölgleitfilm, max. 70 bar Druck, $T_{max.}$ = 250 °C, max. Breite 2,6 m, es existieren Anlagen mit einer Länge bis zu 26 m	Kvaerner Panel Systems, Springe (System Hydro-Dyn®)
		Gleitende PTFE-Bänder, max. 1 bar Druck, $T_{max.}$ = 220 °C, max. Breite 4 m, Länge nahezu beliebig	Schilling-Knobel, Göppingen (System Thermofix®)
Isobare Doppelbandpressen: mit Druckkissenprinzip	Heizplatte / Kühlplatte / Druck / Wärmebrücken / Druckkissen / Transportbänder	Ölkissen mit max. 100 bar Druck, $T_{max.}$ = 400 °C, max. Breite 2,2 m, max. Länge 7 m	Held Technologie, Trossingen (System Contilam®)
		Luftkissen mit max. 100 bar Druck, $T_{max.}$ = 400 °C, max. Breite 2,6 m, max. Länge 9 m	Hymmen, Bielefeld (System IsoPress®)

Hinsichtlich der Druckeinwirkung auf das Laminat können die in Bild 5.38 dargestellten Druckprofile unterschieden werden. Die Drucksensibilität des Laminats muss bei der Pressprozessauswahl berücksichtigt werden.

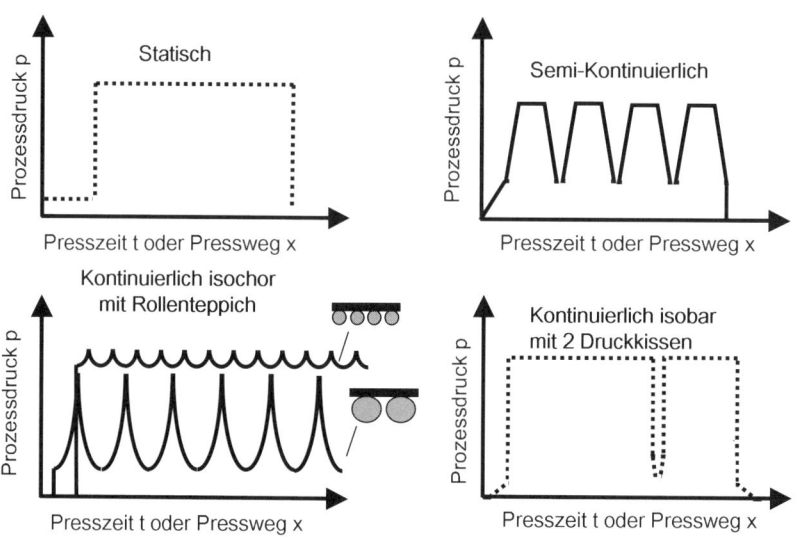

Bild 5.38 Qualitative Druckprofile unterschiedlicher Pressprozesse

Aufgrund einer hohen Produktflexibilität sowie geringerer Investitionskosten haben sich gegenwärtig semi-kontinuierlich arbeitende Intervallheißpressen in der Praxis gegenüber kontinuierlichen Systemen durchgesetzt. Dabei bestehen Intervallheißpressen entweder aus mehreren, in Reihe geschalteten Presswerkzeugen, oder es kommt ein einzelnes, durchgängiges Werkzeug zum Einsatz. Beiden Konzepten ist gemeinsam, dass der Einlaufwerkzeugbereich beheizt und der Auslaufbereich der Werkzeuge gekühlt ist. Dies ermöglicht das Aufschmelzen des Polymers, die Imprägnierung und Konsolidierung zu thermoplastischen faserverstärkten Halbzeugen und anschließend die Solidifikation des Verbundes in der Kühlzone. Ein Prozesszyklus umfasst dabei die folgenden vier Schritte: Das Werkzeug schließt (a) und der Prozessdruck und die Prozesstemperatur werden aufgebracht (b). Nach einer einstellbaren Haltezeit öffnet das Werkzeug wieder (c) und das Material wird für eine definierte Wegstrecke (<< als die Werkzeuglänge) in Prozessrichtung transportiert (d). Der Transport wird durch eine dem eigentlichen Presswerkzeug nachgelagerte Abzugsvorrichtung durchgeführt. Der beschriebene Zyklus wird dabei beliebig oft wiederholt. Die realisierbare Prozessgeschwindigkeit ergibt sich durch die jeweiligen Zeiten für die Durchführung der einzelnen Zyklusschritte. Ebenso wie bei kontinuierlich arbeitenden Systemen ist die Verwendung von Trennmedien in Form von Stahlblechen, Polymerfolien oder speziellen Trennpapieren erforderlich.

Neben der geringeren notwendigen Investitionssumme für eine Intervallheißpresse bietet diese Anlagentechnik den Vorteil, dass neben ebenen, flächigen Organoblechen auch profilierte Halbzeuge mit unterschiedlichen Geometrien produziert werden können [57]. Bild 5.39 zeigt beispielhaft zwei verschiedene Profile und gibt einen Überblick über mögliche Profilgeometrien. Die Profilproduktion mit der Intervallheißpresse wurde bereits im Jahr 1991 durch die Advanced Composites and Machines GmbH, Friedrichshafen, Germany (heute: Xperion Aerospace GmbH) patentiert.

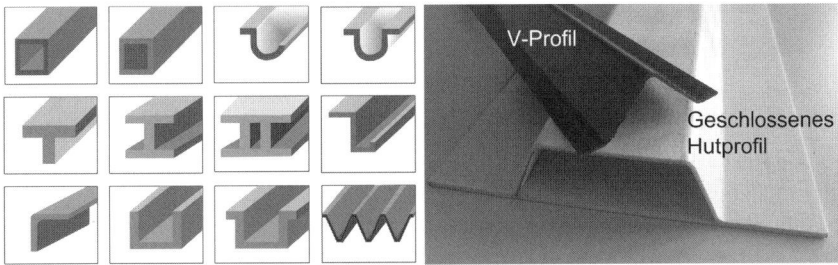

Bild 5.39 Kontinuierliche Profile hergestellt mit einer Intervallheißpresse

5.3.4 Polymerfaserverstärkte Verbundwerkstoffe

T. Bayerl

Verbundwerkstoffe und Halbzeuge mit einer schmelzbaren Polymerfaserverstärkung werden seit etwa den 1970er Jahren erforscht. Die hohe Duktilität der Polymerfasern führt zu einem exzellenten mechanischen Eigenschaftsbild, welches sich insbesondere bei Schlagbeanspruchung zeigt. Im Gegensatz zu den marktüblichen glas- oder kohlenstofffaserverstärkten FKV setzen sich die polymerverstärkten FKV in der Regel aus einer thermoplastischen Matrix und einer thermoplastischen Verstärkungskomponente zusammen. Dadurch sind die polymerverstärkten FKV sehr viel leichter als herkömmliche GFK und CFK. Bestehen Matrix und Faser aus demselben Polymertyp (beispielsweise Polypropylen), wird von eigenverstärkten FKV gesprochen. Diese Werkstoffe haben durch die Verwendung desselben Polymers den Vorteil, dass sie neben dem hohen mechanischen Eigenschaftsbild durch eine optimale Faser-Matrix-Haftung auch eine hohe Recyclingfähigkeit aufweisen.

In jüngster Zeit wurde der Begriff „eigenverstärkt" jedoch weitläufiger verwendet und auch für Verbundwerkstoffe mit Komponenten aus der gleichen Polymerfamilie (also beispielsweise den Polyolefinen, den Polyamiden oder den Polyestern) verwendet. Eigenverstärkte Faserkunststoffverbunde werden aktuell sowohl nach den vorgenannten Kriterien als auch nach dem Aufbau der Verstärkungsstruktur (1D, 2D, 3D) und der Herstellungsmethode unterschieden [58], [59].

Kommerziell sind nur wenige eigenverstärkte Halbzeuge erhältlich. Von diesen sind nahezu alle auf Polyolefinbasis und werden meist in Form von Platten oder Tapes angeboten.

Im Großserienmaßstab haben sich bislang zwei Herstellungsmethoden durchgesetzt, Bild 5.40. Der „Hot Compaction" Prozess verwendet hochverstreckte Polymerfasern, deren Oberfläche gezielt aufgeschmolzen und anschließend konsolidiert wird. Die aus der Faser entstehende Schmelze bildet dabei die spätere Matrix des eigenverstärkten Verbunds.

Für die zweite industrielle Prozessroute ist eine Koextrusion der Polymerfasern charakteristisch. Während der hochorientierte Kern das eigentliche Fasermaterial enthält, besteht die koextrudierte äußere Schicht aus einer niedrigschmelzenden Phase gleichen Polymertyps, aus der bei späterer Wärmebehandlung und Konsolidierung die Matrix des Verbundwerkstoffs gebildet wird.

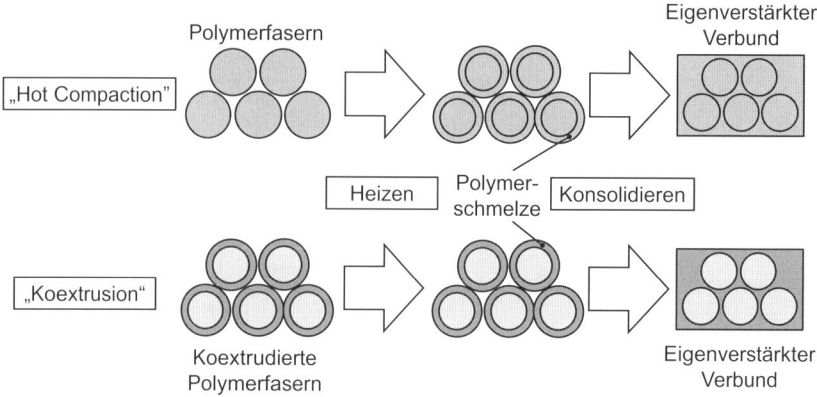

Bild 5.40 Industriell umgesetzte Prozessrouten für eigenverstärkte FKV

Weitere Herstellungsmethoden von eigenverstärkten Kunststoffen wie Commingling, Injektionsverfahren und Pulverimprägnierung sind bekannt, wurden aber bislang noch nicht großserientauglich umgesetzt [58], [60], [61]. Mit diesen Methoden sind neben den Polyolefinen unter anderem auch eigenverstärkte Polyester-, Polyamid- und Biopolymer-Kombinationen möglich. Zu letztgenannten zählen beispielsweise eigenverstärkte Cellulose- und Stärkepolymerverbunde.

Neben den eigenverstärkten Materialien existiert eine artverwandte Materialgruppe, die sog. Multi-fibrillar Composites (MFC). Die MFC enthalten ebenfalls nur polymere Komponenten – diese sind, im Gegensatz zu eigenverstärkten Materialien, jedoch aus chemisch artfremden Polymeren hergestellt. Typische Vertreter dieser Art sind PP/PET und PP/PA-Kombinationen, die durch die Verstreckung eines Blends mit anschließender Erwärmung der Faserbündel über die Schmelztemperatur der niedrigschmelzenderen Komponente zu einem Komposit mit Faser- und Matrixkomponente führen.

Den polymerverstärkten Verbundwerkstoffen ist gemein, dass bei der Verarbeitung der Halbzeuge die Gefahr gegeben ist, dass die polymere Verstärkungsphase aufgrund des Aufschmelzens der Matrixkomponente ihre verstärkende Struktur verliert. Bei der Verarbeitung sind deshalb eine exakte Temperaturführung und kurze Prozesszeiten essentiell. Begleiterscheinungen einer zu hohen Verarbeitungstemperatur sind unter anderem Verzug durch Faserschrumpf, lokale Deformationen, der Verlust mechanischer Eigenschaften bis hin zum kompletten Verlust der Faserstruktur der Verstärkung.

Unter Berücksichtigung der oben genannten Bedingungen sind zu den Verarbeitungsmethoden insbesondere Pressverfahren wie das Fließpressen (in Analogie zur GMT-Verarbeitung) und das Thermoformen zu zählen. Weiterhin können eigenverstärkte Tapes in Tapelegeprozessen verarbeitet werden. Es wurde sogar bereits labortechnisch gezeigt, dass auch modifizierte Spritzgießverfahren zur Verarbeitung eingesetzt werden können.

Das Anwendungsgebiet polymerfaserverstärkter Verbundwerkstoffe erstreckt sich von stoß- und schlagbeanspruchten Bauteilen, wie Automobilunterbodenblechen und Kofferhalbschalen, bis zu Verkleidungsteilen wie Blenden und Verschalungselementen.

Tabelle 5.11 Eigenschaften von kommerziell erhältlichen eigenverstärkten Polypropylenverbundwerkstoffen im Vergleich zu ausgewählten Referenzmaterialien (nach Herstellerangaben)

	Einheit	Moplen HP500V	Celstran® PP-GF30-02	Curv® C100A	Armordon® Panel	Tegris Sheet	PURE® Sheet
Hersteller	–	Basell	Ticona	Propex Inc.	Don & Low Ltd.	Milliken & Co.	Lankhorst Pure Composites bv
Verbund	–	PP	PP/GF30	PP/PP	PP/PP	PP/PP	PP/PP
Prozessroute	–	–	–	Hot Comp.	Koextrusion	Koextr.	Koextrusion
Dichte (ISO 1183)	g/cm^3	0,91	1,12	0,92	0,83	0,78	0,78
Zugfestigkeit (ISO 527)	MPa	35	108	120	200	200	200
Zugmodul (ISO 527)	GPa	1,55	6,4	4,2	4,4	5 – 6	5,5
Biegemodul (ISO 178)	GPa	n.v.	6	3,5	3,8	5 – 6	4,5 – 5,5
Schlagzähigkeit nach Charpy (ISO 179-2, gekerbt, 20 °C)	kJ/m^2	2	20	120 (kein Bruch)	137	Keine Angabe	140 (kein Bruch)
Schlagzähigkeit nach Izod (ISO 180-2, gekerbt, 20 °C)	kJ/m^2	Keine Angabe	Keine Angabe	400	115	Keine Angabe	126 (kein Bruch)

Literatur

[1] *Saechtling:* Kunststoff Taschenbuch, 27. Ausgabe. Hanser, München, 1998, S. 549 ff.

[2] Arbeitsgemeinschaft Verstärkte Kunststoffe – Technische Vereinigung e. V. (AVK-TV), Composites-Markbericht 2012; Markentwicklungen, Trends, Herausforderungen und Chancen, Oktober 2012

[3] *Neitzel, M.; Breuer U.:* Die Verarbeitungstechnik der Faser-Kunststoff-Verbunde. Hanser, München, 1997

[4] The European Alliance for SMC: Design for Success!, Imagebrochüre: http://www.smc-alliance.com/about_SMC/about_smc.html

[5] *Spaay, A.:* Continuous SMC Process Makes Automated Production Easier. Modern Plastics International, Januar 1982, S. 58 – 60

[6] *Mehta, G.; et al.:* Novel Biocomposites Sheet Molding Compounds for Low Cost Housing Panel Applications, Journal of Polymers and the Environment, Vol. 13, No. 2, April 2005

[7] *Müssig, J.; et al.:* Karosserie aus Naturfasern und Pflanzenöl, Kunststoffe 3/2007

[8] *Schmidt & Heinzmann:* Verschiedene Faserarten gleichzeitig und in Mengen schneiden, Lightweight-design, 3/2013, S. 12

[9] *Liebold, R.:* Harzmatten in engen Toleranzen herstellen. Kunststoffe 81 (1991) 10, S. 923 – 928

[10] *Specker, O.:* Pressen von SMC: Computersimulation zur rechnergestützten Auslegung des Prozesses und zur Ermittlung der Bauteileigenschaften. Dissertation an der RWTH Aachen, 1991

[11] *Menges, G.:* Werkstoffkunde der Kunststoffe. 1. Auflage, Hanser, München, 1999, S. 136

[12] *Schwarz, O.:* Kunststoffkunde. 3. Auflage, Vorgel, Würzburg, 1990, S. 160 – 164

[13] *Bartkus, E. J.; Kroeckel, C. H.:* Low Shrink Reinforced Polyester Systems, Applied Polymer Symposium (1970) 15, S. 113 – 135

[14] *Kürten, C.; Döring, J.; Stark, W.; Thienel, P.:* „Online"-Aushärtekontrolle bei der Verarbeitung von Duroplasten, 1. Int. AVK-TV-Tagung Baden-Baden, 1998

[15] *Zeiler, J.:* PKW-Aussenteile in SMC für Online Lackierung, 2. Int. AVK-TV-Tagung Baden-Baden, 1999, S. 1 – 6

[16] *Sauren, S.:* Breaking new ground in SMC technology, VDI Symposium Plastics in Automotive Engineering, 2012

[17] *Graf, M.; et al:* SMC-Direktverfahren für mehr Wirtschaftlichkeit, Lightweight Design, 4/2011

[18] *Thiesen, D.:* Leichtbaukonzepte zur Herstellung von aerodynamischen LKW Anbauteilen aus SMC, VDI Symposium Plastics in Automotive Engineering, 2013

[19] http://www.smc-forum.de/gallery/Mercedes_CL/mercedes_cl.html

[20] *Lutz, A.:* Beitrag zur Entwicklung innovativer Fertigungstechniken für die Verarbeitung thermoplastischer Faserverbundwerstoffe. Mensch und Buch Verlag, Berlin, 1999

[21] *Brüssel, R.; Kühfüsz, R.:* Ein Jahr Serienproduktion von Menzolit-Fibron Lang-Faser-verstärktem-Thermoplast mit dem Direktverfahren, 1. Intern. AVK-TV Tagung, AVK-TV, Frankfurt (Ed.), Baden-Baden, September 1998, A2-1 – 9

[22] *Meij, A.:* Über den Einfluß der Halbzeugart auf die Herstellung und Qualität von Formteilen aus Glasmattenverstärkten Thermoplasten (GMT). Shaker, Aachen, 1996, S. 1

[23] *Novotny, M. M.:* Innovative GMT-Werkstoffsysteme, Kunststoffe, Jahrg. 90, 2000

[24] *Schijve, W.:* Properties of Long Glass Fibre Polypropylene Composites With Varying Fibre Length Distributions, ECCM 10, 10th European Conference on Composite Materials, ESCM, Free University of Brussels (VUB)(Ed.), Brugge (Belgium), June 3–7, 2002

[25] *Meij A.; Kissinger C.; Neitzel M.:* Fließfähigkeit von GMT. Kunststoffe 85 (1995) 3, Hanser, 1995, S. 378–379

[26] *Schatt, W.:* Einführung in die Werkstoffwissenschaft. 7. überarbeitete Auflage. Deutscher Verlag für Grundstoffindustrie, Leipzig, 1991, S. 414

[27] Patent Nr. DE19530020A1: Verfahren zum Herstellen eines Compounds aus einem Kunststoff mit fester Fasereinlage. Anmelder: Menzolit-Fibron GmbH, 75015 Bretten. Erfinder: Brüssel, Richard; Kühfusz, Rudolf. Anmeldedatum: 16.08.1995

[28] Produktprospekt Celstran, Compel, Fiberod – Long-fiber-reinforced thermoplastics (LFT), Ticona GmbH, Frankfurt a. M., September 1999, S. 4

[29] *Lutz, A.:* Beitrag zur Entwicklung innovativer Fertigungstechniken für die Verarbeitung thermoplastischer Faserverbundwerstoffe, Mensch und Buch Verlag, Berlin, 1999

[30] *Sommer, M. M.; Schledjewski, R.:* Langfaserverstärkte Thermoplaste (LFT) mit flammhemmenden Eigenschaften, in: Degischer, P.: Verbundwerkstoffe – 14. Symposium Verbundwerkstoffe und Werkstoffverbunde. Wiley-VCH, Weinheim, 2003, S. 494–499

[31] *Wolf, H. J.:* Screw Plasticating of Discontinuous Fiber Filled Thermoplastics: Mechanisms and Prevention of Fiber Attrition. Polymer Composites 15 (1994) 5, S. 375–383

[32] *Brüssel, R.; et al.:* LFT – mit Technologieinnovationen zu neuen Anwendungen, 7. Internationale AVK-TV Tagung, Baden-Baden, 2004

[33] *Ehrenstein, G. W.:* Polymer-Werkstoffe. Hanser, München, 1978

[34] *Spurk, J. H.:* Strömungslehre, Einführung in die Theorie der Strömungen, 2. Auflage, Springer, Berlin, 1989

[35] *Ericsson, K. A.; Toll, S.; Manson, J.-A. E.:* Compression Molding of Glass Fiber-Reinforced Polypropylene: Anisotropic Flow Kinematics, ICCM/9, Ceramic Matrix Composites and Other Systems, Vol. 2, Madrid, Spain, July 1993, S. 303–310

[36] *Goshawk, J. A.; Jones, R. S.:* The Flow of Continuous Fibre-Reinforced Composites in Steady Shear. Composites Science and Technology 56 (1996), S. 63–74

[37] *Ghosh, T.; Grmela, M.; Carreau, P. J.:* Rheology of Short Fiber Filled Thermoplastics. Polymer Composites 16 (1995) 2, S. 144–153

[38] *Barone, M. R.; Caulk, D. A.:* Kinematics of Flow in Sheet Molding Compounds. Polymer Composites 6 (1985) 2, S. 105–109

[39] *Leider, P. J.; Bird, R. B.:* Squeezing Flow Between Parallel Disks. 1. Theoretical Analysis. Ind. Eng. Chem., Fundam. 13 (1974) 4

[40] *Meij, A.:* Über den Einfluß der Halbzeugart auf die Herstellung und Qualität von Formteilen aus Glasmattenverstärkten Thermoplasten (GMT), Diss. Universität Kaiserslautern, Shaker-Verlag, 1995

[41] *Rao, N. S.:* Formeln der Kunststofftechnik. Hanser, München, 1989

[42] *Greene, J. P.; Wilkes, J. O.:* Steady-State and Dynamic Properties of Concentrated Fiber-Filled Thermoplastics, Polymer Engineering and Science 35 (1995) 21, S. 1670–1681

[43] *Ostgathe, M.; Mayer, C.; Neitzel, M.:* Faserverstärkte Halbzeuge für die Umformung. Symposium Neue Werkstoffe in Industrie und Forschung, SAMPE Deutschland (1995)

[44] *Holty, D. W.; Greene, T. L.; Carpenter, C. E.; Davies, R. M.:* Variables Affecting the Physical Properties of Consolidated Flexible Powder-Coated Towpregs. 38th International SAMPE Symposium, 10–13.05.1993, S. 1916–1929

[45] DE 197 34 417 C1: Verfahren zum Herstellen von Prepregs

[46] *Wöginger, A.; Blinzler, M.; Reinbach, C.; Reisswig, G.; Wienands, C.; Mitschang, P.; Neitzel, M.:* Prozesstechnologien zur Herstellung von thermoplastischen FKV-Halbzeugen, Tagungsband 8. Nationales Symposium SAMPE Deutschland e.V., Kaiserslautern, 07. und 08.03.2002, S. 1–15

[47] *Blinzler, M.; Wöginger, A.; Mitschang, P.; Neitzel, M.:* Novel Processing Technique for Semi-Finished Continuous Fibre Reinforced Thermoplastic (CFRTP) Sheets. Materials Week 2001, München, 01.–04.10.2001

[48] *Charles, S. J.:* Comingled Thermoplastic Prepregs Industrial Applications, Proceedings of ICCM-10, Canada, August 1995, S. III-757–III-764

[49] *Guillon D.:* Twintex. A New Material for the Composite Industry, Proceedings 27. AVK-Tagung, Baden Baden, Oktober 1996

[50] Les Files de fibres pour composites, Produktschrift der Firma Schappe Techniques, Frankreich, 1998

[51] Patent: EP 2338667: Method for Producing Thermoplastic/Continuous Fiber Hybrid Complex; US 2010/0291342 A1: Method of Preparing Thermoplastics-Continuous Fiber Hybrid Composite

[52] *Kärger, J. C.; Vodermayer, A. M.:* Maßgeschneiderte Hochleistungscomposites: Halbzeuge auf Basis von thermoplastischen Hochleistungsfaser-Verbundwerkstoffen. Kunststoffe 89 (1999) 11, S. 132–136

[53] EP 0937560 A1: Herstellung von unidirektional faserverstärkten Thermoplasten

[54] *Beresheim, G.; Latrille, M.; Schledjewski, R.:* Auf dem Weg zur Automation – Neue Entwicklungsstufe der Thermoplast-Tapelegetechnik. Kunststoffe 91 (2001) 12, S. 78–81

[55] System and method for the rapid, automated creation of advanced composite tailored blanks, US Patent Nr. 8048253 B2, 24. September 2008

[56] System and method for the rapid, automated creation of advanced composite tailored blanks, US Patent Nr. 81068029 B2, 3. Oktober 2011

[57] *Gardiner, G.:* Aerospace-grade – Compression Molding, High-Performance Composites (2010), S. 34–40

[58] *Kmetty, Á.; Bárány, T.; Karger-Kocsis, J.:* Self-reinforced polymeric materials: A review. Progress in Polymer Science 35 (2010), S. 1288–1310

[59] *Fakirov, S.:* Nano- and microfibrillar single-polymer composites: A review. Macromolecular Materials and Engineering 298 (2013), S. 9–32

[60] *Barkoula, N. M.; Peijs, T.; Schimanski, T.; Loos, J.:* Processing of Single Polymer Composites Using the Concept of Constrained Fibers. Polymer Composites 26 (2005), S. 114–120

[61] *Gao, C.; Yu, L.; Liu, H.; Chen, L.:* Development of self-reinforced polymer composites. Progress in Polymer Science 37 (2012), S. 767–780

6 Grundlagen der Verarbeitungsprozesse

P. Mitschang, M. Arnold, M. Duhovic, M. Christmann,
K. Hildebrandt, D. Maurer, H. Stadtfeld, T. Stöven,
F. Weyrauch, M. Latrille, M. Louis, M. Neitzel, G. Beresheim

■ 6.1 Einordnung der Verarbeitungsprozesse

Um den Einsatzbereich und die Anforderungen an neu zu entwickelnde Verarbeitungsverfahren analysieren und quantifizieren zu können, muss die Rolle der Faser-Kunststoff-Verbunde (FKV) im Hinblick auf die Einsatzfelder und die jeweiligen, aktuellen Entwicklungen, in deren Umfeld sich die FKV-Produkte zu bewähren haben, näher beleuchtet werden. Der Kunde erwartet eine Produktqualität zu einem geringen Preis und stellt zudem deutlich höhere Ansprüche an Funktionalität, Sicherheit, Komfort und Umweltverträglichkeit. Betrachtet man das politische und ökologische Umfeld, so nimmt dieses durch Vorgaben zur Energie- und Ressourcenschonung und Emissionsminderung entscheidenden Einfluss auf Produkte und Produktionsstrukturen [1]. Am 01.04.1998 trat beispielsweise die EU-Altautoverordnung in Kraft, die um die kostenlose Entsorgung von Altfahrzeugen durch den Hersteller erweitert wurde und so nachhaltig Einfluss auf die Materialauswahl für zukünftige Produkte im Transportwesen Einfluss genommen hat. Einen ähnlichen Effekt wird die europaweit in Kraft getretene REACH-Verordnung (Registration, Evaluation, Authorisation and Restriction of Chemicals) auf die Weiterentwicklung der Matrixsysteme und Prozesshilfsstoffe haben (siehe auch Kapitel 16 „Arbeitssicherheit").

Entsprechend den heutigen Kundenanforderungen werden zum Beispiel im Automobilbereich bei immer kürzeren Entwicklungszeiten eine Vielzahl von Modellen und Varianten in einem stark differenzierten Markt angeboten. Während in den 60er Jahren nur zwischen Limousine, Sportwagen und Spider unterschieden wurde, werden in Zukunft mehr als 14 verschiedene Teilmärkte gezielt bedient [2]. Um auf der anderen Seite ökologischen bzw. politischen Erfordernissen Rechnung zu tragen, werden neue Werkstoffe und Werkstoffsysteme entwickelt, wie hochfeste Stähle, Bake-Hardening-Stähle, Tailored Blanks, Aluminium, Magnesium und Faser-Kunststoff-Verbunde. Ziel dieser Bemühungen ist vor allem, den Ressourcenverbrauch und die Emissionen durch Gewichtsreduzierung zu senken. Auch auf diese Entwicklungen müssen die Verarbeiter von FKV reagieren, indem sie durch eine geschickte Kopplung oder auch Diversifizierung bestehender Technologien den Anforderungen des Marktes nach unterschiedlichen Stückzahlbereichen gerecht werden.

Demnach sind nicht nur für die Produkte ganzheitliche und nachhaltige Entwicklungskonzepte gefragt, welche die verschiedenen Dimensionen gesellschaftlicher Bedürfnisse berücksichtigen, sondern im gleichen Maße ist auch eine parallele Weiterentwicklung der Verarbeitungsverfahren erforderlich. Einen wesentlichen Beitrag zu nachhaltigen Entwicklungen kann in dieser Hinsicht der Einsatz von Faser-Kunststoff-Verbunden leisten. Neben ihren guten spezifischen Materialeigenschaften bieten sie außerdem vielfältige Möglichkeiten, bei ihrer Produktion, Verarbeitung, Verwendung und Verwertung Ressourcen zu schonen.

Somit sind die Rahmenbedingungen, in denen sich Verarbeitungsverfahren für FKV weiterentwickeln müssen, nicht rein technisch determiniert, sondern in gleicher Weise durch Produktanforderungen und einen gesellschaftlichen Wandel im ökologischen Denken beeinflusst. Aus diesem Grund ist eine ganzheitliche Denkweise gefordert. Bei effizientem Einsatz dieser Werkstoffe, das heißt vor allem unter Ausnutzung ihrer gezielt einstellbaren Festigkeit und Steifigkeit sowie der weitgehenden Gestaltungsfreiheit, können eine rein auf die Technologie ausgerichtete Betrachtung, das sog. „Overengineering" vermieden und die Funktionseigenschaften verbessert werden.

Betrachtet man den Einsatz der FKV, so ist festzustellen, dass in vielen Branchen der Durchbruch trotz vieler neuer Anwendungen noch nicht gelungen ist. Wesentlicher Hinderungsgrund für einen stärkeren Einsatz der FKV ist nach wie vor das Überschreiten der Zielkosten. Dies resultiert zunächst aus den meist höheren Werkstoffkosten. Zusätzlich werden die Fertigungskosten durch zum Teil personalintensive Produktion, teurere Fertigungsverfahren, längere Fertigungszeiten und größere Ausschussraten in die Höhe getrieben. Ein weiteres Hindernis stellt die Substitutionsproblematik dar, da die Rahmenbedingungen aus der Konstruktion oftmals für einen metallischen Werkstoff vorgegeben sind und so die faserverbundgerechte Gestaltung nicht möglich ist.

Ungeachtet der direkten Umsetzungsschwierigkeiten existieren weitere, indirekte Probleme im Zusammenhang mit der Handhabungs- und Fügetechnik. An den Fügestellen, insbesondere bei kontinuierlich langfaserverstärkten Bauteilen, wird in der Regel der Faserverlauf unterbrochen, was auch die mechanischen Bauteileigenschaften negativ beeinflusst. Weiterhin mangelt es an geeigneten Qualitätssicherungssystemen und einfachen Verfahren zur Schadenserkennung.

Weitere zukünftige Themenfelder werden die Integration von Aktuatorik und Sensorik in das Bauteil bzw. das Vermögen der kontinuierlichen Anpassung der Bauteileigenschaften an sich verändernde Beanspruchungen (adaptive Strukturen) und das Life-time-monitoring, also die permanente Bauteilüberwachung sein.

Alle diese Faktoren nehmen Einfluss auf die Auswahl eines geeigneten Verarbeitungsverfahrens und bestimmen so auch deren technologische Weiterentwicklung mit.

Die im Folgenden dargestellte Portfolioanalyse soll die vielfältigen Möglichkeiten der Fertigung von FKV-Bauteilen verdeutlichen und eine Zuordnung von Bauteilen, Werkstoffen und FKV-Verarbeitungsverfahren ermöglichen.

In dem Portfolio Bild 6.1 sind typische Bauteilgruppen (Strukturbauteile, Schalen, runde Bauteile usw.) nach ihrer Größe und Formkomplexität eingeordnet. Die Rautengröße kennzeichnet dabei die Umsetzbarkeit definierter Faserorientierung und -positionierung im Bauteil, da diese entscheidende Kriterien für eine beanspruchungsgerechte Auslegung der Bauteile darstellen. Die Verarbeitungsverfahren wurden entsprechend ihrem bisherigen Einsatz in das Portfolio eingetragen. Dabei muss beachtet werden, dass alle Verfahren es erlauben, andere Bauteilgrößen und auch geringere Formkomplexität herzustellen.

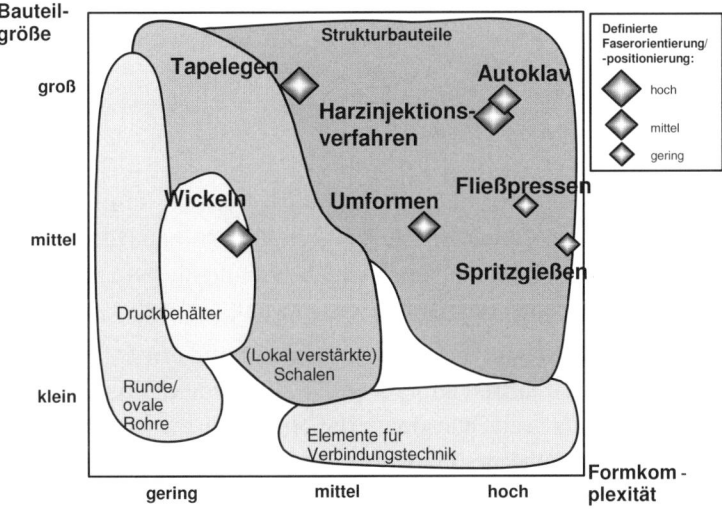

Bild 6.1 Portfolio für FKV-Bauteile

Bauteilgröße und Komplexität sind in der Regel die wesentlichen Beurteilungskriterien bei der Auswahl eines zu favorisierenden Fertigungsverfahrens. Die Bauteilbeanspruchung als Maßstab für die erforderliche Festigkeit und Steifigkeit der Bauteile kann hingegen als die dominierende Größe bei der Werkstoffauswahl angesehen werden. Bei dieser etwas vereinfachten Betrachtungsweise darf nicht vergessen werden, dass nicht jedes Verarbeitungsverfahren für jeden Werkstoff geeignet ist und die Bauteilanforderungen nicht nur durch mechanische Kennwerte determiniert sind.

Wie Bild 6.1 zu entnehmen ist, decken die FKV-Verarbeitungsverfahren die nahezu vollständige Portfoliofläche ab. Die Verarbeitungsverfahren unterscheiden sich vorrangig durch die verarbeitbare Formkomplexität und Möglichkeit definierter Faser-orientierung und Faserpositionierung. Für Bauteile mit rotationssymmetrischer Geometrie und Druckbehälter bietet sich besonders das Wickelverfahren an. Für schalenförmige Bauteile und Strukturbauteile eignen sich die Umformtechnik und die Harzinjektionsverfahren. Die übrigen Verfahren scheiden häufig für diese Anwendungen aus, da sie aufgrund verfahrenstechnischer Restriktionen die Anforderungen meist nicht erfüllen können. Bei geometrisch komplexeren Bauteilen kommen vorzugsweise das Spritzgießen, Harzinjektionsverfahren und das Fließpressen zum Einsatz. Geeignete Fertigungsverfahren für große Bauteile sind je nach Anforderung das Harzinjektionsverfahren, Fließpressen und Umformen.

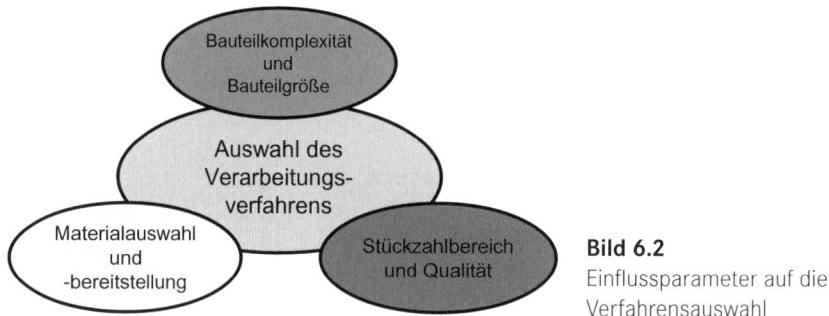

Bild 6.2
Einflussparameter auf die
Verfahrensauswahl

Eine Festlegung von Material und Verarbeitungsverfahren kann jedoch nicht nur unter Berücksichtigung technologischer Fragestellungen entschieden werden, vielmehr spielen auch die zu erreichende Zielstückzahl und die geforderte Bauteilqualität eine wesentliche Rolle bei der Verfahrensauswahl, Bild 6.2.

Die starren Grenzen zwischen Verfahrenszuordnung und erreichbaren Stückzahlen haben sich in den letzten Jahren zunehmend in fließende Übergänge gewandelt. So kann durch den Einsatz von Hybridmaterialien (Mischgarne aus Verstärkungsfasern und Thermoplastfilamenten) das bisher nur bei sehr hohen Stückzahlen wirtschaftlich zu betreibende Thermoformen von Organoblechen auch bei mittleren Stückzahlen eingesetzt werden. Im Gegenzug haben sich Verfahren für kleine bis mittlere Stückzahlen, wie die Harzinjektionsverfahren, durch den Einsatz komplexer textiler Vorformlinge (Preforms) und schnell härtender Harzsysteme bis hin zu einigen zehntausend Bauteilen pro Jahr weiterentwickelt.

Ein weiterer Entwicklungsschub entsteht durch die geschickte Kopplung einzelner Fertigungsverfahren hin zu einer integrierten Produktion. Exemplarisch sei hier das SpriForm-Verfahren erwähnt, welches die Leistungsfähigkeit kontinuierlich faserverstärkter Thermoplaste mit dem hohen Komplexitätsfreiheitsgrad kurz-beziehungsweise langfaserverstärkter Thermoplaste verbindet.

Nicht zuletzt wurden in den letzten Jahren auch wesentliche Erfolge zur Prozessket-tenverkürzung erzielt, so dass je nach Stückzahl auch Halbzeugzwischenstufen wie

z. B. Langfasergranulate (LFT) oder duroplastische Halbzeuge (SMC) durch entsprechende Direktverfahren (D-LFT, D-SMC) entfallen können [3], [4].

Auch die vormals starre Abgrenzung von Fertigungsverfahren in solche für Duroplaste und solche für Thermoplaste wird zunehmend überwunden. Neue in-situ polymerisierende Thermoplastsysteme können in Harzinjektionsverfahren äquivalent zu den Duroplasten verarbeitet werden. Im Gegenzug finden textiltechnische Ansätze, wie sie heute zur Herstellung komplexer Preforms für die Harzinjektion eingesetzt werden, auch erste Anwendungen zur lokalen Verstärkung im Umform- oder Pressverfahren. Das Tapelegen und -wickeln mit thermoplastischen Halbzeugen findet erste Einsatzfelder in der Luftfahrt und bei der Verstärkung von Rohren.

Die stetige Weiterentwicklung der heute etablierten Verfahren stellt den Verarbeiter bei der Auswahl des optimalen Verarbeitungsverfahrens somit vor eine schwierige Aufgabe. Gleichzeitig eröffnen sich durch die Flexibilität der Verfahren auch neue Wege, die eine spezifische Anpassung an konstruktive oder unternehmensspezifische Besonderheiten erlauben, wodurch Sonderlösungen in einem gegebenen Unternehmensumfeld oftmals zielführend sind.

■ 6.2 Allgemeine Grundlagen

Die Herstellung von Faser-Kunststoff-Verbundwerkstoffen basiert immer auf der verfahrenstechnischen Zusammenführung einer als Verstärkung dienenden Faserstruktur mit einem Polymer. Die Faserstruktur kann ein unidirektionaler Roving, ein textiles Halbzeug (Gewebe, Gelege u. ä.) oder eine Wirrfaserstruktur (kontinuierlich oder mit Schnittfasern) sein und aus einem beliebigen Material bestehen. Typisch sind Glasfasern, Kohlenstofffasern, Aramidfasern, Naturfasern und Polymerfasern. Als polymere Matrixsysteme können alle Duroplaste und Thermoplaste verarbeitet werden. Bild 6.3 zeigt eine Systematik der Kombinationsmöglichkeiten.

Zu erkennen ist eine Vielzahl von Varianten zur Verarbeitung von Fasern, bzw. Fasersystemen und Polymeren bzw. Polymerhalbzeugen. Sicherlich ist nicht jede Materialkombination sinnvoll, da auch Kompatibilitätsüberlegungen zwischen Faserart, Faserpräparation und Matrixsystem zu beachten sind. Entscheidend für die Materialauswahl ist ausschließlich der Einsatzzweck und somit die geforderten mechanischen und sonstigen Eigenschaften. Die Verarbeitungstechnik ist hierbei nur Mittel zum Zweck, d. h., es ist ein Verarbeitungsverfahren auszuwählen oder zu entwickeln, welches die geforderten Randbedingungen nach Stückzahl, Kosten, Qualität erfüllt und zudem die ökologischen Vorgaben einhält. Tabelle 6.1 zeigt in Verbindung mit Bild 6.3 exemplarisch einige Kombinationsmöglichkeiten und benennt adäquate Herstellverfahren.

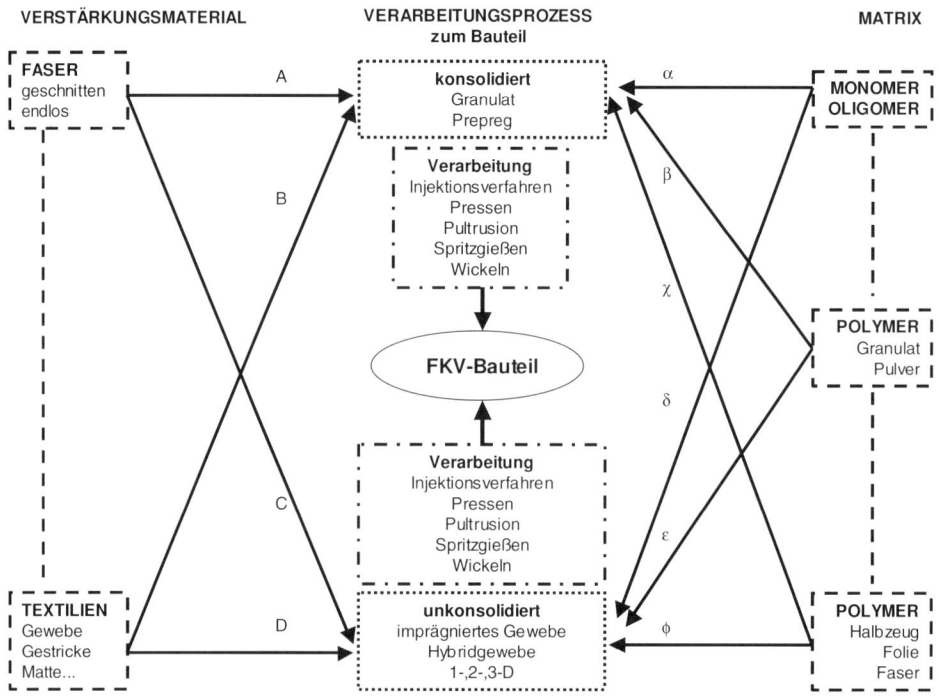

Bild 6.3 Komponenten von Faserkunststoffverbunden und deren Verarbeitungsprozesse

Tabelle 6.1 Möglichkeiten zur Herstellung von Faser-Kunststoff-Verbunden [5]

Kombinationen für Faser-Matrix-Verbunde 1) Verfahren; 2) Halbzeug; 3) Endprozess					
	A	B		C	D
α	1. Nassimprägnierung, RTM, Faserspritzen, Handlaminieren	1. Nassimprägnierung, RTM, Handlaminieren, Preform-LCM	**δ**	1. Kontinuierliches „Prepregen"	1. textiltechnische Strukturen, Filamentbündelimprägnierung
	2. Duroplastisches Prepreg	2. Duroplastisches Prepreg		2. Duroplastisches Prepreg, SMC	2. Duroplastisches Prepreg, UD-SMC
	3. Fließpressen, Autoklaventechnik, Heiß- und Kalthärtung	3. Heißpressen, Autoklaventechnik Heiß- und Kalthärtung		3. Kalthärtung, Wickeln, Autoklaventechnik	3. Heißpressen, Kalthärtung, Wickeln, Autoklaventechnik
β	1. Papiermacherverfahren, Pulverimprägnierung, Schmelzimprägnierung, Doppelbandpressen	1. Pulverimprägnierung, Schmelzimprägnierung	**ε**	1. Roving und Polymer	1. Pulverstreuung
	2. Stäbchengranulat, Bändchen, GMT	2. Organoblech-Vorstufe		2. Direktverfahren D-LFT, D-SMC	2. Mattenhalbzeug
	3. Spritzgießen, Fließpressen, Extrusion, Wickeln	3. Doppelbandpressen, Intervallheißpressen, Thermoformen		3. Fließpressen, Spritzgießen Wickeln	3. Doppelbandpressen, Intervallheißpressen, Thermoformen

Kombinationen für Faser-Matrix-Verbunde
1) Verfahren; 2) Halbzeug; 3) Endprozess

A	B	C	D
x 1. Hybridfaser-ablegen, -gewebe (Preforming) 2. Thermoplastische Preform, Matte 3. Thermoformen, Wickeln, Auto-klaventechnik, Tapelegen	1. Doppelbandpres-sen, -Gewebe (Preforming) 2. Organoblech 3. Thermoformen, Autoklaventechnik	*φ* 1. Textiltechnische Strukturen, Hybridgewebe 2. Hybridmatte, -vlies, -gewebe 3. Pressen, Thermo-formen, Auto-klaventechnik	1. Textiltechnische Strukturen, Hybrid-Filamentbündel-Gewebe (Prefor-ming) 2. Thermoplastische Preform, Matte 3. Thermoformen, Wickeln, Auto-klaventechnik, Tapelegen

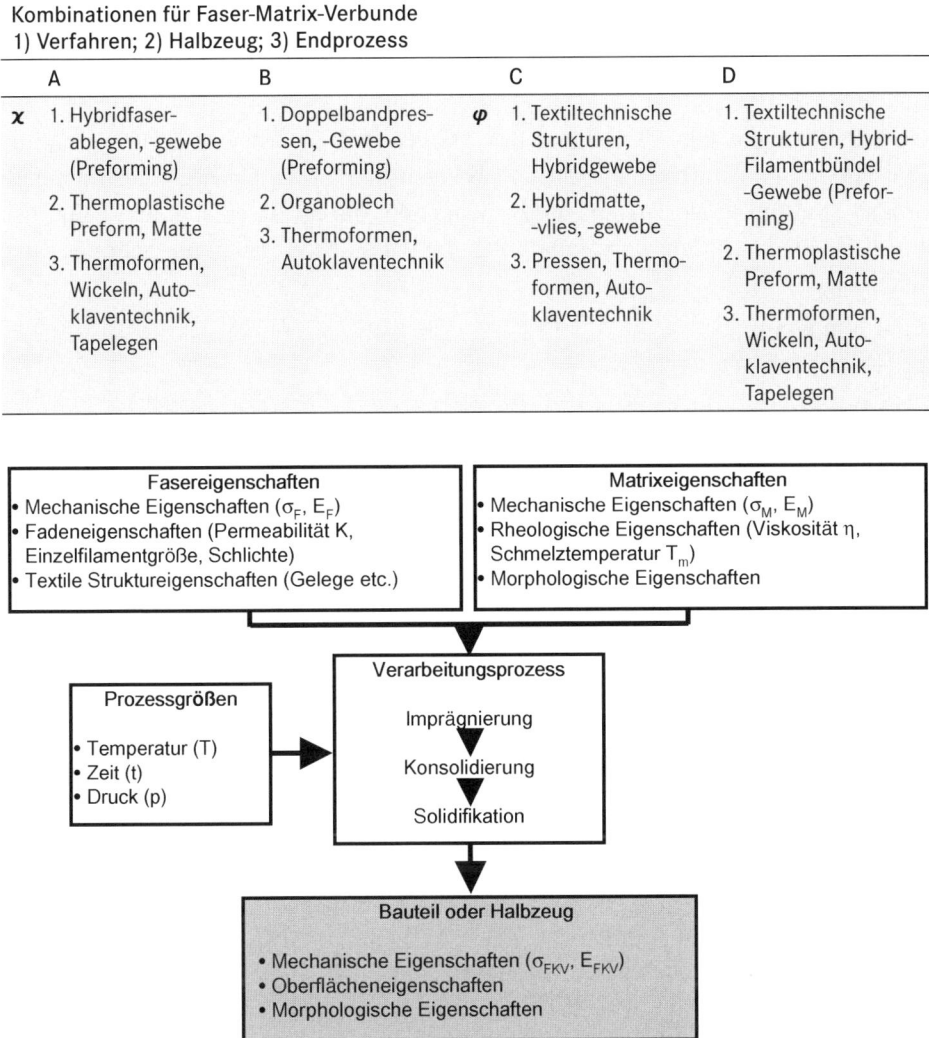

Bild 6.4 Grundprinzip der FKV-Herstellung

Das Bild 6.4 zeigt das Zusammenführen von Faser und Matrix aus verarbeitungstechnischer Sicht. Die bisher vor allem bei der Materialauswahl im Vordergrund stehenden mechanischen Eigenschaften werden um weitere für die Verarbeitung relevanten Eigenschaften von Faser und Matrix ergänzt.

Bei den Fasern sind dies im Wesentlichen

▪ der Filamentdurchmesser,

▪ die Oberflächenpräparation (Schlichte) und

▪ im Falle eines textilen Halbzeugs dessen Struktur und somit Permeabilität (Tränkbarkeit eines Fasersystems) sowie die Drapierbarkeit.

Bei der Matrix sind dies deren:

- rheologisches Verhalten (Viskosität, Reaktivität) und
- morphologisches Verhalten (Kristallinität, Glasübergang).

Die Fließfähigkeit der Matrix und das Tränkverhalten der Verstärkungsstruktur sind somit die verarbeitungsrelevanten Eigenschaften. Als prozessbestimmende Größen sind die Prozessparameter zu benennen, die direkt oder indirekt Einfluss auf diese Eigenschaften der Matrix und der Verstärkungsstruktur nehmen. Dies sind:

- die Temperatur,
- der Prozessdruck und
- die Prozesszeit.

Der eigentliche Kernprozess kann immer in die Teilprozesse:

- Imprägnieren,
- Konsolidieren und
- Solidifikation (Vernetzung oder Erstarrung)

unterteilt werden, siehe Bild 6.4.

Unter Imprägnieren versteht man das Benetzen der Einzelfilamente und das Ausfüllen der Filamentzwischenräume mit Matrix, also das Tränken der Verstärkungsstruktur. Die dazu meist parallel ablaufende Konsolidierung verdrängt die sich in der Verstärkungsstruktur befindliche Luft aus dem Verbund und bestimmt den sich einstellenden Faservolumengehalt. Dieses Gemisch aus Faserstruktur und flüssiger Matrix erstarrt (Solidifikation) schließlich durch Abkühlen oder chemische Vernetzung zu einem Festkörper, dem Bauteil. Die Materialeigenschaften, mechanisch, morphologisch oder auch in Form der Oberflächenqualität sind nun durch den Verbund aus Faser und Matrix definiert und somit auch vom Gelingen des Verarbeitungsprozesses abhängig. Der Verarbeitungsprozess definiert daher nicht nur die geometrischen Bauteileigenschaften, sondern auch die Eigenschaften des Werkstoffs.

Die Verarbeitungsverfahren können grundsätzlich in direkte Herstellverfahren, also Verfahren, die in einem Schritt aus Faser und Matrix einen FKV-Werkstoff erzeugen und solchen Verfahren unterschieden werden, die als Zwischenschritt ein sogenanntes Halbzeug benötigen. Die Halbzeuge liegen meist in einem vollimprägnierten Zustand vor. Bei der Verarbeitung von thermoplastischen Halbzeugen werden diese im eigentlichen Bauteilherstellungsprozess wieder aufgeschmolzen, so dass eine erneute Konsolidierung und Solidifikation im Bauteilherstellungsprozess erfolgen muss. Duroplastische Halbzeuge befinden sich in einem latenten Materialzustand, bei dem die chemische Reaktion lediglich stark verzögert abläuft. Bei der Verarbeitung duroplastischer Halbzeuge läuft die Aushärtungsreaktion, oft durch eine Temperaturerhöhung initiiert, stark beschleunigt ab, so dass hier ebenfalls die Prozessschritte Konsolidierung und Solidifikation prozessbestimmend sind. Somit gelten die grundsätzlichen Aussagen zur Herstellung von FKV für beide Varianten gleichermaßen.

■ 6.3 Grundlagen der Imprägnierung

Wie zuvor beschrieben sind die Verfahrensschritte Imprägnieren, Konsolidieren und Solidifikation die entscheidenden Prozessschritte. Dies gilt allgemein, unabhängig davon, ob es sich um ein duroplastisches oder thermoplastisches Matrixsystem mit beliebiger Verstärkungsstruktur handelt. Aus diesem Grund wird der Prozessschritt Imprägnieren in diesem Kapitel unabgängig von einem Verarbeitungsprozess allgemeingültig dargestellt.

6.3.1 Physikalische Grundlagen der Imprägnierung und Konsolidierung

Zum besseren Verständnis des Imprägnier- und Konsolidierprozesses sollen in diesem Abschnitt die grundlegenden physikalischen Zusammenhänge und deren mathematische Beschreibung mit einfachen Modellen vorgestellt werden. Diese sind dann auf alle Verarbeitungsverfahren prinzipiell übertragbar.

Das Prinzip des Imprägnierens besteht im Tränken einer trockenen Faserstruktur mit einer Matrix. Das Durchströmen des Faserhalbzeugs ist mit dem Fließen eines inkompressiblen Fluids durch ein poröses Grundmedium vergleichbar. Die Strömung wird mit Hilfe der Navier-Stokes Gleichung beschrieben.

$$\rho \frac{dv}{dt} = -\nabla P + \eta \nabla^2 v \qquad (6.1)$$

Hierbei stellen ρ die Dichte, v den Geschwindigkeitsvektor, ∇P den Druckgradienten und η die Viskosität des verwendeten Fluids dar.

Geht man davon aus, dass die Strömungsgeschwindigkeit der Matrix in der Verstärkungsstruktur als gering einzustufen ist, können die Trägheitskräfte in Gleichung 6.1, d.h. deren linke Seite, vernachlässigt werden. Folglich vereinfacht sich Gleichung 6.1 zu der als Stokes-Gleichung bekannten Form:

$$0 = -\nabla P + \eta \nabla^2 v \qquad (6.2)$$

Eine weitere Vereinfachung stellte die Anwendung der Volumenkontrollmethode [6] auf Gleichung 6.2 dar. Das Verfahren orientiert sich an einer mittleren Längenausdehnung eines Kontrollvolumens. Dieses ist einerseits ausreichend klein zu wählen, um die notwendige Informationstiefe über den zu beschreibenden Prozess zu erhalten, andererseits aber eine vertretbare Vereinfachung in Bezug auf die geometrisch bedingten, mikromechanischen Gegebenheiten des Prozesses. Wird dieses Verfahren angewendet und geht man davon aus, dass das poröse Medium – in diesem Falle das Faserhalbzeug – in seinen Abmessungen als unendlich angesehen wird, erhält man Gleichung 6.3 mit:

$$\langle v \rangle = -\frac{K}{\eta} \nabla \langle P \rangle \tag{6.3}$$

Hierbei sollen die Klammern um die Quantitäten v und P nach [7] an die durchgeführten Schritte der Volumenkontrollmethode erinnern.

Die in Gleichung 6.3 dargestellte Proportionalität zwischen der Fließgeschwindigkeit und der treibenden Kraftwirkung durch das Druckgefälle wurde bereits 1856 von D'Arcy empirisch ermittelt und ist als das Gesetz von D'Arcy bekannt. Er untersuchte das Fließen von Grundwasser in sandigen Bodenschichten [8] und leitet dabei die in Gleichung 6.3 beschriebene Proportionalität her.

Die Materialkonstante, welche die Durchlässigkeit des porösen Mediums darstellt, wird als Permeabilität bezeichnet und ist in Gleichung 6.3 mit dem Formelzeichen K belegt. Bei der Permeabilität handelt es sich um eine tensorielle Größe.

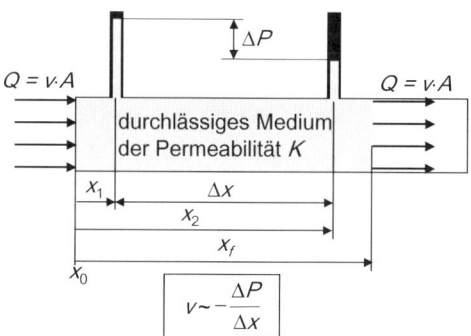

Bild 6.5 Eindimensionales Fließen durch ein poröses Medium

Zur Vereinfachung der Betrachtungsweise zeigt Gleichung 6.4 das Gesetz von D'Arcy in eindimensionaler Form.

$$v = -\frac{K_x}{\eta} \cdot \frac{\Delta P}{\Delta x} \tag{6.4}$$

Hierbei steht die Geschwindigkeit v für die gemittelte Geschwindigkeit des tränkenden Fluids in Richtung der Koordinate x; $\Delta P / \Delta x$ stellt das Druckgefälle in Fließrichtung dar, Bild 6.5.

Die für Gleichung 6.4 geltenden Randbedingungen sind in Tabelle 6.2 zusammengefasst.

Will man das Gesetz von D'Arcy für ein bestimmtes Verarbeitungsverfahren verwenden, so ist im Grundsatz für jede Anwendung zu prüfen, ob die Randbedingungen aus Tabelle 6.2 eingehalten sind. Andererseits stellt dieses sehr einfache Gesetz grundsätzliche Zusammenhänge dar, die durchaus im Rahmen einer eher überschlägigen Betrachtungsweise generell auf den Imprägnierprozess anwendbar sind.

Betrachtet man den allgemeinen Prozess des Imprägnierens nach dem Gesetz von D'Darcy, dann hängt der Fließfortschritt der Matrix in der Verstärkungsstruktur, gekennzeichnet durch die Fließgeschwindigkeit, direkt proportional von der treibenden Kraft, dem Druckgefälle ab. Andererseits ist eine umgekehrt proportionale Abhängigkeit von der Viskosität zu erkennen. Über die Verstärkungsstruktur, welche durch ihre Permeabilität charakterisiert ist, besitzt man keine Einflussnahme auf den Tränkungsprozess, da es sich um eine textilinhärente Größe handelt, die durch die Auswahl der Verstärkungsstruktur zur Erfüllung der mechanischen Eigenschaften und den Faservolumenanteil im Bauteil festgelegt ist. Will man den Tränkungsprozess beeinflussen, und dies bedeutet in der Regel, den Prozess zu beschleunigen, bleiben als Einflussgrößen die Erhöhung des Drucks oder eine Reduzierung der Viskosität des Matrixmaterials.

Die Imprägnierwege beim Tränken einer Faserstruktur lassen sich grundsätzlich nach der Fließrichtung in ein Fließen in der Ebene der Verstärkungsstruktur und in ein Fließen in Dickenrichtung unterscheiden.

Betrachtet man das Fließen in der Ebene (z. B. Füllen einer Platte von der Kante aus, vgl. Bild 6.5), so kann beim Einsatz einer thermoplastischen Matrix sowohl die Temperatur zur Viskositätserniedrigung als auch der Imprägnierdruck zur Beeinflussung des Imprägnierverhaltens verändert werden. Verwendet man hingegen eine duroplastische Matrix, so ist der Einsatz der Temperatur nur bedingt möglich, da eine Temperaturerhöhung auch eine schnellere Vernetzungsreaktion hervorruft. Somit ist die Temperaturerhöhung nur in dem Maße sinnvoll, in welchem die Viskositätsreduzierung die verkürzte Tränkzeit überkompensiert.

Tabelle 6.2 Gültigkeitsbereich des Gesetzes von D'Arcy

Randbedingung	Physikalische Bedeutung
Schleichende Strömung	Reynoldszahl < 1
	Vernachlässigung der d'Alembert'schen Trägheitskräfte des Fluids
Newtonsches Verhalten des Fluids	Die Viskosität ist unabhängig von der Scherrate im Fluid
Inkompressibles Fluid	Konstante Dichte
Isothermer Prozess	Konstante Viskosität
Mechanisch starres Faserhalbzeug	Permeabilität ist eine Konstante
Keine Kapillarwirkung in der Faserstruktur	Treibende Kraft ist nur das Druckgefälle

Stellt sich aufgrund des gewählten Verarbeitungsverfahrens ein Fließen in Bauteil-dickenrichtung ein, so kann der Druck als prozessbeeinflussender Parameter nur eingeschränkt eingesetzt werden, da eine Drucksteigerung eine zusätzliche Komprimierung der Verstärkungsstruktur zur Folge hat. Dies wiederum verringert die Permeabilität stark (exponentielle Abhängigkeit), so dass letztlich statt einer Reduzierung der Imprägnierzeit eine Verlängerung die Folge sein kann. Theoretisch kann erst nach Erreichen der minimalen Packungsdichte der Fasern für den Fall des Fließens in Dickenrichtung einer Struktur eine Druckerhöhung zu einer Steigerung der Imprägnierleistung beitragen. Für die Temperaturabhängigkeit gelten die gleichen Bemerkungen wie beim Fließen in der Ebene. Diese Zusammenhänge sind in Tabelle 6.3 nochmals dargestellt.

Tabelle 6.3 Einflussmöglichkeiten auf den Imprägnierprozess

	Thermoplast	Duroplast
Fließen in der Ebene	Temperatur und Druck	Druck (Temperatur)
Fließen in Dickenrichtung	Temperatur	(Druck und Temperatur)

Während die Prozessgrenzen für den Parameter Druck im Wesentlichen von dem gewählten Verfahren und dessen anlagentechnischer Ausprägung (z.B. Zuhalte-kräfte eines Werkzeugträgers oder einer Presse) abhängen, ist die Temperatur als Prozessparameter meist in weiteren Grenzen veränderbar.

Aufgrund unterschiedlichster Systeme zur Energieeinbringung (Strahlung, Konvektion, Konduktion und Kombinationen aus diesen), vielfältiger Umgebungsbedingungen (offen, geschlossen, isoliert usw.) und komplexer Werkzeugsysteme (elektrisch oder hydraulisch geheizt, isoliert usw.) ist die für den Imprägnierfortschritt relevante Temperatur in den meisten Fällen nicht direkt zugänglich. Dies trifft sowohl auf die Möglichkeiten zur Einflussnahme als auch auf die Möglichkeiten zur Messung der Temperatur am Ort des Geschehens zu. Aus diesem Grund ist es notwendig, die relevanten Temperaturen, die wie zuvor beschrieben in der Regel nicht in unmittelbarer Nähe des interessierenden Ortes messbar sind, durch eine thermodynamische Betrachtung der Prozesssituation herzuleiten.

6.3.2 Energietransfer

Die gezielte Erwärmung oder Abkühlung eines Halbzeugs oder eines Werkzeugs wird durch die Nutzung verschiedenster physikalischer Energieübertragungsmechanismen ermöglicht. Unterscheiden lassen sich dabei die im Folgenden beschriebenen, für eine thermische Betrachtung relevanten Varianten [9]. Allen gemein ist die Tatsache, dass der Energiefluss immer in Richtung der niedrigeren Temperaturen hin stattfindet.

6.3.2.1 Konduktion

Überall dort, wo Materie im Raum vorhanden ist, d. h. innerhalb eines Kontinuums, kann oberhalb des absoluten Nullpunktes eine Energieübertragung durch Konduktion, also Wärmeleitung von warmen zu kühlen Stellen erfolgen. Dabei wird durch die Bewegung der Atome/Moleküle kinetische Energie durch Impulsübertragung transportiert, die wiederum an anderer Stelle durch die Erhöhung der Atom-/Molekularbewegung einen Temperaturanstieg zur Folge hat.

Der übertragende Wärmestrom q ist dabei direkt proportional dem örtlichen Temperaturgradienten an den betrachteten Orten im Kontinuum, multipliziert mit einer Stoffeigenschaft, der sogenannten Wärmeleitfähigkeit λ. Gleichung 6.5 zeigt den als Fouriersches Wärmeleitungsgesetz bekannten Zusammenhang in vektorieller Form, also anwendbar für mehrdimensionale Beschreibungen des Phänomens.

$$q = -\lambda \nabla T \tag{6.5}$$

Für isotrope Materialien, wie z. B. Metalle, ist die Wärmeleitfähigkeit für alle Orientierungen im Material gleich und wird somit zum Skalar. Hingegen gilt bei herrschender Anisotropie ein vektorieller Zusammenhang der Fourierschen Wärmeleitungsgleichung, d. h. die Wärmeleitfähigkeit wird in Form eines Tensors in Gleichung 6.5 behandelt.

Eine Besonderheit stellt die thermische Anisotropie kohlenstofffaserverstärkter Polymere dar. Die damit verknüpfte thermische Leitfähigkeit zeigt nicht nur eine Temperaturabhängigkeit, sondern zusätzlich einen in Faserrichtung ca. zehnmal höheren Wert als quer dazu. Die Ursache liegt hauptsächlich in der Dominanz der Fasern gegenüber der Matrix. Daneben verhalten sich die Kohlenstofffasern selbst auch anisotrop [10]. Die starke resultierende Anisotropie dieser Eigenschaft kohlenstofffaserverstärkter Kunststoffe ist beispielhaft in Bild 6.6 für ein CF/PEEK dargestellt.

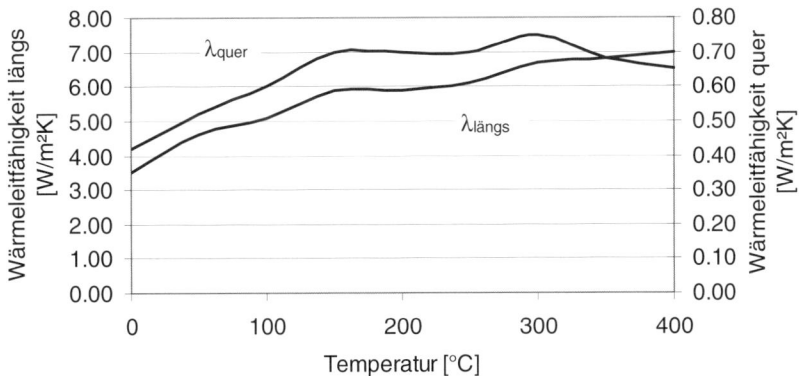

Bild 6.6 Temperaturabhängige Wärmeleitfähigkeit für CF/PEEK [10]

6.3.2.2 Konvektion

Konvektiver Wärmetransport findet überall dort statt, wo ein Fluid relativ zu einem Festkörper an diesem entlang strömt und beide unterschiedliche Temperaturen besitzen. Dabei wird die Wärme im eigentlichen Sinne auch durch Wärmeleitung, nämlich in der sogenannten Grenzschicht vom oder zum Fluid transportiert, da sich diese durch die Haftbedingung relativ zum Festkörper an dessen Oberfläche nicht bewegt. Der Transport der Wärme im Fluid wird dann durch die strömungstechnischen Verhältnisse bestimmt und findet durch den Stofftransport und Wärmeleitung innerhalb der Strömung statt.

Die mathematische Beschreibung des konvektiven Wärmeübergangs ist gegeben durch:

$$q = \alpha \left(T_s - T_e \right) \tag{6.6}$$

mit:

α konvektiver Wärmeübergangskoeffizient in W/m^2K

T_e Temperatur des umgebenden Mediums in K

T_s Temperatur an der Festkörperoberfläche in K

q übertragener Wärmestrom in W/m^2

D.h. der über die Systemgrenze zwischen fester Oberfläche (Index s) und umgebenden Fluid (Index e) übertragene Wärmestrom ist direkt proportional zur Temperaturdifferenz zwischen beiden. Der Proportionalitätsfaktor α, der sogenannte Wärmeübergangskoeffizient hängt von einer Vielzahl strömungsmechanischer Faktoren ab und kann nur über Ähnlichkeitsbetrachtung näherungsweise berechnet werden. Allerdings stehen mathematische Beschreibungen nur für stark vereinfachte Fälle zur Verfügung und führen meist zu einem mittleren Wert des Wärmeübergangskoeffizienten.

6.3.2.3 Strahlung

Während die beiden zuvor beschriebenen Wärmeübertragungsmechanismen den Energietransport durch Impulsübertragung auf molekularer bzw. atomarer Ebene ermöglichen, sind im Fall der Strahlung elektromagnetische Wellen dafür verantwortlich. Strahlung kann dadurch auch im Vakuum Energie übertragen. Dabei spielt bei der Beschreibung der Energie, die von einem Strahler z.B. auf ein Material oder vom Material an die Umgebung übertragen wird, eine Vielzahl von Effekten eine Rolle, wie in Bild 6.7 verdeutlicht.

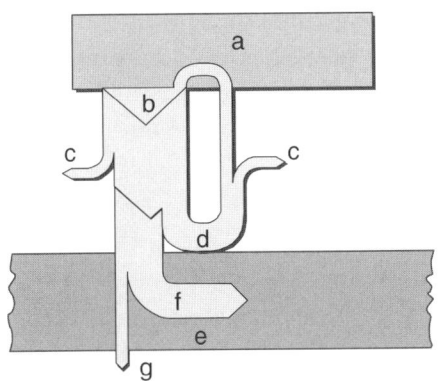

a Strahler

b emittierte Strahlung

c konvektive Verluste

d Reflexion

e FKV

f Absorbtion

g Transmission

Bild 6.7 Energieströme bei der Strahlungserwärmung von FKV, [11]

Die mathematische Beschreibung der Strahlung ist durch das folgende Gesetz gegeben:

$$q = \sigma \varepsilon \left(T_s^4 - T_e^4 \right) \tag{6.7}$$

mit:

σ $5{,}670 \cdot 10^{-8}$ W/m²K⁴ Stefan-Boltzmann Konstante

ε effektiver Emissionskoeffizient

und den bereits in Gleichung 6.6 verwendeten Indizes. Ferner gilt, dass der Emissionskoeffizient gleich dem Absorptionskoeffizienten ist. Das Maß der bspw. vom FKV absorbierten Strahlung hängt vor allem von zwei Faktoren ab.

1. Der Absorptionskoeffizient ist eine Materialeigenschaft und nimmt für den ideal Schwarzen Strahler den Wert 1 an. Die Absorptionskoeffizienten von kohlenstofffaserverstärkten Polymeren liegen im Bereich von 0,80 – 0,95 und somit sehr nahe am Schwarzen Strahler. Führende Hersteller von berührungslosen Temperaturmessgeräten (Pyrometern) geben für die Messung von Kunststoffoberflächentemperaturen einen Emissionsgrad von 0,95 an.

2. Die geometrische Beziehung, in der Strahler und Material zueinander stehen, ist relevant. Für einfache Fälle (z.B. konzentrische, parallel und senkrecht zueinander angeordneter Strahler und Absorber) sind Ansätze zur Berechnung der Strahlungsanteile bekannt, die nicht durch Reflexion in die Umgebung verloren gehen. Das geometrische Verhältnis zweier strahlungsaustauschender Körper wird für einfache Fälle mit bekannten Form- oder Sichtfaktoren beschrieben, die als Proportionalitätskonstante in Gleichung 6.7 auf der rechten Seite ergänzt werden. Häufig lassen sich diese Faktoren jedoch nur durch sehr aufwendige Raytracingverfahren finden. Abhilfe kann hier die Messung für den Prozess typischer Bedingungen schaffen. Sichtfaktoren und Emissionskoeffizient des Materials lassen sich dann in einem effektiven Emissionskoeffizienten zusammenfassen.

Für alle beschriebenen Wärmeübertragungsmechanismen wird die Abhängigkeit von Materialparametern und strömungsmechanischen oder geometrischen Faktoren deutlich. Der Zugang zu diesen Daten ist eine besondere Schwierigkeit bei der mathematischen Behandlung solcher Problemstellungen und nur selten rein theoretisch möglich.

6.3.2.4 Modellierung des Wärmetransfers

Die Temperatur ist meist die dominante Prozessgröße während der Verarbeitung von FKV. Daher muss für die theoretische Beschreibung die mathematische Ermittlung der Temperatur im Zentrum der Bemühungen stehen. Ein üblicher Ansatz hierfür ist die Berechnung der Temperatur als Feldgröße und damit als Unbekannte einer Energiebilanzgleichung, wie z. B. der folgenden, abgeleitet aus dem 1. Hauptsatz der Thermodynamik.

$$\rho c \frac{\partial T}{\partial t} + \rho c v \nabla T = \nabla(\lambda \nabla T) + \dot{Q} \tag{6.8}$$

mit:

$\rho c \dfrac{\partial T}{\partial t}$ Einfluss der transienten Temperaturänderung, (instationäres Problem)

$\rho c v \nabla T$ Energietransport durch Massenfluss

$\nabla(\lambda \nabla T)$ Energietransport durch Wärmeleitung im Volumen

T Temperatur in K

t Zeit in s

c spezifische Wärmekapazität in J/kgK

ρ Dichte in kg/m³

v Geschwindigkeitsvektor in m/s

λ Tensor der Wärmeleitfähigkeit in W/mK

$\dot{Q}$ Innere Wärmequellen oder -senke in W/m³

Die in Gleichung 6.8 aufgestellte Energiebilanz beschreibt den Zusammenhang verschiedener Energieübertragungsmechanismen, die jeweils als Einzelterm in dieser partiellen Differentialgleichung (PDGL) enthalten sind. Die Geschwindigkeit v und die Wärmeleitfähigkeit λ sind als Vektor bzw. Tensor hervorgehoben. Mit dieser PDGL wird das Temperaturfeld also in einem beliebigen 3-dimensionalen Kontinuum beschrieben. Problematisch ist jedoch die Lösung der PDGL nach der Temperatur.

Analytische Verfahren sind hier ohne Vereinfachungen der Gleichung nicht anwendbar. Vielmehr müssen numerische Lösungsmethoden wie z. B. Finite-Differenzen-Methoden oder Finite-Elemente-Methoden genutzt werden. Diese numerischen Verfahren überführen die PDGL in ein Gleichungssystem, welches dann mit Hilfe einfacher Verfahren, z. B. Gaussverfahren, gelöst werden kann.

Für die prozessrelevanten Materialeigenschaften, die Geschwindigkeit, die Quell-bzw. Senkterme und die Randbedingungen werden meist die in Tabelle 6.4 dargestellten Einschränkungen und Vereinfachungen vorgenommen.

Tabelle 6.4 Parameter und deren Vereinfachung in der Energiebilanz

Eigenschaft/ Parameter	Bemerkung/Begründung
ρ = const.	Die Dichtevariation des Materials in Abhängigkeit von der Temperatur ist sehr gering [12].
ε = const.	Die Variation des Emissionsgrades in Abhängigkeit von der Temperatur ist sehr gering.
α = const.	Durch fehlerbehaftete semi-empirische Ermittlung der Wärmeübergangskoeffizienten wird wie bei den Ähnlichkeitsbetrachtungen von einem konstanten mittleren Wert ausgegangen.
$T_e \neq T_e(T)$	Die Umgebungstemperatur kann zeitvariant, aber nicht abhängig von der Materialtemperatur der Prozesspartner modelliert werden. Diese Vereinfachung basiert auf der Annahme eines großen Volumens der Umgebung im Vgl. zum Volumen der Prozessteilnehmer und der großen Trägheit der Umgebung.
$q_s \neq q_s(T)$	Ein aufgeprägter Wärmefluss wird nicht durch die Temperatur beeinflusst. Verluste können aber durch Konvektion und/oder Strahlung modelliert werden.
$v \neq v(T)$	Die Prozessgeschwindigkeit wird nicht als Funktion der Temperatur angenommen.
$c_p = c_p(T)$	Die spezifische Wärmekapazität von FKV ist stark temperaturabhängig und daher als Funktion der Temperatur zu betrachten.
$\lambda = \lambda(T)$	Die Wärmeleitfähigkeit von TP-FKV ist stark temperaturabhängig und daher als Funktion der Temperatur zu betrachten (siehe/vgl. Bild 6.6).
$\dot{Q} = \dot{Q}(T)$	Die Quell- und Senkterme sind ebenfalls temperaturabhängig.

Während die bisher beschriebenen Zusammenhänge unmittelbar zur Lösung der Energiebilanzgleichung und somit der Lösung des Temperaturfeldproblems dienen, sind andere Phänomene von der eigentlichen Energiebetrachtung entkoppelt. Dies ist gültig für Teilprozesse, die keine direkte Rückwirkung auf die Temperatur haben, bzw. für Degradationsprozesse, solange der Massenabbau die geometrischen Grenzen des betrachteten Materials nicht zu sehr verändert (z. B. Abbrand der Materialoberfläche).

Bei duroplastischen Matrizes muss die Reaktionswärme bei der Energiebilanz zwingend berücksichtigt werden, wie dies aus Bild 6.11 (Viskositätsverlauf durch Überlagerung der rheologischen und reaktionskinetischen Anteile) hervorgeht, da die Viskosität und somit der gesamte Imprägniervorgang dadurch stark beeinflusst wird.

Für Kristallisationsvorgänge bei thermoplastischen Matrizes ist zwar ein prinzipieller Zusammenhang zwischen der Kristallisation und der dadurch frei werdenden bzw. gebundenen Energie bekannt, für die meisten Materialien kann dies jedoch vernachlässigt werden [12].

Basierend auf diesen grundlegenden Zusammenhängen und durch geeignete Vereinfachungen lassen sich Prozessmodelle erstellen, die eine Herleitung der interessierenden Temperaturverläufe während der Verarbeitung erlauben. Mit diesen Temperaturverläufen lässt sich dann wiederum eine detailliertere Aussage über das Verhalten der Matrix im realen Prozess treffen.

Bei der Betrachtung der rheologischen Eigenschaften und deren Temperaturabhängigkeit muss nun grundsätzlich nach Thermoplasten und Duroplasten unterschieden werden.

6.3.3 Einfluss der Rheologie auf die Verarbeitung

Da der Einfluss der Rheologie, also des Stoffverhaltens einer Materie unter Einwirkung von äußeren Kräften und Verformungen den Verarbeitungsprozess wesentlich beeinflusst, soll dies hier näher betrachtet werden. Zur Beschreibung von Stoffen werden drei rheologische Grundeigenschaften unterschieden:

- Viskosität,
- Elastizität,
- Plastizität.

Reale Flüssigkeiten weisen alle drei Grundeigenschaften auf, welche allerdings je nach Umgebungsbedingungen unterschiedlich stark ausgeprägt sein können.

Verhält sich der Widerstand eines Materials gegen eine Deformation proportional zur Deformationsgeschwindigkeit, dann wird dieses Material linear-reinviskoses oder newtonsches Material genannt. Bei Flüssigkeiten spricht man von newtonschen Flüssigkeiten.

Niedrigviskose Harze, wie sie bei den Harzinjektionsverfahren verwendet werden, zeigen angenähert ein solches Verhalten. Bei newtonschen Flüssigkeiten ist die Viskosität eine Stoffgröße, die nur von der Temperatur abhängt. Dies gilt allerdings für reaktive Harze nur, solange keine chemische Reaktion einsetzt.

Thermoplastschmelzen haben gegenüber den Duroplasten eine wesentlich höhere Viskosität und zählen nicht mehr zu den newtonschen Flüssigkeiten. Die Viskosität η ist ein Maß für die Zähigkeit einer Flüssigkeit. Typische Werte für verschiedene Stoffe sind in Tabelle 6.5 aufgelistet.

Für eine detailliertere Betrachtung muss das rheologische Materialverhalten in Bezug auf die jeweilige Verarbeitungstechnik beschrieben werden. Tabelle 6.6 stellt typische rheologische Phänomene den jeweiligen Verarbeitungsverfahren gegenüber.

Tabelle 6.5 Viskositätswerte bei 20 °C

Stoff	Viskosität [Pa · s]
Luft	10^{-5}
Wasser	10^{-3}
Typische Injektionsharze *	$20 \cdot 10^{-3} - 500 \cdot 10^{-3}$
Speiseöl	$\sim 70 \cdot 10^{-3}$
Thermoplastschmelze*	$10^2 - 10^6$

* bei Verarbeitungstemperatur

In Bild 6.8 ist der grundlegende Versuch zur Bestimmung der Viskosität eines Materials dargestellt. Ein Volumenelement mit der Grundfläche A und der Höhe h wird durch eine sich bewegende Platte mit der Kraft F über die Fläche A belastet.

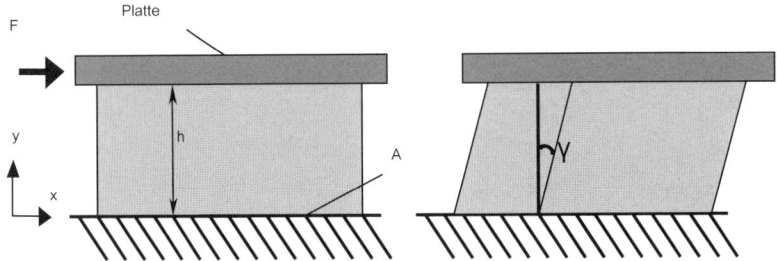

Bild 6.8 Modell eines Scherversuchs

Die wirkende Schubspannung τ ergibt sich zu:

$$\tau = \frac{F}{A} \tag{6.9}$$

Die Schubspannung führt zu einer Deformation des Volumenelements, der sogenannten Scherung γ:

$$\gamma = \frac{dx}{dy} \tag{6.10}$$

Der Zusammenhang zwischen der äußeren Kraft F und der sich einstellenden Verformung kann über die Änderung der Scherung infolge dieser Kraft hergestellt werden. Die wirkende Schubspannung τ ist der Änderung des Scherwinkels, also der Schergeschwindigkeit $\dot{\gamma}$ proportional, wie dies in Gleichung 6.11 ausgedrückt ist.

$$\tau = \eta \dot{\gamma} \tag{6.11}$$

Als Proportionalitätsfaktor wird die dynamische Viskosität η eingeführt. Wie zuvor schon ausgeführt, sind newtonsche Flüssigkeiten dadurch gekennzeichnet, dass ihre Viskosität η unabhängig von der Schergeschwindigkeit $\dot{\gamma}$ ist. Dies kann für Duroplaste in der Regel als erfüllt vorausgesetzt werden. Weitere Informationen zur Rheologie von Polymeren sind in [13] zu finden.

Tabelle 6.6 Rheologie während der Verarbeitung

Verfahren	Werkstoff	Besonderheit
Halbzeugherstellung	Duroplast (Prepreg; SMC)	▪ Imprägnierung gut, da geringe Viskosität ▪ Gelierzustand über Reaktionskinetik
	Thermoplast (GMT/LFT; UD-Bändchen; Organobleche)	▪ Imprägnierung temperaturabhängig über die Viskosität (hohe Viskosität) ▪ Erstarren nach erfolgter Imprägnierung
Direktverfahren	Thermoplast (D-LFT) Duroplast (D-SMC)	▪ Imprägnierung temperaturabhängig über die Viskosität (hohe Viskosität) ▪ Starke Viskositätsänderungen aufgrund eines variothermen Zykluses ▪ Erstarren bzw. chemische Vernetzung nach erfolgter Imprägnierung
Pressverfahren	Duroplast (Prepreg; SMC)	▪ Imprägnierung bereits im Halbzeug abgeschlossen ▪ Starke Viskositätsänderungen, da reaktionsbeeinflusst (Exothermie) ▪ Kurze Prozesszeiten (Minuten) ▪ Chemische Vernetzung
	Thermoplast (GMT/LFT)	▪ Imprägnierung bereits im Halbzeug abgeschlossen ▪ Fließfähigkeit notwendig, Viskosität temperatur- und scherratenabhängig ▪ Erstarren zum Festkörper
Umformtechnik	Thermoplast (Organobleche)	▪ Imprägnierung bereits im Halbzeug abgeschlossen ▪ Kein Fließen sondern Drapieren ▪ Viskosität temperaturabhängig ▪ Erstarren zum Festkörper
Harzinjektion	Duroplast	▪ Imprägnierung gut, da niedrige Viskosität ▪ Starke Viskositätsänderungen, da reaktionsbeeinflusst (Exothermie) ▪ Chemische Vernetzung
Wickeltechnik/ Tapelegen	Duroplast	▪ Imprägnierung gut, da niedrige Viskosität ▪ Starke Viskositätsänderungen, da reaktionsbeeinflusst (Exothermie) ▪ Chemische Vernetzung
	Thermoplast	▪ Imprägnierung abgeschlossen ▪ Kein Fließen ▪ Viskosität temperaturabhängig ▪ Erstarren zum Festkörper

6.3.3.1 Duroplaste

Bei der Beschreibung des rheologischen Verhaltens von Duroplasten muss deren Einsatzzweck mit in die Überlegungen einbezogen werden. Duroplaste werden entweder direkt als dünnflüssige Harze im Handlaminieren, Fließpressen und den Harzinjektionsprozessen oder in Halbzeugsystemen wie Prepregs, SMC oder BMC eingesetzt. Bei den letztgenannten Systemen handelt es sich um imprägnierte Fasersysteme, deren Aushärtung unterbrochen, bzw. stark verzögert wurde. Für beide Anwendungsgebiete gilt, dass die Aushärtung zeit- und temperaturabhängig ist und durch die Messung des Viskositäts- bzw. Härteverlaufs beobachtet werden kann. Dies ist deshalb wichtig, weil Duroplaste bis zu einer bestimmten Grenzviskosität noch verform- bzw. verarbeitbar sind. Man spricht hier auch von der sogenannten Topfzeit.

Verarbeitung von reinen Duroplasten

Für das Handlaminieren, Fließpressen oder die Harzinjektionsprozesse eignen sich besonders Harze mit einer geringen Viskosität. Typische Harze haben bei Verarbeitungstemperatur eine Anfangsviskosität zwischen 20 mPa · s und 500 mPa · s. Vereinfacht können sie als newtonsche Flüssigkeiten angesehen werden, deren Viskosität nur von der Temperatur abhängig ist. Mit zunehmender Temperatur werden die Harze zunächst dünnflüssiger und sind damit besser verarbeitbar.

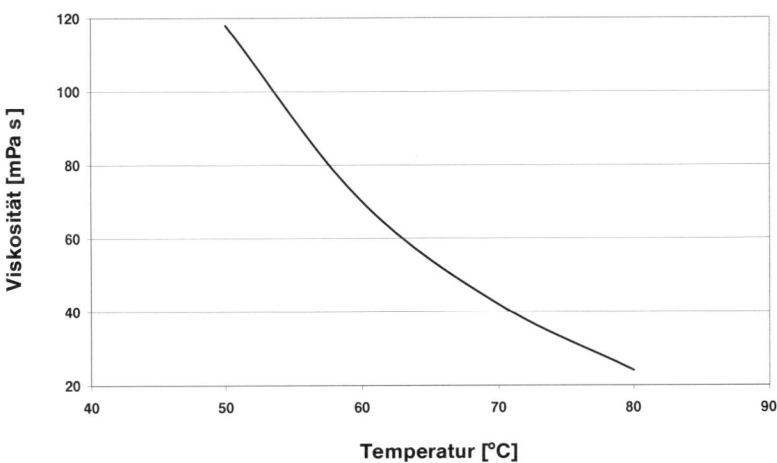

Bild 6.9 Viskositätsverlauf als Funktion der Verarbeitungstemperatur

In Bild 6.9 ist die Viskositätsabnahme bei steigender Verarbeitungstemperatur beispielhaft für ein Epoxidharzsystem dargestellt. Hierbei handelt es sich nur um die Anfangsviskositätswerte. Unter Anfangsviskosität versteht man die Viskosität, die das Harz kurz nach dem Mischen der Harzkomponente mit der Härterkomponente hat. Deutlich zu erkennen ist, dass die Viskosität mit zunehmender Temperatur abnimmt: das Harz lässt sich dann leichter injizieren. Mit zunehmender Temperatur verläuft allerdings auch die chemische Reaktion schneller. In Bild 6.10 ist eine isotherme Viskositätsmessung abgebildet, die belegt, dass bei diesem Harz die Viskosität schon nach wenigen Minuten stark ansteigt. Das Harz beginnt zu gelieren und ist nicht mehr fließfähig. So erreicht die Viskosität des Harzes in diesem Beispiel bei 60 °C nach ca. 10 min schon einen Wert von 1000 mPa · s. Bei 80 °C wird dieser Wert schon nach ca. 5 min. erreicht. Damit steht nur noch die Hälfte der Zeit zur Verarbeitung des Harzes bei erhöhter Temperatur zur Verfügung.

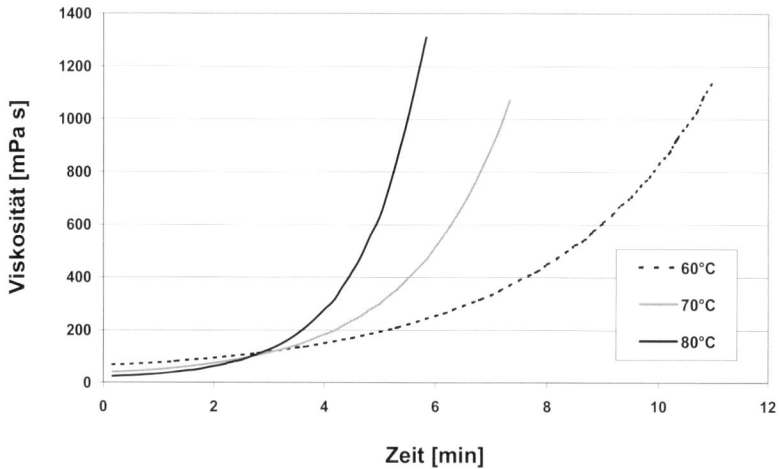

Bild 6.10 Viskositätsverlauf bei unterschiedlichen Temperaturen

Man hat es also mit zwei gegenläufigen Effekten zu tun. Mit einer höheren Injektionstemperatur ist das Harz zwar zu Beginn dünnflüssiger, allerdings steigt dafür die Viskosität reaktionsbedingt schneller an. Dieser Zusammenhang ist in Bild 6.11 nochmals zusammenfassend dargestellt.

Mit der Kenntnis der Viskosität eines Harzes kann man somit ein Prozessfenster für die Verarbeitungstemperatur ermitteln. Dies kann auch unter zu Hilfenahme des Gesetzes von D'Arcy durch eine Fließsimulation erfolgen. Dazu muss jedoch der jeweilige Viskositätsanstieg durch die beginnende Vernetzungsreaktion bei der Fließsimulation mit berücksichtigt werden.

Die in Bild 6.10 dargestellten Verläufe gelten nur für isotherme Injektionsbedingungen. Diese Einschränkung wird z. B. beim Einsatz von Metallwerkzeugen und bei dünnwandigen Bauteilen eingehalten. Werkzeuge aus Metall leiten die bei der Reaktion entstehende Wärme gut ab. Ebenso erwärmt sich Harz sehr schnell, wenn es in einem Werkzeug mit höherer Temperatur verarbeitet wird. Bei dünnwandigen Bauteilen kann die Reaktionswärme durch die relativ zum Volumen große Oberfläche auch bei nichtmetallischen Werkzeugen abgeführt werden. Bei dickwandigen Bauteilen kann nicht mehr von isothermen Abläufen ausgegangen werden, da es durch die schlechte Wärmeleitfähigkeit von Kunststoffen vor allem bei den stark exotherm reagierenden Epoxidharzen zu einem Wärmestau im Inneren des Bauteils kommen und dadurch die Reaktion erheblich beschleunigt werden kann.

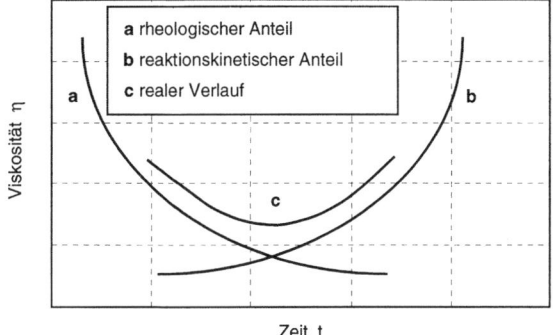

Bild 6.11 Viskositätsverlauf durch Überlagerung der rheologischen und reaktionskinetischen Anteile

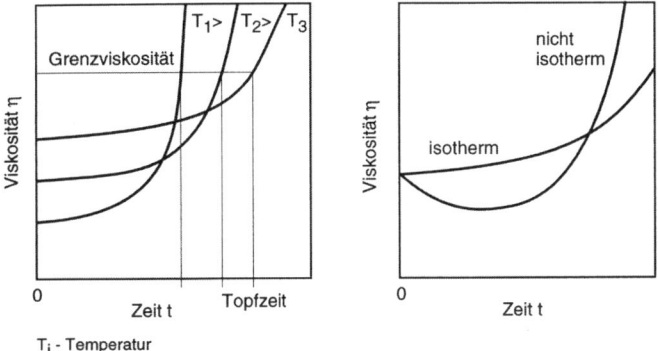

Bild 6.12 Isothermer und nicht-isothermer Viskositätsverlauf [14]

Bild 6.12 zeigt, dass aufgrund der exothermen Reaktion und der damit einhergehenden zusätzlichen Erwärmung des Harzsystems zum einen eine Viskositätsreduzierung erfolgt, aber auch ein schnellerer Anstieg der Viskosität in der Härtungsphase resultiert.

Verarbeitung von duroplastischen Halbzeugen

Bei der Verarbeitung von duroplastischen Halbzeugen ist der Imprägnierprozess bereits abgeschlossen und die Aushärtungsphase eingeleitet, aber in ihrem Ablauf unterbrochen worden, wie schon einleitend erläutert. Die Aushärtung wird in der Regel durch Temperatur, z. B. ein temperiertes Werkzeug, wieder initiiert. Dies führt immer zu einem kurzfristigen, aber starken Abfall der Viskosität und einer sehr schnellen Aushärtung, Bild 6.11. Bei duroplastischen Prepregs kann dies zur einfacheren Komprimierung und bei Fließpressmassen zum Füllen des Werkzeugs ausgenutzt werden.

Gerade bei der Verarbeitung von SMC ist dieser Zusammenhang besonders wichtig. Bild 6.13 verdeutlicht die kurzfristige Viskositätsreduktion während der Pressphase im beheizten Werkzeug, die einen Fließprozess erst ermöglicht. Die Reaktionsgeschwindigkeit kann durch eine entsprechende Temperaturführung gesteuert werden, die auch die Festigkeit des Bauteils beeinflusst [15].

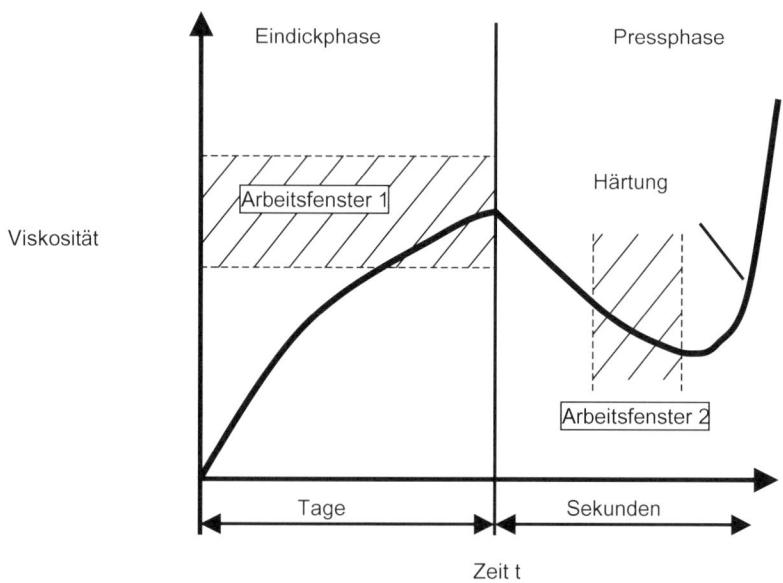

Bild 6.13 Viskositätsänderung von SMC während der Eindick- und der Pressphase

Neben dem Viskositätsverlauf gibt der Härtungsverlauf von ungesättigten Polyesterharzen – und damit auch von SMC – Auskunft über den chemischen Prozess. Die Reaktionskurven von UP-Harzen bei Kalt- und Warmhärtung unterscheiden sich dabei charakteristisch, Bild 6.14.

Zur Härtung von UP-Harzen werden als Reaktionsmittel organische Peroxide und Beschleuniger benötigt. Die Kalthärtung startet bei 15 bis 20 °C, wobei die Kombination von UP-Harz, Härter und Beschleuniger verwendet wird. Für die Warmhärtung sind UP-Harz, Härter und Wärmezufuhr erforderlich. Die Härtung startet bei ca. 70 °C. Die Härtermengen betragen 2 bis 4 % und die der Beschleuniger 0,5 bis 1 %. Beide Härtungsvarianten zeigen eine exotherme Reaktion. Bei kalthärtenden Harzen folgt der Härtung in der Regel eine Temperung zur Verbesserung der Chemikalienbeständigkeit. Die Dauer der Temperung kann bei kalthärtenden Standardharzen bis zu 15 h betragen, die sich in drei gleich große Intervalle zu je 5 h bei 80°, 60° und 50 °C aufteilt.

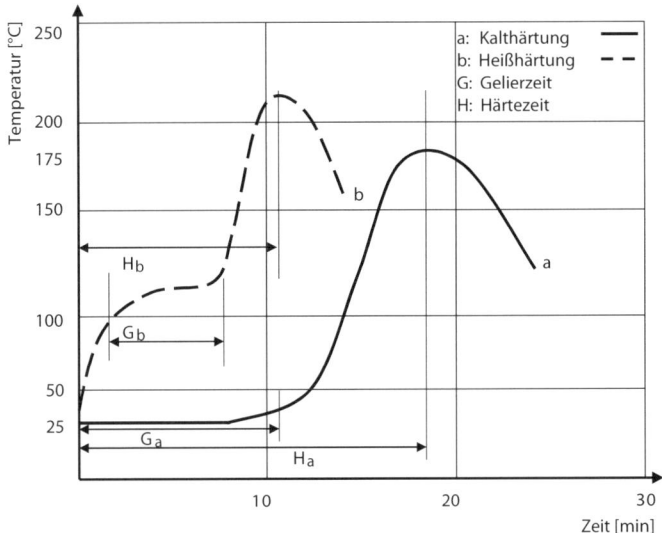

Bild 6.14 Temperatur-Zeit-Verläufe bei der Kalt- bzw. Heißhärtung

Mit der Vernetzung von UP-Harzen ist eine Volumenschwindung verbunden, die bis zu 9 % betragen kann [16]. Die Schwindung setzt sich dabei aus dem linearen temperaturbedingten Anteil und der Reaktionsschwindung zusammen.

Durch die Zugabe von Füllstoffen kann die Reaktionsschwindung und durch den Einsatz von Thermoplastanteilen, die über styrolische Lösung in den Matrixwerkstoff eingemischt werden, der Gesamtschrumpf annähernd auf Null reduziert werden. Derartige Systeme werden als „Low Shrink"- oder „Low Profile"-Systeme bezeichnet.

Die Gesamtdauer des Härtungsvorgangs wird wesentlich bestimmt durch die Wanddicke, die geometrische Komplexität des Bauteils und die Prozessparameter. Dabei stehen eine möglichst kurze Zykluszeit und eine vollständige Aushärtung im Gegensatz. Eine Lösung besteht darin, mittels eines Puffers die Teile in entsprechenden Spannwerkzeugen nachzuhärten, bzw. auszulagern und so auch schwindungsbedingte Geometrieabweichungen auszuschließen.

6.3.3.2 Thermoplaste

Bei Thermoplasten spielt aufgrund der wesentlich höheren Viskosität gegenüber Duroplasten, Tabelle 6.5, die Schergeschwindigkeit während der Verarbeitung eine dominierende Rolle. Die Viskosität sinkt mit zunehmender Schergeschwindigkeit, was mit der „Verstreckung" der Makromoleküle parallel zur Fließrichtung begründet werden kann. Hierdurch wird die innere Reibung verringert. Das gegensätzliche Verhalten, Dilatanz genannt, ist eher selten (z.B. bei der Verarbeitung von Plastisolen). Das prinzipielle Verhalten ist in Bild 6.15 dargestellt.

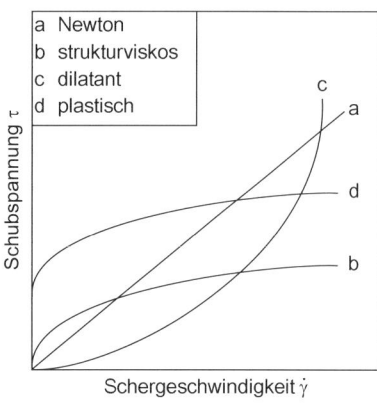 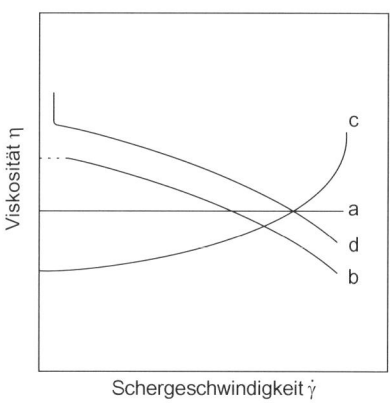

Bild 6.15 Fließ- und Viskositätskurven

Da sich aufgrund der in einem Verarbeitungsprozess auftretenden Schergeschwin-
digkeiten die Viskosität verändert, nennt man dieses Verhalten auch strukturviskoses oder pseudoplastisches Verhalten. Es lässt sich je nach Verarbeitungsverfahren und Verarbeitungsbedingungen beeinflussen. Dieser Zusammenhang ist in Bild
6.16 dargestellt.

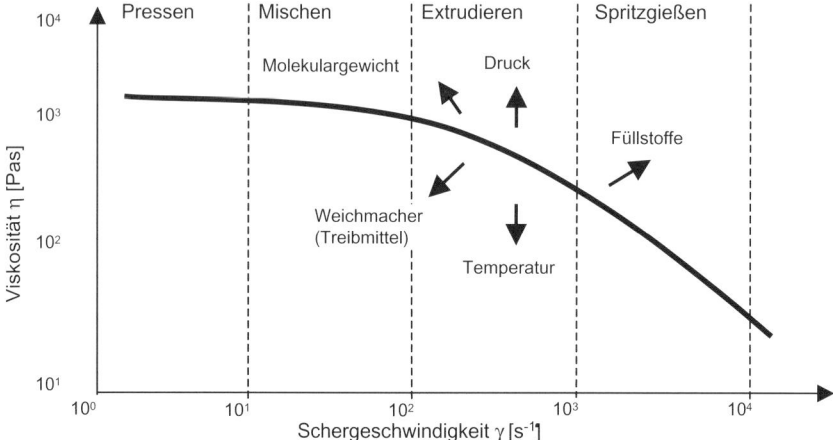

Bild 6.16 Beeinflussung der Viskosität während der Verarbeitung

Durch den Einsatz von Weichmachern oder erhöhten Temperaturen lässt sich die
Viskosität reduzieren, wohingegen ein erhöhtes Molekulargewicht, höhere Drücke
oder insbesondere der Einsatz von Füllstoffen eine Viskositätserhöhung zur Folge
haben.

In Bild 6.17 sind die drei wichtigsten Modelle zur Beschreibung der Scherraten-
abhängigkeit der Viskosität dargestellt.

Wie zu erkennen ist, kann die Viskosität bis zu einer Grenzschergeschwindigkeit C_3 als newtonsche Viskosität und somit konstant angesetzt werden. Der Power-Law-Ansatz beschreibt den Viskositätsbereich jenseits dieser Grenzschergeschwindigkeit in der doppellogarithmischen Darstellung in Form einer Näherungsgeraden, während der Carreau-Ansatz beide Modelle miteinander verbindet.

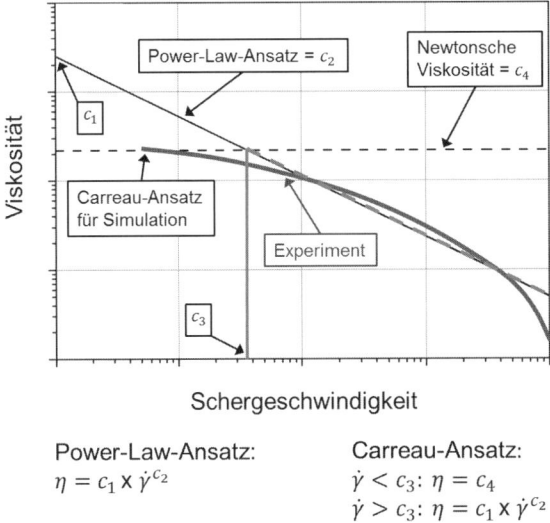

Power-Law-Ansatz:
$$\eta = c_1 \times \dot{\gamma}^{c_2}$$

Carreau-Ansatz:
$$\dot{\gamma} < c_3: \eta = c_4$$
$$\dot{\gamma} > c_3: \eta = c_1 \times \dot{\gamma}^{c_2}$$

Bild 6.17 Abhängigkeit der Viskosität von der Schergeschwindigkeit

6.3.4 Grundlagen der Fließprozesse

Will man den Imprägnierprozess modellieren, so muss nicht nur das Viskositätsverhalten der Matrix, sondern auch nach Gleichung 6.4 die Materialkomponente Verstärkungsstruktur mit der charakteristischen Kenngröße Permeabilität bekannt sein. Gerade der Begriff der Permeabilität, also die Tränkbarkeit einer Verstärkungsstruktur, soll detaillierter beleuchtet werden. Hierzu muss zunächst der eigentliche Fließprozess näher betrachtet werden.

Bei der Injektion eines niedrig viskosen Matrixsystems in eine Faserverstärkungsstruktur muss eine grundlegende Unterscheidung hinsichtlich der Fließfrontausbreitung vorgenommen werden. Diese ist zu unterscheiden in ein Fließen in eindimensionaler Form, ein Fließen in der Ebene und ein dreidimensionales Fließen.

In den folgenden Abschnitten wird das Gesetz von D'Arcy auf die jeweils vorliegende Fließform angepasst. Diese Gleichungen bilden die Grundlage zur Permeabilitätsbestimmung aus Fließversuchen.

6.3.4.1 Eindimensionales Fließen (1D)

Betrachtet man das Gesetz von D'Arcy, so kann daraus relativ einfach eine eindimensionale Form gewonnen werden, die insbesondere für die Permeabilitätsmessverfahren von Bedeutung ist.

$$v = -\frac{K_x}{\eta} \cdot \frac{\Delta P}{\Delta X} \tag{6.12}$$

Hierbei steht die Geschwindigkeit v für die gemittelte Geschwindigkeit des tränkenden Fluids in Richtung der Koordinate X, in einer um den eigentlichen Anteil des porösen Mediums verringerten Querschnittsfläche. Ersetzt man diese Geschwindigkeit durch den Quotienten aus Volumenstrom Q und der effektiven durchströmbaren Fläche des porösen Mediums A_{eff}, so erhält man folgende Gleichung:

$$Q = -\frac{K_x A_{eff}}{\eta} \frac{\Delta P}{\Delta X} \tag{6.13}$$

Die effektiv durchströmte Fläche ist definiert als

$$A_{eff} = A_{Form} \cdot \varepsilon \tag{6.14}$$

Hierbei steht A_{Form} für die angegossene Querschnittsfläche der Form und ε für die Porosität des zu durchströmenden Mediums.

$$\varepsilon = 1 - V_f \tag{6.15}$$

In Gleichung 6.15 stellt V_f den bekannten Ausdruck des Faservolumengehalts dar, der sich aus dem Flächengewicht, der Kavitätshöhe der Form und der Dichte des verwendeten Faserhalbzeuges bzw. dem Fasermaterial errechnen lässt.

Die in Gleichung 6.13 dargestellte eindimensionale Form des Gesetzes von D'Arcy ist dann vorteilhaft einzusetzen, wenn der Volumenstrom und der Druckgradient über einer Strecke x bekannt sind. Dies ist in der praktischen Anwendung leicht umzusetzen, indem ein Volumenstromzähler und zwei Drucksensoren in einem definierten Abstand zueinander in den entsprechenden Versuchsaufbau integriert werden. Alternativ kann über Wägung auch der Massenstrom bestimmt werden.

Eine etwas andere Form erhält man durch die Integration von Gleichung 6.13, wenn die Druckdifferenz durch den Druck am Eingang, der sog. Injektionsöffnung und dem an der Fließfront herrschenden Druck ermittelt wird. Bestimmt man die Streckendifferenz in gleicher Weise und ersetzt den Volumenstrom durch die durchströmte Fläche und die Fließfrontgeschwindigkeit, so ergibt sich nach Durchführung einiger Umstellungen folgende Form:

$$x_{ff}^2 = \frac{2K_x}{\eta(1 - V_f)}(P_{ff} - P_{inj})t_{ff} \tag{6.16}$$

Hierbei stehen x_{ff} für die Position der Fließfront, V_f für den Faservolumengehalt, P_{ff} und P_{inj} für den Druck an der Fließfront und an der Injektionsöffnung und t_{ff} für die

Zeit zum Erreichen der Fließfrontposition. Diese Art der Formulierung ist sehr verbreitet [17], wenn zur Permeabilitätsmessung optische eindimensionale Verfahren mit konstantem Injektionsdruck genutzt werden.

6.3.4.2 Zweidimensionales Fließen (2D)

Bei dem Fließen in der Ebene sind zwei verschiedene Ausprägungen der Fließfrontgeometrie zu unterscheiden. Dies ist einerseits die zylindrische Ausbreitung, andererseits die elliptische Ausbreitung des tränkenden Fluids innerhalb des porösen Mediums. Für den Fall der zylindrischen Ausbreitung der Fließfront stellt [21] folgende, aus der Kontinuitätsgleichung und dem Gesetz von D'Arcy resultierende Gleichung auf:

$$\frac{dR_f}{dt} = \frac{K\Delta P}{\eta\varepsilon} \frac{1}{R_f \ln\left(\dfrac{R_f}{R_0}\right)} \tag{6.17}$$

Hierbei sind R_f und R_0 die Radien der Fließfront und des Angusspunktes. Unter Verwendung der Anfangsbedingungen $R_f = R_0$ zum Zeitpunkt $t = 0$ ergibt die Lösung von Gleichung 6.17 zu

$$G(\rho, f) = \left[\frac{\left(\dfrac{R_f}{R_0}\right)^2 \left(2\ln\left(\dfrac{R_f}{R_0}\right) - 1\right) + 1}{4}\right] = \Phi = \frac{K\cdot\Delta P\cdot t}{\varepsilon\cdot\eta\cdot R_0^2} \tag{6.18}$$

Trägt man nun die Funktion $G(\rho, f)$ über der Zeit t auf und legt eine Regressionslinie durch diese Punkte, so lässt sich aus der Steigung m dieser Geraden die isotrope Permeabilität nach folgender Formel berechnen:

$$K = \frac{m\varepsilon\eta R_0^2}{\Delta P} \tag{6.19}$$

Zeigt sich jedoch bei der Ausbreitung der Fließfront eine elliptische Fließfrontgeometrie, so wird die Auswertung mathematisch etwas aufwendiger. Die dann zur Beschreibung der Fließfront nötige Differentialgleichung lautet [18]:

$$\frac{d\xi_f}{dt} = \frac{K_1\Delta P}{\eta R_0^2}\left[\frac{\alpha}{1-\alpha}\right]\left[\frac{1}{(\xi_f - \xi_0)(\cosh^2\xi_f - \cos^2\mu)}\right] \tag{6.20}$$

In Gleichung 6.20 steht ξ_f für einen Punkt auf der Ellipse, μ stellt das elliptische Äquivalent zum ebenen Winkel Θ dar, der die Abweichung der Hauptfließrichtung eines globalen Koordinatensystems definiert, Bild 6.18.

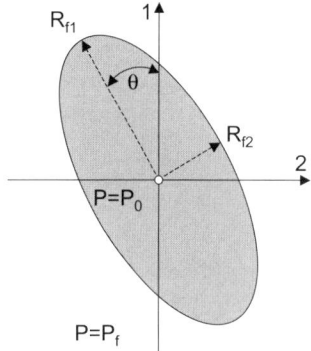

Bild 6.18
Schema der radialen Fließfrontentwicklung in einem anisotropen porösen Medium

Der Quotient der beiden Hauptachsenpermeabilitätswerte K_2/K_1 wird mit dem Buchstaben α eingeführt. Hierbei ist K_1 die Permeabilität in Richtung der größten Fließgeschwindigkeit. Folglich wird der zweiten Hauptrichtung die Permeabilitätskomponente K_2 zugewiesen, welche die Richtung der geringsten Ausbreitungsgeschwindigkeit abbildet.

Die erforderliche Transformation der elliptischen Fließfrontgeometrie in eine radiale Geometrie erfolgt für die beiden Hauptachsenrichtungen mittels folgender Beziehungen:

$$\xi_{f1} = \sinh^{-1}\left[\frac{R_{f1}}{R_0}\left(\frac{1}{\alpha} - 1 \right)^{-1/2} \right] \tag{6.21}$$

$$\xi_{f2} = \cosh^{-1}\left[\frac{R_{f2}}{R_0}\left(1 - \alpha \right)^{-1/2} \right] \tag{6.22}$$

Zusätzlich gilt noch für den äquivalenten Drehwinkel:

$$\xi_0 = \ln\left[\frac{1+\alpha^{1/2}}{(1-\alpha)^{1/2}} \right] \tag{6.23}$$

Mit Hilfe der Anfangsbedingungen $\xi_f = \xi_0$ zum Zeitpunkt t = 0, ergibt sich:

$$F(\xi_f \eta) = (\xi_f - \xi_0)\left(\frac{\sinh(2\xi_f)}{4} + \frac{\xi_f}{2} \right) + \cos^2\eta\left(\xi_f \xi_0 - \frac{(\xi_f^2 + \xi_0^2)}{2} \right) + $$

$$\frac{(\cosh(2\xi_0)) - (\cosh(2\xi_f))}{8} + \frac{(\xi_0^2 - \xi_f^2)}{4} = \left[\frac{\alpha}{1-\alpha} \right]\Phi \tag{6.24}$$

Die Berechnung der Permeabilität aus diesem Ausdruck ist ein iterativer Prozess, der mit einem geschätzten Startwert für α beginnt. Mit diesem Wert und den Fließfrontradien entlang der Hauptachsen können zwei Graphen erzeugt werden. Der Wert α wird nun so lange verändert, bis die Steigung der Korrelationsgeraden der beiden Graphen ein Minimum im Verfahren der kleinsten Fehlerquadrate ergibt.

Der so ermittelte Wert von α wird zusammen mit der ermittelten Steigung der Korrelationsgeraden m_ξ in folgende Gleichung eingesetzt.

$$m_\xi = \frac{K_1 \Delta P}{\varepsilon \eta R_0^2}\left[\frac{\alpha}{1-\alpha}\right] \tag{6.25}$$

Da sämtliche Parameter außer der Permeabilität in Hauptachsenrichtung 1 bekannt sind, kann aus dieser Gleichung K_1 direkt bestimmt werden. In einem zweiten Schritt kann aus dem Verhältnis der beiden Hauptachsenpermeabilitätswerte K_2 ermittelt werden:

$$\alpha = \frac{K_2}{K_1} \tag{6.26}$$

Alternativ zu diesem eher aufwendigen Verfahren kann durch den Einsatz der Koordinatentransformation die reale elliptische Fließfrontausbreitung auf eine modellhafte zylindrische Fließfrontgeometrie zurückgeführt und das mathematische Problem eindimensional in einem isotropen Ersatzmodell gelöst werden. Durch eine entsprechende Rücktransformation erhält man die Hauptachsenpermeabilitäten des realen Systems [19], [20].

6.3.4.3 Dreidimensionales Fließen (3D)

Die Injektion eines Stapels aus flächigen Verstärkungstextilien über eine Angussbohrung führt zu einer dreidimensionalen radialen Ausbreitung der Flüssigkeit innerhalb der Fasern, Bild 6.19. Durch diese Anordnung ist es prinzipiell möglich, alle für eine Bestimmung der drei Hauptachsenpermeabilitäten erforderlichen Messdaten in einem Versuch zu ermitteln [21].

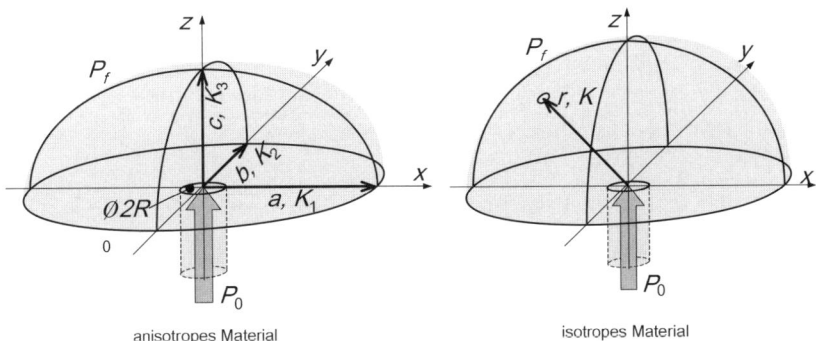

Bild 6.19 Punktinjektion eines Faserstapels über eine Angussbohrung

Die Herleitung eines Permeabilitätsmodells für die Beschreibung der obigen Ausbreitung einer Flüssigkeit in einem Verstärkungstextil erfolgt analog zum zweidimensionalen Fall [20].

Statt einer direkten Lösung für den allgemeinen, anisotropen Fall wird eine auf den Spezialfall der Isotropie beschränkte Lösung ermittelt. Die daraus resultierende isotrope Ersatzpermeabilität lautet:

$$K = \frac{\eta \phi r_0^{\,2}}{6(P_0 - P_f)} \left[2 \left(\frac{r_f}{r_0} \right)^3 - 3 \left(\frac{r_f}{r_0} \right)^2 + 1 \right] \frac{1}{t} \tag{6.27}$$

Mit Hilfe der Transformationsbeziehungen und Gleichung 6.27 werden die drei Hauptachsenpermeabilitätkennwerte K_1, K_2, K_3 des anisotropen (realen) Systems bestimmt.

$$r = \sqrt{\frac{K}{K_1}}\, x \,,\; r = \sqrt{\frac{K}{K_2}}\, y \,,\; r = \sqrt{\frac{K}{K_3}}\, z \tag{6.28}$$

6.3.5 Permeabilitätsmessung

Nachdem bereits die Definition und die mathematische Beschreibung der Permeabilität behandelt wurden, soll sich dieser Abschnitt mit der experimentellen Bestimmung der Permeabilität befassen.

Wie sich aus den mathematischen Beschreibungen des ein-, zwei- und dreidimensionalen Fließens in einem porösen Medium bereits schließen lässt, existieren eine Reihe von experimentellen Messverfahren. In Bild 6.20 sind die heute verfügbaren Messmethoden aufgeführt. Hierbei sind die am häufigsten verwendeten Verfahren grau unterlegt. Die Unterscheidung zwischen transienten und stationären Messmethoden ist bewusst gewählt, um auf die Diskrepanzen zwischen Theorie und Anwendung bei der Bestimmung der Permeabilität hinzuweisen.

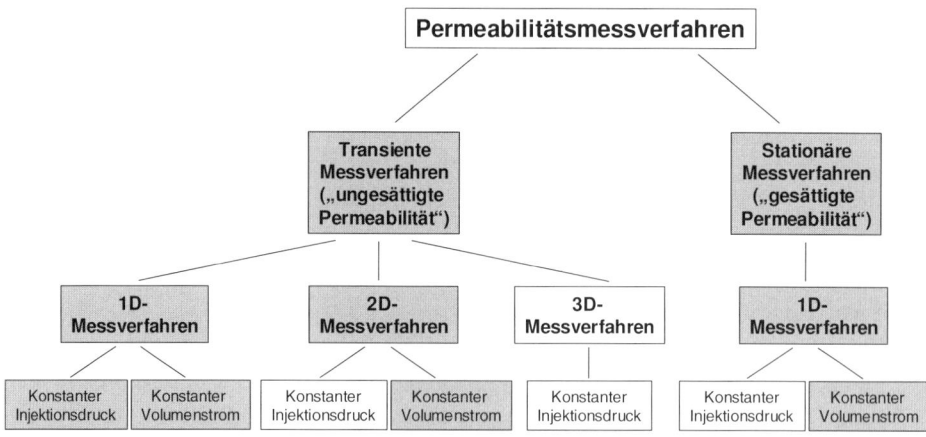

Bild 6.20 Übersicht der Permeabilitäts-Messmethoden

Das Gesetz von D'Arcy hat sich in der Praxis als schnelle, einfache, robuste und hinreichend genaue Berechnungsmethodik durchgesetzt.

6.3.5.1 Eindimensionale Permeabilitätsmessung (1D)

Bei der eindimensionalen Permeabilitätsmessung wird vorausgesetzt, dass die Richtungen der Hauptachsen des vorliegenden Faserhalbzeugs im Voraus bekannt sind. Daher ist es erforderlich, für die Ermittlung der ebenen Permeabilität eines Faserhalbzeugs eindimensionale Versuche entlang der beiden Hauptachsen durchzuführen. Eine definierte Anzahl einzelner Lagen wird dazu entlang einer Hauptachse des Faserhalbzeugs ausgeschnitten und in eine vorbereitete Form eingelegt. Diese Form besteht in der Regel aus einer Unterplatte aus Aluminium, einem Abstandsrahmen und einer durchsichtigen Oberplatte, meist aus PMMA. Der Abstandsrahmen ermöglicht es, eine definierte Kavitätshöhe und damit einen entsprechenden Faservolumengehalt einzustellen. Die Verwendung einer durchsichtigen Oberplatte ist erforderlich, um den Fließfrontfortschritt zu jedem Zeitpunkt exakt optisch bestimmen zu können. Der Ablauf des Versuchs ist in Bild 6.21 dargestellt.

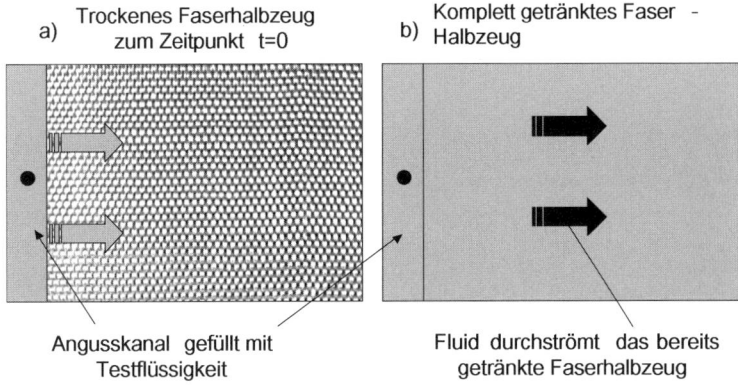

Bild 6.21 Prinzip der eindimensionalen Permeabilitätsmessung
a: transiente Verfahrensvariante, b: stationäre Verfahrensvariante

Hierbei zeigt Bild 6.21 a den Versuchsablauf einer transienten Permeabilitätsmessung. Bei dieser Art von Messungen wird die Permeabilität aus dem Fließfrontfortschritt ermittelt. Da sowohl der Injektionsdruck als auch der Umgebungsdruck innerhalb der Form bekannt sind, kann aus Gleichung 6.16 die Permeabilität des Faserhalbzeugs direkt über die Position der Fließfront bestimmt werden.

Bild 6.21 b zeigt im Vergleich den Ablauf einer stationären Permeabilitätsmessung. Hierbei ist zu Versuchsbeginn das Faserhalbzeug bereits vollständig mit Flüssigkeit gesättigt. Zur Durchführung dieser Verfahrensvariante ist es erforderlich, zwei Drucksensoren in der Form verfügbar zu haben. Über diese kann der Differenzdruck innerhalb der Form zu jedem Zeitpunkt bestimmt werden. Mittels der Druckdifferenz und dem bekannten Volumenstrom lässt sich mit Hilfe von Gleichung 6.13 dann die gesättigte Permeabilität des Faserhalbzeugs errechnen.

Bei der eindimensionalen Permeabilitätsmessung kommt es häufig zu einem Voreilen der Fließfront entlang der Kanten der Form. Dieses Phänomen bezeichnet man als „Race-Tracking"-Effekt [22]. Je nach Ausprägung dieses Effektes kann der durchgeführte Versuch nicht sinnvoll ausgewertet werden. Dies ist begründet in der mathematischen Annahme, dass die Fließfront immer eine Gerade bilden muss, um den Voraussetzungen der Volumenkontrollmethode zu genügen.

Ein weiterer Effekt, der auftreten kann, ist das „Fiber wash-out". Hierunter versteht man das axiale Verschieben der Gewebelagen innerhalb der Form bei zu geringem Faservolumengehalt bei gleichzeitig hoher Druckdifferenzen. Fiber wash-out muss verhindert werden, da das Gesetz von D'Arcy diese Verschiebung der Fasern nicht berücksichtigt. Zudem muss die Durchbiegung der transparenten PMMA Scheibe durch den Injektionsdruck unbedingt vermieden werden, da sonst der Zielfaservolumengehalt im Versuch reduziert wird. Bedingt durch die Eindimensionalität des Versuchsaufbaus müssen konsequenterweise immer mindestens zwei Versuche zur Bestimmung der ebenen Permeabilität eines Faserhalbzeugs durchgeführt werden. Trotz dieser Nachteile eignet sich die eindimensionale Permeabilitätsmessung, bedingt durch die einfache mathematische Auswertung der Versuche, sehr gut zur Bestimmung der Permeabilität entlang einer Hauptachse.

6.3.5.2 Zweidimensionale Permeabilitätsmessung (2D)

Um die bei der eindimensionalen Permeabilitätsmessung auftretenden Randeffekte zu vermeiden, wurde ein weiteres Verfahren zur Permeabilitätsmessung in der Ebene entwickelt. Der Hauptunterschied zu der eindimensionalen Permeabilitätsmessung besteht darin, dass bei dem 2D-Versuch nicht mit einem Linienanguss, sondern aus der Mitte des Faserhalbzeugs über einen Punktanguss injiziert wird. Hierbei entfallen die bei der eindimensionalen Permeabilitätsmessung auftretenden Probleme des Race-Trackings und die Notwendigkeit, dass in drei Richtungen gemessen werden muss, um die Hauptpermeabilitäten und den Orientierungswinkel der Permeabilität zu bestimmen. Damit reduziert sich der Versuchsaufwand für die gesamte Ebenenpermeabilitätsbestimmung von drei Messungen im 1D-Versuch auf eine Messung im 2D-Versuch.

Auch bei der zweidimensionalen Permeabilitätsmessung ist die exakte Kenntnis der Fließfrontposition als Funktion der Zeit erforderlich. Um diese Informationen zu erhalten, haben sich zwei Konzepte bewährt.

Im ersten Konzept wird die Auswertung der Fließfrontposition optisch durchgeführt. Hierzu werden Momentaufnahmen der Fließfrontgeometrie in einem definierten zeitlichen Abstand erstellt, woraus die Informationen zum Drehwinkel der Ellipse und die Fließfrontpositionen auf der jeweiligen Hauptachse entweder manuell oder durch geeignete Bildverarbeitungssoftware ermittelt werden können. Auch bei diesem Verfahren ist die Verwendung eines durchsichtigen Oberwerkzeugs notwendig. Ein Nachteil resultiert aus der geringen Steifigkeit von verfügbaren transparenten Materialien im Vergleich zu Metallen. Bei großen Schließkräften führt die Durchbiegung der transparenten Oberplatte zu einer Veränderung des Faservolumengehaltes, der zudem positionsabhängig ist und als unbekannter Fehler in die Messung eingeht.

Eine Alternative bieten die zweidimensionalen Permeabilitätsmessverfahren, bei denen die Oberplatte aus einem Metall besteht. Da hierbei der direkte Einblick in die Form nicht möglich ist, müssen Alternativen zur Fließfrontpositionsbestimmung eingesetzt werden. Zum einen können Felder von Drucksensoren in eine Formhälfte integriert werden, die dann über ihre definierte Position und ihr Signal eine diskrete Auswertung der Fließfrontposition ermöglichen [23]. Der Hauptnachteil dieses Ansatzes besteht in den relativ hohen Kosten für die Sensoren, hauptsächlich jedoch in der begrenzten Aussagefähigkeit der Drucksignale in Bezug auf die Fließfrontpositionen. Besser eignen sich in dieser Hinsicht Liniensensoren. Als kontinuierliches Messverfahren ermöglichen sie eine Bestimmung der Fließfrontposition zu jedem beliebigen Zeitpunkt [24].

Das Beispiel einer erfolgreichen Entwicklung eines entsprechenden Messsystems auf der Basis dielektrischer Liniensensoren ist das 2D-Kapa-Perm in Bild 6.22. Ziel dieses Messsystems ist es, ein einfaches und reproduzierbares Messverfahren mit gleichzeitig hohem Automatisierungspotenzial zu realisieren.

Zur Versuchsdurchführung wird Harz oder eine Referenzflüssigkeit durch den zentralen Punktanguss injiziert. Die Fließfront bildet dann bei einem homogenen Aufbau der Verstärkungsstruktur eine Ellipse aus. Die Lage und Größe einer Ellipse sind durch vier Punkte eindeutig zu stimmen. Diese Punkte sind zum einen der Mittelpunkt der Ellipse und zum anderen drei Punkte auf der Ellipse, die paarweise nicht punktsymmetrisch zum Mittelpunkt liegen dürfen. Die letztgenannten Punkte werden durch die Liniensensoren ermittelt. Aus der Geometrie der Ellipse lassen sich dann die jeweiligen Permeabilitätswerte berechnen.

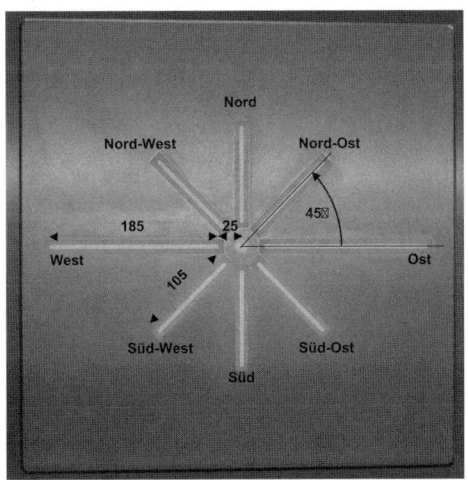

Bild 6.22
Plattenpermeameter 2D-Kapa-Perm mit Liniensensoren, Maße in mm [Bildquelle: IVW GmbH]

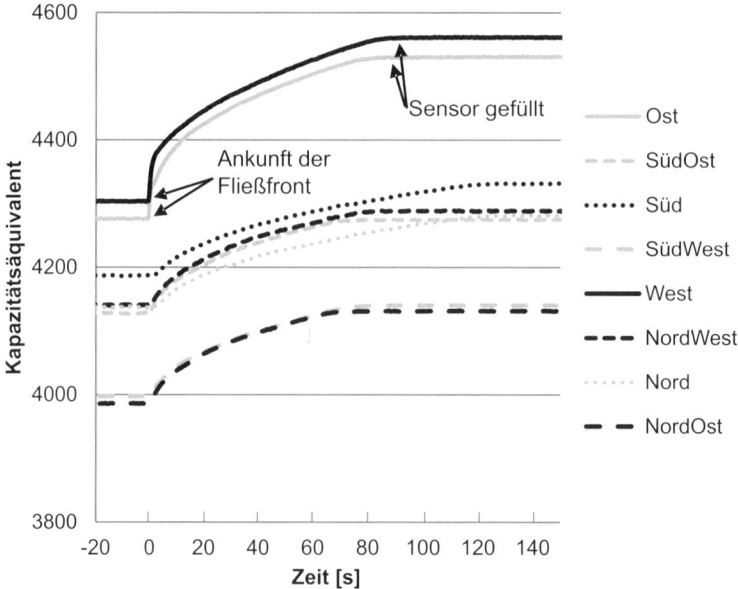

Bild 6.23 Zeitlicher Verlauf des Kapazitätsequivalents an den Sensoren

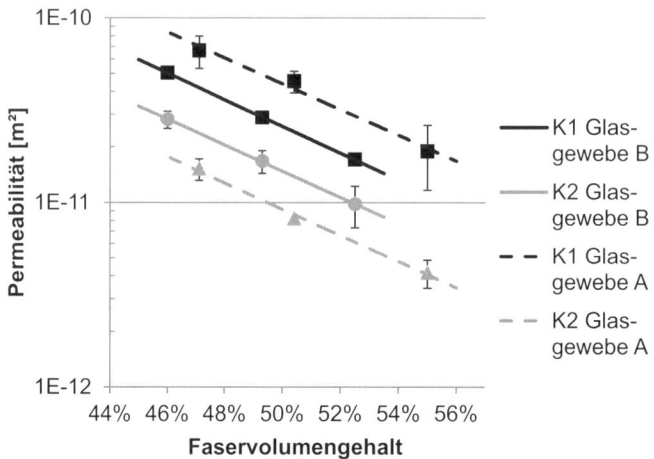

Bild 6.24 Ebene Permeabilitätskennwerte unterschiedlicher Verstärkungstextilien

Das aus den Liniensensoren resultierende Signal beruht auf dem physikalischen Prinzip der Änderung der Kapazität eines Kondensators bei Veränderung der Dielektrizität des den Kondensator füllenden Mediums, hier die mit Matrix gefüllte Faserstruktur. Die verwendeten Liniensensoren bilden dabei mit der gegenüberliegenden Werkzeugseite einen Kondensator. Durch das Fortschreiten der Fließfront ändert sich die Kapazität dieses Kondensators, da die Messflüssigkeit eine zu der verdrängten Luft unterschiedliche Dielektrizitätskonstante besitzt. In Bild 6.23 ist das an 4 Sensoren anliegende Ausgangssignal dargestellt.

Der Wert des Messsignals ist bis zum Eintreffen der Fließfront konstant, dann steigt das Signal. Deutlich ist zu erkennen, dass die Geschwindigkeit der Fließfront (Steigung der Kurve) mit zunehmender Versuchsdauer abnimmt. Dies ist dadurch begründet, dass der Druckgradient mit zunehmender Fließlänge der Messflüssigkeit abnimmt (gleichbleibender Druckabfall bei größerem Fließweg). Ab einem bestimmten Zeitpunkt besitzen die Sensoren wieder ein konstantes Kapazitätsequivalent. Dies zeigt an, dass die Fließfront den Sensor vollständig überstrichen hat und somit die Kavität des betreffenden Sensors ab diesem Zeitpunkt vollständig getränkt vorliegt. Durch eine Umrechnung auf die von der Messflüssigkeit überstrichene Länge der jeweiligen Sensoren lässt sich zu jedem Zeitpunkt die elliptische Fließfrontposition und die äquivalenten ebenen Permeabilitätskennwerte berechnen.

Durch dieses Messverfahren lassen sich auf einfache und schnelle Art die ebenen Hauptachsenpermeabilitäten K_1 (Richtung der höchsten Permeabilität) und K_2 (senkrecht zu K_1) und den Orientierungswinkel verschiedenster Faserhalbzeuge bei unterschiedlichen Bedingungen (z. B. Faservolumengehalt, Lagenaufbau, etc.) ermitteln [25], [26]. Ein zusätzlicher Vorteil des metallischen Plattenpermeameters ist die bauartbedingte Möglichkeit, jedes reaktive Harzsystem direkt als Messflüssigkeit bei entsprechenden Verarbeitungsbedingungen einsetzen zu können. Dies ermöglicht auch die Prüfung der Kavitätshöhe bei Versuchsbedingungen durch Messen der Plattendicke an den ausgehärteten Laminaten.

Bild 6.24 zeigt exemplarisch die an einem Kohlenstofffasergewebe ermittelten ebenen Permeabilitätskennwerte K_1 und K_2. Die exponentielle Abhängigkeit der Permeabilität vom Faservolumengehalt ist durch die logarithmische Skalierung gut zu erkennen.

6.3.5.3 Dreidimensionales Permeabilitätsmessverfahren (3D)

Während Messungen in der Ebene bei geringem Aufwand mit einfachen Mitteln realisierbar sind, war bisher die Verfolgung des Fließfrontfortschritts in Dickenrichtung nur mit Einschränkungen möglich. Bisherige Methoden erfordern erheblichen Aufwand bei der Vorbereitung des Messaufbaus, wie z. B. die Integration von zahlreichen Punktsensoren [27] in das Verstärkungstextil, die zudem lediglich eine diskontinuierliche Erfassung der Fließfront erlauben und den Textilaufbau verfälschen.

Mit der Entwicklung des 3D-Ultraschall-Permeameters [20] wurde das Ziel verfolgt, die Schwierigkeiten bisheriger Verfahren durch Anwendung der Ultraschalltransmission zu überwinden. Wesentliche Kennzeichen der hier umgesetzten Messapparatur sind:

- quasi-kontinuierliche Verfolgung des Fließens in Dickenrichtung,
- hohe Auflösung (< 0,1 mm),
- ungestörte Flüssigkeitsausbreitung im Verstärkungstextil,
- erheblich geringerer apparativer Aufwand ohne integrierte Sensorik.

Die Kenntnis eines zuverlässigen Permeabilitätswertes in Dickenrichtung ist von Bedeutung bei der Simulation derjenigen Harzinjektionsverfahren, bei denen die Infiltration der Verstärkungstextilien hauptsächlich in Dickenrichtung stattfindet. Dies betrifft einen Großteil der vakuumunterstützten Injektionsprozesse wie z. B. das Resin Film Infusion-Verfahren (RFI) oder die SCRIMP®-Technologie. Weiterhin tritt signifikantes Fließen in Dickenrichtung bei komplexen Strukturen auf (Dickensprünge oder Verzweigungen).

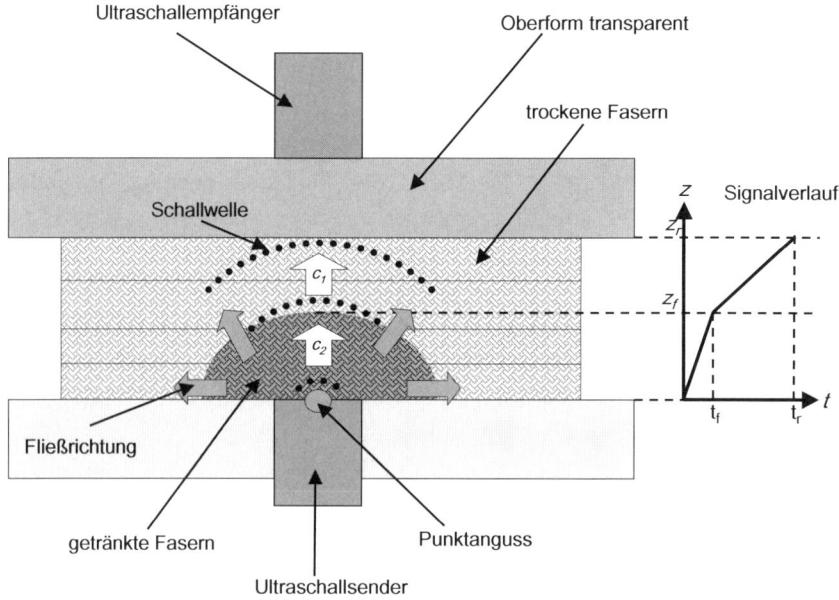

Bild 6.25 Schnittansicht des 3D-US-Permeameters

Kernstück des 3D-Ultraschall-Permeameters ist eine Ultraschallübertragungsstrecke, bestehend aus zwei gegenüberliegenden Ultraschallköpfen, Bild 6.25, zwischen denen sich der zu untersuchende textile Faserstapel befindet. Kennzeichnend für die Schallübertragung innerhalb des Faserstapels sind die Geschwindigkeit des Schalls und dessen Dämpfung (Extinktion), welche durch die stofflichen Eigenschaften des vom Schall durchdrungenen Mediums bestimmt werden.

Breitet sich eine Flüssigkeit innerhalb des porösen Faserstapels aus und dringt dabei zwischen das von den Ultraschallköpfen eingeschlossene Volumen der Messstrecke vor, nimmt die Flüssigkeit Einfluss auf die Geschwindigkeit und die Dämpfung der Schallübertragung. Dieser Effekt wird bei der Punktinjektion zur Erfassung der momentanen Position des sich in Dickenrichtung (z) bewegenden Scheitels der Fließfront genutzt, Bild 6.25. Hierbei liegt die Quelle (Punktanguss) der in den Faserstapel injizierten Flüssigkeit mit den beiden Ultraschallwandlern auf einer Achse. Bei der Versuchsdurchführung werden neben dem Ultraschallsignal auch alle für die Permeabilitätsbestimmung erforderlichen Eingangsgrößen, wie die augenblickliche Masse der in den Faserstapel eingeströmten Flüssigkeit und der nahe der Angussbohrung anliegende Injektionsdruck erfasst. Mit den gemessenen Prozessdaten lässt sich dann mittels der in Abschnitt Dreidimensionales Fließen (3D) dargestellten mathematischen Beziehungen die transversale Permabilität K_3 des Faserhalbzeugs ermitteln.

Bild 6.26 zeigt exemplarisch die für ein Glasgewebe und ein Glasgelege ermittelte Permeabilität in Dickenrichtung.

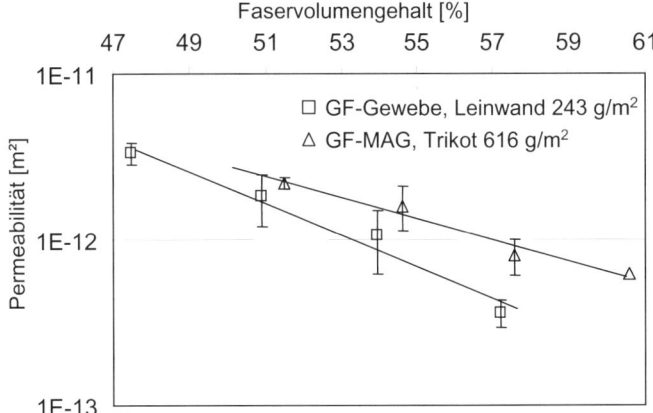

Bild 6.26 Permeabilität in Dickenrichtung und Vertrauensbereiche der Messungen verschiedener Textilhalbzeuge

6.3.5.4 Einflussgrößen auf die Permeabilität

Wie bereits beschrieben stellt die Permeabilität eine Kenngröße des Verstärkungstextils dar und ist somit prozessunabhängig. Dies bedeutet aber auch, dass die Permeabilität für jede Textilstruktur unabhängig und individuell erfasst werden muss. Aufgrund der Vielzahl an Textilvarianten wäre eine theoretische Bestimmung des Permeabilitätstensors wünschenswert. Bisherige Arbeiten zu diesem Thema beruhen auf dem Prinzip der textilen Einheitszelle [28]. Dies bedeutet, dass jegliche Varianz der Ausgangsmaterialien (Rovings) und des textilen Herstellprozesses vernachlässigt werden und erklärt die großen Abweichungen gegenüber experimentellen Werten. Zudem werden die Garne meist als Monofilamente modelliert, in der Realität besteht ein Garn jedoch aus einer Vielzahl von Einzelfilamenten. Da die Multifilamentgarne beim Imprägniervorgang ebenfalls getränkt werden, findet auch ein Fließen in den Garnen statt, was von diesen Modellen nicht berücksichtigt werden kann. Erste Serienmessungen an definiert ausgewählten Textilien (Gewebe und Gelege) erlauben, Tendenzen für die Auswirkungen einzelner Textilparameter auf die Permeabilität anzugeben, Bild 6.27 und 6.28, [29], [30], [31].

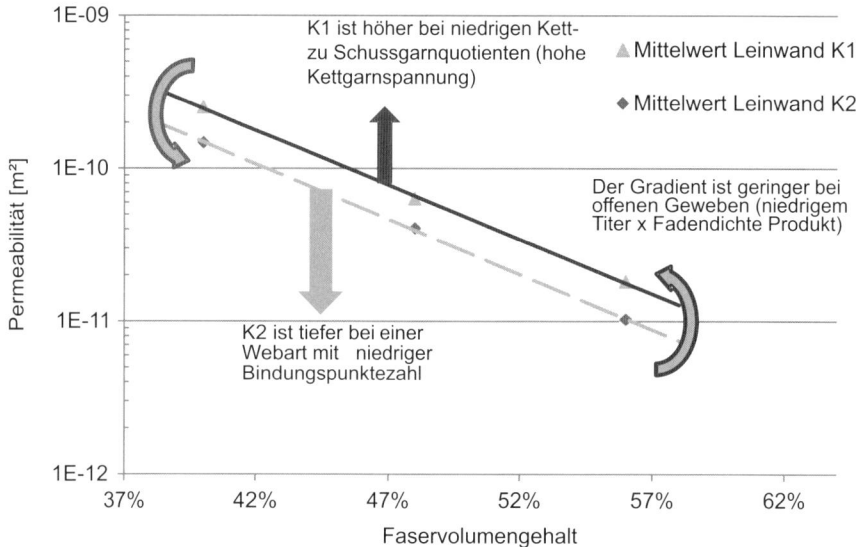

Bild 6.27 Einfluss textiler Parameter auf die 2D-Permeabilität (K_1 und K_2) von Glasfasergweben

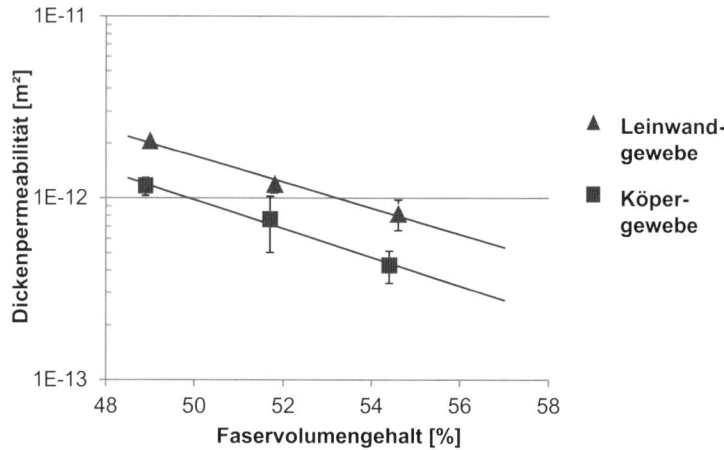

Bild 6.28 Einfluss der Bindungsart auf die Permeabilität in Textildickenrichtung (K_3) bei ansonsten vergleichbaren textilen Parametern

Unter Berücksichtigung der für die Bauteilmechanik relevanten Vorgaben aus der Bauteilauslegung (Faserorientierung und Faservolumengehalt), ermöglicht die Kenntnis über den Einfluss textiler Fertigungsparameter dem Verarbeiter, eine für den Prozessablauf vorteilhafte Textilauswahl zu treffen.

Neben der Architektur der Textilien spielt die Handhabung und Verarbeitung der Halbzeuge eine entscheidende Rolle für die Permeabilität. Während des Drapierens kommt es zur Scherung, die maßgeblich die Permeabilität beeinflusst. Außerdem wird die Homogenität der Permeabilität durch Handhabung und Drapierung maßgeblich herabgesetzt. Die Homogenität des textilen Halbzeuges kann mit der Messzelle 2D-Kapa-Perm aus Bild 6.22 beispielsweise durch den Vergleich gegenüberliegender Sensorpaare erfolgen. Bei einer sich ergebenden perfekten punktsymmetrischen Fließfrontellipse würden sich keine Abweichungen der gegenüberliegenden Sensoren ergeben. Es zeigt sich jedoch, dass insbesondere in gescherten Textilien Abweichungen von gegenüberliegenden Sensoren von bis zu 30 % vorliegen. Diese inhomogenität im Fließverhalten muss in der Prozessauslegung berücksichtigt werden.

■ 6.4 Prozessketten

Wie die vorangegangenen Bemerkungen zur Auswahl eines Verarbeitungsverfahrens und des Materialverhaltens zeigen, liegt eine direkte Abhängigkeit zwischen dem Zustand des eingesetzten Materials, dem Verarbeitungsprozess und den resultierenden Bauteileigenschaften vor. Das Gleiche gilt auch für Überlegungen zur Festlegung der Bauweise oder bei einer Wirtschaftlichkeitsbetrachtung. Der Verarbeiter von Faser-Kunststoff-Verbunden sieht somit eine Vielzahl von Anforderungen, die er aus der Betrachtung eines einzelnen Verarbeitungsschrittes heraus nicht beantworten kann. Vielmehr muss der Gesamtprozess, also die vollständige Prozesskette, vom Faser- und Matrixmaterial beginnend, bis zum letzten Nachbearbeitungs- oder Fügeschritt, in eine ganzheitliche Betrachtungsweise einfließen.

Nach Bild 6.3 und Bild 6.4 setzt sich die Prozesskette immer aus den Komponenten Faser und Matrix, einer optionalen Halbzeugstufe und dem eigentlichen Bauteilherstellungsprozess zusammen, Bild 6.29.

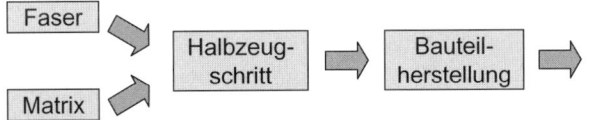

Bild 6.29 Prozesskette zur Herstellung von FKV

Diese Einzelkomponenten können wiederum verschiedene Unterprozesse enthalten, so dass die jeweilige Ausprägung einer umzusetzenden Prozesskette eine deutlich höhere Komplexität erreichen kann.

Exemplarisch sollen hier die Prozessketten für die Herstellung kontinuierlich faserverstärkter Duroplaste im Harzinjektionsverfahren und die Verarbeitung kontinuierlich faserverstärkter Thermoplaste, den sogenannten Organoblechen, dargestellt werden.

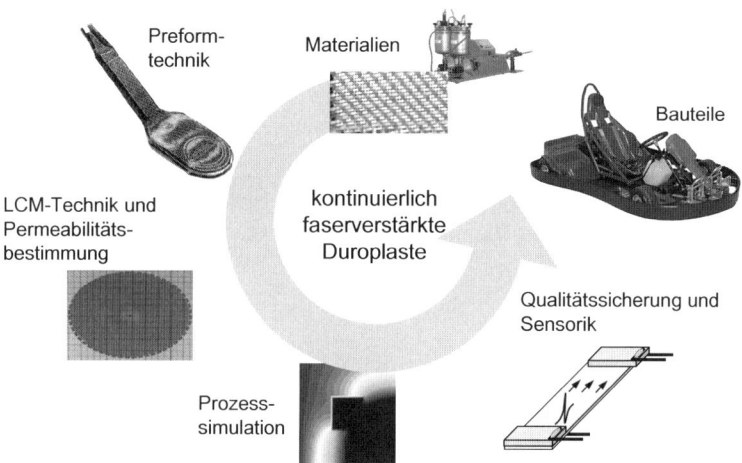

Bild 6.30 Prozesskette zur Herstellung kontinuierlich faserverstärkter Duroplaste

Das Bild 6.30 verdeutlicht, dass der eigentliche Bauteilherstellungsprozess, die Harzinjektion, nur einen kleinen Teil der Prozesskette darstellt. Beginnend mit der Zuführung der textilen Halbzeuge (Kapitel 3) und des Harzsystems (Kapitel 2) werden darauf aufbauend die textilen Vorformlinge (Kapitel 4) entwickelt und vorteilhaft eine Prozesssimulation (Abschnitt 6.6) zur Werkzeugauslegung und Bestimmung der Prozesszeiten für eine Wirtschaftlichkeitsbetrachtung durchgeführt. Nachdem die notwendigen Maßnahmen zur Absicherung des gewünschten Qualitätsstandards (Abschnitt 6.5) umgesetzt sind, kann der eigentliche Injektionsprozess (Kapitel 11) durchgeführt werden. In der Regel erfolgt eine Nachbearbeitung (Kapitel 13) zur Besäumung des Bauteils oder ein Fügeprozess mittels Nieten, Schrauben oder Kleben (Kapitel 15).

Ähnlich verhält es sich bei der Verarbeitung von thermoplastischen FKV, Bild 6.31. Die Prozesskette beginnt auch hier bei den Ausgangsmaterialien (Kapitel 2 und Kapitel 3). Hier wird jedoch entgegen dem vorhergehenden Beispiel zunächst ein Halbzeug hergestellt (Kapitel 5), welches entweder in Form eines Prepregsystems oder bereits vollständig imprägniert und konsolidiert als Organoblech vorliegen kann. Dieses Halbzeug wird dann in einem großserientauglichen Umformprozess, dem Thermoformen, zu schalenförmigen Komponenten verarbeitet (Abschnitt 12.3). Diese können in einem weiteren Schritt zu komplexeren Bauteilen gefügt werden (Kapitel 15), wobei sich für die faserverstärkten Thermoplaste insbesondere das Schweißen anbietet.

Auch andere Prozessketten wie die Wickel- und Tapelegetechnik oder die Presstechnik für SMC/GMT/LFT lassen sich in dieser Form beschreiben. Wichtig ist, dass in jedem einzelnen Fall eine dynamische Anpassung an die aktuellen Gegebenheiten vorzunehmen ist, um jeweils ein Optimum zwischen Prozesssicherheit, Bauteilqualität und Wirtschaftlichkeit zu erreichen.

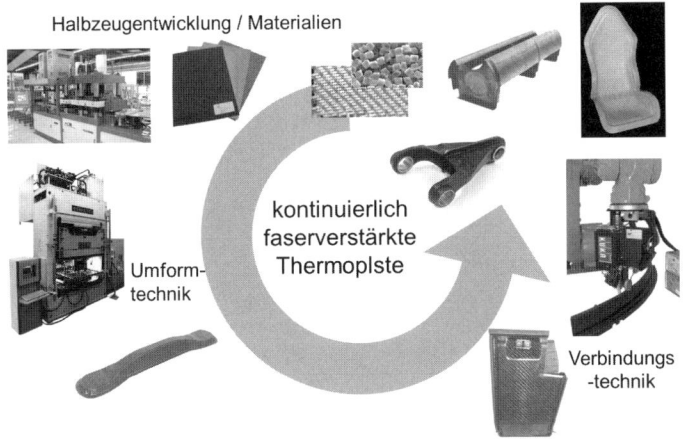

Halbzeugentwicklung / Materialien

kontinuierlich
faserverstärkte
Thermoplste

Umform-
technik

Verbindungs
-technik

Bild 6.31 Prozesskette zur Herstellung kontinuierlich faserverstärkter Thermoplaste

■ 6.5 Qualitätsmanagement

Da FKV-Bauteile zunehmend im Bereich der Strukturbauteile eingesetzt werden und der Anteil an CFK-Bauteilen durch das wesentlich bessere Leichtbaupotential stetig steigt, ist die Frage nach dem Einsatz eines übergeordneten Qualitätsmanagements (QM) im Hinblick auf die Absicherung der Fertigungsrisiken zwingend erforderlich. Der Einsatz eines QM-Tools bei FKV-Herstellverfahren soll folglich eine gleichbleibend hohe Qualität des herzustellenden Bauteils sicherstellen. Um dieses Ziel zu erreichen, müssen einerseits Wareneingangskontrollen eingeführt werden, um eine gleichbleibende Qualität der zu verwendenden Ausgangsmaterialien zu gewährleisten. Andererseits muss eine Prozessregelung des eigentlichen Herstellverfahrens eingeführt werden. Abschließend sind die durch den geregelten Herstellungsprozess produzierten Bauteile einer Warenausgangskontrolle zu unterziehen.

6.5.1 Qualitätskontrolle

In den meisten Fällen ist es möglich, die Durchführung einer Wareneingangskontrolle durch Auswahl eines qualifizierten Zulieferers auf Stichproben zu reduzieren. Wendet man sich der Prozessüberwachung oder gar Prozessregelung als zentralem Element des Qualitätsmanagements zu, so stellt man fest, dass aufgrund der Vielseitigkeit der Verfahren kein einheitliches Schema zur Prozessregelung Anwendung finden kann. Während es bei manchen Verfahren, wie zum Beispiel dem Vakuuminjektionsverfahren, bei dem meist eine Formhälfte aus einer transparenten Vakuumfolie besteht, möglich ist, während des Injektionsvorgangs z. B. die Fließfrontverläufe zu beobachten und gegebenenfalls korrigierend in den Injektionsprozess einzugreifen, ist dies bei der Verwendung zweischaliger metallischer Werkzeuge nicht möglich. Da jedoch Informationen über den Prozessverlauf innerhalb der geschlossenen Form zwingend erforderlich sind, bedarf es des Einsatzes von Sensorik. Bei der eigentlichen Prozessregelung erfolgt ein Abgleich zwischen den durch die Sensoren ermittelten Ist-Werten und den zum Beispiel aus Prozesssimulationen stammenden Sollwerten. Existiert nun eine Sollwertdifferenz, sollte die Prozesssteuerung in der Lage sein, durch entsprechende Prozessstrategien und Prozessparametervariationen den Verarbeitungsprozess zu einem zielgerichteten Abschluss zu bringen.

In den nachfolgenden Abschnitten werden die einzelnen Komponenten einer solchen Prozesssteuerung im Einzelnen behandelt.

6.5.2 Sensorik zur Prozessüberwachung

Im Rahmen einer weiterführenden Prozessbeherrschung durch prozessüberwachende Maßnahmen und Prozessregelungen, wird der Einsatz von Sensoren zur Erfassung der Prozessabläufe unverzichtbar. Neben der klassischen Temperatur- und Druckmessung sind zahlreiche Methoden zur Messung der Imprägniervorgänge und der Aushärtungsverläufe entwickelt worden und befinden sich inzwischen teilweise im industriellen Einsatz [32], [33], [34].

Generell können die Sensoren nach ihrer relativ zum Bauteil gelegenen Position eingruppiert werden. Hierbei sind drei Möglichkeiten gegeben:

- in die Wände des Formwerkzeugs integrierte, mit dem Verbundwerkstoff in Verbindung stehende Sensorik,
- bauteilintegrierte Sensorik,
- kontaktfreie Sensorik außerhalb des Bauteils oder auch des Formwerkzeuges.

Abgesehen von der Funktionsweise eines Sensors, durch die seine relativ zum Bauteil gelegene Positionierung weitgehend vorbestimmt wird, ergeben sich aus der Wahl des Ortes generelle Vor- und Nachteile (Tabelle 6.7).

Tabelle 6.7 Vor- und Nachteile hervorgerufen durch den Einbauort

Sensorposition	Vorteile	Nachteile
In der Werkzeugwand	▪ wiederverwendbar ▪ strukturell nicht beeinträchtigend ▪ produktionsorientiert	▪ hohe Werkzeugkosten ▪ Robustheit gegenüber Prozessrandbedingungen
Bauteilintegriert	▪ Erhalt von Informationen vorort ▪ Multifunktionalität (Prozess- und Betriebsüberwachung)	▪ strukturelle Beeinflussung ▪ Kosten der Sensoren
Kontaktfrei	▪ strukturell nicht beeinträchtigend ▪ geringere Robustheit gegenüber Prozessbedingungen möglich	▪ geringere Empfindlichkeit ▪ viele Prozessinformationen nicht erfassbar

Die nachfolgende Tabelle 6.8 gibt einen Überblick über Messtechniken für die Prozessüberwachung.

Tabelle 6.8 Gegenüberstellung verschiedener Messmethoden und Sensorkonzepte

Messmethode	Fließfront in der Ebene	Fließfront in Dickenrichtung	Druck	Temperatur	Aushärtung	Dehnung
Evanescent-Wave-Lichtwellenleiter [35]	X	(X)			X	
Bragg-Gitter-Lichtwellenleiter [36]	(X)	(X)		X		X
Ultraschall (Durchschallung) [37]	X	X			X	
Ultraschall (Impuls-Echo)	X					
Dielektrometrie [38], [39], [40], [41]	X				X	
Piezoelektrische Elemente [42], [43]	X	X	X		X	
Thermoelemente	X			X	(X)	
Thermographie	X			X	(X)	
Widerstandsmessung [44]	X	X			(X)	

X geeignet (X) bedingt geeignet

6.5.3 Prozessregelung

Die Prozessregelung stellt eine neue Disziplin bei der Herstellung von FKV dar. Ziel ist es, mögliche Störgrößen, die bei den eingesetzten Ausgangsmaterialien, den Halbzeugen oder beim eigentlichen Bauteilherstellungsprozess auftreten können, noch bei der Bauteilherstellung auszuregeln und so die Ausschussrate deutlich zu reduzieren. Dieses Vorgehen hat jedoch Grenzen, dort wo die Prozessgeschwindigkeit einen Eingriff aufgrund der verbleibenden Reaktionszeit bis zum Prozessende verhindert. In diesen Fällen ist ein besonderes Augenmerk auf die Wareneingangskontrolle zu legen.

Lässt der Prozess eine direkte Beeinflussung zu, so muss ein Prozessmodell erstellt werden, welches die wesentlichen Parameter zur Prozessbeeinflussung abbildet und so eine Vorhersage der Einflussnahme ermöglicht.

Zur Ermittlung des Reglermodells kann entweder auf analytische Ansätze, auf numerische Ansätze oder auf die Prozesssimulation zurückgegriffen werden. In den ersten beiden Fällen ist mit Hilfe moderner Computer eine direkte Prozessverfolgung möglich. Will man die Prozesssimulation zur Prozessregelung einsetzen, so müssen mögliche Szenarien im Vorhinein berechnet und in einem Entscheidungsbaum abgelegt werden. Je nach Prozessverlauf werden entsprechende, in der Steuerung abgelegte Fallbeispiele abgerufen und umgesetzt.

Die grundsätzliche Problematik, komplexe thermodynamische und reaktionskinetische Zusammenhänge in Form eines Prozessmodells in den Prozessregler zu implementieren, verhindert bislang eine praxisnahe Umsetzung. Bei der Verwendung thermoplastischer Matrizes muss der Wärme- und Stofftransport modelliert werden. Während beim Stofftransport von einer konstanten Masse ausgegangen werden kann, handelt es sich bei dem Wärmetransport und Wärmeübergang im Allgemeinen um instationäre Vorgänge. Diese beeinflussen ganz wesentlich die Viskosität. Noch komplexer sind die Zusammenhänge, wenn die chemische Reaktion bei duroplastischen Matrizes mit in Betracht gezogen werden muss. Hierbei spielen sowohl eine veränderliche Viskosität als auch instationäre Temperaturfelder, überlagert durch exotherme Reaktionen, sowie Fließvorgänge, z. B. im Rahmen der presstechnischen Verarbeitung, eine entscheidende Rolle.

Selbst wenn eine hinreichend genaue Modellbildung gelingt, bleibt als weitere Fragestellung die Beschaffung der notwendigen Materialdaten. Aufgrund der nahezu unbegrenzten Anzahl an FKV-Varianten ist es bisher nur in Ansätzen möglich, die Materialdaten theoretisch vorherzubestimmen. Dies gelingt meist nur dort, wo die lineare Mischungsregel in hinreichender Näherung eingesetzt werden kann. In allen anderen Fällen sind die Materialdaten über entsprechende Messungen – dies oft auch in Abhängigkeit von der Temperatur – zu ermitteln.

In der Praxis werden sich Prozessmodelle auf die wesentlichen Prozessparameter beschränken müssen und weniger sensitive Stellgrößen durch einfache Kalibrierversuche angepasst und während der Simulation konstant gehalten werden. Durch eine On-line-Prozessdatenkontrolle über entsprechende Sensoren und ein funktional beschriebenes Prozessmodell können die Produktions- und Prozessdaten für die gewünschte Qualität eingestellt, überwacht und eine Optimierung der Produktivität erreicht werden.

■ 6.6 Grundlagen der Simulation

Die Simulation der Verarbeitungsverfahren zur Herstellung von Faser-Kunststoff-Verbunden (FKV) wird bei der prozesstechnischen Umsetzung von neuen Produkten bisher nur selten eingesetzt, obwohl dadurch wesentliche Vorteile nicht genutzt werden:

- kürzere Entwicklungszeiten,
- Unterstützung des Werkzeugbaus (Minimierung der Werkzeugänderungen),
- Prozess- und Prozessparameteroptimierung (verbesserte Bauteilqualität),
- reduzierte Zykluszeit,
- Entwicklung spezifischer QM-Konzepte.

Eine der Ursachen hierfür liegt sicherlich in der geringeren gesamtwirtschaftlichen Bedeutung der FKV gegenüber anderen Materialien wie Metallen oder unverstärkten Kunststoffen und der damit einhergehenden Konzentration von Forschungsaktivitäten in diesen Bereichen. Andererseits sind die Prozesse zur Herstellung von FKV-Bauteilen meist urformende Prozesse, bei denen erst im finalen Herstellungsschritt der Werkstoff zeitgleich mit dem Bauteil entsteht und somit aufgrund vielfältiger Parametereinflüsse die Simulation ungleich schwieriger erscheint.

Der Einsatz der Prozesssimulation für FKV ist bei den Verfahren, die auf Halbzeugen aufbauen, am weitesten fortgeschritten. Hierzu zählen zunächst alle Pressverfahren, speziell die SMC-, GMT- und LFT-Verarbeitung, aber auch das Thermoformen von kontinuierlich faserverstärkten Thermoplasthalbzeugen, den sogenannten Organoblechen.

Ein weiterer Schwerpunkt der Forschungsaktivitäten liegt seit einigen Jahren auf der Weiterentwicklung der Simulationstechnik für Harzinjektionsverfahren, wo wesentliche Fortschritte zu verzeichnen sind.

Aber auch die modelltechnische Beschreibung von Verfahrensschritten, wie zum Beispiel die Simulation der Erwärmungszone beim Schweißen, die Konsolidierung beim Tapelegen oder die Ausbildung eines Oberflächenprofils beim Abkühlen eines umgeformten Organoblechs, sind der Prozesssimulation zuzurechnen. Durch die detaillierte Modellierung der Verarbeitungskernprozesse wird zudem die Weiterentwicklung der Anlagentechnik zielgerichtet vorangetrieben.

6.6.1 Simulation der Fließpressverfahren

Zur Simulation der Fließpressverfahren ist im Wesentlichen nur eine kommerzielle Software, das Programm EXPRESS der Firma M-Base Engineering + Software GmbH, Aachen [45], verfügbar. Dieses Simulationswerkzeug wird zur Werkzeug- und Prozessauslegung eingesetzt. Die Weiterentwicklung der Software erfolgt in enger Zusammenarbeit zwischen M-Base und dem Institut für Kunststoffverarbeitung (IKV) der RWTH Aachen. Schwerpunkt der Weiterentwicklungen sind die Themen Werkstückverzug aufgrund von Eigenspannungen, die Faserorientierung im Bauteil aufgrund von Fließvorgängen und die Faserverteilung über dem Bauteilquerschnitt [46], [47], [48], [49].

Wie bei allen Simulationsprogrammen muss auf die Gewinnung der Eingabedaten besonderes Augenmerk gelegt werden. Hier konnte z. B. zur Bestimmung der Viskosität von LFT-Materialien eine deutliche Verbesserung in der Aussagefähigkeit erreicht werden. Der Versuchsaufbau eines neu entwickelten Rheometers ist in Bild 6.32 dargestellt [50]. Standard-Rheometer sind für den Einsatz bei LFT-Materialien mit Faserlängen von 20 mm bis 30 mm ungeeignet, da die Faserinteraktionen nicht berücksichtigt werden und die geringen Probenmengen keinen repräsentativen Materialausschnitt darstellen. Aus diesem Grund ist eine Ermittlung der scherratenabhängigen Viskosität in einem entsprechenden Werkzeug mit Hilfe einer adäquat instrumentierten Bauteilpresse notwendig. Dabei stehen Presskraft, Pressgeschwindigkeit, Pressspalthöhe, Plattenradius und Viskosität in einem definierten Zusammenhang (vgl. Abschnitt 5.3.2.5). Zusätzlich kann der für das jeweilige SMC-Material erforderliche Presskraftbedarf mit der installierten Pressenkapazität abgeglichen werden.

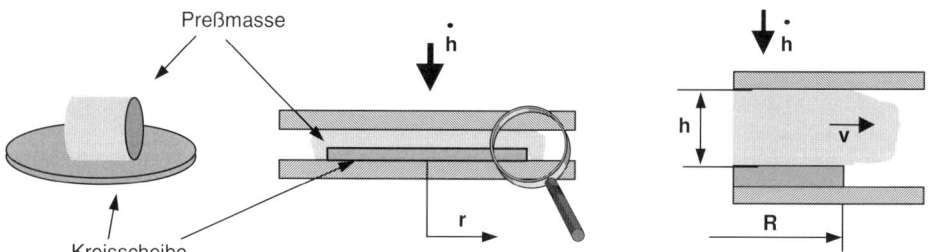

Bild 6.32 Versuchsaufbau zur Bestimmung der Viskosität (Plattendurchmesser bis 400 mm) [50]

Die Abhängigkeit der Viskosität von der Schergeschwindigkeit wird im Allgemeinen durch einen Modellansatz (Power-Law-Ansatz) beschrieben. Mit Hilfe der ermittelten Viskosität und weiteren Materialkenndaten, der Bauteil- bzw. Werkzeuggeometrie, der Materialeintragsposition und den Prozess- bzw. Pressendaten kann eine realitätsnahe Prozesssimulation durchgeführt werden. Bild 6.33 zeigt exemplarisch die Werkzeugfüllung einer Sitzschale.

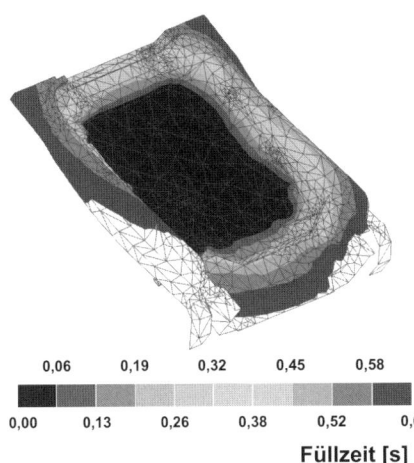

0,06   0,19   0,32   0,45   0,58

0,00   0,13   0,26   0,38   0,52   0,6

Füllzeit [s]

Bild 6.33
Fließsimulation der Werkzeugfüllung einer
Sitzschale

Folgende Prozess- und Materialkenngrößen können ermittelt werden:

- Füllverlauf, Füllgeschwindigkeit und Füllzeit,
- Temperaturverteilung,
- Zuhaltekräfte, Verteilung der Presskraft und maximale Presskraft,
- Faserorientierung, Bauteilschrumpf und -verzug.

6.6.2 Simulation des Thermoformens von Organoblechen

Das Thermoformen von Organoblechen ist ein verhältnismäßig junges Verfahren, welches jedoch aufgrund der Großserientauglichkeit zunehmend an Bedeutung gewinnt [51], [52], [53]. Aufgrund hoher Investitions- und Werkzeugkosten hat sich in den letzten Jahren ein sehr guter Stand zur Simulation dieses Verfahrens etabliert. Neben den im Hochschulbereich entwickelten Lösungen [54] ist mit dem Softwarepaket PamForm™ der Firma ESI GmbH auch ein kommerzielles Tool verfügbar.

Das entscheidende Charakteristikum dieses Prozesses ist das Umformen eines imprägnierten Textils. Hier kommt der Scherung als Verformungsmechanismus eine besondere Bedeutung zu [55]. Zur Ermittlung der benötigten Materialparameter wie dem Schubmodul und dem sog. Blockierwinkel werden Versuche an einem Scherrahmen durchgeführt [56]. Der Blockierwinkel definiert den Scherwinkel, ab dem bei einem weiteren Scheren ein Ausbeulen des Gewebes (Faltenbildung) erfolgt.

In Bild 6.34 ist der Aufbau des Scherrahmens dargestellt.

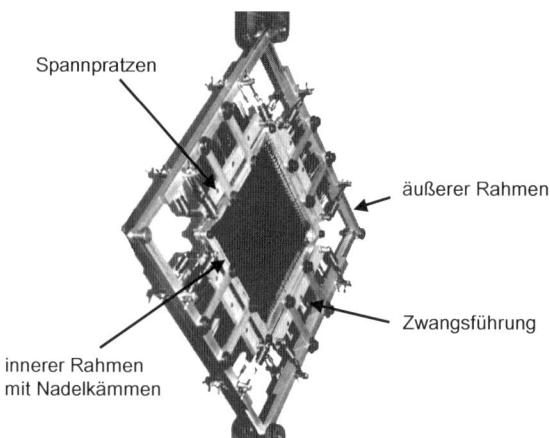

Bild 6.34 Scherrahmen zur Ermittlung materialspezifischer Parameter

In Bild 6.36 sind die Ergebnisse der Scherversuche mit einem 6k-Kohlenstofffasergewebe dargestellt. Um den Einfluss der Verformungsgeschwindigkeit auf das Scherverhalten des Gewebes zu ermitteln, wurden Versuche mit unterschiedlichen Traversengeschwindigkeiten durchgeführt. Die Vorspannung des Gewebes wurde nicht verändert.

In Bild 6.36 lassen sich drei Bereiche erkennen [55]. Im Bereich 1 wird durch die beginnende Drehung der Kett- und Schussfäden die Haftreibung in den Fadenverschlaufungspunkten überwunden. Dies äußert sich in einem sprunghaften Anstieg der Scherkraft. Der zweite Bereich ist durch einen nahezu konstanten Scherkraftbedarf gekennzeichnet. In diesem Bereich gleiten die Kett- und Schussfäden aufeinander ab. Im dritten Bereich kommen die Kett- und Schussfäden durch die fortschreitende Scherung zunehmend in Kontakt. Der Kontakt bewirkt einen zunehmenden Kraftbedarf bei größer werdenden Scherwinkeln. In diesem letzten Bereich tritt der sogenannte Blockierwinkel auf. Er definiert den Punkt der Abkehr von der ebenen Scherung hin zu einem Ausbeulen des Gewebes aufgrund des zunehmenden Kontaktes der Kett- und Schussfäden. Unter Vernachlässigung anderer Drapiereffekte als der Gewebescherung lässt sich der Blockierwinkel über eine Sinusbeziehung aus Rovingbreite und Rovingabstand berechnen.

$$\sin(2\theta_{min}) = \frac{w_0}{s_0} \tag{6.29}$$

Bei Betrachtung der Gewebegeometrie ergibt sich der Blockierwinkel θ zu

$$\theta = 90^\circ - 2\theta_{min} \tag{6.30}$$

Wobei θ_{min} der kleinstmögliche innere Scherwinkel, w_0 die Rovingbreite im Ausgangszustand und s_0 der Rovingabstand im Ausgangszustand sind (Bild 6.35).

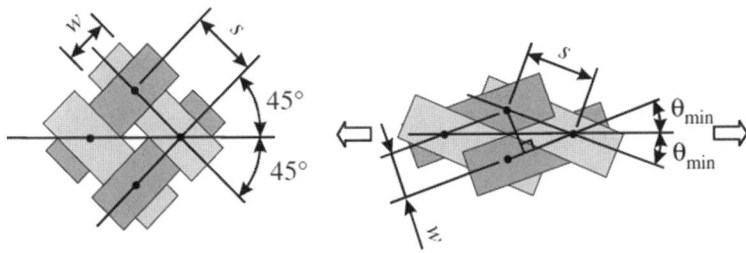

Bild 6.35 Geometrischer Blockierwinkel bei Gewebescherung

Während des Versuchs ist das Erreichen des Blockierwinkels optisch an dem Ausbeulen und beginnenden Faltenwurf des Gewebes zu erkennen.

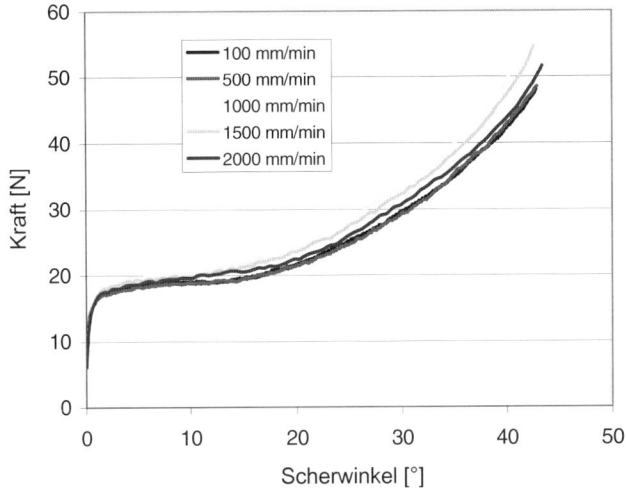

Bild 6.36 Abhängigkeit des Scherkraftbedarfs vom Scherwinkel bei verschiedenen Dehnraten

Mit Hilfe dieser und weiterer Eingangsdaten, wie der Fasersteifigkeit in Faserrichtung sowie der Biegesteifigkeit und des Reibungsverhaltens des Textils, kann eine zielgerichtete Prozesssimulation zur Ermittlung der Scherwinkelverteilung und somit der Orientierungen der Kett- und Schussfäden am Ende des Umformprozesses durchgeführt werden. Da die Lage der Verstärkungsfasern im Bauteil für dessen mechanisches Verhalten ausschlaggebend ist, wird erst durch die Umformsimulation eine strukturmechanische Auslegung des Bauteils möglich.

In Bild 6.37 wird die Scherwinkelverteilung am Ende einer Umformsimulation am Beispiel einer Demonstratorgeometrie dargestellt.

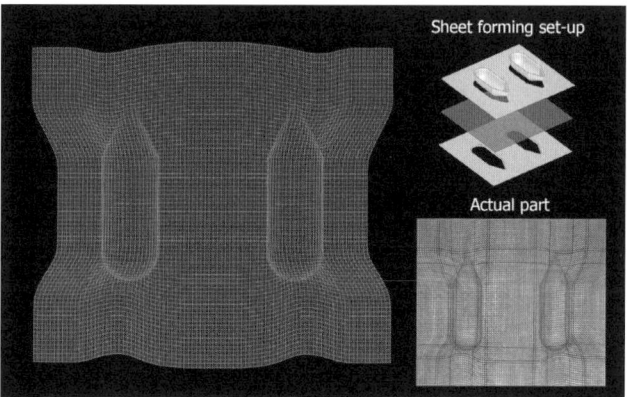

Bild 6.37 Scherwinkelverteilung an einer Demonstratorgeometrie (Gewebeverstärkung)

Auch eine Aussage über die Temperaturverteilung und den Wärmefluss zwischen Werkzeug und Organoblech während und am Ende des Umformprozesses kann visualisiert werden. Diese Information ist zur Auswahl des richtigen Niederhaltersystems erforderlich. Durch das Niederhaltersystem kann der Zeitpunkt und die Intensität des Werkzeugkontakts des schmelzflüssigen Organoblechs beeinflusst werden. Im Zusammenspiel mit der festzulegenden Werkzeugtemperatur kann somit sichergestellt werden, dass sich das Material während des gesamten Umformprozesses im erforderlichen Prozessfenster befindet. Aus den Ergebnissen der Prozesssimulation kann zudem eine Einschätzung zum Eigenspannungsverhalten des Bauteils getroffen werden.

Aus den gezeigten Beispielen wird deutlich, dass die Umformsimulation nicht nur zur Prozessauslegung und -optimierung, sondern schon in der Bauteilauslegungsphase ein unverzichtbares Entwicklungswerkzeug darstellt. Beim Thermoformen verbietet der notwendige Einsatz von Metallwerkzeugen schon allein aus Kostengründen ein „Trial and Error"-Vorgehen. Die Umformsimulation stellt demnach eine Schlüsseltechnologie bei der Weiterentwicklung des Thermoformverfahrens von Organoblechen für neue Anwendungsbereiche dar.

6.6.3 Simulation der Harzinjektionsverfahren

Die Simulation von Harzinjektions- oder Liquid Composite Molding (LCM)-Verfahren gewinnt in den letzten Jahren deutlich an Bedeutung. Dies liegt sowohl an dem kontinuierlichen wirtschaftlichen Wachstum absolut und in der Verdrängung anderer FKV-Fertigungsverfahren, als auch an der Erweiterung der Anwendungsbereiche hin zu Strukturbauteilen. Diese in der Regel kontinuierlich faserverstärkten und komplexen Bauteile stellen einen deutlich höheren Materialwert dar und werden zunehmend in größeren Stückzahlen gefertigt. Durch die hohen Stückzahlen werden meist Edelstahlwerkzeuge gefertigt, die ein Gesamtgewicht (Ober- und Unterteil) deutlich über 10 t haben. Insgesamt steigt das Fertigungsrisiko für Werkzeug und Bauteil und fördert somit gleichzeitig den Einsatz der Prozesssimulation.

Erste Ansätze der LCM-Simulation entstanden an verschiedenen Forschungsstellen und wurden mehr oder weniger stark kommerzialisiert (z. B. PAM-RTM (ESI) [57], LIMS (University of Delaware) [58], RTM-Worx (Polyworx) [59], simLCM (University of Auckland) [60], [61]). Alle Programme basieren auf dem Gesetz von D'Arcy und sind meist als Finite-Elemente-Programme aufgebaut. Diese Methode eignet sich sehr gut für die FE-Simulation von komplexen Bauteilgeometrien, da deren Oberflächen bzw. deren Volumen relativ einfach durch Schalen- bzw. Volumenelemente diskretisiert werden können. Weiterhin kann das einmal erzeugte Netz für den gesamten Simulationsprozess durchgehend benutzt werden.

Das Harzinjektionsverfahren lässt sich in drei Einzelprozesse aufteilen, den Einlegevorgang, den Imprägniervorgang und die Aushärtung des Harzes.

Aus diesem Grund bietet sich die schrittweise Simulation der LCM-Verfahren als ein sinnvolles Hilfsmittel an, um die Auswirkungen der Einzelprozesse auf die gesamte Prozesskette zu untersuchen [55]. Damit können die Einflüsse vorab bestimmt werden, was zu einer Verkürzung der Entwicklungszeit und damit zur Verringerung der Entwicklungskosten führt.

Beim Preform- oder Drapierprozess tritt eine Umorientierung der Fasern auf, die einen entscheidenden Einfluss auf den nachfolgenden Injektionsprozess besitzt (z. B. Änderung des lokalen Faservolumengehalts und sich daraus ergebende Fließrichtungsänderungen des Harzes).

Der Einlegevorgang hat weiterhin aufgrund möglicher Faservolumengehaltsunterschiede im Bauteil auch einen Einfluss auf den Aushärteprozess. Dies äußert sich z. B. in dem abnehmenden Anteil des Harzvolumens in den gescherten Bereichen im Vergleich zu den ungescherten Bereichen. Diese Volumenunterschiede wirken sich auf die bei der Aushärtung freigesetzte Wärmemenge und damit auf die Temperaturverteilung im Bauteil aus.

Drapiersimulation

Die Simulation des Drapiervorgangs ist der erste Schritt, auf den die weiteren Simulationen der Einzelprozesse aufbauen. Ziel der Drapiersimulation ist die Ermittlung der Faserorientierungen am Ende des Drapierprozesses, da diese die Fließrichtungen des Harzes in der Injektionsphase und das Aushärteverhalten beeinflussen. Bild 6.38 zeigt die berechnete Scherwinkelverteilung eines Gewebes nach dem Drapiervorgang über eine Halbkugelgeometrie.

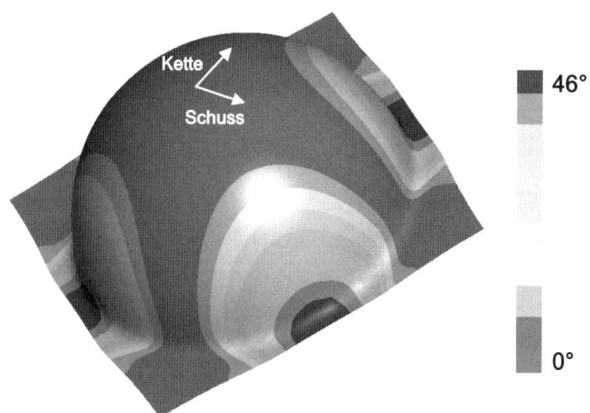

Bild 6.38 Scherwinkelverteilung einer aus einem Gewebe drapierten Halbkugel

Entscheidend für die Injektionssimulation sind die Orientierungen der Kett- und Schussfäden, über die sich die Scherwinkel errechnen lassen (bei Gelegen die Orientierung der Verstärkungsrichtungen). Durch die Kenntnis der Faserorientierungen am Ende des Drapierprozesses und die Abhängigkeit beziehungsweise Beeinflussung der Textilpermeabilität duch die Faserscherung können der Fließfrontverlauf, die Prozessdrücke und die erforderliche Füllzeit beim Injektionsprozess verlässlich simuliert werden. Die Korrektur der Permeabilitätskennwerte eines Textils infolge eines Drapiervorgangs kann, basierend auf Permeabilitätsmessungen in Abhängigkeit vom Faservolumengehalt, der Annahme einer idealen Scherung und unter Berücksichtigung der Volumenkonstanzannahme, theoretisch durchgeführt werden.

Injektionssimulation

Das Ziel der Injektionssimulation ist es, den zeitlichen und räumlichen Verlauf der Harzfließfront im Werkzeug vorherzusagen. Dazu werden die Ergebnisse der Drapiersimulation mittels einer Schnittstelle für die LCM-Simulation aufbereitet. Im Wesentlichen sind dies die Übernahme der Geometrie des drapierten Bauteils und die Faserorientierungen.

Nach dem Erstellen der Bauteilgeometrie werden die einzelnen Flächen mit Finiten-Elementen vernetzt. Dabei ist zu entscheiden, ob eine zwei- oder eine dreidimensionale Simulation durchgeführt wird. Zweidimensionale Verfahren arbeiten aufgrund einer Einschränkung der Freiheitsgrade durch das Ausschließen eines Fließens in Dickenrichtung schneller als dreidimensionale Verfahren. Deren Vorteil liegt jedoch in der exakten Abbildung eines komplexen Laminats mit verschiedenen Faserorientierungen. Dadurch kann auch ein Fließen in Dickenrichtung simuliert werden, das vor allem bei dickwandigen Bauteilen von Bedeutung ist [62], [63]. Es können weiterhin die Permeabilitätsrichtungen für jede einzelne Lage angegeben und die zugehörigen Werte definiert werden. Bei der Entscheidung, ob eine 3D-Simualtion erforderlich ist, darf der Aufwand zur Erfassung der Eingabeparameter (z. B. der Permeabilitätstensor) nicht unterschätzt werden.

Nach der Auswahl der Simulationsvariante werden die geometrischen Randbedingungen definiert. Diese beinhalten z. B. die Positionen der Angüsse bzw. der Auslässe, die über Knoten bzw. Flächen definiert werden können. Weiterhin müssen die Richtungen der Hauptpermeabilitätswerte festgelegt werden. Diese orientieren sich an der Lage der Verstärkungsstruktur im Bauteil [64].

Die Prozessbedingungen definieren z. B. den Druck an den Ein- und Auslässen bzw. die zeitliche Verfügbarkeit der Ein- bzw. Auslässe. Des Weiteren werden die Kennwerte der Matrix (z. B. Viskosität) und der Verstärkungsstruktur (z. B. Permeabilität) benötigt. Dabei ist eine mögliche zeitliche Abhängigkeit dieser Werte, wie z. B. der Viskosität des Harzes, zu beachten.

Nach Beendigung der Simulation liegen der Verlauf des Injektionsvolumens bzw. des Injektionsdrucks sowie der Verlauf der Fließfront über der Füllzeit vor. Die Auswertung dieser Daten liefert Hinweise, ob Verbesserungen des Prozesses durch Änderungen der Prozessparameter (z. B. Variation der Anguss- und Entlüftungspositionen, des Druckniveaus bzw. des Werkzeugtemperaturniveaus) zu erreichen sind. Das Druck- und das Temperaturniveau während des Füllvorgangs bestimmen z. B. die Wahl des Werkstoffs des Formwerkzeugs, die Auslegung der Injektionsanlage hinsichtlich des erforderlichen Druckniveaus und den zusätzlichen Einsatz einer Werkzeugheizung beziehungsweise Werkzeugkühlung.

Als Beispiel soll eine dreidimensionale RTM-Simulation (Druckinjektion) eines Bauteils dienen. Ziel dieser Simulationsaufgabe war die Ermittlung der optimalen Positionierungen der Ein- und Auslässe für das Harz bzw. für die Luft, so dass das Bauteil bei minimaler Injektionszeit hergestellt werden kann. Bei dem Bauteil handelt es sich um eine RTM-Fertigungsstudie zu einem Center Fitting der Firma Fischer Advanced Composite Components AG (FACC).

Die Anordnungen der Ein- und Auslässe wurden in der Simulation variiert, unter Beibehaltung der sonstigen Kennwerte und Randbedingungen. Durch Variation verschiedener Angussszenarien können viele verschiedene Werkzeugkonzepte simuliert werden, wodurch die Gefahr einer falschen Werkzeugkonstruktion sinkt und die Reproduzierbarkeit des Prozesses gesteigert werden kann. Außerdem beeinflusst die Angussstrategie maßgeblich die Prozesszeit, die durch ein optimales Angusskonzept verkürzt werden kann.

In Bild 6.39 repräsentieren die dunklen Bereiche diejenigen, die zu Anfang des Injektionsvorgangs gefüllt werden und die hellen diejenigen, die zum Ende des Injektionsvorgangs gefüllt werden. Es ist ersichtlich, dass das Bauteil mehrere Angusspunkte besitzt und an den beiden äußersten Ecken zuletzt gefüllt wird. An diesen Stellen wurden die Auslässe platziert, so dass die in der Form befindliche

Luft dort entweichen kann. Weiterhin ist erkennbar, dass die Fließfront keine in sich abgeschlossenen Bereiche begrenzt und somit die Gefahr von Lufteinschlüssen nicht gegeben ist. Es ist ein vollständiges Füllen der Form sichergestellt.

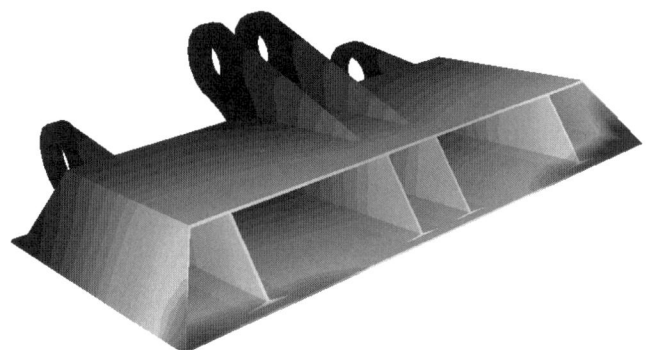

Bild 6.39 Verlauf der Fließfront während des Füllprozesses

Aushärtesimulation

Die Aushärtung des reaktiven Harzsystems ist der letzte Prozessschritt beim LCM-Verfahren. Durch die Simulation der Aushärtevorgänge wird der Einfluss des Aushärteprozesses auf die Temperaturverteilung sowie den zeitlichen Verlauf des Aushärtegrads bestimmt. Die Temperatur wird unter anderem durch die Harzmenge bestimmt. Daher wird die in der Drapiersimulation gewonnene Faservolumengehaltsverteilung benötigt. Die bei der Injektionssimulation ermittelte Füllzeit ist für die Einstellung des Harzes hinsichtlich seines Aushärtungsprozesses entscheidend.

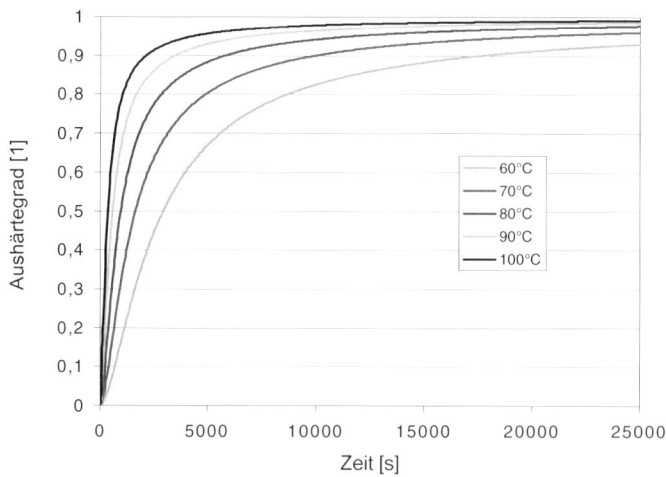

Bild 6.40 Abhängigkeit des Aushärtegrads in Abhängigkeit der Zeit für unterschiedliche Temperaturen

Je nach verwendeter Matrix muss der jeweilige Aushärtemechanismus modelltechnisch oder empirisch beschrieben und in das Programmsystem implementiert werden [65]. In der Praxis werden meistens phänomenologische Modelle verwendet [66], [67], [68].

Generell weisen die Modelle eine sehr gute Übereinstimmung mit den Messungen auf. Für die Durchführung des Fertigungsprozesses ist vor allem die Kenntnis des Fortschritts der Aushärtung in Abhängigkeit von der Zeit entscheidend. Bild 6.40 zeigt die ermittelten zeitlichen Verläufe des Aushärtegrads eines Epoxidharzes für fünf verschiedene Temperaturen.

6.6.4 Weitere Simulationsprogramme

Neben der Simulation eines vollständigen Verfahrensschrittes, wie der Infiltration eines Harzes in eine Textilstruktur, für die bereits kommerzielle Softwareprogramme entwickelt wurden, spielt die Modellbildung von Einzelaspekten eine zunehmend wichtigere Rolle. Diese dient nicht nur dem vertieften Prozessverständnis, sondern stellt auch eine Grundvoraussetzung zur aktiven Prozessbeeinflussung dar. Zielrichtung dieser Bemühungen ist also der geregelte Verarbeitungsprozess. Hierzu kommen zunächst universelle FE-Programme oder mathematische Software zum Einsatz. Die entwickelten Modelle basieren auf grundlegenden physikalischen Gesetzmäßigkeiten wie Strukturmechanik, Wärme- und Stofftransport, Fluiddynamik oder Elektromagnetismus.

Als Beispiele sollen hier das Induktionsschweißen, der Tapelegeprozess, die Simulation der Oberflächengüte beim Thermoformen und eine Modellbildung zur Anlagenauslegung dienen.

Die induktive Erwärmung von Laminaten

Ziel der Prozessmodellierung der induktiven Erwärmung ist die Vorhersage optimaler Prozessparameter für den kontinuierlichen Induktionsschweißprozess.

Eingangsgrößen in die Simulation sind die elektromagnetischen und thermischen Eigenschaften der Werkstoffe, der Induktor als Element der Anlagentechnik und der Induktorabstand als Geometriegröße. Zusätzlich müssen, neben den elektromagnetischen und thermischen Randbedingungen der Umgebung (in der Regel Luft), die Generatorparameter Frequenz und Induktorstrom abgebildet werden. Einige dieser Parameter können der Literatur oder Datenblättern entnommen werden. Besonders kritische Parameter sind die Materialkennwerte der Laminate selbst, die meist nur durch entsprechende Messungen ermittelt werden können [69], [70], [71].

Durch den Einsatz einer Finiten Elemente Berechnung der induktiven Erwärmung von CFK werden nachstehende Ziele verfolgt:

- Entwicklung eines gekoppelten elektromagnetischen und thermodynamischen Modells unter Berücksichtigung der Anisotropie der Faser-Kunststoff-Verbunde,
- Berücksichtigung temperaturabhängiger Werkstoffkennwerte und Randbedingungen und
- Vorhersage des resultierenden Temperaturverlaufs im Laminat.

Die elektromagnetische Simulation beruht auf der Maxwell Gleichung, welche die Entwicklung der elektrischen und magnetischen Felder sowie deren gegenseitige Beeinflussung und den Einfluss von Ladungen und Strömen beschreibt.

$$\nabla \times H = J + \frac{\partial D}{\partial t} \tag{6.31}$$

$$\nabla \times E = -\frac{\partial B}{\partial t} \tag{6.32}$$

$$\nabla \cdot D = \rho \tag{6.33}$$

$$\nabla \cdot B = 0 \tag{6.34}$$

Hierbei sind H die Magnetfeldstärke, J die Stromdichte, D die elektrische Flussdichte, E die elektrische Feldintensität, B die magnetische Flussdichte und ρ die elektrische Ladungsdichte. Zur Simulation des induktiven Heizens werden diese Gleichungen gelöst, die joulsche Erwärmung berechnet und an die thermische Simulation übergeben.

Der vollständige Ablauf ist in Bild 6.41 dargestellt. Es handelt sich hier um eine gekoppelte elektromagnetisch-thermische Analyse zur Bestimmung der Temperaturverteilung. Nach jedem Schritt muss überprüft werden, ob der berechnete Temperaturanstieg zu einer signifikanten Veränderung der temperaturabhängigen elektromagnetischen Werkstoffkennwerte führt, so dass diese in einem Iterationsschritt anzupassen sind.

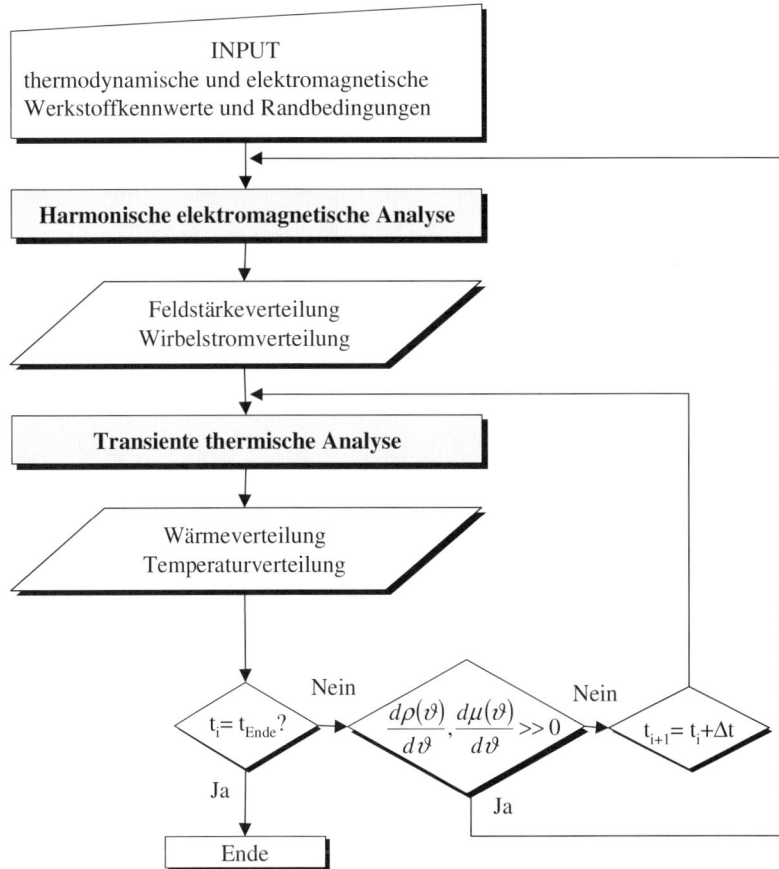

Bild 6.41 Ablauf der FE-Simulation zur induktiven Erwärmung eines CFK-Laminates

Bild 6.42 zeigt experimentell und simulativ ermittelte Temperaturfelder zusammen mit einer Temperaturmessung der induktorzugewandten Oberfläche eines kohlenstofffasergewebeverstärkten PEEK-Laminates, welches durch einen Pfannkuchen-induktor aufgewärmt wurde. Die Simulationen wurden mit zwei unterschiedlichen FE-Programmen (COMSOL und LS-DYNA) durchgeführt. Beide Berechnungen zeigen eine sehr gute Übereinstimmung mit dem Experiment, obwohl die Simulation nur eine homogenisierte Erwärmung berechnet. Diese Vereinfachung ist immer dann gerechtfertigt, wenn die geometrische Auflösung der textilen CF-Struktur (Roving-größe und Webart) gegenüber den Induktorabmessungen vernachlässigt werden kann.

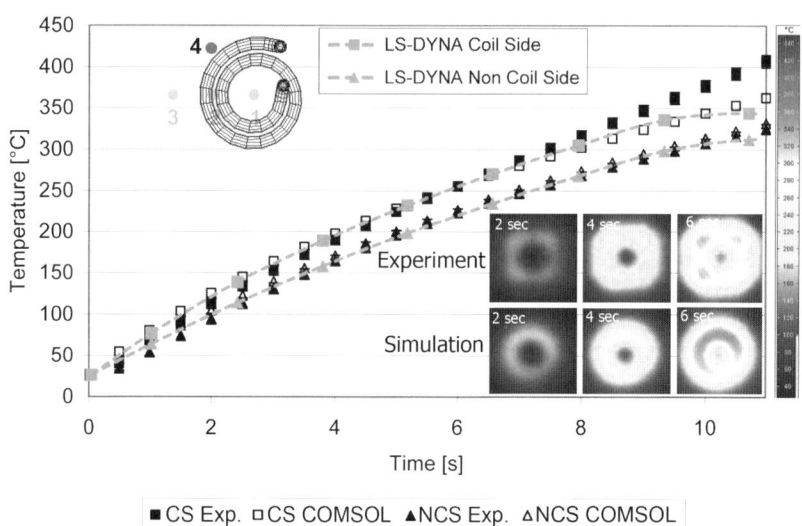

Bild 6.42 Experimentell und simulativ ermittelte Temperaturfelder zusammen mit einer Temperaturmessung der induktorzugewandten Oberfläche eines kohlenstofffasergewebe-verstärkten PEEK-Laminates bei induktiver Erwärmung

Neben der Erwärmungsphase stellt die Laminatabkühlung und somit die Modellierung der Konsolidierung eines Laminates die bestimmende Prozessgröße zum Beispiel für das Induktionsschweißen dar.

Bild 6.43 zeigt beispielhaft das simulierte Erwärmungsverhalten der Oberfläche eines CFK Laminates beim Überfahren mit einem Induktor und Konsolidierungs-rolle sowie ein typisches Temperaturverlaufsprofil für einen ortsfesten Punkt auf dem Laminat. Zu erkennen sind die einzelnen Phasen von der Erwärmung über die freie Konvektion, dem Kontakt mit der Konsolidierungsrolle, dem Wärmefluss vom Laminatinneren zur Oberfläche und der finalen konvektiven Abkühlung. Für langsame Schweißgeschwindigkeiten (1 – 5 mm/Sek.) liegt die Abweichung der gemessenen und berechneten Temperaturen im Bereich kleiner 10 % und ist damit ausreichend für eine Vorhersage der optimalen Prozessparameter wie z. B. Vorschubgeschwindigkeit, Abstand zwischen Induktor und Anpressrolle oder dem Werkstückträger-Werkstoff bei diesen Geschwindigkeiten. Für hohe Schweißgeschwindigkeiten von bis zu 300 mm/Sek. muss aufgrund der Induktorgeometrie und der hohen erforderlichen Energien mit lokal stark unterschiedlichen Erwärmungseffekten gerechnet werden, so dass in diesen Fällen die Abweichung von Simulation und Experiment deutlich größer sein wird.

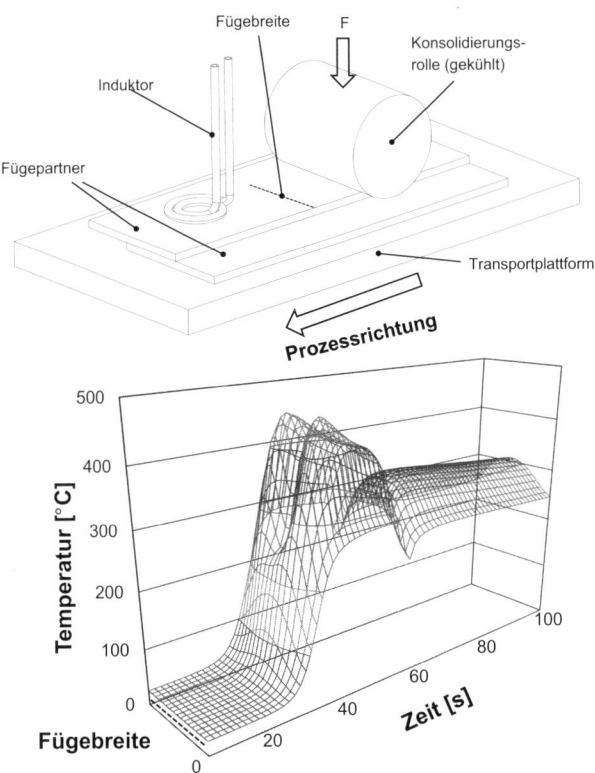

Bild 6.43 Berechnete Temperaturverteilung auf der Laminatoberseite (CFK) beim Induktionsschweißen

Viele der bekannten FE-Simulations-Pakete sind in der Lage, gekoppelte Simulationen unterschiedlicher physikalischer Effekte (multiphysics) durchzuführen. Hierzu zählen COMSOL Multiphysics von COMSOL AB, LS-DYNA R7 von LSTCund ANSYS (Maxwell 3D). Speziellere Programme wie zum Beispiel SYSWELD der Firma ESI fokussieren auf die Simuation des Wäremeintrags beim Schweißen und können mit weiteren Programmen einer vorgegebenen Softwarefamilie gekoppelt werden. Für die Simulation der induktiven Erwärmung in COMSOL Multiphysics wird eine komplette Finite Element Modellierung eingesetzt. Dies bedeutet, dass alle zu modellierenden Elemente einschließlich dem Induktor, der Laminate und der umgebenden Luft in 3D-Volumenelementen aufzubauen sind. Das elektromagnetische Modul in ANSYS arbeitet in gleicher Weise. LS-DYNA R7 und SYSWELD verwenden eine Kombination der Boundery-Element-Methode und der FE-Methode, um das dreidimensionale Rechenproblem der elektromagnetischen Simulation zu lösen. In diesem Fall wird das elektromagnetische Verhalten durch eine Kopplung der Boundery-Elemente mit der Laminatoberfläche berechnet. Das Laminat seinerseits wird mit 3D-Volumenelementen als Finite Elemente dargestellt und beschreibt die thermischen und mechanischen Eigenschaften.

Der Tapelegeprozess (on-line Konsolidierung)

Für großflächige und komplexere Bauteile (Schalenstrukturen) bietet der Tapelegeprozess große Potenziale. Durch das sukzessive richtungs- und positionsvariable Ablegen von unidirektional faserverstärkten Tapes können Laminate beanspruchungsgerecht hergestellt werden. Von besonderem Interesse ist dabei die Verwendung von thermoplastischen Materialsystemen unter Nutzung einer in-situ Konsolidierung. Die Simulation des Verarbeitungsprozesses und die damit mögliche fundierte Erarbeitung der physikalischen und thermodynamischen Hintergründe des Prozesses wurde daher mit der Entwicklung des „ProSimFRT" (Process Simulator for Fiber Reinforced Thermoplastic Tapes) angegangen.

Eine Prozessentwicklung allein auf Basis von Experimenten unter Nutzung von Anlagen im industriellen Maßstab ist vor allem aus Kostengründen ungeeignet. Erschwerend kommt hinzu, dass hiermit in der Regel die einzelnen Prozessphänomene nicht in ausreichendem Maße aufgelöst werden können. Um hier ein besseres Verständnis zu entwickeln, wurde in den zurückliegenden Jahren an vielen Stellen intensive Forschung betrieben, um zum Verständnis der Abstraktion und der Simulation der Prozesse beizutragen [73]. In vielen Fällen sind dabei allerdings theoretische Modellierungen entstanden, die nur einen eingeschränkten Bezug zum realen Prozess aufweisen. Mit ProSimFRT wird ein Ansatz verfolgt, der sich bei der Modellierung und der Simulation eng an den realen Bedingungen während des Prozesses orientiert. Ziel der Simulation ist dabei eine ganzheitliche Berechnung der Temperatur während des gesamten Prozesses für alle am Prozess beteiligten Komponenten [74], [75].

Thermodynamische Abstraktion und Modellierung

Thermoplast-Tapelegen (und -Wickeln) lassen sich mit Blick auf die thermodynamischen Aspekte in einer einheitlichen Weise abstrahieren, Bild 6.44. Dabei sind die Hauptenergieströme, die sich aus der Vorheizung, Hauptheizung, Werkzeugheizung und allen Verlusten ergeben, erfasst.

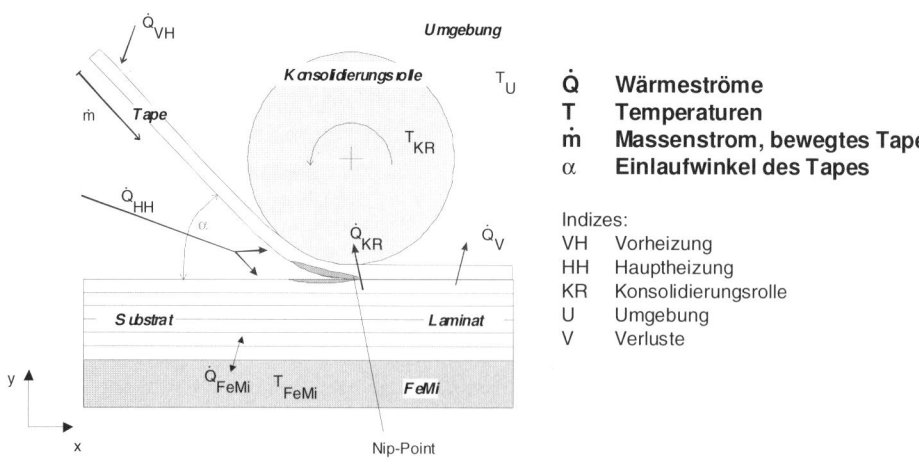

Bild 6.44 Thermodynamische Abstraktion des Verarbeitungsprozesses

Der Energiefluss, der immer in Richtung der niedrigeren Temperatur hin stattfindet, beruht auf unterschiedlichen physikalischen Energieübertragungsmechanismen. Die für den Verarbeitungsprozess relevanten sind dabei:

- Konduktion,
- Konvektion,
- Strahlung.

Ziel ist die Ermittlung der Temperatur. Abgeleitet aus dem 1. Hauptsatz der Thermodynamik lässt sich folgende Energiebilanz aufstellen:

$$\rho c \frac{\partial T}{\partial t} + \rho c v \nabla T = \nabla(\lambda \nabla T) + \dot{Q} \tag{6.35}$$

mit:

$\rho c \dfrac{\partial T}{\partial t}$	Einfluss der transienten Temperaturänderung, (instationäres Problem)
$\rho c v \nabla T$	Energietransport durch Massenfluss
$\nabla(\lambda \nabla T)$	Energietransport durch Wärmeleitung im Volumen
T	Temperatur in K
t	Zeit in s
c	spezifische Wärmekapazität in J/kgK
ρ	Dichte in kg/m^3
v	Geschwindigkeitsvektor in m/s
$\dot{Q}$	innere Wärmequellen oder -senke in W/m^3
λ	Tensor der Wärmeleitfähigkeit in W/mK

Mit dieser Energiebilanz wird der Zusammenhang verschiedener Energieübertragungsmechanismen beschrieben, die jeweils als Einzelterme in der partiellen Differenzialgleichung (PDGL) enthalten sind. Da anisotropes Materialverhalten vorliegt, wird mit dieser PDGL das Temperaturfeld in einem 3-dimensionalen Kontinuum beschrieben. Allerdings ist die Auflösung der PDGL nach der Temperatur nicht trivial. Analytische Ansätze sind nur unter Zuhilfenahme von nicht tolerierbaren Vereinfachungen möglich. Eine numerische Lösungsmethode ist zu bevorzugen.

Als Hauptaufgabe der Prozesssimulation wird auf die Vorhersage des Temperaturfeldes abgezielt. Angewendet auf die in Bild 6.44 dargestellte Situation wurde beispielsweise für den Tapelegeprozess die Ausprägung des Temperaturfeldes im Bereich des Nip-Points für das bereits abgelegte, mehrlagige Substrat erfolgreich simuliert, Bild 6.45.

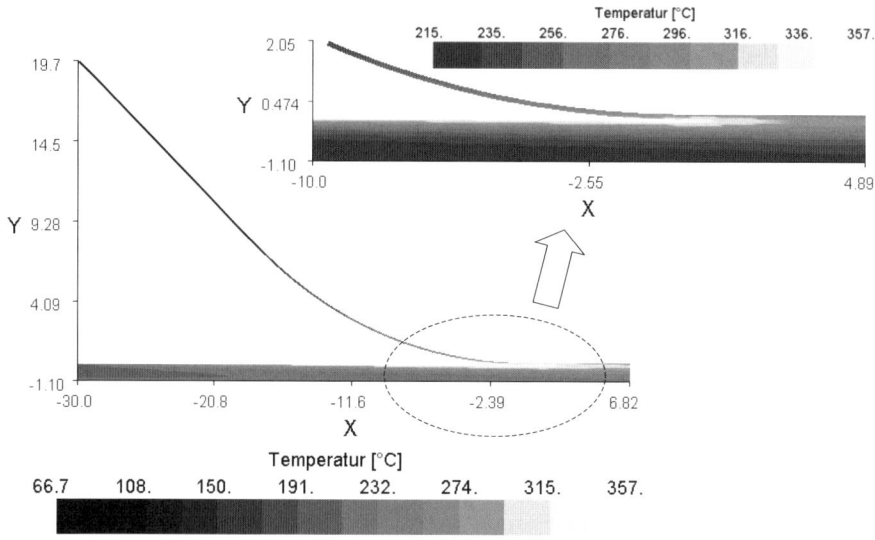

Bild 6.45 Temperaturfeldausprägung im Bereich des Nip-Points beim Tapelegeprozess (Material: CF/PEEK, Flammheizung)

Mit dieser Information lassen sich auch weitergehende Charakteristiken zum Materialverhalten während des Prozesses beschreiben, genannt seien hier beispielsweise Aspekte der Konsolidierung (Tape-Deformations- oder Adhäsionsverhalten), das Kristallisationsverhalten oder der Bauteilverzug infolge von Eigenspannungen. Vor diesem Hintergrund wurde ein modularer Aufbau des Simulationstools bevorzugt, wie er in Bild 6.46 dargestellt ist. Hiermit kann das Tool kontinuierlich erweitert werden und später als Element in einer integrierten Prozesskette zum Einsatz kommen.

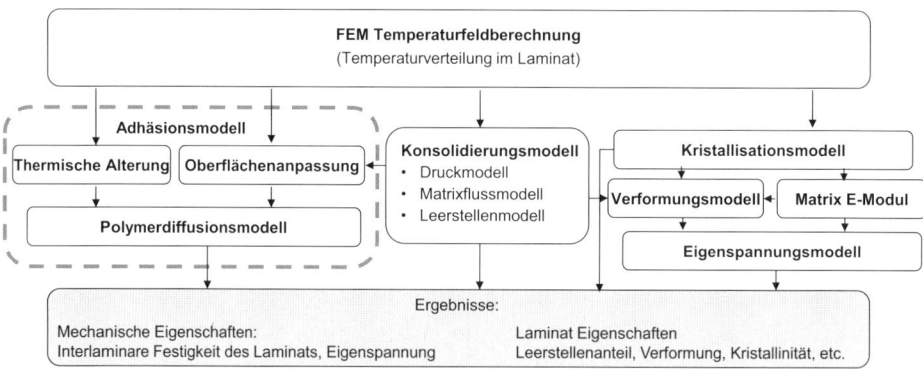

Bild 6.46 Aufbau des Prozesssimulators ProSimFRT

Beispielhaft soll hier der Auswahlzyklus auf Basis der Software ProSimFRT dargestellt und erklärt werden. Bei den in Bild 6.47 dargestellten Analysen wurde als Heizquelle eine Heißgasdüse auf Basis einer Wasserstoff/Sauerstoff Flamme berücksichtigt.

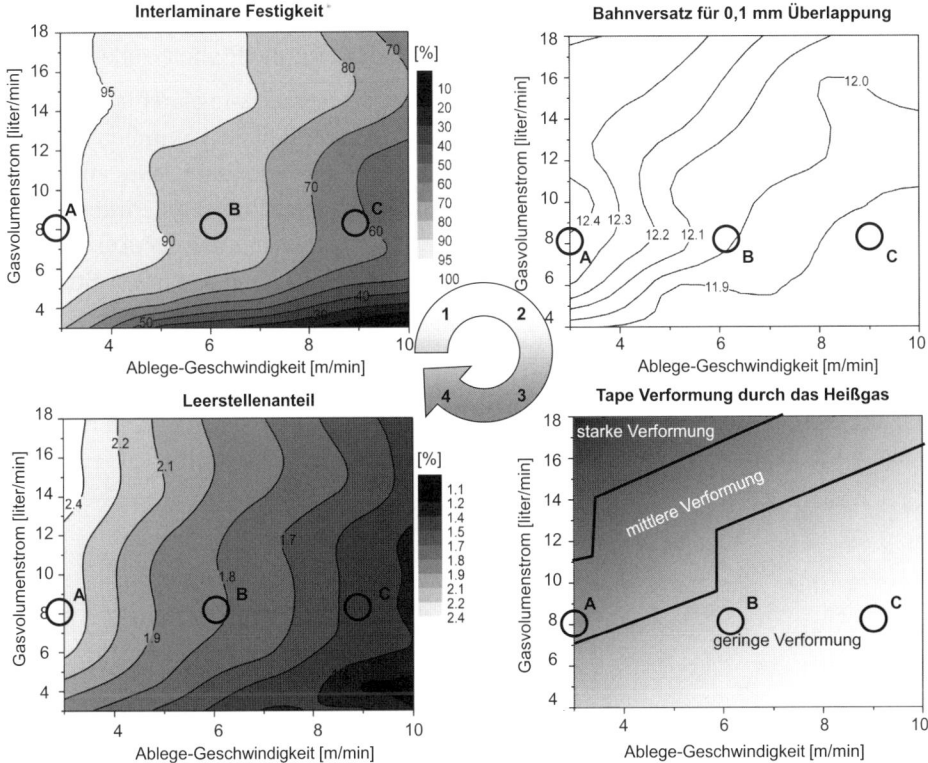

Bild 6.47 Auswahlzyklus zur Prozessauslegung für den Tapelegeprozess

In Abhängigkeit von der zu erreichenden interlaminaren Scherfestigkeit wird die Ablege-Geschwindigkeit (z. B. Punkt A) für einen definierten Heißgas-Volumenstrom festgelegt. Wenn für die geplante Anwendung eine geringere interlaminare Scherfestigkeit ausreichend ist, kann die Ablege-Geschwindigkeit erhöht werden (B bzw. C). Mit diesen Daten kann in Schritt 2 die sich aus der Tapeverbreiterung ergebende Überlappung der Tapes berechnet und so eine notwendige Bahnkorrektur ermittelt werden. Im vorliegenden Fall ist das Ausgangstape 12 mm breit. In Schritt 3 wird die Verformung des Tapes durch den Wärmeeintrag qualitativ dargestellt. Liegt eine mittlere oder hohe Tapeverformung vor, ist eine Nachkonsolidierung durch ein wiederholtes Überfahren des bereits abgelegten Tapes erforderlich. In Schritt 4 wird als Ergebnis der theoretische Leerstellenanteil im erzeugten Laminat dargestellt.

Die Simulation der Oberflächengüte

Das Ziel der numerischen Simulation der Oberflächentopographie eines umgeformten Organobleches liegt in der Vorhersage, welche Maßnahmen die Ausbildung der Oberfläche beeinflussen [76], [77].

Die Basis der Modellbildung stellt die Klasse der Organobleche dar.

Bild 6.48 verdeutlicht die Ableitung einer Gewebelage für die Einheitszelle.

Ausschnitt a) in Bild 6.48 wäre erforderlich, um die Verstärkungsarchitektur vollständig erfassen zu können und darüber hinaus an den Rändern Symmetriebedingungen vorzufinden. Symmetrie bedeutet in diesem Zusammenhang, dass an gegenüberliegenden Rändern stets dieselben physikalischen Zustandsgrößen herrschen und die Gesamtheit der Lage durch einfache Aneinanderreihung der Ausschnitte gebildet werden kann. Aufgrund der Komplexität der dreidimensionalen Struktur des Gewebes kann der betrachtete Verstärkungsausschnitt auf das Maß b) (Bild 6.48) reduziert werden. Auch dieser repräsentiert noch vollständig die Geometrie der Gewebelage. Um die Verstärkungsarchitektur der gesamten Lage zu beschreiben, ist allerdings eine versetzte Anordnung dieses Ausschnitts erforderlich. Er weist daher keine exakt symmetrischen Randbedingungen mehr auf.

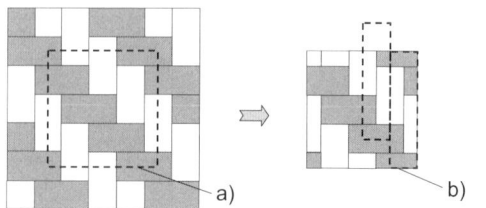

Bild 6.48
Köper-2/2-Gewebelage mit charakteristischen Ausschnitten

Das gewählte thermo-mechanische Rechenmodell lässt oberflächenbezogene Druckkräfte zu, ermöglicht temperaturabhängiges und anisotropes, elastisch-plastisches Verhalten. Während die Matrix als isotrop betrachtet werden kann, muss die richtungsabhängige Steifigkeit der Faserbündel Berücksichtigung finden.

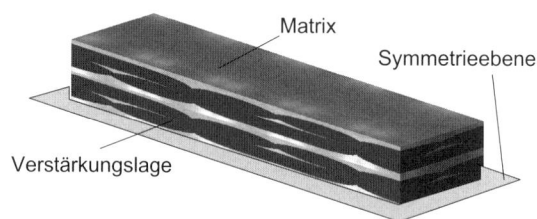

Bild 6.49 Schema der Einheitszelle, basierend auf Ausschnitt b)

Mit Hilfe eines solchen Simulationswerkzeugs kann zum Beispiel, wie in Bild 6.49 gezeigt, der Einfluss der Matrix, hier teilkristallin und amorph, auf die Oberflächentopologie untersucht werden.

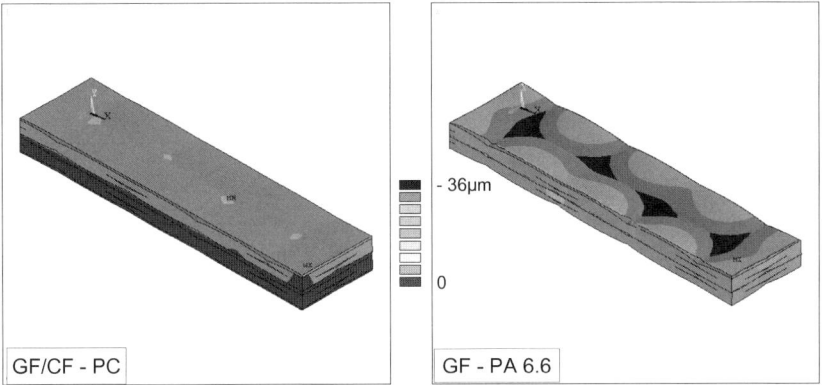

Bild 6.50 Oberflächenprofil in Abhängigkeit der Matrixtype (*links:* PC, *rechts:* PA 6.6)

Weiterhin können Einflüsse mehrlagiger Laminataufbauten, wie beispielsweise das Nesting, und eine Variation der Prozessparameter auf die Oberflächentopographie simuliert werden [77].

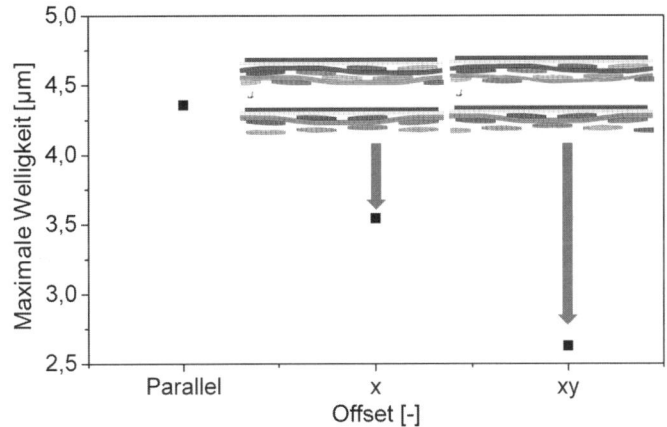

Bild 6.51 Einfluss von Lagenversatz auf die Oberflächenwelligkeit

Prozesssimulation als Werkzeug zur Anlagendimensionierung

Soll die Prozesssimulation zur Anlagenweiterentwicklung eingesetzt werden, so muss man sich zunächst mit Modellierungsansätzen zur Vorhersage der notwendigen Prozessparameter beschäftigen. Mit diesen Modellen können im Anschluss für verschiedene Prozesse und Materialkombinationen anlagenspezifische Datensätze (z. B. Dimensionen einer Anlage) generiert werden. Ziel ist es, über einen solchen theoretischen Ansatz dem Endanwender ein Werkzeug bereitzustellen, welches die Auswahl und die Dimensionierung eines Pressprozesses in Abhängigkeit von der Werkstoffkombination und der geforderten Materialausbringung ermöglicht [78].

Beispielhaft sei dies hier für die Entwicklung von Pressen zur Herstellung von Organoblechen dargestellt. Die prinzipielle Vorgehensweise ist in Bild 6.52 graphisch dargestellt. Das grundlegende Ziel der Prozessmodellierung ist es dabei, einen Zusammenhang zwischen den Verarbeitungsprozessphasen (Imprägnierung, Konsolidierung und Solidifikation) und den Prozessregelgrößen Temperatur *(T)*, Zeit *(t)* und Druck *(p)* zu entwickeln. Als Eingangsgrößen und als Verifikationsdatenbasis dienen gemessene Temperatur- und Druckprofile sowie die reale Laminatqualität von Referenzproben. Hierbei ist zu berücksichtigen, dass der Laminataufbau der Referenzproben identisch zu dem der im zu entwickelnden Pressprozess herzustellenden Organobleche ist. Das Temperaturprofil, dem das Laminat in einem Referenzprozess unterliegt, bildet dabei die Basis des Berechnungsansatzes zur Ermittlung der zur Verfügung stehenden Tränkleistung, dem sog. b-Integral. Durch die anschließende Bilanzierung mit dem Prozessdruck bzw. dem Prozessdruckprofil erhält man den B-Faktor, welcher einen dimensionslosen Referenzwert als charakteristische Kenngröße der Prozessparameter- und Materialkombination darstellt. Aufbauend hierauf ist die Anlagenauswahl sowie die Dimensionierung der Anlagentechnik möglich. Zudem kann anhand des B-Faktors untersucht werden, inwieweit die Verarbeitungsfenster eines z. B. statischen Referenzprozesses mit semi-kontinuierlichen bzw. kontinuierlichen Prozessabläufen korrelieren und untereinander substituierbar sind.

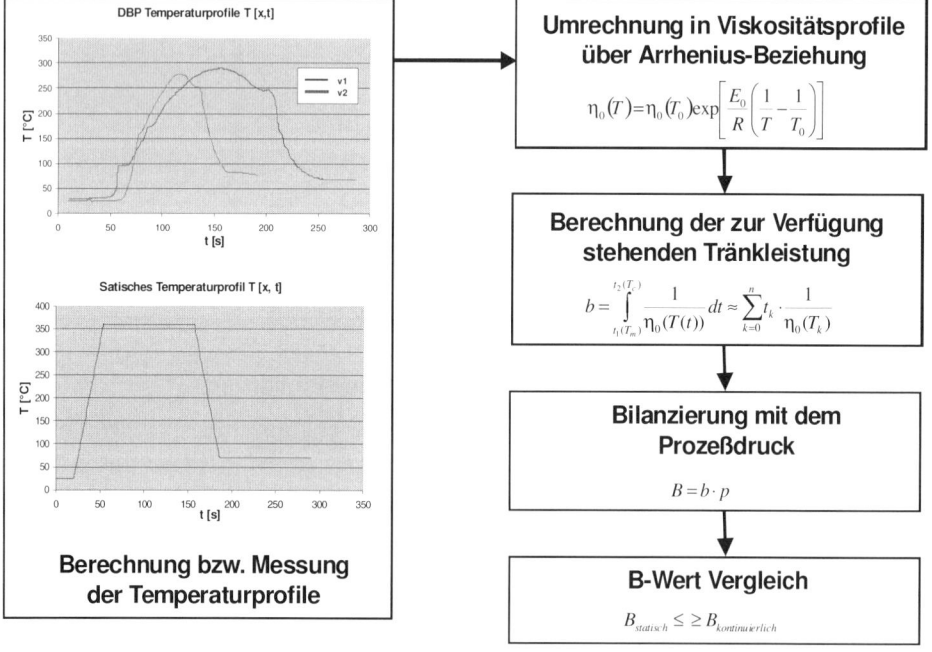

Bild 6.52 Ermittlung des B-Wertes [78], [79]

Eine Modellverifizierung für den kontinuierlichen DBP-Prozess soll im Folgenden vorgestellt werden. Die Berechnungsergebnisse sind in Bild 6.53 dargestellt. Die erkennbaren Abweichungen in den Kurvenverläufen zwischen gemessenen und simulierten Kennwerten betragen maximal 20 %. In Anbetracht des hohen Komplexitätsgrades der kontinuierlichen Anlagentechnik kann die genannte maximale Abweichung toleriert werden.

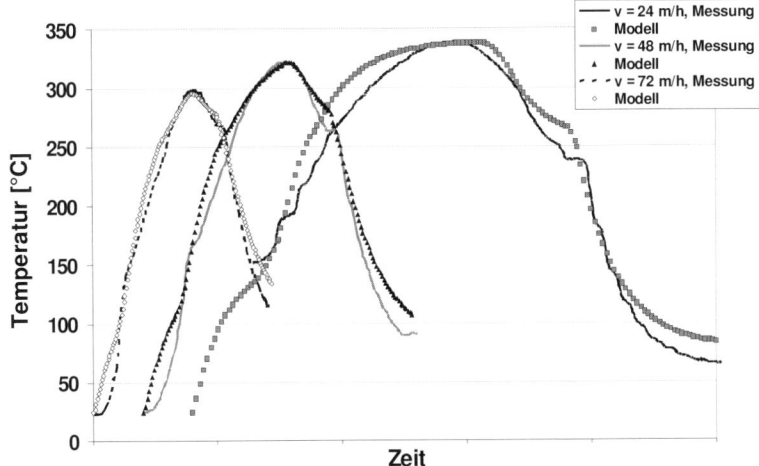

Bild 6.53 Vergleich der DBP-Temperaturprofile für GF / PA 66-Verbunde

Soll nun eine Anlagentechnik für eine bestimmte Materialkombination ausgelegt werden, so lassen sich auf Basis der Prozesssimulation entsprechende Portfolios entwickeln. Wie in dem Beispiel (Bild 6.54) gezeigt, kann das von der Materialdicke abhängige Aufheiz- und Abkühlverhalten für verschiedene Anlagentypen und Rahmenbedingungen dargestellt werden [78].

Sind die Kostenstrukturen der Anlagensysteme bekannt (z. B. Kosten pro Meter Anlagenlänge), kann aufbauend auf dieser konkreten Zahl im Rahmen einer Prozessauswahl die Entscheidung nach dem zu bevorzugenden Anlagensystem getroffen werden.

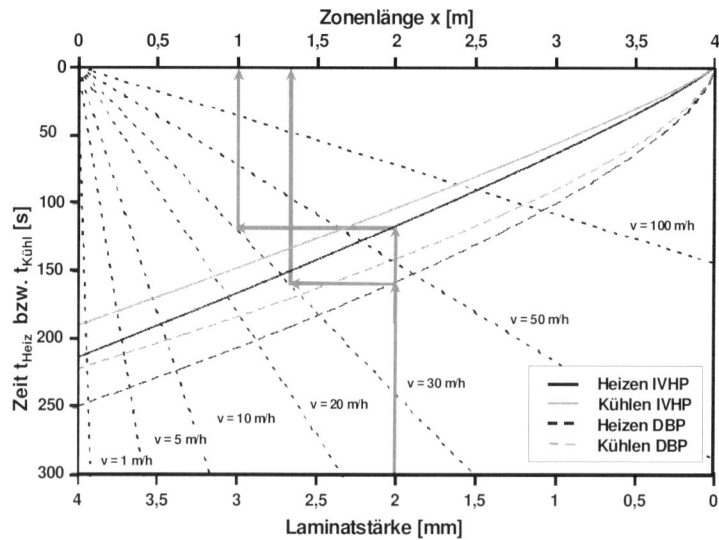

Bild 6.54 Aufheiz-/Kühlportfolio GF/PA 66 für verschiedene Prozesse, T_A = 25 °C, T_{Heiz} = 340 °C, $T_{Kühl}$ = 60 °C IVHP: 0,2 mm Stahlblech, IVHP = 200 W/Km² DBP: 1,1 mm Stahlblech, DPB = 350 W/Km²

Literatur

[1] *Rajendran, S.; et al.:* Environmental impact assessment of composites containing recycled plastics, Ressources, Conservation and Recycling, 60 (2012), S. 131–139

[2] *Endres, H.:* Integrierte Produktentstehung – Aggregate im System Gesamtfahrzeug, Proceedings 7. Aachener Kolloquium Fahrzeug- und Motorentechnik, H. Wallentowitz, F. Pischinger (Hrsg.), Aachen, 1998

[3] *Grauer, D.; Hangs, B.; Reif, M.; Martsman, A.; Tage, S.; Reuter, E.:* Improving mechanical performance of automotive underbody shield with unidirectional tapes in compression-molded direct-long fiber thermoplastics (D-LFT), Sampe Journal, Volume 48, No. 3 2012, S. 7–15

[4] *Graf, M.; Henning, F.; Reuter, E.:* SMC-Direktverfahren für mehr Wirtschaftlichkeit, Lightweight Design, 2011, S. 44 – 47

[5] *Karger-Kocsis, J.:* Composites (Structure, Properties, Manufacturing), in: *Salamone, J. C.:* Polymeric Materials Encyclopedia, CRS-Press, Boca-Raton, 1996

[6] *Slattery, J. C.:* Momentum, Energy, and Mass Transfer in Continua, 2nd Edition, Robert E. Kreiger, Huntington, NY 1981

[7] *Parnas, R. S.:* Liquid Composite Molding, Hanser, München, 2000

[8] *D'Arcy, H. P.:* Les Fountaines Publiques de la Ville Dijon, Victor Delmont, Paris, 1856

[9] *Latrille, M.:* Prozessanalyse und -simulation von Verarbeitungsverfahren für faserverstärkte thermoplastische Bändchenhalbzeuge, IVW-Schriftenreihe, Bd. 40, Hrsg. A. K. Schlarb, IVW Kaiserslautern (2003)

[10] *Cogswell, F.:* Thermoplastic Aromatic Polymer Composites, Butterworth/Heinemann 1992

[11] *Stepputat, F.; Schmauch, C.:* Kunststoffhalbzeuge mit IR-Strahlung erwärmen, Kunststoffe 80 (1990), S. 9

[12] *Muzzy, J. D.; Colton, J. S.:* The Processing Science of Thermoplastic Composites, in: Gutowski, T. G. (Ed.): Advanced Composites Manufacturing, Wiley & Sons, Inc. 1997, pp. 81–114

[13] *Pahl M.; Gleißle W.; Laun H.-M.:* Praktische Rheologie der Kunststoffe und Elastomere, VDI Verlag, Düsseldorf, 1995

[14] *Ehrenstein, G. W.; Bittmann E.:* Duroplaste, Hanser, München, 1997

[15] *Menges, G.:* Werkstoffkunde der Kunststoffe, Hanser, München, 1999

[16] *Schwarz, O.:* Kunststoffkunde, 3. Auflage, Vorgel, Würzburg, 1990, S. 160–164

[17] *Huber, F. U.:* Zur methodischen Anwendung der Simulaton der Harzinjektionsverfahren, IVW-Schriftenreihe, Bd. 26, Hrsg. M. Neitzel, IVW Kaiserslautern (2002)

[18] *Adams, K. L.; Rebenfeld, L.:* Permeability Characteristics of Multilayer Fiber Reinforcements, Part I: Experimental Observations, Polymer Composites 12 (1991) 3, pp. 179–185

[19] *Weitzenböck, J. R.; Shenoi, R. A.; Wilson, P. A.:* Measurement of Three-Dimensional Permeability, Composites Part A, 29A (1998) 1–2, pp. 159–169

[20] *Stöven, T.:* Beitrag zur Ermittlung der Permeabilität von flächigen Faserhalbzeugen, IVW-Schriftenreihe, Hrsg. A. K. Schlarb, IVW Kaiserslautern (2004)

[21] *Nedanov, P. B.; Advani, S. G.:* A Method to Determine 3D Permeability of Fibrous Reinforcements, Journal of Composite Materials, 2 (2002) S. 36

[22] *Bickerton, S.; Advani, S. G.:* Characterization and Modeling of Race-Tracking in Liquid Composite Molding Processes, Composites Science and Technology, 59 (1999) 15, S. 2215–2229

[23] *Okonkwo, K.; Simacek, P.; Advani, S.; Parnas, R.:* Characterization of 3D fiber preform permeability tensor in radial flow using an inverse algorithm based on sensors and simulation, Composites Part A: Applied Science and Manufacturing, 2011, S. 1283–1292

[24] *Arnold, M.; Rieber, G.; Mitschang, P.:* Permeability as the key parameter for short cycle times, Kunststoffe international, 102, 3, 2012, S. 25–28

[25] *Stadtfeld, H. C.; Mitschang, P.; Weimer, C.; Weyrauch, F.:* Standardisierbare 2D-Permeabilitätsmesszelle für Faserhalbzeuge, Tagungsband 6. Internationale AVK-TV Tagung, Baden-Baden (2003), S. C13-1 – 13-11

[26] *Mitschang, P.; Arnold, M.; Rieber, G.:* LCM process simulation based on reliable permeability measurements. Proceedings of European Congress on Computational Methods in Applied Sciences and Engineering, Wien, 2012

[27] *Roderic, D; et al.:* Large Scale Implement of Flow and Cure Sensing in a Thermoset Resin Infused Composite Structure, Proceedings 43rd International SAMPE Symposium, 31.05 – 04.06.1998, pp. 268–276

[28] *Verleye, B.; Morren, G.; Lomov, S. V.; Sol, H.; Roose, D.:* Userfriendly permeability predicting software for technical textiles, 5th Industrial Simulation Conference, 2007

[29] *Rieber, G.:* Einfluss von textilen Parametern auf die Permeabilität von Multifilament-geweben für Faserverbundkunststoffe, Institut für Verbundwerkstoffe GmbH Kaisers-lautern: TU Kaiserslautern, 2011

[30] *Rieber, G.; Jiang, J.; Deter, C.; Chen, N.; Mitschang, P.:* Influence of textile parameters on the in-plane permeability, Composites Part A: Applied Science and Manufacturing, 2013, S. 89 – 98

[31] *Mitschang, P.; Glawe, M.; Kreutz, D.; Rieber, G.; Becker, D.:* Influence of textile parame-ters on the through-the-thickness permeability of woven textiles, in: FPCM-11, Auck-land, 2012

[32] *Djordjevic, B. B.:* Ultrasonic Reflection Coefficient Wave-Guide Sensors for Process Con-trol. Proceedings On-Line Sensing and Control for Liquid Molding of Composite Structu-res, Steiner, K. V.; Advani, S. G. (Eds.), Annapolis, MD/Apr. 14 – 15, CCM, Delaware, USA (1999)

[33] *Shepard, D.; et al.:* Applications of Dielectric Analysis for Cure Monitoring and Control in the Polyester SMC/BMC Molding Industry, Journal of Reinforced Plastics and Compo-sites 14 (1995), March, pp. 297 – 308

[34] *Arnold, M.; Franz, H.; Bobertag, M.; Glück, J.; Cojutti, M.; Wahl, M.; Mitschang, P.:* Kapazitive Messtechnik zur RTM-Prozessüberwachung. Lightweight Design, 6, 1, 2013, S. 50 – 55

[35] *Roberts, S.; Davidson, R.:* Cure and Fabrication Monitoring of Composite Materials With Fibre-Optic Sensors, Composites Science and Technology 49 (1993), pp. 265 – 276

[36] *Dunkers, J. P.; Parnas, R. S.; Flynn, K. M.:* On-Line Fiber-Optic Flow and Cure Sensing of Resin Transfer Molding, Proceedings On-Line Sensing and Control for Liquid Molding of Composite Structures, Steiner, K. V.; Advani, S. G. (Eds.), Annapolis, MD, CCM, Dela-ware, USA (1999)

[37] *Landi V. R.:* Determining the Cure of Phenolics by Ultrasonic Sound Transmission During Molding, Proceedings 1st AVK-TV Konferenz, AVK-TV(Ed.), Baden-Baden/Sep., (1998), B8-1 – B8-9

[38] *Kissinger, C.:* Ganzheitliche Betrachtung der Harzinjektionstechnik – Messsystem zur Durchgängigen Fertigungskontrolle, IVW-Schriftenreihe, Bd. 28, Hrsg. M. Neitzel, IVW Kaiserslautern (2001)

[39] *Griffith, J.; Hackett, T.:* Implementation of Dielectric Sensors Into Composites Produc-tion, Proceedings On-Line Sensing and Control for Liquid Molding of Composite Struc-tures, Steiner, K. V.; Advani S. G. (Eds.), Annapolis, MD/Apr. 14 – 15, CCM, Delaware, USA (1999)

[40] *Maistros, G.; Partridge, I.:* Dielectric Monitoring of Cure in a Commercial Carbon-Fibre Composite, Composites Science and Technology 53 (1995), pp. 355 – 359

[41] *Bittmann, E.; Schemme, M.; Ehrenstein, G. W.:* Aushärtegrade von UP-Harzen – Eignung verschiedener Verfahren zur Qualitätssicherung, Proceedings AVK-Tagung, Berlin, Sep-tember 1994, (1994), S. B4-1 – B4-10

[42] *Stöven, T.; Wang, X.; Neitzel, M.; Mitschang, P.:* Monitoring the Resin Transfer Molding Process by Piezoelectric Elements, Proceedings On-Line Sensing and Control for Liquid

Molding of Composite Structures, Steiner, K. V.; Advani S. G. (Eds.), Annapolis, MD/Apr. 14–15, CCM, Delaware (1999)

[43] *Wang, X.; Ehlers, C.; Kissinger, C.; Neitzel, M., et al.:* Experimental Investigation of Piezo-electric Wafers in Monitoring the Resin Transfer Moulding Process, Smart Mater. Struct. (1998) 7, pp. 121–127

[44] *Berker, B.; Barooah, P., et al.:* Nonlinear Controls with On-Line Estimation of Injection Molding Processes, Proceedings On-Line Sensing and Control for Liquid Molding of Composite Structures, Steiner K. V.; Advani S. G. (Eds.), Annapolis, MD / Apr. 14–15, CC

[45] *Semmler, E.; Michaeli, W.:* Express-Prozeßsimulation zur Auslegung von faserverstärkten Bauteilen, Band 1151, VDI 1995, 525–532

[46] *Specker, O.:* Pressen von SMC: Computersimulation zur rechnerunterstützten Auslegung des Prozesses und zur Ermittlung der Bauteileigenschaften, Dissertation, IKV, Aachen, Dez.1990

[47] *Semmler, E.:* Simulation des mechanischen und thermomechanischen Verhaltens faserverstärkter thermoplastischer Preßbauteile, Diss. Institut für Kunststoffverarbeitung an der RWTH Aachen, 1999

[48] *Michaeli, W.; Skrodolies, K.:* Verbesserung der Oberflächeneigenschaften von SMC-Bauteilen mit Hilfe der Prozesssimulation, Zeitschrift Kunststofftechnik/Journal of Plastics Technology 2 (2006) 4

[49] *Kraus, J.:* Direktprozesse im Fokus der Automobilferigung, Maschinen Markt, 2011, S. 76–78

[50] *Edelmann, K.:* Prozessintegrierte Analyse des Fließverhaltens von faserverstärkten thermoplastischen Pressmassen für die Serienfertigung, Diss. Universität Kaiserslautern (2001)

[51] *Breuer, U. P.:* Beitrag zur Umformtechnik gewebeverstärkter Thermoplaste, Diss. Universität Kaiserslautern (1997)

[52] *Nowacki, J.:* Prozessanalyse des Umformens und Fügens in einem Schritt von gewebeverstärkten Thermoplasten, IVW-Schriftenreihe, Bd. 24, Hrsg. M. Neitzel, IVW Kaiserslautern (2001)

[53] *Edelmann, K.; Frese, T.; Sperling, S.; Gomez, S. J.:* Thermoplastic composites for the A350 XWB - From idea to serial-manufacturing implementation, Tagungsband, Internationale AVK-TV Tagung, Stuttgart 2011, B4

[54] *Duhovic M.; Mitschang P.; Bhattacharyya D.:* Modelling approach for the prediction of stitch influence during woven fabric draping, Composites – Part A: Applied Science and Manufacturing, Vol 42, Issue 8, 2011: 968–978

[55] *Louis, M.:* Zur Simulation der Prozesskette von Harzinjektionsverfahren, IVW-Schriftenreihe, Hrsg. A. K. Schlarb, IVW Kaiserslautern (2004)

[56] *Möller, F.:* Materialmodellierung für die Umformsimulation gewebeverstärkter thermoplastischer Halbzeuge, Diss. Universität Kaiserslautern (1998)

[57] *Trochu, F.; Gauvin, R.; Gao, D. M.; Boudreault, J.-F.:* RTMFLOT – An Integrated Software Environment for the Computer Simulation of the Resin Transfer Molding Process, Journal of Reinforced Plastics and Composites 13 (1994), S. 262–270

[58] *Liu, B.; Bickerton, S.; Advani, S. G.:* Modelling and Simulation of the Resin Transfer Moulding (RTM) – Gate Control, Venting and Dry Spot Prediction, Composites Part A, 27A (1996), S. 135–141

[59] *Koorevaar, A.:* Simulation of Injection Molding: Delivering on Promise, 23. International SAMPE Europe conference, Paris, 9.–11, April 2002, S. 633–641

[60] *Walbran, W. A.; Verleye, B.; Bickerton, S.; Kelly, P. A.:* RTM and CRTM Simulation for Complex Parts. In: Processing and Fabrication of Advanced Materials XIX, Auckland, New Zealand, 2011

[61] *Govignon, Q.; Bickerton, S.; Kelly, P. A.:* Simulation of the reinforcement compaction and resin flow during the complete resin infusion process, Composites Part A: Applied Science and Manufacturing, 41 (1), 2010 pp. 45–57

[62] *Diallo, M. L.; Gauvin, R.; Trochu, F.:* Experimental Analysis of Flow through Multi-layer Fiber Reinforcements in Liquid Composite Molding, ICAC 95, 6.–7. September 1995, S. 201–210

[63] *Shi, F.; Dong, X.:* 3D numerical simulation of filling and curing processes in non-isothermal RTM process cycle, Finite Elements in Analysis and Design, Volume 47, Issue 7, July 2011, pp 764–770

[64] *Bickerton, S.; Advani, S. G.:* A Numerical Approach to Model Non-Isothermal Viscous Flow Through Fibrous Media With Free Surfaces, International Journal for Numerical Methods in Fluids 19 (1994), S. 575–603

[65] *Yousefi, A.; Lafleur, P. G.; Gauvin, R.:* Kinetic Studies of Thermoset Cure Reactions: a Review, Polymer Composites 18 (1997) 2, S. 157–168

[66] *Shin, D. D.; Hahn, H. T.:* A Consistent Cure Kinetic Model for AS4/3502 graphite/epoxy, Composites Part A 31, (2000), S. 991–999

[67] *Fontana, Q. P. V.:* Viscosity: Thermal History Treatment in Resin Transfer Moulding Process Modelling, Composites Part A, 29A (1998), S. 153–158

[68] *Deléglise, M.; Le Grognec, P.; Binetruy, C.; Krawczak, P.; Claude, B.:* Modeling of high speed RTM injection with highly reactive resin with on-line mixing (2011) Composites Part A: Applied Science and Manufacturing, 42 (10), pp. 1390–1397

[69] *Rudolf, R.:* Entwicklung einer neuartigen Prozess- und Anlagentechnik zum wirtschaftlichen Fügen von thermoplastischen Faser-Kunststoff-Verbunden, IVW-Schriftenreihe, Bd. 10, Hrsg. M. Neitzel, IVW Kaiserslautern (2000)

[70] *Moser, L.:* Experimental analysis and modeling of susceptorless induction welding of high performance thermoplastic polymer composites, IVW-Schriftenreihe, Bd. 101, Hrsg. U. Breuer, IVW Kaiserslautern (2012)

[71] *Duhovic M.; Moser L.; Mitschang P.; Maier M.; Caldichoury I.; L'Eplattenier P.:* Simulating the Joining of Composite Materials by Electromagnetic Induction, In Proceedings of the 12th International LS-DYNA® Users Conference, Detroit, USA, 2012, Electromagnetic (2)

[72] *Lin, W.; Miller, A. K.; Buneman, O.:* Predictive Capabilities of an Induction Heating Model for Complex-Shape Graphite Fiber/Polymer Matrix Composites, 24th International SAMPE Technical Conference, Toronto, T606-T620 October 20–22, 1992

[73] *Schledjewski, R.; Latrille, M.:* Processing of Unidirectional Fiber Reinforced Tapes – Fundamentals on the Way to a Process Simulation Tool (ProSimFRT), Composites Science and Technology 63 (2003) 14, pp. 2111–2118

[74] *Khan, M. A.:* Experimental and simulative description of the thermoplastic tape placement process with online consolidation, IVW-Schriftenreihe, Bd. 94, Hrsg. U. Breuer, IVW Kaiserslautern (2010)

[75] *Khan, M. A.; Mitschang, P.; Schledjewski, R.:* Tracing the void content development and identification of ist effecting parameters during in-situ consolidation of thermoplastic tape material, Polymers & Polymer Composites, Vol. 18, No. 1, 2010, S. 1–16

[76] *Blinzler, M.:* Werkstoff- und prozessseitige Einflussmöglichkeiten zur Optimierung der Oberflächenqualität endlosfaserverstärkter thermoplastischer Kunststoffe, IVW-Schriftenreihe, Bd. 36, Hrsg. M. Neitzel, IVW Kaiserslautern (2002)

[77] *Hildebrandt, K.; Mitschang, P.; Schommer, D.:* Development of a uni cell modell to simulate the surface during the thermoforming process, 15th European Conference on Composite Materials, Venedig, 24.–28. Juni 2012

[78] *Wöginger, A.:* Prozesstechnologien zur Herstellung kontinuierlich faserverstärkter thermoplastischer Halbzeuge, IVW-Schriftenreihe, Bd. 41, Hrsg. M. Neitzel, IVW Kaiserslautern (2003)

[79] *Mayer, C.:* Prozeßanalyse und Modellbildung zur Herstellung gewebeverstärkter, thermoplastischer Halbzeuge, IVW-Schriftenreihe, Bd. 5, Hrsg. M. Neitzel, IVW Kaiserslautern (2000)

7 Bauweisen und Smart Structures

■ 7.1 Bauweisen

N. Himmel

7.1.1 Einleitung

Der Begriff Bauweise bezeichnet die Art des Bauens von technischen Strukturkomponenten und -systemen und umfasst daher alle Überlegungen und Entscheidungen zur Auslegung und Realisierung der Struktur mit vielfältigen Wechselwirkungen. Beispielsweise sind dies die Auswahl geeigneter Werkstoffhalbzeuge und angepasster Herstellverfahren, die Dimensionierung und Konstruktion, die Bereitstellung von Montage- und Demontagemöglichkeiten in Struktursystemen, die Berücksichtigung von Qualitätssicherungs-, Wartungs- und Reparaturgesichtspunkten, die Abschätzung des Verhaltens im Betrieb und die wirtschaftliche Bewertung. Strukturen sind Teile eines technischen Systems, die mechanische Lasten übertragen.

Aus der Idee zur Realisierung eines Bauteils oder Struktursystems ergeben sich für die zu verwendenden Werkstoffe eine Vielzahl an Vorgaben entlang der Entwicklungskette sowie für die Nutzungsdauer und die abschließende Entsorgung. Sie werden von gesetzlichen Regelungen wesentlich mitbestimmt. Im Flugzeug- und Fahrzeugbau sind die Hauptzielgrößen für Hersteller und Zulieferer heute die Einsparung von Gewicht und Kosten. Damit konzentrieren sich die Entwicklungsaktivitäten einerseits auf die Reduzierung der Werkstoffkosten und die Prozessoptimierung oder auf den Einsatz neuer Prozesstechniken. Andererseits spielen Leichtbauwerkstoffe und optimale Werkstoffausnutzung eine wesentliche Rolle. Beispiele für den Übergang auf leichtere Werkstoffe als Stahl sind Aluminium- oder CFK-Karosserien bei bestimmten Fahrzeugtypen. Parallel dazu steigt die Tendenz, verschiedene Werkstoffe in einem Struktursystem zu verwenden (beispielsweise Stahlkarosserie sowie Hauben und Kotflügel aus Aluminium oder Verbundwerkstoffen). In der ersten Entwicklungsphase einer Struktur werden mit der Bauweise im Wesentlichen auch deren Kosten festgelegt.

7.1.2 Bauweisenklassifizierung

Strukturen können in Differential- oder Integralbauweisen, in integrierende Bauweisen oder in Verbundbauweisen eingeteilt werden [1] [2], deren grundlegende Merkmale in den folgenden Abschnitten erläutert werden. Da es notgedrungen Überschneidungen und fließende Grenzen gibt, gestaltet sich die Zuordnung zu einer Bauweisenklasse bei komplexeren und größeren Strukturen oftmals schwierig. Mit Hilfe von FKV-Halbzeugen und -Verarbeitungstechnologien lassen sich Integral-, integrierende und Verbundbauweisen besonders gut darstellen.

7.1.2.1 Differential- und Integralbauweise

Das wesentliche Merkmal der Differentialbauweise ist, dass eine größere Baugruppe aus mehreren Einzelteilen zusammengesetzt ist, die über Schraub-, Niet-, Kleb- oder Schweißverbindungen miteinander verbunden sind. Als Beispiel für eine Differentialbauweise zeigt die linke Abbildung in Bild 7.1 einen in sechs Einzelelemente aufgelösten CFK-Rennradrahmen. Die Vorteile dieser Bauweise sind die Lösbarkeit und Austauschbarkeit der Komponenten (bei mechanischer Verbindung), ihre hohe Flexibilität, eine optimale Anpassbarkeit, beispielsweise im Hinblick auf das Fügen von Bauteilen aus unterschiedlichen Materialien oder den Toleranzausgleich, und das geringere Risiko bei Fertigungsfehlern. Nachteilig sind die hohe Anzahl an Einzelteilen und daraus folgend viele Verarbeitungsschritte, erhöhte Gewichts- und Montageaufwände sowie Kerbwirkung, Spannungskonzentration und Korrosionsgefahr innerhalb der Verbindungsstellen.

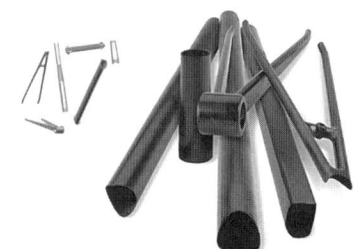
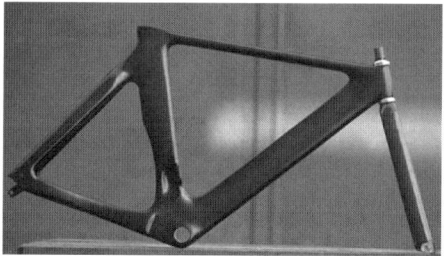

Differentialbauweise

Integralbauweise

Bild 7.1 Differential- und Integralbauweise am Beispiel eines CFK-Rennradrahmens

Im Gegensatz dazu ist bei der Integralbauweise (auch monolithische Bauweise) die Struktur aus einem Stück und zumeist aus einem Werkstoff (Monocoque), wodurch es möglich ist, die Bauteilgeometrie und den Wanddickenverlauf optimal an die vorherrschenden, äußeren Belastungen anzupassen. Bild 7.1 zeigt in der rechten Darstellung wiederum einen Rennradrahmen (einschließlich Gabel), der im Unterschied zur linken Abbildung jedoch als Integralbauteil ausgeführt wurde. Die Vorteile derartiger Bauweisen sind ein homogener Kraftfluss innerhalb des Bauteils, niedriges Gewicht, eine geringe Anzahl an Prozessschritten bei der Herstellung und niedrige

Montagekosten. Dem stehen eine aufwendige Fertigungsentwicklung, hohe Anforderungen an die Fertigung, Beschränkungen im Hinblick auf realisierbare Bauteilabmessungen, höhere Werkzeugkosten, eine geringe Flexibilität und eine sehr ungünstige Reparatursituation gegenüber.

7.1.2.2 Integrierende Bauweise

Der Nachteil von Integralbauweisen im Hinblick auf eingeschränkte Bauteilabmessungen wird bei der integrierenden Bauweise dadurch beseitigt, dass integrale Einzelsegmente zu größeren Struktureinheiten gefügt werden. Die integrierende Bauweise versucht, Vorteile der Integral- und Differentialbauweise, wie homogener Kraftfluss bzw. Fertigung von einzelnen Elementen, innerhalb eines Struktursystems bestmöglich zu nutzen. Integrierende Bauweisen zeichnen sich durch ein günstigeres Schädigungsverhalten, die Möglichkeit des Austausches einzelner Segmente, geringere Kosten, den Wegfall von Beschränkungen in den geometrischen Abmessungen und die lokale Anpassbarkeit an mechanische Anforderungen aus. Aus der Verbindungsproblematik ergeben sich wiederum Nachteile hinsichtlich Gewichtserhöhung und Montagemehraufwand. Bild 7.2 zeigt den Prototyp einer FKV-Linearführung für ein Zuführungssystem aus dem Maschinenbau als Beispiel für eine integrierende Bauweise.

integrales Einzelsegment

aus vier Einzelsegmenten gefügter Teil einer Linearführung

Bild 7.2 Prototyp einer FKV-Linearführung in integrierender Bauweise für ein Zuführungssystem aus dem Maschinenbau

7.1.2.3 Verbundbauweise

In Verbundbauweisen, auch Hybrid- oder Mischbauweisen sowie Multi-Material-Design, werden in der Regel mehrere Werkstoffe eingesetzt. Die Kombination unterschiedlicher Werkstoffe erlaubt eine effiziente Bauteilgestaltung, wenn die eingesetzten Materialien die an sie gestellten Anforderungen optimal erfüllen. Eine zwischenzeitlich weit verbreitete Verbundbauweise ist in dem links in Bild 7.3 dargestellten Trägerprofil aus einer Lkw-Vorbauklappe (Mercedes-Benz Actros) umgesetzt, bei dem ein Metallprofil mit unzureichender Eigenstabilität durch spritzgegossene Kunststoffrippen ausgesteift ist. Ein Beispiel für Multi-Material-Design im

Fahrzeugbau stellt der BMW M3 CSL mit einer Motorhaube und Felgen aus Aluminium, Stoßfängerträgern aus endlosfaserverstärktem GMT, Sitzschalen aus GFK, einer Heckklappe aus SMC und einem besonders augenfälligen CFK-Dach dar (Bild 7.3, rechts). Diese Art von Bauweisen zeichnet sich derzeit durch starkes Wachstum in der Anwendung aus.

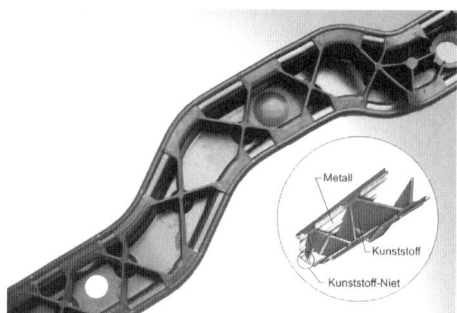

Trägerprofil für eine Lkw-Vorbauklappe
[Bildquelle: Mercedes-Benz Actros]

Multi-Material-Design beim BMW M3 CSL
[Bildquelle: BMW Group]

Bild 7.3 *Links:* Metall-Kunststoff-Verbundbauweise, *rechts:* Multi-Material-Design

Bei dem links in Bild 7.4 dargestellten Energieabsorberelement würde man anstelle einer Verbundbauweise besser von einem Werkstoffverbund oder Hybridverbundwerkstoff sprechen. Bei diesem Bauteil wurden Kohlenstoff- und Aramidfasern in einer Kunststoffmatrix kombiniert, um die Anforderungen nach Steifigkeit, Festigkeit und Energieabsorption sowie nach struktureller Integrität zu erfüllen. Andere Beispiele für Werkstoffverbunde sind ARALL oder GLARE (Bild 7.4, rechts) aus Aluminiumfolien und AFK- bzw. GFK-Schichten. GLARE, das mittlerweile bei der Rumpfoberschale und den Leitwerksvorderkanten des Airbus A380 eingesetzt wird, zeichnet sich durch eine ausgewogene Festigkeit und Steifigkeit, ein verringertes Ermüdungsrisswachstum, eine hohe Zähigkeit, Impact- und Korrosionsbeständigkeit sowie ein gutes Umform-, Bearbeitungs- und Durchbrandverhalten aus.

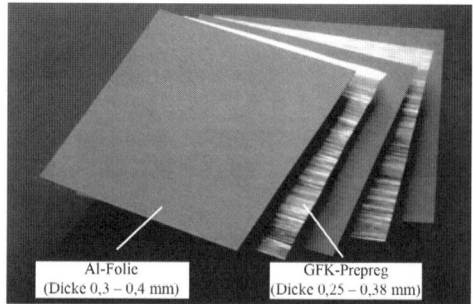

Bild 7.4 Werkstoffverbunde aus Kohlenstoff- und Aramidfasern *(links)* sowie *(rechts)* aus Aluminium- und GFK-Schichten (GLARE)

7.1.2.4 Sandwichbauweise

Die Sandwichbauweise ist in den Grenzbereich zwischen einer Verbundbauweise und einem Werkstoffverbund einzuordnen. Das vorrangige Merkmal dieser Bauweise ist die exzellente Biegesteifigkeit bei minimalem Gewicht, was durch die Kombination von dünnwandigen Deckschichten aus höher festen und steifen Werkstoffen mit einem dazwischen angeordneten, dickwandigen Kern aus Werkstoffen mit niedriger Dichte und eher mäßigen mechanischen Kenngrößen erzielt wird. Als Vorteile sind eine optimale Werkstoffausnutzung, Gewichts- und Materialersparnis, eine hohe Wirtschaftlichkeit und die Möglichkeit der Funktionsintegration (Wärme-/Schallschutz, Dämpfung) zu nennen. Nachteilig sind ein teilweise höherer Aufwand bei Fertigung und Lasteinleitung, unterschiedliche physikalische und chemische Eigenschaften bei der Kombination von Materialien und die aufwendige Stofftrennung nach dem Ende der Produktlebensdauer.

7.1.3 Leichtbau

Unter Leichtbau versteht man eine Konstruktionsphilosophie mit dem Ziel eines minimalen Strukturgewichts, die sich auf vielfältige Weise umsetzen lässt [1]. Als vorrangiges Gestaltungsprinzip ist der werkstoffliche Leichtbau zu nennen, bei dem Materialien zum Einsatz kommen, die sich durch eine hohe Festigkeit oder Steifigkeit bezogen auf ihre Dichte auszeichnen (Tabelle 7.1). Durch Faserkunststoffverbunde kann werkstofflicher Leichtbau sehr gut umgesetzt werden. Anwendungsbeispiele hierfür sind tragende Strukturen aus der Luft- und Raumfahrt, der Windkraft und dem Sportbereich sowie Bauteile mit einer möglichst geringen Massenträgheit aus dem Maschinenbau. Neben der optimalen Werkstoffauswahl ist die geometrische Gestaltung einer Struktur ausschlaggebend für ihr Leichtbaupotential (Gestaltleichtbau), was im Hinblick auf ein Bauteil mit einer möglichst hohen Betriebsfestigkeit die Einstellung einer homogenen Spannungsverteilung bedeuten kann. Ein anderes Beispiel für Strukturleichtbau im Flugzeugbau sind dünnwandige Hautfelder, für deren Versteifung wegen des deutlich höheren Torsionsträgheitsmoments Stringerprofile mit geschlossenem Querschnitt offenen Profilen vorzuziehen sind. Dass hier nach wie vor überwiegend offene Profile angewendet werden, ist darin begründet, dass weitere Anforderungen, wie Fertigungskosten oder Inspizierbarkeit, zu berücksichtigen sind. Das letztgenannte Beispiel verdeutlicht, dass Leichtbau nicht für sich allein umgesetzt werden kann, sondern immer in Wechselwirkung mit weiteren Technologiebereichen (Fertigungstechnik, Qualitätssicherung, Wartung) steht. Werkstoff- und Gestaltleichtbau werden häufig miteinander kombiniert, da die reine Werkstoffsubstitution in den meisten Fällen nicht sinnvoll ist. Für eine erste, vergleichende Abschätzung des benötigten Gewichtsaufwands für Konstruktionen aus alternativen Werkstoffen können Gütezahlen herangezogen werden, welche die Kennwerte der jeweiligen Werkstoffe, die gewählte Bauteilgeometrie und die äußere Belastung berücksichtigen [3].

Tabelle 7.1 Eigenschaften von Leichtbauwerkstoffen [3]

Werkstoff	φ_f (Vol.-%)	ϱ (kg/m³)	$E_\parallel^{(t)}$ (GPa)	$E_\perp^{(t)}$ (GPa)	$G_{\parallel\perp}$ (GPa)	$\nu_{\perp\parallel}$† (1)	$\alpha_\parallel$ (10^{-6}/K)	$R_\parallel^{(t)}$‡ (MPa)	$R_\perp^{(t)}$‡ (MPa)	$R_\parallel^{(c)}$ (MPa)	$R_\perp^{(c)}$ (MPa)	$R_{\perp\parallel}$ (MPa)
Faserkunststoffverbunde												
UD-Verstärkung, Prepreg												
CF/Epoxy (T300/5208)	60	1600	135	10	4.8	0.28	5–11	1500	40	1000	250	68
CF/PEEK (AS4)	62	–	138	11.2	–	–	–	–	–	–	–	–
AF/Epoxy (Kevlar 49)	60	1500	76	5.5	2.3	0.34	5–11	1400	12	235	53	34
E-GF/Epoxy (Scotchply 1001)	45	1800	39	8.3	4.1	0.26	5–11	1060	31	610	118	72
UD-Verstärkung, Handauflegen												
CF/Polyester	45	1400	104	6	–	–	5–14	1000	30	720	95	–
AF/Polyester (Kevlar)	40	1300	53	3	–	–	5–14	870	20	190	60	–
E-GF/Polyester	36	1700	26	6	–	–	5–14	550	30	350	100	–
Bidirektionalverstärkung, Handaufl.												
CF-Gewebe	38	1400	44	44	–	–	9–11	425	425	280	280	70
E-GF-Gewebe	34	1700	15	15	–	–	9–11	270	270	230	230	70
Wirrfaserverstärkung												
E-GF-Matte	19	1500	6.9	6.9	–	–	18–33	90	90	120	120	–
E-GF-Faserspritzen	15	1500	5.1	5.1	–	–	22–36	65	65	95	95	70
Fließpressverarbeitung												
SMC (Polyester)	33	1900	12–19	–	–	–	–	125–200	–	–	–	–
Diskontinuierliche Faserverstärkung												
PA6.6-LGF60	41	1690	15.2	15.2	–	–	–	202	202	–	–	–
Metalle												
Mg (MgAl6/AM60)	–	1790	45	45	17	0.3	26	247	–	–	–	–
Al (3.4365-T6/7075)	–	2800	72	72	27	0.3	23	540	–	–	–	–
Al-Li (2099-T8E67)	–	2630	78	78	–	–	–	510–530	–	–	–	–
Ti (3.7165/Ti6Al4V)	–	4420	110	110	44	0.25	9	900–1100	–	–	–	–
St (StE 550)	–	7850	210	210	–	0.29	13	550	–	–	–	–
Holz												
Kiefer	–	530	11.9	–	–	–	4	102	7	50	–	–
Sperrholz	–	580	12.4	12.4	–	0.1	4	18–21	18–21	–	–	9.2

φ, ϱ, E, G, ν, α, R Faservolumengehalt, Dichte, Elastizitäts-/Schubmodul, Querkontraktionszahl, therm. Längenausdehnungskoeff., Festigkeit

$\parallel$ parallel, $\perp$ senkrecht zur Faserrichtung, t, c Zug-, Druckbelastung

† 1. Index: Kontraktionswirkrichtung, 2. Index: Richtung der Spannungsursache ‡ bei Metallen Zugfestigkeit

CF: Kohlenstoff-, AF: Aramid-, GF: Glasfaserverstärkung

Unter Systemleichtbau werden gewichtsoptimierte Strukturen verstanden, die neben der reinen Tragfunktion weitere funktionale Anforderungen erfüllen. Beispiele aus dem Flugzeugbau sind der Flügelkasten mit integriertem Tank oder die Flügelvorderkante, die neben der Vorgabe der aerodynamischen Form die Torsionssteifigkeit der Flügelschale erhöht. Systemleichtbau ist eng mit multifunktionalen Werkstoff- oder Struktursystemen verknüpft, die Möglichkeiten zur Strukturüberwachung oder aktiven Formänderung eröffnen (smart materials oder smart structures, vgl. Abschnitt 7.2). Wegen ihrer multifunktionalen Charakteristik ist in diesem Zusammenhang auch die Sandwichbauweise anzuführen.

7.1.4 Besonderheiten der FKV-Bauweisenentwicklung

Im Vergleich zu homogenen Materialien sind für Faserkunststoffverbunde vor allem

- Flexibilität (variable, lokale Konstruktion durch Schichtaufbau, die Bereiche mit deutlich unterschiedlichen Werkstoffeigenschaften innerhalb derselben Struktur ermöglicht),
- Einfachheit (Einzelteilreduzierung durch ausgeprägte Möglichkeit, große Integralstrukturen mit FKV herzustellen und selektiv zu verstärken),
- Effektivität (hohe gewichtsspezifische Werkstoffeigenschaften, die Material- und Energieeinsparung ermöglichen) und
- Langlebigkeit

charakteristisch [4]. FKV-Werkstoffe bieten eine hohe Beständigkeit gegen Betriebsbelastungen und lassen sich im Hinblick auf lokale und übergeordnete Beanspruchungen maßschneidern. Im vorliegenden Abschnitt soll auf einige wesentliche Besonderheiten der Bauweisenentwicklung mit endlosfaserverstärkten Polymermatrixverbunden eingegangen werden.

7.1.4.1 Inhomogenität und Richtungsabhängigkeit

Bei unzureichender Bauteilauslegung oder Fertigungsqualität bedingt die werkstoffliche Inhomogenität von Faserverbunden eine Reihe von Schädigungsformen, mit denen bei Belastung zu rechnen ist. Die Schädigungen sind irreversibel, jedoch können abhängig von der jeweiligen Anwendung unkritische und kritische Formen unterschieden werden. Zur erstgenannten Klasse von Schädigungen, die durch intralaminare Querzug-, Querdruck- oder Schubbelastung ausgelöst werden, gehören der Kohäsivbruch in der Matrix parallel zur Faserrichtung (Zwischenfaserbruch) und das Adhäsivversagen der Grenzfläche zwischen Faser und Matrix (Ablösung oder Debonding). Vom Sonderfall des unidirektionalen Laminats abgesehen, lösen derartige Schädigungen das Gesamtversagen des Bauteils nicht unmittelbar aus, sondern führen lokal zu Steifigkeitsreduzierung in geschädigten und Spannungsumlagerung zu intakten Laminatschichten. Dagegen sind der Bruch von Faserbündeln (Faserbruch), die ausgedehnte Ablösung benachbarter Laminatschichten voneinander (Delamination) und der Zwischenfaserbruch unter sehr hoher Querdruckbelastung kritisch einzuschätzen (schräge Bruchfläche, Keilwirkung) [5].

Durch das Einbetten von Fasern in eine Kunststoffmatrix entsteht ein Verbundwerkstoff mit richtungsabhängigem physikalischem Verhalten. Die linke Abbildung in Bild 7.5 zeigt qualitative Spannungs-Dehnungs-Kurven eines Faserverbundwerkstoffes mit homogen verteilten und ausschließlich in einer Richtung (unidirektional) angeordneten Endlosfasern bei Belastung parallel und senkrecht zur Faserrichtung sowie des reinen Faser- und Matrixwerkstoffs. Kennzeichnend für unidirektionale Faserverbunde ist, dass bis zum Bruch nahezu kein plastisches Verformungsvermögen vorhanden ist. Unter faserparalleler Zugbelastung ergibt sich bis zum Sprödbruch bei Erreichen der Faserbruchdehnung daher eine annähernd lineare Kennlinie. Demgegenüber ist bei fasersenkrechter Zug- oder Druckbelastung innerhalb der Schichtebene infolge mikroskopischer Schädigungen ein leicht, bei Schubbelastung ein deutlich degressives Verhalten zu beobachten (Bild 7.5, rechts). Bei der Festigkeitsanalyse von multidirektional aufgebauten Laminaten ist es wegen daraus folgender Spannungsumlagerungen sinnvoll, insbesondere die letztgenannte Nichtlinearität zu berücksichtigen. Vernachlässigt man die mikroskopische Inhomogenität der UD-Einzelschicht, so kann das mechanische Verhalten der unidirektionalen Einzelschicht unter Annahme eines ebenen Spannungszustands als orthotropes, bei räumlicher Beanspruchung aufgrund der Isotropie senkrecht zur Faserrichtung als transversal isotropes Kontinuum beschrieben werden (vier bzw. fünf unabhängige Elastizitäts- sowie fünf bzw. sechs unabhängige Festigkeitskenngrößen).

Wegen der Vielzahl an Einflussparametern sind genormte Werkstoffe und Leistungsblätter mit mechanischen Kenngrößen bei FKV-Materialien nicht verfügbar. Daher müssen Auslegungskenngrößen in aller Regel in Abhängigkeit der eingesetzten Halbzeuge, des angewendeten Fertigungsprozesses und der zugrunde zu legenden Umgebungsbedingungen experimentell ermittelt werden. Die mechanischen Eigenschaften von Faserverbundwerkstoffen sind insbesondere gegenüber Änderungen der Faserorientierung sehr empfindlich, was in Bild 7.6 am Beispiel der Zugfestigkeit eines UD-CFK-Laminats [6] verdeutlicht ist. Zu erkennen ist, dass eine Abweichung zwischen Belastungsrichtung und Faserorientierung in Höhe von lediglich 5° bei dem untersuchten Werkstoff bereits eine Verringerung der Festigkeit um etwa 50 % zur Folge hat. Daraus ist zu folgern, dass eine hohe Werkstoffausnutzung nur dann erzielt werden kann, wenn die Fasern möglichst parallel zu den Richtungen der örtlichen Hauptnormalspannungen ausgerichtet sind und Faserwinkelschwankungen im Halbzeug oder beim Fertigungsprozess auf ein Minimum beschränkt werden. Unter dieser Bedingung wirken sich die deutlich niedrigeren Eigenschaften des Verbunds quer zur Faserrichtung nur noch gering aus [7] [8].

Multidirektionale Laminate mit allgemeinem Lagenaufbau zeichnen sich durch eine Reihe von elastischen Koppeleffekten aus, die bei isotropen Materialien nicht vorhanden sind. Beispielsweise kann aus Normalkraftbelastung in der Laminatebene neben den Normalverzerrungen auch Schiebung und aus Biegemomentbelastung neben Durchbiegung auch Verwölbung resultieren. Diese Koppeleffekte lassen sich durch einen Laminataufbau eliminieren oder minimieren, der bezüglich der Mittelebene symmetrisch und ausgeglichen (d. h. gleiche Anzahl und Schichtdicken von Lagen mit Faserorientierungen verschieden von 0° oder 90° zu beiden Seiten der Mittelebene) ist.

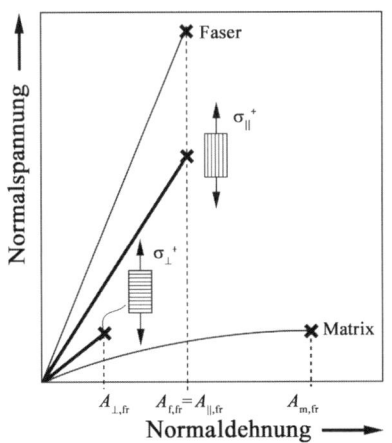

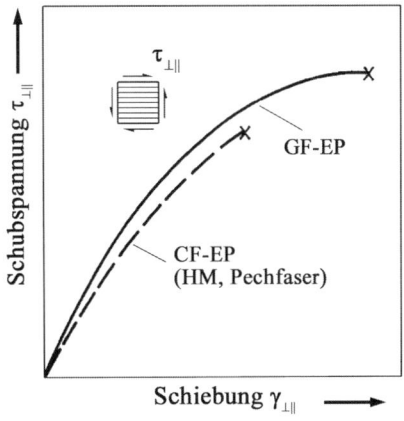

intralaminare Zugbelastung parallel (∥) und senkrecht (⊥) zur Faserrichtung:

intralaminare Schubbelastung [7]

(× Bruch; $A_{f,fr}$; $A_{m,fr}$; $A_{∥,fr}$; $A_{⊥,fr}$ Bruchdehnungen von Faser, Matrix bzw. Laminat)

Bild 7.5 Qualitative Spannungs-Dehnungs-Kurven von Faser, Matrix und unidirektionalem Faserkunststoffverbund mit Endlosfaserverstärkung

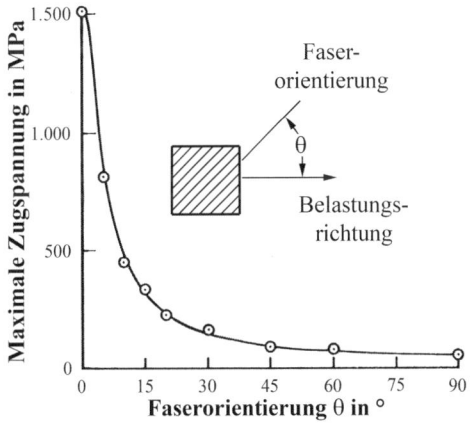

Bild 7.6
Einfluss der Faserorientierung auf die Festigkeit eines unidirektionalen CFK-Laminats (AS/3501) unter einachsiger Zugbelastung nach [6]

7.1.4.2 Umwelteinfluss

Die wesentlichen Mechanismen, welche die Eigenschaften von Polymermatrixverbunden irreversibel verändern, sind die mechanische Degradation aufgrund hoher Spannungsniveaus, Kriechen und Schwingermüdung [9] sowie die physikalisch-chemische Alterung durch die Interaktion des Werkstoffs mit der Umwelt. Die durch Umwelteinflüsse, wie Temperatur, flüssige oder gasförmige Medien oder elektromagnetische Strahlung, im Verbund hervorgerufenen Veränderungen sind im Allgemeinen eine Überlagerung verschiedener Faktoren [10]:

- Festigkeitsverlust in der Verstärkungsfaser aufgrund von Spannungskorrosion oder durch Plastifizieren infolge von Feuchte oder Lösungsmitteln (polymere Faser)
- Matrixdegradation durch Sorption von Wasser oder chemischen Medien oder durch Strahlungseinwirkung
- Schädigung der Faser/Matrix-Grenzfläche.

Die Änderungsraten dieser Degradationsprozesse hängen vom Fasertyp, von der chemischen Struktur der Polymermatrix, der Temperatur, der Einwirkungsdauer, dem Spannungszustand sowie von der Chemie und Morphologie der Faserschlichte ab.

Unter erhöhter Temperatur nehmen matrixdominierte Steifigkeits- und Festigkeitskenngrößen von Faser-Kunststoff-Verbunden ab, während Temperaturerniedrigung mitunter eine gewisse Steigerung dieser Kennwerte erzeugt. Die polymere Matrix sowie Polymer- und Naturfasern sind hygroskopisch, während die Wasseraufnahme von Glas-, Kohlenstoff- und Basaltfasern vernachlässigbar ist. Eine der thermischen Belastung überlagerte, moderate Feuchteeinwirkung entlastet die Matrix durch Spannungsrelaxation und Steifigkeitsabnahme und vermindert schädliche thermische Eigenspannungen. Durch Matrixquellung entstehen günstige Druck- und Zugeigenspannungen in der Matrix bzw. der Faser, und in den Einzelschichten multidirektional verstärkter Laminate bilden sich Querdruck-Eigenspannungen. Dagegen schädigt eine hohe Feuchteaufnahme in Kombination mit erhöhten Temperaturen die Grenzfläche zwischen Faser und Matrix und bewirkt eine starke Reduktion der mechanischen Eigenschaften des Verbunds. Beispielhaft ist in Bild 7.7 der Einfluss von Temperatur und Feuchte auf den Elastizitätsmodul und die Festigkeit eines unidirektional kohlenstofffaserverstärkten Epoxidharzes unter einachsiger Zugbelastung senkrecht zur Faserrichtung dargestellt [11].

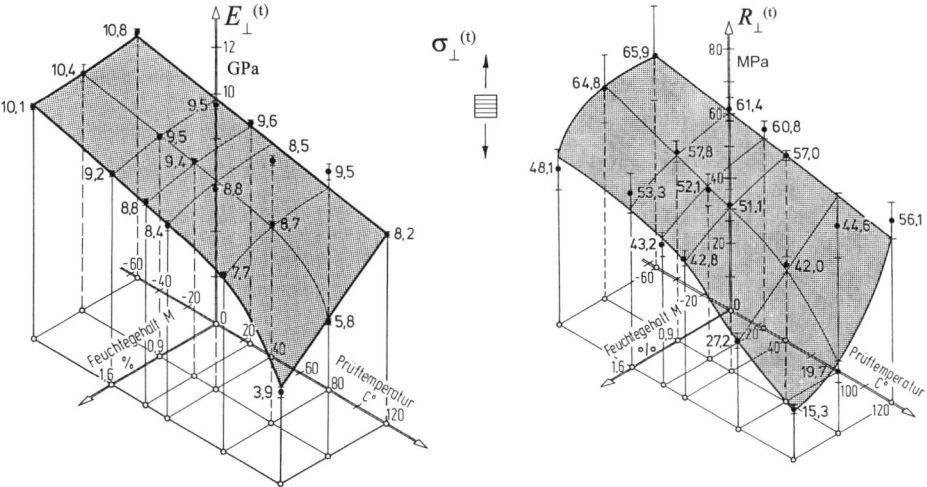

Bild 7.7 Temperatur- und Feuchteeinfluss auf (links) Elastizitätsmodul $E_{\perp(t)}$ und (rechts) Festigkeit $R_{\perp(t)}$ eines unidirektional kohlenstofffaserverstärkten Epoxidharzes bei einachsiger Zugbelastung senkrecht zur Faserrichtung ($[90_8]_S$-Laminat aus T300/914C mit 60 % Faservolumengehalt, Mittelwerte aus 6 bzw. 3 Einzelmessungen mit Standardabweichungen) [11]

7.1.4.3 Werkstoffkonstruktion

Die Anwendung von Faser-Kunststoff-Verbunden erfordert neben der geometrischen auch die werkstoffliche Gestaltung („Werkstoffkonstruktion"). Bei der Auslegung von FKV-Bauteilen resultieren daraus zusätzliche Entwurfsvariablen im Vergleich zu konventionellen Werkstoffen. Auf der Einzelschichtebene ist der Faseranteil die bestimmende Kenngröße für die Leistungsfähigkeit des Verbunds, auf der Laminat-ebene dominieren Faserorientierung und Laminataufbau. Das Verformungsverhalten und die Festigkeit von Faserverbundlaminaten aus orthotropen Einzelschichten können, wie in [7] und [8] beschrieben, abgeschätzt werden. Im Hinblick auf die Spannungsbewertung und Festigkeitsvorhersage von endlosfaserverstärkten FKV-Strukturen wurden umfangreiche Untersuchungen durchgeführt und die Vorhersagegüte verfügbarer Bruchhypothesen bewertet [12], [13].

Die Werkstoffkonstruktion ermöglicht das Maßschneidern des FKV-Laminats im Hinblick auf die örtliche Beanspruchungssituation im Bauteil. Durch die gezielte Ausnutzung der Richtungsabhängigkeit wird dabei versucht, im Bauteil eine mög-lichst hohe und gleichmäßige Ausnutzung des Werkstoffes zu erreichen. Da der Ein-fluss der Faserorientierung so dominierend auf die Werkstoffeigenschaften ist, wird diese Entwurfsvariable bei der Bauteiloptimierung oftmals getrennt von den übri-gen Konstruktionsparametern betrachtet. Vorteile dieser Reduzierung der Optimie-rungsaufgabe sind, dass der sehr hohe Rechenaufwand bei der Berücksichtigung der Vielzahl von Entwurfsvariablen drastisch sinkt mit der Folge einer merklichen Senkung der Entwicklungskosten und das so ermittelte Ergebnis dennoch ein brauchbares Optimum im Sinne einer Leichtbaukonstruktion darstellt.

7.1.4.4 Halbzeugvielfalt

Neben der Kopplung von werkstofflicher und geometrischer Gestaltung bewirkt die große Anzahl an verfügbaren Halbzeugformen eine weitere Steigerung des Entwicklungsaufwands für FKV-Bauweisen. Auf der Seite des Faserwerkstoffs sind:

- Glas-, Basalt-, Kohlenstoff-, Aramid- oder Naturfasern,
- auf bestimmte Einsatzzwecke optimierte Fasertypen, wie S- oder D-Glasfasern (hochfest bzw. niedriger dielektrischer Verlustfaktor),
- HT-, IM-, HM- oder UHM-Kohlenstofffasertypen (high tenacity sowie intermediate, high oder ultra-high modulus),
- Kurz-, Lang- oder Endlosfaserrovings,
- ein-, zwei- oder dreidimensionale Fasergewirke

verfügbar. Auf der Polymermatrixseite sind beispielhaft vernetzende Duroplastharze oder wiederaufschmelzbare Thermoplastmatrixsysteme, Matrixblends, die physikalische oder chemische Additivierung zur Härtungskatalyse oder UV-Stabilisierung oder die Zähmodifizierung zu nennen. An anderer Stelle bietet aber gerade diese Vielfalt über die Beeinflussung der Strukturgeometrie hinaus Flexibilität und Gestaltungsmöglichkeiten auf werkstofflicher Ebene, die mit konventionellen Konstruktionswerkstoffen in diesem Umfang nicht gegeben sind.

7.1.5 Wechselwirkung zwischen Bauweise und Fertigungsprozess

Für die Herstellung von Bauteilen aus metallischen Werkstoffen mit erprobten Fertigungsprozessen wird die Zuständigkeit für die Entwicklung eines Bauteils im Allgemeinen bei der Berechnung und Konstruktion liegen, und die klare organisatorische Trennung zwischen Entwicklungs- und Fertigungsbereichen ist sinnvoll. Bei Strukturen aus neuen Werkstoffen, und hier insbesondere aus FKV, ist dies jedoch problematisch und hinsichtlich der Zielsetzung auf ein technisch und wirtschaftlich optimiertes Produkt sogar kontraproduktiv. Zur Vermeidung von Fehlentscheidungen oder Problemen im Verlauf des Entwicklungsfortschritts ist die Einbindung der Fertigung in den Auslegungsprozess von FKV-Bauteilen von Anfang an unumgänglich. Entscheidungsmerkmale für geeignete Fertigungsverfahren stellen die Auswahl und Verarbeitbarkeit der Faser- und Matrixhalbzeuge, die realisierbare geometrische Komplexität, die Taktzeit, die Automatisierbarkeit, die erzielbare Qualität (Fasergehalt und -orientierung, Prozesssicherheit, Reproduzierbarkeit) und die Kosten dar.

7.1.6 Krafteinleitung und Verbindungstechnik

Die im Umfeld von FKV-Bauweisen überwiegend anzutreffenden Techniken zur Verbindung von Strukturkomponenten und zur Krafteinleitung sind das mechanische und stoffliche Fügen (Schrauben, Bolzen oder Nieten bzw. Kleben oder Schweißen). Auch wenn Spannungen in gut ausgelegten FKV-Strukturen weitestgehend von den Verstärkungsfasern übertragen werden, erfolgen die Krafteinleitung in das Bauteil und die Spannungsübertragung in die Faser über die Kunststoffmatrix, deren mechanisches Eigenschaftsniveau nur mäßig ist. Zudem müssen die Richtungsabhängigkeit der Werkstoffeigenschaften von FKV sowie ihre geringe Festigkeit senkrecht zur Verstärkungsrichtung und damit insbesondere auch in Laminatdickenrichtung bei der Gestaltung von Krafteinleitungen nachteilig angesehen werden. Weiterhin sind werkstoffliche Diskontinuitäten und Geometrieänderungen bei Krafteinleitungen unumgänglich, die meist lokal höher beanspruchte Bereiche zur Folge haben. Sie stellen daher eine der größten Herausforderungen bei der Gestaltung von FKV-Strukturen dar, deren besondere Bedeutung darin besteht, dass eine unzulängliche Ausführung einen durch werkstofflichen Leichtbau erzielten Gewichtsvorteil leicht aufheben oder gar überkompensieren kann.

7.1.6.1 Mechanisches Fügen

Mechanische Fügungen werden dort eingesetzt, wo die Demontierbarkeit der Komponente oder die Zugänglichkeit in das Strukturinnere, beispielsweise zur Inspizierung, sichergestellt werden muss. Außerdem wird diese Verbindungstechnik bei sicherheitskritischen Strukturen bevorzugt, da ein ausreichend hohes Niveau an struktureller Integrität damit einfacher sicherzustellen ist als mit stofflichen Verbindungen (vgl. Nietverbindungen bei FKV-Strukturen von Großraumflugzeugen). Wenn das FKV-Bauteil von metallischen Strukturelementen umgeben ist, müssen zusätzliche Aspekte, wie Zwängungsspannungen durch unterschiedliche thermische Ausdehnung oder galvanische Korrosion, berücksichtigt werden. Bei Verbindungen mit geringen Anforderungen kommen auch selbstschneidende Schrauben in Betracht, bei höher festen Verbindungen werden Durchsteck- oder Passschrauben verwendet. Bei längeren Betriebszeiträumen werden derartige Verbindungen nicht auf Reibschluss, sondern auf Lochleibung ausgelegt. Die Gründe hierfür sind die relativ niedrigen Grenz-Flächenpressungen von FKV in der Größenordnung von 100 MPa, die niedrige Haftreibung zwischen FKV und Metall (der Haftreibungskoeffizient liegt bei Paarungen von GFK oder CFK mit Stahl unterhalb von 0,1), insbesondere aber die durch die Matrixplastizität bedingte Relaxation der Schraubenvorspannung [14].

Die Spannungskonzentration ist in mechanisch gefügten FKV-Bauteilen besonders unerwünscht, da der Lasttransfer zwischen den Fügeelementen über Bereiche mit einem reduzierten Bauteilvolumen erfolgen muss, so dass spannungsarme und hochbeanspruchte Bereiche in der Umgebung des Fügeelements abwechseln. Aus diesem Grund müssen ungleichförmige Spannungsverteilungen zur Übertragung einer mittleren Belastung kompensiert werden mit der Folge, dass der Ausnutzungsgrad der eingesetzten Werkstoffe niedrig ist (die Festigkeit der Fügung kann sich auf bis zu 50 % der Festigkeit des schwächsten Fügepartners vermindern). Können Spannungsspitzen bei metallischen Bauteilen durch plastisches Fließen abgebaut werden, so ist dies bei Verbundwerkstoffen nur in sehr begrenztem Maße möglich, weshalb bereits geringe Überbeanspruchungen zu lokalen Schädigungen des Werkstoffs führen können. Das Verhältnis von Bolzendurchmesser und Wanddicke sollte ungefähr gleich 4 gewählt werden. Die Durchmesser von Fügeelement und Bohrung müssen aufeinander abgestimmt sein und eine ausreichende Oberflächenqualität aufweisen, um die volle Fügefestigkeit auszuschöpfen. In Bild 7.8 ist der Einfluss der Fügeteilgeometrie auf Versagensform und Verbindungsfestigkeit mechanisch gefügter CFK-Bauteile dargestellt. Wie aus den Diagrammen ersichtlich, muss die Verbindung zur Erzielung einer maximalen Festigkeit so gestaltet werden, dass sie auf Lochleibung versagt. Bei der [0°/±45°/90°]-Laminatfamilie ist eine hohe Verbindungsfestigkeit durch den Einsatz aller vier Faserorientierungen mit jeweiligen Anteilen von mindestens 12,5 bzw. höchstens 37,5 % in der Fügezone zu erreichen.

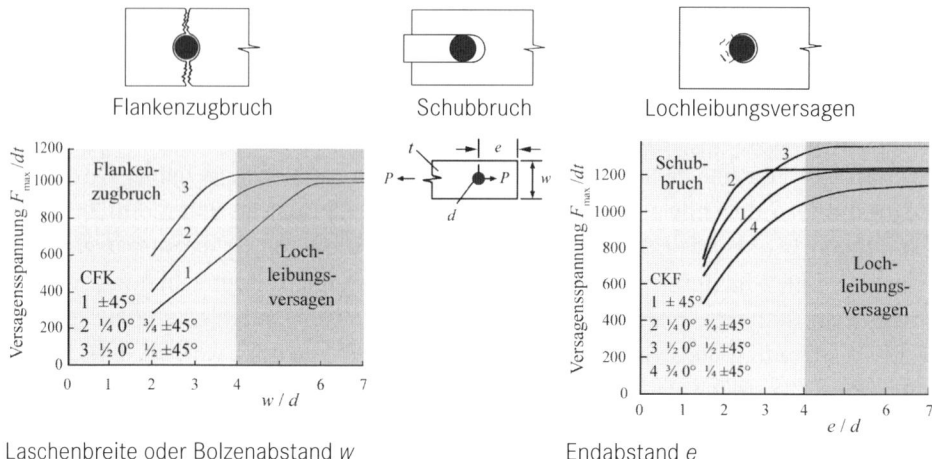

Bild 7.8 Geometrieeinflüsse auf Versagen und Verbindungsfestigkeit mechanisch gefügter CFK-Bauteile nach [15]; XAS/914, 60 % Faservolumengehalt, trocken, t = 2 mm, d = 6,35 mm, Belastung in 0°-Richtung

7.1.6.2 Stoffliches Fügen

Dünnwandige Bauelemente aus gleichartigen oder auch unterschiedlichen Werkstoffen können durch Kleben miteinander verbunden werden. Der Fügeprozess bedingt im Vergleich zum Schweißen oftmals niedrigere Prozesstemperaturen, wodurch Verzug und Umwandlungsvorgänge im Werkstoff vermieden werden. Weiterhin lassen sich damit Anforderungen nach Leichtbau, Steifigkeit oder Flexibilität realisieren und zusätzliche Funktionen, wie Abdichtung, Isolierung, Schwingungsdämpfung oder thermische oder elektrische Leitfähigkeit, einstellen. Auf dem Markt sind Klebstoffsysteme mit einer oder zwei Komponenten (1K-, 2K-Systeme) verfügbar, die sich durch ein weites Eigenschaftsspektrum auszeichnen (Bild 7.9 und Tabelle 7.2) und vielfältige Anforderungen abdecken. Entsprechend ihrer chemischen Charakteristik können sie in Polyurethan-, Acrylat-, Epoxid- und Silikonsysteme eingeteilt werden. Für zähelastische Polyurethanklebstoffe ist eine ausreichende Festigkeit und Elastizität bei hohen bzw. tiefen Temperaturen kennzeichnend. Wo eine höhere Festigkeit oder Temperaturbeständigkeit gefordert ist, kommen Epoxidharze in Betracht, die aber deutlich spröder sind und eine enge Klebspalttolerierung erfordern. Wie alle organischen Polymere reagieren synthetische Klebstoffe mit Umgebungseinflüssen.

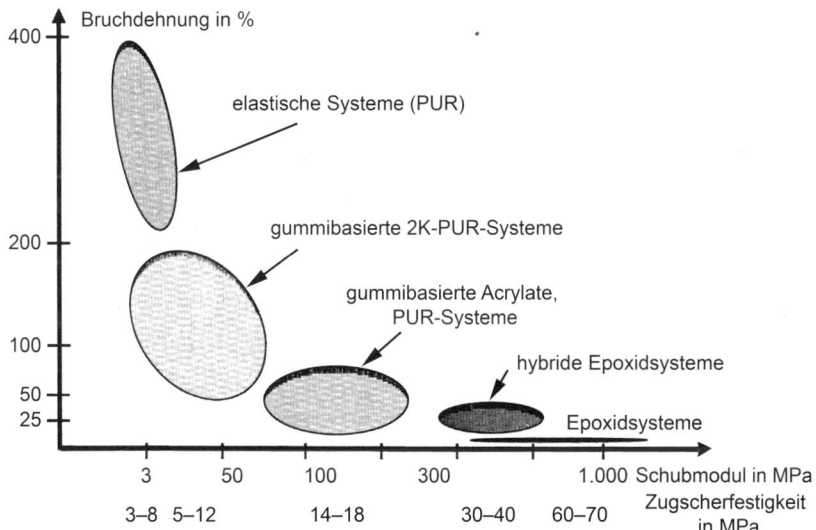

Bild 7.9 Mechanisches Verhalten von Klebstoffen nach [16]

Tabelle 7.2 Mechanische Eigenschaften von Klebstoffen unterhalb der Glasübergangstemperatur [17]

Klebstoff	Hersteller	Zugbelastung			Schubbelastung		
		$E^{(t)}$ in MPa	$R^{(t)}$ in MPa	$A^{(t)}$ in %	G in MPa	$R^{(s)}$ in MPa	$A^{(s)}$ in %
Epoxidsysteme (verfügbare Halbzeugformen: flüssig, pastös, Film)							
Araldite AV 138	Huntsman	4.590	41,0	1,30	1.559	30,2	5,50
Hysol EA 9394	Loctite	4.420	59,8	4,64	1.140	40,4	8,36
Supreme 10HT	Master Bond	3.240	45,5	2,00	1.460	37,1	16,1
Redux	Hexcel Comp.	1.730	40,0	5,53			
02 Rapid	Delo	1.000	24,0	20,0			
Polyurethansysteme (flüssig)							
Araldite 2026	Huntsman	200	18,0	50,00			
Sikaflex 256	Sika				1.351	8,26	330
Bismaleimidsysteme (Film)							
Redux HP655	Hexcel Comp.	3.620	80,7	2,39			
Redux 326	Hexcel Comp.	4.850	50,9	1,28	1.615	37,9	3,70
modifizierte Acrylsysteme (flüssig, pastös)							
DP-8005	3M	590	13,0	5,30	178	8,40	180
Araldite 2024	Huntsman	760	20,0	42,5			

$E^{(t)}$, G Zug-Elastizitäts- bzw. Schubmodul, $R^{(t)}$, $R^{(s)}$, $A^{(t)}$, $A^{(s)}$ Zug-/Schubfestigkeit und -bruchdehnung; Zug- und Schubeigenschaften mittels Kompaktzugprobekörper bzw. thick adherend shear test

Die strukturelle Effizienz von Klebverbindungen ist im Vergleich zu mechanischen Verbindungen im Allgemeinen höher, da Kräfte flächig und soweit wie möglich über Schub übertragen werden. Ganz entscheidend ist, Spannungen senkrecht zur Fügeebene oder Schälspannungen in der Fügezone zu minimieren. Gut ausgelegte Klebverbindungen versagen nicht durch Kohäsiv- oder Adhäsivbruch in der Klebung, sondern durch Bruch der Fügeelemente abseits der Überlappung. Bei der Herstellung von Klebverbindungen sind Fügeflächen, die sauber, chemisch aktiv und ausreichend fest sind, von entscheidender Bedeutung. Eine hohe Fügefestigkeit wird durch duktile Klebstoffe mit moderatem Elastizitätsmodul, gleichartige Fügepartner oder Fügepartner mit ausgeglichener Steifigkeit sowie eine geringe Klebschichtdicke und eine große Fügefläche erreicht. Die optimalen Klebschichtdicken betragen bei dünnflüssigen, anaeroben oder cyanatbasierten Klebstoffen 0,02 bis 0,1 mm, bei mittelviskosen Epoxidklebstoffen 0,1 bis 0,25 mm und bei füllstoffhaltigen Epoxiden über 0,25 mm. Die Schubspannungsüberhöhung an den Enden der Fügung und die Tendenz zum Schälversagen können durch die Anwendung duktiler Klebstoffe, durch eine 45°-Klebstofffase am Ende des Fügeelements, durch Optimierung der Überlappungslänge und durch Anfasen, Stufung oder Schäftung der Fügepartner bei gleichzeitig deutlicher Steigerung der Fügefestigkeit abgemindert werden (Bild 7.10).

Der zerstörungsfreie Nachweis von Ablösungen innerhalb von Klebverbindungen ist mit Ultraschalltechniken möglich, wenn auch zeitaufwendig. Demgegenüber ist eine unzureichende Kohäsion innerhalb der Klebschicht schwieriger zu detektieren. Problematisch dagegen ist die Qualitätssicherung in den Grenzflächen der Fügung, da zuverlässige Prüftechniken hierfür momentan nicht zur Verfügung stehen. Schließlich fehlt eine Korrelation zwischen messbaren Defekten und der (Zugscher-)Beanspruchbarkeit der Verbindung. Das Handbook of Adhesion Technology [18] sowie die VDI-Richtlinien 2229 und 3821 für Metall- bzw. Kunststoffkleben [19], [20] enthalten weiterführende Informationen zur Technologie von Klebverbindungen.

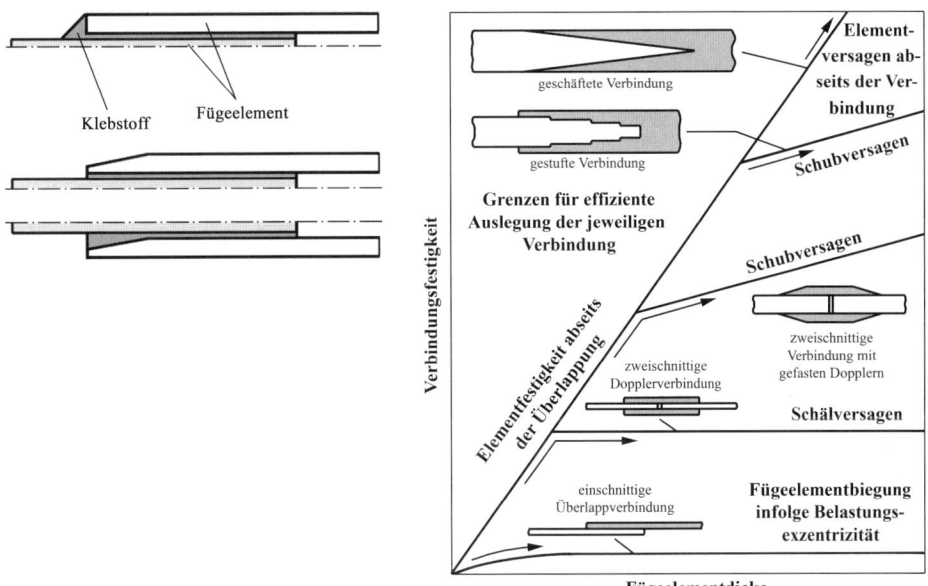

Bild 7.10 Möglichkeiten zur Reduzierung von Schubspannungsüberhöhungen an den Enden von Klebverbindungen und Abhängigkeit der Verbindungsfestigkeit von Fügeelementdicke und Geometrie [21]

Verbundwerkstoffe mit thermoplastischer Matrix bieten wegen der Aufschmelzbarkeit und Interdiffusion der Kettenmoleküle die Möglichkeit, Schweißverbindungen über Kontakt- oder Wärmeleitung, Reibung oder elektromagnetische Prozesse, wie Widerstands- oder Induktionsschweißen, herzustellen. Die dabei benötigten Prozessschritte sind die mechanische oder chemische Vorbehandlung der Fügeflächen durch Sandstrahlen, Lösungsmittelreinigung oder Plasmavorbehandlung, die Aufheizung der zu fügenden Flächen sowie das Aufbringen von Druck zur Nachkonsolidierung und die Abkühlung des Werkstoffs. In Tabelle 7.3 sind Vor- und Nachteile von Verfahren zum Verschweißen von FKV mit Thermoplastmatrix sowie Anhaltspunkte zu der jeweils erreichbaren Fügefestigkeit in Relation zur Festigkeit des Grundwerkstoffes zusammengestellt.

Tabelle 7.3 Vor- und Nachteile von Verfahren zum Verschweißen von FKV mit Thermoplastmatrix sowie erreichbare Fügefestigkeit

Verfahren	Vorteile	Nachteile	Erreichbare Fügefestigkeit bezogen auf Festigkeit des Grundwerkstoffs [22]
Kontakt/Wärmeleitung	▪ flexible Fügepartnergeometrie ▪ kostengünstige Ausrüstung ▪ niedrige Emissionen ▪ Fügen großer Bauteile möglich	▪ hoher Energieaufwand ▪ niedrige Prozessgeschwindigkeit ▪ Induzierung von Eigenspannungen	Heizplatte: ▪ endlos[1]: bis 80 %
Reibung durch lineare oder rotierende Relativbewegung (Vibrationsschweißen)	▪ einfaches Fügeverfahren ▪ energieeffizient ▪ hohe Prozessgeschwindigkeit ▪ niedrige Emissionen ▪ Fügen großer Bauteile möglich	▪ nur anwendbar bei ebenen Fügeflächen ▪ Faserverzerrung in Fügezone ▪ niedrige Fügefestigkeit	lineares Reibschweißen/Stumpfnaht: ▪ unverstärkt: bis 90 % ▪ kurz[2]: um 60 % ▪ endlos: unter 60 % ▪ Ultraschall/Zugscherfestigkeit: ▪ endlos: bis etwa 80 %
elektromagnetische Prozesse	▪ kontrollierter Wärmefluss ▪ niedrige Emissionen ▪ hohe Fügefestigkeit ▪ Fügen großer Bauteile möglich	▪ aufwendige Ausrüstung ▪ niedrige Prozessgeschwindigkeit ▪ Induzierung von Eigenspannungen	Infrarot: ▪ endlos: bis 85 % Induktion: ▪ endlos: bis 80 %

[1] Endlosfaser-, [2] Kurzfaserverstärkung

7.1.6.3 Weitere Fügeverfahren

Zur konzentrierten Einleitung von hohen, einachsigen Kräften in Faserverbundstrukturen eignen sich Schlaufenverbindungen aufgrund des kontinuierlichen Faserverlaufs besonders (vgl. Rotorblattanschlüsse von Hubschraubern). Für mäßig beanspruchte Verbindungen bei thermoplastischen und duroplastischen Verbunden sind Verfahren denkbar, die auf der lokalen, plastischen Verformbarkeit des Fügeelements basieren (beispielsweise Stanznieten oder -verstiften, siehe Bild 7.11, Reibnieten oder Clinchen).

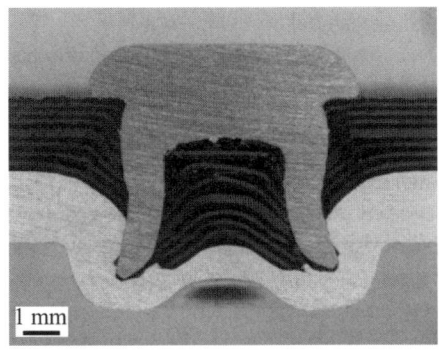

Bild 7.11
Makroschliff einer CFK/Al-Fügung mit Hilfe
des Halbhohlstanznietens [23]

Bei Thermoplastverbunden lässt sich das Durchtrennen tragender Fasern, wie beim konventionellen Bohren in ausgehärteten duroplastischen FKV, durch das thermomechanische Ausformfügen (Bild 7.12), d. h. das Warmformen von Löchern für Bolzen- und Nietverbindungen durch Verdrängen des Werkstoffs zum Lochrand, vermeiden [24]. Das Verfahren erfordert die Abstützung des Verbunds während der Locheinbringung und die Nachverdichtung des Laminats im Randbereich. Es ist für kleinere Lochdurchmesser gut geeignet; beim Ausformen größerer Durchmesser besteht jedoch die Gefahr von Faserbrüchen, da die Fasern infolge des längeren Wegs um den Lochumfang nachgeführt werden müssten, was durch das lokale Aufschmelzen des Verbunds allein aber nicht möglich ist. Das Vibrationskleben ist eine Abwandlung des Vibrationsschweißens auf duroplastische Systeme, bei dem die Vernetzung reaktiver Klebstoffe durch die eingebrachte Bewegungsenergie initiiert wird. Weiterhin sind hybride Fügeverfahren, wie das Kleben in Kombination mit Punktschweißen, Nieten oder Verschrauben oder das Fügen perforierter Bauteile durch Überspritzen zu nennen.

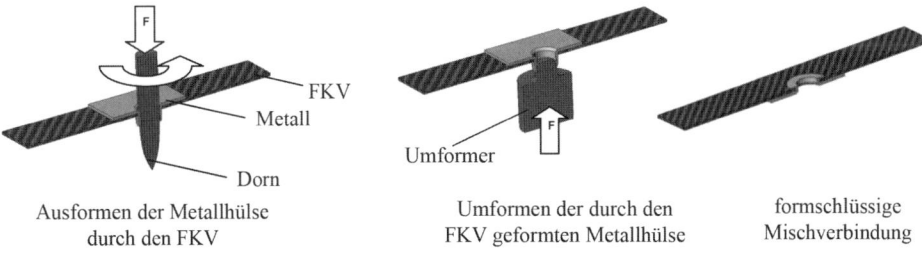

Ausformen der Metallhülse
durch den FKV

Umformen der durch den
FKV geformten Metallhülse

formschlüssige
Mischverbindung

Bild 7.12 Thermomechanisches Ausformfügen [24]

7.1.7 Auslegung und Simulation

Die Verfügbarkeit zuverlässiger Berechnungsmethoden und Simulationsprogramme, die eine detaillierte und realitätsnahe Beschreibung werkstofflicher, strukturmechanischer und fertigungstechnischer Effekte ermöglichen, ist für die Entwicklung von FKV-Bauweisen zwingend notwendig. In den letzten Jahren wurde die mechanische Analyse von FKV-Strukturen, deren Modellierung im Vergleich zu isotropen und homogenen Strukturmaterialien schwieriger ist, auf der Grundlage der Finite-Elemente-Methode entscheidend weiterentwickelt. Zwischenzeitlich stehen leistungsfähige Programme hierfür zur Verfügung, wie ABAQUS, ANSYS oder NASTRAN.

Im Vorfeld der Analyse von FKV-Strukturen bedarf es umfangreicher Hilfsmittel zur Eingabe der benötigten Werkstoffkennwerte einschließlich der Parameter zur Beschreibung des Versagensverhaltens sowie der Definition von Strukturgeometrie, Laminataufbau und Faserorientierung mit Hilfe mehrerer und teils auch veränderlicher Bezugskoordinatensysteme. Die bereits genannten Programme für die Strukturanalyse stellen ein faserverbundspezifisches Preprocessing bereit. Daneben sind Programme für spezielle Zielsetzungen, wie ESAComp wegen seiner umfangreichen Materialdatenbank, sowie ANSA, HyperMesh und PATRAN als eigenständige Hilfsmittel zu nennen, welche die Vernetzung von FKV-Strukturen wesentlich erleichtern und Schnittstellen zu allen einschlägigen Finite-Elemente-Programmen bieten. Neben der eigentlichen Berechnung stellen die Strukturanalyseprogramme (beispielsweise ANSYS, ABAQUS, HyperView, µETA und NASTRAN) meist auch umfangreiche Hilfsmittel zur einzelschichtorientierten Ergebnisdarstellung mit Konturbildern für die Identifikation kritischer Strukturbereiche und Belastungen sowie für die Versagensanalyse und weiterführende Informationen bereit, wie die Angabe des zu erwartenden Bauteilgewichts, die Abschätzung von Materialkosten und die Bewertung der Drapierbarkeit. Schließlich sind Simulationsprogramme verfügbar, die Informationen für die Konzeption und Vorauslegung, die Konstruktion, die Strukturanalyse und die Fertigung zur Generierung von Schnitt- oder Ablegemustern, zur Pfadgenerierung für Tapeleger (beispielsweise VERICUT Composite Programming) und für die Laserprojektion zur Fehlerreduzierung und Effizienzsteigerung beim Ablegeprozess erzeugen. Ein Beispiel für ein derartiges Programm ist FiberSIM, das die Entwicklung und Dokumentation von FKV-Strukturen entscheidend verbessert.

Die Prozesssimulation ist ein sich entwickelndes Feld mit der Zielsetzung, Verarbeitungsverfahren von FKV-Werkstoffen einschließlich der zugrunde liegenden Prozessphysik und der anzuwendenden Werkzeugtechnik rechnerisch abzubilden. Beispiele hierfür sind die Drapiersimulation zur Vorhersage der sich lokal einstellenden Faserorientierung in Abhängigkeit der Bauteilgeometrie und der eingesetzten FKV-Halbzeuge, die Modellierung von Füllprozessen bei der Flüssigharzimprägnierung trockener Faserpreformen und die Simulation von Spritzgieß-, Fließpress-, Thermoform-, Induktionsschweiß-, Tapelege- oder Wickelprozessen (CADWIND, SimWind). Die Prozesssimulation soll helfen, Verarbeitungsprobleme, wie Faltenbildung, nicht imprägnierte Bereiche, Faserbruch, unzureichende Konsolidierung, Bauteilverzug oder Exothermie, vor der aufwändigen Herstellung von Prototypen und Werkzeugen zu minimieren und Fehlentscheidungen bei der Bauteilentwicklung zu vermeiden.

Eine wichtige, aber erst in Anfängen gelöste Problematik ist die Bereitstellung geeigneter Schnittstellen zwischen der Prozesssimulation und der Strukturmechanik (Finite-Elemente-Methode), wodurch Wechselwirkungen zwischen Fertigungsparametern und Eigenschaften des auszulegenden Bauteils untersucht werden können, wie die Auswirkung lokaler Faserwinkeländerungen auf mechanische Kenngrößen.

7.1.8 Beispiele für FKV-Bauweisen und -Anwendungen

Nach wie vor ist die Luftfahrtbranche eine der Schlüsselindustrien für die Entwicklung und Anwendung von FKV-Bauweisen. Aus Bild 7.13 oben ist zu erkennen, dass von den 80er-Jahren des vorigen Jahrhunderts bis heute die Anteile von FKV-Werkstoffen an der Gesamtstruktur von Flugzeugen und Hubschraubern stark gestiegen sind. In Hubschrauberstrukturen haben Faserverbundwerkstoffe alternative Leichtbaumaterialien bis auf unter 20 % verdrängt. Der maximale Anteil an FKV-Strukturen in zivilen Transportflugzeugen liegt derzeit bei über 50 % (Airbus A350XWB). Die untere Abbildung in Bild 7.13 zeigt das untere Flügelpaneel des Airbus A350XWB, das mit einer Länge und Breite von etwa 32 bzw. 6 m das größte bisher in der Zivilluftfahrt gebaute CFK-Bauteil ist [25].

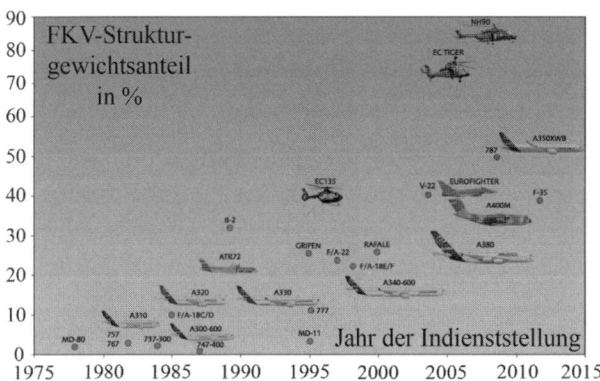

Bild 7.13 Strukturanteile von FKV-Werkstoffen in der Luftfahrt (oben) und unteres Flügelpaneel des Airbus A350XWB (unten), das mit einer Länge und Breite von etwa 32 bzw. 6 m größte, bisher in der Zivilluftfahrt gebaute CFK-Bauteil [25]

Die größten Mengen an FKV-Halbzeugen werden in der Windkraft-Industrie vorrangig zur Herstellung von Rotorblättern und Sekundärstrukturen, wie Gondeln und Spinnern, verarbeitet. Das in Bild 7.14 dargestellte B75-Quantum-Rotorblatt von Siemens Wind Energy für eine 6-MW-Offshore-Anlage [26] ist ein Beispiel für eine GFK-Anwendung an der Grenze des physikalisch Machbaren. Das Rotorblatt mit einer Spannweite von 75 m zeichnet sich nach Herstellerangaben durch eine außergewöhnliche Festigkeit und überragende Leistungsfähigkeit über weite Bereiche der Windgeschwindigkeit aus. Das Blatt wird mit der von Siemens patentierten IntegralBlade®-Technologie aus trockenen Glasfasergelegen hergestellt, in das mit Hilfe einer geschlossenen äußeren Formmulde und eines expandierenden inneren Kerns Epoxidharz über Vakuum in Einschusstechnik injiziert wird. Auf diese Weise wird das nachträgliche Kleben der Holme und Blattschalen unnötig sowie Toleranzprobleme und das Risiko des Klebschichtversagens und Eindringens von Wasser nach Blitzschlag vermieden. Das Herstellverfahren zeichnet sich weiterhin durch eine Arbeitsumgebung mit einer minimalen Emission von organischen Harzbestandteilen aus.

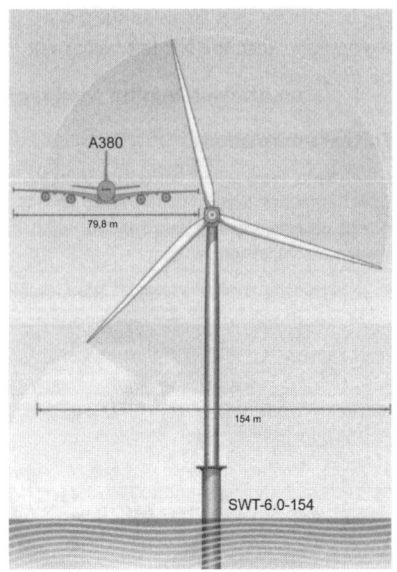 

Bild 7.14 B75-Quantum-Rotorblatt von Siemens Wind Energy aus GFK für eine 6-MW-Offshore-Windkraftanlage mit einer Spannweite von 75 m (Bildquelle: [26])

Bild 7.15 zeigt eine neuartige FKV-Anwendung in der Windenergietechnik. Die Firma SchäferRolls GmbH entwickelt für eine zweiblättrige Off-shore-Windkraftanlage mit einer Leistung von 3,6 MW eine Torsionswelle zur Übertragung des Rotordrehmoments an den Generator. Die konstruktiv eingestellte, hohe Flexibilität der Welle gegenüber Biegung ermöglicht darüber hinaus den Lage- und Toleranzausgleich zwischen Rotornabe und Generatorflansch. Die Gesamtlänge der Welle einschließlich der metallischen Krafteinleitungen ist 8,6 m. Die innere CFK-Struktur mit konischen Enden hat eine Masse von etwa 2 t und ist 7,5 m lang, der Durchmesser und die Wanddicke im mittleren Bereich sind etwa 760 bzw. 80 mm.

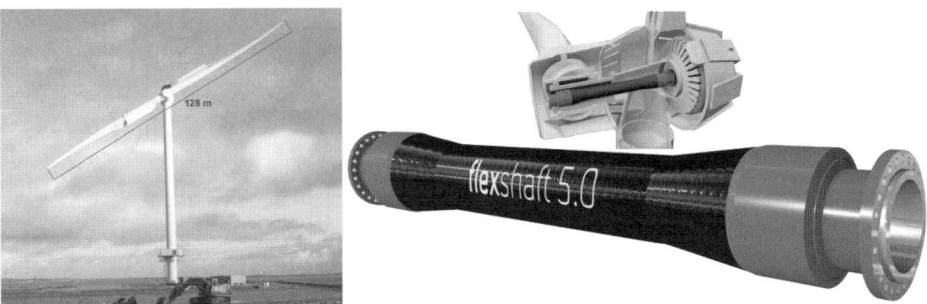

Bild 7.15 Entwicklung einer biegeweichen Torsionswelle zur Übertragung des Rotordrehmoments in einer 3,6-MW-Offshore-Windkraftanlage [27]
(Die Entwicklung wurde mit dem JEC EUROPE 2013 Innovation Award, Bereich Wind Energy, und mit dem Nachhaltige Produktion Award, Kategorie Antriebs- und Fluidtechnik, auf der Hannover Messe 2013 ausgezeichnet.)

Je leichter ein Fahrzeug ist, desto weniger Antriebsenergie wird benötigt, und umso höher ist die Reichweite. Die Konstruktion leichterer Fahrzeuge ist daher eine der wichtigsten Herausforderungen für die Elektromobilität der Zukunft. Besonders viel Gewicht lässt sich sparen, wenn tragende Fahrzeugbauteile, wie das Chassis, durch faserverstärkte Kunststoffe ersetzt werden. Der Einsatz von CFK bei der Großserienproduktion von Fahrzeugen, wie BMW i3 (Megacity Vehicle) und BMW i8, ist einzigartig, da diese Werkstoffe bisher als zu teuer und noch nicht flexibel genug in der Verarbeitung eingeschätzt wurden. Nach über zehn Jahren intensiver Forschungsarbeit und Erfahrung in der Fertigung entwickelt und produziert die BMW Group zusammen mit SGL Automotive Carbon Fibres Kohlenstofffasern, Kohlenstofffaserhalbzeuge und CFK-Bauteile. Seit 2013 werden i3-Elektroautos als erste Großserienfahrzeuge mit einer Fahrgastzelle aus CFK gefertigt. Im Gegensatz zu Fahrzeugen mit selbsttragender Karosserie besteht die LifeDrive-Architektur der beiden Fahrzeuge aus zwei voneinander unabhängigen funktionalen Einheiten (Bild 7.16). Das „Drive"-Modul integriert eDrive-Technologie, Fahrwerk sowie Struktur- und Crashfunktionen in einer hauptsächlich aus Aluminium hergestellten Konstruktion. Der Gegenpart, das „Life"-Modul, ist dagegen eine äußerst stabile Fahrgastzelle aus CFK, ähnlich einem Formel-1-Cockpit. Der großflächige CFK-Einsatz macht das Life-Modul sehr leicht und ermöglicht eine erheblich größere Reichweite, optimale Sicherheit und BMW-typische Fahrleistungen. Bei Pfahlcrash-, Seitenaufprall- oder Überschlagszenarien haben sich die beeindruckenden, die Sicherheit verbessernden Eigenschaften des robusten Materials gezeigt. Außerdem ist CFK extrem rost- und korrosionsbeständig und bietet so eine sehr viel längere Lebensdauer als herkömmliche Stahlstrukturen.

 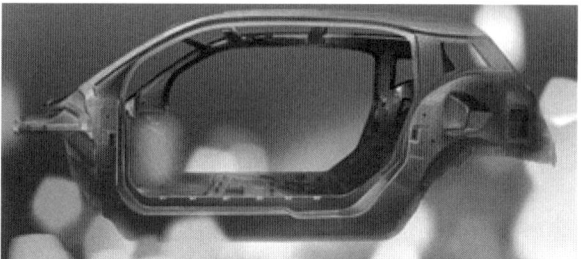

Bild 7.16 LifeDrive-Architektur des Megacity Vehicle der BMW Group mit dem „Life"-Modul, einer hochfesten und sehr leichten Fahrgastzelle aus CFK (links oben) [Bildquelle: BMW Group][28]

Innerhalb der Konzeptfahrzeugstudie „smart forvision" der Firmen BASF SE und Daimler AG präsentierte BASF 2011 erstmals eine großserientaugliche Vollkunststoff-Felge (Bild 7.17), ein Fahrzeugbauteil, das bisher hauptsächlich aus Stahl oder Aluminium auf dem Markt ist. Die Felge aus einem Strukturteil und einer mittragenden Sichtblende wird im Spritzgießverfahren aus dem Hochleistungswerkstoff Ultramid® Structure (langglasfaserverstärktes Polyamid) hergestellt. Sie ermöglicht bei gleicher Stabilität eine Gewichtsreduzierung von bis zu 30 Prozent gegenüber einer metallischen Felge und von 12 kg bezogen auf das Gesamtfahrzeug.

Bild 7.17 *Links:* Konzeptfahrzeug „smart forvision" von BASF SE und Daimler AG; *rechts:* von BASF entwickelte, erste großserientaugliche Vollkunststoff-Felge [Bildquelle: BASF] [29]

■ 7.2 Smart Structures

M. Gurka

7.2.1 Einleitung

Multifunktionale Strukturen zeichnen sich dadurch aus, dass sie in einer möglichst einfachen Komponente möglichst viele Funktionalitäten vereinen. Um dies zu erreichen, ist es hilfreich, die Funktionalität bereits auf Werkstoffebene bereitzustellen. Je nach Anwendung stehen dabei oft mechanische bzw. elektromechanische Funktionen im Fokus. Aus einer Stellgröße soll eine mechanische Aktuation oder umgekehrt aus einer Dehnung ein elektrisches Sensorsignal erzeugt werden. Daneben gibt es aber auch magnetische, optische oder biologische Funktionalitäten, z. B. die Fähigkeit eines Materials, Defekte selbst zu heilen [30].

Ein weiteres Charakteristikum einer multifunktionalen Struktur ist die Fähigkeit zur Adaption an äußere Einflüsse. Passive adaptive Strukturen erlauben durch eine Änderung ihrer Steifigkeit z. B. das Verschieben von Resonanzfrequenzen, mit aktiven Strukturen lassen sich geschlossene Regelstrecken realisieren. Sensoren detektieren beispielsweise die Schwingung einer Gehäusewand, integrierte Aktuatoren können situationsangepasst reagieren, eine gegenphasige Schwingung erzeugen und dadurch eine aktive Geräuschunterdrückung realisieren. In Bild 7.18 ist der Prototyp einer adaptiven Schallwand aus einem glasfaserverstärkten Laminat dargestellt. Kombinierte Sensor-/Aktuatormodule aus piezokeramischen Fasern sind so in das Material integriert, dass sie besonders empfindlich auf Biegeschwingungsmoden reagieren. Diese Struktur hat den Vorteil, dass sie im Vergleich zu herkömmlichen Schwingungsdämpfungsmaßnahmen besonders kompakt ist (geringe Tiefe) und ohne zusätzliche Massen auskommt.

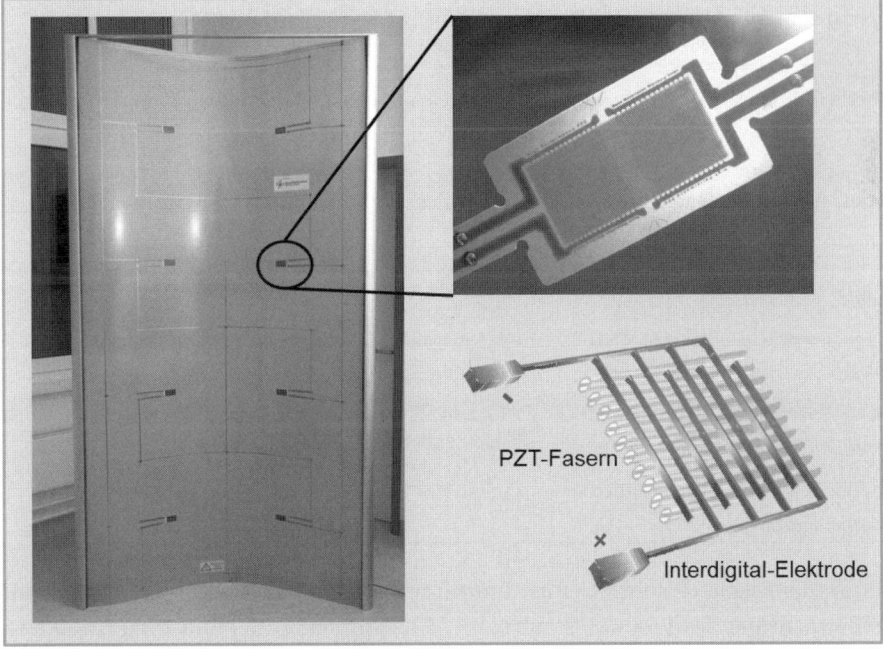

Bild 7.18 Adaptive Schallwand aus GFK mit piezokeramischen Aktuatormodulen [35]

7.2.2 Multifunktionale Werkstoffe

Passive multifunktionale Werkstoffe zeigen in Abhängigkeit einer Eingangsgröße eine ausgeprägte Änderung zumindest einer ihrer physikalischen Eigenschaften. Spezielle Nickel-Titan-Legierungen beispielsweise zeigen in einem engen Temperaturbereich, bei der sogenannten Umwandlungstemperatur (T ca. 80 – 100 °C), eine Änderung ihres E-Moduls um einen Faktor bis zu 3. Hervorgerufen wird diese Eigenschaftsänderung durch einen reversiblen strukturellen Phasenübergang von einer Niedertemperaturphase (Martensit) in eine Hochtemperaturphase (Austenit). Der Werkstoff zeigt in diesen beiden Kristallgittern solch unterschiedliche Eigenschaften, dass er als Konstruktionswerkstoff nur schwer zu beherrschen ist. Als funktionale Komponente in einem Verbundwerkstoff lässt sich der beschriebene Effekt aber gezielt nutzen.

Aktive multifunktionale Werkstoffe besitzen die Fähigkeit, eine Energieform in eine andere zu wandeln. Viele Aktuatoren z. B. wandeln elektrische Energie in mechanische Bewegungsenergie. Tabelle 7.4 zeigt, über welche physikalischen Zusammenhänge die verschiedenen Energieformen elektrisch, magnetisch, mechanisch und thermisch mithilfe eines multifunktionalen Werkstoffes in eine jeweils andere umgewandelt werden können. Immer dann, wenn eine Eingangsgröße nicht über ein „triviales" Diagonalelement in der Tabelle mit der Ausgangsgröße verknüpft wird, spricht man von einem „intelligenten" Werkstoff. [37]

Tabelle 7.4 Physikalische Effekte, welche den meisten multifunktionalen Materialien zugrunde liegen

Output Input	Elektr. Energie: *Ladung, Strom, Polarisation*	Magn. Energie: *Magnetisierung*	Mech. Energie: *Dehnung*	Therm. Energie: *Temperatur*
Elektr. Energie: *E-Feld*	Leitfähigkeit Widerstand	Elektromagnetischer Effekt	Inverser Piezoelektrischer Effekt	Elektrokalorischer Effekt
Magn. Energie: *B-Feld*	Magnetoelektrischer Effekt	Permeabilität	Magnetostriktion	Magnetokalorischer Effekt
Mech. Energie: *Mech. Spannung*	Piezoelektrischer Effekt	Piezomagnetischer Effekt	Elastische Konstanten	Reibung
Therm. Energie: *Wärme, Entropie*	Pyroelektrischer Effekt	Curie-Weiss Effekt	Thermische Expansion	Spezifische Wärme

Das aktuatorische Potential eines multifunktionalen Werkstoffes lässt sich durch die Betrachtung des Produktes aus seiner Blockierspannung und seiner freien Dehnung abschätzen. Die Blockierspannung ist der Wert für die maximal erreichbare aktuatorische Spannung bei der Dehnung 0 %, die freie Dehnung gibt den maximalen Aktuatorweg an, wenn das Material sich frei (d. h. ohne äußere Kraft) ausdehnt.

Das Produkt dieser Kennwerte hat die Dimension einer Energiedichte (J/m^3) und ist somit ein Maß für das maximale Arbeitsvermögen eines Aktuatormaterials. Zwar kann durch mechanische Hebel oder Getriebe Aktuatorweg auf Kosten der Kraft (oder umgekehrt) gewonnen werden (entsprechend der goldenen Regel der Mechanik), jedoch widerspricht das dem Grundgedanken eines multifunktionalen Werkstoffes, weil eine Übersetzung immer zu Lasten des Leichtbaupotentials geht.

Als weiteres wichtiges Auswahlkriterium für einen Aktuatorwerkstoff dient die Geschwindigkeit, mit der Arbeit verrichtet werden kann – also die Leistungsdichte des Materials. Materialien, die durch elektromagnetische Felder angetrieben werden, erreichen aufgrund der sehr schnellen Ausbreitung dieser Felder viel höhere Schaltfrequenzen als Materialien, die durch Erwärmung oder durch die Diffusion von Ladungsträgern angetrieben werden.

Aufgrund der besonderen Eigenschaftskombination und der industriellen Verfügbarkeit in Form von Filamenten oder dünnen Plättchen haben sich im Bereich der multifunktionalen Verbundwerkstoffe Piezokeramiken, besonders Blei Zirkonat Titanat (PZT) und Formgedächtnislegierungen aus Nickel-Titan (SMA) durchgesetzt. Darüber hinaus gibt es vielfältige Ansätze, die polymere Matrix der Verbundwerkstoffe mittels partikulären Füllstoffen zu modifizieren und somit z. B. gezielt eine elektrische Leitfähigkeit einzustellen.

Piezokeramiken zeichnen sich besonders durch ihre große Bandbreite (als Ultraschallwandler z. B. bis 10^6 Hz) und die großen Blockierspannungen (bis zu 100 MPa) aus, erlauben aber nur sehr kleine Dehnungen (0,1 %). Die SMA gehören zu den thermisch aktivierten Materialien, sind daher eher langsam (ca. 10 Hz), erreichen aber sehr große Dehnungen (einige %) bei ebenfalls großen Blockierspannungen (> 100 MPa). Diese Werte stellen aber nur grobe Richtwerte dar [33] [34].

Für den dynamischen Betrieb sind die aktiven Materialien so auszuwählen, dass eine besonders effektive Energieübertragung in den Aktuator oder den Sensor gewährleistet wird. Eine gute Anpassung der mechanischen Impedanzen ist dann gewährleistet, wenn die Aktuatoren/Sensoren eine der umgebenden Struktur vergleichbare Steifigkeit aufweisen [31] [37].

7.2.3 Integrationskonzepte

Verbundwerkstoffe verfolgen das Konzept, die positiven Eigenschaften ihrer Komponenten zu verstärken und unzureichende Eigenschaften durch eine geschickte Auswahl zu maskieren. Durch ihren inhomogenen Aufbau aus Vestärkungsfasern, welche in eine polymere Matrix eingebettet sind, bieten sie eine ideale Ausgangsbasis, um auch sensorische oder aktuatorische Funktionalitäten durch die Integration multifunktionaler Werkstoffe, möglichst auch in Faser- oder Filamentform, zu realisieren. Zu beachten ist dabei, dass die Integrations- und Verbindungstechnik eine große Bedeutung zukommt. Geeignete aktive Materialien, wie Piezokeramiken oder Formgedächtnislegierungen, haben ein anderes thermomechanisches Verhalten (Wärmedehnung, Bruchdehnung) als die umgebenden FVK. Im Fall von aktuatorischen Elementen wird die gesamte mechanische Aktuatorspannung durch die Grenzfläche zwischen Aktuatorelement und FVK übertragen und die entstehende Verlustwärme abgeführt. Darüberhinaus muss für einen sicheren Betrieb eine elektrische Isolation gewährleistet werden. Diese Sachverhalte stellen zusätzliche Anforderungen an das Matrixpolymer. In Anlehnung an Faserbeschichtungen und Schlichten, welche die mechanische Anbindung zwischen Verstärkungsfaser und Matrix verbessern, wird bei der Integration aktiver Elemente in FVK ein Modulkonzept verfolgt. Beispielsweise werden die piezokeramischen Fasern zusammen mit den kontaktierenden Elektrodenstrukturen in eine spezielle, faserverstärkte Matrix integriert. Diese stellt einen mechanischen Schutz der Keramik während der Herstellung der Struktur, eine Anpassung der Spannungen und Dehnungen sowie die elektrische Isolation im Betrieb sicher [36].

7.2.4 Multifunktionale Strukturen und Systeme

Die Beherrschung des vielseitigen Eigenschaftsprofils multifunktionaler Werkstoffe und die Kenntnis ihrer Verarbeitung mittels gängiger Verfahren sind der Schlüssel für die erfolgreiche Entwicklung adaptiver Systeme in vielen Anwendungsbereichen. Die Multifunktionalität und die integrale Vereinigung der sensorischen, aktuatorischen und strukturellen Funktion auf Werkstoffebene macht aus einem einfachen Bauteil die zentrale Komponente eines komplexen, adaptronischen Systems. Durch die erweitere Funktionalität lässt sich mit dem multifunktionalen Werkstoff aber auch eine viel größere Wertschöpfung erzielen.

Literatur

[1] *Flemming, G.; Ziegmann, G.; Roth, S.:* Faserverbundbauweisen, Halbzeuge und Bauweisen, Berlin, Heidelberg, Springer-Verlag, 1996

[2] *Himmel, N.:* Faserkunststoffverbund-Bauweisen, Kaiserslautern: IVW-Schriftenreihe, Band 39, Schlarb, A. K. (Hrsg.), 2003

[3] *Wiedemann, J.:* Leichtbau – Elemente und Konstruktion, 3. Berlin, Heidelberg: Springer-Verlag, 2007

[4] *Chawla, K. K.:* Composite Materials: Science and Engineering, Third, New York, Heidelberg, Dordrecht, London: Springer, DOI 10.1007/978-0-387-74365-3, 2012

[5] *Puck, A.:* Festigkeitsanalyse von Faser-Matrix-Laminaten: Modelle für die Praxis, München, Wien: Hanser, 1996

[6] *Tsai, S. W.; Hahn, H. T.:* Introduction to Composite Materials, Westport, CT, USA: Technomic, 1980

[7] *Schürmann, H.:* Konstruieren mit Faser-Kunststoff-Verbunden, 2. bearbeitete und erweiterte Auflage, Berlin, Heidelberg, New York: Springer-Verlag, 2007

[8] VDI-Richtlinie 2014, Düsseldorf: Verein Deutscher Ingenieure, Bde, Entwicklung von Bauteilen aus Faser-Kunststoff-Verbund; Blatt 1: Grundlagen, 1998, Blatt 2: Konzeption und Gestaltung, 1993, Blatt 3: Berechnungen, 2006

[9] *Harries, B. (Ed.):* Fatigue in Composites, Science and Technology of the Fatigue Response of Fibre-Reinforced Plastics, Cambridge, England: Woodhead Publishing Ltd., 2003

[10] *Pegoretti, A.:* Environmental Resistance: Stability of Structural Composites under Aggressive Conditions, L. Nicolais and A. Borsacchiello, Wiley Encyclopedia of Composites, Second. s.l.: John Wiley & Sons, Inc., DOI: 10.1002/97811180, 2012

[11] *Gädke, M.:* Hygrothermomechanisches Verhalten kohlenstofffaserverstärkter Epoxidharze, Düsseldorf: VDI-Verlag, 1988, VDI-Bericht Reihe 5, Nr. 136

[12] *Hinton, M.; Kaddour, A. S.; Soden, P. D.:* Failure Criteria in Fibre Reinforced Polymer Composites: The World-Wide Failure Exercise, Amsterdam, Elsevier, 2004

[13] Evaluation of Theories for Predicting Failure in Polymer Composite Laminates Under 3-D States of Stress: Part A of the Second World-Wide Failure Exercise (WWFE-II), WWFE-II, 19–20, s.l.: Sage Publications, September 1, 2012, J. Composite Materials (Special Issue), Vol. Vol. 46

[14] Beitrag zur Gestaltung von Schraubverbindungen bei Laminaten aus Faser-Kunststoff-Verbunden, Schürmann, H. und Elter, A.s.l.: VDI-Verlag, 1–2 2013, Konstruktion, S. 62–66

[15] *Collins, T. A.; Matthews, F. L.:* Joining of Fibre-Reinforced Plastics, Barking: Elsevier Applied Science, 1987

[16] *Burchardt, B.:* Automotive Industry: L. F. M. da Silva; A. Öchsner; R. D. Adams, Handbook of Adhesion Technology. Berlin, Heidelberg: Springer-Verlag, 2011, Vol. 2, pp. 1185–1212

[17] *Da Silva, L. F. M.:* Failure Strength Tests: L. F. M. da Silva; A. Öchsner; R. D. Adams, Handbook of Adhesion Technology. Berlin, Heidelberg: Springer-Verlag, 2011, Bd. 1, S. 443–471

[18] *Da Silva, L. F. M.; Öchsner, A.; Adams, R. D.:* Handbook of Adhesion Technology, Berlin, Heidelberg: Springer-Verlag, 2011

[19] VDI-Richtlinie 2229. Metallkleben – Hinweise für Fertigung und Konstruktion, Düsseldorf: VDI-Verlag GmbH, Juni 1979

[20] VDI-Richtlinie 3821, Kunststoffkleben, Düsseldorf: VDI-Verlag GmbH, Sept. 1978

[21] *Hart-Smith, L. J.; Matthews, F. L.:* Joining of Fibre-Reinforced Plastics, Barking: Elsevier Applied Science, 1987

[22] *Yousefpour, A.:* Joining: Thermoplastic Composites Fusion Bonding/Welding. L. Nicolais und A. Borsacchiello, Wiley Encyclopedia of Composites, Second. s.l.: John Wiley & Sons, Inc., DOI: 10.1002/97811180, 2012

[23] *Grützner, R.; Matthess, D.:* FEM-basierte Prozessauslegung – Halbhohlstanznieten von FKV mit Leichtmetallen, lightweightdesign, 1–2 2013, S. 44–49

[24] *Seidlitz, H.; Ulke, L.; Kroll, L.:* DE102009013265A1: Verfahren und Werkzeuge zum Herstellen einer Mischbaugruppe Technische Universität Chemnitz, Patentanmeldung 16.09.2010, 2010

[25] Airbus S.A.S. Unteres Flügelpaneel des A350XWB Online 2011, Zitat vom: 27.2.2013. http://www.airbus.com/galleries/photo-gallery/?p=53#open=galleries/photo-gallery/dg/idp/19180-broughton-north-factory-11/?backURL=galleries/photo-gallery/?p=53

[26] Siemens Unveils 75 m Wind Turbine Blade, N.N. July/August 2012, REINFORCED plastics, S. 30 – 31

[27] Schäfer MWN GmbH, (persönliche Kommunikation), Renningen: s.n., 2013

[28] BMW: BMW i3-Konzept (Megacity Vehicle), Online 2012. Zitat vom: 13.07.2012. http://www.bmw-i.de/de_de/concept/#das-lifedrive-konzept-massgeschneidertes-fahrzeugdesign

[29] BASF: smart forvision von BASF SE und Daimler AG Online 2012, Zitat vom: 09.01.2013. http://www.tvservice.basf.com/de/clip/category/automobil/topic/footage-zum-konzept auto-smart-forvision/clip/die-erste-grossserientaugliche-kunststoff-felge.html

[30] *Van der Zwaag, S. (Ed.):* Self Healing Materials an Alternative Approach to 20 Centuries of Materials Science, Springer Series in Material Science 100, Springer Verlag, 2007

[31] *Elspass, W.J.; Flemming M.:* Aktive Verbundbauweisen, Springer Verlag, 1997

[32] *Janocha, H. (Ed.):* Adaptronics and Smart Structures Basics, Materials, Design and Application, Springer Verlag 2007

[33] *Ruschmeyer, K.:* Piezokeramik Grundlagen, Werkstoffe, Applikationen, Expert Verlag, 1995, Kontakt&Studium Band 470

[34] *Lagoudas, D.C.:* Shape Memory Alloys, Modelling and Engineering Applications, Springer Verlag 2008

[35] *Petricevic, R.; Gurka M.:* High performance piezoelectric composites European Space Agency, (Special Publication) ESA SP, 2005, pp. 763 – 767

[36] *Petricevic, R.; Gurka M.:* Piezoelectric Sensors, in „Adaptronics and Smart Structures, Basics, Materials, Design and Applications", H. Janocha (Ed.), Second, revised Edition 2007, Springer Verlag (ISBN 978-3-540-71965-6)

[37] *Uchino, K.; Tan, K.H.; Giniewicz, J.R.:* Micromechatronics: Principles and Controversies, Marcel Dekker Incorporated (Books in Soils, Plants, and the Environment Series), 2003, ISBN 0824748557, 9780824748555

8 Autoklaventechnik

U. Schmitt, T. Weick

■ 8.1 Einleitung

Die Autoklaventechnik wurde bereits um 1900 für die Verarbeitung von Artikeln aus Kautschuk und Gummi eingesetzt, seit den frühen 60er Jahren auch für Verbundwerkstoffe. In Verbindung mit der noch dominierenden Verwendung unidirektional verstärkter duroplastischer Tapes für großflächige Bauteile in der Luft- und Raumfahrt wird sie heute auch für das Herstellen von Teilen im Motorsport und für den Freizeitbereich, zunehmend aber auch für den Maschinenbau verwendet. Kennzeichnend für diese universell einsetzbare Verarbeitungstechnik ist, dass damit nahezu beliebig geformte Bauteile aus FKV in höchster Qualität und mit gezielt einstellbarer Faserorientierung gefertigt werden können. Auch das Einlegen von Inserts und Sandwichkernen ist möglich.

■ 8.2 Anlagentechnik

Ein Autoklav ist ein mit definierten Aufheiz- und Abkühlraten zu betreibender Apparat, dessen erforderliche Presskraft durch die Druckdifferenz zwischen dem in einem Vakuumaufbau befindlichen Laminat, dem späteren Bauteil und dem Überdruck im Autoklavkessel erreicht wird. In Bild 8.1 ist eine Laboranlage für kleinere Bauteile und Platten (680 × 2000 mm) dargestellt.

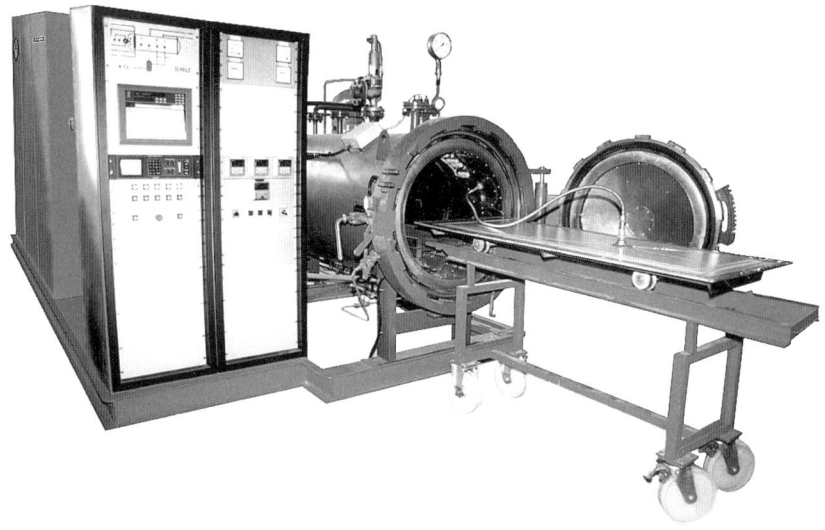

Bild 8.1 Laborautoklav IVW (Maschinenbau Scholz)

Autoklaven werden unter anderem auch in der Glas-, Holz-, Baustoff- und Gummi-industrie sowie zur Oberflächenbehandlung nach den CVD- und PVD-Verfahren ein-gesetzt. Autoklavanlagen für die Fertigung von Faser-Kunststoff-Verbundbauteilen setzen sich aus einem beheiz- und kühlbaren Druckkessel, einer Prozessregelung mit optionaler Messdatenerfassung sowie einer Vakuumpumpe und einem Druck-luftkompressor (optional auch Stickstoff) zusammen. Bild 8.2 zeigt ein entsprechen-des Anlagenschema.

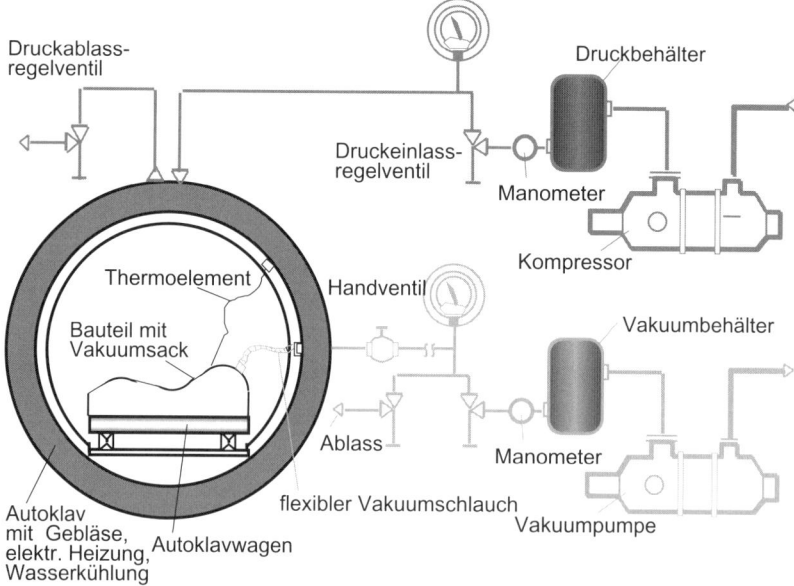

Bild 8.2 Schema einer Autoklavanlage

Die Anlagen werden in der Regel nach Kundenwunsch gefertigt. Durchmesser und Länge der Druckkessel sowie maximale Betriebstemperatur und zulässiger Betriebsdruck können in weiten Grenzen frei gewählt werden. Mit zunehmendem Durchmesser, höheren Drücken und Temperaturen steigen jedoch auch die Anlagen- und Betriebskosten überproportional.

Die größten für die Verbundwerkstoffindustrie bisher gefertigten Autoklaven haben einen Beschickungsdurchmesser von 9,2 m und eine Beschickungslänge von 30 m. Mit kleineren Durchmessern wurden auch schon Autoklaven bis 40 m Länge eingesetzt. Betriebsdrücke bis 70 bar und Betriebstemperaturen bis 650 °C sind selbst bei 3,5 m Beschickungsdurchmesser bereits realisiert worden.

■ 8.3 Herstellung von FKV-Bauteilen

Im Vergleich zum Vakuumpressen (Presskraft kleiner 0,1 MPa) kann durch den Überdruck des Autoklaven ein Vielfaches der Presskraft erzeugt werden. Dies führt zu deutlich geringeren Porenanteilen und höheren Faservolumengehalten. Daraus resultieren wiederum eine höhere spezifische Festigkeit und Steifigkeit.

Mittels Autoklaventechnik gefertigte Faser-Kunststoff-Verbund-Bauteile können höchstmögliche Faservolumenanteile erreichen. Die Formteilerstellung im Autoklaven bietet gegenüber der Presstechnik den Vorteil des über die gesamte Bauteilfläche konstanten Konsolidierungsdrucks, so dass auch komplexe Geometrien mit Hinterschneidungen herstellbar sind.

Neben den langen Rüst- und Zykluszeiten sind die benötigten Hilfsstoffe wie Dichtmassen und Vakuumfolie eher problematisch zu sehen. Dies gilt nicht nur wegen ihres hohen Preises und dem hohen Arbeitsaufwand, sondern auch wegen der begrenzten Temperaturbeständigkeit bei Hochtemperaturanwendungen.

Setzt man duroplastische Prepregs zur Bauteilherstellung im Autoklaven ein, so wird durch die Temperaturerhöhung die Vernetzung der duroplastischen Matrix infolge der chemischen Reaktion beschleunigt. Die Presskraft bewirkt gleichzeitig eine vollständige Imprägnierung und anschließende Konsolidierung. Die erforderliche Presskraft für die Imprägnierung bzw. Konsolidierung wird durch die Differenz zwischen dem Überdruck im Druckkessel und dem mit einer Vakuumpumpe (oder Atmosphäre) verbundenen Vakuumaufbau erzeugt, in dem sich das Laminat – also das spätere Bauteil – befindet.

Bei thermoplastischen Matrizes wird nach Erreichen der dafür erforderlichen Prozesstemperatur die thermoplastische Matrix schmelzflüssig. Die Imprägnierung der Verstärkungshalbzeuge erfolgt dann analog durch die über die Druckdifferenz erzeugte Presskraft. Während der anschließenden Abkühlung unter Beibehaltung der Presskraft wird das Laminat konsolidiert.

Zum Einsatz kommen die in Abschnitt 3.1 beschriebenen textilen Halbzeuge, die direkt mit dem flüssigen duroplastischen Harz imprägniert oder geschichtet mit thermoplastischen Folien als „Film-stacking" aufgebaut werden können. Weiterhin besteht die Möglichkeit, bereits vorimprägnierte Halbzeuge, sogenannte Prepregs, zu verarbeiten.

Zur Prepregherstellung werden die textilen Halbzeuge in einem ergänzenden Prozessschritt mit dem Duroplasten oder dem Thermoplasten zumindest teilimprägniert. Die Prepregs können dann flächig und entsprechend den Auslegungskriterien gerichtet angeordnet werden. So sind vorzugsweise anisotrope multiaxiale Laminate mit einstellbaren Eigenschaften in den durch das Bauteil vorgegebenen Belastungsrichtungen innerhalb der Laminatebene realisierbar. Um vollständig ebene Platten bzw. verzugsfreie Bauteile zu erhalten, ist eine symmetrische Anordnung der textilen Halbzeuge oder Prepregs über die Laminatdicke erforderlich.

Aufgrund ihrer bei Raumtemperatur praktisch nicht möglichen Gewebescherung lassen sich vorimprägnierte Thermoplastprepregs nur für einfach gekrümmte Bauteile einsetzen. Neben dem schon zuvor beschriebenen „Film-stacking"-Verfahren eignen sich deswegen auch Halbzeugformen aus Mischgarnen (Commingled-Yarn) zur Herstellung von sphärisch gekrümmten Bauteilen, wobei vorzugsweise Glas/Polypropylen- aber auch Kohlenstoff/PEEK-Faser-Mischungen mit unterschiedlichen Faser-Volumenanteilen verfügbar sind.

Bei den Laminataufbauten unterscheidet man, ob ein sogenannter „bleed"- oder „no-bleed"-Aufbau realisiert werden soll. Bei einem „no-bleed"-Aufbau bleibt die durch das Prepreg eingebrachte Matrix vollständig im Bauteil erhalten und ergibt einen präzise einstellbaren Faservolumenanteil. Ein hoher Konsolidierungsdruck von typischerweise 7 bar (0,7 MPa) wird aufgebracht, um den Porengehalt zu minimieren. Der „no-bleed"-Aufbau wird meist bei der Verarbeitung von thermoplastischen Matrizes angewendet.

Bei einem „bleed"-Aufbau kann überschüssige Matrix in einer dafür geeigneten Saugschicht (Bleeder) aufgenommen werden. Die einfache Trennung dieser Saugschicht vom Bauteil wird mittels eines Abreißgewebes (Peel-Ply) oder einer perforierten Trennfolie erreicht. Durch die Art der Perforation der Trennfolie kann in Verbindung mit dem gewählten Überdruck ebenfalls ein gewünschter Faservolumengehalt eingestellt werden. Das Abreißgewebe verursacht nach dem Entfernen von der Bauteiloberfläche eine durch die Gewebestruktur hervorgerufene Oberflächenvergrößerung. Diese kann sich bei anschließenden Klebeverbindungen günstig auswirken. Bild 8.3 zeigt einen Standardaufbau aus Laminat und Hilfsmaterialien im Autoklav.

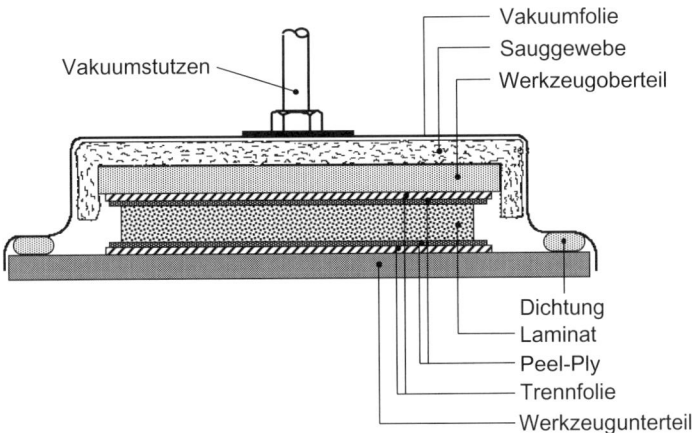

Bild 8.3 Laminataufbau im Autoklaven

■ 8.4 Zykluskosten, Prozessparameter und Verbrauchsmaterialien

Die einzustellenden Prozessparameter, insbesondere für den Temperaturzyklus, sind primär von der verwendeten Kunststoffmatrix abhängig. Der gewählte Laminataufbau ist mitentscheidend für den zu wählenden Druckzyklus.

Die Prozessparameter für duroplastische Prepregsysteme liegen für den Temperaturzyklus typischerweise bei Temperaturen zwischen 80 °C und 180 °C, in Sonderfällen mit Polyimidmatrix auch bis 370 °C. Die Gesamtzykluszeit variiert in Abhängigkeit der Aufheiz- und Abkühlraten sowie der notwendigen Haltezeiten bei erhöhter Temperatur zwischen 1 h und 12 h. In der Regel wird mit Druckzyklen im Bereich zwischen 0,6 MPa und 1 MPa gearbeitet. Bei „No-bleed"-Aufbauten sind in der Regel höhere Drücke empfehlenswert.

Für thermoplastische Matrizes sind je nach den relevanten Schmelzbereichen zwischen 240 °C (Polypropylen oder Polyamid 12) und 390 °C (Polyetheretherketon) erforderlich. Aufgrund ihrer gegenüber Duromeren deutlich höheren Viskosität können hier Druckzyklen mit über 2 MPa für eine vollständige Imprägnierung erforderlich werden. Das Halten des Vakuums während des Temperaturzyklus ist bei den Thermoplasten im Gegensatz zu den duroplastischen Systemen von besonderer Bedeutung, da viele Thermoplaste bei den hohen erforderlichen Prozesstemperaturen mit dem vorhanden Restsauerstoff in dem noch nicht imprägnierten Laminataufbau reagieren können. Dies kann u.U. zur Oxidation und zum unerwünschten Abbau der Matrix führen. Die Gesamtzykluszeit ist dominiert durch die erforderliche Aufheizzeit für das Laminat und den Ablauf des Abkühlvorgangs, wobei auch die thermische Trägheit der Werkzeugmasse zu berücksichtigen ist. Übliche Zykluszeiten mit dünnen Metallwerkzeugen liegen im Bereich zwischen 1 h und 3 h. Bei den Hochtemperaturthermoplasten (PPS, PEEK) werden die Prozessparameter, im Wesentlichen die Temperatur, durch die Eigenschaften der erforderlichen Verbrauchsmaterialien (Polyimidfolien, Silikondichtbänder usw.) für den Vakuumaufbau begrenzt. Bei diesen Materialien wird mit steigendem Überdruck der Flammpunkt zu tieferen Temperaturen verschoben, so dass bei Prozesstemperaturen von 390 °C nur noch ein Luftdruck von etwa 1 MPa mit ausreichender Betriebssicherheit möglich ist. Bei höheren Anforderungen an die Prozessparameter kann deswegen anstelle von Druckluft auch Inertgas (Stickstoff) für den Druckaufbau im Kessel verwendet werden. Besonders bei der Verarbeitung von thermoplastischen Matrizes wird damit auch die Gefahr des oxidativen Abbaus der Matrix minimiert.

Die Zykluskosten werden wesentlich von den Prozessparametern und den Verbrauchsmaterialien bestimmt. Bis zu Prozesstemperaturen von 180 °C und Druckdifferenzen bis 0,8 MPa können sogenannte Standardverbrauchsmaterialien eingesetzt werden. Diese zeichnen sich durch eine gute Verarbeitbarkeit, ein angemessenes Preis-Leistungs-Verhältnis, hohe Prozess- und Verarbeitungssicherheit und ein einfaches, rückstandsfreies Entfernen von den Werkzeugen aus. Höhere Druckdifferenzen können realisiert werden, wenn man zusätzliche Saugvlieslagen oder speziell für höhere Drücke ausgelegte Saugvliese oder Glasgewebe in den Vakuumaufbau integriert.

Standardvakuumfolien und Trennfolien bestehen in der Regel aus thermoplastischen Polyestern oder Polyamiden. Standardsaugvliese sowie Abreißgewebe werden aus Polyesterfasern gefertigt. Für Prozesstemperaturen bis ca. 230 °C sind Verbrauchsmaterialien mit erweitertem Arbeitsbereich verfügbar. Hier werden für die Vakuumfolien Coextrudate aus verschiedenen Polyamiden, in der Regel auf Basis von Polyamid 66, verwendet. Komplettiert werden die Vakuumfolien durch speziell auf diesen Temperaturbereich abgestimmte Dichtbänder. Auch diese Verbrauchsmaterialien zeichnen sich noch durch eine einfache und schnelle Verarbeitbarkeit, ein gegenüber Hochtemperaturanwendungen relativ gutes Preis-Leistungs-Verhältnis, eine hohe Prozess- und Verarbeitungssicherheit und ein einfaches, rückstandsloses Entfernen von den Werkzeugen aus. Verwendung finden sie hauptsächlich für die Herstellung von Bauteilen aus Hochtemperatur-Epoxidharzen.

Seit einigen Jahren kommen gerade für die Serienproduktion mehrfach verwendbare, teilweise gewebeverstärkte Silkonhäute zum Einsatz. Diese können z. B. durch Aufsprühen des noch flüssigen Silikons auf das entsprechende Werkzeug hergestellt werden. Ihr Einsatz führt zu einer deutlichen Kostenreduzierung in der Serienproduktion und darüber hinaus zu einer höheren Prozesssicherheit und Bauteilqualität, insbesondere, wenn diese Silikonhäute bereits der Bauteilgeometrie entsprechen.

Für die Verarbeitung von Thermoplasten im Temperaturbereich von 240 °C bis 390 °C werden Vakuumfolien aus Polyimid verwendet. Diese Folien haben in inerter Atmosphäre eine Temperaturbeständigkeit bis über 500 °C. Nachteilig sind die sehr hohen Kosten von ca. 25 € pro m² für eine 50 μm dicke Folie sowie die sehr hohe Steifigkeit und damit verbundene geringe Verformbarkeit. Dies macht sich bei komplexen Bauteilen mit senkrechten Wänden und Hinterschneidungen nachteilig bemerkbar. Weiterhin haben diese Folien nur eine sehr geringe Weiterreißfestigkeit, so dass äußerste Sorgfalt und ein deutlich erhöhter Zeitaufwand beim Zuschneiden und Anfertigen des Vakuumaufbaus unabdingbar sind.

Zur Abdichtung zwischen Werkzeug und Vakuumfolie bzw. zum Schließen des Vakuumsacks werden für Hochtemperaturanwendungen hochgefüllte Silikondichtbänder verwendet. Diese lassen sich in inerter Atmosphäre bis zu Temperaturen von ca. 420 °C einsetzen. Nach dem Temperaturzyklus lässt sich dieses Dichtband ähnlich einem Silikongummi leicht und rückstandslos wieder von der Werkzeugoberfläche entfernen. Bei Prozesstemperaturen über 300 °C sollte über den Verbindungsstellen ein zusätzliches Polyimidklebeband („Aircap") angebracht werden. Dadurch wird ein komplexer Hochtemperaturvakuumaufbau abgesichert. Als Saugvliese können für diesen Temperaturbereich Glasmatten, Glasgewebe und mineralische Vliese eingesetzt werden.

■ 8.5 Qualitätssicherung

Um eine lückenlose Qualitätssicherung sicherzustellen, kann neben der Materialeingangskontrolle heute in der Serienproduktion eine Laserprojektion zum Einsatz kommen, Bild 8.4. Mit deren Hilfe kann die Position und Ausrichtung jedes einzelnen Zuschnitts eines Laminataufbaus auf dem Werkzeug projiziert werden. Darüber hinaus kann dies noch mit einer automatisierten Fotoaufnahme kombiniert werden, um einen entsprechenden Nachweis der korrekt platzierten Zuschnitte zu erhalten.

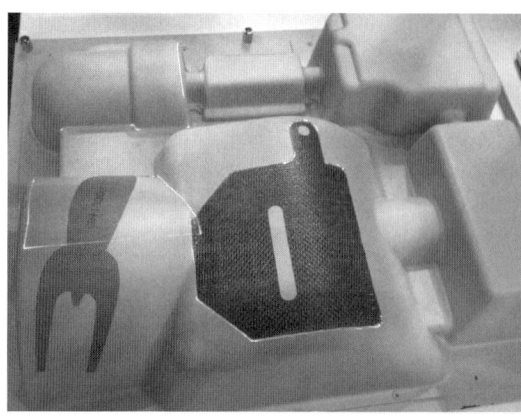

Bild 8.4
Zuschnitt Platzierung mit Hilfe von
Laserprojektion

Zur Überwachung der Vernetzung von duromeren Harzsystemen während der Aushärtung im Autoklav kommen in der Praxis vor allem Dielektrizitäts- bzw. Permittivitätsanalysen zum Einsatz. Mithilfe kleiner Sensoren, die am Bauteil platziert werden, wird die Änderung der dielektrischen Leitfähigkeit gemessen, die eine Funktion der Aushärtung ist.

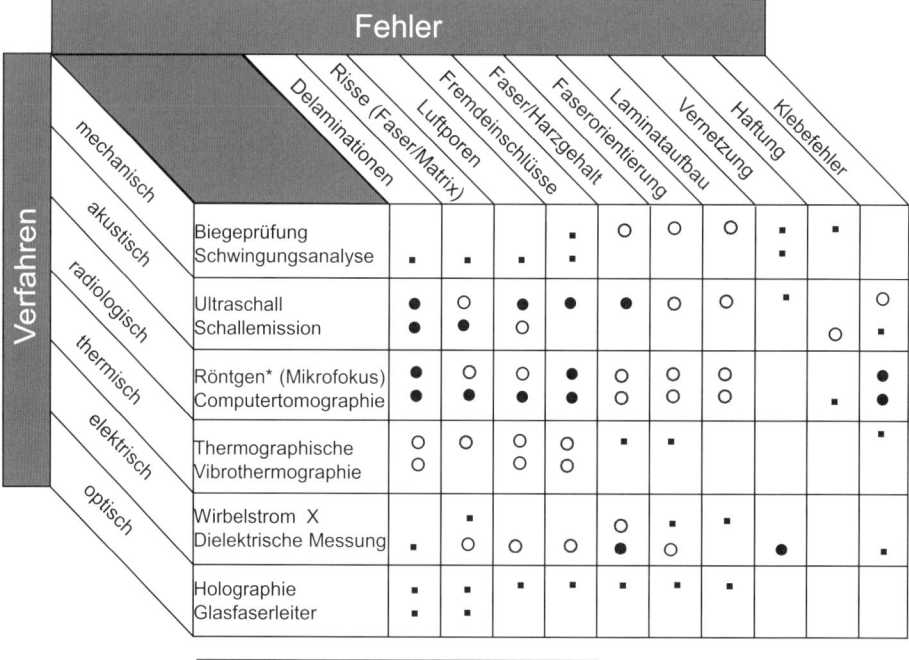

● gut möglich, hohe Auflösung
○ möglich, mittlere Auflösung
▪ möglich, qualitativ ja/nein

X nur bei CFK (leitend)
* mit Kontrastmittel

[Quelle: v. Wachter, F.K. Ein Beitrag zur zerstörungsfreien Ultraschallprüfung von Faserverbundwerkstoffen, Verlag Shaker, Aachen 1992]

Bild 8.5 Nicht-zerstörende Prüfverfahren

Das fertige Bauteil kann durch nicht-zerstörende Prüfverfahren auf Fehlstellen, Fremdeinschlüsse, Poren, Delaminationen und andere Fehler überprüft werden. Bild 8.5 zeigt eine Übersicht über die nicht-zerstörenden Prüfmöglichkeiten. Ein sehr häufig eingesetztes Verfahren ist die Ultraschallprüfung. Dabei werden ein oder mehrere Prüfköpfe, die mit Schwingquarzen versehen sind und Ultraschallimpulse aussenden, mäanderförmig über das zu prüfende Bauteil gefahren. Mithilfe von Wasser kann der Schall in das Bauteil eingekoppelt werden. Beim Impuls-Echo-Verfahren werden die vom Bauteil und den ggf. darin enthaltenen Fehlern reflektierten Schallwellen erfasst und ausgewertet, woraus mittels entsprechender Software Fehlstellen bildlich dargestellt werden können [1].

Ein weiteres Verfahren, das heute insbesondere für kleinere Bauteile angewendet wird, ist die Computertomographie. Fehlstellen können damit in besonders guter Auflösung dargestellt werden, allerdings ist die Analyse insgesamt zeitaufwendiger als beim Ultraschallverfahren. Bild 8.6 zeigt eine Computertomographie-Aufnahme einer Laminatplatte mit quasiisotropem Aufbau (unten), die mittels eines mit Aluminiumoxyd gefüllten Epoxidklebstoffes mit einem hochwärmeleitfähigen Graphitschaum (oben) verbunden ist.

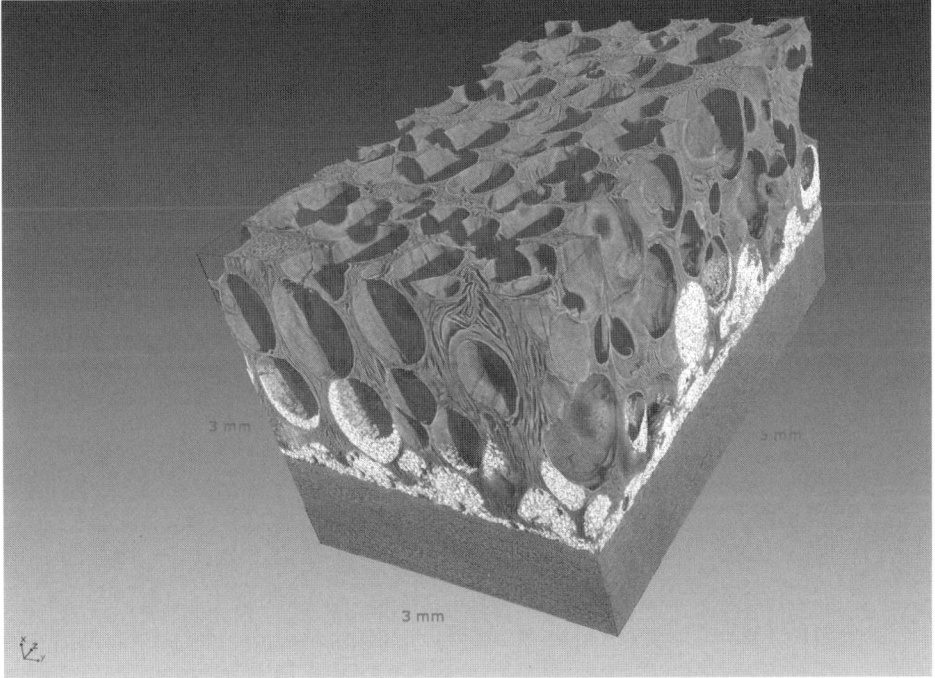

Bild 8.6 Computertomographie einer Laminatplatte mit quasiisotropem Aufbau, verklebt mit hochwärmeleitfähigem Graphitschaum (Probengröße in mm 3 x 3 x 5)

Abschließend kann noch eine geometrische Überprüfung mittels einer Messmaschine oder Lehre durchgeführt werden.

■ 8.6 Weitere Entwicklung

Insbesondere im Flugzeugbau hat sich aufgrund der damit verbundenen Potenziale zur Verringerung des Strukturgewichts im Rahmen neuer Flugzeugprogramme (Boeing 787, Airbus A350) ein hoher Anteil an kohlenstofffaserverstärkten Verbundwerkstoffen etabliert. Für die z. T. sehr großen Bauteile wie Ruder, Klappen, Dome (Rumpfabschluss), Flügelholme, Flügelbeplankungen, Seitenleitwerke und Rumpfstrukturen wird die Autoklaventechnik mittelfristig die dominierende Technologie bleiben.

Potentiale für die Verbesserung der Autoklaventechnik bestehen in der weiteren Automatisierung des Laminataufbaus in Verbindung mit sehr hohen Ablegeraten, der Weiterentwicklung und automatisierten Handhabung von mehrfach wiederverwendbaren Vakuumaufbauten sowie der Optimierung der erforderlichen Zykluszeiten.

Daneben wird man sich allerdings auch alternativen Verarbeitungsmethoden wie der Textil- und Infusionstechnik und zugehörigen „out of autoclave" Technologien zuwenden, die neben einer Materialkostenersparnis auch die Reduktion von sogenannten „non value adding process steps" des Autoklavenprozesses (z. B. bzgl. Vakuumaufbau und Hilfsstoffen) ermöglichen. Diese Entwicklungen haben auch für sehr große Bauteile bereits begonnen, werden jedoch bis zum Serieneinsatz einige Jahre Zeit benötigen, u. a. weil derzeit noch nicht das hohe strukturmechanische Niveau der Prepreg-Autoklaventechnik erreicht wird.

Ein besonderes Beispiel einer hochsteifen, ultraleichten Trägerstruktur für den Pixeldetektor innerhalb des „ATLAS" Experiments am CERN, die aufgrund der besonderen Anforderungen derzeit so nur in der Autoklaventechnik darstellbar ist, zeigt Bild 8.7.

Bild 8.7
CFK-Trägerstruktur für den Pixeldetektor des ATLAS Experiments am CERN, Genf

Literatur

[1]   *Schuster, J.:* Das Ermüdungsverhalten und die zerstörungsfreie Prüfung von thermogeformten Hochleistungsthermoplasten mit diskontinuierlicher Kohlenstoffaserverstärkung, VDI Fortschrittsberichte Reihe 4 Nr. 419, VDI-Verlag Düsseldorf, 1995

9 Pultrusionsverfahren

R. Schledjewski, S. Wiedmer, K. Friedrich

◼ 9.1 Einleitung

Die Pultrusion, auch als Strangziehverfahren bezeichnet, ist ein Prozess zur kontinuierlichen und damit großserientauglichen Herstellung von FKV-Endlosprofilen mit konstantem Querschnitt [1]. Der Querschnitt kann dabei eine hohe Formkomplexität besitzen. Weitere Merkmale der Pultrusion sind eine geringe Abfallrate, hohe Produktivität und damit sehr gute Wirtschaftlichkeit, die durch eine hohe Qualität und Reproduzierbarkeit zusätzlich gestützt werden. Bei allen Varianten der Pultrusionstechnik werden die Matrix und die verstärkenden Fasern im gewünschten Mischungsverhältnis zusammengeführt, durch ein formgebendes Werkzeug gezogen, in dem die Konsolidierung und Verfestigung der Matrix erfolgt und auf der damit formstabilen Seite am Auslauf des Werkzeugs von einer Zieheinheit einer Konfektionierung zugeführt (Bild 9.1). Der Prozess wurde von W. Brandt Goldsworthy, dem Pionier der Pultrusionstechnologie, im Jahre 1951 zum Patent angemeldet und von ihm und anderen weiter entwickelt. Erste praktische Anwendungen von Profilen sind ab etwa 1960 zu finden, wo einfache Profile zur Verstärkung einer Betonstruktur erfolgreich eingesetzt wurden [2]. Anfänglich wurde der Prozess fast ausschließlich zur Verarbeitung von glasfaserverstärkten ungesättigten Polyesterharzen eingesetzt. Heute kommen ein Großteil der Palette der duroplastischen Harze und auch thermoplastische Matrixsysteme zum Einsatz. Auf der Verstärkungsseite kommen neben den Glasfasern die weiteren üblichen Typen wie Kohlenstoff-, Natur- und Aramidfasern in die Anwendung. Nach zunächst nur relativ einfachen Profilquerschnitten sind mittlerweile auch sehr komplexe Geometrien durchaus üblich. Neben der allgemein üblichen Fertigung von in Längsrichtung nicht gekrümmten Profilen ist auch die Herstellung von Profilen mit konstanter Krümmung möglich.

Die Bandbreite der Anwendungsfelder für pultrudierte Produkte ist groß und reicht von Tragkonstruktionen (z.B. Brückenelemente, Geländer, Leitern und hochbelastete Querträger im Oberdeck der Airbus A380) über thermisch oder elektrisch isolierende Komponenten (z.B. Fensterrahmen, Verbindungselemente im Schienenbereich und Verbundisolatoren für den Hoch-, Mittel- und Niederspannungsbereich) und Verkleidungselementen (z.B. Transportsektor) bis hin in den Freizeitbereich

(z. B. Angelruten). Allein in Europa wurden im Jahr 2011 im GFK-Bereich ca. 51 000 t pultrudiert, was ca. 5 % des Gesamt-GFK-Marktes Europa darstellt [3]. Etwa 8 % des weltweiten CFK-Bedarfs (2011: 57 000 t) wird mittels Pultrusion bedient [4]. Die Produktion verteilt sich dabei auf ca. 300 Pultrusions-Unternehmen weltweit. Der größere Teil davon liefert eher kleine Mengen. Nach Umsätzen gerechnet sind Exel, Strongwell und Werner die Top-Drei der Welt [5].

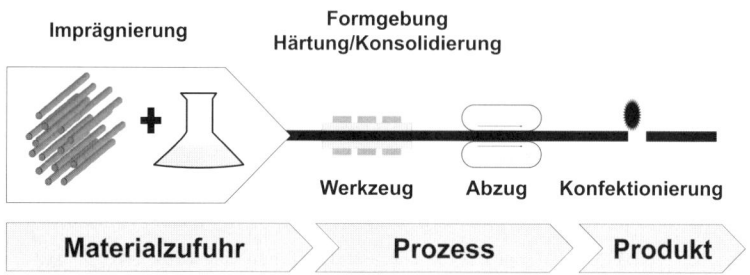

Bild 9.1 Prinzipdarstellung der Pultrusion

■ 9.2 Grundlagen

Das Pultrusionsverfahren umfasst grundsätzlich die drei Verarbeitungsschritte:

- Imprägnierung,
- Formgebung und
- Aushärtung/Abkühlung.

Hinsichtlich der Anlage wird zwischen der Duroplast- und Thermoplast-Pultrusion unterschieden. Im Fall der duroplastischen Harze wird das Verstärkungsmaterial durch ein Harzbad oder eine Injektionsbox gezogen, wo es vollständig mit Matrix benetzt wird. Im Anschluss läuft der Strang durch eine oder mehrere beheizte Düsen zur Formgebung und gleichzeitigen Aushärtung des Harzes. Bei der Verwendung von vorimprägnierten Rovings, sog. Prepregs, oder anderen Faser-Halbzeugen in der Thermoplast- Pultrusion entfällt die Imprägnierstation. Die thermoplastische Matrix wird beim Einlauf in das beheizte Werkzeug auf Schmelztemperatur gebracht, anschließend finden ggf. die Imprägnierung, die Formgebung, Konsolidierung und Abkühlung statt.

Das Werkzeug bzw. das Düsensystem ist der zentrale Bestandteil jeder Pultrusionsanlage. Damit die Verfestigung des Pultrudats sicher erfolgt, ist ein möglichst langes und segmentiert zu temperierendes Werkzeug wünschenswert. Mit der Zielsetzung einer möglichst einfachen Prozesstechnik wird bei der Duroplast-Pultrusion häufig aber mit Werkzeugen konstanter Temperatur und zur Minimierung der

Abzugskräfte mit eher kürzeren Werkzeugen gearbeitet. Übliche Werkzeuglängen liegen im Bereich von ca. 1 m. Das Werkzeug besteht üblicherweise aus Chromstahl mit polierter Kavitätsoberfläche. Meist wird ein geteiltes gegenüber einem einteiligen Düsensystem bevorzugt [1].

Hinsichtlich der Geometrie wird üblicherweise zwischen Standardprofilen und komplexen, kundenspezifisch ausgelegten Profilen unterschieden. Unter dem Begriff „Standard" versteht man Produkte, die bei jedem Profilhersteller weltweit angeboten werden und bereits eine breite Anwendung finden. Es handelt sich dabei um typische Profilgeometrien, beispielsweise rechteckige, zylindrische Hohlprofile und solche mit L-, U-, T- oder H-Querschnitt.

■ 9.3 Duroplast-Pultrusion

Bisher werden weit überwiegend duroplastische Harze für die Pultrusion eingesetzt. Dabei dominieren Polyester- und Vinylester-, sowie Epoxidharze. Acryl- und Phenol-Harze finden aber auch ihre Anwendung. Als Verstärkungswerkstoffe sind im wesentlichen Glas-, Kohlenstoff- und Aramidfasern und ihre Hybridformen von Bedeutung. Sie können als Rovings, aber auch als Gelege, Gewebe oder Matten pultrudiert werden. Dabei ist die Verwendung von allen nicht unidirektional in Abzugsrichtung orientierten Faserverstärkungen durchaus problembehaftet. Aufgrund der hohen Reibkräfte im Formwerkzeug kann sich unerwünschte Änderung der ursprünglichen Faserausrichtung ergeben [6]. Dennoch werden derartige Verstärkungsstrukturen eingesetzt, weil sich beispielsweise durch das Einlegen von Geweben die Querfestigkeit der Profile wesentlich verbessern lässt.

Die konventionelle Anlage zur Duroplast-Pultrusion verwendet ein offenes Harzbad zur Faserimprägnierung, jedoch wird diese Methode aufgrund der verbesserten Kontrolle der Imprägnierungsgüte immer häufiger durch die Harzinjektions-Technik ersetzt [7] oder es wird direkt ein Prepreg verwendet, wie dies z. B. beim Advanced Pultrusion Process der Fall ist [8], [9]. Bild 9.2 zeigt den Aufbau einer Pultrusion-Anlage mit Injektionsbox.

Die Verstärkungsfilamente werden abgezogen und durchlaufen dann, insbesondere bei komplexer geformten Profilen, ein sogenanntes Vorformwerkzeug, welches die Glasfasern, Matten, Gewebe und Oberflächenvliese bündelt und in die gewünschte Profilform drapiert. Die Imprägnierung der Verstärkungsfasern findet im Harzbad oder einer Injektionsbox statt. Anschließend wird das Material durch das beheizte Werkzeug zur Ausformung und Aushärtung gezogen. Die Abkühlung erfolgt während der anschließenden Strecke an Umgebungsluft oder in Kühlprofilen unter Zugspannung der am Ende der Anlage befindlichen kontinuierlichen Ziehvorrichtung. Die

Zugkraft wird entweder mit einem kontinuierlich arbeitenden Raupensystem oder einem reversierend wirkenden Klemmensystem erzeugt. Abschließend werden die Teile mit Hilfe einer Querschneideeinheit auf die gewünschte Länge zugeschnitten.

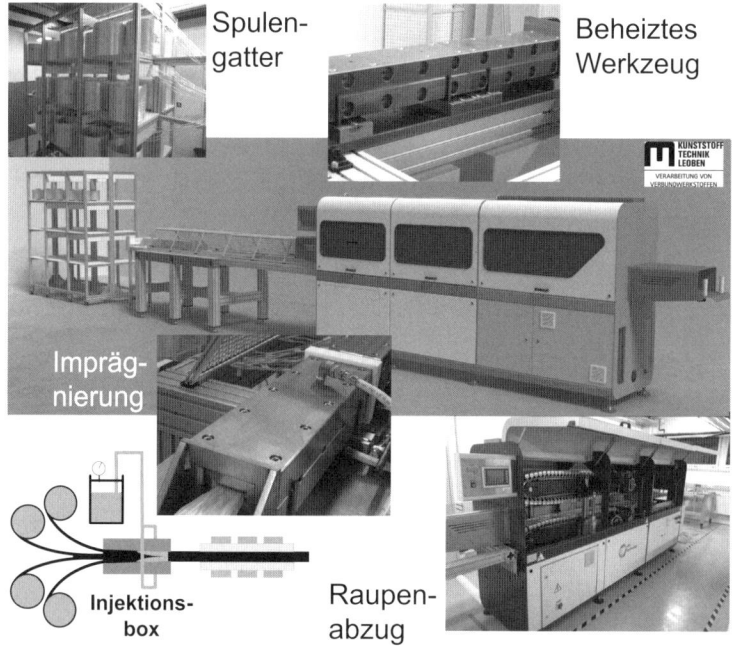

Bild 9.2 Aufbau einer Pultrusion-Anlage für Duroplastharze unter Verwendung einer Injektionsbox [Bildquelle: Montanuniversität Leoben]

Im Werkzeug wird das niederviskose Matrixsystem vom flüssigen Zustand zunächst geliert und abschließend in den festen Zustand überführt (Bild 9.3). Allgemein geht man davon aus, dass das Harz beim Verlassen des Werkzeugs komplett durchgehärtet ist. Aufgrund der mittlerweile gut verstandenen Vorgänge kann das Aushärteverhalten im Werkzeug gut vorhergesagt werden. Zur Minimierung der Abzugskräfte geht man gerne dazu über, die Wärme im Profil beim Austritt aus dem Werkzeug zum Durchhärten der Matrix zu nutzen und folglich das Werkzeug in der Länge zu reduzieren und damit die erforderlichen Abzugskräfte zu minimieren.

Die Abzugsgeschwindigkeit wird hauptsächlich durch die Art des Matrixsystems, dessen Viskosität und Reaktivität sowie die Profilgeometrie bestimmt. Üblich sind Geschwindigkeiten im Bereich weniger Meter pro Minute [10].

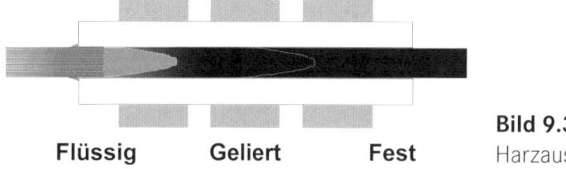

Flüssig   Geliert   Fest

Bild 9.3
Harzaushärtung im Werkzeug

■ 9.4 Thermoplast-Pultrusion

Je nach Art der Imprägnierung wird zwischen reaktiver und nicht reaktiver Thermoplastpultrusion differenziert. Die reaktive Thermoplastpultrusion geht dabei von monomeren Harzkomponenten aus, die erst während der Verarbeitung im Werkzeug auspolymerisieren. Beim Injektionsverfahren wird das Polymer durch eine Injektionskavität zur Imprägnierung der Fasern injiziert [11], während die Monomer-Pultrusion ein Monomer-Tränkbad verwendet [6]. Hier ist zu bemerken, dass sich die Anlage prinzipiell kaum von einer Duroplast-Pultrusionsanlage unterscheidet. Diese Verfahren befinden sich jedoch noch in der Entwicklung und sind auf einige thermoplastische Harzsysteme, wie beispielweise Polyamide, PMMA oder Polyurethane [7], [11] beschränkt.

Die nichtreaktive Thermoplastpultrusion verwendet ausschließlich vollständig polymerisierte Thermoplaste, die allerdings in unterschiedlicher Halbzeugform (in Lösung, als Granulat, Pulver, Polymerfilamente) vorliegen können. Der Einsatz von vorimprägnierten Halbzeugen ist wegen der kurzen Fließwege vorteilhaft. Es ist bereits eine Reihe von Materialien in Form vom Hybridgarnen (beispielsweise Mischgarn, ummanteltes Hybridgarn, Friktionsspinn-Hybridgarn) oder Prepreg-Bändchen auf dem Markt. Vor dem Einlauf in das Formwerkzeug wird das Ausgangsmaterial in einer Vorheizzone auf eine ausreichend hohe Temperatur gebracht. Dies kann u. a. mittels Infrarotstrahlern [12], konvektiver Luft [13], [14], Heißgas, Kontaktpins [13], [15] sowie einer Kombination dieser Varianten [16] erfolgen.

Im Düsensystem erfolgt die weitere Imprägnierung und Konsolidierung der durchlaufenden Halbzeuge. Anschließend wird das Profil in einer Kühldüse abgekühlt, wobei die hier herrschenden Bedingungen einen Einfluss auf die Produktoberfläche und deren mechanische Eigenschaften haben. Die Abzugseinrichtung ist mit der einer Duroplast-Pultrusionslinie identisch.

Als wichtigste qualitätsbestimmende Prozessparameter sind Abzugsgeschwindigkeit, Temperatur und Druckprofil des Formwerkzeugs sowie die Druckverhältnisse während der Kühlung zu betrachten.

Die Thermoplast-Pultrusion wird im Vergleich zur Duroplast-Pultrusion noch relativ wenig eingesetzt. Thermoplaste besitzen allerdings nennenswerte Vorteile gegenüber Duroplasten. Wichtig bei der Thermoplast-Pultrusion ist die Möglichkeit, auch höhere Abzugsgeschwindigkeit (um 10 m/min) zu erreichen, da keine chemische Reaktion während der Konsolidierungsphase stattfindet. Zudem können thermoplastische Profile anschließend umgeformt werden.

■ 9.5 Verfahrenskombination

In der Verarbeitungstechnik der Faser-Kunststoff-Verbunde haben sich in der Vergangenheit zur Prozessoptimierung hinsichtlich verkürzter Prozessketten und auch zum Ausgleich von Defiziten einzelner Verfahren Entwicklungen zur Kombination unterschiedlicher Verfahren ergeben.

Die bei der Pultrusion vorwiegend vorherrschende uniaxiale Verstärkung in Produktionsrichtung ist prozessbedingt und führt zu anisotropen Werkstoffeigenschaften längs und quer zur Profilrichtung. Hier bietet das „Pullwinding", eine Kombination aus Pultrusion und Wickelprozess, die Möglichkeit, höhere mechanische Festigkeitswerte in Transversalrichtungen zu erreichen. Mit Hilfe von Planetenspulen, die sich konzentrisch um die Maschinenachse drehen, werden Rovings radial auf dem Profil abgelegt.

Eine weitere Möglichkeit der Verstärkung quer zur Produktionsrichtung ist das Flecht-Pultrusions-Verfahren, auch als Pull-Braidingverfahren bezeichnet (Bild 9.4) [13], [17]. Bei dieser Kombination aus Pultrusion und Flechttechnik ergeben sich außerdem erhebliche Vorteile hinsichtlich Schwindung und Verzug von Bauteilen.

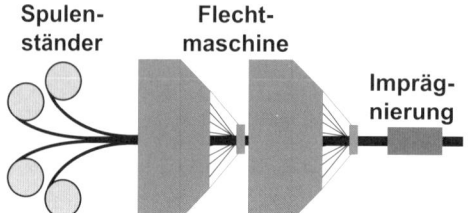

Bild 9.4
Faserzuführung beim Pull-Braidingverfahren

Das Pullforming Verfahren ist eine weitere Variante der Pultrusion mit über der Länge veränderlichem Querschnitt der Teile, die ebenfalls auf W. Brandt Goldsworthy zurückgeht. Die imprägnierten Fasern werden dabei in Werkzeugen mit unterschiedlicher Querschnittform umgeformt, das resultierende Bauteil zeigt eine gleichbleibende Querschnittfläche, aber eine über der Länge veränderliche Querschnittform. Ein typischer Einsatzfall sind Parabelfedern, wobei die Faserstränge aus der Düse in ein entsprechendes Werkzeug eingelegt und dann durch den Druck des Werkzeugoberteils in die vorgesehene Form gebracht werden.

Zu dieser Thematik gehört auch das sog. „Curved Pulforming", ein Verfahren, das ebenfalls von Goldsworthy entwickelt und in einigen Anlagen umgesetzt wurde. Bei dieser Verfahrensvariante wird der imprägnierte Strang in ein horizontal umlaufendes Werkzeug, dessen Radius dem gewünschten Krümmungsradius der Teile entspricht, durch entsprechende Gegenwerkzeuge ausgeformt und gleichzeitig bis zur Entformbarkeit angehärtet.

Literatur

[1] *Meyer, R. W.:* Handbook of Pultrusion Technology, Chapman and Hall, New York, 1985

[2] *Starr, T. F.:* Pultrusion for Engineers, Woodhead Publishing Ltd., Cambridge, 2000

[3] *Witten, E.:* Composites Marktbericht 2012: Der GFK-Markt Europa, Tagungsunterlagen der „Internationale AVK-Tagung 2012", 8. & 9. Oktober 2012, Düsseldorf

[4] *Jahn, B.; Karl, D.:* Composites Marktbericht 2012: Der globale CFK-Markt, Tagungsunterlagen der „Internationale AVK-Tagung 2012", 8. & 9. Oktober 2012, Düsseldorf

[5] *Joshi, S. C.:* The pultrusion process for polymer matrix composites, in: Manufacturing techniques for polymer matrix composites (PMCs), Edited by Advani, S. G. and Hsiao, K. T., Woodhead Publishing, Cambridge, 2012

[6] *Larock, J. A; Hahn, H. T.; Evans, D. J.:* Pultrusion Processes for Thermoplastic Composites, Journal of Thermoplastic Composites Materials 2 (1989) pp. 216 – 229

[7] *Cho, B. G.; et al.:* Experimental Studies of Pultruded Fiber Reinforced Nylon-6 Composites, 47th Annual Conference, Composites Institute, The Society of Plastics Industry, Inc. February 3 – 6, 1992

[8] *Yoda, M.; et al.:* Electron beam processing for aircraft structures, Proc. 16th International Conference on Composite Materials, 8 – 13 July 2007, Kyoto, Japan

[9] *N. N.:* Composites strengthen aerospace hold, Reinforced Plastics, July/August 2002, pp. 40 – 43

[10] *Aström, B. T.:* Pultrusion, in: Processing of Composites, Edited by Dave, R. S. and Loos, A. C., Carl Hanser Verlag, München (1999), pp. 317 – 357

[11] *Dubé, M. G.; Batch, G. L.; Vogel, J. H.; Macosko, C. W.:* Reaction Injection Pultrusion of Thermoplastic and Thermoset Composites, Polymer Composites 16 (1995) 5, pp. 378 – 385

[12] *Neitzel, M.; Breuer, U.:* Die Verarbeitungstechnik der Faser-Kunststoff-Verbunde, Hanser, München, 1996

[13] *Bechtold, G.:* Pultrusion von geflochtenen und axial verstärkten Thermoplast Halbzeugen und deren zerstörungsfreie Porengehaltsbestimmung, Diss., Institut für Verbundwerkstoffe GmbH, Universität Kaiserslautern, 2000

[14] *Aström, B. T.; Larsson, P. H.; Pipes, R. B.:* Development of a Facility for Pultrusion of Thermoplastic-Matrix Composites, Composites Manufacturing, 2 (1991), pp. 114 – 123

[15] *Bechtold. G.; Wiedmer, S.; Friedrich, K.:* Pultrusion of Thermoplastic Composites-New Developments and Modelling Studies, Journal of Thermoplastic Composite Materials 15 (2002) 5, pp. 443 – 465

[16] *Wilson, B. A.:* In Handbook of Composites, Pultrusion, Chapman & Hall, London, 1998, S. 488 – 524

[17] *Michaeli, W.; Jürss, D.:* Thermoplastic Pull-Braiding: Pultrusion of Profiles with Braided Lay-up and Thermoplastic Matrix System (PP), Composites Part A, 27A, No. 1, 1996, pp. 3 –7

10 Wickel- und Legetechnik

R. Schledjewski, M. Schlottermüller, M. Neitzel,
G. Beresheim, J. Mack, M. Brzeski

■ 10.1 Wickeltechnik

10.1.1 Einleitung

Die Wickeltechnik ist ein Verfahren zur Herstellung von rotationssymmetrischen Körpern. Erste Versuche zur Faserverstärkung von Bauteilen mittels der Wickeltechnik wurden bereits vor rund 60 Jahren unternommen. Die heute noch genutzte Methode mit vorwiegend Glas- und Kohlenstofffasern wurde ab 1947 durch die Young Development Labs. in Princeton, Kanada vorangetrieben. Hier wurden in der Folgezeit auch die ersten kommerziell erhältlichen Wickelanlagen hergestellt. Eine Serienfertigung entstand danach bei McClean-Anderson ab 1961 in den USA. In Europa nahm die Firma EHA Composite Machinery GmbH (gegründet als Bolenz & Schäfer) in Deutschland die Produktion 1965 auf. Im Lauf der Zeit wurden die Anlagen auf Einzelmotoren umgestellt, die auch eine freie Wahl veränderlicher Winkel ermöglichten [1]. In den letzten Jahren werden immer häufiger roboterbasierte Wickelanlagen eingesetzt. Automatisierte Wickelanlagen mit Mehrachsspindeln und automatisierter Wechselfunktion sind in der Lage, Druckbehälterserien (> 100 000 Stück pro Jahr) vollautomatisch herzustellen.

Die Einsatzgebiete von gewickelten Bauteilen sind weit gestreut. Sie reichen von Rohren für den Transport flüssiger und gasförmiger Stoffe über Masten für Segelboote, kleinvolumigen Drucktanks und Futtersilos, bis hin zu höchstbeanspruchten Boostern für Raketen. Für die Zukunft zeichnet sich ein besonderes Marktpotenzial im Bereich der Energiespeicherung ab. Vor allem die in Entwicklung befindlichen Fahrzeuge mit Wasserstoff- oder Erdgasantrieb benötigen Drucktanks mit hoher Leichtbaugüte. Aktuelle Betriebsdrücke von 700 bar (entspricht einem Berstdruck von > 2000 bar) sind Standard für die Speicherung von Wasserstoff in FKV-Druckbehältern. Hierbei bietet sich die Wickeltechnik gerade wegen der erzielbaren hohen Festigkeits- und Steifigkeitswerte an.

Wickelanlagen werden als Einzelanlagen oder als kontinuierliche Fertigungsstraßen von den Herstellern angeboten. Übliche Abmessungen für die Bauteile liegen bei Durchmessern bis zu 1 m und einer Länge von bis zu 5 m. Für spezielle Anwendungen wurden schon kundenspezifische Wickelanlagen realisiert, die es ermöglichen, Flügel für Windkraftanlagen mit einem Ø > 4 m und einer Länge von ca. 35 m, die Raketenstufe einer Ariane 5 (Ø 3 m, maximale Länge 11 m) oder Waschtürme von Chemieanlagen (Ø > 10 m) zu fertigen. Bei größer werdenden Wickelobjekten ist meist der Wickelkern der limitierende Faktor hinsichtlich der Stabilität (Durchbiegung).

10.1.2 Verfahrensgrundlagen

Mit Hilfe der Wickeltechnik werden vorzugsweise Formteile wie Behälter, Rohre, Achsen und Wellen hergestellt, Bild 10.1. Geometrien mit Hinterschneidungen sind realisierbar, wenn das Bauteil rotationssymmetrisch ist, der Kern im Endbauteil (Liner) verbleibt oder ein verlorener Kern eingesetzt wird.

Die Teilegeometrie wird vorgegeben durch den Wickelkern, auf dem die mit der Matrix imprägnierten Fasern abgelegt werden. Bei zylinder- und kegelförmigen Teilen, bzw. solchen mit einseitigem Boden, kann der Kern wiederverwendet werden. Bei anderen geometrischen Formen verbleibt der Kern als Liner im Bauteil und kann hierbei weitere Funktionseigenschaften wie eine Diffusionssperre oder Korrosionsschutz übernehmen. Bei kleineren Behältern und für geringe Stückzahlen werden auch ausschmelzbare Kerne verwendet. Für große Durchmesser werden klappbare oder zerlegbare Kerne eingesetzt.

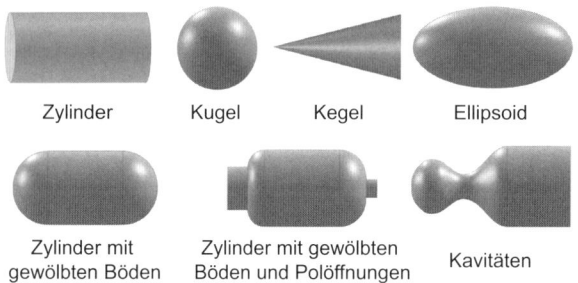

| Zylinder | Kugel | Kegel | Ellipsoid |

| Zylinder mit gewölbten Böden | Zylinder mit gewölbten Böden und Polöffnungen | Kavitäten |

Bild 10.1 Grundformen der im Wickelverfahren herstellbaren Körper

Einsatzanforderungen des Bauteiles in Verbindung mit den entsprechend gültigen Sicherheitsfaktoren sind Grundlage für die Auslegung und Konstruktion des zu wickelnden Bauteiles. Anhand dieser Informationen können der Lagenaufbau (Anzahl und Wickelwinkel der einzelnen Lagen) für das entsprechende Bauteil ausgelegt und somit die kinematischen Randbedingungen an die Wickelanlage festgelegt werden. In Abhängigkeit des eingesetzten Materials (Glas-, Kohlenstoff-, Aramidfaser) und der verwendeten Filamentanzahl bzw. des Flächengewichts ergeben sich, unter Berücksichtigung der Wickelwinkel, die Breite des Rovingbandes bzw. die erforderliche Zahl der Rovings. Diese Information nutzen entsprechende Wickelprogramme als Eingabegrößen (in Verbindung mit der Kerngeometrie) zur Berechnung des benötigten NC-Programmes. Beim Wickeln von Druckbehältern wird für den Lagenaufbau häufig eine Kombination aus Kreuzwickelungen im ausgeglichenen Winkelverbund mit Umfangslagen vorgesehen, Bild 10.2. Für die Aufnahme von Axialkräften können auch Fasern parallel zur Rotationsachse des Körpers abgelegt werden. Man spricht dabei von einem Wickelwinkel von 0°, da dieser gegen die Rotationsachse gemessen wird. Hierbei werden aufgrund der nicht vorhandenen Fixierungskraft (keine Fixierung durch Umschlingung der Struktur) sog. Stiftkronen (Pins) eingesetzt. Diese Stiftkronen dienen zur Aufnahme der Axialkräfte der Rovings. Nachteilig an den 0° Lagen ist hierbei, dass die Enden des Bauteiles nach der Aushärtung entfernt werden müssen. Ebenso wirken keine Radialkräfte beim Wickeln von 0° auf die Fasern. Das Fehlen dieser Kraftkomponente kann zu Fehlstellen (Poreneinschlüsse) im Laminat führen. Als potentiell effizientere Methoden bieten sich das diskontinuierliche Tapelegen oder die Herstellung pultrudierter 0°-Schichten als Halbzeug an [2].

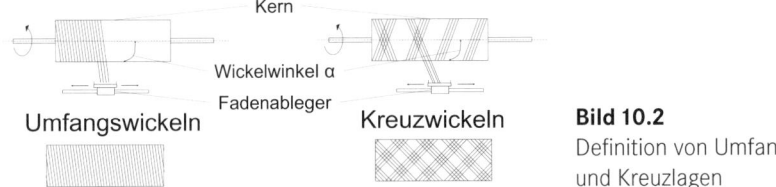

Bild 10.2
Definition von Umfangs- und Kreuzlagen

Die Geometrie des Wickelkörpers schränkt allerdings die Wahl des Wickelwinkels ein. In Bild 10.3 ist dargestellt, wie sich in Abhängigkeit von der Breite des Bandes und dem Wickelwinkel in einem Schnitt senkrecht zur Achse die sogenannte Teilung darstellt. Diese bestimmt, wie viele Bänder über dem Umfang nötig sind, um eine volle Bedeckung der Oberfläche zu erreichen. Um den Aufbau vollständig zu charakterisieren, fehlt noch das Wickelmuster. Kommt z. B. nach dem dritten Hin- und Rückhub des Fadenablegers das (vierte) Band wieder neben dem ersten Band zum Liegen, so spricht man von einem Dreier-Wickelmuster, wobei mit einem positiven oder negativen Vorzeichen der Bandversatz angegeben wird. Bei positivem Versatz liegt das vierte Band hinter dem Ersten, bei negativem davor. Im rechten Teil des Bildes ist die Abwicklung eines Wickelmusters als auch die Anzahl der Kreuzungsstellen in Abhängigkeit des Wickelmusters dargestellt.

Im Vergleich der Skizze mit der Abwicklung wird der Unterschied zwischen Theorie und Praxis deutlich. In der Skizze kann man eine Lage erkennen, bei der alle Fasern unter +45° nebeneinander abgelegt sind. Die −45° Lage würde die dargestellte Lage überdecken. In der Realität wird aber erst ein einzelner Faserstrang unter +45° abgelegt. Am Ende des Bauteils ändert die Maschine in der Wendezone den Winkel von +45° auf −45° und legt auf dem Rückweg die Fasern über die bereits platzierten ab. Am Kreuzungspunkt entsteht so eine Stufe. Je nach Muster und Teilung entsteht ein charakteristisches Erscheinungsbild. Bei zylindrischen Körpern wird die Wendezone meist abgetrennt und entsorgt, da hier keine definierte Faserrichtung mehr herrscht und das Laminat aufdickt.

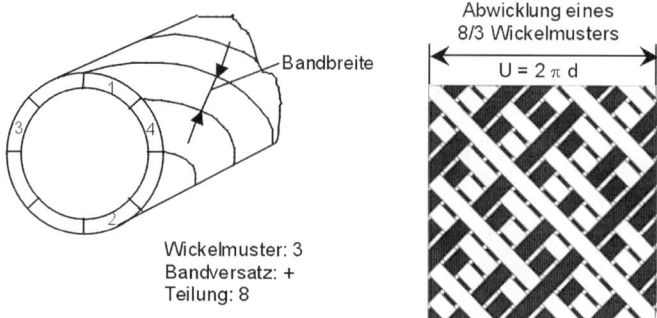

Bild 10.3 Wickelmustersystematik

Bei der Druckbehälterherstellung wird zwischen fünf Druckbehälterklassen unterschieden, welche in Tabelle 10.1 dargestellt sind. Die Klassen unterscheiden sich bei den verwendeten Materialien in Abhängigkeit des Druckbehälterbereiches (Dom- oder zylindrischer Bereich).

Tabelle 10.1 Druckbehälterkategorisierung

	Typ I	Typ II	Typ III	Typ IV	Typ V
Dombereich	Stahl	Stahl	FKV	FKV	FKV
Zylindrischer Bereich	Stahl	FKV	FKV	FKV	FKV
Liner	Grundkörper aus Stahl/Aluminium	Grundkörper aus Stahl/Aluminium	Stahl/Aluminium	Kunststoff	–

Bei den Druckbehälterkategorien III – V (Umwicklung des Dombereiches) ist es notwendig, die Wendezonen so auszulegen, dass diese die notwendigen Kräfte aufnehmen und gegebenenfalls auch die Anschlussmöglichkeiten bereitstellen können. Durch die Querschnittsverjüngung an den Polkappen kommt es hier zu einer Laminataufdickung. In Abhängigkeit des Lagenaufbaus, der erforderlichen Materialdicke und der Ausgestaltung der Polkappe kann die maximale Belastung als auch die Aufdickung ermittelt werden. Bild 10.4 zeigt, wie der Wickelpfad um eine Polkappe mit Öffnung geführt wird. In Abhängigkeit vom Reibungskoeffizienten zwischen Faser/ Matrix und dem Linermaterial bzw. Kernmaterial ist es möglich, eine Bahn auszuwählen, die von der Geodätischen – der kürzesten Verbindung zwischen zwei Punkten auf einer gekrümmten Oberfläche – abweicht. Zusätzlich zu den berechneten Lagen erstellt das Wickelprogramm sogenannte Übergangsprogramme. Diese Übergangsprogramme gewährleisten einen harmonischen Wechsel von Kreuzlagen zu

Umfangslagen (und umgekehrt). In Abhängigkeit des Lagenaufbaues sind diese Übergangslagen in der Kalkulation (Gewicht, verwendete Materialmenge, Wickelzeit) zu berücksichtigen.

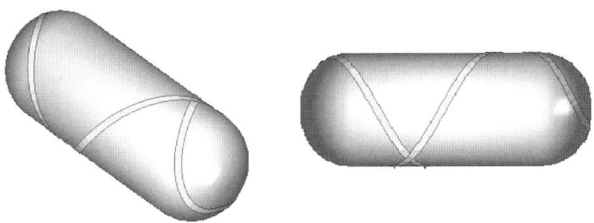

Bild 10.4 Wickelpfad beim Behälterwickeln [Bildquelle: Cadwind Material]

10.1.3 Anlagentechnische Umsetzung

Die heutige Anlagentechnik bietet ein breites Angebot von Maschinen für den jeweilig optimalen Einsatzfall. Wesentliche Merkmale sind die Bauart und die Zahl der verfügbaren mechanischen und elektrischen Achsen. Für Standard-Wickelanlagen ist die nachfolgende Definition der Bewegungsachsen gültig. Die sechs Freiheitsgrade sind in Bild 10.5 dargestellt. In der Reihenfolge ihrer Bedeutung sind dies die Rotationsachse (X), die Bewegung des Fadenauges parallel zur Rotationsachse (Y), der Abstand des Fadenauges von der Rotationsachse (Z), die Drehung des Fadenauges um seine waagrechte Achse (U), die Drehung um seine senkrechte Achse (V) und seine Vertikalachse (W). Das Wickeln zylindrischer Rohre ist mit nur zwei Bewegungsachsen möglich.

Im Vergleich zu Standard-Wickelanlagen erschließt der Einsatz eines Industrieroboters als Wickelanlage neue Potenziale. Bei der Verwendung eines Industrieroboters zum Wickeln von FKV Bauteilen kann prinzipiell zwischen zwei unterschiedlichen Methoden differenziert werden.

- Der Roboter positioniert das Fadenauge bzw. die Fadenaugen bei einem separat rotierenden Werkstück. Eine mehrachsige Spindelanlage (gleichzeitiges Wickeln mehrerer Bauteile) kann hierbei eingesetzt werden.

- Der Roboter positioniert das Werkstück bei einem stationären Fadenauge, wobei nur ein Werkstück umwickelt werden kann.

- Die Verwendung von Industrierobotern bietet zusätzliche Möglichkeiten im Vergleich zu einer Standard-Wickelanlage. So kann der Endeffektor – Funktionskopf am Roboter – durch Schnellwechselsysteme ausgetauscht werden. Unterschiedliche Wickel-, Fräs-, Bohr- oder Schneidköpfe (z. B. Wasserstrahl) können Bauteile weiter bearbeiten.

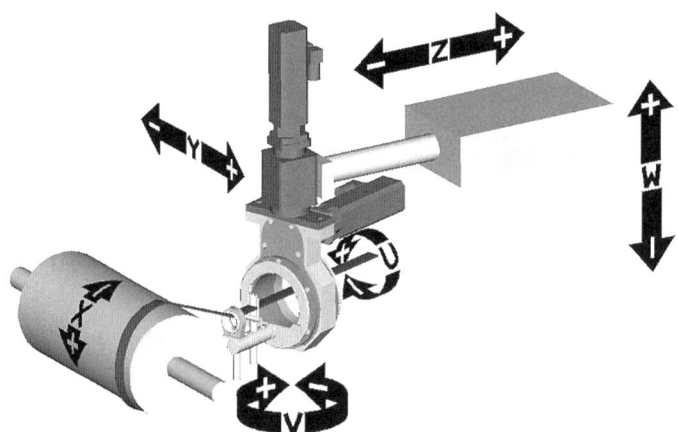

Bild 10.5 Bewegungsachsen einer Wickelanlage [Bildquelle: Bolenz & Schäfer]

Die Hauptaufgabe aller Wickelsysteme besteht in der exakten Ablage von Rovings in einer vom Benutzer vorab definierten Anordnung. Während früher lediglich rotationssymmetrische Körper gewickelt werden konnten und nur gleichförmige Bewegungsabläufe möglich waren, kann man mit Hilfe elektronischer Anlagensteuerungen ein breites Spektrum an Bauteilformen erzeugen. Je komplexer die Geometrie des anzufertigenden Wickelkörpers, desto höher sind allerdings die Anforderungen an die Anzahl der Freiheitsgrade der Wickelsysteme. Die meisten der in Gebrauch befindlichen Anlagen müssen nach Wicklung eines Bauteils mit geringem Aufwand umgerüstet werden, d.h. der Bauteilkern ist vor der Fertigung des nächsten Teils auszutauschen (diskontinuierliches Wickeln). Zunehmend kommt es jedoch inzwischen zur Anwendung des kontinuierlichen Wickelns, womit der Nachteil einer Unterbrechung des Fertigungsprozesses umgangen wird. Dazu sind speziell ausgelegte Anlagen erforderlich, die eine kontinuierliche Übergabe der Rovings an den nächsten Kern erlauben.

Zur Erzeugung langer, zylindrischer Bauteile setzt man alternativ auch Wickelsysteme mit stationärem Fadenauge ein. Dabei wird der Wickelkern gleichzeitig sowohl translatorisch als auch rotatorisch bewegt. Die Vorteile dieses Verfahrens liegen in der einfachen Installation des Tränkbades und der Rovingspulen, was eine nicht unerhebliche Platzersparnis der gesamten Anlage mit sich bringt. Nachteilig hierbei ist jedoch, dass nur ein Wickelkern gleichzeitig bewickelt werden kann.

Durch Einsatz sog. Ringfadenaugen kann eine Vielzahl von Rovings gleichzeitig auf dem Kern abgelegt werden, wodurch kurze Fertigungszeiten möglich sind. Ist dabei die Anzahl und Breite der abgelegten Fasern für einen Wickelwinkel exakt auf dem Umfang des Körpers abgestimmt, so kann mit einem Ringfadenauge eine vollständige Lage in einem Hub ablegt werden. Je nach Länge und Durchmesser des Bauteils kann sich der Ring um das Bauteil drehen und auch gleichzeitig verfahren wie bei Verseilmaschinen oder umgekehrt. Da der konstruktive Aufwand als auch das Rüsten der Anlagentechnik sehr hoch ist und die Gesamtflexibilität des gesamten Wickelsystems reduziert wird, kommen sie vorzugsweise für die Serienfertigung von Standardrohren oder als sekundäres Ablegesystem an einer Standard – Wickelanlage zum Einsatz.

Neben den geometrischen Daten der Maschinen spielt die installierte Steuerungs- und Regelungstechnik eine entscheidende Rolle für das Einsatzspektrum der Anlagen und bestimmt auch wesentlich die Kosten der Anlage. Die meisten Anlagen werden als Flachbett- oder Portalanlagen konstruiert, Bild 10.6.

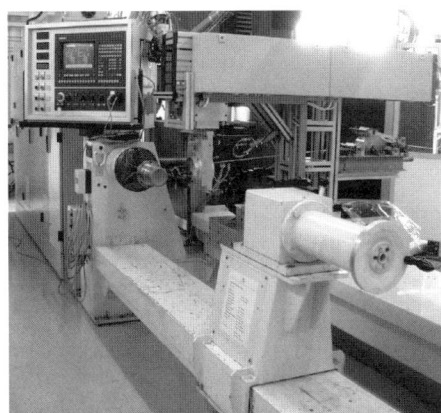 

Bild 10.6 Flachbett-Wickelanlage *(links)* und Portal-Wickelanlage *(rechts)* [Bildquelle: IVW GmbH]

Eine Alternative zum kontinuierlichen Herstellen von Rohren in Großserie bildet eine Anlage mit Liner als Kern, welcher translatorisch durch ein rotierendes Fadenauge bewegt wird. Dabei können mehrere Ringfadenaugen hintereinander geschaltet werden, um eine vollständige Bedeckung des Kerns (Liners) zu erzielen und gleichzeitig durch unterschiedliche Drehrichtung einen ausgeglichenen Winkelverbund zu erzeugen. Der anlagentechnische Aufwand für solch eine Anlage ist sehr hoch, weswegen sie sich nur für bestimmte Serienproduktionen sinnvoll darstellt. Als ein mögliches Einsatzziel wäre hier die kontinuierliche Herstellung von Rohren mit Längen von 2 km (und auch mehr) für die Erdölförderung im Offshore-Bereich zu sehen.

10.1.3.1 Duroplastwickeln

Beim Duroplastwickeln, dem klassischen Wickelverfahren, kommen mit Reaktionsharzen imprägnierte Rovings zum Einsatz. Das Ausgangsfasermaterial wird auf Spulen (Bobbins) geliefert und auf einem Spulenständer (meist mit integrierter Fadenspannungsregulierungseinheit) montiert. In Bild 10.7 ist der Imprägniervorgang anhand eines Harzbades schematisch dargestellt. Die Rovings werden, von der Spule kommend, durch ein Harzbad mit dem flüssigen Reaktionsharz gezogen und imprägniert, bevor sie der Ablegeeinheit zugeführt werden. Das Harzbad kann in Abhängigkeit des verwendeten Harzsystems temperierbar sein, da manche Harze nur bei erhöhter Temperatur eine zum Imprägnieren ausreichend niedrige Viskosität erreichen. Die zum Einsatz kommenden Harze sollten im günstigsten Fall eine Viskosität von weniger als 2 Pa s und eine Topfzeit von mehr als 6 h haben. Erst mit ausreichend niedriger Viskosität kann die vollständige Imprägnierung der Verstärkungsfaser mit der Matrix (Harzsystem) bei hoher Geschwindigkeit (< 60 m/min) erfolgen.

Der Faservolumengehalt (eine Basisgröße zur Auslegung von FKV-Bauteilen) wird bei der Wickeltechnik durch das Harzbad als auch durch die Rovingspannung determiniert. Für eine gleichmäßige Imprägnierung der Verstärkungsfaser mit Matrix innerhalb eines offenen Harzbades (vgl. Bild 10.7) ist eine gleichmäßige Rovingspannung sicherzustellen. Die an den Abstreifern auf das Rovingband einwirkenden Kräfte und die beim Aufwickeln auf den Kern resultierenden Radialkräfte dienen dabei als Stellgrößen. Beide Anteile sind eine Funktion der Rovingspannung. Die Rovingkraft wird durch eine Bremskraft gegen die rotierende Wickelachse aufgebracht. Dazu sind einfache Bandbremsen bis hin zu elektronisch geregelten Servobremsen verfügbar.

Beim Wickeln von Behältern kommt es jedoch im Polkappenbereich zu einem kurzzeitigen Abfall der Rovingspannung durch die Querschnittsverjüngung und gleichzeitig notwendige verminderte Wickelgeschwindigkeit. Dieser Effekt führt zu einem Nachlaufen der Rovingspulen. Zum Ausgleich kommen sogenannte Tänzereinheiten zum Einsatz, wie sie auch in Webereien und Spinnereien üblich sind. Hierbei spannt eine Feder, eine elektronische- oder pneumatische Stelleinheit die gesamte Spule gegenüber der Bandbremse vor, sodass bei einem Spannungsverlust die Federspannung ausgleichend wirkt.

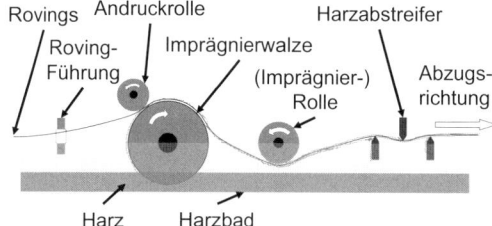

Bild 10.7
Imprägnierbad einer Duroplastwickelanlage

Nach dem Durchlaufen der Imprägnierstation werden die getränkten Fasern mittels einer Ablegeeinheit unter dem geplanten Winkel auf dem Kern abgelegt. Dabei ist es möglich, mehrere Rovings als Bänder gleichzeitig nebeneinander zu positionieren. Sie passieren dabei ein Fadenauge oder einen Abstreifbügel, wie sie in Bild 10.8 zu erkennen sind. Der nachgeschaltete Kamm sorgt für eine gleichmäßige Auffächerung, konstante Lagendicke und Ablagebreite jedes einzelnen Rovings.

Bild 10.8 Fadenauge *(links)* und Fadenableger *(rechts)* einer Duroplastwickelanlage [Bildquelle: IVW GmbH]

Bei der Serienherstellung einfacher zylindrischer Teile, wie Rohre oder Wellen, bei denen mit einem Ringfadenauge gearbeitet wird, ist es üblich, über eine geeignete zusätzliche Umlenkstrecke die Fadenkraft ohne besondere Steuer- oder Regelbremsen einzuleiten.

Verwendet man zum Wickeln die in Kapitel 5 beschriebenen Duroplast-Prepregs, so erfordert dies eine angepasste apparative Ausstattung. Die Prepregs liegen als schmale Bändchen mit fester Geometrie und einer gewissen Steifigkeit vor. In Tabelle 10.2 sind die kennzeichnenden Merkmale für die Verarbeitung von harzgetränkten Rovings und Prepregs gegenübergestellt.

Nach dem eigentlichen Wickelprozess schließt sich bei duroplastischen Matrixsystemen eine Aushärtungsphase des Harzes an. Je nach verwendetem Harz und abhängig von den Bauteildimensionen kann die Aushärtung bei Umgebungsbedingungen oder in einem entsprechenden Ofen erfolgen. Neben diesen gebräuchlichen Methoden kommen prinzipiell noch die Härtung mit Mikrowellen [3], UV-Strahlung oder mittels Elektronenstrahl in Frage.

Bei einem konventionell gewickelten duroplastischen Bauteil muss dieses während des Härtens weiterhin rotieren, um ein Abtropfen des Harzes durch die in der Härtungsphase erniedrigte Viskosität zu vermeiden und die gleichmäßige Faser/Harz-Verteilung zu gewährleisten. Aufgrund der unterschiedlichen Ausdehnungskoeffizienten beim Abkühlen von Härtungs- auf Umgebungstemperatur kommt es zu einer für das Wickeln typischen Entstehung von Eigenspannungen. Durch die geschlossene Struktur von zylindrischen Körpern können hier die aus dem beim Aushärten auftretenden Schrumpf des Harzes entstehenden Spannungen durch die Stützwirkung des Kernes bzw. in entformten und ausgehärteten Zustand der Fasern nicht in Verformungen überführt werden und bleiben in tangentialer Richtung im Bauteil erhalten. Sie können je nach Ausprägung das Bauteilverhalten günstig oder negativ beeinflussen. Unter ungünstigen Umständen ist der Betrag dieser Eigenspannungen hoch genug, um das Bauteil durch Delamination zu zerstören. Methoden zur Vermeidung bzw. günstigen Beeinflussung dieser Eigenspannungen sind in [4] beschrieben.

Tabelle 10.2 Vergleich von Rovings und Prepregs hinsichtlich der Verarbeitung in der Wickeltechnik

	Roving	Prepreg
Lagerung	langfristig	Ca. 4 Wochen, gekühlt (-18 °C) ca. 1 Jahr
Wickelanlage	min. 2 Achsen	min. 3 Achsen
	Harzbad	ggf. temperierte Lagerung der Spulen
Ablegeeinheit	Fadenauge	Führung zum Ablegen des Tapes parallel zur Kernoberfläche
Halbzeuggeometrie	je nach Roving und Fadenkraft	Breite und Dicke nach Bedarf
Faser-Volumengehalt	40 – 70 %	30 – 70 %
Materialkombinationen	alle möglich	herstellerabhängig (Mindestchargen)
Aushärten	unter ständiger Rotation	ohne Rotation

10.1.3.2 Thermoplastwickeln

Analog dem allgemein zunehmenden Einsatz langfaserverstärkter Thermoplaste haben sich auch entsprechende Faser-Matrix- Kombinationen in der Wickeltechnik eingeführt. Ursächlich hierfür sind vor allem Vorteile hinsichtlich kürzerer Verarbeitungszeiten, verbesserter mechanischer Eigenschaften sowie der Umweltverträglichkeit. Als Nachteile sind allerdings auch die hohe Matrixviskosität, vergleichsweise höhere Verarbeitungstemperaturen und eine aufwendigere Prozessführung in Kauf zu nehmen. Ausgeglichen oder sogar überkompensiert werden können diese Einschränkungen durch die Verkürzung der Prozesskette wegen des Entfalls der aufwendigen Aushärtung in separaten Öfen und die Möglichkeit einer Online-Prozessregelung, die im Wesentlichen auf mechanischen und thermodynamischen Prozessgrößen basiert.

Hierfür ist statt des in der Duroplast-Wickeltechnik üblichen Tränkbades eine Peripherie-Anlagentechnik erforderlich, die neben einer Bandbremse für höhere Kräfte eine entsprechende Aufheizstation beinhaltet, mit der die vorimprägnierten Rovings – im Folgenden als Tapes bezeichnet - am Ablagepunkt auf dem Kern aufgeschmolzen sowie gleichzeitig die bereits abgelegte, untere Lage ebenfalls auf eine entsprechende Temperatur gebracht wird. Die Wickelgeschwindigkeit kann ferner durch Vorheizen der Bänder wesentlich erhöht werden, so dass aus diesem Grund in der Regel eine solche Vorheizstrecke ebenfalls als Anlagenkomponente vorgesehen wird.

Grundsätzlich besteht auch die Möglichkeit, Fasern und Schmelze unmittelbar am Konsolidierungspunkt zusammenzubringen, so dass dann von einer Direktimprägnierung gesprochen wird. Technologisch und wirtschaftlich bedeutet dies den Vorteil, auf die Halbzeugstufe des relativ teuren Tapes verzichten zu können. Allerdings ist für die Anlagentechnik ein zusätzlicher Extruder erforderlich, der den Schmelzefilm auf den Rovings ablegt. Insgesamt kann dadurch eine Kostenreduzierung des Prozesses erreicht werden, die jedoch auch abhängig ist von der Seriengröße und der Bauteilgeometrie [5].

Mit der Verfügbarkeit von Garnen aus Mischungen von Glas- und Polymerfasern, den sogenannten Comingled Yarns, bieten sich auch solche Halbzeuge an. Allerdings ist die Auswahl der Polymerfasern für diesen Zweck eingeschränkt. Bisher sind Mischgarne aus Glas/PP und neuerdings Glas/PET verfügbar. Zu beachten ist dabei ferner, dass die feinen Polymerfasern während der Erwärmung sehr empfindlich gegen Überhitzung sind und daher eine Heizung mit offener Flamme nicht infrage kommt.

Für den Vorgang der Verfestigung des thermoplastischen Halbzeugs am und hinter dem Konsolidierungspunkt wird häufig der Begriff der in-situ Konsolidierung verwendet. Das Halbzeug ist mit den bereits auf den Wickelkern abgelegten Rovinglagen so zu verschmelzen, dass ein fehlerfreies Gefüge, möglichst ohne Lufteinschlüsse, mit einer gleichmäßigen Einbettung der Fasern in der Matrix entsteht.

Die wichtigsten Prozessparameter im Rahmen der Verarbeitung faserverstärkter Thermoplast-Halbzeuge sind die Temperaturen innerhalb der Vorheizstrecke und am Wickelkern sowie auf Ober- und Unterseite des Tapes am Ablagepunkt, die über die Bandbremse erzeugte Konsolidierungskraft und die Wickelgeschwindigkeit.

Funktionsweise und Aufgaben der entsprechenden Anlagenelemente sind in Bild 10.9 prinzipiell dargestellt. Durch den Einsatz einer entsprechenden Regelungstechnik für die Wärmequellen und die meist gekühlte Andruckrolle kann in Verbindung mit der gewählten Wickelgeschwindigkeit eine geregelte Prozesskette aufgebaut werden, die zu gleichbleibender Qualität der Bauteile führt. Dies ist beim Duroplastwickeln wegen des vergleichsweise trägen Reaktionsverlaufs nicht in gleicher Weise erreichbar.

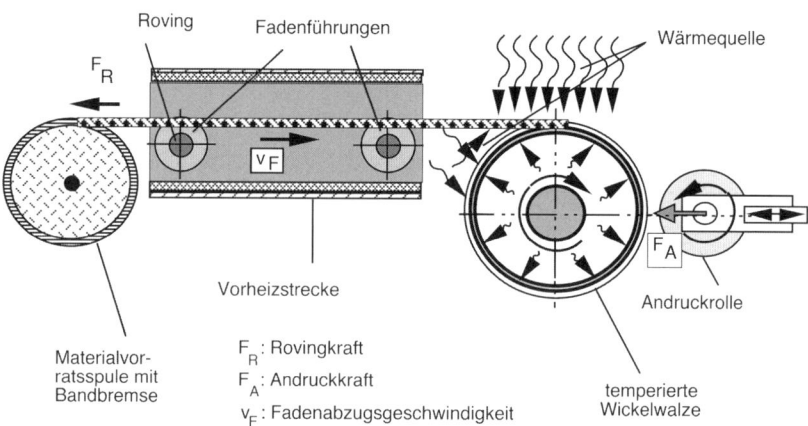

Bild 10.9 Prinzipskizze einer Wickelanlage zur Verarbeitung kontinuierlich faserverstärkter Thermoplaste

Thermoplastisch vorimprägnierte Bänder sind steifer als die trockenen Fasern, wie sie beim Wickeln mit duroplastischen Harzen verwendet werden. Daher müssen für die Führung entsprechende Freiheitsgrade vorgesehen werden, damit das Band gemäß der gewünschten Wickelgeometrien optimal abgelegt werden kann. Außerdem muss die Bandführung auf das jeweilige Heizsystem abgestimmt werden, um eine konstante Temperaturführung im Konsolidierungspunkt zu gewährleisten.

Prinzipiell existieren zwei Alternativen, um das Band aufzuschmelzen. Man unterscheidet die Kontakterwärmung, die jedoch bedingt durch schwierige Prozesshandhabung (z. B. Verkleben) kaum Anwendung findet, und berührungslose Aufheizungsmethoden (Heißluft, Strahlung) [6].

Grundsätzlich lässt sich das Thermoplastwickeln in drei Prozessschritte unterteilen:

▪ Führen (Bandbremse; Bandführungseinrichtungen),

▪ Heizen (Vorheizstrecke; Heizgeräte am Konsolidierungspunkt; Wickelkernheizung) und

▪ Konsolidieren (Andruckkraft; Bandzugkraft).

Von der Vorratsspule läuft das Halbzeug über die Bremseinrichtung und Umlenkrollen sowie Führungselemente und die Vorheizstrecke zu dem Ablagepunkt auf dem Wickelkern. Dort wirken eine oder mehrere Heizquellen auf das Halbzeug, die die thermoplastische Matrix aufschmelzen und die einzelnen Lagen miteinander verschweißen. Unterstützt wird die Konsolidierung durch Andruckrollen. Nach Abschluss bzw. bereits während des Wickelprozesses wird die Matrix dabei möglichst mit definierter Abkühlrate abgekühlt. Durch die eingestellte Abkühlrate kann die Kristallinität der Matrix im fertigen Bauteil maßgeblich beeinflusst werden.

Die am häufigsten eingesetzten Aufheizmethoden sind die Verfahren mit Laser, Infrarotstrahlern, Heißgas oder offener Flamme. Daneben existieren noch weitere Methoden, die jedoch in der Praxis von untergeordneter Bedeutung sind. Darunter fallen Ultraschall, Mikrowellen-, Induktions-, UV-Licht-, Teilchenstrahl- und Hochfrequenz-Heizverfahren [2], [5], [6], [7] und [8]. Tabelle 10.3 bietet einen qualitativen Vergleich der Aufheizsysteme für das Thermoplastwickeln.

Tabelle 10.3 Aufheizsysteme für faserverstärkte Thermoplast-Tapes

Aufheiz-system	Wärme-übertragung	Vorteile	Nachteile
CO_2-Laser [2]	Wärmestrahlung (Oberflächen-absorption)	- Hohe Wärmestromdichte - Sehr geringe Ansprechzeiten - Berührungslose Energie-einkopplung	- Zuführung über Spiegel-systeme - Oberflächenabsorption - Hohe Anschaffungs- und Betriebskosten - Hoher Steuerungsaufwand - Stark materialabhängige Absorption - Sehr großer Bauraum
Diodenlaser [8], [9]	Wärmestrahlung (Volumen-absorption)	- Sichtbaren Strahlfleck - Hohe Wärmestromdichte - Sehr geringe Ansprechzeiten - Berührungslose Energie-einkopplung und Volumen-absorption	- Hohe Anschaffungs- und Betriebskosten - Hoher Steuerungsaufwand - Stark materialabhängige Absorption - Sehr großer Bauraum
Nd:YAG-Laser [8], [10]	Wärmestrahlung (Volumen-absorption)	- Strahlführung über Lichtleit-fasern - Hohe Wärmestromdichten - Sehr geringe Ansprechzeiten - Berührungslose Energie-einkopplung und Volumen-absorption	- Hohe Anschaffungs- und Betriebskosten - Hoher Steuerungsaufwand - Stark materialabhängige Absorption - Großer Bauraum
H_2/O_2-Flamme [2], [5]	Wärmestrahlung (Oberflächen-absorption) und erzwungene Konvektion	- Geringe Anschaffungskosten - Geringer Bauraum - Hohe Erfahrungswerte - Materialunabhängiger Einsatz - Hohe Wärmestromdichte - Sehr robustes System	- Energieeinkopplung haupt-sächlich über Wärmeleitung - Oxidationswirkung wahr-scheinlicher - Schwierige Steuerung - Großflächige Erwärmung
Heißgas [11]	Erzwungene Konvektion	- Geringe Anschaffungskosten - Gute Handhabung - Hohe Erfahrungswerte	- Eingeschränkte Wärmestrom-dichte - Lange Ansprechzeiten - Energieeinkopplung über Wärmeleitung

Tabelle 10.3 Aufheizsysteme für faserverstärkte Thermoplast-Tapes *(Fortsetzung)*

Aufheiz-system	Wärme-übertragung	Vorteile	Nachteile
Infrarot [10], [11], [12]	Wärmestrahlung (Oberflächen-absorption) und ein geringer Teil freie Konvektion	▪ Geringe Anschaffungskosten ▪ Geringer Energieverbrauch ▪ Hohe Erfahrungswerte ▪ Berührungslose Energie-einkopplung	▪ Geringe Wärmestromdichten ▪ Materialabhängige Absorption ▪ Großer Bauraum
Mikrowellen-heizung [13]	Oberflächen-absorption	▪ Geringe Anschaffungskosten	▪ Stark inhomogene Energie-verteilung ▪ Oberflächenabsorption ▪ Minimale Wärmestrom-dichten ▪ Materialabhängige Absorption ▪ Schwierige Regelung
Ofen [2]	Freie Konvektion	▪ Homogene Aufheizung	▪ Umsetzbarkeit sehr fraglich, da gesamte Arbeitszelle ummantelt werden muss ▪ Lange Ansprechzeiten
Heizschuh [2]	Wärmeleitung	▪ Geringe Anschaffungskosten ▪ Viele Erfahrungswerte	▪ Gefahr der Material-schädigung ▪ Geringe Wärmestromdichte ▪ Lange Ansprechzeiten ▪ Einschränkung herstellbarer Geometrien
Ultraschall [14], [15]	Reibung durch mechanische Schwingung	▪ Geringe Anschaffungskosten ▪ Kurze Ansprechzeit	▪ Gefahr der Material-schädigung ▪ Geringe Wärmestromdichte ▪ Einschränkung herstellbarer Geometrien
Induktion [16]	Wirbelstrom- und/oder Hysterese-verluste	▪ Geringe Anschaffungskosten ▪ Kurze Ansprechzeit ▪ Berührungslose Energie-einkopplung ▪ Kleiner Bauraum	▪ Für unidirektionale Faser-verstärkungen praktisch nicht möglich ▪ Beschränkung auf Kohlen-stofffaserverstärkte FKV

Der Vorteil beim Einsatz der Lasertechnik liegt in den kurzen Ansprechzeiten (10 ms) und der möglichen exakten Regelung der eingebrachten Energie. Der Laserstrahl verfügt über eine hohe Energiedichte. Er sollte allerdings möglichst senkrecht auf das zu erwärmende Material treffen, da sonst Energieverluste durch Reflexion eintreten können.

Um ein Überhitzen des Bandes zu vermeiden, kann man als Steuerungsparameter der Laserleistung die Bandtemperatur am Konsolidierungspunkt oder die Wickelgeschwindigkeit nutzen. Diese bewegt sich im Bereich von 30 m/min bis 160 m/min.

Es werden CO_2- (Wellenlänge 10,6 μm) und Nd:YAG-Laser (Wellenlänge 1,06 μm) in der Wickeltechnik eingesetzt.

Bei Verwendung von Laserstrahlung ist die Erwärmung durch Absorption materialabhängig. Der Absorptionsgrad von Kunststoffen liegt bei ca. 90 %. Die Eindringtiefe der Strahlung hängt sehr stark von der Wellenlänge des eingesetzten Lasers und der Materialbeschaffenheit ab, wobei die Transmission der Laserstrahlung exponentiell mit der Materialdicke abnimmt. Mit der Weiterentwicklung der Diodenlaser zu Leistungen in den kW-Bereich bieten sich diese auch wegen der geringeren Baugröße und der Möglichkeit der Anpassung an das Absorptionsmaximums des Polymers besonders an. Allerdings sind auch hier die Anlagenkosten erheblich und z. Zt. noch wesentlich höher als bei den o. g. Gaslasern.

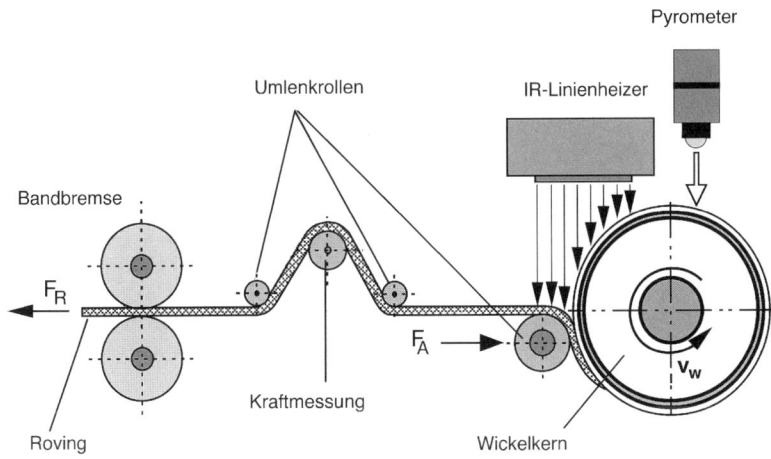

Bild 10.10 Prinzipskizze der Bauelemente einer Infrarot-Wickelanlage

Das Infrarot-Aufheizverfahren beschränkt sich zumeist auf die Verwendung von Linienstrahlern, seltener von Punktstrahlern. Bild 10.10 zeigt die wichtigsten Bauelemente einer Infrarotheizung und deren Anordnung. Im Bereich der Konsolidierungszone kann eine Andruckrolle eingesetzt werden, die die einzelnen Bandlagen konsolidiert.

Solche Heizgeräte sind in der Lage, ihre Energie konzentriert auf einen sehr schmalen Wirkungsbereich abzugeben, der als Fokuslinie bezeichnet wird. Mit Ansprechzeiten im Sekundenbereich reagieren die Geräte relativ träge. Der Gesamtwirkungsgrad eines Infrarot-Linienheizers erreicht ungefähr 80 %. Quarzlampen emittieren ihre Strahlung in einem Spektrum oberhalb elektromagnetischer Wellen bei einer Wellenlänge von 0,72 μm bis 1 μm. Kohlenstofffasern absorbieren Strahlungen in einem Bereich von 0,85 μm bis 1,1 μm und lassen sich dementsprechend gut erwärmen. Glasfasern reflektieren Infrarotstrahlung, so dass die Aufheizung stark eingeschränkt ist. Abhilfe kann durch Abstimmung der Wellenlänge auf das Matrix-material oder das Füllen des Polymermaterials, beispielsweise mit Ruß, geschaffen werden. Zurzeit werden maximale Wickelgeschwindigkeiten von 30 m/min mit dem beschriebenen Verfahren realisiert.

Eine verbreitete Verarbeitungsmethode in der Wickeltechnik ist das Heißgas-Verfahren unter Verwendung von Heißluft oder Inertgas, Bild 10.11. Inertgas (z. B. Stickstoff) wird eingesetzt, um eine unerwünschte Oxidation des Laminats im Verarbeitungsprozess zu verhindern. Heißgas-Wickelanlagen zeichnen sich durch ihre unempfindliche und kompakte Bauweise aus. Ferner sind die Anschaffungskosten für die Anlagenkomponenten gering.

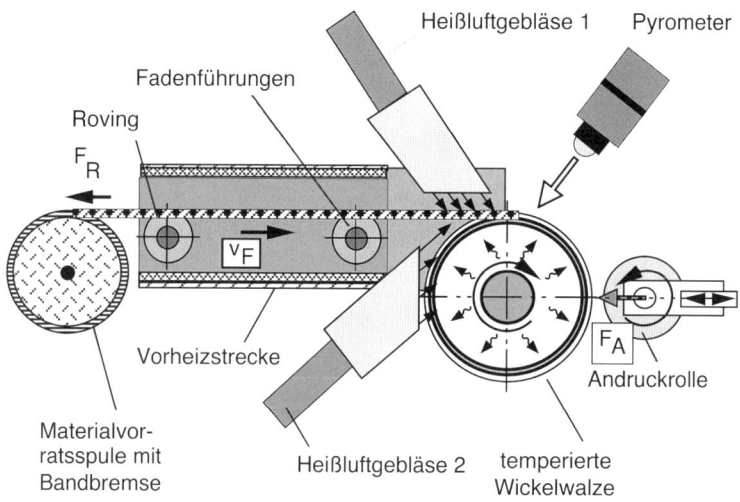

Bild 10.11 Prinzipskizze der Bauelemente einer Heißgas-Wickelanlage

Mit Hilfe von Heißgas-Wickelanlagen ist es möglich, variable Bandbreiten zu verarbeiten, wobei Wickelgeschwindigkeiten im Bereich von 6 m/min bis 18 m/min realisiert werden. Die Leistungsdichte beträgt ca. 200 W/cm² bis 300 W/cm², wobei allerdings von einem Gesamtwirkungsgrad von nur etwa 3 % bis 5 % auszugehen ist.

Beim Flamme-Verfahren wird das zu verarbeitende thermoplastische Halbzeug mit Hilfe einer offenen Flamme erhitzt. Es kommen dabei Propan/Luft-, Propan/Sauerstoff- sowie Wasserstoff/Sauerstoff-Gemische zum Einsatz. Der prinzipielle Aufbau einer nach dem Flamme-Verfahren arbeitenden Wickelanlage ähnelt stark der Heißgas-Wickelanlage. Der wesentliche Unterschied ergibt sich aus der verschiedenartigen Wärmequelle. Wickelgeschwindigkeiten von 60 m/min können derzeit bei der Verarbeitung vorimprägnierter Bänder erreicht werden.

Die Leistungsdichte beträgt ca. 300 bis 450 W/cm² bei einem Gesamtwirkungsgrad von etwa 4 % bis 6 %. Geringes Bauvolumen am Ablegekopf, geringes Gewicht, sowie die Regelbarkeit der Heizquelle haben diesem Verfahren zum industriellen Einsatz bei der Herstellung von Gasdruckbehältern verholfen.

Einen wesentlichen Beitrag zur Steigerung der Wickelgeschwindigkeit und Erhöhung der Produktivität leisten Vorheizsysteme, welche in der vorgestellten Anlagentechnik integriert werden können. Diese Vorheizsysteme stellen zusammen mit den Heizgeräten am Konsolidierungspunkt eine Funktionseinheit dar. Durch die Vorheizung muss dem einlaufenden Material für das Aufschmelzen am Konsolidierungspunkt nur noch vergleichsweise wenig Heizleistung zugeführt werden. Dadurch sind höhere Wickelgeschwindigkeiten möglich. Vorheizsysteme bestehen zumeist aus einer mit Heißluft durchströmten Kammer oder aus entsprechend angeordneten Infrarotheizzonen, die vom Band durchlaufen werden.

Die heutigen Bemühungen zur Weiterentwicklung des Thermoplast-Wickelverfahrens betreffen vor allem die Steigerung der Materialdurchsatzraten und die Fertigung von Vollkunststoffbehältern. Bild 10.12 zeigt einen Druckluftbehälter für LKW aus thermoplastischen Faserverbundwerkstoffen, der aufgrund des geringen Gewichts und der Korrosionsbeständigkeit eine Alternative zu den bisher eingesetzten Stahl- bzw. Aluminiumbehältern darstellt. Der zylindrische Teil dieses Behälters wird dabei im Thermoplastwickelverfahren hergestellt.

Bild 10.12
Druckluftbehälter aus thermoplastischen Faserverbundwerkstoffen für LKW [Bildquelle: Comat]

10.1.4 Weitere Entwicklung

Aufgrund der langjährigen Erfahrungen und der gut verstandenen Prinzipien der Wickeltechnik werden sich, wie schon eingangs bemerkt, vor allem die Anlagenkonzepte weiterentwickeln. Auf der Basis der hohen Produktivität und der Perspektive besonders mittels des Thermoplastwickelns zu geschlossenen, geregelten und damit qualitätsgesicherten Prozessketten zu kommen, liegen hier besondere Chancen. Ein Beispiel für die Entwicklung der Anlagentechnik bietet die in Bild 10.13 dargestellte Portalanlage mit doppelter Zweispindelanordnung, mit der im Wechsel gewickelt und bestückt werden kann.

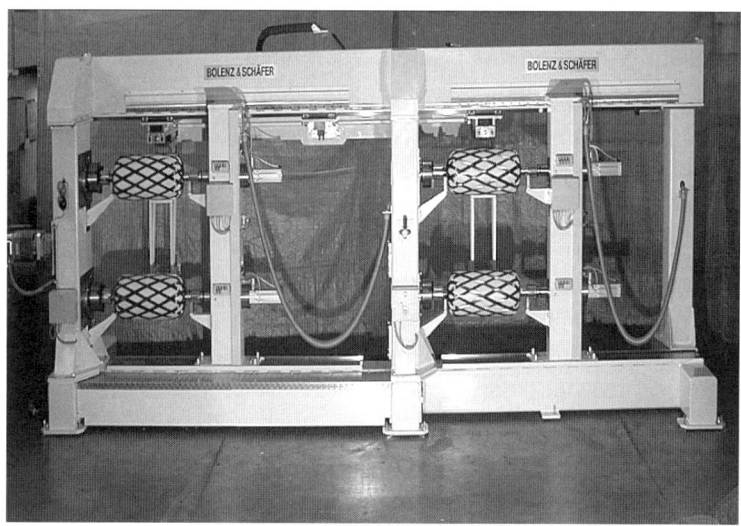

Bild 10.13 Portalwickelanlage mit doppelter Zweispindelanordnung
[Bildquelle: Bolenz & Schäfer]

■ 10.2 Tapelegetechnik

10.2.1 Einleitung

Mit dem Begriff Tapelegen wird das automatisierte richtungs- und positionsvariable Ablegen von unidirektional faserverstärkten Kunststoff-Tapes auf ebenen oder gekrümmten, flächigen Strukturen bezeichnet. Tapelegen ermöglicht die Herstellung sehr großer, funktions- und beanspruchungsgerechter Bauteile mit definierten Laminatdicken.

Das Tapelegeverfahren entstand um 1960 aus dem Bedürfnis, automatisiert große Flugzeugrumpfstrukturen herzustellen. Ziel war es, einen geringen Treibstoffverbrauch bei gleichzeitig großer Lastaufnahme mit Hilfe eines extrem steifen Leichtbaus zur realisieren. Zudem sollte die Konstruktion einen geringen Wartungs- und Instandhaltungsaufwand durch Korrosionsbeständigkeit aufweisen. Idealer Werkstoff zur Erreichung der Ziele sind unidirektional verstärkte Faser-Kunststoff-Verbunde.

Mit Hilfe des Handablegens von unidirektional verstärkten Prepregs konnte das Material beanspruchungsgerechter und sparender eingesetzt werden, Bild 10.14. Von Nachteil waren hierbei die höhere Ungenauigkeit beim Ablegen und die schlechte Herstellbarkeit von großflächigen Bauteilen. Später waren sogenannte Flintstone-Maschinen [17] (handgeführte Ablegegeräte) zum teilautomatisierten Ablegen auf ebenen Oberflächen verfügbar, Bild 10.14, die das Handablegen maschinell unterstützten. In einem weiteren Entwicklungsschritt wurden NC-Tapelegemaschinen eingesetzt, die bereits vollautomatisiert ebene Laminate herstellen konnten.

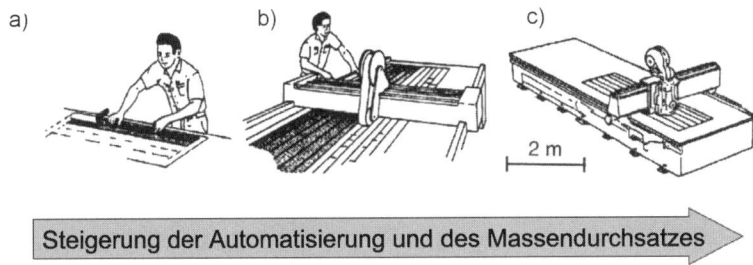

Bild 10.14 Erste Entwicklungsstufen des Tapelegens [1]
a: Handlaminieren, b: maschinengestütztes Handlaminieren, c: NC-Tapelegen

Als Synthese aus den bereits existierenden Verfahren wurde die Funktionalität der Anlagentechnik des NC-Tapelegens und das Ablegen von vorimprägnierten Rovings der Wickeltechnik vereint. Basierend auf den ersten Konzepten wurden zunächst Tapelegeanlagen entwickelt, die duroplastische Halbzeuge verarbeiten konnten. Seit 1965 wird das Tapelegen für duroplastische Werkstoffe im industriellen Maßstab eingesetzt [18]. 1978 wurde die erste kommerzielle Duroplast-Tapelegeanlage von Ingersoll Milling an General Dynamics ausgeliefert [11].

Anfangs wurden Anlagen entwickelt, die ähnlich dem Handablegen ein einzelnes breites Band auf ebenen oder leichtgekrümmten Oberflächen ablegen (Kontur-Tapelegen). In einem nächsten Entwicklungsschritt wurde ein Verfahren entwickelt, das zur Erhöhung der herstellbaren Formkomplexität mehrere schmale Tapes gleichzeitig ablegte (Multi-Tapelegen). Erst nach 1980 wurden schließlich auch erste Anlagen zur Verarbeitung von Thermoplast-Tapes aufgebaut. Die Thermoplast-Tapelegetechnik hat bislang aber noch keinen industriellen Durchbruch gefunden. Die Ursache liegt in der Herausforderung einer in-situ Konsolidierung, d. h., eine abschließende Einstellung des final benötigten Materialzustandes direkt beim Ablegen, ohne die die Thermoplast-Tapelegetechnik unter Wirtschaftlichkeitsaspekten gegenüber der Duroplast-Tapelegetechnik praktisch nicht wettbewerbsfähig ist. Wird diese nicht gefordert, dies kann beispielsweise bei der Herstellung hybrider Strukturen oder lokaler Verstärkungen der Fall sein, so ist der Einsatz der Thermoplast-Tapelegetechnik bereits möglich.

10.2.2 Duroplast-Tapelegen

Zur Positionierung und Orientierung des Tapelegekopfes (TLK) auf großflächigen Strukturen dient in der Regel ein Mehrachsportalsystem. Auf diesem sind sowohl die Tape-Spule als auch der TLK montiert. Die wesentlichen Komponenten des TLK sind das Andrücksystem, der Schneidemechanismus und die Tape-Vorschubeinheit, Bild 10.15.

Als Halbzeuge dienen beim Duroplast-Tapelegen vorimprägnierte Fasern, die entweder als Roving oder Tape eingesetzt werden. Das Tape wird zunächst mit Hilfe der Vorschubeinheit von der Halbzeugspule abgezogen, bis zur Andrückvorrichtung transportiert und der TLK auf eine meist drehbar gelagerte Werkzeugplattform aufgesetzt, Bild 10.15. Die Tapes werden bis kurz vor dem Ablegepunkt gekühlt, um ein vorzeitiges Aushärten zu vermeiden. Die Halbzeugspulen befinden sich daher meist in einem temperierten Spulenschrank.

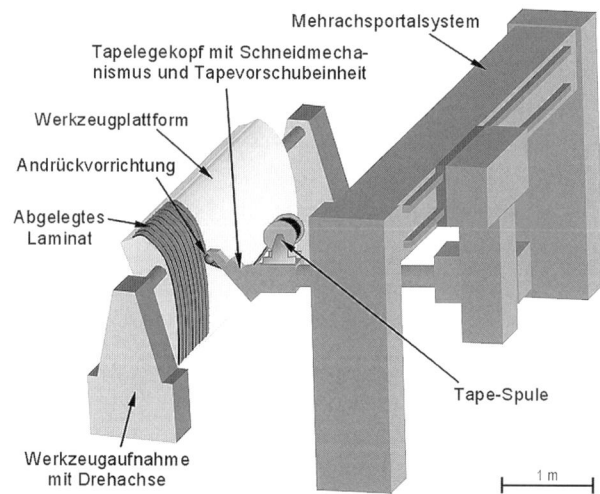

Bild 10.15 Der Tapelegeprozess

Das Tape wird während des Legeprozesses mit Hilfe der Roboterbewegung und der Andrückvorrichtung auf der Werkzeugoberfläche abgelegt. Die zuvor gekühlten Duroplast-Tapes werden zur Erhöhung der Klebrigkeit mit Hilfe einer Aufheizvorrichtung (meist Heißgasdüse) leicht erwärmt. Da die Konsolidierung erst in einem dem Ablegeprozess nachfolgenden Autoklavprozess erfolgt, werden die Tapes lediglich mit einer Rolle kompaktiert, Bild 10.16.

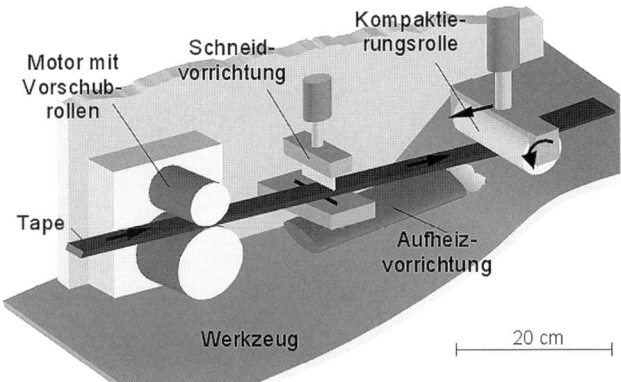

Bild 10.16 Aufsetzen des Kopfes auf dem Werkzeug und Ablegen des Tapes

Am Ende einer Bahn wird das Tape durch die Schneideinheit durchtrennt, Bild 10.17, und der TLK nach der Fertigstellung der Ablage von der Werkzeugplattform abgesetzt. Im Anschluss daran wird zum Ablegen einer neuen Bahn wieder das Tape bis zur Kompaktierungsrolle vortransportiert.

Auf diese Weise wird ein Bauteil sukzessive aus vielen einzelnen Tapes aufgebaut. Das Tapelegeverfahren ist lediglich in der minimalen Bauteilgröße und der Bauteilformkomplexität begrenzt. Die minimale Bauteilgröße ergibt sich aus der minimalen Schnittlänge eines Tapes, welche sich wiederum aus dem Abstand von Konsolidierungsvorrichtung und Schneide im TLK ergibt. Aufgrund der konstruktiven Eigenart eines TLK sind nur gering- bis mittel-komplexe Bauteilstrukturen für das Verarbeitungsverfahren möglich. Es lassen sich, in Abhängigkeit von der Verfügbarkeit, quasi alle am Markt erhältlichen Materialkombination verarbeiten.

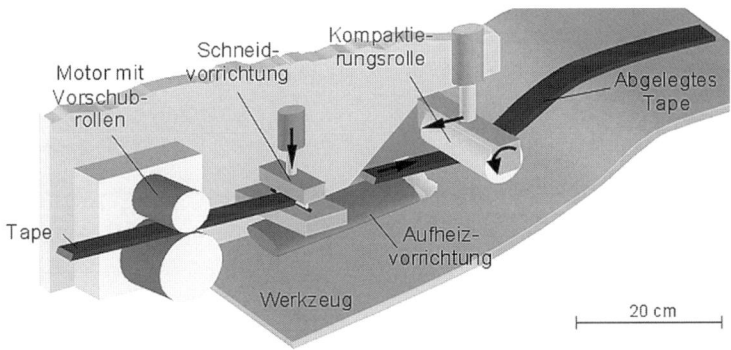

Bild 10.17 Schneiden des Tapes und Ablegen des restlichen Tapes

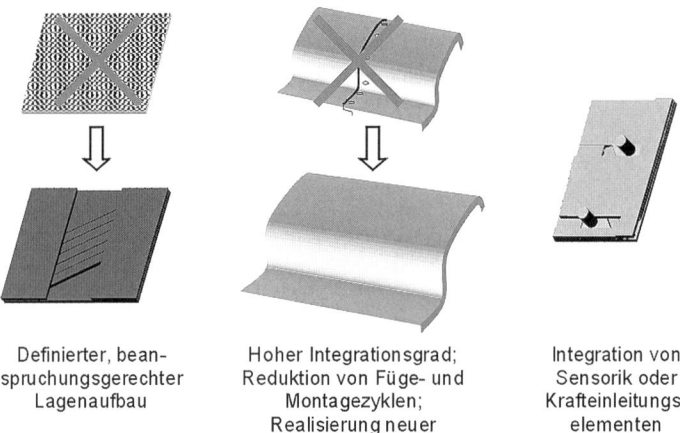

Definierter, bean-
spruchungsgerechter
Lagenaufbau

Hoher Integrationsgrad;
Reduktion von Füge- und
Montagezyklen;
Realisierung neuer
Einzelteildimensionen

Integration von
Sensorik oder
Krafteinleitungs-
elementen

Bild 10.18 Vorteile des automatisierten Tapelegeverfahrens

Das Tapelegeverfahren besitzt aufgrund seiner Funktionalität entscheidende Vorteile gegenüber herkömmlichen Metall- und FKV-verarbeitenden Verfahren. Mit diesem Verfahren können durch das positions- und richtungsvariable Ablegen von faserverstärkten Tapes sehr flexibel definierte und beanspruchungsgerechte Laminate hergestellt werden. Des Weiteren besitzt dieses Verfahren einen hohen Integrationsgrad, da Füge- und Montagezyklen reduziert, sowie ganz neue Einzelteildimensionen zur Fertigung sehr großer Bauteile erzeugt werden können. Prinzipiell ist außerdem die Integration von Sensorik oder Krafteinleitungs- bzw. Anbindungselementen möglich, Bild 10.18. Tabelle 10.4 zeigt die Vor- und Nachteile des Tapelegens.

Tabelle 10.4 Vor- und Nachteile des Tapelegens

Vorteile	Nachteile
▪ Hoher Automations- und Integrationsgrad	▪ Aufwendige Generierung der Ablegepfade
▪ Alle Faser- und Matrixarten verarbeitbar	▪ Schwierige Vorhersehbarkeit/Abschätzung von Prozesszeiten und -kosten
▪ Integrationsmöglichkeit von Inlets/Sensorik	▪ Nur begrenzte Bauteilformkomplexität
▪ Herstellbare Bauteilgröße ab einer Untergrenze nach oben sehr variabel	▪ Eingeschränkte Erfüllbarkeit von Toleranzanforderungen an Bauteilaußenseite
▪ Größe des Tapelegekopfs nicht proportional von herstellbarer Bauteilgröße abhängig	▪ Vergleichsweise hohe Zykluszeiten
▪ Herstellbare Bauteildicke sehr variabel	▪ In Abhängigkeit der Anlagenkonfiguration hohe Anlagenkosten
▪ Sehr gute Erfüllbarkeit der Toleranzanforderungen um Bauteilkern/Bauteilinnenseite	▪ Zum Teil hohe Materialkosten
▪ Sehr gute Positioniergenauigkeit von Fasern	▪ Sensibler Prozess mit hohem Wartungsaufwand bzw. Fehlerwahrscheinlichkeit beim Duroplast-Tapelegen
▪ Sehr gute Beeinflussbarkeit der Faserorientierung während des Ablegens	▪ Zum Teil bisher ungelöste Probleme beim Thermoplast-Tapelegen
▪ Geringer Verschnitt	

10.2.2.1 Duroplast-Kontur-Tapelegen

Das Duroplast-Kontur-Tapelegen (im Englischen „Contour Tape Laying", „Automated Tape Lay-up" oder „Tape Laying" genannt) bezeichnet das Ablegen eines sehr breiten Bandes. Gängige Halbzeugbreiten liegen etwa zwischen 2,5 cm bis 30 cm (1 inch bis 12 inch) [19]. Bei dem Halbzeug handelt es sich um ein Band aus vorimprägnierten, unidirektionalen Fasern – in der Regel Kohlenstofffasern mit Epoxidharz. Auf der Ober- und Unterseite sind die Tapes, ähnlich einem doppelseitigen Klebeband, mit einer Schutzfolie (Bild 10.19) versehen und werden auf einer Spule in Längen von 305 bis 457 m geliefert. Hersteller von Kontur-Tapelegeanlagen sind beispielsweise Cincinnati Machine und Ingersoll Milling, MAG und Goldworthy, alle USA.

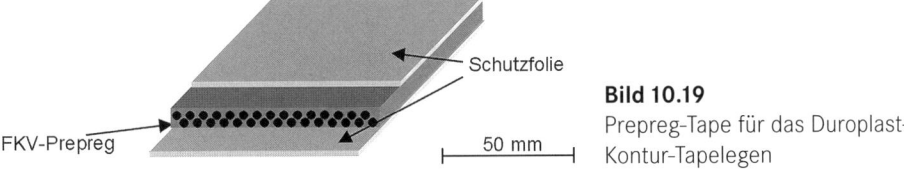

Bild 10.19
Prepreg-Tape für das Duroplast-Kontur-Tapelegen

Vor dem Ablegen wird die Schutzfolie auf der Unterseite des Tapes abgezogen. Die obere wird weiter als Transportmedium benutzt und erst hinter dem Ablegepunkt auf einer Spule aufgewickelt. Dadurch können kürzere minimale Ablegelängen realisiert werden, als durch den konstruktiv bedingten Abstand zwischen Schneide und Kompaktierungsrolle vorgegeben wird. Obwohl die freiliegende Unterseite des Tapes am Ablegepunkt mit Heißgas zur Erhöhung der Klebrigkeit erhitzt wird, haftet das Tape manchmal stärker an der oberen Schutzfolie als auf der Werkzeugoberfläche bzw. dem Laminat. Infolgedessen können sich besonders am Bahnanfang (Ansetzen) und am Bahnende (Absetzen) die in Bild 10.20 dargestellte Legefehler ergeben.

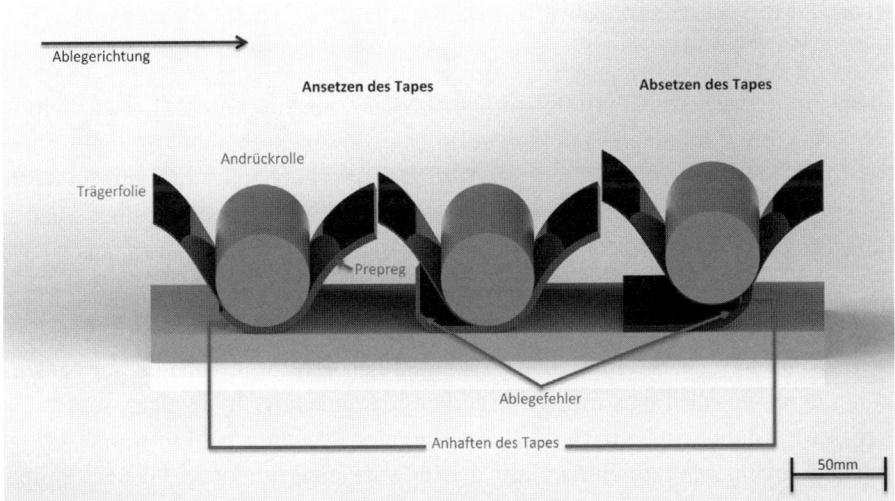

Bild 10.20 Legefehler durch Anhaften des Tapes an der oberen Schutzfolie [Bild nach [20]]

Des Weiteren unterscheidet man beim Kontur-Tapelegen zwischen ein- und zwei-stufigem Legekopf. Der einstufige („single-stage") Legekopf beinhaltet alle Funktionen zum Konfektionieren und Ablegen des Tapes. Beim zweistufigen Kopf ist die Konfektionierung, das Schneiden des Tapes, aus dem Legekopf ausgelagert [11], [18]. Dadurch ergeben sich folgende Vorteile für den Legeprozess [8]:

- geringere Baugröße des Kopfes,
- höhere Legegeschwindigkeit,
- nahezu beliebig konturierte Tapes ablegbar,
- Möglichkeit für Längsschnitte,
- Entfernung der Verschnittreste vor dem Ablegen.

Dazu wird das Tape in einer separaten Anlage, Bild 10. 21, umgespult und während des Umspulens geschnitten. Dies ist nur durch die doppelseitige Schutzfolie möglich, da sie ein Verrutschen oder Vertauschen der konfektionierten Bandstücke verhindert und die Handhabung erst möglich macht.

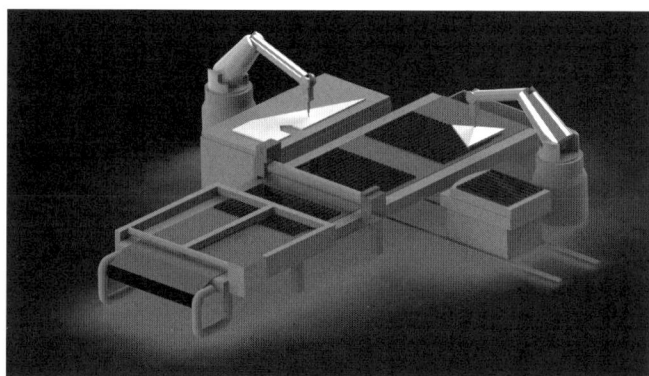

Bild 10.21 Konzept eines automatisierten Lagenerzeugungssystems mit integrierter Einfach-Bandlegemaschine (Bild nach [21])

In der Literatur wird auch ein dreistufiger Prozess beschrieben [21]. Hier dient der Duroplast-Kontur-Tapeleger lediglich zum Ablegen eines ebenen Laminats. Dieses wird erst im nächsten Schritt auf der Werkzeugoberfläche geschnitten. Im dritten Schritt wird das konfektionierte Laminat mit Hilfe einer Robotereinheit über ein konturiertes Werkzeug drapiert, bevor es mit Hilfe des Autoklaven ausgehärtet wird.

In der Regel wird jedoch der einstufige Prozess mit Tapebreiten von 7,5 cm oder 15 cm eingesetzt. Abgesehen vom großvolumigen Bauraum solcher Verlegeköpfe können derart breite Tapes quasi nur gerade bzw. geodätisch abgelegt werden. Der Prozess wird daher nur zur Herstellung von sehr großen Strukturen mit geringer Formkomplexität oder zur Herstellung großer, vorkonfektionierter, ebener Laminate eingesetzt. Als Anlagentechnik sind große Portalachsanlagen notwendig, an denen der Verlegekopf hängend montiert ist. Das Werkzeug ist meist schalenartig und fest-stehend auf dem Boden platziert.

10.2.2.2 Duroplast-Multi-Tapelegen

Aus dem Bedürfnis, komplexere Bauteilformen herzustellen, als es mit dem Kontur-Tapelegen möglich ist, wurde das Multi-Tapelegeverfahren entwickelt (im Englischen „Tow Placement" oder „Fiber Placement"). Als Halbzeug kommen 12 bis 32 einzelne vorimprägnierte, unidirektionale Faserbündel zum Einsatz, die entweder schon in Tapeform vorliegen oder erst während des Zuführprozesses zum Ablege-kopf kalandriert werden. Diese Tapes, sog. „Tows", haben in der Regel eine Breite von 3,175 mm und eine Dicke von 0,140 mm. Sie werden auf Spulen mit einer Länge von bis zu 12 191 m geliefert. Die gängige Spulenlänge beträgt jedoch etwa 3350 m. Die Verwendung vieler schmaler Tapes hat den Vorteil im Vergleich zum Kontur-Tapelegen, dass theoretisch die Ablegerate aufgrund gleicher Ablegebreite gleich bleibt, aber wesentlich komplexere Bahnverläufe aufgrund der besseren Drapierbar-keit schmaler Tapes möglich sind. Die Tapes müssen wie beim Kontur-Tapelegen fortwährend bis zum eigentlichen Ablegen gekühlt werden. Sie werden daher in einem Kühlschrank auf der Tapelegeanlage gelagert. Heutzutage gibt es viele Se-rienanwendungen, besonders in der Luftfahrt, wie zum Beispiel Teile des Rumpfes oder des Flügels beim Airbus A380, A350 XWB oder bei der Boeing 787.

Wie in Bild 10.22 dargestellt, handelt es sich anlagentechnisch um größere Roboter-einheiten mit externer Rotationsachse. Auf der Rotationsachse befindet sich die Werkzeugplattform. Die Robotereinheit besitzt neben mehreren Orientierungsach-sen auch eine bis über 20 m lange Verfahrachse, so dass auch sehr große Bauteile hergestellt werden können [22]. Hersteller von Multi-Tapelegeanlagen sind beispiels-weise Automated Dynamics, Ingersoll Milling, MAG, Mtorres und Coriolis Compo-sites.

Bild 10.22 Multi-Tapelegeanlage

Der Tapelegekopf ist so konzipiert, dass jedes der Tapes einzeln transportiert und geschnitten werden kann. Dies macht nicht nur die Konstruktion des Tapelegekopfes viel aufwendiger, sondern auch dessen Steuerung. Dies beginnt bereits mit der Generierung der Legepfade. Im Allgemeinen beginnt dieser Prozess mit der Definition der Bauteiloberfläche. Anschließend übersetzt ein Pfadgenerator die Geometriedaten in mögliche Legepfade. Der Pfadprozessor simuliert die Legebahnen so lange, bis das Maschinenprogramm festgelegt ist [23]. Der Prozess der Pfadgenerierung ist von äußerster Wichtigkeit für das Arbeitsergebnis und sehr aufwendig, da 12 bis 32 Tapes gesteuert werden müssen. Anbieter von Pfadgenerierungssoftware sind CG Tech und SWMS.

Die schmalen Tapes werden entgegen dem Kontur-Tapelegen ohne doppelseitige Schutzfolie dem Verlegekopf zugeführt und besitzen eine geringere Eigenklebrigkeit („Tack"). Diese muss wie beim Duroplast-Tapelegen durch Erwärmung mit Hilfe einer Heißgasdüse oder mittels IR-Strahler erhöht werden. Jedoch reicht dies nicht für eine ausreichende Anhaftung der ersten Lage. Zur Lösung des Erstlagenproblems bedient man sich zweier Alternativen. Entweder wird ein klebriger Film in Form einer Folie auf die Werkzeugoberfläche drapiert oder aber ein „Tackifier" aufgebracht. Zur Erzeugung eines Tackifiers werden z. B. 200 g des Tape-Materials in 400 g Lösungsmittel eingelegt, um das Harz zu lösen. Das gelöste Harz wird nun mit einem Tuch auf der Werkzeugoberfläche aufgebracht und dient somit als erste klebende Schicht. Dieser Prozess muss wenigstens 15 min vor dem eigentlichen Legeprozess abgeschlossen sein, damit ausreichend Zeit zur Verflüchtigung des Lösungsmittels verbleibt [24].

Zur Kompaktierung der Tapes auf dem Laminat wird eine gummibeschichtete Rolle verwendet. Wie zuvor beim Kontur-Tapelegen die Segmentierung ermöglicht auch hier die Gummibeschichtung ein geometrie-adaptives Ablegen der Tapes. Die anpassungsfähigere Lösung der Segmentierung kann für diesen Prozess nicht umgesetzt werden, da es aufgrund der zahlreichen einzelnen Tapes ohne gemeinsame Schutzfolie sonst zu einem Verklemmen oder Verhaken der Tapes zwischen den Rollensegmenten kommt.

10.2.3 Thermoplast-Tapelegen

Unabhängig von der Tapebreite und der Anwendung werden bei der Thermoplast-Verarbeitung immer unidirektional endlosfaserverstärkte, vollständig imprägnierte und konsolidierte Tapes verwendet. Im Vergleich zu früher diskutierten Alternativen [2] erfolgt die Herstellung der Tapes fast ausschließlich durch Pulver- oder Schmelzimprägnierung. Die Tapes werden wie bei den duroplastischen Halbzeugen auf Spulen geliefert und haben eine Dicke von 0,12 bis 1 mm bzw. eine Breite von 5 bis 300 mm. In der Regel besitzen die Tapes zwischen 30 und 70 Faservolumenprozent. Die Thermoplast-Tapes werden on-line konsolidiert, indem sie mit Hilfe einer Aufheizvorrichtung (z. B. Flamme oder Laser) über Schmelztemperatur aufgeheizt und unter Applizierung des Konsolidierungsdrucks auf der Werkzeugoberfläche oder dem bereits abgelegten Laminat platziert werden. Dies ermöglicht im Vergleich zu Duroplast-Tapes weniger materialspezifische Probleme und stellt eine Autoklav-freie Fertigung in Aussicht.

Thermoplast-Tapelegeeinheiten werden beispielsweise angeboten von Automated Dynamics, Coriolis Composites und AFPT. Bild 10.23 zeigt exemplarisch die Laboranlage des IVW zum Thermoplast-Tapelegen. Der Tapelegekopf ist an einem 6-Achs-Knickarmroboter montiert. Seine Funktionseinheiten sind linear angeordnet, so dass nur eine geringe Umlenkung des Tapes erforderlich wird. Die Halbzeugspule ist im Rahmen der Laborversuche direkt am Tapelegekopf angebracht und sichert somit eine verdrehfreie Tapezuführung. Zur Erhöhung der Funktionalität wurde eine drehbare Schneidvorrichtung integriert, die eine freie Wahl der Tapekante am Bahnanfang und -ende ermöglicht. Die Schnittwinkel sind in Abhängigkeit von der Tapebreite zwischen +/− 45° frei variierbar. Der Schneidprozess erfolgt dabei völlig störungsfrei, da die Ausbildung einer Tapeschlaufe einen Puffer erzeugt und ein kurzzeitiges Abstoppen des Tapes beim Schneiden verhindert. Zur Ausbildung des Tapepuffers wird kurz vor dem Schneidvorgang durch den Vorschubmotor mehr Tape gefördert, als für die Ablegegeschwindigkeit benötigt wird. Das überschüssige Tape bildet dann zwischen der oberen und unteren Hälfte des TLK eine Schlaufe aus.

Bild 10.23
Tapelegekopf Evo I an einem 6-Achs-Industrieroboter
[Bildquelle: IVW GmbH]

Die Aufheizvorrichtung ist sowohl translatorisch als auch rotatorisch verstellbar, um eine Reproduzierbarkeit von Orientierung und Abstand der Brennerdüse zum Konsolidierungspunkt zu ermöglichen. Die Verstellmöglichkeit wurde gut zugänglich angebracht. Der ursprüngliche Bauraum des Wasserstoff-/Sauerstoffbrenners konnte durch Verwendung eines biegbaren Brennerrohres stark verkleinert werden. Dadurch ist der Brenner nahezu beliebig einstellbar. Die Zündung der Flamme erfolgt elektrisch mittels Zündfunken [2].

Die Tabelle 10.5 zeigt zusammenfassend die Unterschiede zwischen dem Duroplast-, Binder und Thermoplast-Tapelegen.

Tabelle 10.5 Unterschiede zwischen dem Duroplast-, Binder- und Thermoplast-Tapelegen

Merkmal	Duroplast-Tapelegen	Binder-Tapelegen	Thermoplast-Tapelegen
Anlagen-technik	▪ Geometrieadaptive Rolle durch Gummibeschichtung oder Segmentierung	▪ Integrierte Aufheizvorrichtung ▪ Geometrie-adaptive Rolle durch Gummibeschichtung oder Segmentierung	▪ Integrierte Aufheizvorrichtung ▪ Geometrie-adaptive Rolle durch segmentierten Andrückschuh
Halbzeuge	▪ Faserbündel/Tow/Tape mit Schutzfolie ▪ Temperierung der Halbzeuge in Lager, Spulenschrank und Kopf	▪ In der Regel kommen Rovings zum Einsatz, die mit einem thermoplastischen Binder ausgerüstet sind	▪ In der Regel Tape
Aufbringen der ersten Lage	▪ Aufbringen eines Tackifiers	▪ Aufbringen eines Tackifiers	▪ Bisher Unterdruck, Verklemmen, beheizen des Werkzeuges (nicht großserientauglich gelöst)
Ablegen und Konsolidierung	▪ Leichtes Erwärmen zur Erhöhung der Eigenklebrigkeit ▪ Andrücken/Kompaktierung ▪ Konsolidierung im Autoklav	▪ Erwärmen zur Aktivierung der Eigenklebrigkeit ▪ Andrücken/Kompaktierung ▪ Bei geschickter Wahl des Binders wird sich dieser später beim Flüssigimprägnierverfahren im aushärtenden Harzsystem lösen	▪ Aufschmelzen des Tapes ▪ On-line Konsolidierung mit dem Laminat durch Applizierung des Konsolidierungs-drucks

10.2.4 Abgrenzung der Legeverfahren

Trotz des fließenden Übergangs zwischen den Verfahren ist es notwendig, zwischen „Wickeltechnik" und „Tapelegen" zu differenzieren. Beim Tapelegen ist zudem zwischen „Multi-Tapelegetechnik" und „Kontur-Tapelegetechnik" zu unterscheiden. Die Tabelle 10.6 liefert eine zusammenfassende Abgrenzung der Verfahren [25].

Tabelle 10.6 Abgrenzung der Wickeltechnik von der Tapelegetechnik [25]

Technologie	Wickeln	Tapelegen	
Prozess	Kontinuierlich	Diskontinuierlich	
Halbzeug	Rovings/Tapes/Hybridgarn	Tapes (Rovings/Hybridgarn)	Tape
Anzahl der Halbzeuge	1 bis 24	32 bis 2	1
Halbzeugbreite	Ca. 3 mm bis ca. 500 mm	3,175 mm bis 15 mm	15 mm bis 300 mm

Technologie	Wickeln	Tapelegen	
Verfahren	**Wickeltechnik**	**Multi-Tapelegetechnik**	**Kontur-Tapelegetechnik**
Bauteile	Rotationssymmetrische bzw. gekrümmte Körper mit konvex-geschlossener Oberfläche; keine lokalen Verstärkungen	Große, ebene oder gekrümmte Strukturen mit konvexer und konkaver Oberfläche; mit Stufungen der Bauteildicke bzw. lokalen Verstärkungen	Große, ebene offene Strukturen mit geringfügig konvexer und konkaver Oberfläche; mit Stufungen der Bauteildicke bzw. lokalen Verstärkungen
Konsolidierung/ Kompaktierung über	Fadenspannung (ggf. Andrückvorrichtung)	Andrückvorrichtung	Andrückvorrichtung
Ablegebahn	Geodätisch bzw. gering davon abweichend	Beliebig, nur von der Drapierbarkeit der Tapes begrenzt	Beliebig, nur von der Drapierbarkeit der Tapes begrenzt
Ablegebreite	Konstant, unvariabel	Variabel (entsprechend Anzahl der Tapes)	Konstant, invariabel
Faserorientierung	15° bis 88° ohne Hilfsmittel	Beliebig	Beliebig
Faserpositionierung	Lagenweise	Lokal, beliebig	Lokal, beliebig
Förderprinzip	Rotation des Wickelkerns	Abrollen, Vorschubantrieb	Abrollen, Vorschubantrieb
Erforderliche Bewegungsachsen	1–2 rotatorisch, 3 translatorisch	3 rotatorisch, 3 translatorisch	3 rotatorisch, 3 translatorisch
Verfügbarkeit	Anlagen für faserverstärkte Duro- und Thermoplaste	Anlagen für faserverstärkte Duro- und Thermoplaste	Nur Anlagen für faserverstärkte Duroplaste

Literatur

[1] *Neitzel, M.; Breuer, U.:* Die Verarbeitungstechnik der Faser-Kunststoff-Verbunde, Hanser, München, 1997

[2] *Funck, R.:* Entwicklung innovativer Fertigungsverfahren zur Verarbeitung kontinuierlich faserverstärkter Thermoplaste im Wickelverfahren, Fortschritt-Berichte VDI-Reihe 2 Nr. 393, VDI Verlag, Düsseldorf, 1996

[3] *Jao Jule, E.; Delmotte, M.:* Thermomechanical Couplings and Manufacture Conditions of Thermosetting Composite Materials with Heating by Dielectric Hysteresis, 10th European Conference on Composite Materials (ECCM-10), June 3–7, 2002, Brügge, Belgium

[4] *Schürmann, H.:* Zur Erhöhung der Belastbarkeit von Bauteilen aus Faser-Kunststoff-Verbunden durch gezielt eingebrachte Eigenspannungen, Diss., Universität-Gesamthochschule Kassel, VDI Verlag, Fortschritt-Berichte, VDI-Reihe Nr. 170, Düsseldorf, 1989

[5] *Christen, O.:* Entwicklung eines Thermoplast-Direktimprägnierverfahrens für die wickeltechnische Herstellung von Druckbehältern, Fortschritt-Berichte VDI Reihe 2 Nr. 529, VDI Verlag, Düsseldorf, 1999

[6] *Haupert, F.:* Thermoplast-Wickeltechnik: Einfluss der Verarbeitungstechnologie auf Struktur und Eigenschaften kontinuierlich faserverstärkter Verbundwerkstoffe, VDI Fortschritt-Berichte VDI Reihe 2 Nr. 435, VDI Verlag, Düsseldorf, 1997

[7] *Bäumer, T.:* Verarbeitungs- und Anlagentechnik für die Herstellung langfaserverstärkter Faserverbundbauteile im Wickel- und Legeverfahren, Shaker Verlag, Aachen, 1992

[8] *Vor dem Esche, R.:* Herstellung langfaserverstärkter Thermoplastbauteile unter Zuhilfenahme von Hochleistungslasern als Wärmequelle, Berichte aus der Produktionstechnik Band 18/2001, Shaker Verlag, Aachen, 2001

[9] *Knappe, R.:* Untersuchung von Diodenlasern mit hoher räumlicher und spektraler Leistungsdichte und deren Anwendung zur longitudinalen Anregung spezieller Festkörperlaser, Diss., RWTH Aachen, Shaker Verlag, Aachen, Berichte aus der Lasertechnik, 1997

[10] *Schmidt, R.:* Einsatz von Hochleistungslasern für die Fertigung von Faserverbundbauteilen mit thermoplastischer Matrix im Wickelverfahren, Diss., RWTH Aachen, VDI Fortschritt-Berichte, Reihe 2/Nr. 321, VDI-Verlag, Düsseldorf 1999

[11] *Steiner, K. V.:* Einsatz einer robotergesteuerten Anlage zum Bandablegen von thermoplastischen Verbundwerkstoffen, Diss., Universität Kaiserslautern, VDI Fortschritt-Berichte, Reihe 2/Nr. 369, VDI-Verlag, Düsseldorf, 1995

[12] *Mallick, V.:* Thermoplastic Composite Based Processing Technologies for High Performance Turbomachinery Components, Composites Part A (2001) 32, pp. 1167–1173

[13] *Nimtz, G.:* Mikrowellen: Einführung in Theorie und Anwendung, Bi.-Wissenschafts-Verlag, Mannheim, 1990

[14] *El Barbari, N.:* Ultraschallschweißen von Thermoplasten – Möglichkeiten der Einsatzoptimierung, Diss., RWTH Aachen, Fakultät für Maschinenwesen, Aachen, 1989

[15] *Ritter, J.:* Untersuchungen zur Energieumwandlung und zum Schwingungsverhalten des Systems Sonotrode, Fügeteile und Amboß beim Ultraschallschweißen ausgewählter Thermoplaste, Diss., Institut für Werkstoff- und Verarbeitungswissenschaften, TU München, 1986

[16] *Rudolf, R.:* Entwicklung einer neuartigen Prozess- und Anlagentechnik zum wirtschaftlichen Fügen von thermoplastischen Faser-Kunststoff-Verbunden, Diss., Universität Kaiserslautern, IVW Schriftenreihe, Band 10, 2000

[17] *Gutowski, T. G.:* Advanced Composites Manufacturing, John Wiley & Sons, New York, 1997

[18] *Zender, H.:* Einsatz von Industrierobotern zur Fertigung von Faserverbundbauteilen im Wickel- und Tapelegeverfahren, Diss., RWTH Aachen, Shaker Verlag, Aachen 1992

[19] *Kitson, L.; Johnson, B.:* Fiber Placement Technology Advancements at Boeing Helicopters, AHS annual conference, May 9 – 11 1995, p. 69 –79

[20] *Bäumer, T.:* Verarbeitungs- und Anlagentechnik für die Herstellung langfaserverstärkter Faserverbundbauteile im Wickel- und Legeverfahren, Diss., RWTH Aachen, Shaker Verlag, Aachen, 1992

[21] *Klenner, J.:* Bewertungs- und Auswahlalgorithmen kostenoptionaler Prepreg-Applikationsverfahren im Rahmen der Fertigung hochbelasteter, Flugzeugbauteile aus faserverstärktem Kunststoff, Diss., TU Braunschweig, 1989

[22] *Kisch, R.:* Automated fiber placement, in: Mamidala Ramulu (Supervisor): Seminars in Manufacturing Management, Lecture at the University of Washington, ME518 Seminar 2, 6th April 2000

[23] *Tsai, S. W.; Springer, G. S.; Enders, M. L.:* The Fiber-Placement Process, ICCM 8, Composites, Vol. 2, sections 12 – 21, p. 14B1 – 14B11

[24] *Evans, D. O.:* Fiber Placement, Cincinnati Milacron, 9.11.1995

[25] *Beresheim, G.:* Thermoplast-Tapelegen – ganzheitliche Prozessanalyse und -entwicklung, Diss., Universität Kaiserslautern, Institut für Verbundwerkstoffe GmbH, Schriftenreihe Band 32

11 Harzinjektionsverfahren

P. Mitschang, M. Arnold, F. Weyrauch, H. Stadtfeld,
C. Kissinger

■ 11.1 Einleitung

Die Harzinjektionsverfahren oder Liquide Composite Molding haben sich bereits seit Jahren aufgrund des geringen Investitionsaufwandes und einer nahezu unbegrenzten Prozessvariabilität zu einer weit verbreiteten Verfahrensgruppe zur Herstellung von faserverstärkten Kunststoffen entwickelt. Der Einsatz im Bereich der Luftfahrt ist nach wie vor aufgrund der extrem hohen Qualitätsansprüche schwierig und nur wenige Bauteilkomponenten werden mit Harzinjektionsverfahren gefertigt. In den letzten 5 Jahren hat es jedoch im Automobilsektor einen wahren CFK Hype gegeben. Das bevorzugte Verfahren ist das Resin Transfer Molding (RTM) und Variationen davon. Die Prozesszykluszeiten konnten durch diese Entwicklungen maßgeblich reduziert werden. Zudem werden endlosverstärkte Faserkunststoffverbundbauteile, die in Harzinjektionsverfahren gefertigt wurden, in vielen weiteren Produkten in der Energietechnik (bsp. Rotorblätter für Windkraftanlagen) und im Maschinenbau eingesetzt.

Das Potenzial der Harzinjektionsverfahren liegt in der Möglichkeit, für vielfältige Problemstellungen und Anforderungen maßgeschneiderte Lösungen bieten zu können. Mit der verarbeitungsgerechten Modifikation der verfügbaren Harzsysteme und der Entwicklung neuer, auch thermoplastischer Harze für die Flüssigimprägnierung, erweitert sich die Anwendungsmöglichkeit von Fertigung in kleinen bis mittleren Serien hin zu Großserien. Hierzu trägt auch die Flexibilität in der Auswahl geeigneter Verfahrensvarianten mit dem entsprechenden Werkzeug- und Injektionskonzept bei. Im Folgenden soll zunächst ein Überblick zum Stand der Technik und den Entwicklungstendenzen in den wichtigsten Anwendungsfeldern gegeben werden.

■ 11.2 Anwendungsfelder

Im Bereich Infrastruktur und Bauwesen ermöglicht der Einsatz von Verbundwerkstoffen vor allem auf Grund der Korrosions- und Witterungsbeständigkeit sowie des geringen Gewichts entscheidende Vorteile gegenüber klassischen Bauwerkstoffen.

Die Realisierung von großflächigen Elementen und vollständigen Brückendecks aus FKV, Bild 11.1 [1] bietet weiterer Vorteile wie:

- niedriges Gewicht ermöglicht Nutzung bestehender Fundamente,
- Vorfertigung von Komponenten, die durch das geringere spezifische Gewicht im Vergleich zu klassischen Bauwerkstoffen groß sein können,
- Vorfertigung reduziert Kosten und minimiert Montage- und Bauzeit vor Ort,
- Minimierung von Nutzungsausfall und Verkehrsbehinderung,
- kostengünstige Integration von Anbindungspunkten und Inserts und
- längere Lebensdauer und Korrosionsbeständigkeit minimiert Wartung und Reparatur.

Bild 11.1 GFK-Brücke der Firma Fibercore Europe

Die Flügel moderner Windkraftanlagen, Bild 11.2, bestehen heute ausnahmslos aus Faser-Kunststoff-Verbunden. Die technologische Weiterentwicklung vor allem dieser Flügel hat in der Zeit von 1981 bis 1995 zu Gewichtseinsparungen von über 60 % geführt. Waren erste Windkraftanlagen mit Rotoren von ca. 7 m Länge ausgestattet, die eine Leistung von etwa 55 kW erzeugen konnten, erreichen heutige Anlagen mit Flügeln von über 50 m Länge bis zu 3,6 MW [2]. Neuere Anlagen erreichen sogar Flügelabmessungen von bis zu 80 m.

Die Herstellung von Flügeln dieser Größe macht neue Fertigungsverfahren notwendig, mit denen sowohl die aufgrund der Marktentwicklung notwendigen Stückzahlen als auch die qualitativen Anforderungen erfüllt werden können. So wird mit dem Wechsel vom Handlaminieren zur Herstellung der Flügel in geschlossenen Verfahren wie beispielsweise dem Vacuum Assisted Resin Transfer Molding (VARTM) auch die Einhaltung der Emissionsgrenzwerte der Harze (MAK) realisiert. Darüber hinaus wird die Produktivität aufgrund der möglichen Automatisierung des Prozesses gesteigert und eine gleichbleibend hohe Qualität sichergestellt [3]. Dies geschieht unter anderem durch den Einsatz von Preforms (siehe Kapitel 4), die gleichzeitig eine Reduzierung der Herstellungskosten ermöglichen.

Bild 11.2 Herstellung eines Windkraftflügels [Bildquelle: SINOI]

Eine Anwendung des RTM-Verfahrens in der Automobilindustrie zeigt das Life-Modul des BMW i3 in Bild 11.3. Das Life Modul sitzt auf dem Drive Modul, welches aus Aluminium gefertigt ist.

Bild 11.3 Life-Modul des BMW i3 [Bildquelle: BMW Group]

Bild 11.4 Kühlsattelauflieger, hergestellt im Vakuuminfusionsverfahren [Bildquelle: The Team Composite AG]

Ein weiteres Beispiel ist der Kühlsattelauflieger in Bild 11.4. Der fertige Kühlsattelauflieger ist ca. 3,5 t leichter als ein konventioneller Auflieger. Die Maße gemäß StVZO: 13,6 m lang, 2,6 m breit, Chassis 750 mm hoch (Gesamtfahrzeug 4 m).

Die Injektionstechnologie ist auch für kleine Serien im Automobilbau, z. B. bei Sportwagen, geeignet (Bild 11.5). Es wurden Teile des GM Silverado Pickup [4], die Dachstruktur des BMW M3 Coupé und M6 Coupé [5], das Sideblade des Audi R8 [6], die Heckspoiler von Ford Fiesta [7] und Porsche [8] an verschiedenen Sondermodellen oder auch die Fahrerkabine des Kleintransporters Unimog U100 der Firma Daimler Chrysler, Gaggenau [9] mit einer der Verfahrensvarianten der Harzinjektionstechnologie hergestellt.

Bild 11.5
Ausschnitt des Audi R8 Sideblades (Class-A)

Beim Schienenfahrzeugbau liegt der Nutzen der Injektionstechnik in den Möglichkeiten zur integralen Bauweise von komplexen und großflächigen Strukturen, wie
in Bild 11.6 am Beispiel eines Kühlwaggonaufbaus dargestellt.

Bild 11.6 Kühlwaggonaufbau [10]

Die Integration von Funktionen, wie beispielsweise die Wärmeisolation durch den
Einsatz von Sandwichelementen [11], die auch aus strukturmechanischen Gründen
von Vorteil sind, machen die Verwendung von FKV in diesen Fällen besonders interessant. Die relativ geringen Werkzeugkosten und die in großen Dimensionen mit
einem Flächeninjektionsverfahren herstellbaren Verbundstrukturen in entsprechenden Stückzahlen [12], sowie das Arbeiten mit einem geschlossenen Verfahren sind
besondere Vorteile und bestimmen für diesen Anwendungsfall die Wahl der Herstel-
lungsvariante.

Gesetzlichen Vorgaben, wie beispielsweise der MAK-Werte von Styrol und anderen
Lösungsmitteln, führen dazu, dass offene Herstellungsverfahren für den Schiffsbau
im Handlaminieren durch die schon zuvor angesprochenen geschlossenen Vakuuminjektionsverfahren ersetzt werden [13]. Mit diesen neuen Fertigungsverfahren
hergestellte Bauteile reichen von flächigen Spant-Elementen und Rumpfabschnitten
über komplette Rumpfstrukturen, Bild 11.7, bis hin zu integralen Schiffsaufbauten
und Bootskörpern.

Der Einsatz der Harzinjektionstechnologien im Luftfahrtbereich wird vor allem
wegen der bestehenden Potenziale zur Fertigung von hochpräzisen Bauteilen mit
Dickenabweichungen von weniger als 0,3 mm, der Möglichkeit zur Fertigung von
hochkomplexen funktionsintegrierten Strukturen und dem damit verbundenen Kos-
teneinsparungspotenzial aufgrund der Gewichts- und Teilezahlreduzierung vorangetrieben [15]. In der zivilen Luftfahrt, Bild 11.8, werden verschiedene Bauteile mittels RTM-Verfahren hergestellt [16].

1.

2.

3.

Bild 11.7 Rumpf-Fertigung [14], 1: Belegung des geöffneten Werkzeugs (Sandwichaufbau), 2: Entformung des Bootsrumpfes als integrale Struktur, 3: fertiger Bootskörper

Bild 11.8 Airbus A350-900 [Bildquelle: Airbus]

Bei allen Airbus-Typen mit CFK-Seitenleitwerk wird die Verbindung zum Flugzeugrumpf mittels Seitenruderbeschlägen realisiert [17]. Diese werden mit bis zu etwa 80 Gewebelagen in Bauteildicken von ca. 40 mm im Injektionsverfahren in einem vorgeschalteten Prozess gefertigt. Bei der folgenden Herstellung des Seitenleitwerks im Autoklav werden die vorgefertigten Seitenruderbeschläge im Lagenaufbau integriert und so während des Härtungszyklus des Prepregs in die Gesamtstruktur eingebunden.

Im militärischen Bereich findet das RTM-Verfahren zur Herstellung von Strukturbauteilen bereits seit Jahren Anwendung. So hat beispielsweise die Lockheed Martin Aeronautics Company mit der Fertigung des Seitenleitwerks des Joint Strike Fighter als Demonstrator eine der größten und hochkomplexen RTM-Flugzeug-

Strukturen [18] mit einer Länge von 3,65 m und einem Gesamtgewicht von über 90 kg entwickelt, Bild 11.9 links. Mit der Realisierung als RTM-Struktur wurden 13 Einzelkomponenten mit über 1000 Verbindungselementen durch ein integrales Bauteil ersetzt. Dabei konnten die Herstellungskosten um über 60 % reduziert werden. In Bild 11.9 rechts ist ein Fensterrahmen eines Airbus A 350 dargestellt, welcher in RTM-Verfahren hergestellt wird.

Bild 11.9 Seitenleitwerk und Fensterrahmen des Airbus A350; hergestellt von der ACE Advanced Composite Engineering GmbH [19]

Ein Beispiel für den Einsatz von FKV im Sport- und Freizeitbereich ist das im RTM-Schlauchblasverfahren hergestellte Flechtfahrrad in Bild 11.10. Der Rahmen wird auf speziell entwickelte Kerne geflochten und anschließend im RTM Verfahren injiziert. Das Fahrrad hat ein Gesamtgewicht von 4,9 kg.

Bild 11.10 Fahrrad, hergestellt im Flechtverfahren auf speziell entwickeltem Kern und anschließender RTM Harzinjektion mit Blasschlauch [Bildquelle: Munich Composites]

Ein weiteres Beispiel zeigt Bild 11.11. Bei diesem Indoor-Kart wurde die Bodenplatte in einem Vakuuminfusionsverfahren mit einseitigem Werkzeug gefertigt. Bei der Bodenplatte handelt es sich um einen Sandwichaufbau mit einem Balsaholzkern und sowohl GFK- als auch CFK-Deckschichten. An den Lasteinleitungspunkten ist die Platte mit Aluminium-Inserts versehen. Im Vergleich zum herkömmlichen Stahl-rohrrahmen ist die Sandwichkonstruktion leichter und vor allem steifer bei hohen Aufprallkräften. Gleichzeitig zeichnet sich das Kart durch eine gute Straßenlage aus.

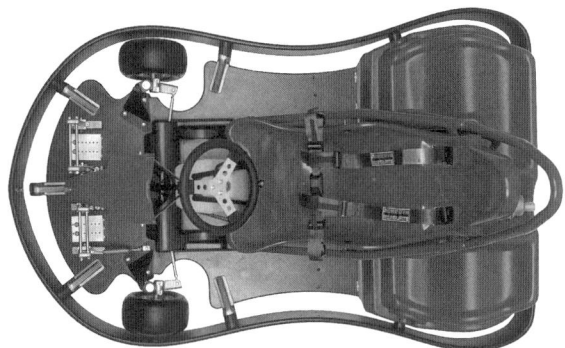

Bild 11.11 Indoor-Kart mit Sandwich Bodenplatte [Bildquelle: Fritzinger & Zimmermann]

Weitere typische Anwendungen sind beispielsweise Surf- und Snowboards, Ski [20] und der Sportbootbereich [21].

Während auf der Seite der textilen Verstärkungsstrukturen (vgl. Kapitel 3 und 4) nahezu alle flächigen Halbzeuge (Gewebe, Gelege usw.) sowie direkt gefertigte Tex-tilstrukturen (Geflechte, Tailored Fibre Placement usw.) zum Einsatz kommen, wer-den als Harzsysteme insbesondere Epoxidharze und Vinylesterharze eingesetzt.

Bei den Matrixsystemen für Harzinjektionsprozesse nehmen die sogenannten reak-tiven Thermoplaste eine besondere Rolle ein [22], [23], [24], [25], [26], [27]. Diese Werkstoffe zeichnen sich durch eine wasserähnliche Viskosität (kleiner 50 mPas) und somit einer sehr schnellen Imprägnierung aus. In einem temperierten Werk-zeug (systembedingt zwischen 120 °C und 200 °C) polymerisieren diese Systeme zu einem thermoplastischen Endwerkstoff. Die sehr empfindliche Polymerisations-reaktion erfordert einen sehr hohen Prozessaufwand und hohe Prozesskontrolle.

■ 11.3 Harzinjektions-Verfahrensvarianten

Wie bereits einleitend angemerkt, hat sich im Laufe der Zeit eine große Zahl von Varianten der Harzinjektionsverfahren entwickelt. Es erscheint daher sinnvoll, deren wichtigste Vertreter vorzustellen und vergleichend zu bewerten.

11.3.1 Vakuuminjektionsverfahren (VI)

Das Vakuuminjektionsverfahren ist die einfachste Methode, um mittels Injektionstechnik endlosfaserverstärkte Bauteile herzustellen. Neben dem vorwiegend nur einseitigen Werkzeug, eine Vakuumfolie dient als Oberwerkzeug, werden lediglich eine Vakuumpumpe und ein Harzvorratsbehälter benötigt und damit die Investitionskosten niedrig gehalten.

Zu Beginn des Fertigungsprozesses wird, wie bei allen Harzinjektionsverfahren, ein textiles Halbzeug in die Kavität eingelegt, das Werkzeug geschlossen und mit Vakuum beaufschlagt. Durch den Unterdruck zwischen Werkzeughälfte und Vakuumfolie wird das Textil kompaktiert. Die Matrix tränkt nach Öffnen der Injektionsleitung das Fasermaterial aufgrund des Unterdrucks [28]. Um die Kavität vollständig füllen zu können, muss mindestens ein Vakuumanschluss am Fließwegende vorhanden sein. Zur Injektion bieten sich dabei verschiedene Angussvarianten an (Punkt, Linie und Ring). Dabei gilt die Faustformel: Je größer der Angussbereich, desto kürzer die Injektionszeit [29]. In Bild 11.12 wird das Vakuuminjektionsverfahren schematisch dargestellt.

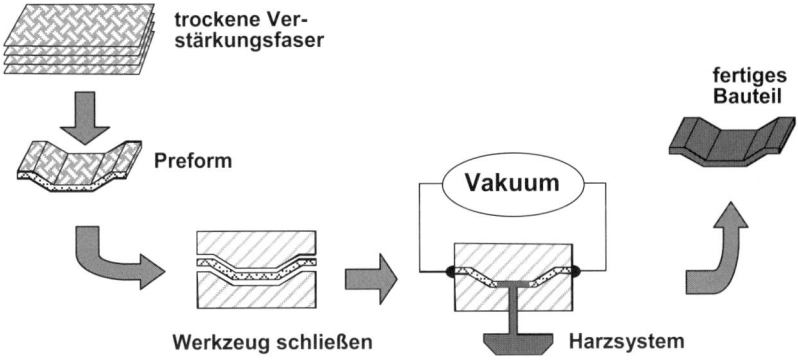

Bild 11.12 Vakuuminjektionsverfahren

Mit dem Vakuuminjektionsverfahren lassen sich luftblasenfreie Bauteile mit hoher Qualität und – im Falle zweischaliger Werkzeuge – beidseitig guten Oberflächen herstellen. Da durch das Vakuum nur eine maximale Druckdifferenz von Dp ≤ 1 bar aufgebracht werden kann, sind der Fließweg und damit die Größe der Bauteile begrenzt. Durch spezielle Injektionsgewebe, harzverteilende Angusssyteme und dünnflüssige Harze in einem temperierten Werkzeug lassen sich längere Fließwege realisieren und die relativ langen Injektionszeiten verkürzen. Das Vakuuminjektionsverfahren ist für Bauteile mit komplexer Geometrie oder Verrippungen besonders geeignet. Zur Integration von Inserts bietet das Verfahren ebenfalls gute Voraussetzung. Eine typische Seriengröße gibt es nicht, die Stückzahlen reichen von wenigen Stück pro Jahr bis ca. 3000 Stück/a, in Einzelfällen auch mehr.

11.3.2 Resin Transfer Molding (RTM)

Während beim Vakuuminjektionsverfahren das Füllen der Kavität durch das Anlegen eines Vakuums erfolgt, wird bei dem seit 1950 bekannten Resin Transfer Molding (RTM) das Matrixmaterial mittels Überdruck in die Kavität injiziert.

Nach dem Beschicken, d. h. optionalen Aufbringen von Trennmittel sowie Einlegen der Faserverstärkung in die Kavität des Werkzeugs, wird dieses geschlossen und das Reaktionsgemisch aus Harz, Härter und eventuell einem zusätzlichen Katalysator in die Kavität unter Druck injiziert. Die Verstärkungsstruktur wird durch das Gemisch imprägniert, welches anschließend meist unter erhöhter Temperatur aushärtet, Bild 11.13. Zur Erhöhung der spezifischen Biege- und Beulsteifigkeit können zusätzlich Schaumstoff- oder Balsaholzkerne verwendet werden [30]. Nach dem Entformen des Bauteils muss das Werkzeug vor dem nächsten Fertigungszyklus von vorhandenen Harzresten an Anguss, Steiger und ggf. auch in Randbereichen gesäubert werden.

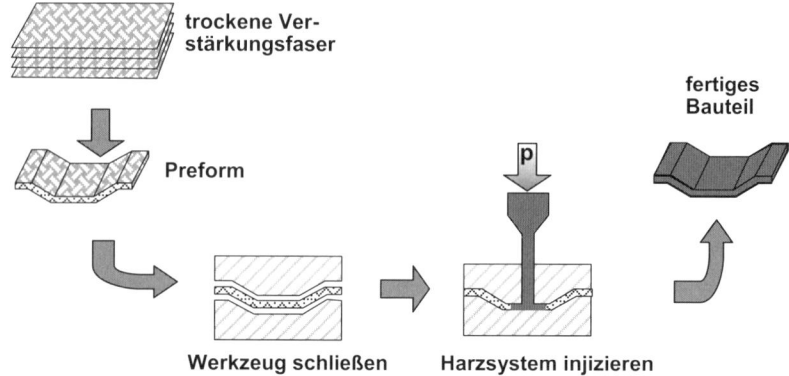

Bild 11.13 Resin Transfer Molding (RTM)

Im Allgemeinen betragen die Zykluszeiten je nach Bauteilgröße und Bauteilkomplexität für einen RTM-Prozesszyklus etwa 5 min bis 25 min. Injektion und insbesondere die Härtung beanspruchen bei einfachen Geometrien den größten Teil der Zeit. Seriengrößen von bis zu 50 000 Stück/a werden mit einem Werkzeug realisiert. In neueren Produktionsanlagen, in denen eine entsprechende Anzahl an Werkzeugen zusammengefasst ist oder Mehrkavitätenwerkzeuge zum Einsatz kommen, lassen sich inzwischen durch Optimierungen des Prozessablaufs auch höhere Stückzahlen erreichen.

Durch den Einsatz der Preforms kann die Beschickungszeit der Kavität wesentlich verkürzt werden. Damit erhöht sich die Wirtschaftlichkeit des Verfahrens zur Herstellung von Bauteilen mit komplexer räumlicher Gestalt [31], [32], [33].

Grundsätzlich lassen sich mit dem RTM-Verfahren beidseitig glatte Oberflächen erreichen. Bei zu lackierenden Oberflächen, beispielsweise Außenhautteilen von KFZ, ist die geforderte Qualität durch geeignete Harzsysteme und die Prozessführung sowie den Einsatz von Oberflächenvliesen bzw. Gelcoats zu verwirklichen [34].

Im RTM-Verfahren sind Bauteile mit komplexen Geometrien bei geringem bis mittlerem Investitionsaufwand möglich. Das Verfahren gestattet die Herstellung maßgenauer Formteile, wodurch die Nachbearbeitung reduziert wird oder ganz entfallen kann (Near-Net-Shape-Fertigung). Ein Beispiel für die nachbearbeitungsfreie Fertigung eines komplexen Bauteils zeigt Bild 11.14. Bei Near-Net-Shape-Bauteilen ist jedoch oftmals die Preformfertigung sehr aufwendig, so dass eine ganzheitliche Prozess- und Kostenbetrachtung angeraten ist.

Gezeigt ist ein Ausschnitt eines Spannrahmens für Textilmaschinen. Sowohl die Realisierung von Maßgenauigkeit und nachbearbeitungsfreien, hochwertigen Oberflächen und Kanten als auch die Integration von metallischen Inserts zur Anbindung an bestehende Komponenten der Textilmaschine sind entscheidende Faktoren, die für den Einsatz der RTM-Technik sprechen.

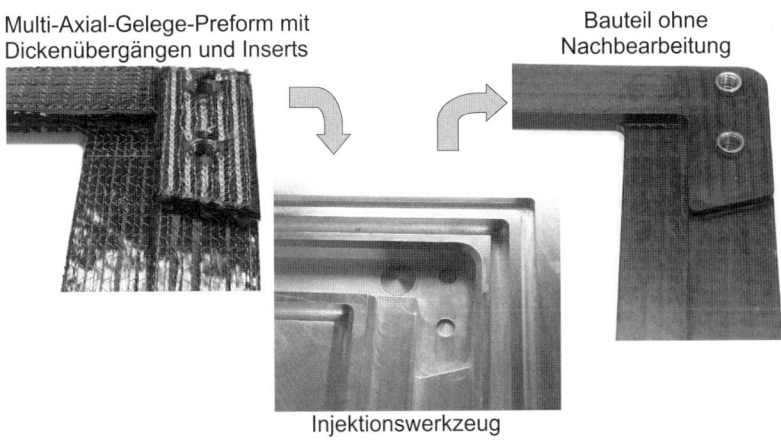

Multi-Axial-Gelege-Preform mit Dickenübergängen und Inserts

Bauteil ohne Nachbearbeitung

Injektionswerkzeug

Bild 11.14 Ausschnitt eines Spannrahmens, hergestellt im RTM-Verfahren

Eine besondere Variante des RTM Prozesses ist das Hochdruck-Resin Transfer Molding (HD-RTM). Hierbei wird Harz, Härter und ggf. auch internes Trennmittel ähnlich der Polyurethantechnologie in eine Mischkammer unter Hochdruck vermischt und direkt ins Werkzeug injiziert. Die Injektionsdrücke können bis zu 200 bar betragen, was wiederum extrem hohe Zuhaltekräfte für das Werkzeug erfordert. Daher kommen spezielle Hydraulikpressen zum Einsatz [35], [36], [37]. Die hohen Prozessdrücke innerhalb des Werkzeuges entstehen aufgrund des konstanten Volumenstroms, den eine Hochdruckmischanlage ausstoßen muss, um das Harzsystem ideal zu vermischen. Aufgrund der hohen Prozessdrücke erfolgt eine sehr schnelle Imprägnierung der Verstärkungsstruktur, was wiederum den Einsatz hochreaktiver Harzsysteme ermöglicht. Die deutlich verkürzten Zykluszeiten erfordern allerdings einen ähnlich hohen Investitionsaufwand wie bei den Thermoplasttechnologien. Der

HD-RTM Prozess kommt aufgrund der kurzen Prozesszeiten und der hohen Investitionen insbesondere in der Automobilindustrie zum Einsatz. In Bild 11.15 ist eine Hochdruck-RTM-Anlage dargestellt.

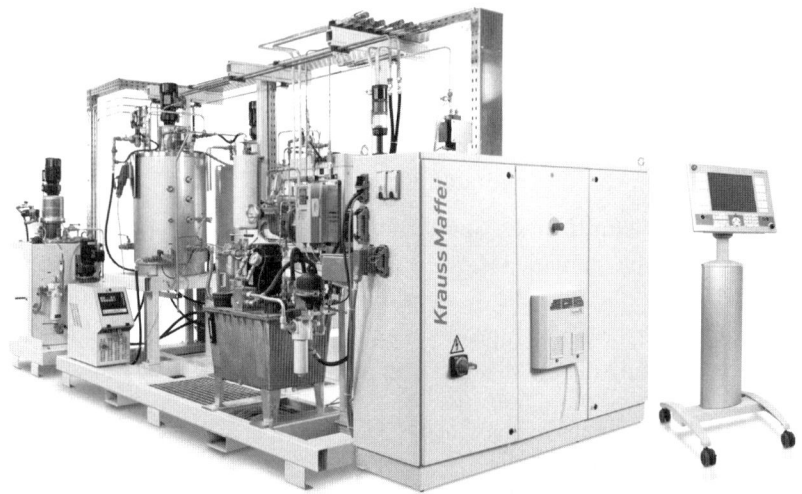

Bild 11.15 Hochdruck-RTM-Anlage [Bildquelle: Kraus Maffei]

11.3.3 Vacuum Assisted Resin Transfer Molding (VARTM)

Beim Vacuum Assisted Resin Transfer Molding werden die beiden zuvor beschriebenen Injektionsvarianten, also die Vakuum- und die Druckinjektion, kombiniert [38]. Um einen maximalen Fließfrontfortschritt zu erzielen, wird neben der unter Druck stattfindenden Harzinjektion zusätzlich an den Steigern evakuiert und so die Kavität entsprechend dem Ablauf in Bild 11.16 evaluiert.

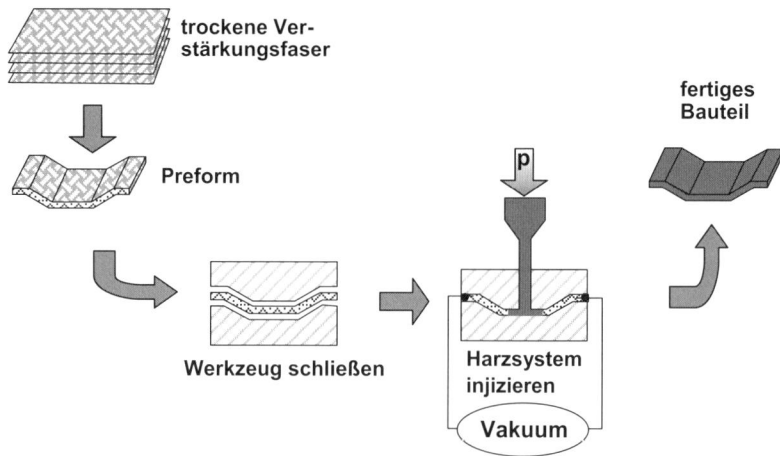

Bild 11.16 VARTM-Verfahren

Eingesetzt wird diese Variante der Injektion vor allem zur Realisierung von Bauteilen mit sehr guter Oberflächenqualität, Bild 11.17. Durch die gewählte Kombination von Vakuum und Druck kann vor und während der Injektion der Vorteil des Vakuums zum Erzielen guter Oberflächenqualität genutzt werden. Nach dem Füllen der Kavität können durch Schrumpf des Harzsystems auftretende Ablösungen des Bauteils von der Werkzeugoberfläche durch ein Nachdrücken des Matrixsystems zum Ausgleich des Schrumpfs deutlich reduziert oder sogar verhindert werden.

Bild 11.17 RTM-Profilwerkzeug mit polierter Oberfläche zur Fertigung von Bauteilen mit hoher Oberflächengüte (Class-A)

11.3.4 Weitere Verfahrensvarianten

Die beschriebenen Verfahrensvarianten mit Vakuum-, Druck-, Hochdruck- und kombinierter vakuumunterstützter Druckinjektion stellen die Hauptvertreter der Harzinjektionsverfahren dar. Alle weiteren Varianten lassen sich grundsätzlich in eine der zuvor beschriebenen Hauptgruppen einordnen, d. h., sie nutzen zur Tränkung der trockenen Verstärkungsstrukturen einen der beschriebenen physikalischen Effekte. Bild 10.18 gibt eine Übersicht verschiedener Varianten, die im Folgenden näher erläutert werden und deren Einordnung aufsteigend mit dem Innendruck der Form, von Vakuum bis Hochdruck, erfolgt.

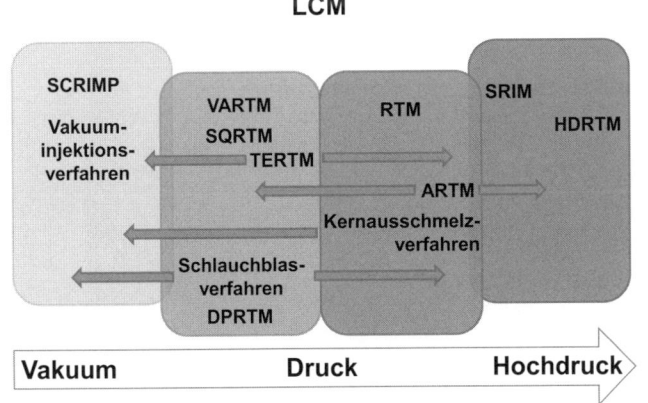

Bild 11.18
Systematische Übersicht der verschiedenen Verfahrensvarianten

11.3.4.1 Flächeninjektionsverfahren

Der „Seemann Composites Resin Infusion Molding Process" (SCRIMP®) ist eine Variante der Vakuuminjektionstechnik [39]. Weiterentwicklungen der ursprünglichen Idee des Harztransportes mittels einer hochpermeablen, flächigen Verteilerstruktur haben zur Etablierung des Flächeninjektionsverfahrens als ergänzender Herstellungsmöglichkeit geführt [40].

Wegen der vergleichsweise niedrigen Investitionskosten eignet sich das Flächeninjektionsverfahren vor allem zur Herstellung von sehr großen, auch dreidimensional komplex geformten Strukturen. Dies wird ermöglicht durch die schnelle Ausbreitung der Matrix mittels einer Verteilerstruktur oder eines Verteilermediums aus einem leicht zu infiltrierenden Material über die gesamte Bauteilfläche. Gleichzeitig startet die Fließfront in Dickenrichtung, sodass die Imprägnierungszeit drastisch verkürzt werden kann.

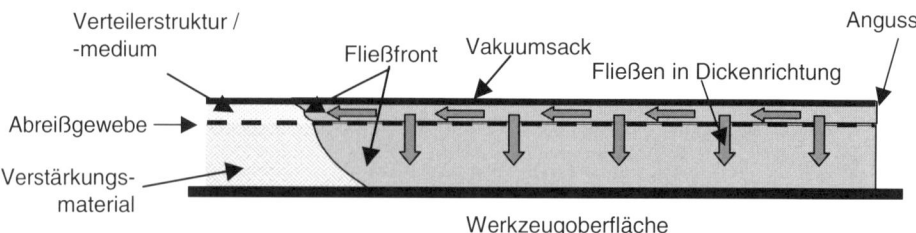

Bild 11.19 Fließverhalten beim Flächeninjektionsverfahren

In Bild 11.19 ist der Fließfrontfortschritt an einem einfachen Laminataufbau beispielhaft dargestellt. Die Fließfront eilt in der Verteilerstruktur vor und tränkt den durch ein Abreißgewebe oder eine Lochfolie getrennten, darunter liegenden Lagenaufbau auf kurzem Weg in Laminatdickenrichtung.

Mit einem derartigen Aufbau können auch großflächige Strukturen mit Laminatdicken von mehreren Zentimetern realisiert werden, vgl. Bild 11.20. Die dargestellte Platte hat eine Dicke von 40 mm, eine Fläche von 1,8 × 1,5 m und wurde über einen Zeitraum von nur ca. 30 min mit insgesamt 60 kg EP-Harz über die insgesamt 100 Lagen Glasfasergewebe bei einem Faservolumengehalt von 52 % infiltriert.

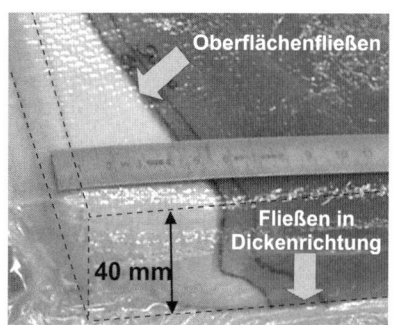
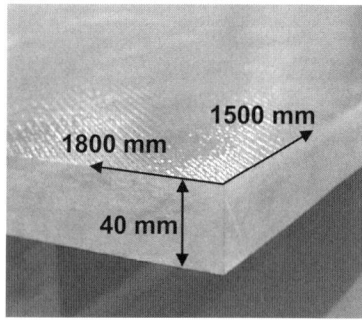

Bild 11.20 Fließfrontverläufe und bearbeitetes Bauteil

Dieser sehr einfache Injektionsprozess, bei dem der Atmosphärendruck sowohl für die Kompaktierung des Lagenaufbaus als auch als treibende Kraft für die Tränkung der Verstärkungsstruktur mit der Matrix genutzt wird, erlaubt gleichzeitig die Herstellung von Bauteilen mit guten Laminateigenschaften [41].

Eine Besonderheit stellt die Herstellung von Sandwichstrukturen dar. Hier müssen zur Imprägnierung sowohl in der oberen als auch der unteren Deckschicht Fließwege durch den Sandwichkern für das Matrixsystem geschaffen werden. Dies geschieht, wie in Bild 11.21 dargestellt, beispielsweise durch das Einbringen von Kanälen in den Kern.

Zusätzlich zu dem in Bild 11.19 beschriebenen Vorgang bei der Herstellung einfacher Schalenstrukturen wird mit diesen Fließkanälen eine Imprägnierung der unteren Deckschicht sichergestellt. Damit erfolgt eine schnelle und vollständige Tränkung der gesamten Struktur simultan über mehrere Fließfronten und zusätzliche Injektionspunkte.

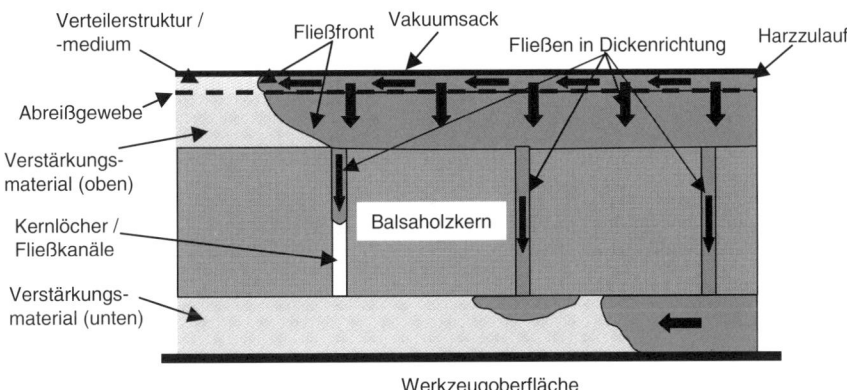

Bild 11.21 Fließverhalten beim Flächeninjektionsverfahren mit Sandwichaufbau

Eine Betrachtung dieser Vorgänge an einer einfachen Sandwichplatte, Bild 11.22, zeigt die schnelle Ausbreitung des Harzes durch das Verteilermedium, ausgehend von einem mittig angeordneten Linienanguss, nach einer Injektionszeit von etwa 2 Minuten. Über die Positionierung des Verteilermediums kann der Fließfrontfortschritt so gesteuert werden, dass das Bauteil gleichmäßig und vollständig gefüllt wird.

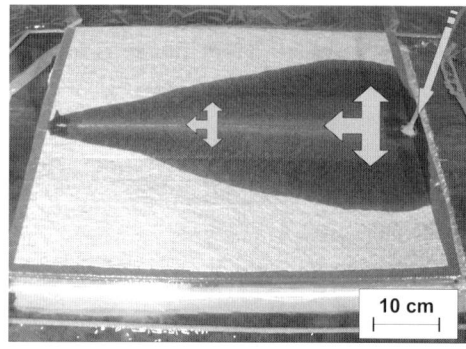

Bild 11.22
Fließfrontverlauf in einer ebenen Sandwichplatte beim Flächeninjektionsverfahren

Die Umsetzung dieser Injektionstechnik in dreidimensionalen Strukturen ist analog möglich. Bild 11.23 zeigt die Herstellung eines Bauteils mit metallischem Insert, Dickensprüngen und einem 3-dimensional gefrästen Sandwichkern. Bei der Injektion dieses Strukturbauteils sind sehr deutlich der primäre Fließfrontfortschritt in der Verteilerebene in x-y-Richtung sowie die sekundär stattfindende Durchtränkung der oberen Deckschicht in Dicken- (z-) Richtung zu erkennen.

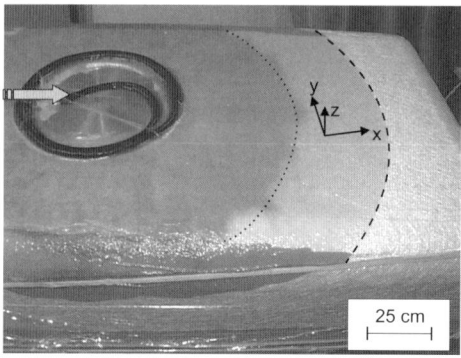

Bild 11.23
Herstellung einer dreidimensionalen Struktur
im Flächeninjektionsverfahren

Ein Vorteil der Flächeninjektionsverfahren sind die geringen Investitionskosten für Werkzeuge und Maschinen sowie die hervorragenden mechanischen Eigenschaften der Bauteile. Allerdings sind die Bauteile lediglich mit nur einseitig guter Oberfläche realisierbar.

11.3.4.2 Advanced RTM (ARTM)

Das ARTM-Verfahren *(Advanced Resin Transfer Molding)* beschreibt ein kombiniertes RTM- und Pressverfahren. Der Injektionsvorgang gleicht dem des RTM-Verfahrens. Allerdings wird das Werkzeug während der Injektionsphase nicht vollständig geschlossen. Erst mit der Füllung der Kavität wird das Werkzeug mit Hilfe einer geregelten Presse zugefahren [42]. Dies macht eine komplizierte Dichtungstechnik notwendig, die sich beispielsweise mit aufblasbaren und dadurch wegtoleranten Dichtungssystemen realisieren lässt. Aufgrund der aufwendigen Dichtungstechnik sind die Werkzeugkosten hoch. Von Vorteil sind die kurzen Zykluszeiten des ARTM-Verfahrens, da das Matrixmaterial bei dem in diesem Fall nicht vollständig geschlossenem Werkzeug die Kavität schnell füllen kann. Dabei wird während der Anfangsphase der Injektion durch das gesteuerte Übermaß der Kavitätshöhe die Durchströmung der Verstärkungsstruktur aufgrund des geringen Faservolumengehalts der Preform erleichtert. So kann die Herstellung von FKV-Strukturen bauteilgrößen- oder zeitoptimiert realisiert werden.

Ist die optimale Harzmenge injiziert, wird das Werkzeug auf das Endmaß geschlossen. Matrixmaterial aus den schon imprägnierten Zonen wird verdrängt und imprägniert die verbleibenden trockenen Bauteilbereiche. Die injizierte Harzmenge, ab der das Werkzeug geschlossen wird, muss exakt bekannt sein. Andernfalls kann es zu trockenen Fehlstellen im Bauteil kommen. Überschüssiges Harz wird durch Steiger aufgenommen.

Vorteile dieser Fertigungsvariante sind ein hoher Faservolumengehalt im fertigen Bauteil bei vergleichsweise langen Fließwegen und kurze Zykluszeiten. Durch die niedrigeren Fließwiderstände in der Phase, in der das Werkzeug noch leicht geöffnet ist, können auch Matrixsysteme mit höherer Viskosität verarbeitet werden.

11.3.4.3 Thermal Expansion RTM (TERTM)

Das von dem klassischen RTM-Verfahren abgeleitete TERTM-Verfahren (Thermal Expansion Resin Transfer Molding) eignet sich vor allem zur Herstellung von zweischaligen Bauteilen. Als Unterschied zum RTM wird zusätzlich ein PUR- oder PI-Schaumkern mit verarbeitet, der als aktives Element in den Prozessablauf integriert wird. Der Fertigungsprozess beginnt mit dem Umwickeln des Schaumkerns mit Verstärkungsmaterial und dem anschließenden Einlegen dieses Paketes in das Werkzeug. Danach erfolgt die Injektion des Matrixmaterials in die Kavität.

Dieser Vorgang entspricht dem des RTM-Prozesses, lässt sich generell aber auch mit einem Vakuuminjektionsprozess oder einer kombinierten Variante fertigen. Anschließend wird die komplette Form getempert. Durch die kontrollierte Zufuhr von Wärme erfolgt eine gesteuerte Expansion des Schaumkerns [43]. Die so induzierte Verdrängung des Matrixmaterials führt zu höheren Faservolumengehalten, hat aber während der Injektionsphase zunächst eine schnellere Durchtränkung der Faser zur Folge (ARTM-Effekt). Aufgrund der hohen Investitionskosten – Vorfertigung von Schaumkernen und Einsatz leistungsfähiger Temperieranlagen – ist das Verfahren nur für die Großserienfertigung wirtschaftlich. So wurden beispielsweise 50 000 Kanu-Paddel pro Jahr mit diesem Verfahren produziert [44].

11.3.4.4 Differential Pressure RTM (DPRTM)

Eine weitere Umsetzung der Idee des ARTM – die geregelte Kontrolle des Faservolumengehaltes während des Injektionsprozesses – aus dem Bereich der vakuumunterstützten Druckinjektionsverfahren ist das DPRTM *(Differential Pressure Resin Trans-*

fer Molding) oder SLI *(Single Line Injection)*. Mit Hilfe eines Autoklaven wird während der Druckinjektion die Imprägnierung durch ein gesteuertes Vakuum mit einem niedrigen Differenz-Außendruck auf die flexible Werkzeugoberseite und damit bei einem ebenfalls relativen niedrigen Faservolumengehalt durchgeführt. Anschließend wird durch eine Drucksteigerung nachgepresst und bei dem dann anforderungsgerechten höheren Faservolumengehalt ausgehärtet. Der Hauptvorteil dieses Verfahrens liegt in der Möglichkeit der Herstellung qualitativ sehr hochwertiger, komplexer Strukturen. Besonderer Nachteil dieser Version ist der Autoklav, der neben den hohen Investitionskosten vor allem auch wegen der extrem langen Zykluszeiten nur für sehr spezielle Bauteile in Kleinserien (z. B. Flugzeugbau) eine wirtschaftlich sinnvolle Fertigung erlaubt.

11.3.4.5 Schlauchblas-RTM

Beim Schlauchblas-RTM-Verfahren handelt es sich um eine Kombination aus Schlauchblas- (Spritztechnik) und RTM-Verfahren, mit dem sich komplexe Hohlkörper mittlerer Seriengröße herstellen lassen [45]. Dazu wird eine Preform hergestellt, bei der die textile Verstärkungsstruktur um einen flexiblen Blasschlauch gelegt ist. Die Preform wird dann in ein geeignetes Werkzeug eingelegt und nach dem Schließen des Blasschlauchs mit dem Innendruck (p_i) beaufschlagt, so dass sich die Verstärkung gleichmäßig an die Werkzeugwand anlegt. Anschließend wird das Matrixsystem in die durch Blasschlauch und Werkzeugwand entstandene Kavität mit dem Injektionsdruck $p < p_i$ gefüllt, Bild 11.24.

Während der Injektionsphase muss sichergestellt werden, dass der Druck P_i im Blasschlauch immer größer ist als der Injektionsdruck p. Während der Aushärtephase wird ein hoher Überdruck im Blasschlauch gehalten, wodurch die exakte Abformung der Werkzeugoberfläche gewährleistet wird und eine hohe Oberflächenqualität an der Außenseite des Formteils entsteht [46]. Durch den Blasschlauch auf der Innenseite des Formteils entsteht zudem auch dort eine Oberfläche mit guter Qualität. In Bild 11.25 sind im Schlauchblas-RTM-Verfahren hergestellte Profile für eine Anwendung im KFZ-Bereich dargestellt.

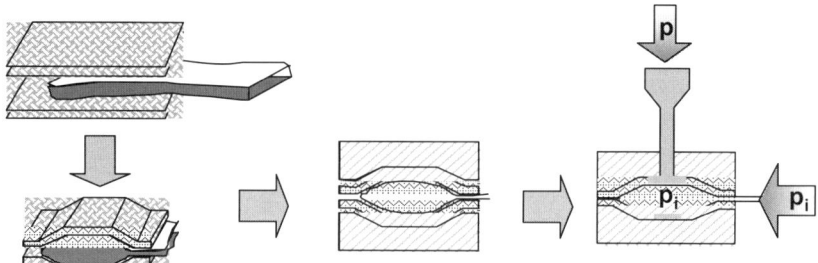

Bild 11.24 Schlauchblas-RTM-Verfahren

Bild 11.25
Im Schlauchblas-RTM-Verfahren hergestellte Profile
für eine KFZ-Trägerstruktur

10 cm

Eine weitere Möglichkeit zur Herstellung von Hohlkörpern ist das Kernausschmelz-verfahren. Hier wird anstatt eines durch Innendruck formgebenden Schlauchs ein fester Kern in einem einfachen Werkzeug hergestellt. Als Material wird beispiels-weise ein bei niedrigen Temperaturen (< 80 °C) schmelzendes Metall verwendet [47]. Anschließend werden alle Deckschichten und lokale Verstärkungen um den Kern gelegt. Dieses Preformpaket wird in das Formwerkzeug eingelegt. Die Injek-tion erfolgt analog zum RTM-Verfahren. Nach der Aushärtephase wird die Tempera-tur noch im Werkzeug oder auch am schon entformten Bauteil kurzzeitig erhöht, um den Kern herauszuschmelzen. Vorteile bietet diese Verfahrensvariante für geomet-risch sehr komplexe Bauteile.

11.3.4.6 Structural Reaction Injection Molding (SRIM)

Der SRIM-Prozess ist dem HD-RTM-Verfahren sehr ähnlich. Auch hier wird ein reak-tionsfähiges, niedrigviskoses Polymergemisch in die mit einer Verstärkungsfaser-struktur ausgelegte Kavität injiziert. Der entscheidende Unterschied zwischen dem SRIM- und dem RTM-Verfahren besteht in den unterschiedlichen Drücken, die zum Mischen der Harzkomponenten eingesetzt werden. Die beiden Komponenten des hochreaktiven Harzsystems werden beim SRIM-Verfahren im stöchiometrischen Verhältnis in die Mischkammer eingespritzt (z.B. im Gegenstromverfahren) [48]. Durch die Umsetzung der hohen potentiellen Energie der Komponenten (Vordrücke bis zu 250 bar) in kinetische Energie werden starke Turbulenzen in der Mischkam-mer erzeugt, die zu einer guten Vermischung der beiden Komponentenströme füh-ren. Die Harzmischung wird anschließend durch einen Stößel in die Kavität gescho-ben. Infolge der hohen Strömungsgeschwindigkeit beim Imprägnieren der trockenen Faserverstärkung treten hier Injektionsdrücke von typischerweise > 20 bar auf. Nur durch diese integrierte Misch- und Injektionstechnik können die extrem schnell reagierenden und mischungskritischen SRIM-PUR-Systeme verarbeitet werden, die Zykluszeiten im Bereich von einer Minute ermöglichen [49].

Neben der großen Gruppe der PUR-Werkstoffe (Polyurethan- und Polyharnstoffsysteme) werden im SRIM-Verfahren auch EP-Harze, Polyamid-, Polyesterharz- und Acrylatsysteme verwendet. Im RTM-Verfahren werden demgegenüber reaktionsträgere, thermisch initiierte Systeme mit geringeren Fülldrücken verarbeitet, deren Komponenten zuvor vermischt werden oder durch einen Statikmischer in die Kavität fließen.

Die SRIM-Technologie spielt bei den höher belastbaren Faser-Kunststoff-Verbunden eine eher untergeordnete Rolle und wird im Wesentlichen bei semi-strukturellen Bauteilen und großen Stückzahlen eingesetzt.

11.3.4.7 Spaltimprägnierverfahren

Beim Spaltimprägnierverfahren wird das angemischte Harzsystem in einen Spalt der beiden nicht ganz geschlossenen Werkzeughälften injiziert. Dadurch wird das Harzsystem bei der Injektion flächig über die Preform verteilt. Durch den Fließspalt oberhalb der Preform kann das Harzsystem schnell verteilt werden. In einem zweiten Prozessschritt wird das Werkzeug mittels einer Walkbewegung geschlossen und das Harzsystem durch die Dicke in die poröse Preform imprägniert. Durch die Walkbewegung in Richtung der Fließrichtung, sprich in Richtung der Entlüftungspunkte, soll die Luft aus der Form verdrängt werden [50]. Bei diesem Verfahren können auch Bauteile mit Kernen verarbeitet werden. Durch die Schließbewegung orthogonal zur Werkzeugoberfläche können Bauteile mit steilen Bauteilflanken in diesem Verfahren nur bedingt verarbeitet werden. Das Verfahren kann aufgrund der schnellen Injektion auch hochreaktive Harzsysteme isotherm verarbeiten. Mit dem Spaltimprägnierverfahren können Zykluszeiten von unter 10 Minuten erreicht werden [51].

11.3.4.8 Same Qualified – Resin Transfer Molding (SQ-RTM)

Beim Same Qualified RTM wird eine bereits vorimprägnierte Textilstruktur (Prepreg) in ein beidseitig geschlossenes Werkzeug eingelegt. Ein Vakuum wird angelegt und über einen oder mehrere Angüsse ein Harzsystem injiziert, um verbleibende Hohlräume zwischen Form und Prepreg zu schliesen. Das Harzsystem härtet wie bei anderen Harzinjektionsverfahren über Temperatur aus. Die im SQ-RTM hergestellten Bauteile erreichen eine sehr hohe Maßhaltigkeit und durch die hohen Pressenkräfte auch sehr hohe Faservolumengehalte. Der Name „Same Qualified" soll bedeuten, dass mit diesem Verfahren eine Bauteilqualität wie aus dem Autoklav erreicht wird. Die Anwendungsgebiete liegen in der Luftfahrt, da so die Prepreg-Autoklavfertigung ersetzt werden kann. Es ergeben sich wirtschaftliche Vorteile im Vergleich zum Autoklav, der für dieses Verfahren nicht mehr benötigt wird, und es können Near Net Shape Bauteile hergestellt werden [52], [53].

11.3.4.9 Nasspressen

Das Nasspressen ist ein Verfahren zum Verarbeiten von duroplastischen Halbzeugen, bei dem das Harz nicht über ein Vakuum oder Druck in das Werkzeug injiziert wird. Bei diesem Verfahren wird auf das trockene textile Halbzeug oder die Preform neben dem Werkzeug händisch oder automatisiert ein Harzsystem auf der Oberfläche aufgetragen. Nach Applikation der richtigen Harzmenge wird das Halbzeug bzw. die Preform in das Werkzeug transportiert und das Werkzeug geschlossen. Die Imprägnierung des Textils erfolgt durch die Dicke. Beim Pressvorgang mit sehr hohen Drücken wird die überschüssige Harzmenge aus der Preform und dem Werkzeug herausgequetscht, wodurch ein sehr hoher Faservolumengehalt erreicht werden kann. Das Harzsystem wird neben dem Werkzeug bei Raumtemperatur appliziert und anschließend in ein isotherm temperiertes Presswerkzeug eingelegt. Dadurch werden die Prozessschritte „Harzapplikation" und „-aushärtung" getrennt, wodurch die Verarbeitung von schnellaushärtenden Harzsystemen ermöglicht wird.

■ 11.4 Zusammenfassung

Die Tabelle 11.1 (siehe folgende Seite) bietet einen vergleichenden Überblick der vorgestellten Verfahrensvarianten anhand verschiedener, typischer Kriterien.

Tabelle 11.1 Verfahrensvarianten der Harzinjektionstechnik im Vergleich, nach [54]

	VI/FIV	RTM	Schlauchblas-RTM/TERTM/Ausschmelzverfahren	ARTM/Nasspressen	DPRTM/SLI	HP-RTM	SQ-RTM
Faservolumengehalt	40 %–50 %	40%–60 %	40 %–60 % TERTM bis 65 %	40 %–60 %	bis 65 %	45 %–60 %	40 %–60 %
Oberflächen	sehr gut (einseitig)	gut – sehr gut	gut	gut – sehr gut	gut – sehr gut	gut	sehr gut
Risiko für Lufteinschlüsse, Delamination	sehr gering	gegeben	Gering, beim Ausschmelzverfahren gegeben	hoch/gegeben	sehr gering	gegeben	sehr gering
Bauteilgröße	typisch < 2 m/sehr groß (15 t)	5 m²	Anlagentechnisch oder durch Fertigungskomplexität beschränkt	5 m² (Pressengröße)	durch Autoklav beschränkt	5 m² (Pressengröße)	5 m² (Pressengröße)
komplexe Geometrien	gut	gut – sehr gut	gut	eingeschränkt (Schließvorgang)	gut	gut – sehr gut	sehr gut
Inserts	sehr gut	gut	gut	eingeschränkt	gut	gut	eingeschränkt
Rippen	gut	befriedigend, (3° Entformungsschrägen)	gut	eingeschränkt	gut	befriedigend, (3° Entformungsschrägen)	Machbar mit mehrteiligem Werkzeug
Radien	Mit Oberwerkzeug wie RTM	R > 3 mm bei vorgeformten Faserstrukturen R > 5 mm bei Matten und Geweben	Rmin = 10 mm/durch Expansionskern vorgegeben/wie RTM	wie RTM	Mit Oberwerkzeug wie RTM	wie RTM	wie RTM
max. Dicke	Begrenzt durch Exothermie des Harzsystems	typisch << 40 mm	typisch < 5 mm beim Ausschmelzverfahren << 40 mm	typisch < 10 mm	Begrenzt durch Exothermie des Harzsystems	typisch < 5 mm	Begrenzt durch Exothermie des Harzsystems
Formeinschränkungen	Allgemein schwierig sind Hinterschnitte (Werkzeugkosten), zu vermeiden sind extrem kleine Radien sowie extreme Dickensprünge						
Seriengröße pro Jahr	über 2000	ca. 50000	ca. 10000	bis 100000	2000–5000	bis 100000	
Zykluszeit	30–60 min	5–25 min	20–60 min/6 min (mit speziellen EP-Harzen)/15–45 min	< 10 min	30–180 min (Autoklav)	< 10 min	30–180 min
Investment	sehr gering/gering	gering	Mittel/Ausschmelzverfahren hoch	hoch	hoch	hoch	gering
typische Branchen	generell	generell	Sport/Maschinenbau	Automobil	Luftfahrt	Automobil	Luftfahrt

Literatur

[1] *Bittmann, E.:* Harze und Reaktivsysteme. Kunststoffe, 10, 2011, S. 106–109

[2] *Rehmet, P.:* Ausgezeichnete Composites-Lösungen, K Zeitung, 5, 2013, S. 14

[3] Sandia National Laboratories: Blade Manufacturing Improvements Development of the ERS-100 Blade, SAND2001–1381 (2001)

[4] *N. N.:* GM Pickups Sport One-Piece Composite Fenders, Composites Technology (1999) 1–2, pp. 40–42

[5] *Kraus, J.:* CFK verändert die Automobilindustrie, Maschinen Markt, 2012

[6] *Dick, M.:* Leichtbau mit CFK-Herausforderungen für die Mobilität der Zukunft, in: CCeV Automotive Forum, Neckarsulm, 2010

[7] *Weaver, A.:* Fiesta's RTM Spoiler Breaks New Ground, Reinforced Plastics 40 (1996) 3, pp. 20–24

[8] *De Kalbermatten, T.:* Innovative RTM-Hohlkörpertechnologie für integrierte Heckspoiler: Erfahrungen und Aussichten für die Zukunft, in: Fröhlich, B.: Arbeitskreis Karosserie-Rohbau –Die Kunststoffkarosserie (1996), Schriftenreihe Praxis Forum, S. 71–78

[9] *Roth, S.; Sigolotto, C.; Keller, K.; Kümmerlein, P.:* Fahrerhausstrukturen in CFK-Technologie, Chance oder Utopie? Kunststoffe im Automobilbau, VDI-K Jahrestagung (1995), Mannheim, S. 147–171

[10] Firmenprospekt TPI: TPI Composites Engineering Innovation Production, TPI Composites, Inc., PO Box 328, Market Street, Warren, Rhode Island 02885, USA

[11] *Banhardt, V.:* FVK – Anwendungen in der Bahntechnik, IVW-Kolloquium (2000)

[12] *Pachalis, J.:* SCRIMP Technology Overview. The Second Workshop on Liquid Composite Molding, Columbus, Ohio (1996), June 13

[13] *Lazarus, P.:* Competing Composites – Infusion? Prepregs? Or both? And What System? The U. S. Navy Takes a Long, Hard Look at Emerging Fabrication Technologies, Professional Boat Builder (1997) 4

[14] *Mosher, P. C.:* Cost Effective SCRIMP Applications in the Marine Market. Composites Institute's 51st Annual Conference and Expo, Cincinnati, Ohio (1996), Feb 5–7, Session 12-D

[15] *De Cillis, J. R.; Caputo, C. D.:* Affordable Approaches to the Production of Complex Aerospace Composite Components via Resin Transfer Molding, 43rd International SAMPE Symposium (1998), May 31–June 4, pp. 1710–1714

[16] *Kruckenberg, T. M.; Paton, R.:* Resin Transfer Moulding for Aerospace Structures, Kluver, Dordrecht, 1998

[17] *Bieling, U.:* Serieneinsatz von Faserverbundwerkstoffen im Flugzeugbau – dargestellt am Seitenleitwerk des Airbus, Verbundwerkstoffe und Werkstoffverbunde, Teil 1 Konstruktion, VDI Verlag (1992), S. 77–88

[18] *N. N.:* Lockheed Martin Aeronautics Company Demonstrates RTM-Technologie in Vertical Tail Project, Composites Week 50 (2000)

[19] *N. N.:* Lockheed Martin Demonstrates Resin Transfer Molding Technology In Advanced Fighter Vertical Tail Project, Fort Worth, Texas, USA (2000), 14th December

[20] *N. N.:* Mountain and Winter Sports Applications Are a Natural for Composite Materials, Composites International, N° 42 (2000) 6, pp. 32 – 45

[21] *Powlison, D.:* Save Weight With a Carbon-Fiber Pole, Sailing World 28 (2001) 5, pp. 42 – 45

[22] *Steg, M.:* Prozesstechnologie für Cyclic Butylene Terephthalate im Faser-Kunststoff-Verbund. Kaiserslautern: Institut für Verbundwerkstoffe, 2010

[23] *Van Rijswijk, K.; Bersee, H.:* Reactive processing of textile fiber-reinforced thermoplastic composites – An overview, Composites Part A: Applied Science and Manufacturing, 38, 3, 2007, S. 666 – 681

[24] *Ricco, L.; Russo, S.; Orefice, G.; Riva, F.:* Anionic poly (ε-caprolactam): Relationships among conditions of synthesis, chain regularity, reticular order and polymorphism. Macromolecules, 32, 23, 1999, S. 7726 –7731

[25] *Kiss, L.; Kargerkocsis, J.:* Dsc Investigations on the Alkaline Polymerization of Epsilon-Caprolactam. Journal of Thermal Analysis, 19, 1, 1980, S. 139 –141

[26] *Luisier, A.:* In-situ polymerisation of lactam 12 for liquid moulding of thermoplastic composites, Dissertation Lausanne: Ecole Polytechnique Federale de Lausanne, 2001

[27] *Wollny, A.:* Reaktive Extrusion und Charakterisierung von in situ hergestellten Polyamid 12-Blends und Compositen, Dissertation Freiburg: Albert-Ludwigs-Universität Freiburg i. Br., 2001

[28] *Yeagley, H.:* What's Your Bag? Composites Fabrication 17 (2001) 4, pp. 28 – 32

[29] *Hammami, A.; Gebart, B. R.:* Analysis of the Vacuum Infusion Process, Polymer Composites 21 (2000) 1, pp. 28 – 40

[30] *Beckwith, S. W.:* Resin Transfer Moulding (RTM) and Fibre Placement Technolgies in Today's Composite Markets, 20th SAMPE Europe Jubilee International Conference (1999)

[31] *Mitschang, P.; Weimer, C.:* Komplexe Multi-Textile Preforms (Potenziale der Nähtechnik), Kunststoffe (2000) 4

[32] *Mitschang, P.:* Schlüsseltechnologien für die Preform-LCM-Prozesskette. Tagungsband 8. Internationale AVK-TV Tagung, Baden-Baden, 27.– 28. 09. 2005, S. B9-1 – B9-12

[33] *Mitschang, P.; Ogale, A.; Schlimbach, J.; Weyrauch, F.; Weimer, C.:* Preform Technology: a Necessary Requirement for Quality Controlled LCM-Processes, Polymers & Polymer Composites Vol. 11, No. 8, 2003, S. 605 – 622

[34] *Dyckhoff, J.:* Resin Transfer Molding: Beitrag zur Verbesserung der Formteiloberflächenqualität, Aachener Beiträge zur Kunststoffverarbeitung, Band 40, Diss., RWTH Aachen, Verlag der Augustinus Buchhandlung, Aachen (1995)

[35] *Kraus, J.:* Hochdruck-Harzinjektion als Schlüssel für die Serienfertigung, in: Maschinen Markt, 2011

[36] *Zirn, R.:* Anforderungen an die Pressentechnik bei der Produktion von CFK-Karosserieteilen, Lightweight Design, 6, 1, 2013, S. 12 –17

[37] *Fries, E.; Renkl, J.; Schmidhuber, S.:* Mit vernetzter Kompetenz zum Hochleistungsbauteil, Kunststoffe, 101, 9, 2011, S. 52 – 56

[38] *Karbhari, V. M.:* Introduction to Liquid Composite Molding, The 10th Annual CCM Composites Workshop (1991), Center for Composite Materials, Newark, DE, USA

[39] Firmenprospekt Scrimp Systems, L. L. C.: SCRIMP Is an Innovative and Technologically Advanced Method for Producing Top-Quality Composite Parts, Scrimp Systems, L. L. C., 54F Richmond Town House Road, Wyoming, Rhode Island 02898, USA (1998)

[40] *Marsh, G.:* Putting SCRIMP in Context, Reinforced Plastics (1997) 1, pp. 22 – 26

[41] *Heider, D.; Gillespie J. W. Jr.:* Compaction Development during Vacuum-Assisted Resin Transfer Molding (VARTM), SAMPE Conference JEC (2001), pp. 101–109

[42] *Smoluk, G. R.:* New Appeal in Resin Transfer, Modern Plastics International 16 (1986) 7, pp. 51– 53

[43] *Ware, M.:* Thermal Expansion Resin Transfer Molding (TERTM) – A Manufactoring Process for Sandwich Core Structures, 40th Annual Conference, Reinforced Plastics/Composites Institute, The Society of the Plastics Industrie, Inc. (1985), Jan. 28 – Feb. 1, Session 18-A

[44] *Ware, M.:* Thermal Expansion Resin Transfer Molding (TERTM)/An Advanced Composite Mass Production Process, Composites in Manufacturing 5 (1986), Session 107, pp. 1– 6

[45] *Dyckhoff, J.; Jehrke, M.; Jürss, D.; Rau, S.:* Endlosfaserverstärkte Kunststoffe – Fertigungsverfahren für die Mittel- und Großserie, 17. IKV-Kolloquium, Aachen, Institut für Kunststoffverarbeitung (1994), S. 266 – 269

[46] *Lehmann, U.:* Prozessoptimierung des Schlauchblas-RTM-Verfahrens, 19. IKV-Kolloquium Aachen (1998), Block 12, S. 4 –7

[47] Firmenprospekt CoreTech Systems, Inc.: Metal Core Technology. P. O. Box 863, East Greenwich, RI 02818, USA (2001)

[48] *Bergmann, M.:* Langfaserverstärkung im RIM-Verfahren, Diss., RWTH Aachen, 1989

[49] *Weyrauch, D.:* Herstellung dreidimensional vorgeformter Faserstrukturen auf der Basis von Textilglasmatten für den Einsatz in Harzinjektionsverfahren, Aachener Beiträge zur Kunststoffverarbeitung, Band 12, Diss., RWTH Aachen, Verlag der Augustinus Buchhandlung, Aachen (1993), ISBN: 3-86073-120-3

[50] *Michaeli, W.; Wessels, J.:* Prozessketten für FVK in der Großserie, 25. Internationalen Kunststofftechnischen Kolloquium des IKV, Aachen, 2010

[51] *Michaeli, W.; Fischer, K.:* Spaltimprägnierverfahren für schnellere Herstellung von Hochleistungsbauteilen, Lightweight Design, 2010, S. 48 – 54

[52] *Roover, C. D.; Vaneghem, B.:* Highly integrated structure manufactured in one-shot with prepreg UD tape, JEC Composite Magazine, 62, 1– 2, 2011, S. 40 – 42

[53] *Vries, H. P. J.:* Development of generic composite box structures with prepreg preforms and RTM, Nationaal Lucht- en Ruimtevaartlaboratorium, NLR-TP-2002–019, 2002

[54] *Kissinger, Ch.:* Ganzheitliche Betrachtung der Harzinjektionstechnik – Messsystem zur durchgängigen Fertigungskontrolle, Neitzel, M. (Hrsg.), IVW-Schriftenreihe, Bd. 28, Kaiserslautern, 2001

12 Pressverfahren

M. Sommer, K. Edelmann, R. Lahr, K. Hildebrandt, K. Grebel, L. Medina

12.1 Einleitung

In Kapitel 5 wurde die Herstellung sowohl duroplastisch als auch thermoplastisch imprägnierter Halbzeuge sowie deren Aufbereitung zur Weiterverarbeitung vorgestellt. Dieses Kapitel befasst sich nunmehr mit dem eigentlichen Formgebungsprozess und setzt voraus, dass die Werkstoffe dem Pressprozess entsprechend aufbereitet wurden.

Pressverfahren (Umformen und Fließpressen) stellen unabhängig von dem zu verarbeitenden Werkstoff deshalb auch nicht nur für Kunststoffe die am weitesten verbreiteten Verarbeitungsverfahren dar. Gerade zur Herstellung von FKV-Bauteilen in großen Stückzahlen sind die Pressverfahren geeignet. Sie zeichnen sich durch eine hohe Reproduzierbarkeit auch enger Toleranzen aus, die Fertigung ist weitgehend automatisierbar und die Taktzeiten sind gering. Dies zeigt sich vor allem bei der Wirtschaftlichkeitsbetrachtung als positiver Faktor.

Sie können einerseits nach dem Pressvorgang und zum anderen nach der Länge des Fließweges differenziert werden, Bild 12.1. Die Art des Pressvorgangs kategorisiert in kontinuierliche und diskontinuierliche (intervallartige) Pressverfahren.

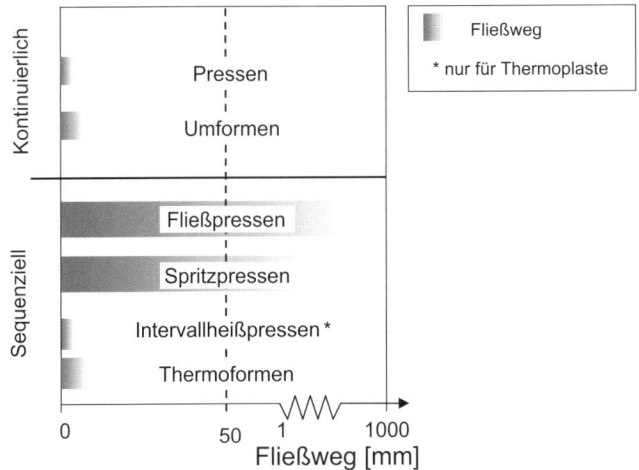

Bild 12.1
Pressverfahren im Vergleich

Die jeweiligen Pressverfahren werden im Folgenden mit deren Besonderheiten erläutert, wohingegen die entsprechenden Erklärungen zur Herstellung und Aufbereitung der Halbzeuge in Kapitel 5 dargestellt sind.

■ 12.2 Fließpressverfahren

Bei den Fließpressverfahren ist zwischen der Verarbeitung von Duroplasten und
Thermoplasten zu unterscheiden. Die Verarbeitung von Thermoplasten (GMT, LFT)
stellt eine rein physikalische Umwandlung dar, d. h., es handelt sich um eine Änderung des Aggregatzustandes der Matrix von fest nach (schmelz-)flüssig (Aufbrei-
tung des Halbzeuges) und von flüssig nach fest (Formgebung). Bei der Verarbeitung
von Duroplasten (SMC, BMC) erfolgt eine chemische, irreversible Vernetzung der
Moleküle.

12.2.1 Fließpressen von LFT und GMT

Die Verarbeitung von GMT lässt sich gliedern in die Prozessschritte Vorbereitung
der GMT-Halbzeugzuschnitte, Aufheizen des Halbzeuges bis auf Schmelztemperatur
der Matrix, Transfer des schmelzflüssigen Verbundes in das Werkzeug, Pressvorgang und Entnahme des Bauteils, Bild 12.2.

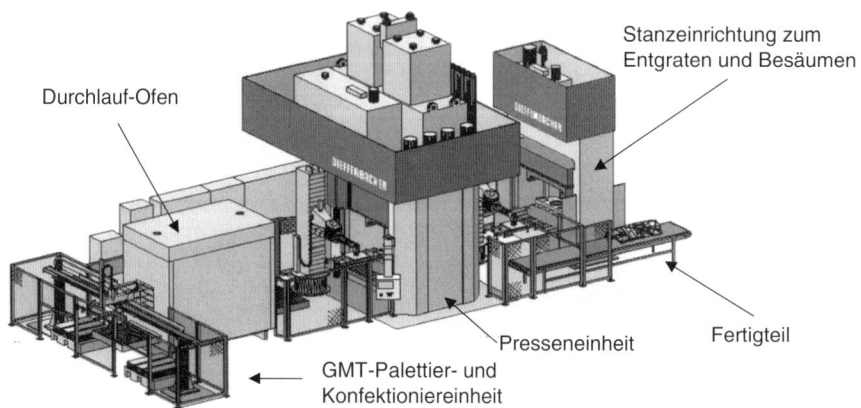

Bild 12.2 Prozesskette der GMT-Verarbeitung [Bildquelle: Maschinenfabrik J. Diefenbacher GmbH]

Das schmelzflüssige Halbzeug wird derart in der Kavität des Werkzeuges platziert,
dass die Fließfront nach Möglichkeit vor dem Erstarren der Schmelze alle Begren-
zungen gleichzeitig erreicht. Die Erstarrung wird durch den Temperaturunterschied
zwischen Halbzeug und Werkzeug hervorgerufen. Üblicherweise werden thermo-

plastische Halbzeuge (GMT, LFT), z. B. mit Polypropylen als Matrix, bei Werkzeug-temperaturen von 25 °C bis 80 °C verarbeitet. Der Fließvorgang wird durch die von der Presse aufgebrachte Kraft hervorgerufen. Die schmelzflüssige Matrix wird dabei nicht von der Faser separiert, sondern schwemmt diese mit aus, so dass hinsichtlich des Faseranteils im Vergleich von Einlegebereich und Fließbereich nur geringe Unterschiede festzustellen sind. Sobald das Halbzeug in die Kavität eingelegt wurde, friert die Matrix ein und fixiert die Fasern an der Oberfläche des Halbzeugs, so dass im weiteren Fließvorgang (mit sich verkleinerndem Werkzeugspalt) die schmelz-flüssige, faserverstärkte Matrix aus der Mitte des Halbzeugs heraus fließt, Bild 12.3. Deshalb ist eine schnell schließende Presse erforderlich, um zu vermeiden, dass ein großer Anteil des Plastifikates mit dem Einlegen in die Kavität einfriert.

Der Einlegebereich des Plastifikates zeichnet sich am Bauteil durch eine rauere Oberfläche ab, sofern die Werkzeugoberfläche eine glatte Struktur aufweist. Falls die Werkzeugoberfläche aufgeraut bzw. genarbt wurde, wird diese Struktur auch auf der Bauteiloberfläche abgebildet. Ohne eine Narbung stellt sich die Oberfläche inhomogen dar, so dass thermoplastische Fließpressbauteile, z. B. in der Automobil-industrie, nicht im sogenannten Sichtbereich eingesetzt werden. Weiterhin muss bei der Bauteilauslegung die Schwindung des Verbundes berücksichtigt werden, da sich bei der Änderung des Aggregatzustandes die Dichte ändert und es zu Schrumpf kommen kann. Je nach Verarbeitungstemperatur ist zudem auch auf den Längen-ausdehnungskoeffizient zu achten (Bauteiltemperatur bei Entnahme aus dem Werk-zeug und Temperatur bei Einbau in der Endverwendung).

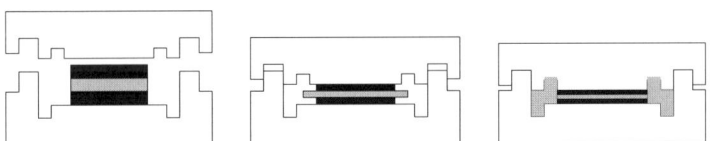

Bild 12.3 Fließverhalten thermoplastischer Plastifikate während des Pressvorgangs

Der Fließvorgang bewirkt eine Orientierung der Fasern in Fließrichtung, der bei der beanspruchungsgerechten Bauteilauslegung und der Fließsimulation zu berück-sichtigen ist. Im optimalen Belastungsfall werden die Fasern des Bauteils lediglich auf Zugbeanspruchung belastet. Diese Belastung stellt für FKV den günstigsten Lastfall dar, zumal bei einer Belastung quer zur Faserorientierung die Festigkeit selten die der Matrix übersteigt und querliegende Fasern eher eine Sollbruchstelle darstellen.

Die Herstellungsart des thermoplastischen Halbzeugs und die Viskosität der Schmelze bestimmen die aufzubringende Presskraft bzw. den resultierenden Werk-zeuginnendruck, um die Kavität auszufüllen. So beträgt der Werkzeuginnendruck bei vernadeltem GMT ca. 150 bis 200 bar und damit nahezu das Doppelte als bei GMT nach dem Papiermacherverfahren.

Der Zeitpunkt der Werkzeugöffnung und Entnahme des thermoplastischen Bauteils richtet sich zum einen nach der Konsolidierung von Faser und Matrix sowie der Temperatur der Matrix (Bauteil), die unter der Glasübergangstemperatur liegen sollte. Dieser Zeitpunkt kann mittels Temperatursensoren ermittelt werden. Zudem kann auch die Größe des Werkzeugspaltes als Maß herangezogen werden, da mit der einhergehenden Dichteänderung der Entformzeitpunkt indirekt über die Änderung des Werkzeugspaltes bestimmt werden kann.

Bis auf die Aufbereitung des Halbzeuges sind die Fließpressprozesse von GMT und LFT identisch. LFT werden bei Marktuntersuchungen mit der Werkstoffgruppe GMT (Glasmattenverstärkte Thermoplaste) zusammengefasst, doch bei einer differenzierten Betrachtung ist zu beobachten, dass die in Stäbchenform verfügbaren Granulate bei LFT zunehmend stärkeren Eingang in die industrielle Fertigung finden als GMT. Insgesamt besitzt diese Werkstoffgruppe einen Marktanteil von fast 11 % aller in Westeuropa eingesetzten faserverstärkten Kunststoffe und zeigten im Jahr 2012 ein überdurchschnittliches Wachstum von 6 %. [1]

Das Marktpotenzial kann als wesentlich größer bezeichnet werden, doch um dieses zu erreichen, muss die Werkstoffgruppe ein erweitertes Eigenschaftsprofil aufweisen oder derzeit noch vorhandene Nachteile überwinden. Als ein wesentlicher Nachteil ist dabei die positiv beeinflusste Brennbarkeit hervorzuheben, die durch geeignete Additive allerdings getrennt werden kann. Jüngste Entwicklungen konnten zeigen, dass die Herstellung von halogenfreien LFT mit flammhemmenden Eigenschaften und vergleichbaren mechanischen Eigenschaften eine wirtschaftliche Verarbeitungsmethode darstellt [2].

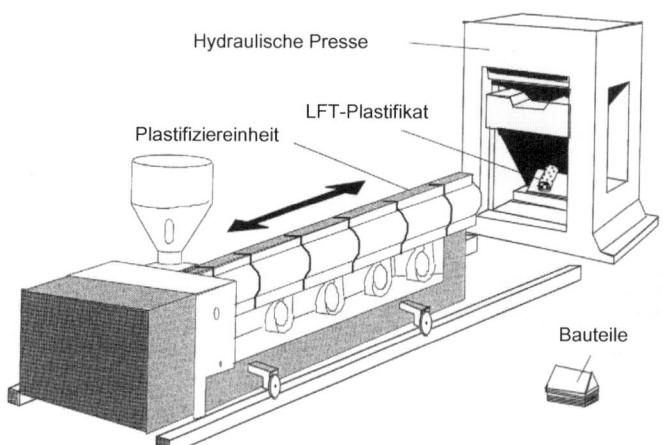

Bild 12.4 LFT-Verarbeitungsprozess [3]

Bei der Verarbeitung von LFT wird das Halbzeug in Form von Stäbchengranulat einem Plastifizierer zugeführt. Der Plastifizierer ist mit einem diskontinuierlich arbeitenden Extruder vergleichbar. Die spezielle Schneckengeometrie bewirkt eine

Homogenisierung der einzelnen Stäbchen zu einem Plastifikat mit definiertem Faservolumengehalt, das in der Presse zu einem Bauteil verpresst wird (Bild 12.4).

Der beachtliche, relative Markterfolg hat zu einer Weiterentwicklung in diesem Segment geführt. Diese Weiterentwicklung wurde mit den unterschiedlichen Direktverfahren zur LFT-Verarbeitung (Spritzguss und Plastifizierpressverfahren) umgesetzt. Diese Direktverfahren ermöglichen, durch die Umgehung einer Halbzeugfertigung die Materialkosten um bis zu 30 % zu reduzieren [4]. Jedoch sind hierfür deutlich höhere Investitionskosten erforderlich.

Beim Direkt-LFT-Verfahren wird das Matrixmaterial separat in einem Zweischneckenextruder plastifiziert. Diese Polymerschmelze wird als Polymerfilm in einen zweiten Doppelschneckenextruder übergeben, der gleichzeitig die Fasern einzieht und sie durch die Bewegung der Schnecken mechanisch zerteilt. Das entstandene Plastifikat wird wiederum der Presse zugeführt und zu Bauteilen verpresst. Im Abschnitt 12.6 sind die Direktverfahren ausführlicher dargestellt.

12.2.2 Fließpressen von Sheet Molding Compound (SMC)

Die Verarbeitung von SMC lässt sich in die Prozessschritte Vorbereitung der Halbzeugzuschnitte, Transfer des knetartigen flächigen Halbzeuges in das heiße Werkzeug, Pressvorgang und Entnahme des Bauteils gliedern, Bild 12.5.

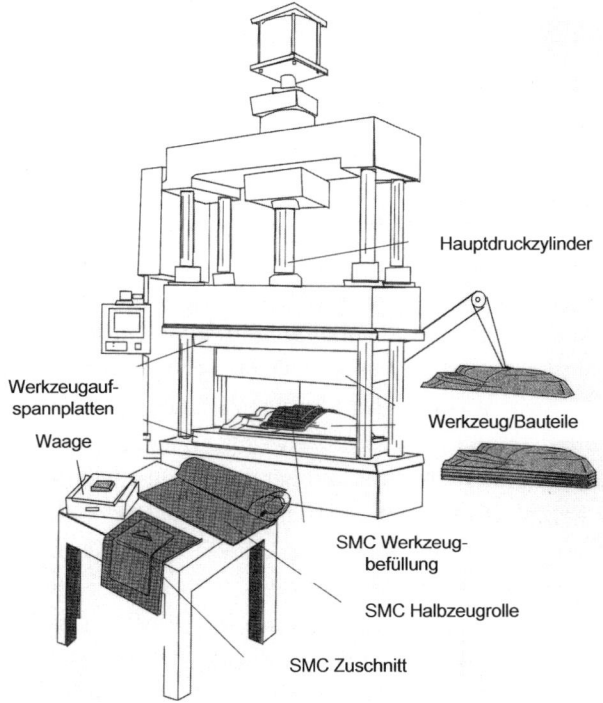

Bild 12.5
Prozesskettendarstellung der SMC Verarbeitung [3]

Das Verhalten der duroplastischen Werkstoffe stellt sich während der Bauteilher-stellung nahezu konträr zu der Herstellung von thermoplastischen FKV-Bauteilen dar. Die Werkzeugtemperatur beträgt, z. B. bei mit Füllstoffen und Faserverstärkung versehenen ungesättigten Polyesterharzen, zwischen 140 °C und 160 °C. Das Halb-zeug besitzt vor der Verarbeitung eine flächige Form und wird nach Volumen (Ge-wicht) konfektioniert. Das knetartige Halbzeug wird ebenso wie das thermoplasti-sche Halbzeug derart in der Kavität positioniert, dass während des Fließvorgangs alle Tauchkanten gleichzeitig erreicht werden. Da die Temperatur, die das Halbzeug in den flüssigen Zustand überführt, von der Werkzeugwand eingebracht wird, er-folgt das Fließen von außen nach innen, Bild 12.6.

Eine Unterscheidung von Einlegebereich und Fließbereich ist am duroplastischen Bauteil nicht mehr zu erkennen, dennoch ist bei der beanspruchungsgerechten Bau-teilauslegung ebenso auf die Faserorientierung zu achten wie bei thermoplastischen FKV.

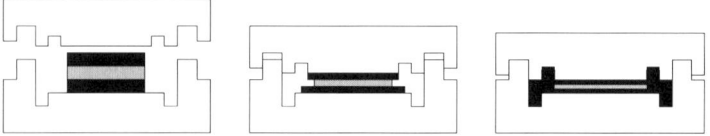

Bild 12.6 Fließverhalten duroplastischer Plastifikate während des Pressvorgangs

Die Verarbeitung von duroplastischen Verbundwerkstoffen kann bei geringeren Drücken als bei faserverstärkten Thermoplasten erfolgen. So betragen die Verarbei-tungsdrücke zwischen 25 und 250 bar. Für diese Verarbeitungsart werden die glei-chen Pressen wie beim Fließpressen von thermoplastischen Verbundwerkstoffen eingesetzt. Mit der ersten Berührung des Oberwerkzeuges mit dem in der Kavität platzierten Halbzeug steigt die applizierte Kraft an. Der Werkzeugspalt verringert sich jedoch erst mit dem Fließen des Materials, dass durch die Änderung der Visko-sität hervorgerufen wird. Die Viskositätsänderung wird durch die vom Werkzeug in das Halbzeug eingebrachte Temperatur erzeugt. Im Folgenden startet die exotherme Vernetzungsreaktion von Harz und Härter, was zu einem zusätzlichen Anstieg des Werkzeuginnendrucks führt. Werkzeugtemperatur und die durch die Vernetzungs-reaktion ansteigende Temperatur überlagern sich und erreichen im Verlauf des Pressvorgangs ein Maximum. Dieses Maximum, das von der Dicke des eingelegten Zuschnittpaketes abhängt, kann als Maß eines 95-prozentigen Vernetzungsgrades angesehen werden [5]. Mittels der Kombination aus Temperatur- und Druckverlauf-analyse kann der optimale Zeitpunkt zum Öffnen bestimmt werden, der bei Über-schreitung des T_{max} und bei Erreichung des P_{max} liegt. Die Analyse und Auswertung des Wegmesssystems, das Auskunft über den Pressspalt gibt, stellt bei gleichzeitig konstant applizierter Kraft durch die Presse für den Zeitraum der Vernetzungsreak-tion ein Ansteigen des Werkzeuginnendrucks und des Pressspalts fest. Der Press-spalt fällt schließlich mit dem Ende der Reaktion auf ein Minimum. In jüngster Zeit werden zur Fertigungsoptimierung zunehmend Wärmeflusssensoren eingesetzt. Gerade bei Verfahren mit exothermen Reaktionen werden diese Sensoren zur stärkeren Ausnutzung des Wirtschaftlichkeitspotenzials genutzt. Sie ermöglichen, dass beim Fließpressen von SMC die Presse zu dem Zeitpunkt öffnet, an dem keine Wärme mehr vom Werkstoff an das Werkzeug abgeben wird, sondern nur Wärme zur Aufrechterhaltung der Bauteiltemperatur auf dem Niveau der Werkzeugtemperatur eingebracht wird. Mit Erreichen dieses Zeitpunktes ist das Ende der Vernetzungsreaktion erreicht.

Die Pressdatenanalyse visualisiert diesen Unterschied, der sich gerade zu Beginn des Pressvorgangs darstellt, deutlich, Bild 12.7.

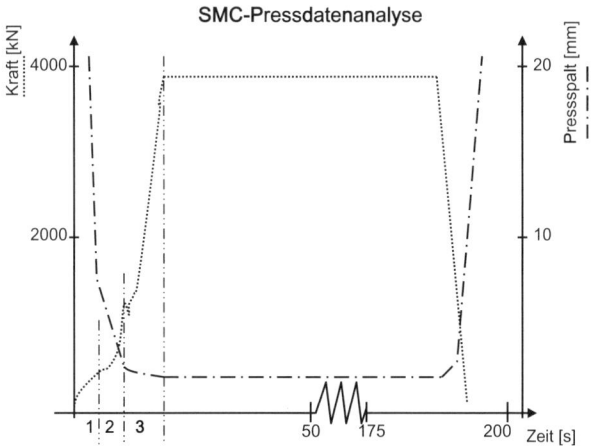

Bild 12.7 Pressdatenanalyse eines Pressvorgangs von SMC

Der Beginn des Pressvorgangs kann in drei Phasen gegliedert werden. Phase 1 beschreibt den Zeitraum vom Auslösen des Pressvorgangs, einschließlich des schnellen Schließens des Werkzeuges bis zur ersten Berührung des Oberwerkzeuges mit dem Material. Mit der Berührung des Materials beginnt Phase 2. Die Presskraft steigt an und das knetartige Material wird plastisch verformt, so dass die Geschwindigkeit des Oberwerkzeuges wesentlich verringert wird. Gleichzeitig wird durch die Berührung des Oberwerkzeuges Wärme in das Material eingebracht, so dass die Viskosität stark sinkt und es zu fließen beginnt (Phase 3). Durch diesen Fließprozess wird die Kavität ausgefüllt. Die dritte Phase endet, sobald keine Presskraftänderung mehr erfolgt. Die Position des Oberwerkzeuges ändert sich bis zur vollständigen Vernetzung des duroplastischen Materials nur noch geringfügig.

Jüngere Entwicklungen zielen auch bei der Verarbeitung von SMC auf eine stärkere Nutzung des Leichtbaupotenzials und eine gesteigerte spezifische Festigkeit ab. Deshalb werden zunehmend kohlenstofffaserverstärkte SMC-Typen (CF-SMC) entwickelt [6]. Der Pressvorgang von CF-SMC verläuft ähnlich wie beim GF-SMC. Ein nennenswerter Unterschied liegt darin, dass etwas höhere Presskräfte benötigt werden, da sich aufgrund der niedrigen Dichte der Kohlenstofffasern und den dünneren Einzelfilamenten eine größere Wechselwirkungsoberfläche zwischen Fasern und Matrix ergibt [7]. Aufgrund der wesentlich höheren Rohstoffkosten, die insbesondere durch die Kohlenstofffasern hervorgerufen werden, werden bisher nur wenige Bauteile in der Automobilindustrie aus diesem Werkstoff hergestellt. Einige Beispiele dafür sind die Golf-Caddy-Felge oder die Heckdeckel-Innenschale des 911 GT3 II. Generation, deren Gewicht durch den Einsatz von CF-SMC von ursprünglich 1,3 kg auf 900 g reduziert werden konnte [7].

Eine Möglichkeit, Bauteilkosten durch Prozessoptimierung zu reduzieren, bietet das sogenannte Direkt-SMC Verfahren. Wie das Direkt-LFT wird das Direkt-SMC Verfahren in Kapitel 12.6 ausführlicher beschrieben.

BMC kann unter ähnlichen Bedingungen wie SMC im Heißpressen verarbeitet werden, allerdings wird BMC im Gegensatz zu SMC vorwiegend im Spritzverfahren verarbeitet. Anders als beim herkömmlichen Spritzgießen mit Thermoplasten wird im ersten Schritt über eine Dosier- und nicht über eine Plastifizierungsphase gesprochen, da die BMC-Masse nicht aufgeschmolzen werden muss [8].

Die formlose, feuchte BMC-Masse wird aufgrund ihrer Konsistenz in einer speziellen Zwangsfördervorrichtung der Hauptschnecke zugeführt. Die Schnecken sind meistens kompressionslos ausgelegt, da diese Werkstoffe ihren Aggregatzustand während der Verarbeitung nicht ändern (keine Dichteänderung). Dagegen könnte ein hoher Druck die Friktion erhöhen und somit eine unerwünschte, frühere Vernetzung im Material hervorrufen. Anschließend wird die BMC-Masse in der Spritzeinheit kontinuierlich zugeführt. Eine Nachdruck-, eine Nachhärtungs- und Entformungsphase schließen den Prozess ab. Besonderheiten im Spritzgussverfahren mit BMC-Massen aufgrund der Materialzusammensetzung und Charakteristik (duroplastische Formmasse) sind in [9] genauer beschrieben.

Die mechanischen Eigenschaften von BMC-Bauteile sind geringer als die von SMC, da die Länge der Verstärkungsfasern durch die Verarbeitung im Spritzgießverfahren reduziert wird.

BMC wird hauptsächlich im Elektronikbereich (z.B. Schalterteile für Nieder- und Mittelspannungsgeräte) eingesetzt. In den letzten Jahren hat BMC auch einen verstärkten Einsatz in der Fahrzeugindustrie (hochspezialisierte Bauteile wie Scheinwerferreflektoren oder Reflektorspiegel werden zum Beispiel aus BMC gefertigt). Gründe dafür sind eine niedrige Schwindung, geringer Wärmeausdehnungskoeffizient, hohe Temperaturbeständigkeit (200 °C), komplexe Formgebung und ein relativ günstiger Preis.

12.2.3 Vergleich der Matrixsysteme im Fließpressprozess

Die unterschiedlichen Fließpressmassen wurden in den vorangegangenen Abschnitten eingehend erläutert. Da die Pressprozesse der jeweiligen Matrizes im Vorgang des Verpressens identisch sind und sich nur in der Aufbereitung des Halbzeuges unterscheiden, kann das Herausstellen der jeweiligen Vorteile zur Werkstoffauswahl beitragen. Eine Entscheidung für oder gegen einen bestimmten Matrixwerkstoff ist für jeden Anwendungsfall im Einzelnen zu treffen. Dabei ist das Lastenheft zum jeweiligen Bauteil mit dem Eigenschaftsprofil des Werkstoffes abzugleichen, um eine beanspruchungsgerechte Werkstoffauswahl zu treffen. Darüber hinaus ist neben der technischen Realisierbarkeit (z. B. Geometriedarstellbarkeit in allen Richtungen) der Prozess derart auszuwählen, dass die wirtschaftliche Herstellung des Bauteils möglich ist. Die Summe aus Geometrieanforderungen, technischen Anforderungen, Formstabilität, Ausbringungsmenge p. a., verfügbares Investitionsbudget, Zielstückkosten und Stückerlös führt bei einer Verfahrensanalyse zur Auswahl eines adäquaten Werkstoffs und Verarbeitungsverfahrens.

Die Gruppe der duroplastischen Werkstoffe dominiert bei den Fließpresshalbzeugen in Absatz und Umsatz. In den vergangenen Jahren hat sich jedoch der Einsatz thermoplastischer Halbzeuge verstärkt, während duroplastische Systeme weniger Verwendung fanden. Dies wird durch die unterschiedlichen werkstoffspezifischen Eigenschaften bzw. Vorteile der Thermoplaste und Duroplaste begründet (Tabelle 12.1).

Allen Fließpresshalbzeugen ist gemeinsam, dass die Verarbeitung die Bauteileigenschaften stark beeinflusst. Im Besonderen wirkt sie sich auf die mechanischen und die Oberflächeneigenschaften aus. Die Verarbeitung ändert die Morphologie des Werkstoffes. Bei teilkristallinen Thermoplasten kommt es bei der Verarbeitung zu Veränderungen von Kristallinität, Streckspannung, Schlagzähigkeit und Sphärolitgröße. Die Fließverarbeitung bewirkt zudem die Ausrichtung der Faserverstärkung in Fließrichtung, die zu einer Anisotropie des Bauteils führt. Beim Einsatz schmelzbarer Verstärkungsfasern wie beispielsweise eigenverstärkten thermoplastischen Materialien besteht zudem die Gefahr, dass die Verstärkungsfasern durch den Verarbeitungsprozess aufschmelzen und somit zerstört werden.

Für die Fließpressverfahren werden hauptsächlich Tauchkantenwerkzeug eingesetzt. Mit dem Erreichen der Tauchkanten setzt eine Umkehrung der Fließströmung der Pressmasse ein, so dass die Fasern nicht mehr orthogonal auf diesen anliegen, sondern sich dazu parallel ausrichten. Die Strömung im Randbereich des Werkzeugs kann somit für die Integration von Verbindungselementen genutzt werden.

Die speziellen Unterscheidungskriterien der Varianten beim Fließpressen und die Parameter zur Herstellung von thermo- bzw. duroplastischen Bauteilen sind in Tabelle 12.2 zusammenfassend dargestellt und dienen zur Auswahl des geeigneten Werkstoffes.

Tabelle 12.1 Vorteile der beiden Matrixsysteme im Vergleich

Thermoplaste	Duroplaste
Schnelle Konsolidierung	Niedrige Viskosität
Unbegrenzte Lagerfähigkeit	Gute dynamische Beanspruchbarkeit
Schmelzbar, ur-/umformbar, schweißbar	Gute Klebbarkeit
Korrosionsbeständigkeit	Sehr gute Oberflächenqualität erreichbar
Hohe Schlagzähigkeit	Hoher Modul
Hohe Bruchdehnung	Hohe Temperaturbeständigkeit
Keine Aushärte- und Temperzeiten nötig	Abriebfestigkeit
Meist geringe Feuchteempfindlichkeit	
Hohes Recyclingpotenzial	
Keine Emissionen bei der Verarbeitung, keine flüchtigen Bestandteile	

Tabelle 12.2 Werkstoffspezifische Verarbeitungsparameter beim Fließpressen

Verarbeitungsparameter	Thermoplaste	Duroplaste
Halbzeugvorbereitung	▪ GMT: zuschneiden, aufheizen ▪ LFT, D-LFT: aufheizen, automatische Portionierung ▪ Eigenverstärkte TP: je nach vorliegendem Halbzeug wie GMT (flächig) oder LFT (Granulat), bei Bedarf selektive Vorwärmung	▪ SMC: zuschneiden ▪ BMC, DMC: automatische Portionierung
Halbzeugtemperatur vor Kavitätsbestückung	▪ > Schmelztemperatur der Matrix ▪ Zusatzbedingung für eigenverstärkte TP: < Schmelztemperatur der Faser	▪ Raumtemperatur
Werkzeugkonstruktion	Tauchkantenwerkzeug, Schieberintegration möglich	Tauchkantenwerkzeug, Schieberintegration möglich
Werkzeugtemperatur ϑ_W	< Schmelztemperatur der Matrix (50 bis 80 °C) (bei höheren Stückzahlen evtl. Kühlung nötig)	= Reaktionstemperatur der Harzpaste (ca. 140 bis 160 °C)
Zuschnittgröße und -positionierung	30 bis 80 % der projizierten Fläche, dabei mittig	30 bis 70 % der projizierten Fläche, dabei meist mittig
Schließgeschwindigkeit	5 bis 50 mm/s	5 bis 10 mm/s
Presskraft/Werkzeug-innendruck	▪ GMT: 15 bis 25 MPa, ▪ LFT: 2,5 bis 10 MPa ▪ Eigenverstärkte TP: je nach Halbzeug 0,5 bis 20 MPa	SMC: 2 bis 15 MPa
Fließverhalten	Aus der Mitte des Plastifikates	Von der Werkzeugwand
Zykluszeit (Optimum)	(Kristallisationsgrad , (teilkristalline TP), Bauteildicke, Werkzeugtemperatur)	(Härtezeit, Reaktivität, Bauteildicke, Werkzeug-temperatur)

■ 12.3 Thermoformen von Organoblechen

12.3.1 Einleitung

Beim Thermoformen wird ähnlich wie bei der Verarbeitung von thermoplastischen Fließpressmassen (GMT und LFT) von einem in der Regel voll imprägnierten und konsolidierten Halbzeug ausgegangen, den sogenannten Organoblechen. Im Gegensatz zu den Fließpressverfahren erfolgt beim Thermoformen die Ausformung der dreidimensionalen Bauteilgeometrie nicht durch ein Fließen des Materials, sondern ausschließlich durch das Drapieren der Verstärkungsstruktur, meist ein Gewebe, vgl. Abschnitt 6.6. Hiermit ist dieses großserientaugliche Verfahren auf die Herstellung schalenförmiger Strukturen beschränkt. Verrippungen sind nicht darstellbar. Die dargestellten verfahrensspezifischen Weiterentwicklungen und die unter Abschnitt 12.5 beschriebenen Hybridverfahren versuchen, diesen Nachteil aufzufangen.

Die Eingliederung des Thermoformens von Organoblechen in die Herstellungsprozesskette ist in Bild 12.8 dargestellt. Der Materialfluss beginnt mit der Herstellung der Organobleche, z.B. mittels Doppelband- oder Intervallheißpresstechnik, führt zur Formgebung und ggf. zu einem nachgeschalteten Fügeprozess mit anderen Teilen, wie Profilen oder Krafteinleitungselementen.

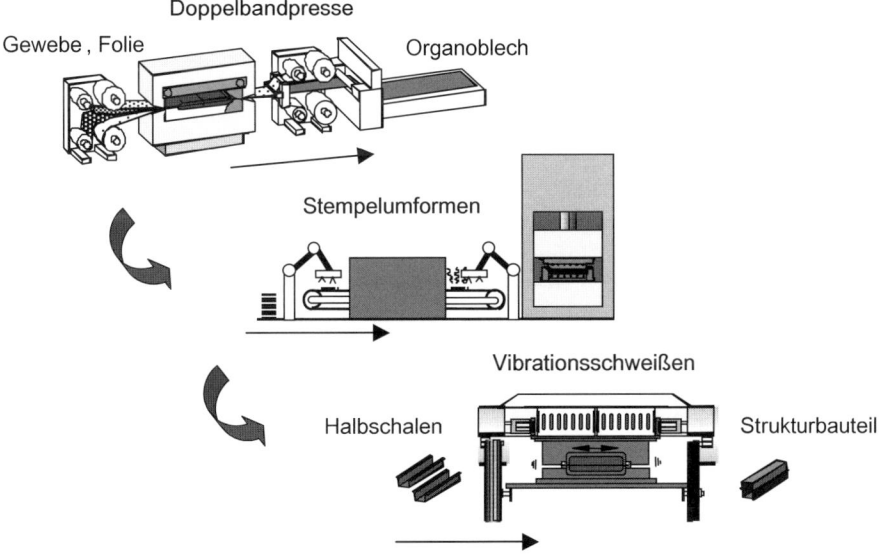

Bild 12.8 Materialfluss von Organoblechen: Herstellung-Formgebung-Fügen

12.3.2 Umformprinzipien

Anders als bei Materialien, bei denen der Umformprozess durch deren plastische Fließfähigkeit bestimmt wird, ist bei der Umformung faserverstärkter Thermoplaste die Drapierung der geometriedeterminierende Faktor. Hierbei wird unter Drapierbarkeit die sphärische Verformbarkeit von textilen Flächengebilden ohne Faltenbildung verstanden. Untersuchungen zur Drapierung werden an nicht imprägnierten und imprägnierten Verstärkungsstrukturen, z. B. mittels eines Spannrahmens, vgl. Abschnitt 6.6, durchgeführt und auf das Drapierverhalten eines vollständig imprägnierten Organoblechs übertragen. Bei diesen Untersuchungen zeigt sich, dass bei der Umformung von gewebeverstärkten Thermoplasten die Scherung des Gewebes der wichtigste Parameter darstellt, Bild 12.9. Andere Einflussparameter, wie z.B. Dehnung und Streckung der Kett- bzw. Schussfäden und die Verschiebung der Fasern spielen nur eine untergeordnete Rolle [10].

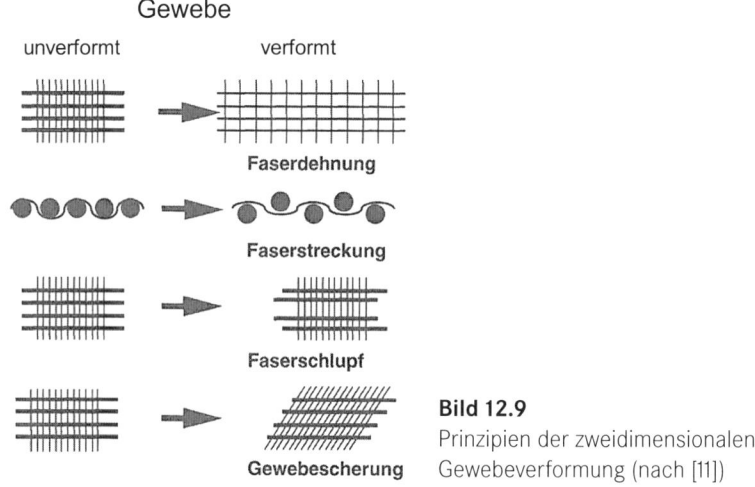

Bild 12.9
Prinzipien der zweidimensionalen Gewebeverformung (nach [11])

Während des Drapierens von Geweben über sphärische Geometrien verändern sich die Winkel zwischen Kett- und Schussfäden. Dadurch wird ein genaues Ablegen des Gewebes überhaupt erst möglich. Ausgehend von einem Winkel von 90° zwischen Kett- und Schussfäden verringert sich der Winkel, bis ein maximaler Scherwinkel erreicht ist. Dieser Scherwinkel ist ein Maß für die größte faltenfreie Verdichtung des Gewebes. Wird die Scherung über diesen Winkel fortgesetzt, so äußern sich die auftretenden Spannungen in Form von Falten, da das Gewebe nicht weiter verdichtet werden kann. Somit ist es ein Ziel der optimierten Umformung, diesen Grenzscherwinkel nicht zu erreichen. Wenn die Geometrie des Bauteils nicht verändert werden darf, kann man auf zwei Arten den Grenzwinkel reduzieren:

▪ Aufbringen von Vorspannkräften in das Gewebe (Zugspannung),
▪ Variation der Gewebegeometrie (Bindungsart, Offenheit, Titer, Fadendichte).

Durch das Aufbringen einer Zugspannung in das Gewebe kann eine hohe Verdichtung erreicht werden, ohne dass es zum Ausbeulen des Gewebes in Dickenrichtung kommt [11]. Dies kann durch geeignete Niederhaltersysteme, Nachführsysteme oder durch Herstellung mit dem Diaphragmaverfahren erreicht werden, wobei das Diaphragma Membranspannungen in das Material einbringt. Je nach verwendeter Gewebegeometrie ändert sich der maximale Scherwinkel, bei dem noch keine Faltenbildung auftritt. Dieser sogenannte Blockierwinkel ist von der Anzahl der Abbindepunkte pro Flächeneinheit sowie dem Verhältnis aus Rovingbreite zu Rovingabstand abhängig (siehe Abschnitt 6.6.2). Man erhält somit z.B. für ein Leinwand-Gewebe einen niedrigeren maximalen Scherwinkel als für ein Atlas 1/7-Gewebe. Bei der Wahl des Gewebes müssen auch die mechanischen Eigenschaften berücksichtigt werden, so dass immer ein Abwägen der positiven und negativen Eigenschaften der Gewebetypen erforderlich ist.

Ein ebenfalls wichtiger Einflussparameter auf das Umformverhalten ist die Schmelzviskosität der Matrix. Die Verarbeitungsviskosität von Thermoplasten ist deutlich höher als die von duroplastischen Harzsystemen und variiert bei den technisch wichtigen Thermoplastwerkstoffen zwischen 100 Pa s (PA, PET) und 25 000 Pa s (PEI, PSU).

Die Scherverformung eines mit Matrix imprägnierten Gewebes erfordert einen höheren Kraftaufwand als beim nichtimprägnierten Gewebe, da zusätzliche Arbeit geleistet werden muss, um die hochviskose Matrix zu scheren und aus der Gewebezelle zu verdrängen. Die Verdrängung erfolgt, da die Fläche einer Gewebezelle mit zunehmendem Scherwinkel abnimmt. Somit wird aufgrund der Volumenkonstanz die überschüssige Matrix überwiegend in Dickenrichtung des Gewebes verdrängt. Dies führt, in Abhängigkeit des Scherwinkels, zu einer lokal unterschiedlichen Aufdickung des Laminates. In Einzelfällen wurde bei kleinen Scherwinkeln eine Reduktion der benötigten Kraft gegenüber trockenen Geweben gemessen, die auf einen „Schmierungseffekt" der Matrix zwischen den Fasern zurückgeführt wird.

Ein weiterer wichtiger Einflussfaktor beim Umformprozess gewebeverstärkter Thermoplaste ist die Reibung zwischen Werkzeug und Laminat, somit zwischen den einzelnen Lagen des Laminats. Hierzu existieren Werkstoffmodelle, die den Reibungskoeffizienten als Funktion der Relativgeschwindigkeit, der Temperatur, der aufgebrachten Normalkraft und der Faserorientierung an der Oberfläche beschreiben [12].

12.3.3 Umformverfahren allgemein

Die Umformtechnik ist ein großserientaugliches Verfahren, dessen typischer Prozessablauf in Bild 12.10 dargestellt ist. Zunächst wird das Halbzeug (Organoblech) über die Erweichungs- bzw. Schmelztemperatur des thermoplastischen Matrixmaterials erwärmt. Nach Erreichen der erforderlichen Temperatur wird es mittels einer Transportvorrichtung unmittelbar in eine Presse befördert. Hierbei ist darauf zu achten, die durch den Transport bewirkte, erzwungene Konvektion zu minimieren, um Umorientierungs- und Abgleitprozesse zwischen den Faserschichten während der Umformung nicht zu behindern und z. B. Faserbruch und Faltenbildung zu vermeiden. Um ein frühzeitiges Einfrieren der Organobleche während der Umformung zu vermeiden, werden die Werkzeuge temperiert. Die Werkzeugtemperatur liegt je nach Polymer 50 – 150 K unter der Verarbeitungstemperatur des thermoplastischen Matrixmaterials, um bei der Entformung keinen Verzug des Bauteils zu erhalten. Zu langes Verweilen auf hohen Temperaturen kann eine Zersetzung des Matrixmaterials bewirken, wodurch die mechanischen Eigenschaften des Bauteils erniedrigt werden. Dem Aufheizvorgang kommt deshalb große Bedeutung für die Qualität des fertigen Bauteils zu.

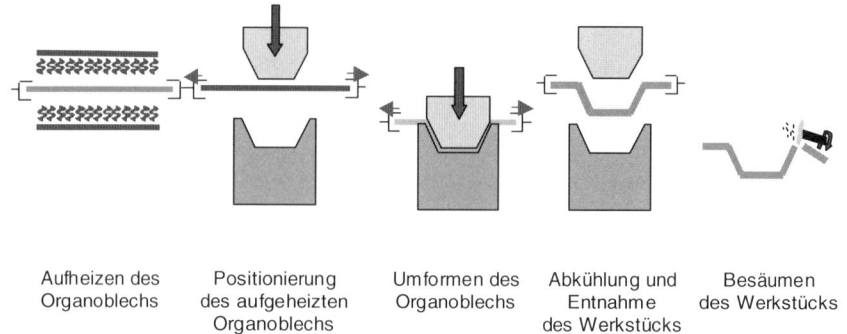

| Aufheizen des Organoblechs | Positionierung des aufgeheizten Organoblechs | Umformen des Organoblechs | Abkühlung und Entnahme des Werkstücks | Besäumen des Werkstücks |

Bild 12.10 Typischer Prozessablauf beim Thermoformen von Organoblechen

Nach der Positionierung der Transportvorrichtung beginnt durch Schließen und die damit verbundene Druckaufbringung sofort die Umformung, um eine weitere Abkühlung des Laminates zu verhindern. Die Formgebung kann dabei über eine oder zwei Urformen geschehen (Matrize und oder Patrize). Als Pressen werden üblicherweise schnellschließende, hydraulische Pressen verwendet. Die im Organoblech gespeicherte Wärme muss im folgenden Abkühlprozess an das Werkzeug abgegeben werden, um die Temperatur der Matrix unter die Erstarrungstemperatur abzusenken. Nach dem Abkühlen des Bauteils öffnet die Presse, das Formteil kann entnommen werden. Nach einem anschließenden Stanz- oder Besäumvorgang, bei dem die überschüssigen Materialreste entfernt werden, ist das Bauteil fertig. Bei geeigneter Geometrie des Bauteils kann das Besäumen auch durch eine in das Werkzeug integrierte Stanzeinheit in den Umformzyklus integriert werden. Alle im Folgenden aufgeführten Umformverfahren haben diese Prozessschritte – Aufheizen, Umformen, Abkühlen und Besäumen – gemeinsam.

Die übliche Taktzeit für einen Umformzyklus liegt unter einer Minute. Betrachtet man den beispielhaften Temperatur- und Druck-Zeit-Verlauf für eine Umformung mit einem Metallstempelverfahren in Bild 12.11, so zeigt sich, dass die Hauptzeit für das Erwärmen der Organobleche zu veranschlagen ist. Der Kernprozess des Umformens benötigt hingegen nur eine geringe Zeitspanne. Bei Entkoppelung des Erwärmens vom Umformen können Zeiten für den Umformvorgang von 15 s erreicht werden [11].

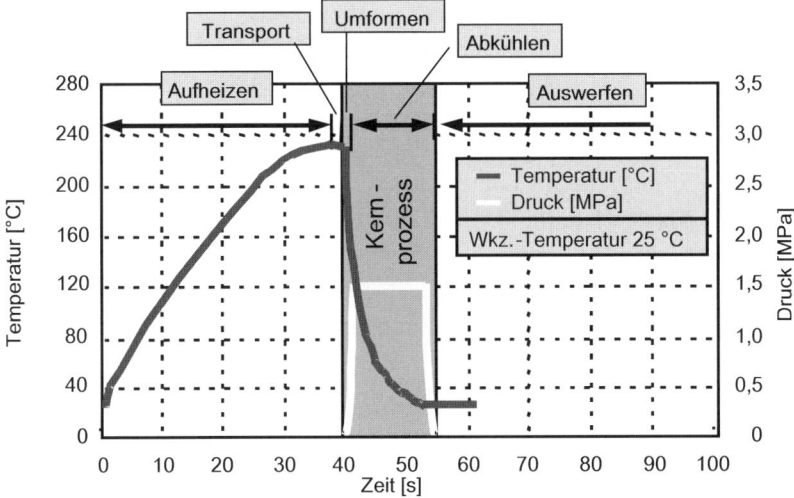

Bild 12.11 Taktzeiten beim Stempelumformen

12.3.3.1 Diaphragmaformen

Das Diaphragmaformen ist das älteste Fertigungsverfahren zur Herstellung von dünnwandigen Bauteilen für kontinuierlich faserverstärkte Thermoplaste.

Dabei wird in der Literatur vom Diaphragmaformen im Autoklaven und dem nicht-isothermen Diaphragmaformen nach Ziegmann unterschieden. Das Diaphragma-formen im Autoklaven stellt dabei ein Verfahren mit extrem langen Zykluszeiten dar, weshalb im Folgenden nur auf das nicht-isotherme Diaphragmaformen einge-gangen wird [13], [14].

Beim nicht-isothermen Diaphragmaformen wird das Werkstoffpaket zwischen zwei superelastische Folien plaziert und Vakuum angelegt. Diese Folien, Diaphragmen genannt, bestehen aus hochtemperaturbeständigen Elastomeren, wie z.B. Fluor-Sili-kon (FVMQ) oder Acrylester-Kautschuk (ACM) und besitzen in bestimmten Tempe-raturbereichen Dehnungswerte von einigen hundert Prozent. Das Paket wird mittels Strahlung oder Konduktion über Schmelztemperatur des Polymers erwärmt und anschließend in die Umformstation transportiert. Je nachdem, wie die Anlage konzi-piert ist, kann die Aufheizstation aus der Umformstation transferiert werden, siehe Bild 12.12.

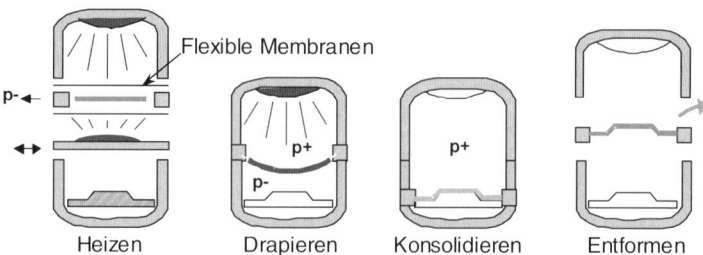

Bild 12.12 Nicht-isothermes Diaphragma-Verfahren (nach [12])

Anschließend wird die Druckglocke geschlossen, wobei die Diaphragmen als Dichtungen wirken. Unterhalb des Laminatpakets befindet sich die Werkzeughälfte, in der Vakuum angelegt wird. Da Vakuum allein nicht ausreichen würde, um kontinuierlich faserverstärkte Thermoplaste zu formen, wird das Laminat von der Oberseite her mit Druck beaufschlagt. Das Diaphragmenpaket wird so umgeformt, kühlt in der beheizten Werkzeughälfte ab und kann nach Unterschreiten der Rekristallisationstemperatur entformt werden.

In Tabelle 12.3 sind die wichtigsten Vor- und Nachteile dieses Verfahrens aufgeführt.

Tabelle 12.3 Vor- und Nachteile des nicht-isothermen Diaphragmaverfahrens

Vorteile	Nachteile
▪ Prepregs verarbeitbar	▪ Lange Zykluszeiten, da die Diaphragmen als Wärmeisolatoren einem schnellen Aufheizen entgegenstehen
▪ Leichte Hinterschneidungen möglich	
▪ Durch Diaphragma geringe Matrixoxidation und Faltenbildung	▪ Hoher Wartungsaufwand und Kosten für das Diaphragma
▪ Nur eine Werkzeughälfte notwendig, hohe Komplexität möglich	▪ Eigenspannungen und Bauteilverzug durch ungleichmäßiges Abkühlen
▪ Verarbeitung unterschiedlicher Laminatdicken	
▪ Keine Delamination während der Umformung	
▪ Vergleichsweise geringe Investitionskosten	

12.3.3.2 Umformen mit Metallstempel

Als Stempelumformverfahren werden Verfahren bezeichnet, welche mit Hilfe von schnell schließenden Pressen extrem kurze Zykluszeiten ermöglichen. Dabei kommen Stempel zum Umformen der vorher vollständig imprägnierten Organobleche zum Einsatz. Eine nachträgliche Imprägnierung ist wegen der kurzen Verweilzeit der Matrix im schmelzflüssigen Zustand nicht möglich. Die Erwärmung erfolgt meist in Infrarotstrahlerfeldern stets getrennt von der Umformung, wodurch die Umform- und Abkühlungsphase die zeitbestimmenden Faktoren sind. Zur Vermeidung oder Reduzierung der Faltenbildung wird ein spezieller Niederhalter benötigt, der mechanisch oder pneumatisch gesteuert wird [15].

Unter Stempelumformen mit Metallstempel (engl.: Matched Metal Molding) versteht man das Umformen mit Werkzeugen aus Stahl oder Aluminium, Bild 12.13. Die Kavität des Werkzeuges ist durch die festen Werkzeughälften vorgegeben, die auf eine polymerabhängige Temperatur beheizt werden. Tabelle 12.4 listet die Vor- und Nachteile des Verfahrens.

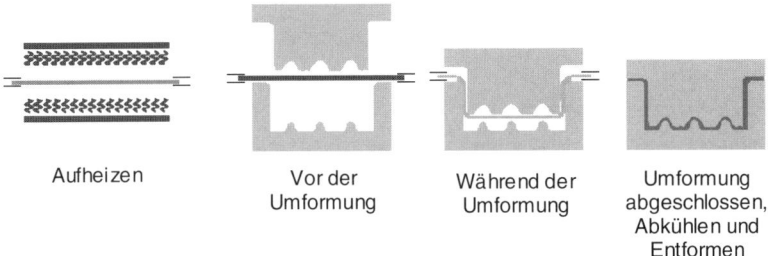

Aufheizen   Vor der   Während der   Umformung
                   Umformung   Umformung   abgeschlossen,
                                                         Abkühlen und
                                                         Entformen

Bild 12.13 Stempelumformen mit Metallstempel

Tabelle 12.4 Vor- und Nachteile des Metallstempelverfahrens

Vorteile	Nachteile
▪ Sehr kurze Zykluszeiten	▪ Vollständig imprägnierte Halbzeuge erforderlich
▪ Sehr gute Ausformung kleiner Radien und Ecken	▪ Variation der Laminatdicke bedingt jeweils eine neue Matrize oder Patrize
▪ Sehr gute, reproduzierbare Formteilgenauigkeit und Oberflächen	▪ Kein Druck senkrecht zur Pressrichtung
▪ Hohe Werkzeugstandzeit ⇨ geringer Wartungsaufwand	▪ Niederhalter bei Faltenbildungen notwendig
▪ Minimierung von Eigenspannungen und Verzug im Bauteil	▪ Hinterschneidungen nur mittels kostenintensiver Schikanenwerkzeuge möglich
▪ Hohe Automatisierbarkeit des Verfahrens	▪ Vergleichsweise hohe Werkzeugkosten

12.3.3.3 Umformen mit Elastomerblock

Ein Aufbau, der wegen der großen Zahl an Kleinst- und Kleinserien von Produkten in der Flugzeugindustrie Verwendung findet, ist das Stempelumformen mit einem Elastomerblock (engl.: Rubber Pad Forming). Hierbei wird das Oberwerkzeug (Matrize) als Elastomerblock ausgeführt, der möglichst temperaturbeständig und verschleißfest sein muss, Bild 12.14.

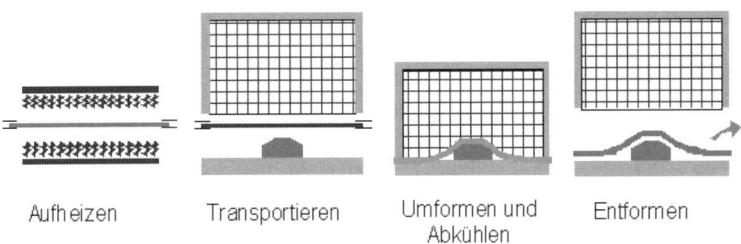

Aufheizen   Transportieren   Umformen und   Entformen
                                   Abkühlen

Bild 12.14 Stempelumformen mit Elastomerblock

Das Unterwerkzeug (Patrize) besteht zumeist aus Stahl oder Aluminium. Während der Umformung nimmt der hochverformbare Block die Kontur der Patrize an. Der Hauptvorteil dieses Verfahrens besteht in der Herstellung von unterschiedlichen Produkten mit nur einem Elastomerblock [16] (Vor- und Nachteile s. Tabelle 12.5).

Tabelle 12.5 Vor- und Nachteile des Stempelumformen mit Elastomerblock

Vorteile	Nachteile
▪ Kurze Zykluszeiten	▪ Vollständig imprägnierte Halbzeuge erforderlich
▪ Nur eine Werkzeughälfte notwendig	▪ Niederhalter bei Faltenbildung notwendig
▪ Gleichmäßige Druckverteilung auch senkrecht zur Pressrichtung	▪ Begrenzte Haltbarkeit der Elastomerblöcke
▪ Einseitig sehr hohe Oberflächenqualität	▪ Eigenspannungen und Verzug im Bauteil wegen ungleichmäßiger Abkühlung
▪ Variationen der Laminatdicke oder des Lagenaufbaus möglich	▪ Unzureichende Ausformung scharfkantiger Radien oder Ecken
▪ Leichte Formteilhinterschneidungen möglich	
▪ Hohe Automatisierbarkeit des Verfahrens	

12.3.3.4 Umformen mit Silikonstempel

Ein weiteres Stempelumformverfahren stellt das Silikonstempelumformen dar. Dieses Verfahren vereinigt die Vorteile der homogenen Druckverteilung und der variablen Werkzeugkavität mit einer erhöhten Werkzeugstandzeit. Der Unterschied zum Elastomerblock besteht in der Geometrie der Patrize, die der Bauteilkontur ähnelt. Die Querschnittsfläche des Silikonstempels ist, verglichen mit einem Metallstempel, etwas kleiner, um zunächst die Umformrate zu bewältigen. Da für eine vollständige Ausformung des Bauteiles das Volumen in der Matrize ausgefüllt sein muss, ist die Stempelhöhe größer, Bild 12.15.

Vor der Umformung   Mittlere Sicke umgeformt   Alle Sicken umgeformt   Vollständig umgeformt

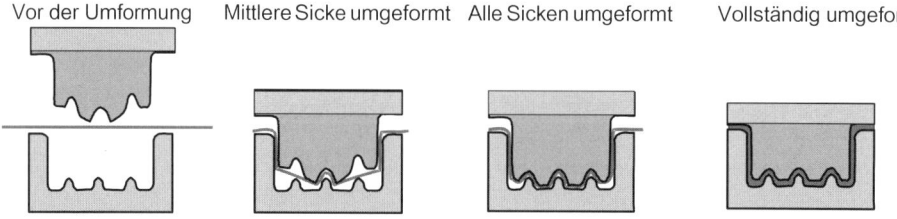

Bild 12.15 Silikonstempelverfahren

Der Silikonstempel ermöglicht durch seine hohe elastische Dehnung sequentielle Umformungen. Bei dem Werkzeug nach Bild 12.15 formt der Silikonstempel zunächst die mittlere Versteifungssicke, danach die beiden äußeren Sicken und zum Schluss erst die Ecken in der Matrize aus [17] (Vor- und Nachteile s. Tabelle 12.6).

Tabelle 12.6 Vor- und Nachteile des Silikonstempelverfahrens

Vorteile	Nachteile
▪ Kurze Zykluszeiten	▪ Vollständige Imprägnierung der Halbzeuge erforderlich
▪ Im Vergleich zu Elastomerblöcken höhere Standzeiten	▪ Niederhalter bei Faltenbildungen notwendig
▪ Homogene Druckverteilung auch orthogonal zur Pressrichtung	▪ Gegenüber Metallstempelverfahren eingeschränkte Formteilkomplexität
▪ Einseitig sehr hohe Oberflächenqualität	▪ Ausformbarkeit kleiner Radien und Ecken
▪ Variationen der Laminatdicke oder des Lagenaufbaues möglich	▪ Aufwendige Herstellung der Silikonstempel erforderlich
▪ Hohe Automatisierbarkeit des Verfahrens	

12.3.3.5 Quicktemp-Konzept

Das Quicktemp-Konzept stellt eine Kombination des Imprägnierens und des Umformens in einem Werkzeug dar. Da zum Imprägnieren Temperaturen weit über Schmelztemperatur und zum Entformen Temperaturen deutlich unter Schmelztemperatur des Polymers benötigt werden, müsste das Werkzeug über große Temperaturdifferenzen erwärmt bzw. abgekühlt werden. Allerdings wäre dies zum einen nur durch lange Zykluszeiten realisierbar, zum anderen wird dadurch im hohen Maße Energie verbraucht. Das Quicktemp-Konzept sieht deshalb eine Außenform des Werkzeugs als Energiespeichermedium vor (meist Stahl), welches permanent auf einem hohen Temperaturniveau (ca. 300 bis 400 °C) gehalten wird [18].

Die Innenform, die dem Bauteil die Geometrie vorgibt, ist mit einer Kühlung versehen. Zum Imprägnieren wird ein Hybridgarngewebe in das Werkzeug drapiert und erwärmt. Bei vorgeschalteter Erwärmungsquelle können auch andere Halbzeugtypen verwendet werden. Der Vorteil von Hybridgarngeweben besteht in den niedrigeren Halbzeugkosten, da die Imprägnierungskosten wegfallen. Bei der Erwärmung gibt die Außenform Energie an die Innenform ab. Mittels Konduktion wird das Polymer anschließend aufgeschmolzen. Durch den eingestellten Druck wird die Verstärkungsstruktur imprägniert. In der zweiten Stufe dieses Prozesses wird die Kühlung in der Innenform aktiviert, so dass das Laminat unter Rekristallisationstemperatur abkühlt.

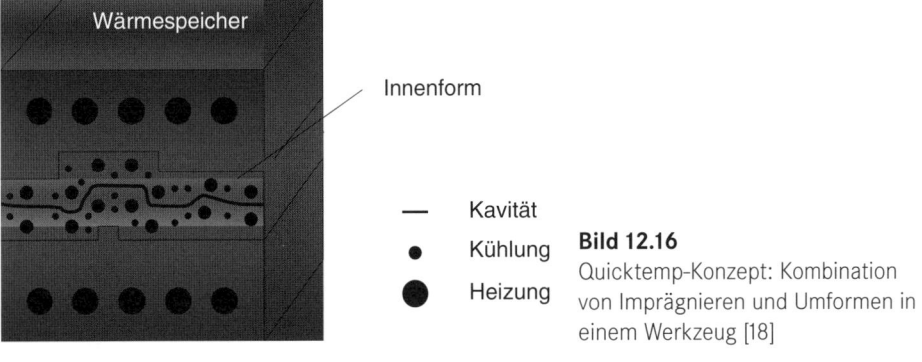

Wärmespeicher

Innenform

— Kavität

● Kühlung

⬤ Heizung

Bild 12.16
Quicktemp-Konzept: Kombination von Imprägnieren und Umformen in einem Werkzeug [18]

Bei der Werkzeugauslegung ist darauf zu achten, dass die Innenform wegen des Auf- und Abkühlens möglichst dünnwandig sein muss. Als Werkstoff soll ein Material mit hoher Wärmedurchgangszahl gewählt werden, z. B. Aluminium, Kupfer oder deren Legierungen. Auf jeden Fall muss der Werkstoff so ausgewählt werden, dass es durch den applizierten Druck zu keiner Beschädigung der Innenform kommt, wie Faserabzeichnung und Dellen. Da diese Methode insbesondere für dreidimensionale Bauteile gedacht ist, muss unbedingt auf die Wärmeausdehnungskoeffizienten der Außen- und der Innenform geachtet werden (Vor- und Nachteile s. Tabelle 12.7).

Tabelle 12.7 Vor- und Nachteile des Quicktemp-Konzepts

Vorteile	Nachteile
▪ Sehr gute Formbarkeit kleiner Radien und Ecken	▪ Relativ hohe Zykluszeiten
▪ Hohe, reproduzierbare Formteilgenauigkeit und Oberflächengüte realisierbar	▪ Anspruchsvolle Realisierung einer homogenen Temperaturverteilung im Werkzeug
▪ Hohe Standzeit mit geringem Wartungsaufwand	▪ Sehr energieintensives Verfahren
▪ Geringe Eigenspannungen und dadurch geringer Bauteilverzug	▪ Keine Variation der Werkzeugkavität
▪ Vergleichsweise geringe Investitionskosten	▪ Kein Druckaufbau senkrecht zur Pressrichtung
▪ Geringer Platzbedarf durch Verzicht auf eine Aufheizstation	▪ Niederhalter gegen bei Faltenbildungen notwendig
	▪ Hinterschneidungen nur mittels kostenintensiven Schikanenwerkzeugen realisierbar
	▪ Vergleichsweise hohe Werkzeugkosten

12.3.3.6 Direktimprägnieren

Das Direktimprägnieren oder auch Pressformen ist der direkte Weg zur Erzeugung von thermoplastischen Faserverbunden. Es kombiniert Formgebung, Imprägnieren, Konsolidieren und Abkühlen zu einem einzigen Prozess und in einem einzigen Presswerkzeug. Ausgegangen wird beim Direktimprägnieren von nicht oder nur teilweise imprägnierten Halbzeugen, bei denen der Anteil von Fasern und Matrix bereits eingestellt ist. Diese thermoplastischen Halbzeuge, wie Hybridgarne, thermoplastische Prepregs oder eine Kombination aus Fasern und thermoplastischen Folien, werden zugeschnitten, konfektioniert und in das kalte Werkzeug eingelegt oder gegebenenfalls drapiert. Während des nachfolgenden Presszykluses wird ein Druck- und Temperaturprofil abgefahren, beginnend mit einer Aufheizphase, während der das Werkzeug aufheizt und über Wärmeleitung den Thermoplast verflüssigt. In der nachfolgenden Haltephase werden die Fasern unter Pressdruck von der Thermoplastschmelze imprägniert. Abschließend wird in der Abkühlphase der Thermoplast zum Erstarren und auf Entformungstemperatur gebracht.

Da die zum Imprägnieren erforderlich Temperatur weit oberhalb und die Entformungstemperatur deutlich unterhalb der Schmelztemperatur des Polymers liegt, muss das Werkzeug über große Temperaturdifferenzen erwärmt bzw. gekühlt werden. Dies stellt den Hauptnachteil dieses Verfahrens dar. Die dazu benötigte Zeit geht in die Zykluszeit ein. Zudem wird aufgrund der Werkzeugmasse viel Energie verbraucht. Dies führt dazu, dass in vielen Fällen ein Thermoformverfahren mit vorgeschalteter Organoblechfertigung vorgezogen wird. Dennoch besitzt das Direktimprägnieren seine Berechtigung, da sich so ein breiteres Bauteilspektrum fertigen lässt. Komplexe Formteilgeometrien mit kleinen Radien, Ecken sowie Rippen sind beim Thermoformen von Organoblechen eingeschränkt realisierbar. Das Direktimprägnieren hingegen bietet während der Haltephase oberhalb des Schmelzpunkts genug Zeit für das nötige Fließen des Materials. Durch das Konfektionieren der Zuschnitte lassen sich gezielte Faserorientierungen erzeugen, die im Gegensatz zum Fließpressverfahren ihre Orientierung nicht verlieren. Auch lassen sich werkzeugfallende Bauteile ohne Nachbearbeitung oder Randverschnitt herstellen (netshape). Insbesondere bei kostenintensiven Halbzeugen ergibt sich durch den geringeren Materialeinsatz eine Kostenersparnis.

Um den Nachteil der langen Zykluszeiten möglichst klein zu halten, müssen schnellheizende und schnellkühlende Werkzeuge eingesetzt werden. Diese sogenannten variothermen Werkzeuge verfügen über starke Heiz- und Kühlfunktionen, die mit mehreren Kelvin pro Sekunde die Werkzeugoberflächentemperatur variieren können (siehe Abschnitt 17.7.5) [19].

Diesem Verfahren liegt das Prinzip des Quicktemp-Konzeptes zugrunde. Auch hier wird auf die kostengünstigeren Hybridgarngewebe zurückgegriffen, um die hohen Imprägnierungskosten zu umgehen. Bei Verwendung einer vorgeschalteten Erwärmungsquelle ist auch bei diesem Verfahren die Verarbeitung von vollständig imprägnierten Halbzeugen möglich. Das Hybridgarngewebe wird in einen Transportrahmen eingelegt und in einer Presse umgeformt. Dabei wird ein flächiger Niederhalter zur Vermeidung bzw. Verminderung der Faltenbildung verwendet. Anstatt eines Werkzeuges werden hier zwei Werkzeuge eingesetzt, mit denen das Aufheizen und Abkühlen realisiert wird, wobei das eine Werkzeug permanent erwärmt wird und das zweite Werkzeug der Abkühlung dient, Bild 12.17.

Zum Transport des über Schmelztemperatur erwärmten Laminats dient eine Innenform, die mit ihrer Kegelform exakt in die beheizten oder gekühlten Außenformen passt. Durch die Kegelform wird das Problem der unterschiedlichen Wärmeausdehnungskoeffizienten der Werkstoffe der Außen- bzw. Innenformen umgangen. Die Außenformen sind stabil und vor allem die Aufheizformen dienen der Energiespeicherung. Die Innenformen sollen möglichst schnell Wärme aufnehmen bzw. abgeben können. Eine gewisse Druckstabilität und Oberflächenhärte gegen Faserabzeichnungen ist ebenfalls notwendig. Ein geeigneter Werkstoff stellt St 1.2311 dar, der auch den hohen Aufheiz- und Abkühlraten bei großen Stückzahlen standhält. Als Besonderheit wird hier im zweiten Konsolidierungswerkzeug mit Tauchkanten gearbeitet, um zusätzlich eingelegte GMT- Laminate in die Kavitäten fließen zu lassen. Die dabei notwendigen Drücke liegen wie bei der GMT-Verarbeitung bei 200 bar, was eine Nutzung von hoch faserverstärkten Laminaten einschränkt, da die Fasern bei diesen Drücken an den Kreuzungspunkten brechen können.

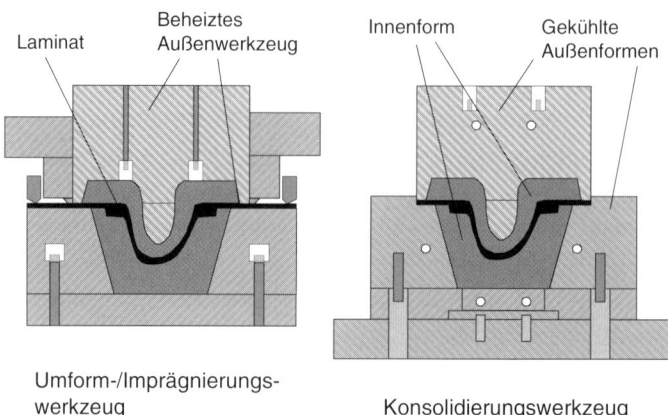

Bild 12.17 Prinzipieller Prozesszyklus beim Direktimprägnieren

Das Direktimprägnier-Verfahren hat gegenüber dem Quicktemp-Verfahren den Vorteil, dass während der Abkühlung der Energiespeicher der Außenform nicht gekühlt und damit der Energieverbrauch gesenkt wird. Dennoch ist die Innenform stets mit zu erwärmen und abzukühlen. Die Zykluszeiten einer Pilotanlage bei 4 mm dicken Laminaten beträgt 23 min, wobei diese noch durch die Verwendung von 2 Innenformen auf die Aufheizzeit von ca. 15 min reduziert werden können. Die Aufheizzeit ist relativ lang, da die Hybridgarne samt Lufteinschlüssen ohne hohen Druck (2 bis 5 bar) erwärmt werden. Der geringe Druck in der Imprägnierphase ist mit der fehlenden Tauchkante zu erklären, welche sonst ein Abscheren des überschüssigen Hybridgarngewebes und damit ein Abstumpfen der Tauchkanten zur Folge hätte. Eine weitere Senkung der Aufheizzeit und damit der Zykluszeit unter 5 min ist möglich. Über die Vor- und Nachteile informiert Tabelle 12.8.

Tabelle 12.8 Vor- und Nachteile des Direktimprägnierverfahrens

Vorteile	Nachteile
▪ Komplexe Formteilgeometrien mit kleinen Radien, Ecken sowie Rippen	▪ Lange Zykluszeit
▪ Sehr gute Formteilreproduzierbarkeit und -genauigkeit	▪ Sehr energieintensiv
▪ Sehr gute Oberflächenqualität	▪ Niederhalter bei Faltenbildungen notwendig
▪ Hohe Standzeiten und geringer Wartungsaufwand	▪ Hinterschneidungen nur mittels kostenintensiver Schikanenwerkzeuge
▪ Geringer Bauteilverzug durch geringe Eigenspannungen	▪ Vergleichsweise hohe Werkzeugkosten
▪ Variable Bauteildickeneinstellung möglich	
▪ Gezieltes Einstellen der Faserorientierung	
▪ Werkzeugfallende Bauteile ohne Nachbearbeitung (net-shape)	
▪ Geringerer Materialverbrauch durch weniger Verschnitt	
▪ Hybridbauteile mit Inserts und unterschiedlichen Werkstoffen	

12.3.3.7 Direktformen

Das Direktformen verfolgt die Materialkostensenkung als Ziel. Als Ausgangsmaterial werden meist vollständig imprägnierte Hybridgarngewebe verwendet, welche als Decklagen einen kostengünstigen Kern aus GMT oder LFT umschließen. Das Kernmaterial mit einem geringeren Faservolumengehalt von maximal 25 % hat neben dem Kostensenkungsaspekt die Aufgabe, die Fließeigenschaften des Materials zu verbessern. Für den Prozess ist neben einem zweiten Strahlerfeld auch ein Extruder erforderlich. Die Decklagen werden getrennt in Infrarotstrahlerfeldern erhitzt, Bild 12.18.

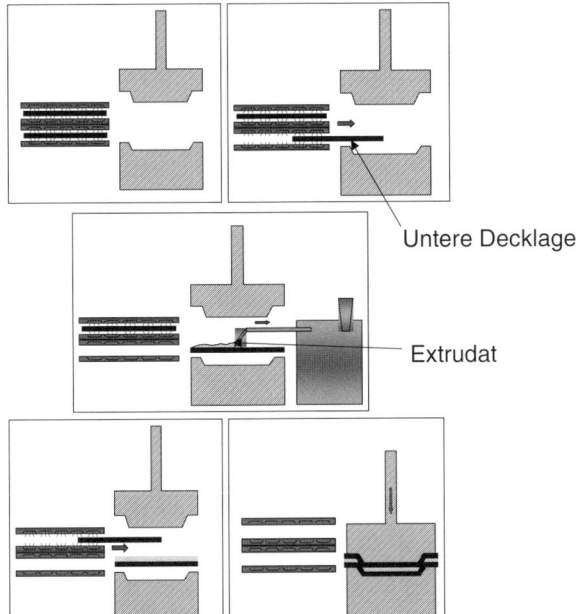

Untere Decklage

Extrudat

Bild 12.18
Konzept des Direktformens [21]

Die untere Decklage fährt nach Erreichen einer bestimmten Temperatur zwischen die Werkzeughälften. Der Extruder gibt in definierter Form Extrudat auf die untere Decklage. Danach wird die obere Decklage in die Presse gefahren und das Sandwich umgeformt. Das Kernmaterial kann in dafür vorgesehenen Rippen oder Aufdickungen fließen. Besonders die Problematik der Laminataufdickung infolge der Gewebescherung und der damit verbundenen exakten Werkzeugauslegung wird somit umgangen. Zudem können komplexe Formteile und Versteifungsrippen einfach hergestellt werden. Die Prozessanlage ist mit zwei Strahlerfeldern und mit zwei notwendigen Transportschlitten mit Niederhaltern aufwendig. Das Werkzeug muss, um ein Ausfließen des Kernmaterials zu verhindern, als Tauchkantenwerkzeug ausgelegt sein. Die erreichbaren mechanischen Eigenschaften dieser Materialkombination liegen über denen üblicher PP-GMT oder -LFT, aber unter denen von Organoblechen mit hohen Faservolumengehalten [20], [21].

Die Sandwichumformung wird auch mit Organoblechen angeboten, wobei zwischen den Decklagen GMT- oder LFT-Kernmaterial eingebettet ist. Dieses Material, bekannt unter dem Namen Tepex® Flowcore, wird als Blechware verkauft. Die Bleche werden wie Organobleche verarbeitet (Vor- und Nachteile s. Tabelle 12.9).

Tabelle 12.9 Vor- und Nachteile des Direktformens

Vorteile	Nachteile
▪ Die verwendeten Halbzeuge sind vergleichsweise preiswert	▪ Vollständig imprägniert Halbzeuge erforderlich
▪ Sehr kurze Zykluszeiten	▪ Niederhalter bei Faltenbildungen notwendig
▪ Homogene Druckverteilung	▪ Vergleichsweise hohe Anlagenkosten durch zwei Infrarotstrahler und Niederhaltersysteme sowie einen ergänzenden Extruder
▪ Sehr hohe Oberflächenqualität	
▪ Herstellung komplexer Bauteile und Versteifungsrippen	▪ Hohe Werkzeugkosten
▪ Sehr gute Umformbarkeit kleiner Radien und Winkel	▪ Hinterschneidungen nur mit Schikanenwerkzeugen möglich
▪ Variation der Laminatdicke	
▪ Hohe Automatisierbarkeit	

12.3.3.8 Druckunterstütztes Thermoformen

Das druckunterstützte Thermoformen soll die kurzen Zykluszeiten der Stempelumformtechnik und die Bauteilkomplexität und -qualität des Diaphragmaformens kombinieren. Die Anlagentechnik ist in Bild 12.19 dargestellt [22].

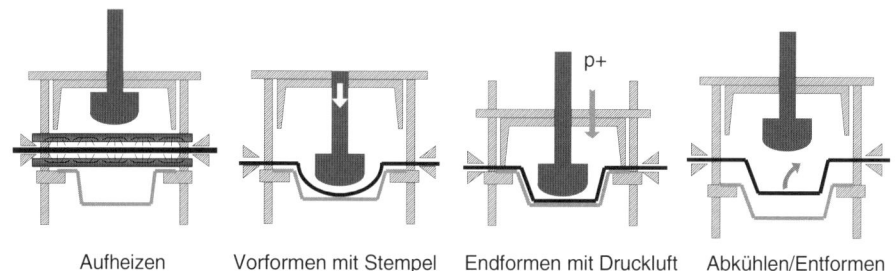

| Aufheizen | Vorformen mit Stempel | Endformen mit Druckluft | Abkühlen/Entformen |

Bild 12.19 Konzept des druckunterstützten Thermoformens [22]

Für das Erwärmen der vollständig imprägnierten Halbzeuge wird ein Infrarotstrahlerfeld zwischen die Werkzeughälften und das Halbzeug gefahren. Nach Erreichen der Solltemperatur des Laminats werden die Strahler herausgefahren, und ein Vorformstempel formt das Laminat vor. Anschließend wird die Druckglocke mit dem Werkzeugtisch verriegelt und mittels Überdruck von bis zu 15 bar die restliche Ausformung realisiert. Nach Unterschreiten der Rekristallisationstemperatur kann das Bauteil entformt werden. Da beim Schließen der Druckglocke das Fasermaterial nicht nachgeführt werden kann oder Undichtigkeiten am Übergang Laminat-Druckglocke auftreten, müssen druckdichte Membranen (Diaphragmen) verwendet werden, Bild 12.20. Der Überdruck von 15 bar reicht jedoch nicht aus, um die gesamten Vorteile des Diaphragmaverfahrens umzusetzen. Kleine Radien und komplexere Bauteile mit Versteifungssicken sind schwer darstellbar. Die Vor- und Nachteile fasst Tabelle 12.10 zusammen.

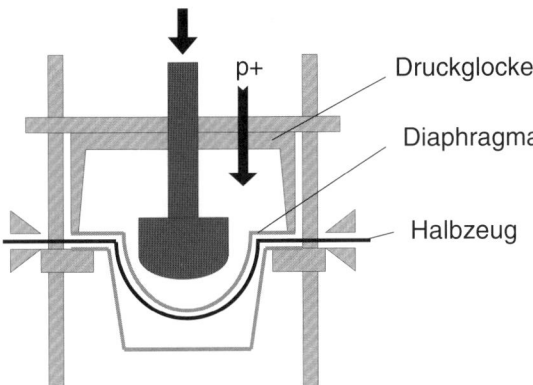

Bild 12.20
Druckunterstütztes Thermoformen
mit Diaphragma

Tabelle 12.10 Vor- und Nachteile des druckunterstützten Thermoformens

Vorteile	Nachteile
▪ Nur eine Werkzeughälfte notwendig	▪ Vollständig imprägnierte Halbzeuge erforderlich
▪ Geringe Matrixoxidation und Faltenbildung durch Diaphragma	▪ Moderate Zykluszeiten
▪ Keine Delamination während der Verarbeitung	▪ Trotz Diaphragma Niederhalter bei Faltenbildungen notwendig
▪ Homogene Druckverteilung auch senkrecht zur Pressrichtung	▪ Vergleichsweise hohe Anlagenkosten
▪ Einseitig hohe Oberflächenqualität	▪ Hohe Kosten und Wartungsaufwand für die Diaphragmen
▪ Realisierbarkeit unterschiedlicher Laminatdicken	▪ Herstellung komplexer Bauteile mit Versteifungsrippen wegen des geringen Überdruckes nicht realisierbar
	▪ Eigenspannungen und Bauteilverzug durch ungleichmäßige Abkühlung

12.3.3.9 Zusammenfassende Darstellung der Thermoformverfahren

In der folgenden Tabelle 12.11 sind die unterschiedlichen Thermoformverfahren mit einigen Eigenschaften gegenübergestellt. Es zeigt sich, dass kein Verfahren in allen Bereichen optimal ist, so dass je nach Anwendungsfall ein Kompromiss aus den unterschiedlichen Verfahrenseigenschaften getroffen werden muss.

Tabelle 12.11 Vergleich der unterschiedlichen Thermoformverfahren

Verfahren Eigenschaft	Diaphragmaverfahren	Metallstempelverfahren	Elastomerblockverfahren	Silikonstempelverfahren	Quicktempverfahren	Direktimprägnieren	Direktformen	Druckunterstütztes Thermoformen
Halbzeugauswahl	+	–	–	–	+	+	–	–
Halbzeugkosten	+/–	–	–	–	+/–	+/–	0	–
Werkzeugkosten	+	–	0	0	–	–	–	+
Investitionsbedarf	–	0	0	0	+	–	–	–
Zykluszeit	–	+	+	+	–	–	+	–
Laufende Kosten	–	+	+	+	–	–	+	–
Bauteilqualität	+	0	+	+	0	+	+	+
Bauteilkomplexität	+	+	0	0	0	0	+	–
Laminatdickenanpassung	+	–	+	+	–	+	+	+
Bauteildickenvariabilität	+	+	+	+	+	+	+	+
Serientauglichkeit	0	+	+	0	–	0	0	0

+ gut; 0 durchschnittlich; – schlecht; +/– je nach Anwendungsfall vorteilhaft wie nachteilig

12.3.4 Dickenadaptives Umformen

Neben den Hauptnachteilen der hohen Materialkosten und der für Sichtteile unzureichenden Oberflächenqualität stellt die homogene Dickenverteilung von Organoblechen eine Einschränkung dar. Bauteile besitzen meist aufgrund unterschiedlicher Belastungen unterschiedliche Wanddicken. Insbesondere im Hinblick auf Gewichts- und Materialoptimierung ist eine entsprechende Wanddickenabstufung unerlässlich. Für einige Fertigungsprozesse, wie Fließpressen von glasmattenverstärkten Thermoplasten (GMT) und langfaserverstärkten Thermoplasten (LFT) oder auch das Resin Transfer Molding (RTM) ist dies Stand der Technik.

Zur Verbesserung der lokalen Steifigkeit und Festigkeit bei kontinuierlich faserverstärkten Thermoplasten werden im Folgenden einige geeignete Methoden vorgestellt.

12.3.4.1 Sandwich-Umformen

Grundgedanke ist, bei Biegebelastung eine Steifigkeitserhöhung bei gleichem Materialeinsatz durch eine Erhöhung der Bauteildicke zu realisieren (Bild 12.21). Das Flächenträgheitsmoment für einen direkten Verbund aus zwei Deckschichten sowie das Flächenträgheitsmoment eines Sandwichverbundes errechnet sich – unter der Annahme, dass der Schaum keine Biegemomente aufnimmt – wie folgt:

$$I_x = \frac{b \cdot (2d)^3}{12} \qquad I_{x,gesamt} = 2 \cdot \left(\frac{b \cdot d^3}{12} + \left(\frac{t}{2} + \frac{d}{2} \right)^2 \cdot b \cdot d \right)$$

mit I_x Flächenträgheitsmoment bzgl. der x-Achse,

b Breite,

d Dicke der einzelnen Deckschicht,

t Schaumdicke.

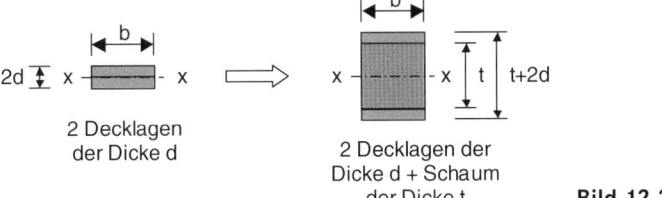

Bild 12.21 FKV-Sandwich

Nach dem Satz von Steiner geht der Abstand der Deckschichten im Quadrat in die Festigkeitsberechnung mit. Die sehr leichten Kerne haben die Aufgabe, einen Abstand der Decklagen zueinander zu verwirklichen und auftretende Schubspannungen von einer Decklage in die andere weiterzuleiten.

Als Kerne kommen meist Schaumstoffe unterschiedlicher Dichte, Abstandsgestricke oder Waben zum Einsatz. Auch Mischtypen, bei denen die Waben ausgeschäumt werden, sind auf dem Markt erhältlich. Die Materialien reichen von Metallen (Stahl und Aluminium) bis zu Thermoplasten (PP, PEI, PMI).

12.3.4.2 Wege zu Sandwichbauteilen aus Organoblechen

Die möglichen Prozessschritte zur Herstellung von Sandwichbauteilen aus Organoblechen sind in Bild 12.22 aufgeführt. Hierbei unterscheidet man zwischen drei möglichen Verfahren mit unterschiedlichen Fertigungstiefen. Im Folgenden werden das sequentielle Sandwich-Umformen und das Sandwich-Umformen in einem Schritt näher erläutert.

12.3.4.3 Sandwich-Umformen in mehreren Schritten

Beim Sandwich-Umformen in mehreren Schritten werden zunächst separat die Decklagen umgeformt. In einem nachfolgenden Schritt werden die Decklagen und der Kern miteinander verbunden, Bild 12.23 [23]. Der Hauptnachteil dieses Verfahrens besteht in den hohen Werkzeugkosten und der vergleichsweise grossen Zahl von Umformschritten. Vorteilhaft ist die exakte Temperaturführung der einzelnen Komponenten beim Umformen und Fügen.

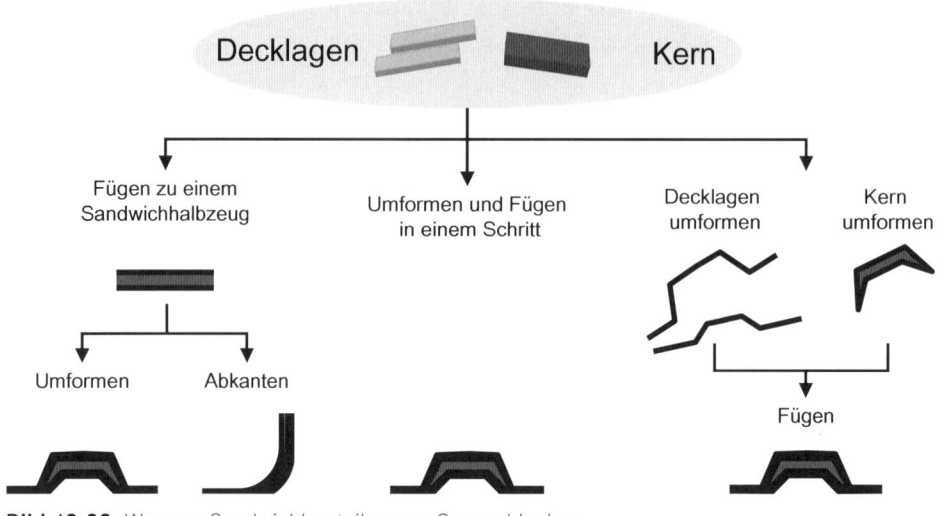

Bild 12.22 Wege zu Sandwichbauteilen aus Organoblechen

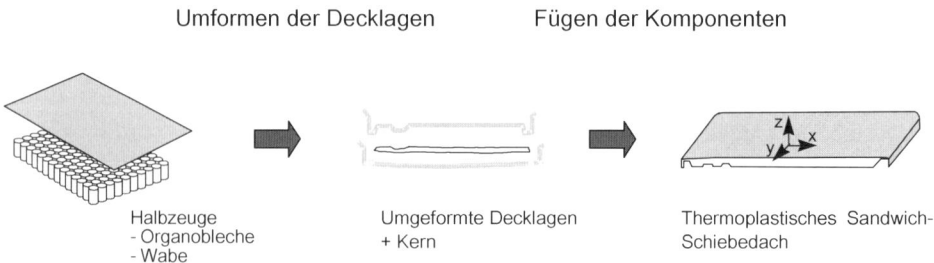

Bild 12.23 Konzept der Sandwich-Umformung in mehreren Schritten

12.3.4.4 Sandwich-Umformen in einem Schritt

Der Unterschied zur Sandwich-Umformung in mehreren Schritten liegt beim Ein-Schritt-Verfahren in der Herstellung des Bauteiles in einem Umformprozess. Dabei werden die Kerne zunächst auf der unteren Decklage positioniert, fixiert und zusammen mit der oberen Decklage in einem Paket in einem Infrarotstrahlerfeld erwärmt. Nach Erreichen der Schmelztemperatur des Matrixpolymers der Decklagen und der Umformtemperatur des thermoplastischen Kerns wird das Paket in die Presse transportiert und umgeformt, Bild 12.24 [24], [25]. Eine Sandwichsitzschale mit Decklagen aus kohlenstofffaserverstärktem Polyamid 12 (PA 12-CF) und einem Polyetherimidschaum (PEI) als Kern wurde an der IVW GmbH in diesem Verfahren hergestellt, Bild 12.25.

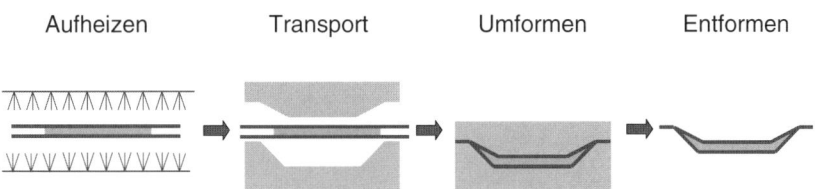

Bild 12.24 Konzept des Sandwichumformens in einem Schritt

Das Problem beim Sandwich-Umformen in einem Schritt besteht in der Temperaturführung des Sandwichpaketes. Die Decklagen müssen vollständig aufgeschmolzen sein, um auch dreidimensionale Umformungen realisieren zu können. Der Kern darf dagegen nicht aufgeschmolzen sein, da er sonst keine Druckkräfte übertragen kann. Die Folge wäre ein Kollabieren des Kerns, wobei die Decklagen wegen des fehlenden Druckes delaminieren würden und die Anbindung Decklage/Kern unzureichend wäre. Der Kern sollte möglichst auf Umformtemperatur erwärmt werden, so dass bei hohen Verformungen keine Risse entstehen. Die Verwendung von niedrigschmelzenden Polypropylenschäumen oder -waben ist deshalb schwierig. Nur bei sehr dünnen Decklagen (< 1 mm), die sehr schnell aufschmelzen, ist dies möglich.

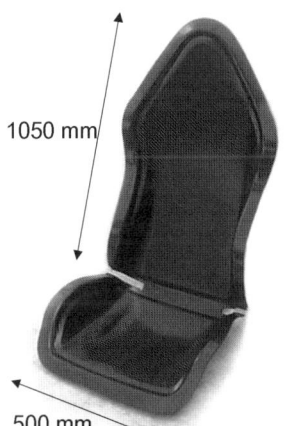

1050 mm

500 mm

Bild 12.25
Sandwichsitzschale aus CF/PA12-PEI

Für eine gute Anbindung zwischen Decklagen und Kernen werden aufgeschmolzene Decklagenunterseiten benötigt. Bei Schaumkernen führt dies zur Tränkung der offenen Poren des Schaums, Bild 12.26 a. Ist die Decklagentemperatur zu niedrig, also die Viskosität zu hoch, werden die Poren gar nicht oder nur unzureichend getränkt. Bei Waben sollten die Wabenwände senkrecht zur Decklage stehen und sich möglichst die Matrizes der Decklagen und Waben miteinander verbinden, Bild 12.26 b. Artgleiche Matrizes für die Decklagen und den Wabenkern sind auch aus Recyclinggründen anzustreben. Werden die Waben zusammengedrückt, knicken die Wabenwände an der Übergangsstelle zu den Decklagen und eine gute Matrixanhaftung entsteht, Bild 12.26 c.

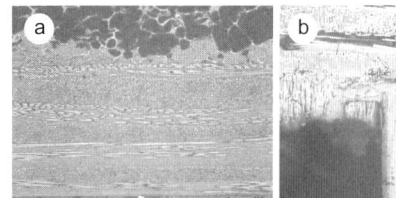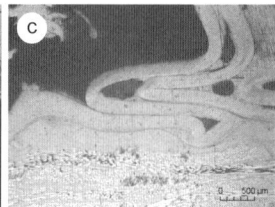

Bild 12.26 Anbindung zwischen Decklage/Kern
a: Decklage: GF/PP, Kern: PEI-Schaum,
b: Decklage: GF/PP, Kern: PP-Wabe,
c: Decklage: GF/PP, Kern: PP-Wabe.

12.3.4.5 Tailored-Blank-Technologie

Der Begriff „Tailored Blank" stammt aus der Metallverarbeitung und bedeutet das Fügen von unterschiedlichen Metallblechen und/oder unterschiedlichen Blechdicken. Die durch Laserschweißen optimierten Metallhalbzeuge werden in dafür vorgesehenen Werkzeugen tiefgezogen. Der Vorteil liegt in der Einsparung von Material und damit Kosten. Die Dicke des Bauteils kann variieren und somit das Gewicht optimiert werden. Besonders bekannt geworden ist dieses Verfahren mit der Entwicklung des „Ultra Light Steel Auto Body" (ULSAB). Dieses Gemeinschaftsprojekt der 35 weltführenden Stahlhersteller verringerte das mittlere Karosseriegewicht von 270 kg auf 200 kg, wobei auf die notwendigen Einbaumaßnahmen (Packaging) allerdings keine Rücksicht genommen wurde.

Bei kontinuierlich faserverstärkten thermoplastischen Halbzeugen sollten die Fasern in voller Länge genutzt und die Organobleche unterschiedlicher Dicke nicht stumpfgeschweißt werden. Aus diesem Grund kann das gleiche Prinzip aus der Metallverarbeitung hier nicht angewendet werden. Daher wird bei kontinuierlicher Faserverstärkung ein Grundblech lokal an bestimmten Stellen mit Verstärkungsblechen versteift bzw. aufgedickt, Bild 12.27. Die Faserverstärkung des Grundbleches (Organoblech) bleibt dabei erhalten. Die Verstärkungsbleche müssen während des Umformens mit dem Organoblech gefügt werden.

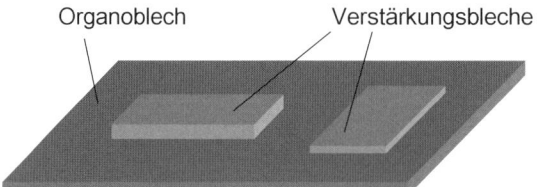

Organoblech　　　Verstärkungsbleche

Bild 12.27
Tailored Blank bei kontinuierlich faserverstärkten Thermoplasten

Daraus ergibt sich die Definition der Tailored-Blank-Technologie als Umformen und Fügen von kontinuierlich faserverstärkten Thermoplasten in einem Prozessschritt. Neben der Reduzierung der Prozessschritte und der Verringerung der Investitionskosten kann durch diese lokale Aufdickung des Laminats Material gespart werden.

Dies senkt zum einen das Gewicht, zum anderen reduziert es auch die Materialkosten.

Man unterscheidet dabei die beiden Verfahren des Direktaufheizens und des separaten Aufheizens, Bild 12.28.

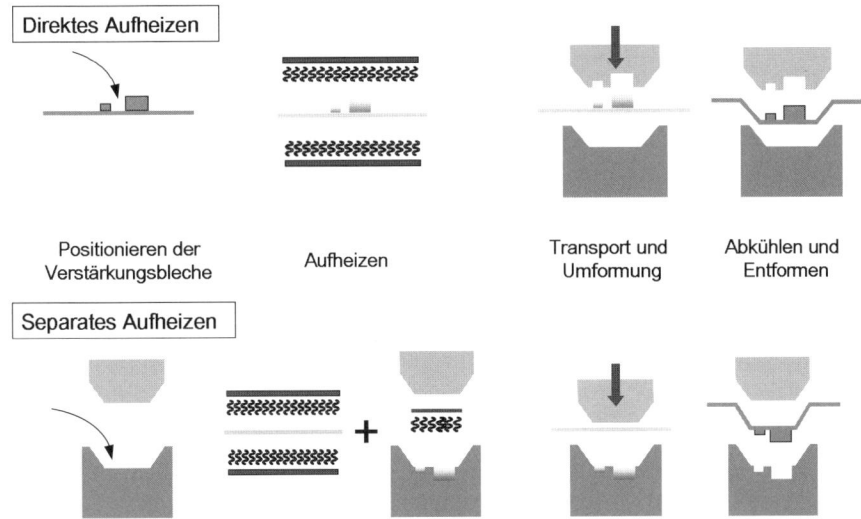

Bild 12.28 Zwei Aufheizverfahren der Tailored Blank Technologie, direkt und getrennt

Direktaufheizverfahren

Unter dem Verfahren der Direktaufheizung versteht man die gemeinsame Erwärmung des Organobleches und der Verstärkungsbleche in einem Strahlerfeld. Nach
der Erwärmung der Laminate über Schmelztemperatur des Polymers wird der Sta-
pel zwischen die Werkzeuge transportiert und dort umgeformt, Bild 12.28. Ein Beispiel für die Anwendung dieses Verfahrens ist eine Sicherheitsschuhkappe aus glasfaserverstärktem, thermoplastischem Polyurethan, die im Bereich der Zehspitzen
deutlich aufgedickt wurde, Bild 12.29 [26], [27].

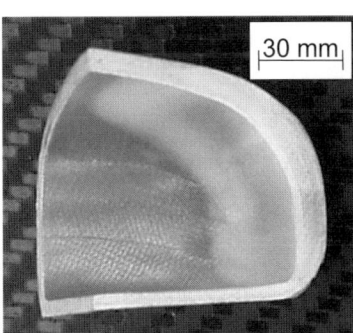

Bild 12.29
Querschnitt einer Sicherheitsschuhkappe aus TPU-GF
X4890, hergestellt mit dem Direktaufheizverfahren

Die Vorteile dieses Verfahrens liegen in der Herstellung von dreidimensionalen Bauteilen, bei denen auch die Verstärkungsbleche (Bereich der Aufdickung) geometrisch integriert sind. Beim Direktaufheizen sollten die Verstärkungsbleche auf dem Grundblech (Organoblech) fixiert sein, um während des Transportes in die Aufheizstation in Position zu bleiben. Dies kann durch lokales Verschweißen (Punktschweißen) mittels Ultraschallpistole oder durch Verwendung von Heißklebepistolen mit artgleicher Zusatzmatrix geschehen.

Auf eine exakte Positionierung der Verstärkungsbleche auf dem Organoblech muss geachtet werden, da die Verstärkungsbleche in den dafür vorgesehenen Taschen im Werkzeug umgeformt werden. Werden die Taschen beim Schließen des Werkzeuges verfehlt, besteht die Gefahr von nicht ausgeformten oder nicht vollständig konsolidierten Bauteilen. Bei Verwendung von elastischen Stempelmaterialien wird dieses Problem vermieden bzw. verringert, da die zusätzliche Dicke des Verstärkungsbleches vom Stempel aufgenommen wird.

Die Zykluszeit, insbesondere die Aufheizzeit, verlängert sich mit steigender Laminatdicke. Die Aufdickung und Verstärkung kann zu einer Verdopplung der Dicke des Organoblechs führen. Durch die sehr viel längere Haltezeit über Schmelztemperatur und an der sauerstofffreichen Umgebungsluft ist eine thermisch-oxidative Zersetzung des Matrixmaterials der Organobleche wahrscheinlicher.

Getrenntes Aufheizen

Das getrennte Aufheizen von Organoblech und Verstärkungsblech ist nur mit zwei oder mehreren Infrarotstrahlerfeldern möglich. Das Organoblech wird dabei, wie beim Thermoformen ohne Fügen, in einem Infrarotstrahlerfeld über Schmelztemperatur des Matrixpolymers erwärmt. Gleichzeitig werden die Verstärkungsbleche, die in den dafür vorgesehenen Kavitäten in der Matrize liegen, von der Oberseite her mittels Infrarotstrahler erwärmt, Bild 12.28.

Nach Erreichen der vorgesehenen Temperaturen des Organoblechs sowie der Verstärkungsbleche fährt das interne Strahlerfeld aus der Presse, und das Organoblech wird zwischen den Werkzeughälften positioniert und umgeformt. Während der Umformung verbindet sich das Organoblech mit den Verstärkungsblechen und kann nach der Abkühlung aus der Presse entnommen werden [28].

Der Vorteil dieses Verfahrens gegenüber dem Direktaufheizverfahren liegt in der geringeren Zykluszeit, da die Laminataufheizzeit sich nicht verlängert. Des Weiteren ist die Temperaturführung sicherer, und ein thermisch-oxidativer Abbau wird vermieden. Die Position der Verstärkungsbleche ist eindeutig festgelegt. Da in diesem Verfahren nur die Oberfläche der Verstärkungsbleche aufgeschmolzen wird und nicht das gesamte Laminat, sind neben flächigen Verstärkungen auch Versteifungsprofile in L- oder T- Form denkbar, Bild 12.30a. Der Steifigkeitsgewinn ist dabei um ein Vielfaches höher als bei ebenen Verstärkungen. Neben Verstärkungsprofilen ist auch die Anbindung von Krafteinleitungselementen möglich, mit denen sich auch Verbindungen zu Komponenten aus anderen Werkstoffen, wie Metalle, realisieren lassen. Dazu wird eine Metallplatte mit Gewindestift in eine Polymermatrix eingebettet, Bild 12.30 b.

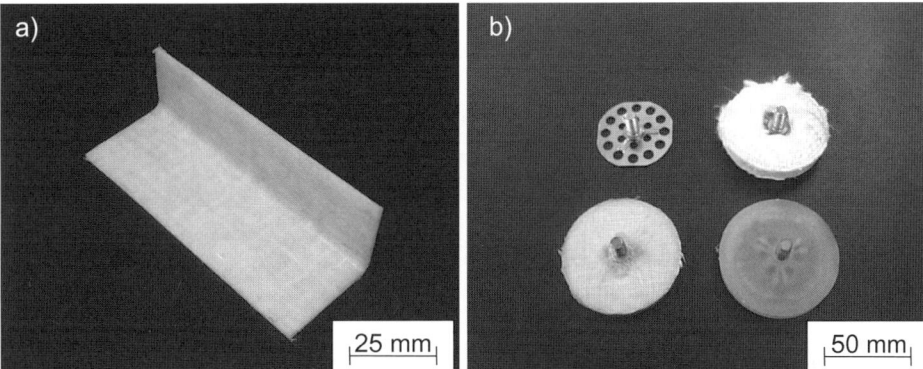

Bild 12.30 Beispiele für Bauteile
a: L-Versteifungsprofil aus GF/PP,
b: metallische Krafteinleitungselemente (Metalleinlage, GF/PP-Hybridgarngewebe, GF/PP vollständig imprägniert, PP ummantelt)

◼ 12.4 Rollformen von Faser-Kunststoff-Verbunden

F. Henninger, K. Friedrich

12.4.1 Einleitung

Die Verfügbarkeit vollständig imprägnierter und konsolidierter thermoplastischer Plattenhalbzeuge mit kontinuierlicher Faserverstärkung hat großes kommerzielles Interesse an wirtschaftlichen und zuverlässigen Thermoformprozessen zur Herstellung von Strukturbauteilen ausgelöst. Durch die Verlagerung des zeitaufwendigen Imprägnierschrittes in die Halbzeugherstellung kann das Potential für hohe Taktfrequenzen und Produktionsgeschwindigkeiten in den sich anschließenden formgebenden Prozessen ausgeschöpft werden. So wurden in letzter Zeit bemerkenswerte Fortschritte in der Weiterentwicklung solcher Thermoformprozesse gemacht, von denen einige Adaptionen der metallischen Blechumformung darstellen.

Aufgrund seiner Vielseitigkeit und hohen Prozessgeschwindigkeit wurde Rollformen schnell als interessantes Verfahren zur Herstellung korrosionsbeständiger Faserverbundwerkstoffprofile erkannt. Obwohl seit etwa 1980 in einigen Publikationen auf das Potential einer Anwendung des Rollformens für thermoplastische Verbundwerkstoffe hingewiesen wurde, erschienen erst nach 1990 Veröffentlichungen zur erfolgreichen Adaption des Verfahrens [29], [30].

12.4.1.1 Grundlagen des Rollformens

In DIN 8586 ist Rollformen als kontinuierliches Biegeumformen mit drehender Werkzeugbewegung definiert [31].

Beim Rollformen wird der Querschnitt eines ebenen Blechbands kontinuierlich mehrstufig durch angetriebene, hintereinander auf Walzgerüsten angeordnete Profilrollenpaare umgeformt, wie in Bild 12.31 links dargestellt. Hierbei ändert sich von Walzenpaar zu Walzenpaar die Form des Spaltes zwischen Ober- und Unterwerkzeug vom ebenen Band bis zum Querschnitt des fertigen Profils [36], [37]. Anstatt die Bleche als Zuschnitt gewünschter Länge dem Prozess zuzuführen, wird der Werkstoff häufig auf Spulen bereitgestellt und nach Beendung der Umformung online abgelängt.

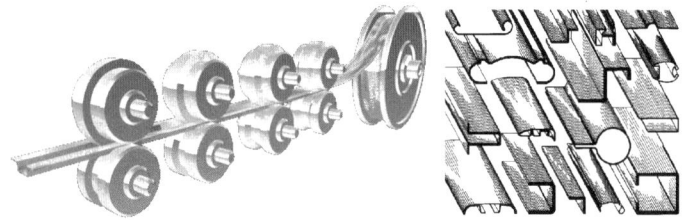

Bild 12.31 Schema des metallischen Rollformverfahrens *(links)* und typische rollgeformte Profilformen *(rechts)*

Das Verfahren besitzt eine hohe Produktivität aufgrund der kontinuierlichen Arbeitsweise in Verbindung mit der hohen Prozessgeschwindigkeit, die bei Metallblechen in der Größenordnung von 10 – 200 m/min liegt. Die realisierbare Umformgeschwindigkeit ist hauptsächlich abhängig von der Komplexität der Profilform, aber auch von den Materialeigenschaften des zu formenden Bleches.

Die Vielseitigkeit des Prozesses erlaubt die Fertigung einer großen Zahl von Profilformen. Diese reichen von einfachen offenen Querschnitten bis zu komplexen geschlossenen Profilformen, die über die Möglichkeiten des Formens in Pressen hinausgehen, Bild 12.31 rechts [32], [33].

Aufgrund der kontinuierlichen Verformung in mehreren Schritten können Profile in beliebiger Länge hergestellt werden, die praktisch nur durch Handhabungs- und Transportfähigkeit begrenzt sind.

Walzprofilierte Metallhalbzeuge sind struktureffizient. Sie besitzen im Vergleich zu stranggepressten Profilen eine geringe Wanddicke und daher ein niedriges Gewicht, aber hohe Steifigkeit aufgrund ihrer Querschnittsformen.

Weitere Verarbeitungsschritte, wie Schneiden, Stanzen, Krümmen des Profils oder Schweißen können on-line ohne Unterbrechung des Prozesses integriert werden. Die Wirtschaftlichkeit des Verfahrens liegt im Bereich mittlerer bis hoher Losgrößen. Der Produktivität des Verfahrens stehen die Anlagen- bzw. Werkzeugkosten, insbesondere aber auch der zeitaufwendige Rüstvorgang gegenüber. Das Verfahrensprinzip bedingt einen gleichförmigen Querschnitt über die gesamte Länge des Profils und stellt hohe Anforderungen an eine konstante Blechdicke.

Grundlage jedes erfolgreichen Rollformprozesses ist die Auslegung der Rollformwerkzeuge. Aus Gründen der Wirtschaftlichkeit wird angestrebt, Werkzeugsätze zu entwickeln, die es erlauben, mit der geringst möglichen Anzahl an Rollenpaaren ein Profil in der geforderten Qualität herzustellen.

Während des Walzprofilierens nimmt das Blech einen komplexen dreidimensionalen Formänderungszustand an, bis allmählich die Geometrie des Spaltes zwischen einem Rollenpaar erreicht ist. Es findet also nicht nur die erforderliche Querverformung statt, sondern es treten auch unerwünschte Spannungen in Längsrichtung auf, welche den möglichen Umformgrad pro Rollenstand begrenzen [34].

Aufgrund der hohen Komplexität des Spannungs- und Formgebungszustands im Profil sowie der Kontakt-, Reibungs- und Randbedingungen existiert keine geschlossene theoretische Beschreibung für den Umformvorgang.

Da eine gewünschte Profilform durch eine Vielzahl möglicher Umformstufen erreicht werden kann, obliegt dem Werkzeugkonstrukteur die Entscheidung über Stufenfolge und Biegewinkeldifferenzen zwischen benachbarten Rollenständen. Erhältliche CAD- bzw. CAE-Systeme für das Rollformen entlasten den Designer durch Übernahme von Berechnungsroutinen bei Auslegung und Konstruktion der Rollformwerkzeuge, können aber keine unabhängigen Lösungen generieren. Daher beruht die weite Verbreitung des Rollformens metallischer Bleche und die Praxis dieses Formgebungsverfahrens noch immer stark auf empirisch gesammelten Erfahrungen der Werkzeugkonstrukteure, aber auch der Anlageneinrichter. Über Jahre gesammeltes Expertenwissen kann nicht ersetzt werden und bildet die Geschäftsgrundlage vieler kleiner und mittelständischer Unternehmen dieser Branche.

Einen allgemeinen Überblick über wichtige Aspekte des metallischen Rollformens, einschließlich grundlegender Betrachtungen zum Werkzeugdesign, geben Halmos und Nickel [35], [36].

Diese grundsätzlichen, auf dem Verfahrensprinzip beruhenden Aussagen besitzen daher auch Gültigkeit für das Rollformen von Organoblechen. Ebenso sind grundlegende, empirisch gewonnene Gestaltungsregeln von Profilierrollen auch auf FKV-Werkstoffe übertragbar.

12.4.1.2 Rollformen von thermoplastischen FKV

Während Metallbleche gewöhnlich bei Raumtemperatur kalt walzprofiliert werden, müssen thermoplastische FKV zur Umformung über Schmelztemperatur der Matrix erwärmt werden, um die für die Formgebung notwendigen Gleit- und Scherverformungen zu ermöglichen. Daher ist eine Erweiterung von Rollformanlagen um eine Vorheizstrecke sowie um ein Transportsystem zur Zuführung in das erste Profilrollenpaar notwendig.

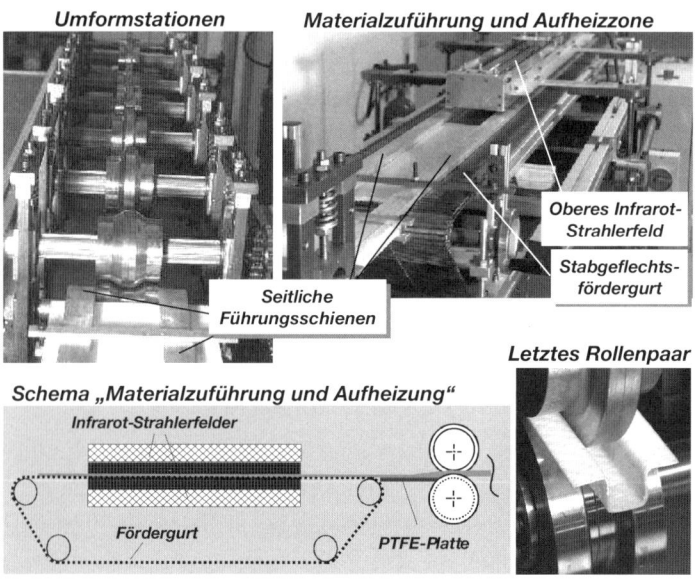

Bild 12.32 Rollformanlage zum Umformen thermoplastischer Faserverbundwerkstoffe [Bildquelle: IVW GmbH]

Bild 12.32 zeigt eine Laboranlage zur Untersuchung des Rollformens von Organoblechen. Zur Materialzuführung wurde ein Stabgeflecht-Fördergurt installiert, der einen beidseitigen Wärmeeintrag durch Infrarotstrahlerfelder ermöglicht und eine schnellere und gleichmäßigere Erwärmung erlaubt, als dies bei einseitiger Bestrahlung der Fall ist. Seitliche Führungsschienen gewährleisten die exakte Positionierung der vorbereiteten Organoblechzuschnitte.

Mit dieser Anlage wurden erfolgreich Hutprofile hergestellt mit Prozessgeschwindigkeiten von bis zu 10 m/min aus vollständig konsolidierten, gewebeverstärkten GF/PP- und GF/PA 66-Plattenhalbzeugen, Bild 12.33. Das untere GF/PP-Hutprofil wurde mittels Induktionsschweißen mit einem Organoblech gleichen Materials verbunden, um auf das hohe Versteifungspotential einer solchen Anwendung hinzuweisen. Einzelheiten zum Prozess und zur Gestaltung der Rollformwerkzeuge sind in [37], [38] beschrieben.

Bild 12.33 Rollgeformte PP-GF- *(links)* und PA 66-GF-Profile *(rechts)*

12.4.1.3 Rollformen von duroplastischen FKV

Neben den oben beschriebenen Arbeiten zum Rollformen thermoplastischer FKV sind auch Untersuchungen zum Rollformen von duroplastischen Systemen durch eine Gruppe aus Japan bekannt. Bereits ab 1995, also etwa gleichzeitig mit der Präsentation erster Ergebnisse zum Rollformen von thermoplastischen FKV, wurden Arbeiten zum Rollformen von Sheet Moulding Compound (SMC) veröffentlicht [39], [40], [41]. Es fand hier jedoch kein Biegeumformen statt, sondern ein Fließpressen in den Walzspalten der Profilrollenstände. Aufgrund der guten Fließfähigkeit von SMC lassen sich so Bauteile mit scharfen Kanten herstellen, ohne wie beim Rollformen von thermoplastischen FKV oder auch Metallblechen beim Biegen einen Mindestradius zwischen zwei benachbarten Flächen beachten zu müssen. Über eine industrielle Umsetzung dieser Arbeiten wurde jedoch nicht berichtet.

12.4.1.4 Weitere Entwicklung und Potentiale

Im Vergleich zu anderen Formgebungsverfahren ist Rollformen von FKV noch wenig untersucht und befindet sich daher in einem vergleichsweise frühen Entwicklungsstadium. Zur Steigerung der Profilqualität sind fortführende Arbeiten zum besseren Verständnis des komplexen Formgebungsmechanismus notwendig. Aus den bisher vorliegenden Erkenntnissen lassen sich aber unmittelbar anlagentechnische Maßnahmen ableiten im Hinblick auf die erzielbaren Profilqualitäten und hinsichtlich der Prozesssicherheit.

■ 12.5 Verfahrenskombinationen mit Thermoformen (Hybridverfahren)

R. Holschuh

Durch die effektive Verfahrenskombination zweier Leichtbauweisen in Verbindung mit zwei oder mehreren Materialien mit thermoplastischen Matrizes und unterschiedlichem Eigenschaftsprofil ist es möglich, sogenannte hybride Strukturen, beziehungsweise Multimaterialsysteme aufzubauen. Das Ziel dieser Polymer-Polymer-Hybriden ist es, die Leistungsgrenzen homogener Strukturen zu überwinden und die synergetischen Effekte der Kombination auszunutzen.

Diese Grenzen ergeben sich beispielsweise aus der gleichbleibenden Dicke und Faserorientierung homogener Strukturen in allen Bereichen. Bei einer inhomogenen Belastung eines Bauteils bieten homogene Strukturen nur sehr eingeschränkte Möglichkeiten zur Anpassung. Zwangsläufig muss das gesamte Bauteil derart ausgelegt werden, dass der homogene Aufbau an allen Stellen zu der dort erforderlichen Festigkeit und Steifigkeit führt. Da keine lokale Anpassung möglich ist, muss eine Orientierung an den belastungstechnisch kritischsten Stellen erfolgen. An weniger stark belasteten Stellen liegt dann aber eine fertigungsbedingte Überdimensionierung vor, die sowohl hinsichtlich des Materialeinsatzes als auch des Bauteilgewichts nachteilig ist.

Um solche Limitationen zu überwinden, können beispielsweise geometrisch komplexe Bauteile mit Hilfe des Thermoformverfahrens realisiert werden, welche jedoch durch Miteinbeziehung eines zweiten Verfahrens, beispielsweise mit textilverstärkten Einlegern oder mittels unidirektionalen, endlosfaserverstärkten Bändchenmaterialien lokal, belastungsgerecht verstärkt sind. [42].

Darüber hinaus ist es möglich, sowohl auf mechanischer Seite als auch unter ökonomischen Gesichtspunkten die Einsatzgrenzen der resultierenden Bauteile deutlich zu erweitern.

12.5.1 Thermoformen und Spritzguss

Durch die Kombination Thermoformen von endlosfaserverstärkten Thermoplasten und dem thermoplastischen Montagespritzguss (unter Verwendung von faserverstärkten Materialien) lässt sich eine großserientaugliche und wirtschaftliche Fertigung von thermoplastischen FKV mit optimiertem Leichtbau realisieren. Als Beispiel hierzu lässt sich das sogenannte Spriform-Verfahren anführen, welches unter dem Dach des Bundesministeriums für Bildung und Forschung im Rahmen eines Forschungsverbundes vorangetrieben wurde [43].

Merkmal dieser integrativen Prozesskette ist, dass das Organoblech zunächst extern unter Verwendung von Heizelementen aufgeheizt und in einen verformbaren Zustand gebracht wird. Hierbei wird das Halbzeug durch einen Nadelgreifer festgehalten, welcher an einem Handlingsystem montiert ist. Im Anschluss erfolgt eine Übergabe des vorgewärmten Organoblechs in das geöffnete Formwerkzeug. Das Bauteil wird hier auf einer horizontalen Standardspritzgussmaschine mit Handling hergestellt. Nachdem das Werkzeug halb geschlossen ist, wird das Organoblech geklemmt und der Greifer kann aus dem Werkzeug ausfahren. Die Übergabe des vorgewärmten Halbzeugs an das Spriform-Werkzeug ist also abgeschlossen. Dadurch ist der Greifer wieder frei und kann ein neues Organoblech aufnehmen und es vorheizen. Durch dieses Prinzip ist eine Prozessablaufoptimierung sichergestellt. Durch das darauffolgende Schließen des Werkzeugs wird das Organoblech automatisch drapiert und somit umgeformt. Im letzten Fertigungsschritt wird im geschlossenen Werkzeug durch Hinterspritzen mit thermoplastischem Material eine Versteifungsstruktur gefügt. Dabei wird beabsichtigt, einen flächigen, stoffschlüssigen Verbund zu erreichen. Die Rippenstruktur soll ein frühzeitiges Öffnen des hergestellten Bauteilprofils unter Belastung vermeiden und außerdem die Kräfte zielgerichtet in die dahinterliegenden Strukturen leiten, welche auch aus metallischen Materialien bestehen können. Nachdem die Rippenstruktur gefügt worden ist, kann das fertige Bauteil ausgeworfen werden. Die Zykluszeit dieses Herstellungsprozesses beträgt weniger als 60 Sekunden. Außerdem bedarf das entstandene Bauteil keiner Nachbearbeitung, es ist also werkzeugfallend. Dadurch ist das Verfahren für eine Fertigung in der Großserie bestens geeignet. Weiterhin werden durch die Kombination der beiden Prozesse Thermoformen und Spritzgießen auch die Kosten zur Herstellung komplexer Bauteile reduziert [44], [45].

Aus technischer Sicht werden durch dieses Verfahren die Vorteile des Thermoformens von Organoblechen (hohe Steifigkeit und Festigkeit durch gerichtete Fasern) sowie des Spritzgießens (hohe Bauteilkomplexität) in einem Fertigungsprozess kombiniert. Dadurch entstehen schlussendlich die gewünschten, geometrisch komplexen, aber gleichzeitig auch steifen Bauteile, welche ein hohes Energieabsorptionsvermögen aufweisen [46].

Ein weiterer im Rahmen des Spriform-Projektes einwickelter Lösungsansatz zur Herstellung eines Strukturleichtbau-Bauteils in einem Schritt besteht in der Verfahrenskombination Thermoformen von Organoblechen mit gleichzeitigem LFT-Fließpressen. Hierbei wird innerhalb eines Prozessschrittes gleichzeitig die Umformung von Organoblech und das Anfügen von Versteifungsstrukturen aus Fließpressmasse realisiert. Das resultierende Bauteil weist demnach ein optimiertes Steifigkeits- und Energieabsorptionsverhalten in Relation zur eingesetzten Masse auf. Bild 12.34 stellt exemplarisch das Prozessschema für die zuvor genannte Kombination und ein resultierendes Bauteil dar.

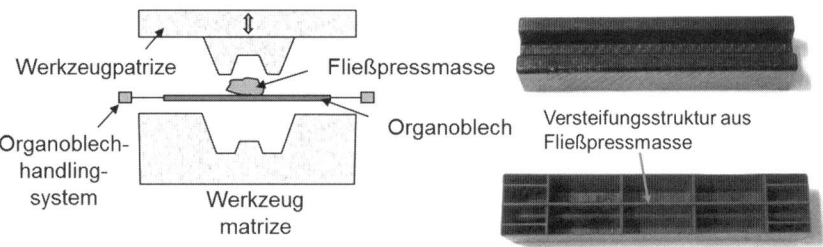

Bild 12.34 Prozessschema *(links)* und resultierendes Bauteil *(rechts)*

Zusammenfassend kann man folgende Vorteile der Kombination Thermoformen mit Spritzguss, beziehungsweise LFT-Fließpressen nennen (Tabelle 12.12).

Tabelle 12.12 Vor- und Nachteile der Kombination Thermoformen mit Spritzguss [47]

Vorteile	Nachteile
▪ Verkürzte, robuste Prozesskette durch Prozessintegration	▪ Teilweise höhere Personal- und Investitionskosten
▪ Großserientauglich durch kurze Zykluszeiten	▪ Aufwendigere Anlagentechnik
▪ Kosten- und Energieeinsparung	
▪ Funktionsintegration	
▪ Hohe Designfreiheit	
▪ Rezyklierbarkeit durch Verwendung thermoplastischer Matrizes	

12.5.2 Thermoformen und Tapelegen

Das Kernstück dieser Verfahrenskombination ist der thermoplastische in-situ Tapelege-Prozess. Hierdurch ist es möglich, unidirektional faserverstärkte thermoplastische Bändchenhalbzeuge, sogenannte UD-Tapes, richtungs- und positionsvariabel auf einem ebenfalls thermoplastischen Bauteil abzulegen und zu fügen. Das Applizieren der Tapes erfolgt dabei mit Hilfe eines sogenannten Tapelegekopfes. Der Legekopf beinhaltet eine Heizvorrichtung zum lokalen Aufschmelzen der thermoplastischen Matrix des Organoblechs und des Tapes, Zuführungs- und Schnittsysteme für die Tapes sowie eine Konsolidierungsrolle, die durch gleichmäßigen Druck eine hohe Fügequalität sicherstellt und die in-situ Kompaktierung realisiert. Die Tapes können mit diesem Verfahren beispielsweise auf Bauteilen aus endlos-faserverstärkten Thermoplasten (Organoblechen), glasfasermattenverstärkten Thermoplasten (GMT) oder langfaserverstärken Thermoplasten (LFT) abgelegt werden [42].

Das Bild 12.35 stellt exemplarisch die Prozesskette für die Verfahrenskombination mit einem Organoblech als Ausgangsmaterial sowie zwei Demonstratorbauteile dar.

Das Organoblech wird nach Durchlaufen eines Aufheizprozesses in einem Umform-werkzeug in die Endkontur gebracht. Das so geformte Organoblech kann dann, falls nötig, besäumt und nachbearbeitet werden. Durch Aufbringen der orientierten Tapes entsteht dann eine lokal belastungsgerecht verstärkte Hybrid-Struktur.

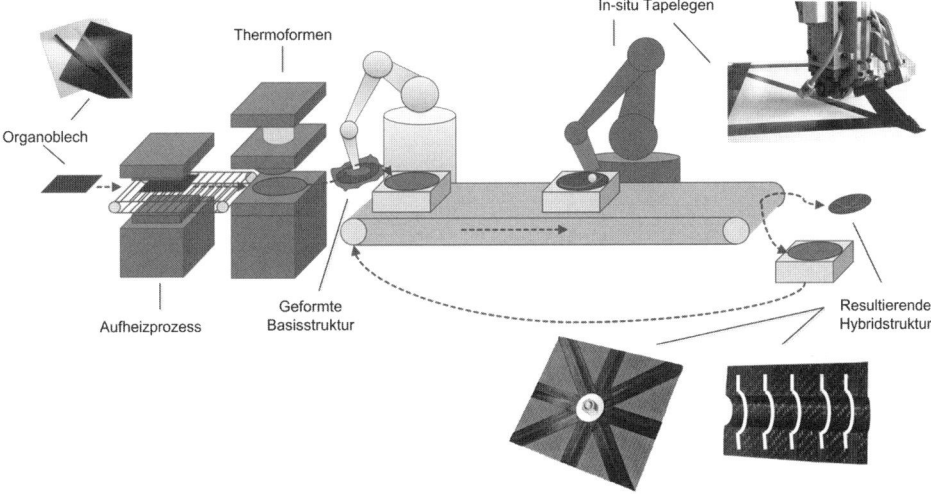

Bild 12.35 Prozessschema Thermoformen und Tapelegen

Durch zahlreiche Experimente mit FE-Simulationen konnte die Leistungsfähigkeit dieser Verfahrenskombination gezeigt werden [48], [49]. Es zeigt sich, dass die lokal lastgerechte Verstärkung durch Tapes deutliche Verbesserungen der mechanischen Eigenschaften von Bauteilen mit sich bringt. Auch unter ökonomischer Sichtweise stellt die Verfahrenskombination Thermoformen mit Tapelegen eine konkurrenz-fähige Alternative zum Stand der Technik gerade im Hinblick auf den Großserien-einsatz im Automotivbereich dar [50].

◼ 12.6 Direktverfahren

Der steigende Kostendruck im Bereich Automobil hat dazu geführt, dass neue di-rekte Verfahren entwickelt wurden, um die kostenintensive Halbzeugherstellung vor der Bauteilfertigung zu umgehen.

Von besonderer Bedeutung sind die Direktverfahren bei der SMC- und LFT-Verarbei-tung (D-SMC bzw. LFT-D). In diesen beiden Verfahren wird die Halbzeugherstellung vermieden, indem die Ausgangsprodukte (Polymer, Additive Fasern etc.) in einem einstufigen Prozess bis zum Bauteil verarbeitet werden.

12.6.1 Direktverfahren zur Herstellung von SMC

Wie in Kapitel 5.2.2 bereits beschrieben, werden für die Herstellung von SMC-Bauteilen in einem ersten Prozessschritt die sogenannten Halbzeuge angefertigt. Das flächige Halbzeug-Material wird in der Regel zu Rollen gewickelt und muss bis zum Erreichen einer bestimmten Prozessviskosität gelagert werden (Reifezeit). Im Anschluss können die Halbzeuge unter klimatisierten Bedingungen an den Kunden geliefert werden. Die Verarbeitung zum Bauteil muss innerhalb einer definierten, begrenzten Zeit stattfinden. Bis zur Verarbeitung müssen die SMC-Halbzeuge in klimatisierten Räumen gelagert werden, was einen hohen Energieverbrauch bedeutet.

Trotz Lagerbedingungen bei niedrigen Temperaturen finden während der Lagerung die ersten Polymerisationsreaktionen (Harzvernetzung) statt. Dementsprechend können sich die Viskosität und dadurch die Eigenschaften des Materials ändern. Das heißt, dass bei der Verarbeitung die Prozessparameter angepasst bzw. Schwankungen in der Bauteilqualität akzeptiert werden müssen.

Um diese Probleme zu umgehen und gleichzeitig eine höhere und konstantere Bauteilqualität mit verringerten Zykluszeiten zu erreichen, wurde das sogenannte SMC-Direktverfahren (ICT in Zusammenarbeit mit Dieffenbacher und DSM), ähnlich wie das bereits etablierte Direkt-LFT Verfahren (D-LFT), entwickelt [51]. Beim Direkt-SMC (D-SMC) handelt es sich um einen kontinuierlichen Prozess, in dem die Rohmaterialien direkt gemischt, compoundiert, geschnitten und im Pressverfahren verarbeitet werden.

Bei diesem Verfahren (Bild 12.36) werden die flüssigen Komponenten in einem Harzmischer automatisch dosiert, feste Bestandteile wie Füllstoffe und Additive werden gravimetrisch aus einem „Sidefeeder" hinzugefügt. Alle Komponenten werden mittels eines Doppelschneckenextruders gefördert, der alle Bestandteile homogenisiert. Anschließend wird die Harzpaste, wie bei der herkömmlichen SMC-Herstellung, auf zwei Folien aufgetragen, und die geschnittenen Glasfasern werden homogen über die Breite verteilt. Nach der Compoundierung der Fasern mit der Harzpaste findet eine thermische Schnellreifung statt, die eine direkte Verarbeitung im Pressverfahren ohne kostenintensive Reifezeit ermöglicht.

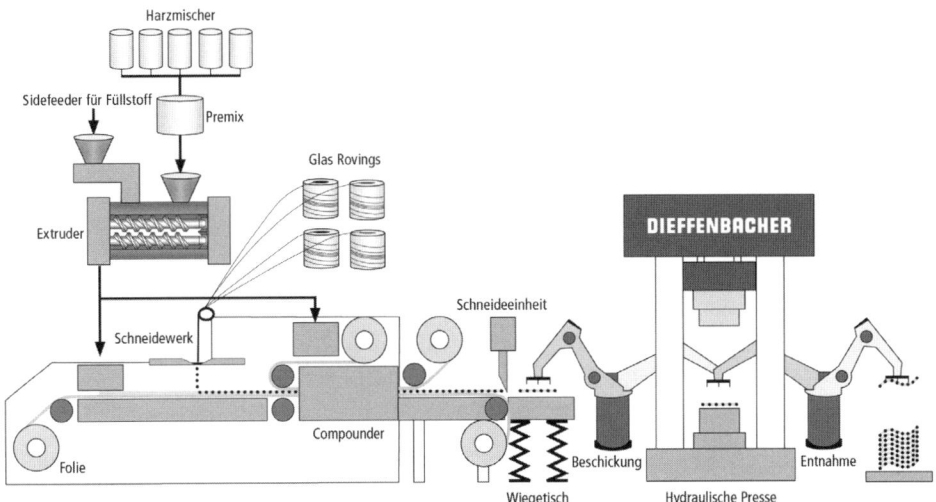

Bild 12.36 Schematische Darstellung des SMC-Direktverfahrens [Bildquelle: Dieffenbacher GmbH]

Das Direktverfahren hat das Ziel, durch einen reproduzierbaren, stabilen Prozess eine konstante Material- und Bauteilqualität zu ermöglichen. Die Prozessparameter bei der Verarbeitung können für ein reproduzierbares Materialprofil eingestellt und optimiert werden. Weiterhin ermöglicht die Direktimprägnierung und Verarbeitung des Materials den Einsatz von neuen Harzsystemen, die für eine konventionelle Reifung nicht geeignet wären.

Bild 12.37 Anlage zur Herstellung von Direkt-SMC [Bildquelle: Dieffenbacher GmbH]

12.6.2 Direktverfahren zur Herstellung von LFT

Eine bereits etablierte Technologie zur Herstellung von LFT stellt das sogenannte Direkt-LFT dar. In diesem Verfahren werden der Kunststoff und die diversen Additive in einem ersten Schritt in einem Doppelschneckenextruder gemischt. Anschließend werden die Verstärkungsfasern in Form von Rovings (oder geschnittenen Langfasern) eingebracht und das LFT-Plastifikat kann ohne kostenintensive Zwischenprozesse direkt zum Bauteil verarbeitet werden (Bild 12.38).

Der große Vorteil des Direktverfahrens liegt darin, dass die Halbzeugfertigung entfällt und die in Kapitel 5 beschriebenen Halbzeugherstellungsschritte somit umgangen werden. Die einzelnen Komponenten werden direkt in einem Prozess bis zum Bauteil verarbeitet.

Die im Direktverfahren verarbeiteten LFT unterscheiden sich von den thermoplastischen Stäbchengranulaten hinsichtlich Halbzeug und der Gestaltung des Plastifizierextruders im Einzugsbereich [52]. Für das Direktverfahren ist charakteristisch, dass die von den Spulen abgezogenen Rovings sowie das Polymer oder Compound direkt in den Plastifizierextruder gegeben werden und der bei anderen Varianten der Pressverarbeitung sonst übliche Schritt der Halbzeugherstellung entfällt [53]. Das spezielle Know-how liegt in der Imprägnierung der Fasern sowie in der Vermeidung der unerwünschten Faserschädigungen.

Eine Erweiterung dieses Verfahrens ist eine Variante, bei der die Fasereinarbeitung und die Inline-Compoundierung der polymeren Martix getrennt sind.

Das D-LFT-Verfahren wird hauptsächlich in der Automobilindustrie eingesetzt. Bereits 1997 setzte die Menzolit-Fibron das LFT-Direkverfahren für die Herstellung von Frontend-Montageträgern des VW Passat B5 [54]. Im Jahr 2007 startete die Serienproduktion der Heckklappe des Smart Fortwo (Coupé und Cabrio) auch im D-LFT Verfahren [55]. Weitere Bauteile, die im LFT-Direktverfahren hergestellt werden, sind der Instrumententafelträger für den Smart sowie Multifunktionswannen, Unterbodenabdeckungen und CW-Verkleidungen für die VW-Gruppe, Daimler [56], BMW oder Ford (Bild 12.40).

Hier wurde in der Regel das bisher häufiger eingesetzte GMT-Halbzeug abgelöst. Die Kostenreduktion aufgrund energetischer Vorteile hat bei einer erheblich gesteigerten Flexibilität die Entwicklung des Direktimprägnierverfahrens beschleunigt, wobei hohe Entwicklungskosten aufzuwenden und umfangreiche Laborversuche zur Verfahrens- und Parameteroptimierung notwendig waren.

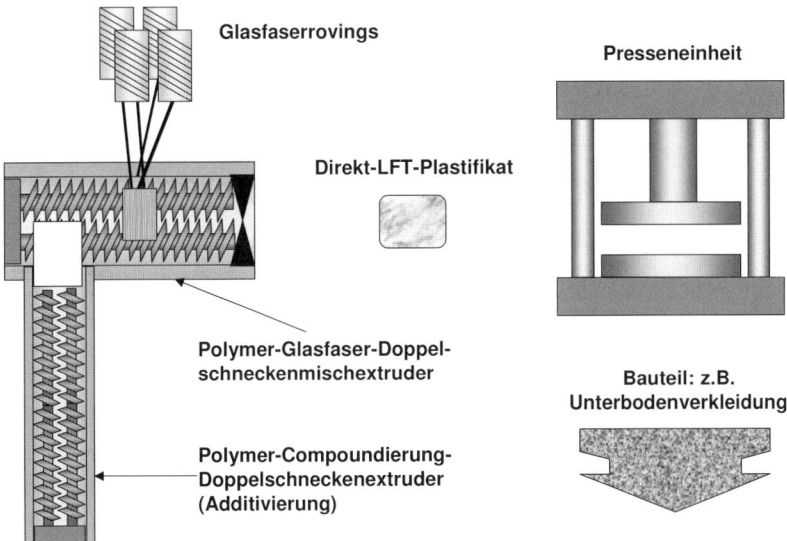

Bild 12.38 Anlagen- und Verfahrensschema zur Herstellung von D-LFT-Bauteilen

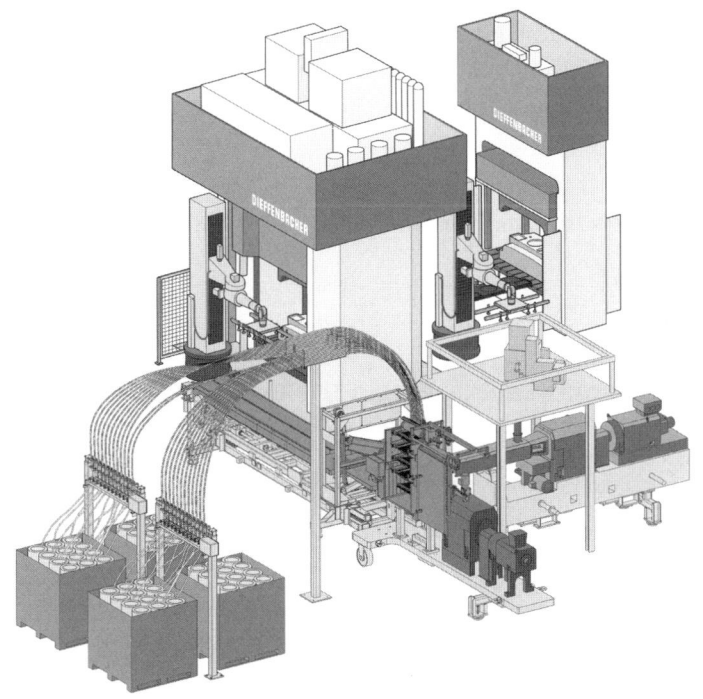

Bild 12.39 Anlage von LFT-Direktverfahren [Bildquelle: Dieffenbacher GmbH]

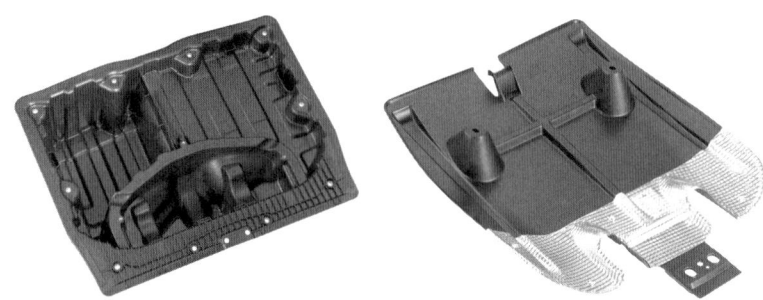

Bild 12.40 Multifunktionswanne (BMW 3er) und Unterbodenbauteil (Ford S-max und Galaxy) in D-LFT Verfahren [Bildquelle: Röchling Automotive SE & Co. KG]

Eine weitere Entwicklung auf Basis des LFT-Direktverfahrens ist der sogenannten E-LFT Prozess. In diesem Verfahren wird die LFT-Technologie (konventionelle LFT mit Stäbchengranulat oder LFT-D) mit endlosfaserverstärkem Thermoplast kombiniert. Das von der Esoro AG patentierte Verfahren ermöglicht den Einsatz für strukturelle Bauteile, da durch die gezielte lokale Verstärkung mit Endlosfasern die Bauteileigenschaften bei einer gleichzeitigen Gewichtsreduktion deutlich verbessert werden können [57].

In dem Smart fortwo wurde die Rückwandtür im kombinierten E-LFT / LFT-D gefertigt. Die hohe Anforderungen an Steifigkeit und Crashsicherheit des strukturellen Bauteils konnten durch den Einsatz von gerichteten Endlosfaserverstärkern erfüllt werden.

Im Bereich Wissenschaft befassen sich mehreren Arbeiten [58]–[61] mit den werkstoff- und prozessspezifischen Vor- und Nachteilen der unterschiedlichen Direktverfahren.

Literatur

[1] Arbeitsgemeinschaft Verstärkte Kunststoffe – Technische Vereinigung e. V. (AVK-TV), Composites-Markbericht 2012, Markentwicklungen, Trends, Herausforderungen und Chancen, Oktober 2012

[2] *Sommer, M. M.; Schledjewski, R.:* Langfaserverstärkte Thermoplaste (LFT) mit flammhemmenden Eigenschaften, in: Degischer, P.: Verbundwerkstoffe – 14. Symposium Verbundwerkstoffe und Werkstoffverbunde Wiley-VCH, Wien 2003, S. 494–499

[3] *Davis, B. A.; et al.:* Compression Moulding, Hanser, München, 2003, S. 15

[4] *Ingendae, M.; Kleinholz, R.; Heber, M.:* LFT-Direktverfahren – von der Vorentwicklung zur Serienproduktion, Vortrag 3. Int. AVK Tagung Baden-Baden, September 2000

[5] *Derek, H.:* Zur Technologie der Verarbeitung von Harzmatten, RWTH, Aachen Juni 1982, S. 62

[6] *Bruderik, M.; Denton, D.; Shinedling, M.; Kiesel, M.:* Application of Carbon Fiber in SMC in the 2003 Viper Convertible, 2nd Annual Automotive Composites Conference, Society

of Plastics Engineers, Automotive & Composites Divisions, Michigan, September 12 – 13, 2002

[7] *Türk, O.; Schulte zur Heide, J.:* Kohlenstofffaser-SMC für die Heckdeckel-Innenschale eines Sportwagens, in: Lightweight Design, 3 (2010) 1, Wiesbaden 2010, S. 26 – 32

[8] AVK-Handbuch, Faserverstärkte Kunststoffe und duroplastische Formmassen, 2012

[9] *Strümpel, F.; Palik, M.; Söchtig, W.:* Von Reaktionstechnik bis Spritzgießen – Die passende Werkstoff- und Verfahrenstechnik für Ihre Anwendung, 9. Internationale AVK-Tagung, Essen, September 2006, B7

[10] *Möller, F.:* Materialmodellierung für die Umformsimulation gewebeverstärkter thermoplastischer Halbzeuge, Diss., Universität Kaiserslautern, 1998

[11] *Breuer, U. P.:* Beitrag zur Umformtechnik gewebeverstärkter Thermoplaste, Forschungsbericht VDE-2/433, VDI-Verlag, Düsseldorf 1997

[12] *Murttagh, A. M.; Mallon, P. J.:* Characterisation of Shearing and Frictional Behaviour During Sheet Forming, in: Bhattacharyya, D. (ed): Composite Materials Science Volume 11: Composite sheet forming, Elsevier Science B. V., 1997, pp. 163 – 216

[13] *Hopmann, C.; Michaeli, W.; Scholdgen, R.:* Advanced Diaphragm Forming Process for High Temperature Thermoplastic Composite Applications, SAMPE JOURNAL 48 (2012), pp. 24 – 29

[14] *Ziegmann, G.:* Umformen im Diaphragma-Verfahren, in: Bartz, W. J. (Ed): Faserverbundwerkstoffe mit thermoplastischer Matrix, Expert Verlag, Renningen, 1997, S. 143 – 160

[15] *Nowacki, J.; Fujiwara, J.; Mitschang, P.; Neitzel, M.:* Deep Drawing of Fabric Reinforced Thermoplastics: Maximum Drawing Depth and Mechanism of Wrinkle Formation, Polymers & Polymer Composites 6 (1998) 4, pp. 215 – 222

[16] *Offringa, A. R.:* Thermoplastic Aircraft Floor Panels, Technologies and Applications, Journal of Advanced Materials 26 (1995) 2, pp. 12 – 18

[17] *Boer, P.; Van Lindert, J.:* Mould Design for Rubber Forming of Continuous Fiber Reinforced Thermoplastic Composites, Proceedings SAMPE Europe Conference 1998

[18] *Stumpf, H.:* Study on the Manufacture of Thermoplastic Composites From New Textile Preforms, Diss., Technische Universität Hamburg-Harburg, 1998

[19] *Mitschang, P.; Grebel, K.:* Zykluszeitverkürzung bei der Verarbeitung von FKV durch den Einsatz variothermer Werkzeuge, Carbon Composites Fachtagung, Augsburg, 2012

[20] *Wakeman, M. D.; Cain, T. A.; Rudd, C. D.; Brooks, R.; Long, A. C.:* Compression Moulding of Glass and Polypropylene Composites for Optimised Macro- and Micro-Mechanical Properties-1 Commingled Glass and Polypropylene, Composites Science and Technology 58 (1998), pp. 1879 – 1898

[21] *Henning, F.; Troester, S.; Eyerer, P.:* Innovative One-Step Process for the Large-Scale Production of Load Optimized Textile and Long-Fiber-Reinforced Thermoplastic Structural or Semi-Structural Components, Proceedings Polymer Composites '99, Quebec, Canada, 1999, pp. 141–153

[22] *Eble, E.; Neitzel, M.:* Druckunterstütztes Thermoformverfahren zur Herstellung von thermoplastischen Hochleistungsverbundbauteilen, Proceedings 2. Internationale AVK-TV-Tagung, Baden-Baden, 1999, C3, S. 1–16

[23] *Mehn, R.:* GF-Thermoplastverbunde im PKW-Bereich, in: Bartz, W.J. (Hrsg.): Moderne Werkstoffe, Expert Verlag, Renningen, 2000, S. 302 – 324

[24] *Breuer, U.; Ostgathe, M.; Neitzel, M.:* Manufacturing of All-Thermoplastic Sandwich Systems by a One-Step Forming Technique, Polymer Composites 19 (1998) 3, pp. 275 – 279

[25] *Akermo, M.; Aström, B.T.:* Modelling Component Cost, in: Compression Moulding of Thermoplastic Composite and Sandwich Components, Composite Part A 31 (2000), pp. 319 – 333

[26] *Nowacki, J.; Mitschang, P.; Neitzel, M.:* Tailored Blank Technology: Thermoforming and Joining of Reinforced Thermoplastics in One Step, Proceedings 3rd Esaform Conference on Material, Fritz, H.G. (Ed.), Stuttgart, 2000, S. I-18 – I-21

[27] *Kuhn, M.; Nowacki, J.; Himmel, N.:* Development of an Innovative High Performance FRP Protective Toe Cap – Integration of Forming Simulation in the Structural Analysis and Design Process, EUROPAM 2000, 12. – 13. Okt. 2000, Nantes, Frankreich

[28] *Nowacki, J.:* Prozessanalyse des Umformens und Fügens in einem Schritt von gewebeverstärkten Thermoplasten, IVW Schriftenreihe, Bd. 24, Neitzel, M. (Hrsg.), 2001

[29] *Cattanach, J.B.; Cogswell, F.N.:* Processing With Aromatic Polymer Composites, in: Pritchard G. (Ed.): Developments in Reinforced Plastics – Vol. 5, Elsevier, London, 1986, pp. 1 – 38

[30] *Hou, M.; Ye L.; Mai, Y.-W.:* Advances in Processing of Continuous Fibre Reinforced Composites With Thermoplastic Matrix, Plastics, Rubber and Composites – Processing & Applications (1995) 23, pp. 279 – 293

[31] *N.N.:* DIN 8586. Fertigungsverfahren Biegeumformen: Einordnung, Unterteilung, Begriffe, Beuth, Berlin, 2003

[32] *Reissner, J.; Müller-Duysing, M.; Dannemann, E.; Ladwig, J.:* Biegen, in: Lange, K.: Umformtechnik – Handbuch für Industrie und Wissenschaft, Band 3, Blechbearbeitung. Springer, Berlin, 1990, S. 243 – 310

[33] Schuler GmbH: Metal Forming Handbook, Springer, Heidelberg, 1998

[34] *Bhattacharyya, D.; Smith, P.D.; Yee, C.H.; Collins, I.F.:* The Prediction of Deformation Length in Cold Roll Forming, Journal of Mechanical Working Technology 9 (1984) March, pp. 181–191

[35] *Halmos, G.T. (Ed.):* High Production Roll Forming, Society of Manufacturing Engineers, Dearborn, MI, USA, 1983.

[36] *Nickel, A.J. (Ed.):* Roll Forming, Collected Articles and Technical Papers, Fabricators & Manufacturers Association, International, USA, 1994

[37] *Henninger, F.; Friedrich, K.:* Process Analysis of Roll Forming of Thermoplastic Composites, Proceedings 6th International Conference on Flow Processes in Composite Materials, Auckland, New Zealand, July 15 – 17 (2002), S. 63 – 72

[38] *Henninger, F.; Friedrich, K.:* Production of Textile Reinforced Thermoplastic Profiles by Roll Forming, Composites Part A, Vol. 35 (2004), pp. 573 – 583

[39] *Hirai, T.:* Roll forming of SMC and TMC, Considering the Resin-Fibre Interface, Composite Structures 32 (1995), pp. 541 – 548

[40] *Katayama, T.; Hayakawa, Y.; Hakotani, M.; Shinahara, M.:* Application of Roll Forming to SMC Forming, Composite Structures 38 (1997) 1–4, pp. 517–524

[41] *Hirai, T.; Hirai M.:* The Effect of Tooling Geometry on a New Continuous Fabrication System for SMC Using Roll Forming, Composite Structures 38 (1997) 1–4, pp. 395–403

[42] *Holschuh, R.; Becker, D.; Mitschang, P.:* Verfahrenskombination für mehr Wirtschaftlichkeit des FVK-Einsatzes im Automobilbau, Lightweight Design, 2012–04, S. 14–19

[43] Forschungszentrum Karlsruhe in der Helmholtz-Gemeinschaft: Verbundprojekte aus dem Rahmenkonzept „Forschung für die Produktion von morgen" des Bundesministeriums für Bildung und Forschung, Karlsruhe, 2011

[44] *Schuck, M.:* Kombination von Materialleichtbau mit konstruktivem Leichtbau, Lightweight design, Vol. 5, Heft 2 (2012), S. 54–59

[45] O.V.: Kombination von Thermoplast-Spritzguss und Thermoformen kontinuierlich faserverstärkter Thermoplaste für Crashelemente, Institut für Verbundwerkstoffe GmbH, Kaiserslautern, 2012

[46] *Schuck, M.:* Herstellung funktionsintegrierter leichter Composite-Crash-Bauteile durch Verfahrenskombination, IVW-Kolloquium, 2010, Kaiserslautern

[47] Wissenschaftstag Metropolregion Nürnberg, Schuck, M.: Kunststoffe als Leichtbauwerkstoffe,
http://wissenschaftstag.metropolregionnuernberg.de/uploads/media/WT11-Panel4d-Kunststoffe-Schuck-Praesentation_02.pdf, Zugriff: 22.05.2013

[48] *Holschuh, R.; Mitschang, P.; Schledjewski, R.:* Controlled influence of component properties using hybrid techniques by combining different lightweight structures, in: Proceedings of the18th International Conference on Composite Materials, Korea, 21–26 August 2011

[49] *Azzam, H. A.; Schledjewski, R.:* Thermoplastic Reinforced Profiles: Mechanical properties of locally formed parts, in: Proceedings of the 17th International Conference on Composite Materials (ICCM-17), Edinburgh, United Kingdom, 27–31 July 2009

[50] *Holschuh R.; Becker, D.; Mitschang, P.:* Cost Competitiveness of Hybrid Structures Based on Thermplastic In-Situ Tape-Placement Process, SAMPE Fall Technical Conference Proceedings: Navigating the Global Landscape for the New Composites, Charleston, SC: Society for the Advancement of Material and Process Engineering, 2012

[51] *Graf, M.; et al:* SMC-Direktverfahren für mehr Wirtschaftlichkeit, Lightweight Design, 4/2011

[52] Werner und Pfleiderer, Extruder zum Aufbereiten von Kunststoff unter Zuführung mindestens eines Faserstrangs, Patentschrift DE4016784 C2, Januar 1993

[53] *Stachel, P.:* Long Fibre Reinforced Thermoplastics, Composites No 29, S. 85–92

[54] *Brüssel, R.; Kühfusz, R.:* Ein Jahr Serienproduktion von Menzolit-Fibron Langfaserverstärktem Thermoplast mit dem Direktverfahren, 1. Internationale AVK-Tagung, 1998

[55] *Ernst, H.:* Ein starkes Stück. Wirtschaftliches Herstellen Hochbesteter Bauteile aus Faserverstärktem Thermoplast, Plastverarbeiter, September 2007

[56] *Brüssel, R.; Geiger, O.; Krause, W.; Henning, F.; Ernst, H.:* Tailored LFTs developed for Series Production – Results of the „Smart Part" R&D Project. AVK-TV Tagung, Paper A9, Baden-Baden, 2003

[57] *Stötzner, N.; Rüegg, A.; Ziegler, S.:* Neuer Produktionsprozess für Faserverbundteile, Kunstoffe 4/2004, S. 62 – 66

[58] *Brast, K.:* Verarbeitung von langfaserverstärkten Thermoplasten im direkten Plastifiziert-/Pressverfahren, Dissertation, Westfälische Technische Hochschule Aachen, 2001

[59] *Tröster, S.:* Materialentwicklung und -charakterisierung für thermoplastische Faserverbundwerkstoffe im Direktverfahren, Dissertation, Universität Stuttgart, 2003

[60] *Szymikowski, R.:* Quasistatische und dynamische Eigenschaften von wirr- und gewebeverstärktem Polypropylen, Dissertation, Technische Universität Kaiserslautern, 2007

[61] *Radtke, A.:* Steifigkeitsberechnung von diskontinuierlich faserverstärkten Thermoplasten auf der Basis von Faserorientierungs- und Faserlängenverteilungen, Dissertation, Wissenschaftliche Schriftenreihe des Fraunhofer ICT, Band 45, 2008

13 Bearbeitung, Oberflächenbehandlung

R. Schledjewski, M. Blinzler, K. Hildebrandt

◼ 13.1 Einleitung

Faserverstärkte Kunststoffe werden in urformenden und umformenden Fertigungsverfahren verarbeitet, in denen der anisotrope, heterogene Verbund seine endgültige Zusammensetzung und damit seine Eigenschaften erhält. Obwohl FKV-Bauteile häufig endformnah gefertigt werden, sind in der Regel Nachbearbeitungsschritte durchzuführen. Verarbeitungsbedingt ist oftmals die Umrissbearbeitung, z. B. durch Stanzen oder Fräsen, notwendig. Unzureichende Oberflächenqualität ist beispielsweise durch Fräsen, Drehen oder Schleifen zu verbessern. Eine weitergehende Oberflächenveredelung wird häufig aus ästhetischen, aber auch funktionalen Gründen benötigt und z. B. durch Lackieren oder Beschichten erreicht. Krafteinleitungselemente sind vielfach erst nach der Bearbeitung durch spanende Verfahren im Bauteil zu integrieren. Die Trennung von kontinuierlich hergestellten Profilen und Halbzeugen erfolgt meistens durch Sägen.

Eine vertiefende Darstellung dieser Fragestellungen ist der Literatur zu entnehmen [1].

◼ 13.2 Bearbeitung

13.2.1 Grundlagen

Der Begriff „Bearbeitbarkeit eines Werkstoffes" umfasst sowohl das sich bei einer definierten Bearbeitung ergebende Werkstoff- und Werkzeugverhalten als auch Auswirkungen auf den Produktionsprozess hinsichtlich seiner Wirtschaftlichkeit und möglicher Umweltbelastungen. Darüber hinaus beinhaltet der Begriff Bearbeitbarkeit eine gesamtheitliche Bewertung des Schwierigkeitsgrades des Vorgangs und des gewählten Bearbeitungsverfahrens [2].

Die Zerspanung von faserverstärkten Kunststoffen stellt besondere Anforderungen hinsichtlich der Werkzeuggeometrie, des Schneidstoffes, der Prozessparameter und des Arbeits- und Maschinenschutzes. Unter Umständen können Schäden wie Aufschmelzen, Verbrennung, Verkohlung, Delaminationen und Ausfransungen auftreten. Aus diesem Grund sind die Bearbeitungsverfahren noch stärker als in der Metallbearbeitung auf den jeweils vorliegenden Anwendungsfall abzustimmen.

Die mechanische Bearbeitbarkeit von FKV wird wesentlich durch die individuellen Eigenschaften der jeweils verwendeten Fasern und ihrer Orientierung innerhalb der Matrix bestimmt [3]. Sie ist maßgeblich für die Verfahrensauswahl, die Werkzeugtauglichkeit und die Prozessparameter verantwortlich.

Während Glas- und Kohlenstofffasern unter Zug-, Scher- und Biegebelastung weitgehend spröde brechen, weichen Aramidfasern äußeren Kräften unter hoher lokaler Deformation aus. Typisch ist hierbei die Entstehung von stark ausgefransten Schnittkanten [2]. Sie lassen sich nur unter Zug sauber trennen, wobei sie in Achsrichtung aufspleißen.

Je nach Richtung der Belastung relativ zur Faserorientierung kann es neben dem Trennen der Fasern zu Rissen in der Matrix zwischen den einzelnen Verstärkungslagen kommen, die von der bearbeiteten Oberfläche bis in das Laminat reichen. Diese Delaminationen sind abhängig vom Faserorientierungswinkel und führen zu einer Schwächung des Bauteils im Randbereich. Am stärksten hierdurch gefährdet sind Laminate, die unter einem Faserorientierungswinkel von $30° - 60°$ getrennt werden [4], [5]. Eine bessere Zerspanbarkeit als mit unidirektionaler Faserausrichtung ergibt sich für Bauteile mit Gewebeverstärkung. Bezüglich der Gewebeverstärkung erwiesen sich Leinwandbindungen gegenüber Köperbindungen sowie dichte Gewebe gegenüber offenen Gewebe von Vorteil [6], [7].

Außerdem sind der Einfluss des Laminataufbaus und des Faseranteils am Gesamtvolumen auf die Bearbeitungsqualität und die erzielbaren Werkzeugstandzeiten von großer Bedeutung.

Das Bearbeitungsverhalten der Matrix ist gekennzeichnet durch einen niedrigen E-Modul, eine geringe Festigkeit, eine hohe Bruchdehnung, insbesondere bei thermoplastischen Materialien, und vor allem durch die niedrige Temperaturbeständigkeit.

Die spanende Bearbeitung faserverstärkter Thermoplaste unterscheidet sich deutlich von der Duromerzerspanung. Untersuchungen haben gezeigt, dass die Oberflächenqualität besser und der Werkzeugverschleiß höher sind als bei der vergleichbaren Zerspanung faserverstärkter Duromere [8]. Charakteristisch für die Bearbeitung faserverstärkter Duromere ist das Entstehen feiner, pulvriger Späne, wobei sich zusätzlich ein hoher Anteil an Luftstaub bildet. Bei der Zerspanung faserverstärkter Thermoplaste tritt diese Staubbildung kaum auf, hier entstehen der Holzverarbeitung vergleichbare Spanformen. Aus Gründen des Arbeitsschutzes und zum Schutz der Maschinenelemente, wie Führungen und Lager, vor abrasiven und teilweise leitfähigen Partikeln, ist es unumgänglich, den Arbeitsraum zu kapseln [8].

Durch die anisotrope und inhomogene Struktur von FKV sowie die Anordnung und Bindung der Fasern in und mit der Matrix ergeben sich deshalb folgende Besonderheiten für die mechanische Bearbeitung [6], [9]:

- FKV sind nur in einem begrenzten Temperaturbereich zu bearbeiten, da die Glasübergangstemperatur bzw. die Aushärtetemperatur des Matrixwerkstoffs nicht überschritten werden darf ($T_{max} \approx 200\ °C$).

- Insbesondere die geringe Wärmeleitfähigkeit der Matrix behindert den Wärmetransport in das Werkstück und verursacht bei ungünstigen Bearbeitungsparametern Verbrennungen an der Werkstückoberfläche.

- Die unterschiedlichen thermischen Ausdehnungskoeffizienten von Matrix (stark positiv) und Faser (leicht negativ für Kohlenstoff und Aramid) begünstigen die Entstehung von Eigenspannungen und erschweren die Einhaltung der Maßgenauigkeit.

- Die heterogene Hart-Weich-Struktur, verbunden mit dem hohen Trennwiderstand der Verstärkungsfasern, bewirkt einen stark abrasiven Verschleiß der Werkzeuge. Dies begrenzt die Auswahl der einsetzbaren Werkzeuge.

- Durch Feuchtigkeitsaufnahme der Matrix bei der Verwendung von Kühlschmierstoffen kann es zu veränderten physikalischen Werkstoffeigenschaften kommen.

- Während der Bearbeitung von FKV kann es zu einer Gefährdung der Umgebung durch hohe gas- oder staubförmige Emissionen kommen. Zudem sind Graphitstäube elektrisch leitend und können zu Störungen in Steuerungen und Antrieben elektrischer Maschinen führen.

13.2.2 Bohren

Die Qualität von Bohrungen in FKV wird durch eine Vielzahl von Randbedingungen beeinflusst. Deshalb ist eine generelle Aussage für das Bohren von FKV nur sehr eingeschränkt möglich, Bild 13.1. Große Bedeutung hat aber immer das Anbohren, hier kann es zu einem Abheben der oberen Laminatlagen (peel-up delamination) kommen, und das Durchbohren, hier kann es zu ebenfalls zu einem Lösen der Decklagen (push-down delamination) kommen [10], [11]]. Entsprechend ist neben dem charakterisierenden Bohrungsdurchmesser immer ein Augenmerk auf die sich ausbildende Schädigungszone im umliegenden Material zu richten [12], [13]. Die Qualität einer Bohrung kann nur am konkreten Fall optimiert werden. Die richtige Auswahl von Werkzeug, Maschine und Bearbeitungsparameter sind Voraussetzung zur Herstellung qualitativ hochwertiger Bohrungen. Die wichtigsten Einflussgrößen sind dabei [14], [15]:

- Bauteilverhalten und angestrebte Bohrungsqualität (Art der Faser und Matrix), Faserverbund- (Gewebe oder UD-Tape) und Laminataufbau, Laminatdicke, Bohrungsdurchmesser;
- verwendete Maschinen, Werkzeuge und die Bauteilabstützung [16] (Schneidstoffe und Schneidengeometrie) [17], [18];
- Prozessparameter (Schnittgeschwindigkeit und Vorschub) [13], [19].

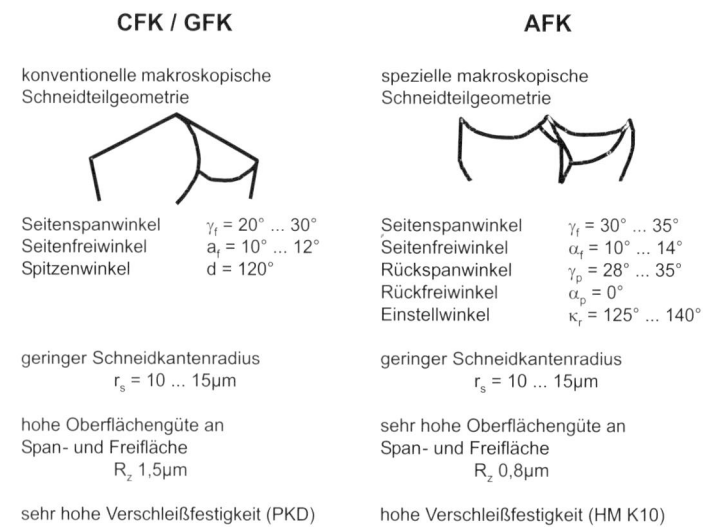

CFK / GFK		AFK	
konventionelle makroskopische Schneidteilgeometrie		spezielle makroskopische Schneidteilgeometrie	
Seitenspanwinkel	$\gamma_f = 20° ... 30°$	Seitenspanwinkel	$\gamma_f = 30° ... 35°$
Seitenfreiwinkel	$a_f = 10° ... 12°$	Seitenfreiwinkel	$\alpha_f = 10° ... 14°$
Spitzenwinkel	$d = 120°$	Rückspanwinkel	$\gamma_p = 28° ... 35°$
		Rückfreiwinkel	$\alpha_p = 0°$
		Einstellwinkel	$\kappa_r = 125° ... 140°$
geringer Schneidkantenradius $r_s = 10 ... 15\mu m$		geringer Schneidkantenradius $r_s = 10 ... 15\mu m$	
hohe Oberflächengüte an Span- und Freifläche R_z 1,5µm		sehr hohe Oberflächengüte an Span- und Freifläche R_z 0,8µm	
sehr hohe Verschleißfestigkeit (PKD)		hohe Verschleißfestigkeit (HM K10)	

Bild 13.1 Empfehlungen für die Werkzeugauswahl zum Bohren faserverstärkter Kunststoffe [20]

Wie sonst kein Bearbeitungsverfahren wird beim Bohren in die Struktur des FKV eingegriffen und dies vor dem Hintergrund, dass es in den meisten Fällen um die Umsetzung von Krafteinleitungselementen geht. Der Einfluss einer Bohrung im Vergleich zu einer faserverbundgerechten Ausgestaltung einer Krafteinleitungsöffnung ist dabei deutlich negativer [21].

13.2.3 Sägen

Abhängig von der Faserorientierung sind unterschiedliche Zerspanungsmechanismen zu beobachten, Bild 13.2 stellt exemplarisch vier Möglichkeiten vor. Bei gleicher Eingriffshöhe stellt sich für das Gegenlaufsägen ein kleinerer Schneideneintrittswinkel ein, der zu einer geringeren Belastung der Zähne führt. Darüber hinaus ist die thermische Belastung beim Sägen im Gleichlauf deutlich höher als beim Sägen im Gegenlauf. Aufgrund der Eingriffsverhältnisse und der Schneidengeometrie kommen die Zähne der Sägeblätter zweimal je Umdrehung in Eingriff. Zunächst sind während des eigentlichen Trennschnittes die Haupt- und Nebenschneiden im

Eingriff. Anschließend kommen die Nebenschneiden der Zähne ein zweites Mal in Kontakt mit der Schnittfläche und beeinflussen noch einmal entscheidend die Topographie und Qualität der Schnittfläche. Es kommt zu einem nachträglichen Verschmieren der Matrix und Herauslösen von Fasern. Schwingungen und Vibrationen verstärken diese Effekte.

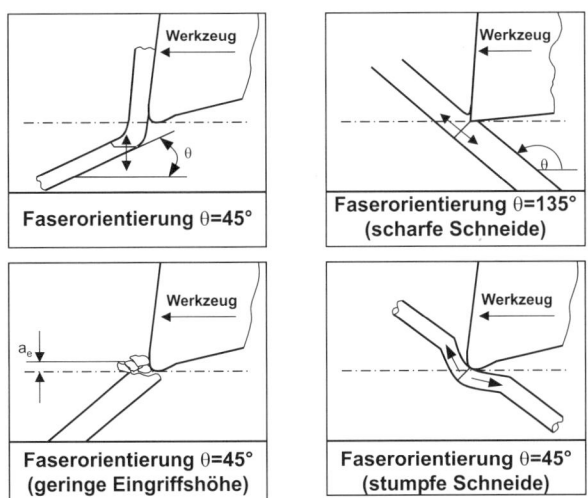

Bild 13.2 Zerspanmechanismen unter verschiedenen Bedingungen [22]

Am Schneidenaustritt kann es bei Laminaten durch die mangelnde Abstützung zu Delaminationen in den äußeren Schichten kommen. Abhilfe können spezielle Deckplatten schaffen, die mit zerspant werden.

GFK wird aufgrund der stark abrasiven Verschleißwirkung der Glasfasern mit einer Diamantsäge geschnitten. Dazu sind PKD-Schneiden oder mit Diamantkörnern bestückte Sägeblätter erforderlich. Als Richtlinie gilt: „Je mehr ein Material schmiert, desto größer das Korn". Die Schnittgeschwindigkeiten liegen zwischen 200 bis 1000 m/min, die Vorschubgeschwindigkeit ist wegen der entstehenden Zerspanungswärme zu beschränken [22].

13.2.4 Fräsen

Die Hauptaufgabe für die Fräsbearbeitung besteht in der Regel darin, eine korrekte Außen- und Innenkontur des Bauteils zu erzeugen. Die Werkzeugauswahl richtet sich dabei nach der zu zerspanenden Faser. Allgemein kann zur Werkzeugauswahl gesagt werden, dass der Durchmesser der Fräswerkzeuge so klein wie möglich gewählt werden sollte, um die auftretenden Belastungen und den Schnittspalt klein zu halten. Einen maßgeblichen Einfluss auf die Qualität der Schnittfläche hat außer der Faserart der Winkel zwischen der Faserorientierung und der Bearbeitungsrichtung. Diese Tatsache führt, je nach Orientierung der Faser zur Vorschubrichtung, zu unterschiedlichen Oberflächenqualitäten und Bearbeitungskräften, Bild 13.3. Die Einspannung des Werkstücks hat ebenfalls einen starken Einfluss auf die Qualität der Bearbeitung. Eine Abstützung des Werkstückes über der gesamten Länge hat einen wesentlich ruhigeren Prozessverlauf ohne nennenswerte Zusetzung des Werkzeugs zur Folge.

Der Einsatz von Fräsern mit aufgelöteten Schneiden aus polykristallinem Diamant zeigt sich in allen Bereichen den Hartmetallwerkzeugen deutlich überlegen, so dass der Einsatz von PKD-Fräsern trotz eines erheblich höheren Preises wirtschaftlich ist [23]. Die Bearbeitung von CFK und GFK kann mit konventionellen Werkzeugen und Geometrien aus der Metallbearbeitung durchgeführt werden. Für kurzfaserverstärkte Polymere eignen sich in der Regel vielschneidige Werkzeuge wie zum Beispiel diamantverzahnte Hartmetallfräser. Im Gegensatz dazu sollten langfaserverstärkte Polymere mit ungedrallten zweischneidigen Fräsern bearbeitet werden. Als günstigste Werkzeugwinkel haben sich ein Keilwinkel von rund 75° bei einem Spanwinkel von 0° erwiesen.

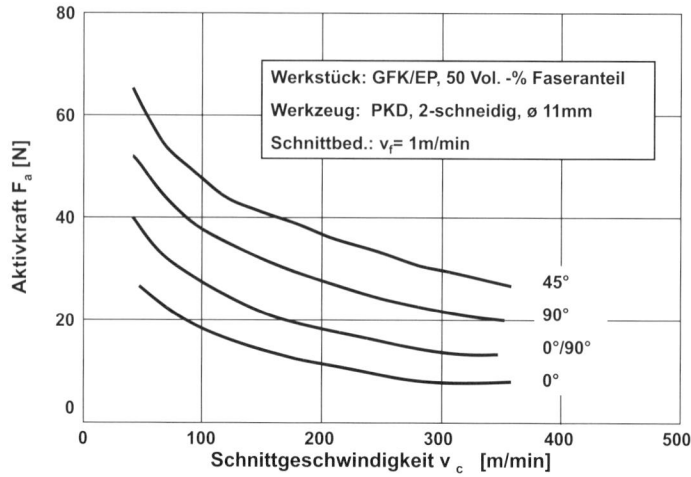

Bild 13.3 Zerspankraft in Abhängigkeit von Schnittgeschwindigkeit und Faserlage [24]

Die Schnittgeschwindigkeit zeigt besonders im unteren Bereich (bis 1000 m/min) einen deutlichen Einfluss auf die Oberflächenqualität mit großen Schwankungsbreiten. Mit steigender Schnittgeschwindigkeit stabilisiert sich der Einfluss und es sind geringe Oberflächenrauigkeiten erreichbar [25]. Die Bearbeitung von FKV durch Hochgeschwindigkeitsfräsen (Schnittgeschwindigkeiten bis zu 10 000 m/min) zeigt keine thermische Beeinflussung der Schnittkante, jedoch deutliche Vorteile im Hinblick auf die erzielbare Oberflächenqualität und Standwege [26]. Besonders bei hohen Schnittgeschwindigkeiten steigen die Rauigkeitswerte mit zunehmender Eindringtiefe überproportional an. Hier überlagert sich der günstige Einfluss einer hohen Schnittgeschwindigkeit mit den negativen Auswirkungen des stark zunehmenden Werkzeugverschleißes.

13.2.5 Wasserstrahlschneiden

Das Wasserstrahlschneiden ist ein abtragendes Verfahren, das sich durch hohe Bearbeitungsgeschwindigkeiten und große Flexibilität und Automatisierbarkeit auszeichnet. Es nutzt die kinetische Energie des Wasserstrahls zum Abtragen des Werkstoffes und arbeitet somit nicht berührungslos. Eine Variante des Wasserstrahlschneidens ist das Abrasiv-Wasserstrahlschneiden, Bild 13.4. Bei diesem Verfahren wird der durch den Freistrahl erzeugte Unterdruck in einer Mischkammer dazu benutzt, ein Gemisch aus Luft und Schleifmittel anzusaugen. Als Strahlmittel kommen Materialien wie Quarzsand, Silikate oder Korund in Frage. Der Wasserkomponente kommt dabei die Aufgabe eines Energieübertragungsmediums zu, das die Feststoffpartikel beschleunigt. Hierbei kommt es zu einem Abbau der mittleren Partikelgröße, sowohl in der Düse als auch beim Materialabtrag. Außerdem erfährt die Düse einen Verschleiß, der insbesondere für Präzisionsschnitte nur eine begrenzte Standzeit der Düse ergibt [27]. Die Zusammenhänge sind in Bild 13.5 schematisch dargestellt.

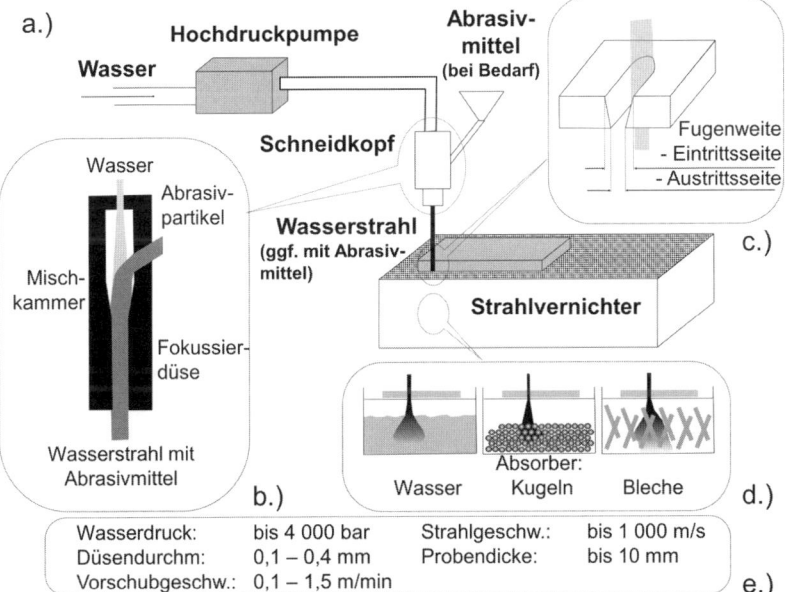

Bild 13.4 Abrasiv-Wasserstrahlschneiden
a.) Schematische Darstellung, b.) Düsenaufbau, c.) Schnittfugenausprägung, d.) Ausführungsformen des Strahlvernichters und e.) typische Prozessparameter

Das Wasserstrahlschneiden hat eine Reihe von Eigenschaften, die gerade bei der Bearbeitung von Verbundwerkstoffen gegenüber anderen Verfahren Vorteile bieten. Im Vergleich zum Umrissfräsen fehlt das im Eingriff befindliche und somit dem direkten Verschleiß ausgesetzte Werkzeug. Die geringen Strahlabmessungen haben schmale Trennfugen zur Folge und erlauben somit das Herstellen von Konturen mit kleinen Krümmungsradien. Die mechanische Belastung der bearbeiteten Bauteile bleibt dabei gering, und es findet nur eine geringe thermische Beeinflussung statt, da an den Schnittwänden lediglich Flüssigkeitsreibung mit einem Medium niedriger Zähigkeit bei gleichzeitig hoher Wärmeleitfähigkeit und hoher Wärmekapazität auftritt. Als weiterer Vorteil des Wasserstrahlschneidens ist die geringe Staubentwicklung zu nennen, da Partikel im Wasserstrahl gebunden werden und sie so nicht in die Umgebung gelangen.

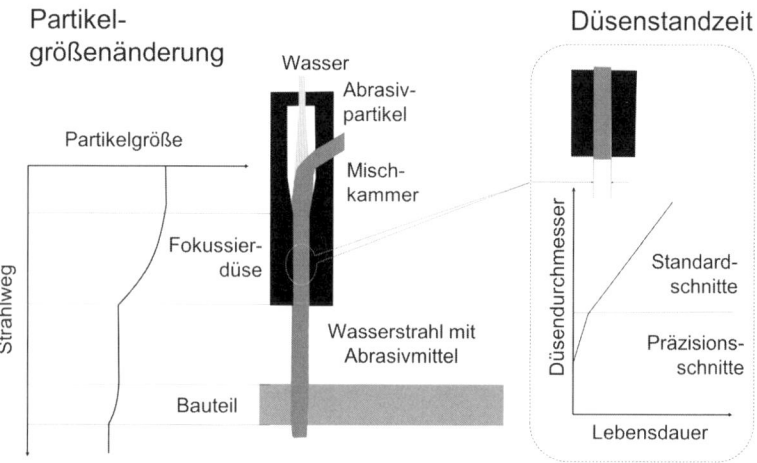

Bild 13.5 Partikelgrößenänderung und Düsenverschleiß beim Wasserstrahlschneiden (nach [27])

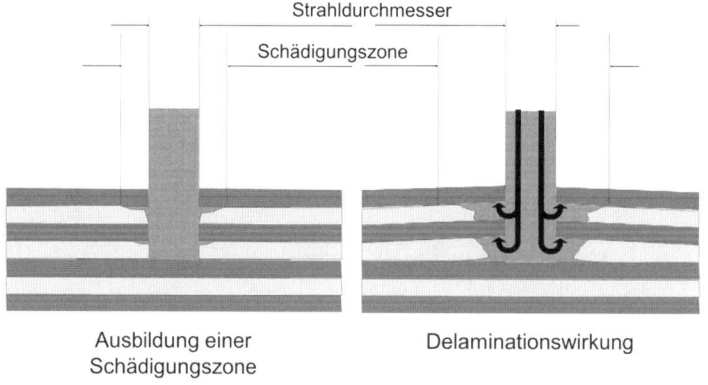

Bild 13.6 Ausbildung der Schädigungszone beim Wasserstrahlschneiden

Die Notwendigkeit, den Wasserstrahl am Austritt aus dem Werkstück wieder aufzufangen, erfordert jedoch eine beidseitige Zugänglichkeit des Bauteils. Die synchrone Nachführung des Strahlfängers (Bild 13.4d) erschwert die mehrdimensionale Bearbeitung komplexer Bauteile.

Ausschlaggebende Parameter des Wasserstrahlschneidens für einen guten Schnitt bzw. die Schnittqualität sind Pumpendruck, Abstand Düse/Werkstück, Schnittfugenbreite, Düsendurchmesser, Schnitttiefe und die Vorschubgeschwindigkeit, Bild 13.4 e. Im Falle des Abrasiv-Wasserstrahlschneidens erweitert sich das Parameterfeld um die je Zeiteinheit zugeführte Feststoffmenge, die Feststoffkörnung, die Art der Zuführung und den Fokussierungsdurchmesser. Die mechanischen Materialeigenschaften von CFK, GFK und AFK erfordern unterschiedliche Pumpenleistungen zum Abtrag. Es zeigt sich, dass bei Pumpendrücken von bis zu 4000 bar CFK mit etwa 0,3 m/min gegenüber GFK mit etwa 0,7 m/min geschnitten werden kann [28].

Die Beurteilung des Arbeitsergebnisses beim Wasserstrahlschneiden erfolgt einerseits anhand der Oberflächenrauigkeit und andererseits anhand von Randzonenschädigungen, die beim Wasserstrahlschneiden in Form von Delaminationen, Rissen, Abplatzungen und Ausbröckelungen auftreten können (Bild 13.6). Die mit Wasser-Feststoff-Gemisch erzeugte Oberfläche ist durch eine wesentlich größere Gleichförmigkeit gekennzeichnet, birgt aber auch die Gefahr einer Einlagerung der Abrasivpartikel in den Delaminationen im Bereich der Schädigungszone.

13.2.6 Laserstrahlschneiden

Das Laserstrahlschneiden, Bild 13.7, ist ein thermisch abtragendes Verfahren, das die Wirkenergie des Strahls zum Schmelzen, Sublimieren oder Verbrennen des Werkstoffes nutzt [29]. Es eignet sich nur für Werkstoffe, die in der Lage sind, die vom Laser emittierte Strahlung zu absorbieren, was für Kohlenstofffasern der Fall ist, bei den meisten Polymeren nur eingeschränkt und bei Glasfasern nicht gegeben ist. Die Bearbeitung mittels Laserstrahl erfolgt berührungslos, weshalb als wesentliche Vorteile die Vermeidung des Werkzeugverschleißes sowie die große Flexibilität zu nennen sind.

Die Laserstrahltechnik besitzt den Vorteil, nur geringe Kräfte, resultierend aus der Gasströmung zum Ausblasen der Schnittfuge, auf den Werkstoff auszuüben. Allerdings birgt das Laserstrahlschneiden als thermisches Trennverfahren generell den Nachteil einer thermischen Beeinflussung der wärmeempfindlichen Matrix in sich. Aus diesem Grund ist es notwendig, die Schmelz- oder Zersetzungstemperatur der Fasern möglichst schnell zu erreichen und anschließend den Schnittspalt auszublasen, bevor die relativ langsame Wärmeableitung den Werkstoff seitlich davon schädigt. Es besteht auch die Möglichkeit, durch den Einsatz von gepulsten Lasern den

Energieeintrag und damit die Erwärmung möglichst gering zu halten [30]. Grundsätzlich ist aber immer von einer Wärmeeinflusszone auszugehen, die sich unterhalb der bearbeiteten Oberfläche im Material ausprägt. Insbesondere bei den gut wärmeleitenden Kohlenstofffasern kann es hier zu einem Dochteffekt kommen, der sich in Form eines bevorzugten Abtrags der sich bei geringeren Temperaturen bereits zersetzenden Matrix und damit freistehenden Faserenden darstellt.

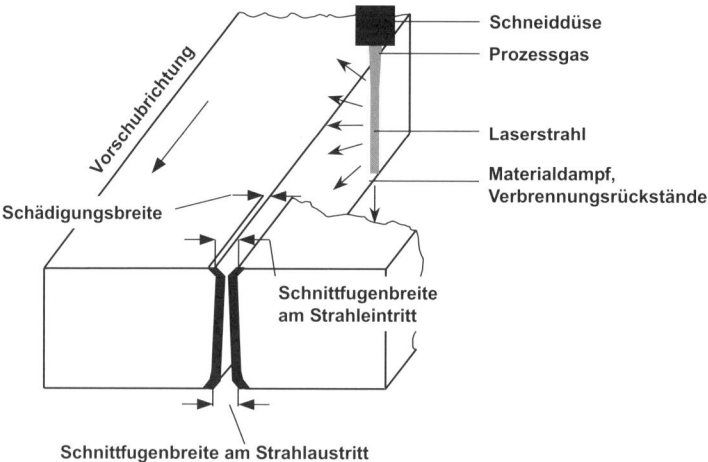

Bild 13.7 Kenngrößen bei der Laserstrahlbearbeitung

■ 13.3 Oberflächencharakterisierung und -behandlung

13.3.1 Einleitung

Oberflächen von Bauteilen aus Verbundwerkstoffen unterscheiden sich aufgrund der werkstofflichen Zusammensetzung und der Verarbeitungseinflüsse von denen metallischer Teile. Daraus ergibt sich eine Oberflächenproblematik für praktisch alle Anwendungsmöglichkeiten im Sichtbereich.

Damit FKV-Komponenten in der Außenhaut von Fahrzeugen zusammen mit herkömmlichen Materialien eingesetzt werden können, müssen sie eine zum Karosserieblech weitestgehend identische Oberflächenerscheinung (Welligkeit, Glanz, Farbeindruck) aufweisen. Es ist eine sogenannte „Class A"-Oberfläche erforderlich [31], die nicht eindeutig definiert ist und je nach PKW-Hersteller durchaus unterschiedlich verstanden wird. Während dabei der Glanz sich als physikalisch durch den Quotienten von gerichteter zu diffuser Reflexion als exakt definierbare und messbare Größe vergleichen lässt, gilt dies für die anderen Einflüsse, auch aufgrund unterschiedlicher Bewertung, nicht.

Derartige Oberflächenmängel können die Erfüllung des Anspruchs der „Class-A" gefährden [32]. Vor allem der heterogene Aufbau des Werkstoffs, d. h. die ungleichmäßige Verteilung von Matrix- und Faseranteil, bewirkt eine sichtbare Durchzeichnung der Verstärkungsarchitektur an der Oberfläche des Bauteils. Sie entsteht beim Abkühlprozess infolge der stärkeren thermischen Schwindung der Matrix gegenüber derjenigen der Verstärkungsfasern [33]. Insbesondere bei gewebeverstärkten Organoblechen ist diese Textur sehr deutlich und regelmäßig ausgeprägt, Bild 13.8.

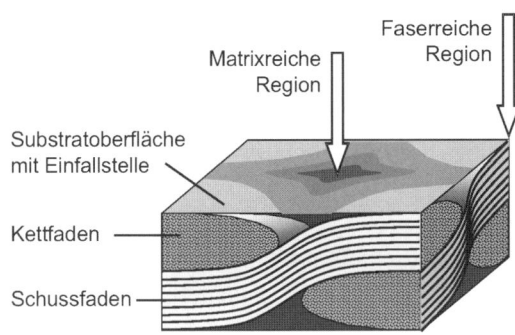

Bild 13.8
Entstehung der Substrattextur bei Organoblechen

13.3.2 Messgrößen

Die Charakteristik einer Oberfläche ist vielfältig, ebenso variantenreich sind die entsprechenden Messmethoden. Zur Erfassung der Mikrostrukturen, welche die Oberflächenglätte und das Glanzvermögen determinieren, werden u. a. Rauigkeits- und Welligkeitswerte herangezogen [34].

Um einen qualitativen und quantitativen Eindruck der Topografie des Substrats zu erlangen, bietet die Fokussierung und linienhafte Abtastung der Oberfläche mittels Weißlicht eine technische Lösung. Durch eine Reihe paralleler Scanvorgänge ergibt sich ein dreidimensionales Abbild der Oberflächenstruktur (Weißlichtprofilometrie).

Schließlich existieren auch Methoden, den visuellen Eindruck der Substratwelligkeit messtechnisch zu erfassen. Hierbei wird die Oberfläche mit einem Licht- bzw. Laserstrahl in einem bestimmten Winkel abgetastet und die Intensitätsschwankung des Strahls oder die Verzerrung seines Verlaufs nach der Reflexion aufgenommen [35], [36]. Durch geeignete Filterung können anschließend die Welligkeitsanteile, die von Interesse sind, analysiert werden. Als Maß für die Welligkeit dient die Standardabweichung des Mittelwertes des Intensitätsniveaus, d. h., je größer der Messwert, desto stärker die Welligkeit (Wavescan®).

Experimentelle und theoretische Analysen [37], [38], [39], [40] haben folgende Haupteinflussgrößen auf die oben beschriebenen Oberflächencharakteristiken identifiziert:

- *Matrixtype*
  Kristallinität, thermisches Ausdehnungsverhalten, Reaktionsschwindung;
- *Verstärkungsarchitektur*
  Feinheit der Faserbündel, Häufigkeit von Faserkreuzungspunkten, Heterogenität;
- *Beschichtung*
  Lackierung, matrixreiche Außenschicht;
- *Prozessgrößen*
  Verarbeitungsdruck, Temperaturführung.

Der Einfluss dieser Parameter sowie die spezifischen Unterschiede der einzelnen Klassen faserverstärkter Kunststoffe im Hinblick auf Rauigkeit, Topografie und Welligkeit werden im Folgenden näher erläutert.

13.3.2.1 Topographie

Die Topographie beschreibt die Oberflächenbeschaffenheit eines Körpers und wird hinreichend genau durch die Rauheits-, Welligkeits- und Primärprofile beschrieben.

Rauheit

Hinsichtlich der Rauigkeit ergeben sich zwei wesentliche Aspekte. Zum einen weisen duromere Bauteile in der Regel ebenmäßigere Topographien auf als thermoplastische Substrate. Die Ausbildung der Makromoleküle durch die Vernetzungsreaktionen erfolgt bei RTM- oder SMC-Bauteilen erst im Werkzeug und ermöglicht eine gute Abbildung der zumeist glatten, metallischen Werkzeugoberfläche. Bei der Verarbeitung von Thermoplasten aus dem niedrigviskosen Zustand führt die abkühlungsbedingte Volumenschwindung zum Abschrumpfen von der Werkzeugoberfläche. Daher sind thermoplastische Oberflächen zumeist rauer als die duromerer FKV. Die Verarbeitung teilkristalliner Thermoplaste verstärkt den Effekt durch die Bildung übergeordneten Strukturen, z. B. Kristallen, die zu erhöhtem Schrumpf führen [41].

Ferner können bei thermoplastischen Pressmassen – anders als bei Organoblechen – lokale Differenzen hinsichtlich der Oberflächenbeschaffenheit auftreten [40]. Ursache dafür sind spezifische Unterschiede in der Verfahrenstechnik. Während beim Laminieren endlos faserverstärkter Thermoplaste in erster Linie eine Imprägnierung in Dickenrichtung erforderlich ist, existieren beim GMT, vor allem aber beim LFT, Bereiche mit unterschiedlich starken Scherraten und Fließwegen für das geschmolzene Polymer in der Ebene. Ein LFT-Substrat hat im Bereich des Ablegens des Plastifikats eine relativ hohe Rauigkeit, die infolge des raschen Abkühlens beim Schließen der Presse verursacht wird. Die Oberflächenstrukturen frieren an dieser Stelle ein. Im Fließbereich werden dagegen durch den erzwungenen Matrixfluss die Fasern ausgerichtet und in die Matrix eingebettet, was die Rauigkeit absenkt. Die beispielhaften Profilometeraufnahmen in Bild 13.9 verdeutlichen diesen Effekt.

Im Einlegebereich treten eine Vielzahl kleiner Poren auf. Im Fließbereich zeigt sich eine Vorzugsrichtung der Fasern (diagonal, von links oben nach rechts unten) und die maximale Profiltiefe ist gegenüber dem Einlegebereich deutlich reduziert.

Wie zuvor bereits angesprochen, führt bei Organoblechen die Ausbildung kristalliner Strukturen zu stärkerer Zerklüftung der Oberfläche, so dass bei identischer Werkzeugbeschaffenheit eine amorphe Matrix (bspw. PC) eine geringere Rautiefe hervorruft als eine teilkristalline Matrix (bspw. PA). Mittels einer konventionellen Nasslackierung kann die Rauigkeit faserverstärkter Thermoplaste soweit herabgesetzt werden, dass sie den lackierten Stahlblechen ebenbürtig sind.

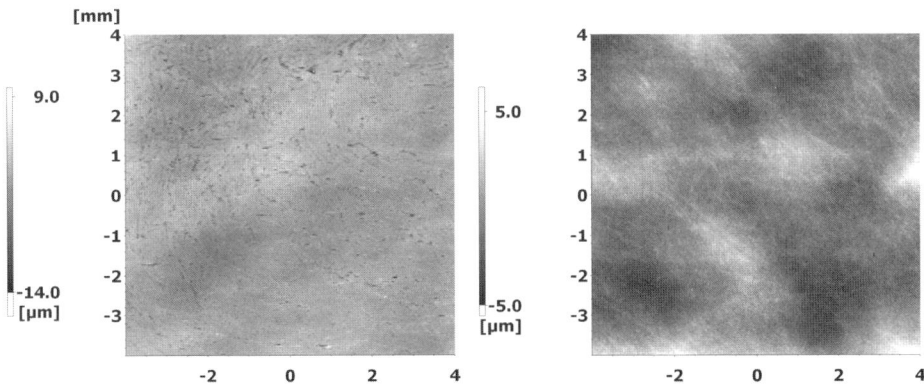

Bild 13.9 Profilometrische Aufnahmen von LFT-Substrat, „Einlegebereich" *(links)* und „Fließbereich" *(rechts)*

Bild 13.10 zeigt einen Überblick über die Kennwerte einiger Substrate. Deutlich werden die relativ geringe Rauigkeit der duromeren Systeme (RTM, SMC) und der Einfluss der Kristallinität (OB, PA 66 gegenüber OB, PC). Weiterhin erkennt man die Differenzen zwischen Einlege- und Fließbereich beim LFT (LFT/E gegenüber LFT/F) und den nivellierenden Effekt einer Lackierung (OB, lackiert, SB, lackiert).

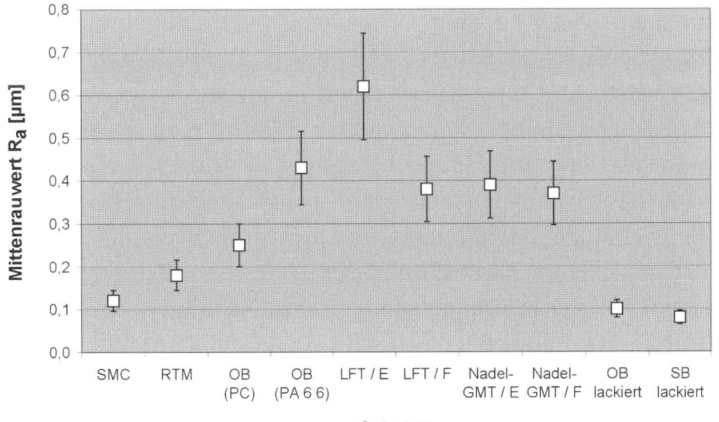

Bild 13.10
Mittenrauwerte unterschiedlicher FKV-Substrate
OB: Organoblech,
SB: Stahlblech

Neben den Unterschieden hinsichtlich der Rauigkeit treten die charakteristischen Verarbeitungsverfahren und Verstärkungsgeometrien auch bei der Topografie deutlich hervor. Im Vergleich zu den bereits in Bild 13.9 dargestellten Oberflächen von LFT-Substraten weist ein GMT-Bauteil derselben Zusammensetzung (PP-GF, FVG: 20%) größere lokale Schwankungen der Faserverteilung auf. Dies resultiert aus dem Herstellungsprozess des Verstärkungsmaterials (Vernadelung), der längere Abschnitte geschnittener Rovings zulässt. Diese Abschnitte sind darüber hinaus zu einem Großteil miteinander verschlungen oder verhakt [40]. Das Papier-GMT wird aus einer wässrigen Suspension geschnittener Rovings und des gelösten Polymers gewonnen. Dabei werden die Faserstränge weitgehend aufgelöst und die Fasern in Filamentform vereinzelt und gleichmäßig verteilt. Daraus resultiert eine feinere Textur, Bild 13.11.

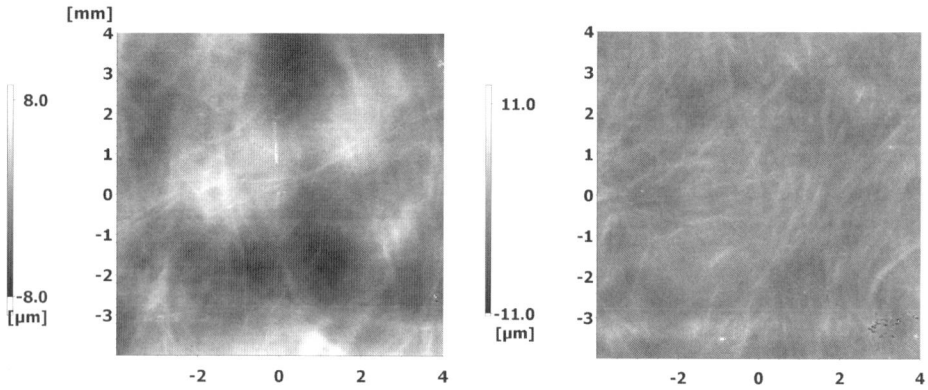

Bild 13.11 Profilometrische Aufnahmen eines Nadel-GMT *(links)* und Papier-GMT *(rechts)*

Als duromere Alternative zum GMT/LFT kann das SMC angesehen werden. Es ist ein faserverstärktes Material, das sich großserientechnisch auch für Anwendungen im automobilen Sichtbereich etabliert hat [42]. Neben den relativ niedrigen Materialkosten hat zu diesem Erfolg die Oberflächenqualität beigetragen. Bild 13.12 zeigt, dass eine gewisse, unregelmäßige Welligkeit vorhanden ist, einzelne Faserverläufe aber nicht mehr visuell erfassbar sind. Bewirkt wird diese Qualität allerdings durch eine Reihe von mineralischen und thermoplastischen Zusätzen, die im Wesentlichen die Volumenschwindung des Harzes kompensieren. Dies führt zu sogenannten Low Profile- oder Low Shrink-Rezepturen [43]. Klassische SMC-Materialien besitzen auf Grund der geringen Faservolumengehalte keine hohen mechanischen Kennwerte. Neuere SMC-Entwicklungen kombinieren durch den Einsatz anderer Harzformulierungen sowie C-Fasern bzw. Endlosfasersystemen eine deutlich gesteigerte mechanische Performance bei gleichzeitig hohem optischen Potential [44].

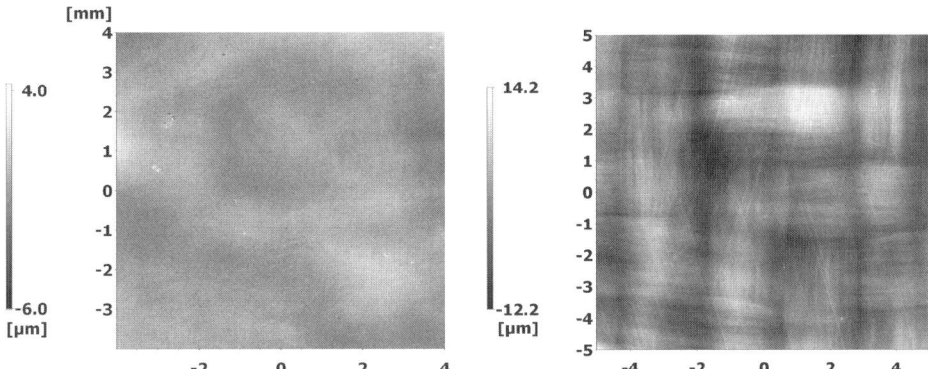

Bild 13.12 Profilometrische Aufnahmen eines SMC-Substrats *(links)* und eines (nicht optimierten) Organoblechs (PA 66, Köper 2 / 2-Gewebe) *(rechts)*

Im Gegensatz dazu können gewebeverstärkte Organobleche für Hochleistungsanwendungen eingesetzt werden. Ihre kontinuierliche, gerichtete Verstärkungsstruktur erzeugt durch die Faserkreuzungspunkte jedoch eine periodische Inhomogenität. Darüber hinaus sind bei Thermoplasten gegenüber Duromeren größere Temperatursprünge von Verarbeitungs- zu Gebrauchstemperatur üblich, was eine höhere thermisch induzierte Volumenschwindung der Matrix verursacht. Dies führt dazu, dass Organobleche bereits matrixbedingt eine sehr ausgeprägte Oberflächentextur aufweisen.

Bild 13.12 stellt anhand von Profilometrie-Aufnahmen die Extreme, SMC-Substrat und textilverstärkten Thermoplast, der FKV-Oberflächen gegenüber.

Welligkeit

Die im vorhergehenden Kapitel beschriebenen Texturen der Substrate verursachen eine charakteristische Welligkeit, die optisch mittels Wavescan-plus® quantifiziert wurde. Der zur „Class A"-Zertifizierung sich häufig als kritisch erweisende Wert der Langwelligkeit ist jeweils in der Grafik, Bild 13.13, aufgeführt und sollte für Anwendungen im Sichtbereich unter $l_w = 10$ liegen.

Es zeigt sich, dass das SMC-Substrat Langwelligkeitswerte deutlich kleiner als 10 ermöglicht und damit theoretisch höchsten automobilen Anforderungen genügt. Auf Seiten der Thermoplaste wird dies nur von (lackierten) Spritzgussteilen (TP-Spritzguss) erreicht.

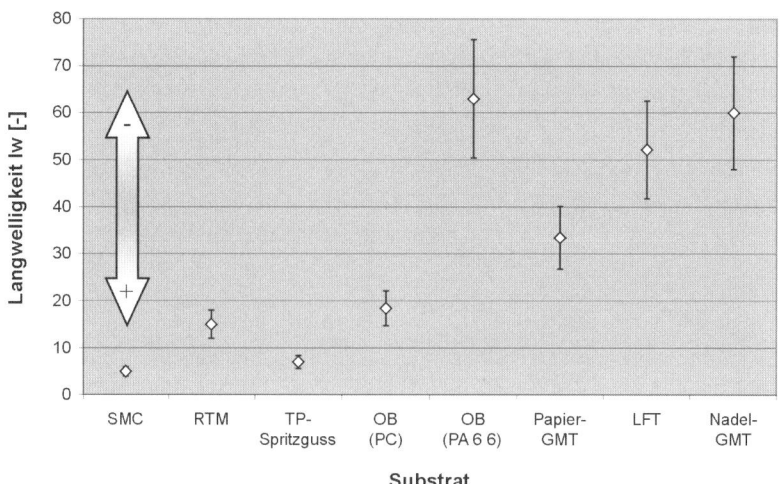

Bild 13.13 Langwelligkeit (lw) einiger FKV-Substrate
OB: Organoblech

Gängige, nicht oberflächenoptimierte RTM-Bauteile oder Organobleche mit amorpher Matrix (OB, PC) besitzen Langwelligkeitswerte zwischen l_w 10 – 20.

Die drei thermoplastischen Pressmassen Papier-GMT, LFT und Nadel-GMT wurden in derselben Presse verarbeitet. Wie die Profilometeraufnahmen andeuteten, entsteht aufgrund stärker ausgeprägter Inhomogenität der Faserverteilung beim Nadel-GMT die höchste Oberflächenwelligkeit. Sie liegt auf ähnlichem Niveau wie diejenige des gewebeverstärkten Polyamid (OB, PA 6.6). Beim LFT-Substrat ist die Langwelligkeit etwas geringer, das Papier-GMT liefert im Bereich der Pressmassen die geringsten Langwelligkeitswerte.

Mit der Oberflächenwelligkeit von Faserkunststoffverbunden hat sich bereits eine Reihe von Arbeiten eingehender beschäftigt. Es zeigte sich, dass insbesondere für RTM-Bauteile, aber auch für Organobleche ein Verbesserungspotenzial besteht, wenn möglichst homogene Verstärkungsstrukturen zum Einsatz kommen, die Volumenschwindung der Matrix minimiert und eine äußere Beschichtung, z.B. in Form einer Lackierung oder Kaschierfolie, appliziert wird. Im Einzelnen sei hier auf folgende Quellen verwiesen [33], [45], [46], [47].

13.3.3 Lackierung

Bei der Lackierung von FKV ist prinzipiell vorzugehen wie bei unverstärkten Kunststoffen, Bild 13.14. Von entscheidender Bedeutung ist dabei die Reinigung der FKV-Oberfläche vor der Lackierung. Insbesondere sind aus der Produktion noch anhaftende Trennmittel durch Silikonentferner (z.B. Isopropanol) zu lösen, da diese die Haftung des Lacks auf dem Substrat vermindern [48]. Zu beachten ist dabei, dass verbleibende Lösungsmittel durch ihren Dampfdruck den später applizierten Lackfilm zerstören. Vor dem Lackauftrag ist somit eine ausreichende Trocknungszeit oder Temperung empfehlenswert. Weiterhin ist auf eine chemische und mechanische Kompatibilität von Kunststoff und Lackschicht zu achten.

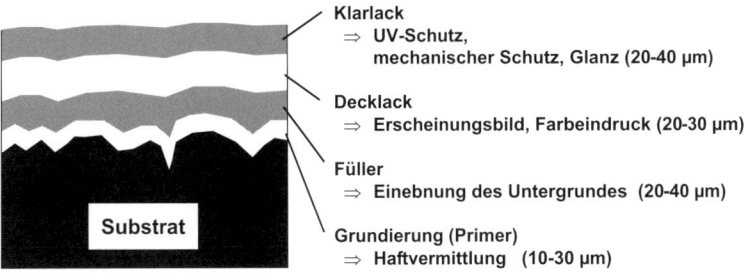

Bild 13.14 Typischer Aufbau einer Lackierung

Bei FKV treten je nach Aufbau und Verarbeitungstechnik teilweise Oberflächenfehler auf, die durch eine geschickte Vorgehensweise bei der Oberflächenbehandlung reduziert oder sogar vollständig kaschiert werden können. Der heterogene Aufbau von Organoblechen, d. h. die ungleichmäßige Verteilung von Matrix- und Faseranteil im Werkstoff, bewirkt beispielsweise eine sichtbare Durchzeichnung der textilen Struktur an der Oberfläche des Bauteils. Ursache hierfür ist die stärkere thermische Schwindung der Matrix gegenüber derjenigen der Faser. Die daraus resultierende Oberflächentextur lässt sich durch eine Lackierung wesentlich reduzieren, Bild 13.15 [49].

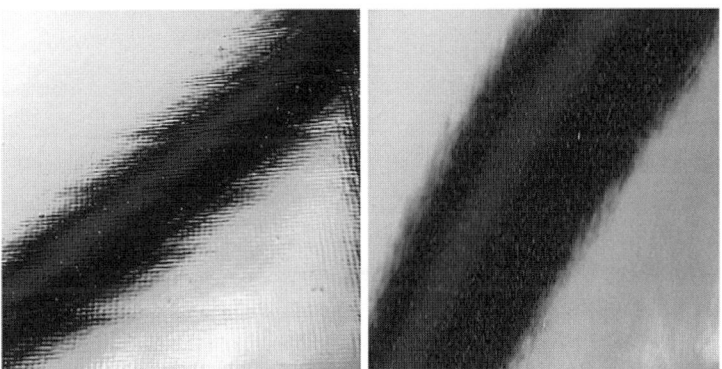

Bild 13.15 Spiegelbilder eines Fensterrahmens auf lackierten Proben
links: PA 66-GF, Köper 2/2, 40 μm Lack, *rechts:* PA 66-GF, Atlas 1/7, PMMA-Deckschicht, optimierte Nasslackierung (ca. 100 μm)

13.3.4 Beschichtungen

Folienbeschichtungen

Alternativ zu einer Lackierung lassen sich Bauteiloberflächen durch eine Folienbeschichtung gestalten. Folienbeschichtungen sind besonders empfehlenswert, wenn es um die Erfüllung von „Class-A"-Anforderungen geht [49]. Insbesondere bei sehr heterogen aufgebauten FKV lassen sich damit die besten Ergebnisse erzielen, Bild 13.16. Appliziert werden diese Folien mittels Hinterpressen [50]. Dies kann sowohl in-situ, z.B. mit einem Formgebungsverfahren oder nachträglich am konturierten Bauteil erfolgen. Wie bei der Lackierung ist auf eine entsprechende Vorbereitung der Substratoberfläche und eine Abstimmung bzgl. der chemischen und mechanischen Kompatibilität zu achten. Nachteilig bei der Verwendung einer Folienbeschichtung ist der relativ große Masseanteil, der nur der Optik dient und die mechanischen Eigenschaften ggf. negativ beeinflusst.

Bild 13.16 Spiegelbild eines Fensterrahmens auf einer hinterpressten Probe (PC-GF, Atlas 1 / 7, thermoplastische Lackfolie)

In-Mold Beschichtungen

Neben dem Einsatz von Folien als nachträgliche Beschichtung lassen sich auch direkt in die Werkzeuge Beschichtungen auftragen, die zusammen mit dem eigentlichen Konstruktionswerkstoff verarbeitet werden. Mit einer derartigen Beschichtung sind vielfältige Oberflächenstrukturen umsetzbar, wie beispielsweise hochwertige Innenraumarmaturen in Fahrzeugen als auch Class-A fähige Karosseriebauteile [51], [52]. Die zum Einsatz kommenden Beschichtungen bestehen dabei u.a. aus aufgesprühten Pulverbeschichtungen oder Polyurethanen, die auf die Werkzeuge aufgesprüht werden oder mit denen das Werkzeug geflutet wird.

Literatur

[1] *Campbell, F. C.; et al.:* Post-Processing and Assembly, in: ASM Handbook, Volume 21 Composites, ASM International, Materials Park, 2001, S. 613 – 674

[2] *Krismann, U.:* Bearbeitbarkeit von Faserverbundkunststoffen, Deutsches Industrieforum für Technologie, Seminar Faserverbundkunststoffe, Band 1 und 2, Berlin, 11. und 12. November 1991

[3] *Ghidossi, P.; et al.:* Influence of specimen preparation by machining on the failure of polymer matrix off-axis tensile coupons, Composites Science and Technology 66 (2006), S. 1857–1872

[4] *Rummenhöller, S.:* Werkstoffangepaßte Bearbeitung von Faserverbund-Kunststoffen, VDI-Berichte Nr. 956.2, 1992, S. 17 – 29

[5] *Koplev, A.; Lystrup, A.; Vorm, T.:* The Cutting Process, Chips and Cutting Forces in Machining CFRP, Composites 14 (1983) 4, S. 371 – 376

[6] *König, W.; Graß, P.; Schmitz-Justen, C.; Heintze, A.; Okcu, F.:* Neue Entwicklungen beim Bohren und Trennen von faserverstärkten Kunststoffen, ZwF 80 (1985) 1, S. 25 – 31

[7] *König, W; Graß, P.:* Bohr- und Fräswerkzeuge für faserverstärkte Kunststoffe, VDI-Z 128 (1986) 3, S. 71 – 75

[8] *König, W.; Graß, P.; Rummenhöller, S.:* Nach- und Endbearbeitung faserverstärkter Kunststoffe, VDI-Z 132 (1990) 3, S. 78 – 84

[9] *Spur, G.:* Einführung in die Technologie anisotroper, faserverstärkter Verbundwerkstoffe, Deutsches Industrieforum für Technologie, Seminar Faserverbundkunststoffe, Band 1 und 2, Berlin, 11. und 12. November 1991

[10] *Fraz, A.; Biermann, D.; Weinert, K.:* Cutting edge rounding: An innovative tool wear criterion in drilling CFRP composite laminates, Inter. Journal of Machine Tools & Manufacture 49 (2009), S. 1185 –1196

[11] *Gururaja, S.; Ramulu, M.:* Modified exit-ply delamination model for drilling FRPs, Journal of Composite Materials, 43 (5) 2009, S. 483 – 500

[12] *Palanikumar, K.; et al.:* Influence of drill point angle in high speed drilling of glass fiber reinforced plastics, Journal of Composite Materials 42 (24) 2008, S. 2585 – 2597

[13] *Mohan, N. S.; Kulkarni, S. M.; Ramachandra, A.:* Delamination analysis in drilling process of glass fiber reinforced plastic (GFRP) composites materials, Journal of Materials Processing Technology 186 (2007), S. 265 – 271

[14] *Pelzl, J.:* Spanende Bearbeitung durch Bohren von Faserverbund-Kunststoffen, Deutsches Industrieforum für Technologie, Seminar Faserverbundkunststoffe, Band 1 und 2, Berlin, 11. und 12. November 1991

[15] *Abrao, A. M.; et al.:* Drilling of fiber reinforced plastics: A review, Journal of Materials Processing Technology 186 (2007), S. 1 – 7

[16] *Capello, E.:* Workpiece damping and its effect on delamination damage in drilling thin composite laminates, Journal of Materials Processing Technology 148 (2004), S. 186 –195

[17] *Schulze, V.:* Machining strategies for hole making in composites with minimal workpiece damage by directing the process forces inwards, Journal of Materials Processing Technology 211 (2011), S. 329 – 338

[18] *Shyha, I. S.; et al.:* Drill geometry and operationg effects when cutting small diameter holes in CFRP, Intern. Journal of Machine Tools & Manufacture 49 (2009), S. 1008 – 1014

[19] *Khashaba, U. A.; et al.:* Machinability analysis in drilling down GFR/epoxy composites: Part I – Effect of machining parameters, Composites: Part A 41 (2010) S. 391 – 400

[20] *Graß, P.:* Bohren faserverstärkter Duromere, Diss. RWTH Aachen, 1988

[21] *Langella, A.; Durante, M.:* Comparison of tensile strength of composite Material Elements with drilled and molded-in hole, Applied Composite Materials 15 (2008), S. 227 – 239

[22] *Rentsch, R.:* Trennen von faserverstärkten Kunststoffen durch Sägen, Deutsches Industrieforum für Technologie, Seminar Faserverbundkunststoffe, Band 1 und 2, Berlin, 11. und 12. November 1991

[23] *Ferreira, J. R.; et al.:* Machining optimisation in carbon fibre reinforced composite materials, Journal of Materials Processing Technology 92/93 (1999), S. 135 – 140

[24] *Tönshoff, H. K.; Hohensee, V.:* Bearbeitung faserverstärkter Kunststoffe durch Umrißfräsen, ZwF 81 (1986) 2, S. 106 – 111, Hanser, München 1986

[25] *Ghidossi, P.; et al.:* Influence of specimen preparation by machining on the failure of polymer matrix off-axis tensile coupons, Composites Science and Technology 66 (2006), S. 1857 – 1872

[26] *Schulz, H.:* Bearbeitung von Werkstücken aus kohlefaserverstärkten Kunststoffen bei hohen Schnittgeschwindigkeiten, Werkstatt und Betrieb 119 (1986) 6, S. 489 – 493

[27] *Kulekci, M. K.:* Process and apparatus developments in industrial waterjet applications, Intern. Journal of Machine Tools & Manufacture 42 (2002), S. 1297 – 1306

[28] *Hohensee, V.:* Wasserstrahlschneiden faserverstärkter Kunststoffe, Industrie-Anzeiger 29 (1988), S. 32 – 33

[29] DIN 8580 (06.87): Einteilung der Fertigungsverfahren, Beuth Verlag, Berlin

[30] *Herzog, D.; et al.:* Investigations on the thermal effect caused by laser cutting with respect to static strength of CFRP, Intern. Journal of Machine Tools & Manufacture 48 (2008), S. 1464 – 1473

[31] *Seefried, J.:* SMC-Außenhautteile in Class-A, Proceeding, SMC Automotive, Sindelfingen, 1998

[32] *Zorll, U.:* Kunststoffe in der Oberflächentechnik, Kohlhammer, Stuttgart, 1986

[33] *Kia, H.:* Modeling Surface Deformation of Glass Fiber Reinforced Composites. Journal of Composite Materials 20 (1986), S. 335 – 346

[34] Norm DIN EN ISO 4287: Geometrische Produktspezifikation – Oberflächenbeschaffenheit: Tastschnittverfahren – Benennungen, Definitionen und Kenngrößen der Oberflächenbeschaffenheit, Juli 2010

[35] Bedienungsanleitung, Wavescan dual, BYK-Gardner, 2005

[36] *Eßwein, G.; Kraft, W.:* Berurteilung der Oberflächen von SMC-Karosserieteilen, Kunststoffe 81 (1991) 12, S. 1113 – 1122

[37] *Kia, H.:* A Technique for Predicting Molding Conditions Which Result in Class A Surfaces for Glass Fiber Reinforced Polymers, Journal of Composite Materials 22 (1988), pp. 794 – 810

[38] *Chamis, C.; Murthy, P.; Sanfeliz, J.:* Computational Simulation of Surface Waviness in Graphite/Epoxy Woven Composites due to Initial Curing, 37th International Sampe Symposium (1992), pp. 1325 – 1338

[39] *Weiblen, F.; Bucher, M.; Ziegmann, G.:* Technology Research of the Advancement of Surface Quality of Fiber Reinforced Themoplastic Composites, Proceedings, 19th SAMPE Europe Conf., Composites Laboratory, Schlieren, Swiss Federal Insitute of Technology Zürich, 1998, pp. 377 – 384

[40] *Neitzel, M.; Blinzler, M.; Edelmann, K.; Hoecker, F.:* Surface Quality Characterization of Textile-Reinforced Thermoplastics, Polymer Composites 21 (2000) 4, pp. 630 – 635

[41] *Neitzel, M.; Breuer, U.:* Die Verarbeitungstechnik der Faser-Kunststoff-Verbunde. Hanser, München, 1997

[42] *Hörsting, K.-H.; Recktenwald, K.:* Qualitätsicherung für Class A, Kunststoffe 91 (2001) 3, S. 41 – 43

[43] *Bartkus, E. J.; Kroekel, C. H.:* Low Shrink Reinforced Polyester Systems, Applied Polymer Symposium 15 (1970), pp. 113 – 135

[44] *Mitschang, P.; et al.:* Potenziale der Matrixpolymere für die FKV-Bauteilfertigung im Automobilbau, CCeV Automotive Forum 2013, Dresden, 26.- 27. Juni 2013

[45] *Reuter, W.:* Hochleistungs-Faser-Kunststoff-Verbunde mit Class-A-Oberflächenqualität für den Einsatz in der Fahrzeugaußenhaut, IVW Schriftenreihe, Band 19, Kaiserslautern, 2001

[46] *Blinzler, M.; Mitschang, P.; Wöginger, A.:* Surface Improvement for Textile Reinforced Thermoplastics, ICCE/8, David Hui (Ed.), Tenerife, New Orleans, 2001, S. 83 – 84

[47] *Mitschang, P.; Blinzler, M.; Wöginger, A.:* Theoretical Analysis of the Surface Texture of Textile-Reinforced Thermoplastics, Polymers & Polymer Composites 11 (2003) 4, pp. 277 – 290

[48] *Zorll, U.:* Kunststoffe in der Oberflächentechnik, Kohlhammer, Stuttgart, 1986

[49] *Blinzler, M.:* Werkstoff- und prozessseitige Einflussmöglichkeiten zur Optimierung der Oberflächenqualität endlosfaserverstärkter thermoplastischer Kunststoffe, IVW-Schriftenreihe, Band 36, Verlag Institut für Verbundwerkstoffe GmbH, Kaiserslautern, 2003

[50] *Blass R.; Grefenstein, A.; Kappacher, J.:* Coextrudierte Folien für die Hinterspritztechnologie. Kunststoffe. 3 (1999) 89, S. 96 – 101

[51] *Schmalkuche, C.:* High-Quality Interior Components, Kunststoffe International, 3 (2009), pp. 60 – 62

[52] *Black, S.:* SMC sandwich panels: Lean Process opens doors, Composites Technology Vol. 18, Nr. 1 (2012), pp. 32 – 38

14 Materialkreisläufe

E. Witten

14.1 Einleitung

Die Auseinandersetzung mit der effektiven, effizienten und nachhaltigen Gestaltung von Produktherstellungsprozessen erhält vor dem Hintergrund schwindender, natürlicher Ressourcen und steigenden Kostendrucks für viele Unternehmen einen immer höheren Stellenwert. Viele Unternehmen werden in den letzten Jahren durch eine zunehmende Internationalisierung und einer damit verbundenen Erstarkung vor allem asiatischer, osteuropäischer und südamerikanischer Wirtschaftsregionen mit einer zunehmenden Konkurrenzsituation konfrontiert.

Der Versuch, in Hochlohnländern konkurrenzfähig zu bleiben, muss auf lange Sicht über andere Merkmale als über die Arbeitskosten gelingen. Neben der Wahrung eines technologischen Fortschritts und einer Produktion auf hohem technologischen und qualitativen Niveau werden beispielsweise die Sicherstellung einer entsprechenden Rohstoffversorgung, die Optimierung von Logistikwegen, die Verfügbarkeit entsprechend ausgebildeten Personals und, vor allem für rohstoffarme Länder wie Deutschland, auch die optimale Nutzung und Wiederverwertung von Einsatzstoffen wichtige Handlungsfelder werden. Speziell der sorgsame Umgang mit eingesetzten Materialien und die erneute Nutzung anfallender Abfälle ermöglichen neben der Schonung der Umwelt auch hohe Kosteneinsparungspotenziale.

Diese Rückführung entsprechender Materialien in den Produktionsprozess wird als „Materialkreislauf" verstanden. Diesen Punkt losgelöst aus dem ihn umschließenden Herstellungsprozess zu betrachten, greift aber zu kurz. Nur durch eine bewusste Steuerung auch von vor- und nachgelagerten Prozessen und Schnittstellen sowie eine entsprechende Einbindung der Rückführungsprozesse lassen sich entsprechende Mehrwerte und somit Kostenvorteile für Unternehmen generieren.

Von ebenfalls hoher Bedeutung ist vor diesem Hintergrund die Berücksichtigung des Aspektes der „Nachhaltigkeit". Das hinter diesem Begriff stehende Konzept hat seinen Ursprung bereits um 1713 und stammt aus der Forstwirtschaft [1]. Oftmals leider inflationär und mit wenig inhaltlichem Hintergrund verwendet, bedeutet die nachhaltige Gestaltung von Prozessen und Abläufen „[…] Umweltgesichtspunkte gleichberechtigt mit sozialen und wirtschaftlichen Gesichtspunkten zu berücksichtigen. Zukunftsfähig wirtschaften bedeutet: Wir müssen unseren Kindern und

Enkelkindern ein intaktes ökologisches, soziales und ökonomisches Gefüge hinterlassen. Das eine ist ohne das andere nicht zu haben" [2].

Zwei Ansatzpunkte sind hier von zentraler Bedeutung: Erstens, ohne die Berücksichtigung dieses fundamentalen Leitgedankens ist eine wirklich langfristige Sicherung des Wohlstandes von Volkswirtschaften nicht möglich. Zweitens, eine zielgerichtete Gestaltung von allen wirtschaftlichen bzw. produktionsseitigen Prozessen darf nicht nur auf einen Faktor fokussieren. Die alleinige Konzentration auf einzelne Faktoren, wie oftmals in der öffentlichen Debatte zu finden, greift deutlich zu kurz. Beispielsweise sind die Auseinandersetzung mit der Verwertung und/oder Entsorgung von Abfall oder die CO_2-Optimierung während der Nutzung eines PKW grundlegend richtig (entsprechende Möglichkeiten der Verwertung und Entsorgung werden weiter unten beschrieben). Eine Fokussierung auf entsprechende Einzelaspekte ist jedoch unzureichend und würde im Endeffekt keine optimale Gesamtlösung liefern.

Es gilt also zu beachten, dass das hier behandelte Kapitel der Materialkreisläufe immer eingebettet in den Gesamtprozess der Produktherstellung zu betrachten ist.

Neben einer zielgerichteten Optimierung von Prozessen und Schnittstellen ist ein weiterer Faktor von enormer Wichtigkeit, die Gesetzgebung. Als externer Faktor, der auf den gesamten Produktkreislauf wirkt, nimmt sie über entsprechende Regelungen, Gesetze und Vorschriften in den letzten Jahren verstärkt Einfluss auf die Gestaltung entsprechender Prozesse und Produkte. Entsprechende europäische und/oder deutsche Richtlinien gilt es dringend zu beachten, um oftmals kostspielige Nachbearbeitungen und/oder strafrechtliche Konsequenzen zu vermeiden.

■ 14.2 Produktion, Materialkreisläufe und Nachhaltigkeit

Vorab sei darauf hingewiesen, dass im Folgenden nicht die Betrachtung bzw. definitorische Abgrenzung verschiedener betriebswirtschaftlicher Termini wie Materialwirtschaft, Logistik, Wertschöpfungskette o. ä. im Fokus steht. Vielmehr soll durch die folgenden Ausführungen ein Verständnis für die Interdependenzen verschiedener Handlungsfelder geschaffen werden.

Zur Herstellung jedes Produktes, unabhängig von den verwendeten Werkstoffen, bedarf es verschiedener Prozessschritte. Diese können sich hinsichtlich ihrer Komplexität je nach Einzelfall stark voneinander unterscheiden. Unstrittig dürfte sein, dass beispielsweise die Herstellung eines Automobils ungleich komplexer bzw. schnittstellenintensiver ist, als die Fertigung eines Fahrrades. Dennoch lassen sich beinahe alle Produktionsprozesse auf drei grundlegende Prozessschritte reduzieren, Bild 14.1 links.

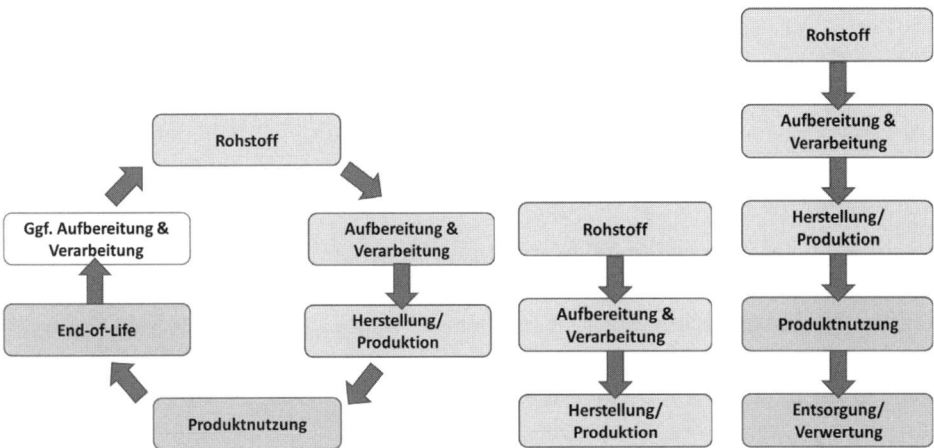

Bild 14.1 Herstellprozess, verkürzter Produktlebensyklus und Produktlebenszyklus

Vor dem Hintergrund einer ganzheitlichen Betrachtung ist aber eine alleinige Berücksichtigung von der Rohstoffgewinnung bis zur Produktherstellung etwas verkürzt. Kein Produkt wird gefertigt, ohne einen späteren Sinn zu stiften. Diese Sinnstiftung ist letztendlich die Nutzungsphase eines Produktes. Diese Nutzungsphase endet mit der Verwertung oder Entsorgung eines Produktes, Bild 14.1 Mitte.

Mit dem Anspruch, dass die Herstellung eines Produktes möglichst nachhaltig im Sinne obiger Definition sein soll, ist die Deponie eines Produktes nach seiner Nutzungsphase und damit die Nicht-Nutzung der ihm inhärenten Rohstoffe bzw. Vorprodukte oftmals problematisch. Mit einer Zyklusstruktur des Gesamtprozesses soll es gelingen, genutzte Produkte bzw. die darin enthaltenen Rohstoffe oder Halbzeuge ökonomisch und ökologisch sinnvoll in den Herstellungsprozess zu re-integrieren, Bild 14.1 rechts. Das Bild mit der Berücksichtigung aller Phasen des Lebenszyklus eines Produktes ähnelt der Betrachtungsweise, die auch bei so genannten LCA, den Life-Cycle Assessments vorgenommen wird. Auf LCA wird im Folgenden noch eingegangen.

Im weiteren Verlauf wird zunächst der Frage nachgegangen, wie die o. a. zielgerichtete Rückführung von Produkten generell und aus Faserverbund-Kunststoffen im Speziellen in entsprechende Herstellungsprozesse gewährleistet werden kann. Hierfür bedarf es einiger grundlegender Erläuterungen.

■ 14.3 Umwelt, Ökologie und Ökonomie

Der Logik der vorangegangenen Ausführung zum Thema eines „Produkt- bzw. Produktionskreislaufes" kann sich niemand entziehen. Die zu seiner Herstellung verwendeten Ausgangshalbzeuge eines Produktes sollten möglichst ökonomisch und ökologisch in den Herstellungsprozess rückführbar sein. Ist dies nicht unmittelbar möglich, sollte über entsprechende Vorbehandlungen die Grundlage zu einer Anschlussnutzung untersucht werden.

Von diesem grundlegenden Sachverhalt unabhängig erlebt man in der öffentlichen Debatte speziell zum Thema Kunststoffe und auch Faserverbund-Kunststoffe jedoch oftmals die Fokussierung auf rein ökologische Aspekte. Soziale oder ökonomische Aspekte werden oftmals vergessen bzw. finden kaum Berücksichtigung. Wie im Folgenden ausgeführt wird, existieren verschiedenste Technologien zum Recycling und zur Verwertung von Faserverbundkunststoffen. Einige dieser Verfahren befinden sich jedoch noch in der Entwicklung. Jedes Verfahren muss auf ökonomische, ökologische und soziale Sinnhaftigkeit geprüft werden. Ist eine Lösung zwar technisch zielführend, aber vor dem Hintergrund einer industriellen Umsetzung zu teuer, wird sich kaum ein Unternehmen finden, welches sie einsetzt. Wird sie dennoch eingesetzt, so droht ein wirtschaftlicher Schaden, der wiederum soziale Auswirkungen haben kann.

Eine besondere Brisanz erfährt diese Diskussion vor dem Hintergrund zunehmender Forderungen zur Erstellung von so genannten LCA's (Life-Cycle Assessment). Hierbei handelt es sich um eine systematische Analyse der Umweltwirkungen von Produkten während des gesamten Lebenszyklus. Sämtliche Umweltwirkungen während der Produktion, der Nutzungsphase und der Entsorgung des Produktes werden beleuchtet. Durch diese gesamtheitliche Betrachtung kann es gegenüber singulären Untersuchungen der Herstell- oder Nutzungsphase von Produkten deutliche Verschiebungen hinsichtlich der ökologischen Vorteilhaftigkeit bezüglich des Einsatzes verschiedener Werkstoffe geben [3].

■ 14.4 Gesetzliche Grundlagen

Die Selbstverpflichtung von Unternehmen und Endverbrauchern zur Berücksichtigung ökologischer Aspekte bei der Nutzung, dem Einsatz und der Handhabung von Produkten sowie anfallender Abfälle ist wünschenswert, wird aber aus verschiedenen Gründen nicht immer wie angestrebt erfüllt. Daneben sind bei der Rückführung entsprechender Materialien einige rechtliche Aspekte zu beachten. Aus diesem Grund haben die europäische und deutsche Gesetzgebung eine Vielzahl von

Regelungen und Gesetzen zum Umgang mit Abfällen und deren Rückführung erlassen. Darüber hinaus greifen speziell im Bereich der Verwertung eine Vielzahl von Umwelt- und Abfallgesetzgebungen. Im Folgenden sind einige wichtige Regelwerke auszugsweise aufgeführt. Eine komplette Übersicht über alle Gesetze aus dem Geschäftsbereich des Bundesministeriums für Umwelt, Naturschutz und Reaktorsicherheit findet sich auf der Internetseite [4].

14.4.1 Kreislaufwirtschaftsgesetz (KrWG)

Das Kreislaufwirtschaftsgesetz ist das zentrale Bundesgesetz des deutschen Abfallrechts. Mit der zum 1. Juni 2012 in Kraft getretenen Fassung wurde der bisherige Titel Kreislaufwirtschafts- und Abfallgesetz (KrW-/AbfG) abgelegt.

„Zweck des Gesetzes ist es, die Kreislaufwirtschaft zur Schonung der natürlichen Ressourcen zu fördern und den Schutz von Mensch und Umwelt bei der Erzeugung und Bewirtschaftung von Abfällen sicherzustellen" [5].

Die Vorschriften gelten für die Vermeidung von Abfällen, die Verwertung von Abfällen, die Beseitigung von Abfällen und für sonstige Maßnahmen der Abfallbewirtschaftung. In § 6 wird die so genannte Abfallhierarchie erläutert, wonach Maßnahmen der Vermeidung und der Abfallbewirtschaftung in folgender Rangfolge stehen (nähere Erläuterung in Abschnitt 14.5):

1. Vermeidung,
2. Vorbereitung zur Wiederverwendung,
3. Recycling,
4. sonstige Verwertung, insbesondere energetische Verwertung und Verfüllung und
5. Beseitigung.

Diese Hierarchie gilt es auch bei den späteren Erläuterungen zu verschiedenen Verwertungsmöglichkeiten zu berücksichtigen.

14.4.2 Bundes-Immissionsschutzgesetz (BImSchG)

Das Gesetz zum Schutz vor schädlichen Umwelteinwirkungen durch Luftverunreinigungen, Geräusche, Erschütterungen und ähnliche Vorgänge (Bundes-Immissionsschutzgesetz – BImSchG) ist ein zentrales Regelwerk des Umweltrechts.

„Zweck dieses Gesetzes ist es, Menschen, Tiere und Pflanzen, den Boden, das Wasser, die Atmosphäre sowie Kultur- und sonstige Sachgüter vor schädlichen Umwelteinwirkungen zu schützen und dem Entstehen schädlicher Umwelteinwirkungen vorzubeugen" [6].

Darüber hinaus soll durch dieses Gesetz die Vermeidung und Verminderung schädlicher Umwelteinwirkungen durch Emissionen in Luft, Wasser und Boden unter Einbeziehung der Abfallwirtschaft bewirkt werden, um insgesamt ein hohes Schutzniveau für die Umwelt zu erreichen.

Das BImSchG betrifft unmittelbar alle unternehmerischen Tätigkeiten und Einrichtungen, bei denen Abfälle entstehen können.

14.4.3 Altfahrzeug-Verordnung (AltfahrzeugV)

Die Verordnung über die Überlassung, Rücknahme und umweltverträgliche Entsorgung von Altfahrzeugen (Altfahrzeug-Verordnung – AltfahrzeugV) ist ein exzellentes Beispiel dafür, wie weit heutige Umweltgesetzgebungen in einzelne Wirtschaftsbereiche eingreifen und diese nicht unerheblich prägen. So regelt die AltfahrzeugV beispielsweise entsprechende Verwertungs- und Entsorgungsquoten für Altfahrzeuge, die ab 2006 respektive 2015 zu erfüllen sind. Dies betrifft in hohem Maße auch Verbundwerkstoffe, die in großer Stückzahl in heutigen Fahrzeugen verbaut werden [7].

■ 14.5 Abfallhierarchie

Immer wieder findet man in Texten zum Thema Verwertung von Faserverbundkunststoffen falsche Aussagen hinsichtlich der heute existierenden Möglichkeiten, oder diese werden hinsichtlich ihrer Wirkungen negativ dargestellt. Dies liegt nicht zuletzt auch an einer falschen Nutzung der Begrifflichkeiten.

Anhand der bereits oben kurz skizzierten Abfallhierarchie sollen die existierenden Ansätze in Grundzügen dargestellt werden, Bild 14.2.

Bild 14.2 Abfallhierarchie entsprechend Kreislaufwirtschaftsgesetz (KrWG)

Unter Vermeidung ist definitorisch jede Maßnahme zu verstehen, die darauf abzielt, die Entstehung von Abfällen zu unterbinden. Hierdurch sollen negative Effekte in ökologischer, ökonomischer und sozialer Hinsicht (Schädigungen von Mensch und Umwelt) von vorneherein vermieden werden. Dieser Möglichkeit ist der höchste Stellenwert einzuräumen.

Als nächste Präferenz ist die Wiederverwendung zu nennen. Hierbei kann ein Produkt oder Erzeugnis ohne weitere Vorbehandlung immer wieder für denselben Zweck verwendet werden.

Unter Recycling wird die Aufbereitung von Materialien, Produkten oder Stoffen verstanden. Hierbei können sie den ursprünglichen oder einen neuen Zweck erfüllen. Die energetische Verwertung und die Aufbereitung zu Materialien, die für die Verwendung als Brennstoff oder zur Verfüllung bestimmt sind, fallen nicht unter den Oberbegriff Recycling. Sie gehören zur nächsten Kategorie.

Unter Verwertung oder Verfüllung sind solche Verfahren zu verstehen, bei denen Produkte oder Stoffe einer weiteren, sinnvollen Verwendung zugeführt werden. Die so gewonnenen Stoffe oder Produkte können entweder andere Materialien ersetzen, die sonst zur Erfüllung einer bestimmten Funktion verwendet worden wären, oder so vorbereitet werden, dass sie eine neue Funktion erfüllen. Hierzu ist beispielsweise auch die Hauptverwendung als Brennstoff oder als anderes Mittel der Energieerzeugung zu zählen.

Unter Beseitigung sind alle Maßnahmen zu verstehen, bei denen eingesetzte Stoffe nicht im oben genannten Sinne wiederverwertet werden können. Hierzu zählen beispielsweise Deponierung, Verpressung in Bohrlöchern sowie Einleitung in Gewässer einschließlich Einbringung in den Meeresboden [8]. Eine entsprechende Ablagerung von Abfällen bzw. deren Langzeitlagerung ist nur unter bestimmten Auflagen und für bestimmte Stoffe zugelassen. Die entsprechenden Regelungen sind in der „Verordnung über Deponien und Langzeitlager (Deponieverordnung – DepV)" geregelt [9].

■ 14.6 Verwertungsmöglichkeiten

Wie bei vielen Materialien, so gibt es auch bei den Faserverbundkunststoffen nicht einen einzigen Weg, Abfälle wieder in den Materialkreislauf zu integrieren. Vielmehr gibt es eine Vielzahl von Ansätzen, die mehr oder minder entsprechend der oben aufgestellten Forderungen sinnvoll bzw. nicht sinnvoll sind.

Im weiteren Verlauf werden einige Beispiele dargestellt. Vorab sei jedoch auf einige grundlegende Unterschiede bei den Faserverbundkunststoffen hingewiesen.

14.6.1 Werkstoffgruppe versus Werkstoff

An dieser Stelle sei ausdrücklich betont: DEN faserverstärkten Kunststoff gibt es nicht. Vielmehr handelt es sich bei den genannten Werkstoffen um eine Werkstoffgruppe, die dadurch gekennzeichnet ist, dass Fasern als Verstärkungsmaterial eingesetzt werden, die von einer Kunststoffmatrix umschlossen sind. Innerhalb dieser Gruppe unterscheiden sich die Produkte zumindest je nach eingesetzten Fasermaterialien, Matrixsystemen, Additiven und Füllstoffen grundlegend.

Handelt es sich bei einem Produkt beispielsweise um einen kurzglasfaserverstärkten thermoplastischen Werkstoff, können grundsätzlich andere Behandlungsmöglichkeiten von Abfällen zum Tragen kommen als beispielsweise bei einem langglasfaserverstärkten Duroplast. Thermoplastische Kunststoffe lassen sich auch nach ihrer Verfestigung erneut aufschmelzen, wohingegen Duroplaste aufgrund der chemischen Reaktion dreidimensional vernetzen. Eine anschließende bzw. wiederkehrende Verformung ist nicht möglich. Werden darüber hinaus beispielsweise sehr teure, hochwertige Kohlenstofffasermaterialien zur Verstärkung eingesetzt, können vor ökonomischen, aber auch vor mechanischen Hintergründen ganz unterschiedliche Verfahren sinnvoll sein. Im Folgenden sollen einige Verfahren beispielhaft kurz dargestellt werden.

14.6.2 Abfallvermeidung

Unabhängig von der Art und dem Aufbau eines erzeugten Produktes sind fast alle Arten der Abfallbeseitigung oder Verwertung mit Kosten verbunden. Diese können sich beispielsweise von reinen Sammlungskosten, über die Wiederaufbereitung oder sonstige Behandlung, über die Logistik bis hin zu reinen Entsorgungsgebühren bewegen. Daher gibt es für ein Unternehmen oftmals nichts kostengünstigeres, als Abfall zu vermeiden bzw. die Abfallmenge zu vermindern. Hierzu gibt in beinahe allen Unternehmen die Möglichkeit, entsprechende Maßnahmen durchzuführen. Einige Beispiele sind im Folgenden aufgeführt:

Die Abfallvermeidung beginnt bereits in den Entwicklungsabteilungen, in denen die Produkte konzipiert werden. Bereits während der Entwurfsphasen sollte auf ein geeignetes Produktdesign geachtet werden, das Produktionsabfälle vermeidet bzw. minimiert. Hierzu zählt zum Beispiel auch die Nutzung entsprechend optimierter Fertigungsverfahren. Weitere Möglichkeiten sind z. B. die Verwendung von Mehrwegverpackungen bei Versand und/oder Warenlieferungen, die Einschränkung des Lösemittelverbrauches während der Fertigung, die mehrmalige Verwendung von Werkzeugen sowie die optimierte Lagerung von Roh- und Einsatzstoffen. Daneben sollte eine entsprechende unternehmensinterne Trennung und Sammlung von Abfällen selbstverständlich sein. Außerdem sollte der Einsatz giftiger bzw. umweltbelastender Stoffe vermieden werden.

Wie bereits in Abschnitt 14.5 beschrieben, ist diese Form im Rahmen der Abfall-hierarchie als höchste Stufe mit entsprechender Priorität zu betrachten, Bild 14.3.

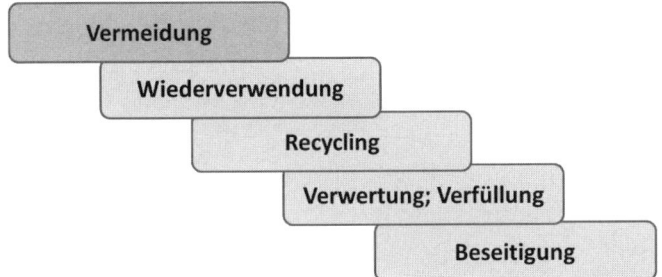

Bild 14.3 Vermeidung in der Abfallhierarchie

14.6.3 Energetische Nutzung

Kunststoffe verfügen über vergleichbar hohe Heizwerte wie fossile Brennstoffe. So liegt der Heizwert von Erdöl beispielsweise bei etwa 43 MJ/kg, der von Polypropylen bei etwa 44 MJ/kg, von Epoxidharzen bei 33 MJ/kg und der von langfaserverstärk-tem Polyesterharz zwischen 18 – 25 MJ/kg [10]. Viele Materialien aus der Gruppe der faserverstärkten Kunststoffe bieten sich dementsprechend zur energetischen Nutzung bzw. Energiegewinnung an.

Laut Kreislaufwirtschaftsgesetz wird für die energetische Nutzung von Materialien in Müllverbrennungsanlagen ein Heizwert von mindestens 11 MJ/kg vorausgesetzt [11].

Ein Vorteil ist, dass die Verwertung in einer Müllverbrennungsanlage ein eher güns-tiges Verfahren ist. Daneben steht eine Vielzahl von Anlagen zur Verfügung. Bei diesem Verwertungsweg können allerdings keine Großbauteile eingesetzt werden und es ist eine Vorbereitung der thermisch zu verwertenden Produkte notwendig. Außerdem herrschen bei der Müllverbrennung lediglich Temperaturen von etwa 850 °C. Glaserfasern bzw. entsprechende Rohstoffe können in diesem Fall auf dem Verbrennungsrost verbleiben. Dies kann zu Verstopfungen der Anlagen führen bzw. deren Wartungsintervalle verringern.

Unter Verwertung wird jedes Verfahren verstanden, als dessen Hauptergebnis die Abfälle innerhalb der Anlage oder in der weiteren Wirtschaft einem sinnvollen Zweck zugeführt werden, indem sie entweder andere Materialien ersetzen, die sonst zur Erfüllung einer bestimmten Funktion verwendet worden wären, oder indem die Abfälle so vorbereitet werden, dass sie diese Funktion erfüllen.

Die thermische Verwertung ist demgemäß in der Abfallhierarchie der Stufe 4 zuzu-ordnen, Bild 14.4.

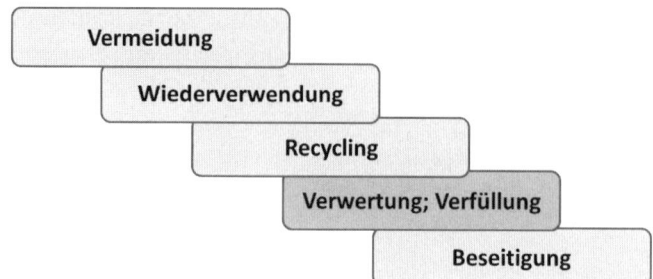

Bild 14.4 Verwertung in der Abfallhierarchie

14.6.4 Pyrolyse

Ein Verfahren, welches in der Debatte um Recyclingmöglichkeiten ebenfalls verstärkt diskutiert wird, ist die so genannte Pyrolyse. Bei der Pyrolyse handelt es sich um ein Verfahren, bei dem ein Material unter Luftausschluss (also ohne Zuführung von Sauerstoff) bei hohen Temperaturen von ca. 700 – 800 °C erhitzt wird. Produkte aus der Pyrolyse sind Pyrolyseöle, -gas und -ruß, die zur chemischen Nutzung und Energiegewinnung herangezogen werden können. Nach der thermochemischen Spaltung der organischen Verbindungen bleibt die Faser zurück. Hierdurch kann in einem aufwendigen Verfahren die Faserstruktur wiedergewonnen werden. Es handelt sich um ein relativ teures Verfahren und rentiert sich daher in aller Regel bei günstigen Fasern nicht. Daneben kann aufgrund der Temperaturbeaufschlagung die Faserstruktur beeinträchtigt werden.

Entsprechend der Abfallhierarchie ist das Verfahren dem Recycling zuzuordnen, da einige Einsatzstoffe nicht mehr für ihren ursprünglichen Zweck wiederverwendet werden können, Bild 14.5. Genau das ist aber definitorisch notwendig, um als Verfahren der zweiten Stufe gelten zu können.

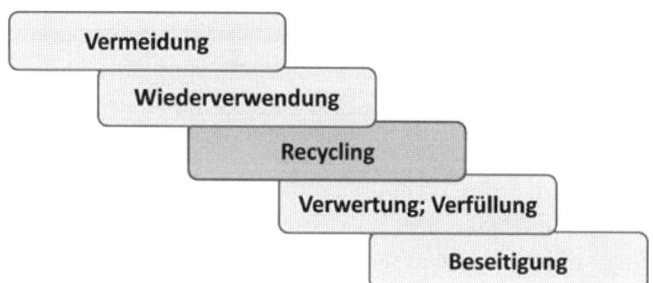

Bild 14.5 Recycling in der Abfallhierarchie

14.6.5 Stoffliche Verwertung/Recycling

Entgegen der weit verbreiteten Meinung, dass sich faserverstärkte Kunststoffe mit duroplastischer Matrix nicht verwerten bzw. recyceln lassen, existieren durchaus entsprechende Möglichkeiten zur stofflichen Verwertung. Das Verfahren wird oftmals als Partikelrecycling bezeichnet. Dies ist im Bereich der SMC- (Sheet Molding Compound) und BMC- (Bulk Molding Compound)Herstellung bereits seit vielen Jahren etabliert. Verschiedene Hersteller bieten Materialien mit einem entsprechenden Recyklatanteil an. Die SMC-/BMC-Materialien werden bei dem Verfahren schonend zerkleinert, so dass die Glasfasern möglichst gut erhalten bleiben. Das zermahlene Material kann anschließend als Füllstoff bzw. Ausgangsstoff in SMC-/BMC-Bauteilen eingesetzt werden.

Ähnliche Verfahren bieten sich auch für thermoplastische Produkte oder Produktionsabfälle an. Aufgrund ihrer Aufschmelzbarkeit können entsprechende Materialien durch verschiedene Maßnahmen zerkleinert und dann unmittelbar oder als separates Produkt dem Herstellungsprozess zugeführt werden.

Wie der Begriff des Partikelrecyclings bereits andeutet, sind die dargestellten Verfahren im Sinne der Abfallhierarchie, ähnlich wie die Pyrolyse, dem Recycling zuzuordnen. Eine Wiederverwendung der Faserstruktur in unverminderter Qualität, wie es die Pyrolyse in einigen Fällen teilweise ermöglichen kann, ist beim Partikelrecycling nicht möglich. Dafür ist dieses Verfahren jedoch deutlich günstiger und findet im industriellen Maßstab Einsatz.

14.6.6 Verwendung in der Zementindustrie

Ein weiteres Verfahren zur Verwertung speziell von duroplastischen faserverstärkten Kunststoffen ist der Einsatz von Produkten oder Produktionsabfällen in der Zementindustrie. Ursprünglich für die Entsorgung von Windkraftflügeln geplant, lassen sich heute dank eines abgestimmten und erprobten Verfahrens Produktionsabfälle in großserientauglichem Maßstab verwerten [12].

Der Vorgang zur Aufbereitung der Materialien läuft in unterschiedlichen Stufen ab. In einer eigens für diese Aufgabe konzipierten Anlage werden Bauteile zunächst in einem Großshredder grob vorzerkleinert. In einem darauffolgenden Schritt werden die vorzerkleinerten Abfälle auf eine definierte Größe gebracht und von Fremdstoffen gereinigt. In einer weiteren Stufe werden Brennwert sowie Feuchte- und Aschegehalt durch Zusatz anderer Recyclingmaterialien justiert. Das so gewonnene Produkt wird in der Zementindustrie als Roh- und Brennstoffsubstitut im Zementklinkerherstellungsprozess eingesetzt. Da bei der Zementherstellung sowohl große Mengen Energie als auch spezielle Rohstoffe (beispielsweise Sand & Mineralien) benötigt werden, bietet sich die Verwendung von glasfaserverstärkten Kunststoffen aus vielerlei Gründen an.

Zunächst kann der bereits weiter oben angesprochene Brennwert genutzt werden, um Energie zu erzeugen. Die nach dem Verbrennungsprozess übrigbleibenden Rohstoffe werden für die Herstellung der so genannten Zementklinker benötigt. Es werden dementsprechend sowohl fossile Brennstoffe als auch wertvolle Einsatzstoffe gespart. Etwa ⅓ des eingesetzten Materials wird als Brennstoff und etwa ⅔ werden rohstofflich genutzt. Insgesamt erfolgt durch das angesprochene Verfahren eine 100 % thermische und stoffliche Verwertung.

Entsprechend einer im Juni 2012 veröffentlichten Leitlinie zur EU-Directive 2008/98/EC (WFD – Waste Framework Directive), der Abfallrahmenrichtlinie der Europäischen Union, handelt es sich bei dem hier vorgestellten Verfahren um Recycling im oben genannten Sinne. Unter dem Titel „Glass fibre reinforced thermosets: recyclable and compliant with the EU legislation" haben verschiedene europäische Dachorganisationen der Kunststoffindustrie eine entsprechende Stellungnahme verfasst [13].

■ 14.7 Fazit

Die vorangegangenen Ausführungen zeigen nur einen kleinen Ausschnitt der technischen Möglichkeiten, die heute bezüglich Vermeidung, Wiederverwendung, Recycling und Verwertung von Verbundwerkstoffen aus faserverstärkten Kunststoffen existieren. Die Entwicklungen im Bereich der als Werkstoff noch recht jungen faserverstärkten Kunststoffe sind jedoch noch lange nicht abgeschlossen. Es werden, auch in Bezug auf eine sinnvolle Rückführung der Materialien in den Produktionsprozess, noch weitere Anstrengungen unternommen.

Nicht vergessen darf man vor diesem Hintergrund aber, dass sich der Einsatz von faserverstärkten Kunststoffen, aufgrund ihrer spezifischen Vorteile gegenüber alternativen Materialien, wie geringem Gewicht, Korrosionsbeständigkeit, Langlebigkeit uvm., heute schon ökonomisch und ökologisch lohnt. Darüber hinaus zeigen Produkte aus faserverstärkten Kunststoffen vielfach sehr positive Auswirkungen auf die Ökobilanzen des Gesamtlebenszyklus von Produkten, auch wenn die Wiederverwendung als oberstes Ziel der Abfallhierarchie nach der Abfallvermeidung noch nicht überall erreicht werden kann. Die Abfallvermeidung wird in vielen Unternehmen bereits sehr ernst genommen.

Faserverstärkte Kunststoffe bieten weitere Möglichkeiten, die erst noch entwickelt werden müssen. Vor allem in der Kombination mit anderen Materialien und Werkstoffen ist vieles denkbar. Es ist Aufgabe nicht nur der Werkstoffspezialisten, sondern aller am industriellen Wertschöpfungsprozess beteiligten Parteien, die optimale Lösung für nachhaltige Produkte der unterschiedlichen Anwendungsbereiche zu finden, nicht separiert in Werkstoffklassen, sondern in einer gesamtheitlichen Betrachtung.

Literatur

[1] Aachen Stiftung Kathy Beys: Lexikon der Nachhaltigkeit, www.nachhaltigkeit.info

[2] Deutsche Bundesregierung: Nachhaltigkeitsstrategie für Deutschland, Nationale Nachhaltigkeitsstrategie Fortschrittsbericht 2012, Februar 2012, S. 36

[3] Umweltbundesamt: Bewertung in Ökobilanzen, Texte Nr. 92/1999, 1999, S. 3 f

[4] Bundesministerium für Umwelt, Naturschutz und Reaktorsicherheit: Alle Gesetze und Verordnungen aus dem BMU-Geschäftsbereich, http://www.bmu.de/themen/strategien-bilanzen-gesetze/gesetze-verordnungen/alle-gesetze-und-verordnungen-aus-dem-bmu-geschaeftsbereich/, Zugriff 12.06.2013

[5] Bundesministerium der Justiz: Gesetz zur Förderung der Kreislaufwirtschaft und Sicherung der umweltverträglichen Bewirtschaftung von Abfällen (Kreislaufwirtschaftsgesetz – KrWG), Ausfertigungsdatum: 24.02.2012

[6] Bundesministerium der Justiz: Gesetz zum Schutz vor schädlichen Umwelteinwirkungen durch Luftverunreinigungen, Geräusche, Erschütterungen und ähnliche Vorgänge (Bundes-Immissionsschutzgesetz – BImSchG), Bundes-Immissionsschutzgesetz in der Fassung der Bekanntmachung vom 17. Mai 2013

[7] Bundesministerium der Justiz: Verordnung über die Überlassung, Rücknahme und umweltverträgliche Entsorgung von Altfahrzeugen (Altfahrzeug-Verordnung – AltfahrzeugV), 24. Februar 2013

[8] Bundesministerium der Justiz: Gesetz zur Förderung der Kreislaufwirtschaft und Sicherung der umweltverträglichen Bewirtschaftung von Abfällen (Kreislaufwirtschaftsgesetz – KrWG), 24.02.2012

[9] Bundesministerium der Justiz: Verordnung über Deponien und Langzeitlager (Deponieverordnung – DepV), 2. Mai 2013

[10] Arbeitsgemeinschaft Verstärkte Kunststoffe – technische Vereinigung e.V.: Handbuch Umweltschutz, 1999, S. 83

[11] Bundesministerium der Justiz: Gesetz zur Förderung der Kreislaufwirtschaft und Sicherung der umweltverträglichen Bewirtschaftung von Abfällen (Kreislaufwirtschaftsgesetz – KrWG), 24.02.2012

[12] Composite Recycling, http://www.compocycle.com, Zugriff 10.06.2013

[13] European Plastics Converters (EuPC), European Composites Industry Association (EuCIA), European Composite Recycling Service Company (ECRC): Glass fibre reinforced thermosets: recyclable and compliant with the EU legislation, June 2012, download http://www.upresins.org/upload/documents/webpage/Industry-Position-Paper-on-Recycling-2011.pdf, Vergleiche auch European Composites Industry Association (EuCIA): Broschüre – Composites Recycling Made Easy

15 Fügeverfahren

M. Hümbert, M. Sommer, P. Mitschang,
R. Velthuis, R. Rudolf

15.1 Einleitung

Ein zentrales Aufgabengebiet für jede Werkstoffgruppe, die sich neue Einsatzbereiche erschließen will und somit in direkter Konkurrenz zu anderen Materialien steht, stellt die Verbindungstechnik dar. Die Verbundwerkstoffe können dabei von einer Reihe von Verfahren profitieren, die zunächst für Metalle und auch unverstärkte Kunststoffe entwickelt wurden. Sie werden meist in die Kategorien der mechanischen oder der thermischen Verfahren unterschieden. Im Hinblick auf die zunehmende Bedeutung von Mischbauweisen, vor allem in der Verkehrstechnik und damit der Berücksichtigung von Reparaturverfahren, kann man auch eine Einteilung in lösbare und nicht lösbare Verbindungen vornehmen, Bild 15.1.

Während für duroplastische FKV nur mechanische Verbindungstechniken, wie Nieten und Schrauben, oder wärmearme, wie das Kleben, möglich sind, stehen für die thermoplastischen FKV zusätzlich Schweißverfahren zur Verfügung. Grundsätzliche Überlegungen und Gestaltungsrichtlinien für eine faserverbundgerechte Ausführung unterschiedlicher Fügetechniken sind im Kapitel Bauweisen zusammengefasst.

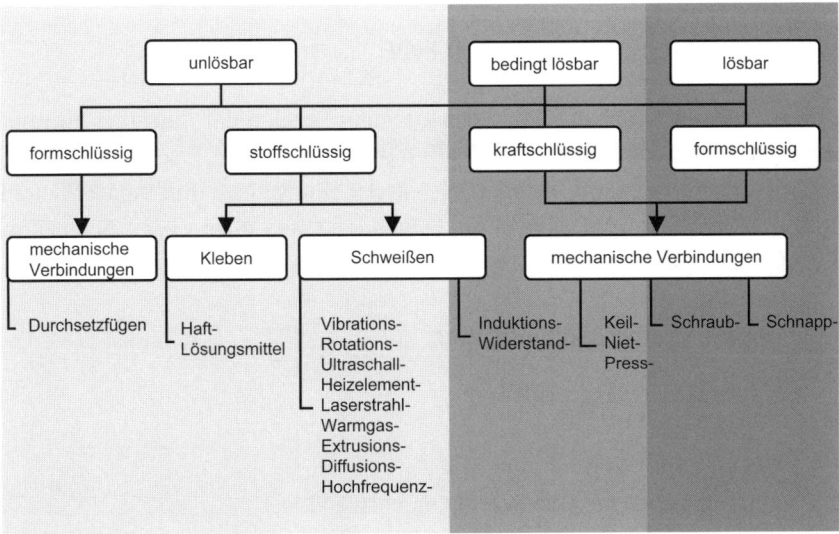

Bild 15.1 Einteilung von Fügeverfahren

Das Kleben und der Einsatz mechanischer Verbindungsverfahren, wie Schrauben und Nieten, sind für die Gruppe der Faser-Kunststoff-Verbunde schon weitgehend untersucht, und es liegt sehr umfangreiches Schrifttum vor. Aus diesem Grund wird hierauf nur am Rande eingegangen und für weitergehende Fragestellungen auf die Literatur [1], [2], [3] verwiesen.

Insbesondere zum Fügen unterschiedlicher Materialien gibt es zunehmend Entwicklungen, etablierte Verfahren aus dem metallischen Bereich wie das Clinchen an die Randbedingungen des Fügens von FKV anzupassen [4]. Diese Verfahren werden häufig für Hybridverbindungen von FKV und Metallen verwendet, da die plastische Verformbarkeit des metallischen Partners genutzt werden kann. Ein Beispiel ist das Kragenfügen [5].

Auch zum Schweißen von thermoplastischen Faser-Kunststoff-Verbunden mit Fasergehalten unter 30 Vol.-% ist eine Reihe von Arbeiten dokumentiert. Eine direkte Übertragbarkeit der Erkenntnisse aus diesem Bereich ist allerdings nicht möglich. Da aber gerade die Faser-Kunststoff-Verbunde mit kontinuierlicher Verstärkung und Fasergehalten oberhalb 40 Vol.-% das Leichtbaupotential dieser Werkstoffgruppe darstellen, soll sich dieses Kapitel im Wesentlichen auf das Schweißen von kontinuierlich faserverstärkten Thermoplasten konzentrieren.

■ 15.2 Fügen von duroplastischen FKV

Bei den duroplastischen FKV kommen im Wesentlichen das Nieten und das Kleben als Verbindungsverfahren in Frage.

15.2.1 Nieten von duroplastischen FKV

Zum Nieten duroplastischer FKV liegen aus dem Bereich der Luftfahrt hinreichend Veröffentlichungen, Verfahrensvorschriften und Standards vor, so dass für weitergehende Fragen auf die Literatur und das Kapitel 7 „Bauweisen und Smart Structures" verwiesen werden kann [6], [7], [3]. Im Folgenden sind einige wesentliche Hinweise zum Ausführen von Nietverbindungen für FKV zusammengetragen (Bild 15.2):

Richtlinien zum Bohren der Nietlöcher:
- Bohrungstoleranz: H8,
- Bohrer-Spitzenwinkel: 120°,
- hohe Vorschubkräfte vermeiden,
- feinst bearbeitete und scharfe Schneiden verwenden,

- Einsatz von Hartmetall (K10) bzw. polykristallinem Diamant als Schneidenwerkstoff,
- Abstützung des Werkstücks am Werkzeugaustritt,
- feste, vibrationsfreie Einspannung des Werkstücks.

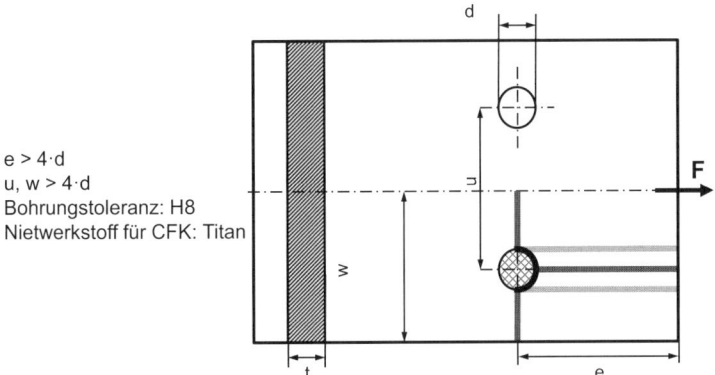

Bild 15.2 Empfehlungen für geometrische Abhängigkeiten zur Ausführung gebolzter Verbindungen

15.2.2 Kleben von duroplastischen FKV

Das Kleben zählt ebenso wie das Schweißen zu den stoffschlüssigen Verbindungen. Beim Kleben wird oftmals eine substratfremde Substanz verwendet, da der Fertigungsschritt des Fügens in einer anderen Stufe der Wertschöpfung bzw. bei einem anderen Unternehmen erfolgt als die Herstellung des Bauteils. Für das stoffschlüssige Fügen steht dabei der identische Ausgangswerkstoff eines Substrates nur sehr selten zur Verfügung.

Eine umfassende Übersicht zu Klebstoffen, Anwendungen und Verfahren bietet das Werk von Brockmann et al. [8]. Das Grundprinzip des Klebens beruht auf der Oberflächenhaftung des Klebstoffes auf den Fügepartnern (Adhäsion) und der inneren Festigkeit des Klebstoffes (Kohäsion) zum Übertragen der Lasten. Dabei ist ein Klebstoff ein nichtmetallischer Werkstoff [9].

15.2.2.1 Vorbereitung der Oberflächen

Diese stellt eine wichtige Maßnahme dar, um eine optimale Adhäsion zu erzielen. Zunächst muss der Klebstoff gut auf dem Substrat verteilt werden können. Diese Benetzungsfähigkeit ist von der Oberflächenspannung der Komponenten abhängig. Je geringer die Oberflächenspannung des Klebstoffes, um so besser gestaltet sich die Benetzung der Oberfläche. Die gute Benetzung garantiert zwar keine sichere Verklebung, stellt aber die Grundvoraussetzung dar, denn ohne Benetzung kann keine Adhäsion erzielt werden. Als Maß kann die Grenzflächenspannung herangezogen werden, die über die sogenannte Randwinkelmessung des Winkels α bestimmt wird.

Je kleiner der Randwinkel α, desto kleiner die Grenzflächenspannung und um so günstiger stellt sich die Benetzung dar. Eine günstige Benetzung korrespondiert mit einem Randwinkel kleiner als 90°.

Die Benetzung kann durch eine Oberflächenvorbehandlung verbessert werden [10]:

- Durch die Verwendung von Reinigungs- und/oder Lösemitteln zur Entfernung von Fetten, losen Beschichtungsbestandteilen und Verschmutzungen der Oberfläche sowie deren Trocknung. Das Reinigungsmittel kann dabei auch gleichzeitig eine chemische Vorbehandlung durchführen. Durch die Vorbehandlung sollte die Oberfläche eine Polarisierung erhalten, wodurch hohe Bindungskräfte entstehen können. Bei der Wahl des Reinigungsmittels, z. B. mit flüchtigen Bestandteilen, wie Benzin, ist darauf zu achten, dass keine die Verklebung behindernden Rückstände an der Fügefläche verbleiben. Eine Ultraschallreinigung führt beispielsweise das Lösen von Verunreinigungen herbei, eignet sich jedoch nur für kleine Probenkörper.

- Mittels einer abrasiven Oberflächenbehandlung kann eine bessere Klebeverbindung erreicht werden als mit hochpolierten Fügeflächen. Diese Behandlung wird durchgeführt, um auch lose Bestandteile (Rost) oder Zwischenschichten (Lackreste) zu entfernen.

Dennoch bleibt hier die Maßgabe, dass nach jeglicher Vorbehandlung die Fügefläche frei von Rückständen ist. Bei der Verklebung von Kunststoffen in der Vorbereitung der Fügeflächen ist in besonderem Maß darauf zu achten, dass die Fügefläche frei von Trennmitteln ist, wie sie üblicherweise bei der Verarbeitung von faserverstärkten Kunststoffen verwendet werden.

Die Oberflächenvorbehandlung ist der Schlüsselschritt, um eine reproduzierbar gute Verklebung zu erreichen. Da Metalle an der Oberfläche auch Spuren von Oxiden und anderen Legierungsbestandteilen aufweisen können, stellt das Ätzen der Oberflächen mittels Säuren eine Möglichkeit dar, um eine Oxidschicht zu erreichen, die eine besonders gute Bindung mit dem Klebstoff eingeht. Je nach Art des Metalls werden unterschiedliche Säuren verwendet: Chromsäuren für Aluminium, Schwefelsäure für Edelstahl und Salpetersäure für Kupfer. Die Chromsäure findet auch Eingang bei der Vorbehandlung von Polyolefinen. Das zusätzliche Anodisieren der geätzten Oberflächen begünstigt eine gute Benetzung mit dem Klebstoff und auch das Eindringen in die geätzten Poren, die dann auch zusätzlich zu einem Stoffschluss führen.

Für unterschiedliche Substrate werden entsprechende Vorbehandlungen empfohlen, um eine gute Verbindung mit einem Epoxidharzklebstoff zu erzielen [10].

Die Verklebung entsteht durch den Aufbau von Bindungsenergie von Klebstoff und Substrat. Diese Bindungskräfte können durch kovalente und nebenvalente Wechselwirkungen entstehen. Der Einsatz der Klebetechnik erlaubt auch die Kombination ansonsten ungleicher Partner wie Faser-Kunststoff-Verbund und Metall, wie in [11] beschrieben, und zudem dient hier die Verklebung auch noch als Korrosionsschutz für das Metall.

Tabelle 15.1 Einfacher Material-Mix, Klebewerkstoffe und Oberflächenbehandlung

Substrat 1	Substrat 2	Typischer Fügewerkstoff	Oberflächenvorbehandlung
Duroplast	Duroplast	Duroplast	Reinigung mit Lösemittel (MEK, Aceton), Schleifen, Sandstrahlen
Thermoplast	Duroplast	Duroplast	Anodisieren, Reinigung mit Lösemittel (MEK, Aceton)
Thermoplast	Thermoplast	Duroplast, Thermoplast	Anodisieren, Plasma, Beflammung
Anorganischer Mineralbaustoff	Metall	Silikon, Duroplast	Entstauben, Lösemittelreinigung
Metall	Metall		Ätzen, Lösemittelreinigung
Organischer Naturwerkstoff (z. B. Holz)			

15.2.2.2 Optimale Verarbeitung und Anwendung des Klebstoffs

Bei mehrkomponentigen Klebstoffen ist das Einhalten der Mischungsverhältnisse essentiell für eine gute Klebeausbildung. Die Vorbehandlung und Reinigung der Oberflächen sollte erfolgt sein. Es sollten günstige Umgebungsbedingungen gewählt werden, die Temperatur sollte eher warm sein und eine geringe Luftfeuchte ist von Vorteil. Bis zum Erreichen der Handlingfestigkeit sollte die Klebefuge mit geringem Druck über die gesamte Fläche fixiert sein.

Die bevorzugte mechanische Beanspruchung der Klebeschicht sollte auf Schub erfolgen. Somit ist der Klebstoff in der Lage, die eingeleiteten Kräfte über die gesamte Fügefläche, nach Möglichkeit ohne Spannungsspitzen, von einem Bauteil in das andere einzuleiten. Die Klebefuge sollte so dimensioniert sein, dass sie in der Lage ist, Kräfte zu übertragen, ohne zu versagen und so in der Größenordnung der Festigkeitswerte des angrenzenden Bauteils liegt [12].

15.2.2.3 Verkleben von Composites

Der Straßenfahrzeugbau stellt beim Fügen durch Kleben eine Vorreiterrolle dar. Seit einigen Jahren werden Klebstoffe als Ersatz von Schweiß- und Nietverbindungen zum Fügen von metallischen Bauteilen eingesetzt. Eine große Herausforderung stellen die erforderlichen, geringen Taktzeiten dar. Klebstoffsysteme werden auf ein sehr enges Verarbeitungsfenster eingestellt. Üblicherweise finden bei derartigen Einsatzgebieten zwei Materialtypen von Klebstoffen Anwendung, Polyurethan- und Epoxidharze. Die Festigkeitswerte erreichen 10 – 20 MPa für PU- und 20 – 40 MPa für EP-Klebstoffe. Polyurethanklebstoffe können hinsichtlich der offenen Zeit und der physikalisch-mechanischen Eigenschaften (mittels Füllstoffen für Bruchzähigkeit und Steifigkeit) formuliert werden. Durch eine gegenüber Epoxidharzen vergleichbar dicke Klebeschicht kann der Klebstoff auch unterschiedliche thermische Ausdehnungskoeffizienten leichter ausgleichen und unter Belastung Energie absorbieren. PU-Klebstoffe finden häufig beim Fügen von faserverstärkten Kunststoffen wie SMC und BMC Eingang. Durch die Verwendung von Primern kann die Verklebung mit der Polyesterharzschicht der SMC-/BMC-Substrate verbessert werden. Es können Festigkeiten (maximale Zugscherspannung) von bis zu 18 MPa erzielt werden, die schon Werte von Epoxidharzen abdecken. Epoxidharze kommen für crashfeste Strukturklebstoffe zum Einsatz. Die Klebstoffe müssen unter extremen Bedingungen in der Lage sein, das gewünschte Leistungsspektrum zu liefern (Crash bei − 30 °C und + 80 °C) und die Klebkraft auf unterschiedlichen Substraten auszubilden (unterschiedliche Verzinkung, teils beölt). Oftmals stellt die Verzinkung mit ca. 20 MPa den Schwachpunkt der Fügepartner im Verbund dar [13], [14].

Epoxidharzklebstoffe decken ein breites Einsatzspektrum ab und können sowohl bei Normbedingung (kalthärtend) als auch heißhärtend polymerisieren. Für Hochleistungsanwendungen stellt die Temperaturbeständigkeit, die sich in der Glasübergangstemperatur widerspiegelt, eine bedeutende Größe dar. Der Karosseriebau und die damit verbundenen Prozessschritte, im Besonderen die Lackierung, stellen an die Klebeverbindungen spezielle Anforderungen. Je nach Automobilhersteller können Temperaturen von 215 °C die Verklebung beanspruchen, und darüber hinaus ist auch eine weitreichende chemische Beständigkeit (gegen Salzsprühnebel, Öle, Fette und Lösemittel) gefordert [15].

Klebstoffe können darüber hinaus Zusatzfunktionen übernehmen. Als großflächige Beschichtung aufgebracht, können Klebstoffe auch außerhalb des Fügebereiches als Korrosionsschutz dienen. Die kathodische Tauchlackierung, basierend auf einer Epoxidharzformulierung, härtet solche Systeme wiederum aus und schützt so das Bauteil vor Korrosion [11].

Die Luftfahrtindustrie und deren hoher Einsatz von Verbundwerkstoffen eröffnet Klebstoffen ein breites Anwendungsspektrum bis hin zu strukturellen Verklebungen z. B. bei Antriebswellen oder auch Faserverbundzellen mit einem breiten Materialmix (Stahl, Titan, Aluminium, GFK). Dem dynamischen Verhalten von Klebstoffen wird besondere Aufmerksamkeit gewidmet. Schadenstoleranz und Rissfortschritt unter Belastung stellen oft Kernfragen bei der Entwicklung von Klebstoffen für die Luftfahrtindustrie dar [16].

Eine Klebeverbindung kann noch durch formschlüssige Maßnahmen abgesichert werden („Angstniet").

Im Fall der Reparatur von Faserverbundwerkstoffen kommt der Klebetechnik eine bedeutende Rolle zu. Wenn beschädigte Bauteile oft nur ausgewechselt werden, kann eine Reparatur, die auf dem Klebeprinzip beruht, eine erweiterte Nutzung ermöglichen. Schadenserkennung und Maßnahmendefinition stellen ein ganz eigenes Themengebiet dar. Dennoch kann eine Reparatur mittels Klebetechnik ursprüngliche Bauteileigenschaften nahezu wieder herstellen [17], [18].

15.2.3 Z-Pinning von duroplastischen FKV

Ein weniger bekanntes, aber im Luftfahrtbereich eingesetztes Verfahren, stellt das Z-Pinning dar [19]. Bei diesem Verfahren werden Metall- oder CFK-Stifte in Fügeteile getrieben, um vor allem die lokale Scherfestigkeit zu erhöhen. Dazu stehen verschiedene Verfahren zur Verfügung. In imprägnierte Halbzeuge (Prepregs) und Preforms können die Stifte zum Beispiel mit einer Ultraschall-Sonotrode [20] oder durch Vakuum [21] eingebracht werden. In anderen Verfahren werden Werkzeuge zum Einsetzen der Stifte verwendet [22].

Das prinzipielle Vorgehen bei der Verwendung einer Ultraschall-Sonotrode ist in Bild 15.3 dargestellt.

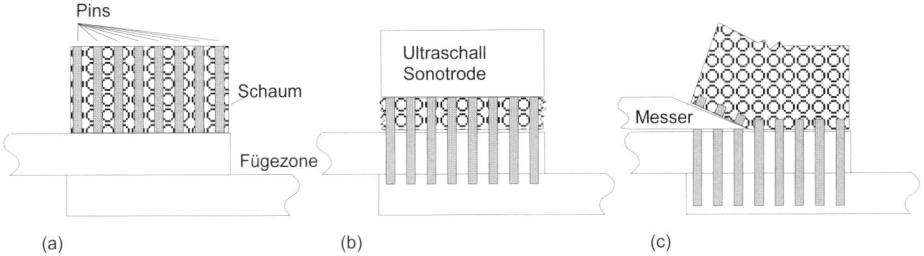

Bild 15.3 Z-Pinning
a: Pins mit Halterung (Schaum) positionieren, b: Pins mit Hilfe einer Ultraschall-Sonotrode in die Fügezone einpressen, c: Überstände wegschneiden

■ 15.3 Fügen von thermoplastischen FKV

15.3.1 Nieten von thermoplastischen FKV

Im Gegensatz zum Fügen von duroplastischen FKV, wo eine Vielzahl von theoretischen und experimentellen Arbeiten existiert, sind zum Nieten von thermoplastischen FKV nur wenige Arbeiten bekannt [23], in welchen die Auslegung der Verbindung allerdings nach den konventionellen Konstruktionsrichtlinien für duroplastische FKV erfolgt.

In [24] wird zur Erhöhung der Traglast mit Hilfe einer axialen Klemmung eine Vorlast aufgebracht. Die Klemmung erfolgt mit Unterlegscheiben zur Verhinderung von Delaminationen und zur Verbesserung der Lasteinleitung von einfachem Formschluss zu kombiniertem Form- und Kraftschluss. Allerdings ist die Höhe der Vorlast besonders für Langzeitbelastungen limitiert, da Thermoplaste ein ausgeprägtes Kriechverhalten zeigen. Durch die Klemmung konnte die Traglast im Vergleich zu Nietverbindungen ohne Klemmung verdoppelt werden.

Es zeigte sich, dass weniger der Matrixwerkstoff (hier: PA 6, PA 12, PP), sondern vielmehr die Faserorientierung den größten Einfluss auf die Verbindungsfestigkeit hat. Laminate mit einer Faserorientierung von $\pm 45°$ zur Beanspruchungsrichtung erzielten die höchsten Bruchlasten.

15.3.2 Kleben von thermoplastischen FKV

Ergänzend zu Abschnitt 15.1.2 wird hier besonders auf die Herausforderungen beim Kleben von thermoplastischen FKV eingegangen.

Bei den in thermoplastischen Hochleistungs-Faserverbunden verwendeten Matrizes handelt es sich in der Regel um teilkristalline Thermoplaste, da diese bessere mechanische Eigenschaften aufweisen und eine höhere chemische Beständigkeit besitzen als amorphe Thermoplaste. Wegen ihrer geringen Reaktivität, niedrigen Oberflächenenergie und Polarität lassen sich teilkristalline Thermoplaste jedoch nur unbefriedigend durch herkömmliche duroplastische Klebstoffe wie Epoxidharze verbinden. Daher erfordert das Kleben von Faser-Kunststoff-Verbunden mit teilkristalliner thermoplastischer Matrix eine zusätzliche spezielle Vorbehandlung der Oberflächen der Fügepartner [25], [26]. Das Verkleben ohne Vorbehandlung führt nur zu einer sehr geringen Fügenahtfestigkeit, die weit unterhalb der beim Schweißen erreichbaren liegt. Verschiedene Oberflächenvorbehandlungsverfahren wurden untersucht, wie z. B. Schleifen, Strahlen, chemisches Ätzen, Plasmaaktivierung oder Coronaentladung [23], [27], [28]. Das Anschleifen der Oberfläche, welches für duroplastische FKV zu guten Klebeeigenschaften führt, bringt für die thermoplastischen FKV nur sehr schlechte Resultate. Die höchste Fügenahtfestigkeit wurde für PEEK-CF (APC-2) mit der Niederdruck-Plasmaaktivierung erreicht [28]. Ein wesentlicher Nachteil der meisten Oberflächenvorbehandlungsverfahren ist, dass die Oberflächen ihre verbesserten Eigenschaften nur für eine beschränkte Zeit behalten und daher nicht unbegrenzt lagerfähig sind. Außerdem sind die Verfahren sehr aufwendig und teuer.

Mit dem „Diffusion-Enhanced Adhesive Bonding" (DEA) ist es möglich, klebfähige Oberflächen mit unbegrenzter Lagerzeit zu erzeugen. Dazu wird die Oberfläche des thermoplastischen FKV schon bei dessen Herstellung mit einer Schicht aus einem amorphen Thermoplasten versehen, der kompatibel zum Matrixpolymer sein muss.

In diese Matrixschicht kann der Epoxidklebstoff eindiffundieren, wodurch eine verbesserte Adhäsion entsteht [29]. In [26] wird mit einer Schicht aus Polysulfon auf einem PPS-CF Laminat und einem Epoxidklebstoff eine gute Zugscherfestigkeit erreicht, wobei allerdings die Überlappungslänge der überlappten Probekörper unbekannt ist.

15.3.3 Schweißen von thermoplastischen FKV

Das Schweißen von thermoplastischen FKV erfolgt durch Kontaktierung der zu fügenden Oberflächen, Eliminierung der Grenzfläche durch Interdiffusion der Makromoleküle und anschließende Konsolidierung.

In der Literatur werden zwei Mechanismen identifiziert, die zur Ausbildung der Fügenahtfestigkeit beitragen: Inniger Kontakt und Autohäsion. Inniger Kontakt charakterisiert die Größe der Oberfläche, die zu einer bestimmten Zeit an der Grenzfläche der Fügepartner in physikalischem Kontakt steht. Autohäsion bezieht sich auf die Diffusion der Makromolekülketten über die Grenzflächen der Fügepartner. Die Diffusion ist zwar der entscheidende Faktor bei der Ausbildung der Fügenahtfestigkeit, jedoch kann keine Diffusion stattfinden, wenn die Oberflächen nicht in Kontakt stehen. Somit sind beide Mechanismen für die Verschweißung maßgeblich.

Der Grad des innigen Kontaktes (GiK) hängt ab von der relativen Oberflächenrauigkeit, der Temperatur, dem äußeren Druck auf die Grenzfläche der Fügepartner und der Zeit. Die entwickelten Modelle zur Beschreibung des innigen Kontaktes basieren auf der Schmelzflussanalyse und geometrischen Überlegungen, wobei verschiedene Vereinfachungen getroffen werden, wie z. B. die Annäherung der realen Oberfläche durch rechteckige Elemente [30] oder die Annahme konstanter Werte für Temperatur und Druck [31]. Die durch den äußeren Druck hervorgerufene Veränderung der Fügeteiloberflächen lässt sich durch ein temperaturabhängiges viskoelastisches Verhalten der Matrix beschreiben, welches einer Arrhenius-Beziehung folgt [32]. Für PEEK-CF (Schmelzpunkt: 343 °C) wurde bei einer Temperatur von 330 °C und einem Druck von 0,7 MPa eine Zeit von einer Minute gemessen, um einen GiK = 99,2 % zu erzielen [31].

Autohäsion ist ein temperaturabhängiges Phänomen, welches durch die Migration der Molekularketten über die in innigem Kontakt stehende Grenzfläche bestimmt wird. Die Autohäsionstheorie basiert auf der von de Gennes entwickelten Reptations-Theorie (von lat. reptare – kriechen) für amorphe Thermoplaste [33], [34]. Diese Theorie besagt, dass jedes Makromolekül in einer Polymerschmelze durch die sterischen Effekte der Nachbarmoleküle in einer gedachten Röhre festgehalten wird. Durch Brownsche Bewegung der Kettenenden kann diese Röhre überwunden werden. Der Zeitpunkt, bei dem das Molekül seine ursprüngliche Position vollständig verlassen hat, wird als Reptations-Zeit T_r bezeichnet. Übertragen auf die Schmelzefusion zweier Fügepartner bedeutet dies, dass nach Erreichen von Tr vollständige Diffusion vorliegt und die Grenzfläche verschwindet. T_r beträgt für PEEK bei 400 °C beispielsweise 0,11 s [35].

Die Autohäsionstheorie verknüpft nun die mikroskopischen Effekte der Reptations-Theorie mit makroskopischen Effekten wie der Fügenahtfestigkeit. Es wurde ermittelt und experimentell bestätigt [36], [37], dass die erzielte Fügenahtfestigkeit σ der Beziehung

$$\frac{\sigma}{\sigma_\infty} = \sqrt[4]{\frac{t}{T_r}}$$

folgt, wobei σ_∞ die maximale Festigkeit, t die Verweilzeit und T_r die Reptations-Zeit sind.

Nicht-isotherme Prozesse lassen sich durch Unterteilung der gesamten Prozesszeit in kleinere, quasi-isotherme Intervalle modellieren, wobei obige Gleichung als Summe geschrieben wird.

Durch die Verwendung eines gekoppelten Modells wird es möglich, die zeitlichen Anteile der beiden Mechanismen, inniger Kontakt und Autohäsion, am gesamten Schweißprozess zu identifizieren. Das Widerstandschweißen ist beispielsweise dominiert vom Mechanismus des innigen Kontaktes, wobei die Zeit zur Erzielung vollständigen innigen Kontaktes um 5 Größenordnungen größer ist als die Zeit T_r zur Erzielung einer vollständigen Diffusion.

Ein guter Überblick über unterschiedliche Schweißverfahren, deren theoretische Hintergründe und potentielle Einsatzgebiete ist in [38] und [39] zu finden.

15.3.3.1 Ultraschallschweißen

Beim Ultraschallschweißen werden mechanische Schwingungen im Ultraschallbereich (> 16 kHz) genutzt. Üblich sind Frequenzen von 20 bis 70 kHz. Beim Kunststoff-Ultraschallschweißen ist die Schwingungsrichtung typisch senkrecht zur Fügenaht ausgerichtet. Grundsätzlich unterscheidet man Ultraschallschweißen im Nah- und Fernfeld. Beträgt der Abstand der zu fügenden Fläche von der Sonotrodenstirnfläche weniger als 6 mm, so spricht man vom Nahfeldschweißen, bei einem Abstand darüber vom Fernfeldschweißen.

Das Aufschmelzen des Polymers in der Fügezone erfolgt durch Absorption der Schwingungen, durch Reflexion der Schwingungen in der Fügezone und durch Grenzflächenreibung der Fügeflächen. Üblicherweise sind sogenannte Energierichtungsgeber in der Fügezone notwendig, damit die Energie vollständig in der Fügezone konzentriert wird [40]. Außerdem wurde festgestellt, dass amorphe Thermoplaste sich besser zum Ultraschallschweißen eignen als teilkristalline, da bei ihnen die Ultraschallenergie direkt zur Fügestelle geleitet und nicht schon im Kristallitgefüge absorbiert wird.

Ergebnisse zum Ultraschallschweißen von CF/PPS-Laminaten zeigen für eine einfach überlappte Geometrie eine Fügenahtfestigkeit von bis zu 36 MPa [41].

In einigen Untersuchungen wurde Ultraschallschweißen auch zum Verbinden von FKV-Metall-Hybridstrukturen eingesetzt und die prinzipielle Tauglichkeit nachgewiesen [42]. Hierbei wurde die Schwingungsrichtung parallel zur Fügenaht gewählt.

15.3.3.2 Vibrationsschweißen

Beim Vibrationsschweißen wird die zum Schmelzen erforderliche Energie durch oszillierende Reibung der beiden Fügepartner gegeneinander erzeugt, wobei die Reibbewegung linear, orbital oder rotierend ausgeführt werden kann. Die Vibrationsfrequenz ist konstant und liegt üblicherweise zwischen 80 Hz und 250 Hz, die Vibrationsamplitude ist je nach Anlage stufenlos zwischen 0,25 mm und 0,9 mm bzw. 2 mm einstellbar. Zum Vibrationsschweißen von thermoplastischen Faser-Kunststoff-Verbunden wurden Parameterstudien an kurzglasfaserverstärktem Polyamid 6 und Polyamid 66 sowie glasmattenverstärktem Polypropylen (GMT-PP) mit Fasergewichtsanteilen von 30 bis 40 % durchgeführt [43]. Alle Untersuchungen führten zu dem Ergebnis, dass die Fügenahtfestigkeit maximal die Festigkeit des unverstärkten Polymers erreichen kann. Limitierender Faktor ist die Faserorientierung quer zur Beanspruchungsrichtung als Folge der Reibbewegung. Als Lösung dieses Problems wird eine Anpassung der Fügenahtgeometrie an die jeweilige Bauteilbelastungsrichtung vorgeschlagen, welche eine Orientierung der Verstärkungsfasern in Belastungsrichtung ermöglicht. Studien zum Vibrationsschweißen von thermoplastischen Hochleistungs-Faserverbund-Werkstoffen sind nicht bekannt.

15.3.3.3 Heizelementschweißen

Beim Heizelementschweißen wird die Polymermatrix in der Fügezone mit einem beheizten Werkzeug in Kontakt gebracht und durch Wärmeleitung aufgeschmolzen. Nach dem Aufschmelzen wird das Werkzeug entfernt. Die Fügepartner werden zusammengepresst und die Naht unter Druck konsolidiert. Zum Heizelementschweißen von thermoplastischen Faserverbundwerkstoffen sind lediglich Arbeiten zu kurzfaserverstärkten Spritzgussteilen mit Fasergewichtsanteilen von maximal 30 % bekannt [44]. Es wurde festgestellt, dass sich die Verstärkungsfasern durch den Schweißdruck quer zur Beanspruchungsrichtung orientieren und dadurch eine Schwächung der Fügenaht bewirken [2]. Dieses Problem konnte auch durch eine Parameteroptimierung nicht behoben werden. Weiterhin wurde mit steigendem Fasergehalt eine Abnahme der erzielbaren Fügenahtfestigkeit beobachtet [45].

Schwierigkeiten beim Heizelementschweißen von thermoplastischen Hochleistungs-Faserverbunden könnten ferner dadurch entstehen, dass die für diese Werkstoffklasse in der Regel eingesetzten Thermoplaste eine geringe Viskosität und eine hohe Schmelztemperatur besitzen. Dies führt auch zu dem Problem, dass die Polymerschmelze am Werkzeug haftet [44], [45]. Die bislang einzig praktikable Antihaftbeschichtung ist Polytetrafluorethylen (PTFE), welche aber maximal bis 260 °C eingesetzt werden kann. Eine Möglichkeit, solche Thermoplaste mittels Heizelement zu verschweißen, bietet die Strahlungserwärmung. Dabei befindet sich zwischen den Fügepartnern und dem Heizelement ein Spalt von etwa 1 mm, so dass die Erwärmung durch Wärmestrahlung und -konvektion erfolgt. So kann zwar keine Schmelze am Heizelement anhaften, aber bei Unebenheiten resultiert eine ungleichmäßige Erwärmung und es ergeben sich darüber hinaus sehr lange Taktzeiten.

15.3.3.4 Hochfrequenzschweißen

Beim Hochfrequenzschweißen wird ein hochfrequenter Strom durch die Fügepartner geleitet (Frequenz: 26,12 MHz), welcher polare Gruppen zu Schwingungen anregt. Voraussetzung ist allerdings, dass der Thermoplast solche polaren Gruppen besitzt. Dies ist z. B. bei Polyamiden oder PVC der Fall. Das Hochfrequenzschweißen wird z. B. zum Schweißen von Organoblechen auf PA 66-Basis eingesetzt [46].

15.3.3.5 Widerstandsschweißen

Widerstandsschweißen ist bei metallischen Werkstoffen ein gängiges Verfahren. Bei Kunststoffen oder FKV muss jedoch mit einem geeigneten Schweißzusatzmaterial gearbeitet werden. Durch dieses elektrisch leitfähige Schweißzusatzmaterial wird der Strom geleitet, der infolge von Widerstandsverlusten das Schweißzusatzmaterial erwärmt und durch Wärmeleitung den Thermoplast aufschmilzt [47]. Ein großer Vorteil dieses Verfahrens ist die Tatsache, dass die Wärme direkt in der Fügezone entsteht und bei geschickter Prozessführung kein Durchschmelzen der Fügepartner erforderlich ist. Für kohlenstofffaserverstärkte Kunststoffe muss darauf geachtet werden, dass das Schweißzusatzmaterial gegenüber dem Laminat elektrisch isoliert ist, da ansonsten Kurzschlussströme ein definiertes Erwärmen verhindern. Beim Widerstandsschweißen müssen sowohl Art und Menge des Schweißzusatzmaterials als auch die Anlagenkonfiguration und speziell die Kontaktierung des Schweißzusatzmaterials an die jeweilige Anwendung angepasst werden. Dieses Verfahren findet daher eher im Bereich der Luftfahrt Anwendung. Arbeiten zum Widerstandsschweißen von CF/PEEK Laminaten und dem Einfluss der geometrischen Ausbildung der Flanschenden sind zum Beispiel in [48] dokumentiert.

15.3.3.6 Induktionsschweißen

Beim Induktionsschweißen wird eine in der Fügezone befindliche, elektrisch leitende Schweißhilfe einem hochfrequenten elektromagnetischen Wechselfeld ausgesetzt. Die Schweißhilfe erwärmt sich durch Wirbelstrom- und/oder Hystereseverluste [49], [50]. Ist der zu verschweißende Werkstoff selbst elektrisch leitend, kann auf die Schweißhilfe verzichtet werden [51]. Die verwendete elektro-magnetische Frequenz reicht von 20 kHz bis zu etwa 10 MHz. Das Induktionsschweißen von thermoplastischen Faserverbundwerkstoffen wird kommerziell in Form des soge-

nannten Emaweld®-Prozesses angewendet, wobei der Prozess jedoch zum Schweißen von unverstärkten Thermoplasten entwickelt wurde und auch dort die wesentliche Anwendung findet. Bei den in diesem Prozess verwendeten Schweißhilfen
handelt es sich um extrudierte, metallpartikelgefüllte Polymerstränge. Das Polymer
entspricht in der Regel der Polymermatrix der zu fügenden Teile [52]. Die Schweißhilfen werden speziell angefertigt und sind daher sehr kostenintensiv.

Die meisten Untersuchungen zum Induktionsschweißen von thermoplastischen
Faserverbundwerkstoffen beschränken sich auf Parameterstudien. Dabei wurden
verschiedene Schweißhilfen, wie z. B. Kohlenstofffaser-Gewebe, Metallgitter oder
Kohlenstofffaser-Tapes untersucht. Favorisiert werden nicht-metallische Schweiß-
hilfen, da metallische im Laminat als Fremdkörper wirken und zu Korrosion oder
Kerbeffekten führen [53]. Als beste Schweißhilfe erwies sich ein Kohlenstofffaser-
Gewebe. Erste Serienanwendungen gibt es bereits im Bereich der Luftfahrt zum
Schweißen von Höhen- und Seitenleitwerken der Gulfstream G650 [54]. In anderen
Untersuchungen wurde das Induktionsschweißen als Punktschweißprozess weiter-
entwickelt und zum Verbinden von FKV-Metall-Hybridstrukturen eingesetzt. Die
prinzipielle Tauglichkeit des Verfahrens sowie die Adaption an einen Knickarm-
roboter konnten nachgewiesen werden [55].

Auf neue Entwicklungen zum direkten Induktionsschweißen wird im Abschnitt
15.6.2 „Induktionsschweißen" näher eingegangen.

15.3.3.7 Laserschweißen

Ein weiteres, in der Kunststofftechnik schon etabliertes Schweißverfahren stellt das
Laserdurchstrahlschweißen dar. Hierzu gibt es mittlerweile auch Arbeiten, die sich
mit faserverstärkten Kunststoffen beschäftigen.

Die Energie wird durch Laserstrahlung im Infrarotbereich in die Fügezone übertragen, wozu verschiedene Lasertypen verwendet werden können, unter anderem Diodenlaser [56], [57], [58] und Nd:YAG-Laser [57]. Beim Schweißen passiert der Laserstrahl den oberen Fügepartner, der daher für Laserstrahlung transparent sein muss.
Die untere Fügepartner dagegen absorbiert die Strahlung und das Polymer in der
Fügezone schmilzt auf. Um seine Absorptionsfähigkeit zu verbessern, wird das
Polymer daher häufig eingefärbt, zum Beispiel mit Ruß [58].

Die Eignung von faserverstärkten Kunststoffen zum Laserschweißen hängt stark
von der Verstärkung ab. Glasfasern können als transparenter Fügepartner verwendet werden, allerdings steigt mit dem Faseranteil die notwendige Laserleistung.
Prabhakaran et al. haben zum Beispiel Polyamid 66 mit 30 % Glasfaseranteil ge-
schweißt [58]. Der untere Fügepartner wurde dazu mit Ruß eingefärbt. Kohlenstofffasern dagegen können nur als absorbierender Partner verwendet werden. So haben
Jaeschke et al. mit Kohlenstofffasergewebe verstärktes PPS mit reinem PPS ver-
schweißt. Dabei konnten Zugscherfestigkeiten von bis zu 30 MPa erreicht werden.

15.3.3.8 Vergleich der Schweißverfahren

Ein Vergleich der verschiedenen Arbeiten hinsichtlich der erzielten Fügenahtqualität ist nur in wenigen Fällen möglich, da in der Regel voneinander abweichende Prüfmethoden, Prüfbedingungen oder Probengeometrien verwendet wurden. Außerdem wurden teilweise unterschiedliche Anlagenkonfigurationen verwendet, wobei es sich zumeist um Laboranlagen handelte. Hierauf ist auch die zum Teil erheblich voneinander abweichende Bewertung der Schweißverfahren untereinander zurückzuführen.

Die Verfahrensbewertung kann jedoch nur unter Berücksichtigung der jeweils zu verschweißenden Werkstoffe, also deren besonderen Eigenschaften erfolgen. Wie schon zuvor bemerkt, liegt der Fokus dieses Kapitels auf kontinuierlich faserverstärkten Thermoplasten. Diese zeichnen sich durch eine Reihe spezifischer Charakteristika aus. Hierzu zählen:

- kontinuierliche Faserverstärkung (Gewebe, Gelege),
- Faservolumengehalt größer 40 %,
- geringe interlaminare Scherfestigkeit (wesentlich kleiner als Matrixzugfestigkeit) und hohe
- teilkristalline Matrixpolymere mit Verarbeitungstemperaturen größer 200 °C.

Als besonders robust zeichnen sich diejenigen Verfahren aus, die keine werkstoffliche Abhängigkeit besitzen, da so eine Beeinflussung der Fügenahtgüte durch vorgelagerte Prozessschritte minimiert werden kann. Ein weiteres Auswahlkriterium kann die angestrebte Stückzahl sein, da sich Investitionsaufwand und erreichbare Zykluszeit an wirtschaftlichen Randbedingungen messen lassen müssen. Auch die Formkomplexität der herzustellenden Fügenaht kann die Auswahl des Schweißverfahrens bestimmen. Tabelle 15.2 listet eine Reihe von Bewertungskriterien auf, die an eine Schweißnaht zu stellen sind. Die Priorisierung muss im Detail den aktuellen Bedingungen angepasst werden, jedoch kann eine grundsätzliche Wertung anhand der in Tabelle 15.2 eingetragenen Prioritäten vorgenommen werden.

Eine quantifizierte Bewertung der Schweißverfahren:

- Ultraschallschweißen (US)
- Vibrationsschweißen (VIB)
- Heizelementschweißen (HE)
- Hochfrequenzschweißen (HF)
- Induktionsschweißen (IND)
- Widerstandsschweißen (WID)
- Laserschweißen (LAS)

ist unter Berücksichtigung der Priorisierung nach Tabelle 15.2 in Tabelle 15.3 zusammengefasst.

Die vorgenommene Gewichtung der einzelnen Bewertungskriterien kann diskutiert und den spezifischen Randbedingungen angepasst werden.

Tabelle 15.2 Anforderungen an Schweißverfahren für thermoplastische FKV

Nr.	Anforderung	Priorität
1	**Mechanik**	
1.1	Schweißfaktor[1] größer/gleich 0,7	1
1.2	Spannungsarme Fügenaht	2
1.3	Faserverstärkung auch in der Fügenaht wirksam	3
2	**Verfahren**	
2.1	Kurze Taktzeiten	2
2.2	Hohe Mobilität und Flexibilität	2
2.3	Automatisierbarkeit	2
3	**Kosten**	
3.1	Geringe Investitionskosten	2
3.2	Geringe Betriebskosten	3
3.3	Geringe Schweißwerkzeugkosten	2
3.4	Geringe Personalkosten	2
4	**Werkstoff**	
4.1	Faservolumengehalt der zu fügenden Werkstoffe größer 35 %	1
4.2	Möglichst breites schweißbares Werkstoffspektrum	1
4.3	Auch artfremde Werkstoffe fügbar	3
5	**Herstellung**	
5.1	Reproduzierbare Fügenahtqualität	1
5.2	Hohe Maßhaltigkeit	1
5.3	Implementierbarkeit eines Online-QS-Systems	2
5.4	Beurteilung der Fügenahtqualität durch Auswertung weniger Parameter	3
6	**Entsorgung**	
6.1	Wiedertrennbarkeit der Fügenaht	2
7	**Energie**	
7.1	Geringer Energieverbrauch der Schweißanlage	2
8	**Sonstiges**	
8.1	Kein bzw. nur geringes zusätzliches Gewicht durch Verbindungselemente	1

1) Schweißfaktor = Fügenahtfestigkeit/Grundwerkstofffestigkeit

Tabelle 15.3 Eignung der untersuchten Verbindungstechniken zum Schweißen von thermoplastischen FKV [Werte von 0 (schlecht) bis 10 (sehr gut) G: Gewichtungsfaktor, W: Wert, GW: Gewichteter Wert]

Bewertungskriterium	US			VIB		HE		HF		IND		WID		LAS	
	G	W	GW	W	GW	W	GW	W	GW	W	GW	W	GW	W	GW
Fügenahtfestigkeit	0,20	3	0,60	10	2,00	7	1,40	8	1,60	7	1,40	5	1,00	7	1,40
Fügbares Werkstoffspektrum	0,18	5	0,90	10	1,80	6	1,08	2	0,36	8	1,44	6	1,08	6	1,08
Investitionen	0,15	7	1,05	4	0,60	7	1,05	5	0,75	8	1,20	8	1,20	8	1,20
Taktzeit	0,12	10	1,20	8	0,96	2	0,24	6	0,72	5	0,60	4	0,48	5	0,60
Bauteilkomplexität	0,12	4	0,48	3	0,36	6	0,72	6	0,72	8	0,96	5	0,60	8	0,96
Lösbarkeit	0,08	3	0,24	3	0,24	3	0,24	3	0,24	8	0,64	6	0,48	3	0,24
Automatisierbarkeit	0,08	10	0,80	10	0,80	10	0,80	10	0,80	10	0,80	8	0,64	10	0,80
Werkstoffkombinationen	0,07	5	0,35	10	0,70	6	0,42	3	0,21	7	0,49	7	0,49	5	0,35
Summe	1		5,62		7,46		5,95		5,4		7,53		5,97		6,63

Zum besseren Verständnis der Bewertungsmatrix sei an dieser Stelle Folgendes angemerkt:

- *Ultraschallschweißen:*
  Die notwendigen Energierichtungsgeber sind bei der FKV-Umformung aufgrund ihrer kleinen Radien nur äußerst schwer herstellbar.

- *Heizelementschweißen:*
  Hochtemperaturthermoplaste wie PEEK, PPS, PA neigen zum Haften am Heizelement bzw. erfordern einen hohen Energieverbrauch bei Strahlungserwärmung.

- *Induktionsschweißen:*
  Angenommen wird ein kontinuierlicher Prozess.

- *Widerstandsschweißen:*
  Die Lösbarkeit der Verbindung wie beim Induktionsschweißen ist gegeben, allerdings ist die Applikation der Stromanschlüsse aufwendig.

- *Laserschweißen:*
  - Angenommen wird ein kontinuierlicher Prozess.
  - Energieverlust infolge Strahlbrechung und -ableitung durch die Verstärkungsfasern.

Wie aus Tabelle 15.3 hervorgeht, erweisen sich das Vibrations- und das Induktionsschweißen unter den gegebenen Randbedingungen als am besten geeignet zum Schweißen von thermoplastischen Faser-Kunststoff-Verbunden. Diese beiden Verfahren werden im Folgenden detailliert vorgestellt.

15.4 Physikalische Grundlagen

Die Tabelle 15.4 zeigt die wesentlichen physikalischen Grundprinzipien, die zum Schweißen von Kunststoffen eingesetzt werden. Zusätzlich sind auch die jeweiligen Vorteile und die Verfahrensschwächen angegeben.

Tabelle 15.4 Charakteristik einiger wichtiger Schweißverfahren für FKV

Verfahren	Physikalisches Prinzip	Vorteile	Nachteile
Ultraschallschweißen	Wärme durch mechanische Reibung und Molekülreibung	▪ sehr kurze Taktzeit (< 2s) ▪ geringe Investitionskosten beim Fügen kleiner Bauteile ▪ gute Automatisierbarkeit	▪ hohe Investitionskosten beim Fügen großer Bauteile mit kontinuierlicher Naht ▪ Lärmbelastung ▪ Werkstoff hat großen Einfluss auf Fügenahtqualität
Vibrationsschweißen	Wärme durch mechanische Reibung	▪ kurze Taktzeit (< 60 s) ▪ hohe Fügenahtfestigkeit ▪ Fügen unter Sauerstoffausschluss ▪ artfremde Werkstoffe schweißbar ▪ niedriger Energieeinsatz	▪ hohe Investitionskosten ▪ eingeschränkte Bauteilgeometrie ▪ Faserabrieb in der Fügezone ▪ Lärmbelastung ▪ schlechte Optik der Schweißnähte
Heizelementschweißen	Wärmeleitung	▪ geringe Investitionskosten ▪ auch komplexe Bauteile schweißbar ▪ gute Automatisierbarkeit	▪ lange Taktzeit ▪ niedermolekulare Polymere haften am Heizelement ▪ hoher Energieeinsatz

Tabelle 15.4 Charakteristik einiger wichtiger Schweißverfahren für FKV *(Fortsetzung)*

Verfahren	Physikalisches Prinzip	Vorteile	Nachteile
Hochfrequenzschweißen	Wärme durch Molekülreibung	▪ hohe Fügenahtfestigkeit	▪ nur polare Polymere schweißbar ▪ CFK nicht schweißbar ▪ Abschirmung gegen elektromagnetische Strahlung erforderlich
Widerstandsschweißen	Wärme durch elektrische Widerstandsverluste	▪ bedingte Lösbarkeit der Verbindung ▪ geringe Investitionskosten ▪ hohe Mobilität ▪ auch komplexe Bauteile schweißbar ▪ gute Regelbarkeit des Prozesses	▪ Isolationsproblematik bei elektrisch leitfähigen Laminaten ▪ Komplizierte Kontaktierung des Schweißzusatzmaterials ▪ Komplexe Fügeteilfixierung ▪ Versagen in der Fügezone kann an Schweißzusatz beginnen
Induktionsschweißen	Wärme durch Wirbelstromverluste	▪ bedingte Lösbarkeit der Verbindung ▪ geringe Investitionskosten ▪ hohe Flexibilität und Mobilität ▪ auch komplexe Bauteile schweißbar ▪ inhärente Erwärmung von CFK	▪ schwer kontrollierbare Wärmeverteilung ▪ Spannungen bei artfremden Schweißhilfen ▪ mittlere Taktzeiten
Laserdurchstrahlschweißen	Wärme durch Strahlung im Infrarotbereich	▪ kurze Taktzeiten ▪ hohe Flexibilität und Mobilität ▪ auch komplexe Bauteile schweißbar ▪ sehr konzentrierter Wärmeeintrag	▪ ein Partner muss für Laserstrahlung transparent sein ▪ hohe Investitionskosten

■ 15.5 Prüfmethoden-Auswahl

15.5.1 Geeignete Prüfmethoden für geschweißte Verbindungen

Bei der Beurteilung einer Verbindungstechnologie ist die erzielbare Fügenahtqualität von entscheidender Bedeutung. Um vergleichbare Ergebnisse zu erhalten, müssen geeignete Prüfmethoden und Prüfbedingungen zur Ermittlung der Fügenahtqualität verwendet werden, die nicht nur zu qualitativen, sondern zu quantitativen Aussagen führen, z. B. über die Fügenahtfestigkeit. Hierbei spielt nicht nur die Vergleichbarkeit der Ergebnisse einer Messreihe untereinander, sondern vor allem die Vergleichbarkeit mit den Ergebnissen aus anderen Quellen eine Rolle. Weiterhin sollte eine geeignete Prüfmethode im Hinblick auf den Einsatz in der Praxis einfach aufzubauen und durchzuführen sowie reproduzierbar sein. Prinzipiell stehen eine Vielzahl zerstörender (z. B. Zugscherversuch, Biegeversuch, Schälversuch, DCB, Mikroskopie) und zerstörungsfreier Prüfmethoden (z. B. Ultraschall, Thermographie, Shearographie) zur Verfügung. Die am häufigsten angewendeten und am weitesten entwickelten Prüfverfahren sind der Zugscherversuch, die Ultraschallprüfung und die Mikroskopie. Im Folgenden wird der Zugversuch näher auf seine Eignung zur Prüfung von FKV-Schweißverbindungen untersucht.

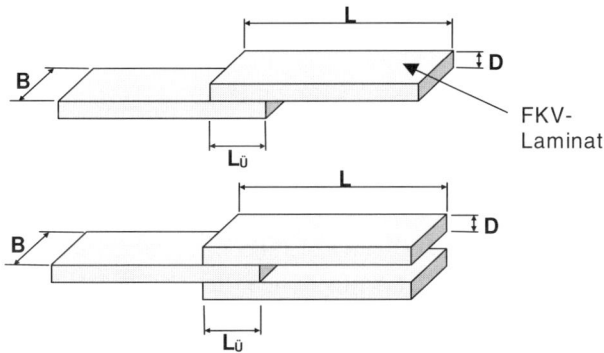

Bild 15.4 Einfach und doppelt überlappt gefügte Zugscherprobe nach DIN 53283

15.5.2 Zugscherversuch

Prinzipiell ist die Fügenahtgestaltung bei den in der Regel durch Umformung hergestellten Bauteilen aus thermoplastischen FKV im Vergleich zu Spritzgießteilen stark eingeschränkt. Daher bieten sich überlappte Fügenähte an, die im Zugscherversuch geprüft werden können. Der Zugscherversuch (DIN 53283) wurde für Klebeverbindungen entwickelt und zeichnet sich durch seinen einfachen Aufbau, die schnelle Durchführbarkeit sowie reproduzierbare Ergebnisse aus. Geprüft werden einfach oder doppelt überlappt gefügte Probekörper, Bild 15.4. Die doppelt überlappten Proben haben den Vorteil, dass reines Scherversagen auftritt. Diese Proben sind allerdings durch Schweißen nur sehr schwer herstellbar, denn es sind zwei Arbeitsgänge (für jede Fügefläche einer) notwendig und eine Beeinflussung der bereits geschweißten ersten Fläche beim zweiten Arbeitsgang kann nicht ausgeschlossen werden. Außerdem tritt bei den üblichen Laminatdicken von 1 mm bis 2 mm schon bei mittleren Überlappungslängen von 15 mm Zugversagen im unverschweißten Querschnitt des FKV auf, da die beiden Fügeflächen eine größere Kraft übertragen können als dieser selbst.

Bei der Beurteilung der an einfach überlappten Probekörpern (DIN 53281, Teil 2) gemessenen Werte muss allerdings berücksichtigt werden, dass es sich nicht um ein reines Scherversagen handelt, sondern auch Zugversagen [59] und am Versagensbeginn auch Schälversagen auftritt [60]. Jedoch liegen für dieses Prüfverfahren die weitaus meisten Vergleichswerte in der Literatur vor [61], [62], [63], [64].

15.5.3 Spannungsverteilung in der einfach überlappten Verbindung

Mit Hilfe der FE-Methode wurde ein Modell zur Berechnung von einfach überlappten Vibrationsschweißnähten entwickelt. Hiermit ist es möglich, den Einfluss von Überlappungslänge und Schweißtiefe auf die Spannungsverläufe der Fügezone zu untersuchen.

Für die Bestimmung der optimalen Überlappungslänge $L_{\ddot{U}}$ von vibrationsgeschweißten, einschnittigen Verbindungen wurde die Überlappungslänge im Bereich von 5 mm bis 50 mm mit einer Schrittweite von 5 mm variiert und die Spannungen entlang des definierten Pfades (in der Mitte der Schweißnahtfügezone) bestimmt.

Aufgrund der exzentrisch angreifenden Kräfte und des daraus induzierten Biegemomentes kommt es zu einer S-förmigen Verformung der vibrationsgeschweißten, einschnittigen Überlappverbindung, Bild 15.5.

In Bild 15.6 ist der Verlauf der Normalspannungen in x-Richtung und der Schubspannungen in der Mitte der Schweißnahtfügezone als Funktion der Überlappungslänge in x-Richtung von Vibrationsschweißverbindungen mit unterschiedlichen Überlappungslängen dargestellt. Hierbei wird deutlich, dass an den beiden Rändern der Schweißnaht Spannungsspitzen auftreten. Die Spannungsspitzen der Normalspannungen und der Schubspannungen nehmen mit zunehmender Überlappungslänge ab.

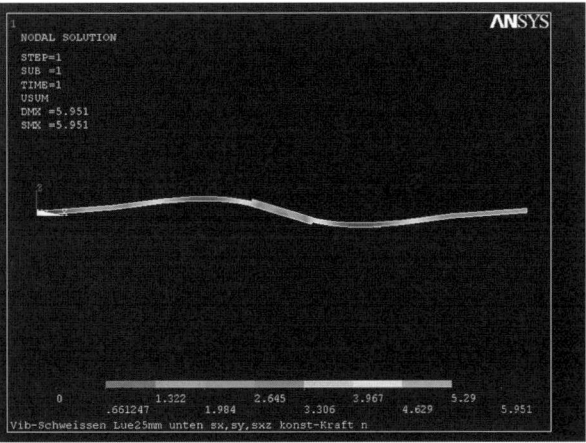

Bild 15.5 Verformung der vibrationsgeschweißten einschnittigen Überlappverbindung

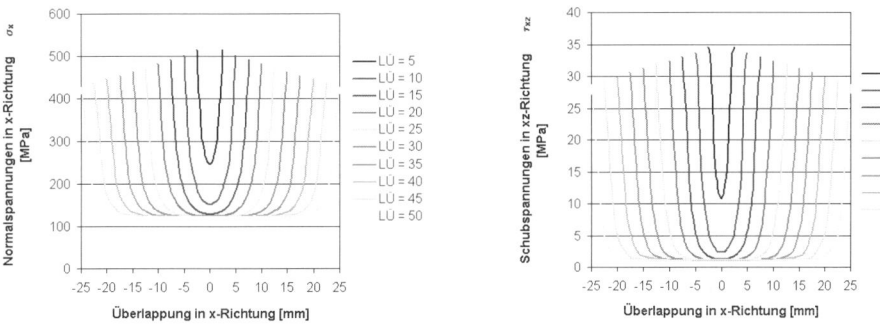

Bild 15.6 Verlauf der Normalspannungen und der Schubspannungen in der Mitte der Schweiß-nahtfügezone bei Variation der Überlappungslänge

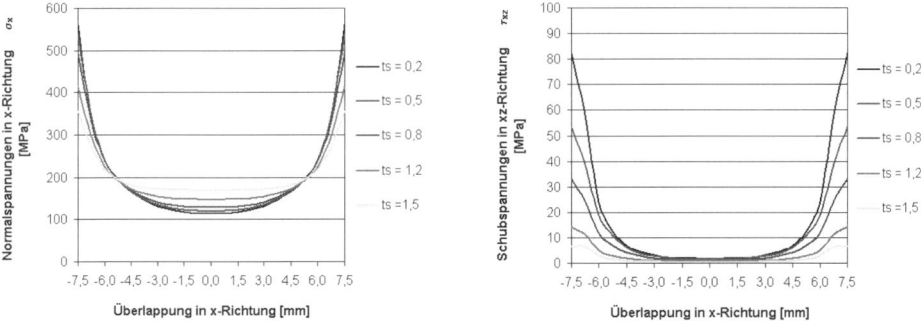

Bild 15.7 Verlauf der Normalspannungen und der Schubspannungen in der Mitte der Schweiß-nahtfügezone bei Variation der Schweißtiefe

Aus Bild 15.6 geht hervor, dass die von außen aufgebrachte Zugkraft mit zunehmender Überlappungslänge hauptsächlich über den Randbereich übertragen wird, da sich im Inneren der Schweißnaht ein zunehmend ausgeprägteres Plateau konstanter Spannungen ausbildet, d. h., der mittlere Bereich der Schweißnaht leistet kaum noch einen Beitrag zur Kraftübertragung.

Ebenfalls wurde festgestellt, dass mit zunehmender Schweißtiefe die Spannungsspitzen am Rand der Schweißnaht drastisch reduziert werden können. Zurückzuführen ist dies darauf, dass mit zunehmender Schweißtiefe mehr Material an der Kraftübertragung beteiligt ist und das aufgrund der exzentrisch wirkenden Krafteinleitung entstehende Biegemoment umgekehrt proportional zur Schweißtiefe abnimmt. Ferner wird die aufgebrachte Zugkraft mit zunehmender Schweißtiefe von einer zur anderen Lasche zunehmend über die Normalspannungen und abnehmend über die Schubspannungen übertragen. Im inneren Bereich liegt wiederum ein Plateau geringerer Spannungen vor, das sich mit zunehmender Schweißtiefe ausgeprägter ausbildet, Bild 15.7.

15.5.4 Gestaltungskonzepte für überlappte Verbindungen

Die nachfolgend aufgeführten Gestaltungskonzepte wurden für vibrationsgeschweißte Verbindungen entwickelt und hinsichtlich ihrer Zugscherfestigkeit und Herstellbarkeit mit dem Vibrationsschweißen beziehungsweise Induktionsschweißen bewertet.

Tabelle 15.5 Gestaltungskonzepte für vibrationsgeschweißte Verbindungen

Gestaltung der Schweißnaht	Zugscherfestigkeit der Schweißnaht	Herstellbarkeit der Schweißnaht	
		Induktionsschweißen	Vibrationsschweißen
Einfache einschnittige Überlappverbindung	ausreichend	sehr einfach	sehr einfach
Geschäftete einschnittige Überlappverbindung	gut	einfach	einfach
Einfache Stumpfstoßverbindung	unbefriedigend (bei kleinen Blechdicken)	nicht schweißbar	einfach
Geschäftete Stumpfstoßverbindung	sehr gut	schwierig	nicht schweißbar
Einfache einschnittige Laschenverbindung	noch befriedigend	sehr einfach	sehr einfach

Gestaltung der Schweißnaht	Zugscher-festigkeit der Schweißnaht	Herstellbarkeit der Schweißnaht	
		Induktions-schweißen	Vibrations-schweißen
Einfache zweischnittige Laschenverbindung	sehr gut	nicht schweißbar	einfach
Geschäftete zweischnittige Laschenverbindung	sehr gut	nicht schweißbar	sehr schwer
Einfache zweischnittige Überlappverbindung	gut	nicht schweißbar	einfach
Gestufte einschnittige Überlappverbindung	gut	sehr einfach	nicht schweißbar

■ 15.6 Beschreibung ausgewählter Verfahren

15.6.1 Vibrationsschweißen

Das Vibrationsschweißen ist ein in der Industrie etabliertes Verfahren zum Schweißen von Thermoplastbauteilen. Besonders in der Automobilindustrie wird es seit etwa 1970 zunehmend eingesetzt, z. B. zum Schweißen von Stoßfänger- und Seitenverkleidungen, Armaturentafeln oder Ansaugrohren.

Beim Vibrationsschweißen wird die zum Fügen erforderliche Schmelztemperatur durch Friktion der zu verbindenden Oberflächen in der Fügezone erzeugt. In der Regel geschieht dies dadurch, dass eine der zu verbindenden Werkstückhälften fixiert wird, während die andere oszilliert. Die Oszillation kann linear, rotierend oder orbital ausgeführt werden. Zusätzlich werden die zu fügenden Flächen mit Druck beaufschlagt. Vibrationsfrequenz, -zeit, -amplitude, Schweißdruck und Nachwirkzeit sind variabel einstellbar. Der Fügevorgang läuft wie folgt ab:

- Einlegen und Positionieren der Teile in das Schweißwerkzeug,
- Anheben des Hubtischs bis zum Berühren der Fügeflächen,
- Aufbringen des Schweißdrucks und Starten der Vibrationsphase,

- Verdrängen von Fasern und Schmelze aus der Fügezone, Schweißwulst und messbarer Fügeweg entstehen,
- Beenden der Vibrationsbewegung. Haltedruck bis zum vollständigen Erstarren der Naht.

Der Fügeprozess selbst lässt sich in vier zeitliche Phasen unterscheiden:

- Feststoffreibung (V1),
- Instationäre Schmelzereibung (V2),
- Quasistationäre Schmelzereibung (V3) und
- Abkühl- und Haltephase (H1, H2).

Die Phasen sind ferner durch Unterschiede des Fügewegverlaufes über der Zeit gekennzeichnet, Bild 15.8 [62].

In der ersten Phase wird Wärme durch Feststoffreibung erzeugt, wobei noch kein Fügeweg zurückgelegt wird. In der zweiten Phase erfolgt die Wärmeerzeugung aufgrund von Dissipation, während der Fügeweg langsam ansteigt. In der dritten Phase befinden sich Schmelzeerzeugung und Schmelzefluss in einem quasistationären Zustand, und der Fügeweg nimmt linear mit der Zeit zu. Die Abschmelzgeschwindigkeit ist demnach konstant. Nach dem Stopp der Vibrationsbewegung findet noch ein leichter Anstieg des Fügeweges statt, bis das Polymer erstarrt ist [65].

Die wesentlichen Einflussparameter sind der Schweißdruck und der Fügeweg [66]. Die Vibrationsamplitude hat keinen entscheidenden Einfluss auf die mechanischen Eigenschaften der Fügenaht. Zur Erzielung einer kurzen Taktzeit sollte eine möglichst große Amplitude gewählt werden [65], da der Energieeintrag proportional zur Amplitude steigt [62].

Eine Verkürzung der Schweißzeit lässt sich durch eine Schweißdruckerhöhung erzielen, da der Energieeintrag auch proportional zum Schweißdruck bzw. zur Schweißkraft ansteigt. Allerdings wird durch eine Drucksteigerung die Fügenahtfestigkeit verringert. Dies kann umgangen werden, wenn der Schweißprozess mit einem hohen Druck begonnen und dieser Druck nach einer gewissen Zeit abgesenkt wird. Dadurch ergibt sich der in Bild 15.8 rechts dargestellte Fügeweg-Zeit-Verlauf.

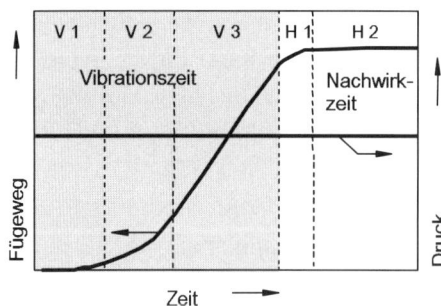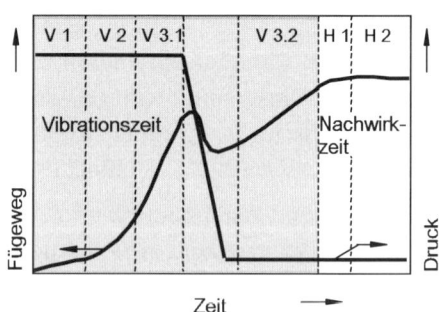

Bild 15.8 Fügeweg-Zeit-Verlauf beim linearen Vibrationsschweißprozess
links: konstanter Schweißdruck; *rechts:* variabler Schweißdruck

15.6.1.1 Einfluss des Fügewegs

Einen wesentlichen Einfluss auf die Fügenahtfestigkeit bei thermoplastischen FKV hat der Fügeweg. Bei allen untersuchten Werkstoffen konnten bei einem Fügeweg von 0,8 mm maximale Nahtfestigkeiten erzielt werden. Größere Fügewege führten zu keiner bzw. einer nur sehr geringen Festigkeitserhöhung, Bild 15.9. Ist der Fügeweg kleiner als 0,5 mm, fällt die Fügenahtfestigkeit rapide ab. Dies lässt sich dadurch erklären, dass bei kleinen Fügewegen die Schweißzeit kleiner ist als die Reptations-Zeit und somit keine ausreichende Diffusion der Makromoleküle stattfindet.

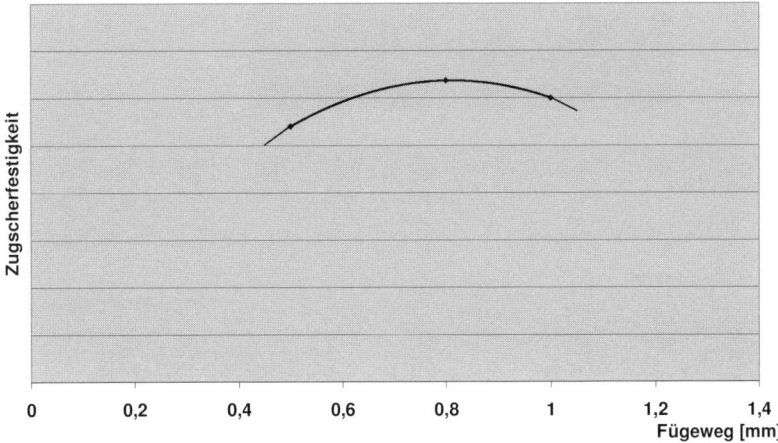

Bild 15.9 Einfluss des Fügewegs auf die Fügenahtfestigkeit

15.6.1.2 Einfluss des Schweißdrucks

Der minimale Schweißdruck, bei dem noch ein Aufschmelzen des Matrixpolymers möglich ist, beträgt bei allen untersuchten Faser-Kunststoff-Verbunden 2 MPa. Bei kleineren Schweißdrücken konnte kein Fügeweg erzielt werden.

Bei quasi-isotropen Laminaten wird in der Regel mit dem kleineren Druck die höhere Fügenahtfestigkeit erzielt, was mit den Untersuchungen an unverstärkten Thermoplasten übereinstimmt [65]. Allerdings konnte keine eindeutige Abhängigkeit der Festigkeit vom Schweißdruck identifiziert werden.

Beim glasgewebeverstärkten Polyamid 12 wurde sogar eine etwas höhere Zugscherfestigkeit als die interlaminare Scherfestigkeit des unverschweißten Laminates erreicht. Dies kann dadurch erklärt werden, dass die Faserlagen beim verschweißten Werkstoff in der Fügezone nicht mehr voneinander getrennt sind wie beim unverschweißten, sondern ineinander übergehen und der Faseranteil im Bereich der Fügezone ansteigt, einhergehend mit einer Stauchung der Faserbündel, Bild 15.10.

Bild 15.11 veranschaulicht dies schematisch. Zwar ist auch bei den anderen vibrationsgeschweißten, überlappten Verbindungen dieser Effekt zu beobachten, jedoch scheint darüber hinaus das verwendete Polyamid 12 aufgrund seiner Schmelzeviskosität und Molekulargewichtsverteilung eine besonders gute Schweißeignung zu besitzen.

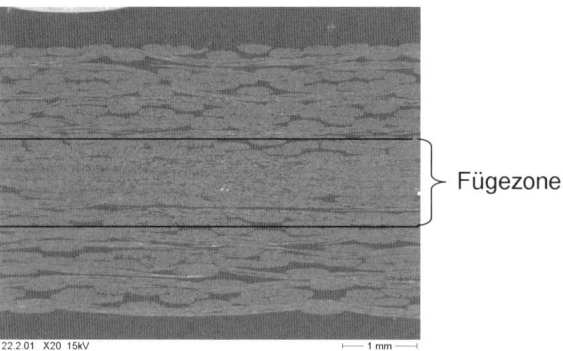

Fügezone

Bild 15.10 Schliffbild einer vibrationsgeschweißten Probe aus PA 12-GF

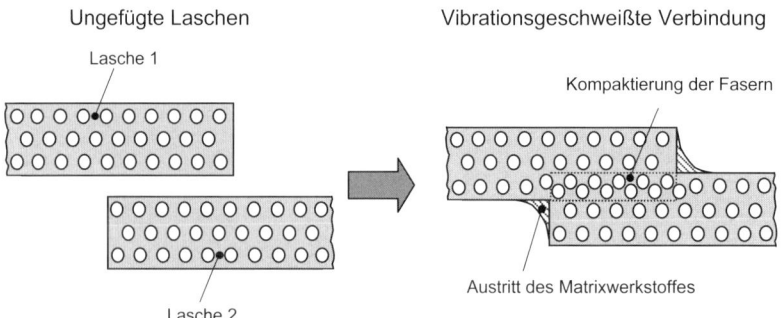

Ungefügte Laschen   Vibrationsgeschweißte Verbindung

Lasche 1

Kompaktierung der Fasern

Austritt des Matrixwerkstoffes

Lasche 2

Bild 15.11 Schema der Faserbündelkompaktierung und Faseranhäufung in der Fügezone beim Vibrationsschweißen

Eine Verdoppelung des Schweißdrucks von beispielsweise 2 MPa auf 4 MPa bewirkt eine Reduzierung der Vibrationszeit um etwa 50 %. Bei sehr hohen Schweißdrücken bzw. sehr kurzen Vibrationszeiten ist allerdings keine ausreichende Schmelzebildung mehr gewährleistet, so dass die Schweißnahtfestigkeit stark abnimmt und die Fügenähte sehr leicht zerstört werden können.

15.6.1.3 Einfluss des variablen Schweißdrucks

Beim Vibrationsschweißen von Faser-Kunststoff-Verbunden ist die Abgrenzung der einzelnen Schweißphasen untereinander weniger ausgeprägt als bei unverstärkten Thermoplasten. Dies ist auf den Einfluss der Verstärkungsfasern zurückzuführen, welche höhere Reibkräfte bewirken, die den Reibkräften durch die Polymerreibung überlagert sind. Dadurch kommt es zu einem „Verschmieren" der einzelnen Schweißphasen, was die Analyse des Fügewegverlaufes besonders für glasfaserverstärkte Thermoplaste erschwert.

Durch den Beginn der Schweißphase mit einem hohen Druck und anschließender Druckabsenkung konnte die Trockenreibphase verkürzt und die gesamte Schweißzeit um etwa 20 % ohne Einbußen bei der Verbindungsfestigkeit gesenkt werden.

Prinzipiell konnten damit die in der Literatur ermittelten Ergebnisse bezüglich der Einflussparameter beim Vibrationsschweißen unverstärkter Thermoplaste bestätigt werden. Darüber hinaus kann festgestellt werden:

- Die zum Verschweißen von thermoplastischen FKV erforderlichen Drücke sind höher als die für unverstärkte Thermoplaste (2 bis 4 MPa gegenüber 0,5 bis 2 MPa).
- Die Schweißzeiten für thermoplastische FKV sind länger als bei unverstärkten Thermoplasten (30 bis 40 s gegenüber 10 bis 15 s).
- Eine Schweißdruckabsenkung in Phase V3 führt bei überlappten Verbindungen aus thermoplastischen FKV zu keiner Erhöhung der Fügenahtfestigkeit.
- Die Abgrenzung der Schweißphasen ist bei thermoplastischen FKV weniger ausgeprägt als bei unverstärkten Thermoplasten.
- Der Faservolumengehalt in der Fügenaht ist nach dem Verschweißen höher als im Ausgangslaminat.

15.6.2 Induktionsschweißen

Für die induktive Erwärmung von CFK werden in der Literatur zwei konträre Erwärmungsprinzipien propagiert. Während in [67], entsprechend der Induktionserwärmung bei Metallen, Widerstandsverluste in den Kohlenstofffasern für die Wärmeerzeugung verantwortlich gemacht werden, wird in [68] die induktive Erwärmung mit dielektrischen Verlusten im Matrixpolymer als Ursache herangezogen. Beide Erwärmungsprinzipien sind nachfolgend erläutert.

Wärmeerzeugung durch Widerstandsverluste

Wird an eine Spule eine Wechselspannung U angelegt, so bildet sich um diese Spule ein alternierendes, elektromagnetisches Wechselfeld aus. Wird nun ein elektrisch leitender, nichtmagnetischer Werkstoff diesem elektromagnetischen Wechselfeld ausgesetzt, so werden darin Strömungslinien der Stromdichte S induziert, die man in ihrer Gesamtheit als Wirbelströme bezeichnet, und der Werkstoff erwärmt sich infolge von Widerstandsverlusten dieser Wirbelströme. Diese Strömungslinien verlaufen immer senkrecht zu den Feldlinien des Magnetfeldes. Die Leitfähigkeit von Kohlenstofffasern ($\sigma = 10^5$ S $\cdot$ m^{-1} bis 10^6 S $\cdot$ m^{-1}) ist dabei ausreichend für eine induktive Erwärmung.

Wärmeerzeugung durch dielektrische Verluste

Die Theorie der dielektrischen Erwärmung von CFK basiert auf der Beobachtung, dass die Erwärmung in einem $(0/90)_S$-Laminat unterhalb einer runden Spule zuerst an den Ecken stattfindet, Bild 15.12. Dabei wird davon ausgegangen, dass die, die Kohlenstofffasern umschließende, Polymerschicht so dick ist, dass keine Wirbelströme zwischen den Fasern fließen können. Daher sammeln sich die Elektronen an den Faserkreuzungspunkten an und ein Kondensator-Effekt entsteht. Der Energieverlust im Dielektrikum wird als Hauptgrund für die Erwärmung identifiziert.

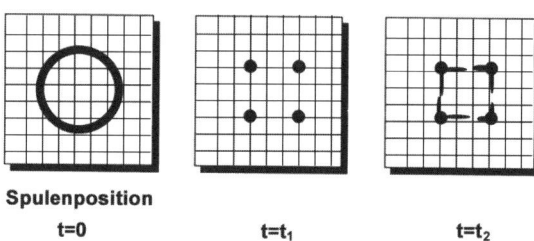

Spulenposition

t=0   t=t₁   t=t₂

Bild 15.12 Spulenposition und Erwärmungsbild in einem $(0/90)_S$-Laminat zu verschiedenen Zeiten

Untersuchungen zum Erwärmungsmechanismus ergaben, dass die induktive Erwärmung von CFK auf Stromfluss in den Fasern bzw. zwischen den sich kreuzenden Faserlagen und Joule'sche Wärmeverluste in den Fasern zurückzuführen ist [69].

15.6.2.1 Induktor- und Feldgeometrie

In der Regel ist die mit Hilfe der Induktionsspule erwärmte Fläche ein Spiegelbild der Induktionsspule (Induktors). Dies trifft dann zu, wenn der Induktor mittig über dem Laminat platziert wird. Sobald der Induktor über das zu erwärmende Laminat hinausragt, sich dessen Rand nähert oder die Fasern durch Einkerbungen unterbrochen werden, kommt es zu Randüberhitzungen, Bild 15.13. Wenn die globalen Stromschleifen die Laminatfläche überragen, kommt es am Laminatrand zu einer Erhöhung der Stromdichte und dadurch zu einer gesteigerten Wärmeentwicklung. Der Grund hierfür ist, dass die das Laminat überragenden Stromschleifen sich nicht in der Luft fortsetzen können, sondern nur im Laminat selbst, also am Laminatrand.

Bei Versuchen mit bewegtem Induktor konnte der Laminatrand beim Eintritt der Spule in das Laminat und beim Austritt aus dem Laminat auf einer Länge von etwa der halben Spulenlänge nicht aufgeschmolzen werden. Dies wird damit begründet, dass erst ein Strom fließen kann, wenn sich der Induktor mit etwa seiner halben Länge über dem Laminat befindet. Durch eine Verringerung des Vorschubs kann dieses Problem gelöst werden.

Durch den Einsatz einer gekoppelten elektromagnetischen und thermischen Finite-Elemente-Simulation können diese Effekte sowie die optimale geometrische Ausgestaltung des Induktors im Vorfeld simuliert werden (vergleiche Abschnitt 6.6 „Grundlagen der Simulation").

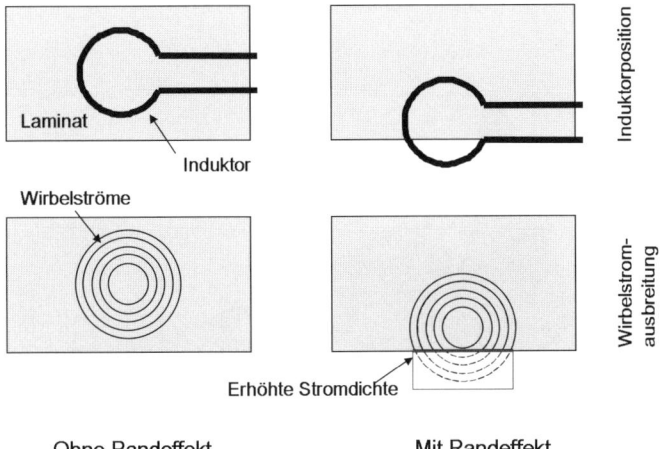

Bild 15.13 Einfluss des Induktor-Randabstands auf die Wirbelstromausbreitung

15.6.2.2 Prozessführung beim kontinuierlichen Schweißprozess

Mit dem Induktionsschweißen wurde ein Verfahren entwickelt, bei dem die Fügenaht nicht zeitgleich in einem Schritt. sondern sukzessive hergestellt wird. Dies hat den Vorteil, dass bei komplexen Bauteilgeometrien auf teuere Schweißwerkzeuge, welche die Schweißnahtkontur – wie beim Vibrationsschweißen – vollständig abbilden, verzichtet werden kann. In Bild 15.14 ist der Induktionsschweißprozess schematisch dargestellt.

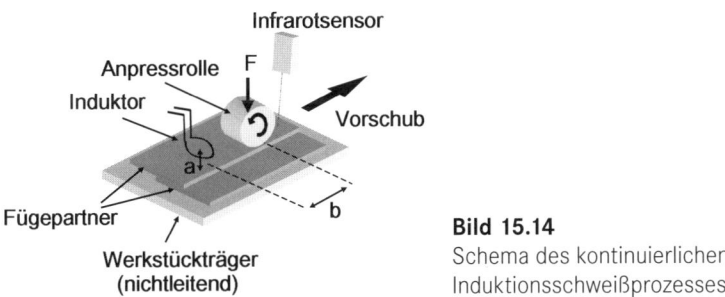

Bild 15.14
Schema des kontinuierlichen
Induktionsschweißprozesses

Die Fügepartner werden auf einem elektrisch nichtleitenden Werkstückträger in Vorschubrichtung unter einem im Abstand a zum Laminat platzierten Induktor hindurchgeführt. Dieser erhitzt die Fügezone der zu fügenden Teile über Schmelztemperatur. Nach Verstreichen einer definierten Zeit t erreicht das erhitzte Laminat eine Anpress- und Kühlrolle. Diese stellt die eigentliche Verbindung her und entzieht dem Material die Wärme. Hinter der Rolle kann mit Hilfe eines Strahlungspyrometers die Laminatoberflächentemperatur kontrolliert werden.

Das wesentliche Qualitätsmerkmal des kontinuierlichen Induktionsschweißprozesses ist der Verlauf der Laminattemperatur über der Zeit, Bild 15.15.

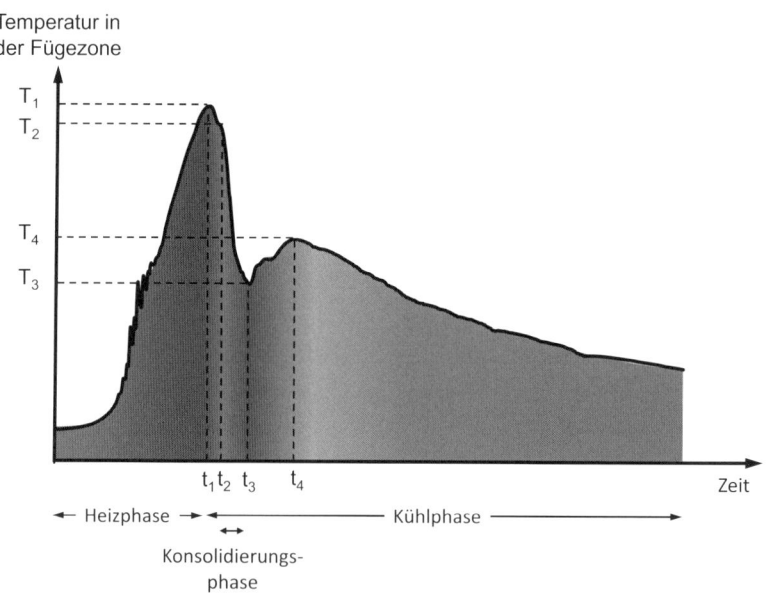

Bild 15.15 Typischer Temperaturverlauf beim kontinuierlichen Induktionsschweißprozess

- Beim Passieren des Induktors steigt die Laminattemperatur auf die maximale Laminattemperatur T_1 an. T_1 muss aber höher als die eigentliche Schweißtemperatur sein, da die Laminattemperatur im weiteren Verlauf des Prozesses abnimmt, bis der Schweißdruck durch die Anpressrolle aufgebracht wird.

- Bei Erreichen der Konsolidierungsrolle ist die Fügezone durch Wärmekonvektion an die umgebende Luft und Wärmeübergang in die Werkstückaufnahme und angrenzende Laminatbereiche bis auf die Schweißtemperatur T_2 abgekühlt. T_2 muss hoch genug sein, um eine Bindung der Matrixpolymere zu ermöglichen.

- Die Konsolidierungsrolle verdichtet das Laminat und entzieht diesem einen Großteil seiner Wärme, so dass die Fügezone nach Passieren der Anpressrolle auf T_3 gesunken ist. In dieser Phase findet die eigentliche Verschweißung der Laminathälften statt. Um konstante Bedingungen zu erhalten, muss die Rolle temperiert werden.

- Nach Passieren der Anpressrolle steigt die Laminattemperatur auf T_4 an, was auf die im Laminatinneren gespeicherte Wärme zurückzuführen ist. Um Schädigungen des Laminates zu vermeiden, sollte die Laminattemperatur nicht über die Rekristallisationstemperatur des Matrixpolymers steigen. Dies kann durch eine zusätzliche Druckluftkühlung erreicht werden.

Zur Erzielung optimaler Schweißergebnisse müssen die vier charakteristischen Prozesstemperaturen in den dargestellten Temperaturgrenzen gehalten werden, wozu die in Bild 15.16 genannten Einflussparameter zur Verfügung stehen.

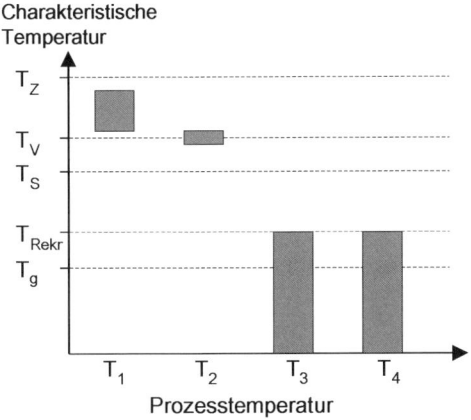

Bild 15.16
Zulässige Bereiche für die Prozess-
temperaturen des kontinuierlichen
Induktionsschweißprozesses

Die Abkühlgeschwindigkeit von T_2 auf T_3 und der anschließende Temperaturanstieg auf T_4 ist entscheidend für den Kristallisationsgrad des Matrixpolymers und daher ebenso für die Schweißnahteigenschaften. Um Schäden wie Delaminationen und Lunker im Laminat zu vermeiden, ist es erforderlich, dass T_4 kleiner als die Rekristallisationstemperatur des Matrixpolymers ist. Wie aus Tabelle 15.6 hervorgeht, besitzt die Vorschubgeschwindigkeit einen wesentlichen Einfluss auf das Schweißergebnis, da sich eine Veränderung des Vorschubs auf alle Temperaturen auswirkt.

Tabelle 15.6 Einflussparameter der Prozesstemperaturen

Temperatur	Einflussparameter
T_1	Induktorleistung, Feld-Frequenz, Induktorgeometrie, Abstand a, Vorschub, Laminatstruktur
T_2	Vorschub, Abstand b, Werkstückaufnahme-Werkstoff, Umgebungsbedingungen
T_3	Rollentemperatur, Rollenkontaktfläche, Vorschub
T_4	Druckluftkühlung, Vorschub (falls Druckluftkühlung)

15.6.3 Verfahrensvergleich Vibrations-/Induktionsschweißen

In Tabelle 15.7 sind die Vor- und Nachteile des Vibrations- und Induktionsschweißens aufgelistet.

Aus den dargestellten Vor- und Nachteilen der beiden Verfahren ergeben sich die zu bevorzugenden Anwendungsfelder der untersuchten Verfahren in Bezug auf Bauteilkomplexität, Bauteilgröße und Stückzahl, Bild 15.17. Die beiden Schweißverfahren ergänzen sich sehr gut, so dass ein großes Anwendungsspektrum abgedeckt werden kann. Aufgrund seiner hohen Flexibilität ist der kontinuierliche Induktionsschweißprozess sehr variabel einsetzbar und kann leicht an veränderte Bedingungen angepasst werden. So kann die Anlagentechnik nicht nur wie in diesem Kapitel beschrieben ausgeführt werden, sondern es ist beispielsweise auch ein diskontinu-ierlicher Prozess mit statischer Druckapplikation denkbar. Beim Vibrationsschwei-ßen sind zwar ebenfalls Sondermaschinen erhältlich, jedoch sind damit erhebliche Mehrkosten verbunden.

Tabelle 15.7 Vergleich der Fügeverfahren Vibrations- und Induktionsschweißen

	Vibrationsschweißen	Induktionsschweißen
Vorteile	Kurze Taktzeiten	Hohe Flexibilität und Mobilität
	Hohe Fügenahtfestigkeit	Geringer Invest
	Fügen unter Sauerstoffabschluss	Komplexe Bauteile fügbar
	Artfremde Werkstoffe schweißbar	Hoher Energieeintrag
		Bedingte Lösbarkeit der Verbindung
Nach-teile	Hoher Invest	Schwer steuerbare Wärmeverteilung
	Eingeschränkte Bauteilgeometrie	Mittlere Taktzeiten
	Faserabrieb in der Fügezone	Spannungen bei Verwendung artfremder Schweißhilfen
	Unbefriedigendes Aussehen der Schweißnähte	

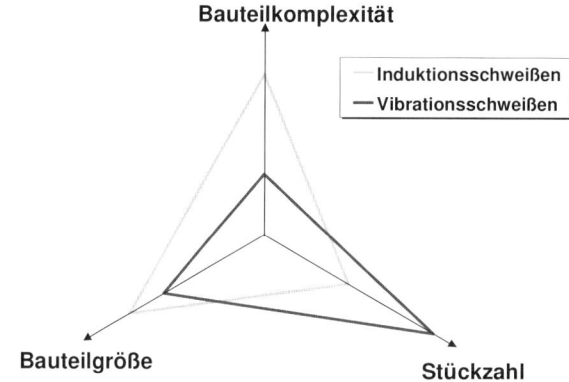

Bild 15.17 Potentielle Anwendungsfelder des Vibrationsschweißens und des kontinuierlichen Induktionsschweißprozesses

Literatur

[1] *Gutowski, T.:* Advanced Composite Manufacturing, John Wiley & Sons, New York, 1997

[2] *Bauer, C.:* Handbuch der Verbindungstechnik, Hanser, München, 1991

[3] *Brockmann, W.; Geiß, P. L.; Klingen, J.; Schröder, B.:* Klebtechnik, Wiley-VCH Verlag GmbH & Co KGaA, Weinheim, 2005

[4] *Grujicic, M.; Sellappan, V.; Arakere, G.; Seyr, N.; Obieglo, A.; Erdmann, M.; Holzleitner, J.:* The Potential of a Clinch-Lock Polymer Metal Hybrid Technology for Use in Load-Bear-ing Automotive Components, Journal of Materials Engineering and Performance, 18 (2009) 7, pp. 893 – 902

[5] *Endemann, U.; Glaser, S.; Völker, M.:* Kunststoff und Metall im festen Verbund, Kunststoffe, 92 (2002) 11, pp. 110–113

[6] DIN 65187, Ausgabe: 1994-10, Luft- und Raumfahrt – Einsätze für Verbundwerkstoffe mit Durchgangsloch aus Aluminium-Legierung

[7] *Parmley, R.:* Standard Handbook of Fastening and Joining, Mc Graw-Hill, New York, 1997

[8] *Brockmann, W.; Geiß, P. L.; Klingen, J.; Schröder, B.:* Klebtechnik, Wiley-VCH-Verlag, Weinheim, 2005

[9] DIN EN 923:2008-06: „Klebstoffe – Benennungen und Definitionen", Deutsche Fassung EN 923:2005+A1:2008 ersetzt die Norm DIN 16920

[10] Huntsman Corp. Ref. Nr. CCA Pretreatment Guide Adhesives 04.07_EN, 2007

[11] EP 2021404: Metall-Kunststoff-Hybrid Strukturbauteile, Anmeldedatum: 31. Mai 2007

[12] *Lohse, H.:* Kleben von Verbundwerkstoffen – welche Kriterien müssen eingehalten werden?, Adhäsion KLEBEN & DICHTEN, 54 (2010) 1–2, pp. 22–27

[13] *Schmatloch, S.; Lutz, A.:* Sicher und wirtschaftlich verbunden, Adhäsion KLEBEN & DICHTEN, 56 (2012) 11, pp. 32–35

[14] *Lutz, A.; Brändli, C.:* Neue crashstabile Strukturklebstoffe – optimal haftend, temperaturstabil und länger lagerstabil, Adhäsion KLEBEN & DICHTEN, 54 (2010) 3, pp. 32–35

[15] *Hose, R.:* Temperaturempfindliche Materialien zuverlässig verbinden, 54 (2010) 4, pp. 28–31

[16] *Bansemir, H.:* Kleben im Hubschrauberbau – welche strukturmechanischen Aspekte sind zu beachten?, Adhäsion KLEBEN & DICHTEN, 53 (2009) 11, pp. 32–36

[17] *Lauter, C.; et al.:* Faserverbundkunststoff-Matrixharze als Klebstoffe – Mulitmaterialsysteme höchstfest verbunden, Adhäsion KLEBEN & DICHTEN, 55 (2011) 3, pp. 39–43

[18] *Sommer, H.:* Schadenscharakterisierung und Reparatur von impactbelasteten Hochleistungsfaserverbundwerkstoffen, Dissertation Universität Stuttgart, 2013, pp. 122–125

[19] *Knaupp, M.; Scharr, G.:* Manufacturing process and performance of dry carbon fabrics reinforced with rectangular and circular z-pins, Journal of Composite Materials, (2013)

[20] US 5589015: Method and system for inserting reinforcing elements in a composite structure, Anmeldedatum: 7. Juni 1994

[21] US 4808461: Composite structure reinforcement, Anmeldedatum: 14. Dezember 1984

[22] *Choi, I. H.; Ahn, S. M.; Yeom, C. H.; Hwang, I. H.; Lee, D. S.:* Manufacturing of z-pinned composite laminates, Proceedings, ICCM 17, Edinburgh, 2009

[23] *Jauss, M.; Emmerich, R.; Eyerer, P.:* Joining of Thermoplastic Composites by Bolts and Microwave Welding, Proceedings, ICCM-11, Gold Coast/Australien, 1997, pp. VI-65 – VI-73

[24] *Stockdale, L. H.; Matthews, F. L.:* The Effect of Clamping Pressure on Bolt Bearing Loads in Glass Fibre Reinforced Plastics, Composites 7 (1976) 1, p. 34

[25] *Brockmann, W.:* Adhesive Bonding of Polypropylene, in: Karger-Kocsis, J. (Hrsg.): Polypropylene: An A-Z Reference, Kluwer, London, 1999, pp. 1–6

[26] *McKnight, S. H.; Don, R. C.; Scott, M.; Braem, A.; Gillespie Jr., J. W.:* Experimental Investigation of Diffusion Enhanced Adhesive Bonding for Thermoplastic Composites, Proceedings, ANTEC '95, Greenwich/USA, 1995

[27] *Kodokian, G. K. A.; Kinloch, A. J.:* Structural Adhesive Bonding of Thermoplastic Fibre-Composites, Proceedings, Bonding and Repair of Composites, Birmingham/England, 1989, pp. 57–61

[28] *Born, E.; Groß, A.; Krüger, G.; Vissing, K.-D.:* Kleben thermoplastischer Hochleistungs-Faserverbundwerkstoffe, DVS-Bericht, Band 154 (1993), pp. 87–90

[29] *Don, R. C.; McKnight, S. H.; Gillespie Jr., J. W.:* Advanced Composites X, Proceedings, 10. Annual ASM/ESD Advanced Composites Conference and Exposition, Dearborn/USA, 1994, p. 605

[30] *Dara, P. H.; Loos, A. C.:* Thermoplastic Matrix Composite Processing Model, Virginia Polytechnic Institute Report No. CCMS-85-10 (1985)

[31] *Lee, W. I.; Springer, G. S.:* A Model of the Manufacturing Process of Thermoplastic Matrix Composites, Journal of Composite Materials 21 (1987) 11, pp. 1017–1039

[32] *De Gennes, P. G.:* Reptation of a Polymer Chain in the Presence of Fixed Obstacles, Journal of Chemical Physics 55 (1971), p. 572

[33] *De Gennes, P. G.:* Entangled Polymers, Physics Today June (1983), pp. 33–39

[34] *Agarwal, V.:* The Role of Molecular Mobility in the Consolidation and Bonding of Thermoplastic Composite Materials, Ph.D. Thesis, University of Delaware, 1991

[35] *Wool, R. P.; O'Connor, K. M.:* Theory of Crack Healing in Polymers, Journal of Applied Physics 52 (1981), p. 5953

[36] *Jud, K.; Kausch, H. H.; Williams, J. G.:* Fracture Mechanics Studies of Crack Healing and Welding of Polymers, Journal of Materials Science 16 (1981), S. 204

[37] *Bastien, L. J.; Gillespie Jr., J. W.:* A Non-Isothermal Healing Model for Strength and Toughness of Fusion Bonded Joints of Amorphous Thermoplastics, Polymer Engineering and Science 31 (1991) 21, pp. 1720–1730

[38] *Ageorges, C.; Ye, L.:* Fusion Bonding of Polymer Composites, Springer-Verlag, London Berlin Heidelberg, 2002

[39] *Ehrenstein, G. W. (Hrsg.):* Handbuch Kunststoff-Verbindungstechnik, Hanser Verlag, München, 2004

[40] *Giese, M.:* Fertigungs- und werkstofftechnische Betrachtungen zum Vibrationsschweißen von Polymerwerkstoffen, Diss., Universität Erlangen-Nürnberg, 1995

[41] *Maffezzoli, A.; Mascia, L.; Villegas, I. F.; Bersee, H. E. N.:* Ultrasonic welding of advanced thermoplastic composites: An investigation on energy-directing surfaces, Advances in Polymer Technology, 29 (2010) 2, pp. 112–121

[42] *Wagner, G.; Balle, F.; Eifler, D.:* Ultrasonic Welding of Aluminum Alloys to Fiber Reinforced Polymers, Advanced Engineering Materials, 15 (2013) 9, pp. n/a

[43] *Potente, H.; Uebbing, M.:* Friction Welding of Polyamides, Polymer Engineering and Science 37 (1997) 4, pp. 726–737

[44] *Pecha, E.:* Heizelementschweißen von Kunststoffteilen, Kunststoffe 76 (1986) 4, S. 318–323

[45] *Nonhof, C. J.:* Optimization of Hot Plate Welding for Series and Mass Production, Polymer Engineering and Science 36 (1996) 9, pp. 1184–1195

[46] *Doriat, C.:* Wissenszuwachs statt Wettbewerb, Kunststoffe, (2005) 3, pp. 30 – 34

[47] *Stavrov, D.; Bersee, H. E. N.:* Resistance welding of thermoplastic composites – an overview, Composites Part-A 36 (2005) 1, pp 39 – 54

[48] *Dubé, M.; Hubert, P.; Yousefpour, A.; Denault, J.:* Resistance welding of thermoplastic composites skin/stringer joints, Composites Part-A 38 (2007) 1, pp. 2541 – 2552

[49] *Rudolf, R.; Mitschang, P.; Neitzel, M.; Rückert, C.:* Welding of High-Performance Thermoplastic Composites, Polymers & Polymer Composites 7 (1999) 5, pp. 309 – 315

[50] *Ahmed, T. J.; Stavrov, D.; Bersee, H. E. N.; Beukers, A.:* Induction welding of thermoplastic composites – an overview, Composites Part-A 37 (2006) 10, pp 1628 – 1651

[51] *Rudolf, R.:* Entwicklung einer neuartigen Prozess- und Anlagentechnik zum wirtschaftlichen Fügen von thermoplastischen Faser-Kunststoff-Verbunden, IVW-Schriftenreihe, Kaiserslautern, Band 10, 2000

[52] *Williams, G.; Green, S.; McAfee, J.; Heward, C. M.:* Induction Welding of Thermoplastic Composites, Proceedings, 4th International Conference of the Institution of Mechanical Engineers – FRC '90 Fibre Reinforced Composites, Liverpool/England, 1990, Band 3, pp. 133 – 136

[53] *Border, Z.; Salas, R.:* Induction Heated Joining of Thermoplastic Composites Without Metal Susceptors, Proceedings, 34. International SAMPE Symposium, Reno/USA, 1989, pp. 2569 – 2578

[54] *Van Ingen, J. W.; Buitenhuis, A.; van Wijngaarden, M.; Simmons III, F.:* Development of the Gulfstream G650 Induction Welded Thermoplastic Elevators and Rudder, Proceedings, SAMPE 2010 Spring Symposium & Exhibition, Seattle, 2010

[55] *Mitschang, P.; Velthuis, R.; Didi, M.:* Induction Spot Welding of Metal/CFRPC Hybrid Joints, Advanced Engineering Materials, 15 (2013) 9, pp. 804 – 813

[56] *Jaeschke, P.; Herzog, D.; Haferkamp, H.; Peters, C.; Herrmann, A. S.:* Laser transmission welding of high-performance polymers and reinforced composites – a fundamental study, Journal of Reinforced Plastics and Composites, 29 (2010) 20, pp. 3083 – 3094

[57] *Dosser, L.; Hix, K.; Hartke, K.; Vaia, R.; Li, M.:* Transmission Welding of Carbon Nanocomposites with Direct-Diode and Nd:YAG Solid State Lasers, pp. 465 – 474

[58] *Prabhakaran, R.; Kontopoulou, M.; Zak, G.; Bates, P. J.; Baylis, B. K.:* Contour Laser – Laser-Transmission Welding of Glass Reinforced Nylon 6, Journal of Thermoplastic Composite Materials, 19 (2006) 4, pp. 427 – 439

[59] *Greenhalgh, E. S.; McGrath, G. C.:* Failure Analysis of Thermoplastic Welds in APC2, Proceedings, 1st Int. Conference on Deformation and Fracture of Composites, Manchester/England, 1991, pp. 44 – 51

[60] *Maguire, D. M.:* Joining Thermoplastic Composites, SAMPE Journal 25 (1989) 1, pp. 11 – 14

[61] *Watson, M. N.; Taylor, N. S.:* The Feasibility of Welding Thermoplastic Composite Materials, Proceedings, Advances in Joining and Cutting Processes, Harrogate, 1989, pp. 424 – 435

[62] *Schlarb, A. K. H.:* Zum Vibrationsschweißen von Polymerwerkstoffen, Diss., Universität-Gh Kassel, 1989

[63] *Mitschang, P.; Velthuis, R.; Emrich, S.; Kopnarski, M.:* Induction Heated Joining of Aluminum and Carbon Fiber Reinforced Nylon 66. Journal of Thermoplastic Composite Materials, 22 (2009), pp. 767–801

[64] *Mitschang, P.; Hümbert, M.; Moser, L.:* Suspectorless continuous induction welding of carbon fiber reinforced thermoplastics, Proceedings, 19th international conference on composite Materials, Montreal Kanada, 2013

[65] *Kaiser, H.:* Prozessanalyse und Prozessführung beim linearen Vibrationsschweißen von Kunststoffen, Schweißtechnische Forschungsberichte, Band 47, DVS-Verlag, Düsseldorf, 1992

[66] *Stokes, V. K.:* Vibration Welding of Thermoplastics, Part IV: Strengths of Poly(Butylene Terephthalate), Polyetherimide, and Modified Polyphenylene Oxide Butt Welds, Polymer Engineering and Science 28 (1988) 15, pp. 998–1008

[67] *Miller, A. K., et al.:* The Nature of Induction Heating in Graphite-Fibre, Polymer-Matrix Composite Materials, SAMPE Journal 26 (1990) 4, pp. 37–54

[68] *Fink, B. K.:* Heating of Continuous-Carbon-Fiber-Reinforced Thermoplastic by Magnetic Induction, Centre for Composite Materials, CCM Report 91–53, University of Delaware/USA, 1990

[69] *Rudolf, R.; Mitschang, P.; Neitzel, M.:* Induction Heating of Continuous Carbon-Fibre-Reinforced Thermoplastics, Composites Part A 31 (2000) 11, pp. 1191–1202

16 Arbeitssicherheit

M. Päßler

■ 16.1 Einleitung

Das Thema Arbeitssicherheit hat in der industriellen Fertigung zunehmend an Bedeutung gewonnen. Hierbei handelt es sich um ein höchst komplexes Fachgebiet, das einen Bogen spannen muss von der Auswahl geeigneter persönlicher Schutzausrüstungen für die Mitarbeiter bis hin zur Betriebssicherheit von Maschinen und Anlagen. Darüber umfasst die Arbeitssicherheit auch den vorbeugenden Gesundheits- und Umweltschutz, bei dem es um die interdisziplinäre Zusammenarbeit im Betrieb geht.

Aufgabe des Arbeitsschutzes und des hiermit eng verknüpften Gesundheitsschutzes ist es, durch geeignete Maßnahmen die Belastungen und Gefährdungen für die Mitarbeiter am Arbeitsplatz zu beseitigen oder auf ein akzeptables Maß zu minimieren. Ziel ist eine menschengerechte Gestaltung der Arbeit, um Arbeitsunfälle zu vermeiden und Berufskrankheiten vorzubeugen. Arbeitsschutz umfasst daher auch zum Beispiel Regelungen über Arbeitszeiten, Jugendschutz und den Schutz werdender Mütter.

Neben dem rechtlichen Zwang zur Umsetzung von Vorschriften spielen das rein humanitäre Anliegen, aber häufiger auch wirtschaftliche Notwendigkeiten zur Vermeidung von direkten oder indirekten Kosten von Arbeitsunfällen und Berufskrankheiten eine nicht unerhebliche Rolle.

Viele Unternehmen arbeiten daher bereits seit vielen Jahren erfolgreich an der Einführung von Arbeits- und Gesundheitsschutzmanagementsystemen und -audits, um durch interdisziplinäres, präventives, ganzheitliches und partizipatives Handeln aller Beteiligten den Schutz der Mitarbeiter zu verbessern. Durch die Einstufung des Arbeitsschutzes als wichtiges Unternehmensziel kann eine zusätzliche Motivation der Mitarbeiter erreicht werden. Nicht außer Betracht zu lassen ist ein möglicher Imagegewinn. Dies gilt nicht nur für große Unternehmen, die im direkten Blickfeld der Öffentlichkeit stehen.

■ 16.2 Grundlagen

Das Thema Arbeits- und Gesundheitsschutz ist zu komplex, um hier umfassend behandelt zu werden. Zu dieser Thematik ist jedoch eine große Anzahl von Büchern und Veröffentlichungen verfügbar.

Bild 16.1 zeigt einen Überblick über das rechtliche Regelwerk für Arbeits- und Gesundheitsschutz. Die gesetzgebenden Institutionen der Europäischen Union legen die übergeordneten Richtlinien fest, die in den einzelnen Mitgliedsländern in nationales Recht umgesetzt werden müssen. Dies sind meist jedoch nur Mindestverpflichtungen, nationale Verbesserungen sind möglich. Internationale Gremien legen durch ihre Normen Standards fest, diese definieren den „Stand der Technik".

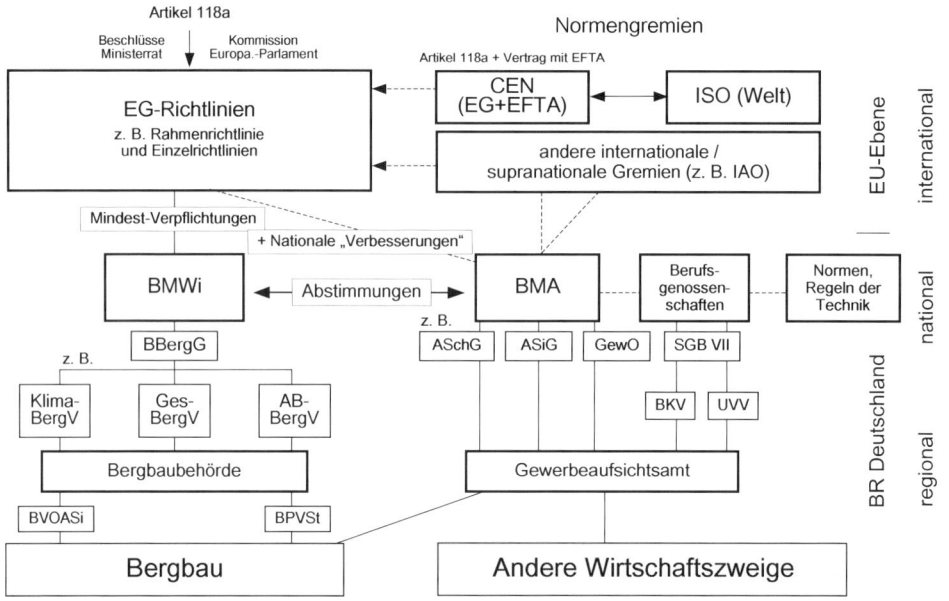

Bild 16.1 Rechtliches Regelwerk für Arbeits- und Gesundheitsschutz [1]

Die ältesten Bergordnungen wurden bereits um 1300 verfasst, Georgius Agricola schreibt in seinem Hauptwerk „De re metallica libri XII" („Vom Bergwerk XII Bücher") 1556 erste Abhandlungen über Sicherheit und Arbeitsschutz im Bergbau. Aufgrund seiner langen Tradition und seiner spezifischen Besonderheiten nimmt der Bergbau auch heute noch eine Sonderstellung ein.

An dieser Stelle soll lediglich auf die Komplexe Arbeitsschutzgesetz (ArbSchG), Arbeitssicherheitsgesetz (ASiG), Gefahrstoffverordnung (GefStoffV) und auf die Unfallverhütungsvorschriften eingegangen werden. Grundsätzliche Anforderungen bei der Errichtung und dem Betrieb von Arbeitsstätten sind in der Arbeitsstättenverordnung (ArbStättV) geregelt. Weiterhin werden konkrete Problemfelder angesprochen, die für die Verbundwerkstoffindustrie von Bedeutung sind.

■ 16.3 Arbeitsschutzgesetz (ArbSchG)

Die mit dem „Gesetz über die Durchführung von Maßnahmen des Arbeitsschutzes zur Verbesserung der Sicherheit und des Gesundheitsschutzes der Beschäftigten bei der Arbeit" in deutsches Recht umgesetzten EU-Richtlinien zum Arbeitsschutz (89/391/EWG, 2007/30/EG) legen EU-einheitliche Mindestvorschriften für den Bereich des betrieblichen Arbeitsschutzes fest und regeln für die Wirtschaft, aber auch den öffentlichen Bereich u. a.:

- Pflichten des Arbeitgebers,
- Pflichten und Rechte der Beschäftigten,
- Zusammenwirken von innerbetrieblichen und überbetrieblichen Arbeitsschutzfachleuten.

Die wichtigsten Vorgaben bzw. Instrumente bei der Umsetzung in die betriebliche Praxis sind hierbei:

- Beurteilung der Arbeitsbedingungen,
- Unterweisungen.

Insbesondere die Durchführung von systematischen Gefährdungsbeurteilungen ist für die Verbesserung der Arbeitssicherheit von großer Bedeutung. Diese sind auch in weiteren wichtigen Verordnungen (z. B. Betriebssicherheitsverordnung – BetrSichV, Gefahrstoffverordnung – GefStoffV) und Unfallverhütungsvorschriften fest verankert. Statt starrer Regulierungen gibt diese neue Arbeitsschutzphilosophie den Unternehmern einen größeren Handlungsspielraum. Die Festlegung von Schutzzielen und konketen Maßnahmen zur Verbesserung der Arbeitsbedingungen liegt in der Verantwortung des Unternehmers.

Intensive Unterweisung des Mitarbeiters in seinem Arbeitsbereich und über die mit der Tätigkeit verbundenen Gefährdungen und Belastungen sind als vorbeugende Maßnahmen zur Verhinderung von Unfällen, aber auch berufsbedingten Erkrankungen, unerlässlich.

Zum Thema „Gefährdungsbeurteilung" ist Literatur in ausreichendem Umfang zu finden, auch die zuständige Berufsgenossenschaft kann bei der Durchführung hilfreich unterstützen.

■ 16.4 Arbeitssicherheitsgesetz (ASiG)

Das „Gesetz über Betriebsärzte, Sicherheitsingenieure und andere Fachkräfte für Arbeitssicherheit" (ASiG) schreibt dem Unternehmen vor, Betriebsärzte und Fachkräfte für Arbeitssicherheit zu bestellen. Diese unterstützen den Arbeitgeber beim Arbeitsschutz und bei der Unfallverhütung. In der Unfallverhütungsvorschrift DGUV Vorschrift 2 „Betriebsärzte und Fachkräfte für Arbeitssicherheit" werden deren Aufgaben konkretisiert. Auch hier ist die Gefährdungsbeurteilung maßgeblich für die Festlegung der Betreuungszeiten, die sich in die sogenannte Grundbetreuung und die betriebsspezifische Betreuung unterteilt.

Das Gesetz fordert eine enge Zusammenarbeit der am Arbeitsschutz beteiligten Personen, wobei der Betriebsrat eine herausgehobene Stellung inne hat (siehe § 9 ASiG). Ein wichtiges Instrument der innerbetrieblichen Arbeitsschutzorganisation ist die Einrichtung eines Arbeitsschutzausschusses (siehe § 11 ASiG), bestehend aus dem Unternehmer, Betriebsratsmitgliedern, Betriebsärzten, Fachkräften für Arbeitssicherheit und Sicherheitsbeauftragten. Er hat die Aufgabe, bei Fragen zum Arbeitsschutz und der Unfallverhütung zu beraten. Der Arbeitsschutzausschuss tritt mindestens einmal vierteljährlich zusammen.

■ 16.5 Gefahrstoffverordnung (GefStoffV)

Die Gefahrstoffverordnung (GefStoffV) ist dem Chemikaliengesetz (ChemG) untergeordnet und setzt wiederum die entsprechende EG-Richtlinie in nationales Recht um. Als fortschrittlich ist die Einbeziehung von Umweltaspekten bei der Beurteilung von Chemikalien zu bezeichnen. Ergänzt wird die GefStoffV durch die technischen Regeln für Gefahrstoffe. In der TRGS 900 – Arbeitsplatzgrenzwerte z. B. ist die maximal zulässige Konzentration von Gefahrstoffen in der Luft am Arbeitsplatz festgelegt.

Die europaweite Vereinheitlichung des Chemikalienrechts, insbesondere die REACH-Verordnung („Registration, Evaluation, Authorisation and Restriction of Chemicals") und die Harmonisierung von Einstufung und Kennzeichnung durch die CLP-Verordnung („Classification, Labelling and Packaging of Substances and Mixtures"), führte zu einer erneuten Änderung der GefStoffV im Jahr 2010.

In der heutigen Arbeitswelt kommen die Beschäftigen in den Betrieben häufig mit verschiedenartigsten, gefährlichen Arbeitsstoffen in Kontakt. Auch in der heute oftmals bereits automatisierten Fertigung von Bauteilen aus Verbundwerkstoffen in geschlossenen Anlagen oder Fertigungsverfahren werden große Mengen von Stoffen umgesetzt, die gesundheitsschädlich, giftig oder sogar umweltgefährdend sind.

Zur Vermeidung von Brand- und Explosionsgefahren spielt der sichere Umgang mit leicht entzündlichen oder sogar explosionsgefährlichen Stoffen eine bedeutende Rolle (s. hierzu Technische Regeln für Gefahrstoffe TRGS gem. Betriebssicherheitsverordnung BetrSichV bzw. ehem. Verordnung über brennbare Stoffe VbF).

Der Mensch soll vor arbeitsbedingten Gesundheitsgefahren geschützt werden. Hierzu sind das Erkennen und Abwenden der Gefahren, aber auch vorbeugende Maßnahmen besonders geregelt. Bevor Arbeitnehmer mit Gefahrstoffen umgehen dürfen, hat der Arbeitgeber die Gefahren zu beurteilen (Stichwort „Gefährdungsbeurteilung") und ihre mögliche Wirkung auf die Gesundheit seiner Beschäftigten abzuschätzen. Neben dem grundsätzlichen Gebot, Gefahrstoffe durch weniger gefährliche Stoffe zu ersetzen oder zumindest die verarbeiteten Mengen zu reduzieren, müssen geeignete technische, organisatorische oder persönliche Schutzmaßnahmen festgelegt und auf ihre Wirksamkeit (z. B. Einhaltung der Arbeitsplatzgrenzwerte) hin überprüft werden. Regelmäßige Unterweisungen der Mitarbeiter oder Schulungen zu den Arbeitsstoffen und -verfahren sind ein wichtiges Instrument zur Erfüllung der geforderten Informationspflicht. Einen Überblick über die für die Verbundwerkstoffindustrie typischen Gefahrstoffe gibt Abschnitt 16.8.

■ 16.6 Arbeitsstättenverordnung (ArbStättV)

Die „Verordnung über Arbeitsstätten" (ArbStättV) von 1975, zuletzt geändert im Jahr 2010, fasst in einem Regelwerk umfassend Vorschriften zur Gestaltung und Ausstattung von Arbeitsräumen zusammen und dient somit auch der Sicherheit und dem Gesundheitsschutz der Beschäftigten. In Verbindung mit den Arbeitsstätten-Richtlinien (ASR), die hierauf aufbauende nähere Regelungen beinhalten, bildet sie die Basis für die behördlichen Genehmigungsverfahren und Überprüfungen durch die Aufsichtsbehörden (z. B. Gewerbeaufsichtsämter).

Die ArbStättV stellt besondere Anforderungen an Arbeitsräume, Verkehrswege und sonstige Einrichtungen in Gebäuden. Sie macht Vorgaben über die Gestaltung von Pausen-, Liege-, Umkleideräumen und Sanitärbereichen. Darüber hinaus werden Regelungen zum Raumklima (Temperaturen, Lüftung, Beleuchtung) getroffen, spezielle Schutzvorkehrungen gegen Schadstoffe (Gase, Dämpfe, Stäube) oder Lärm werden gefordert.

Auch auf vorbeugende Maßnahmen für Notfälle, wie z. B. die erforderlichen Erste-Hilfe-Einrichtungen oder die Gestaltung von Fluchtwegen, wird in der ArbStättV eingegangen. Der Unternehmer wird verpflichtet, Flucht- und Rettungspläne zu erstellen, anhand derer dann in regelmäßigen Abständen Notfallübungen durchzuführen sind.

In der ArbStättV und den Richtlinien werden Mindestanforderungen und allgemeine Schutzziele definiert (keine konkreten Maßzahlen oder Detailanforderungen). In Kombination mit der Verpflichtung zur Gefährdungsbeurteilung (siehe § 3 ArbStättV) ergeben sich für den Arbeitgeber nun mehr Freiheiten bei der Gestaltung und dem Betrieb seiner Arbeitsstätte. Allerdings wird ein Verstoß gegen die Verpflichtungen zum Schutz der Beschäftigten eindeutig als Ordnungswidrigkeit oder sogar Straftat eingestuft (siehe § 9 ArbStättV).

■ 16.7 Unfallverhütungsvorschriften

Die gewerblichen Berufsgenossenschaften und die Unfallkassen des öffentlichen Dienstes sind die Träger der gesetzlichen Unfallversicherung. Ihre gesetzlichen Grundlagen sind seit 1997 im Sozialgesetzbuch VII (SGB VII) geregelt. Seit 2007 sind alle Berufsgenossenschaften der Deutschen Gesetzlichen Unfallversicherung (DGUV) als Dachverband untergeordnet. Die Zahl der ehemals über 40 meist branchenbezogenen Berufsgenossenschaften wurde durch Zusammenlegung deutlich reduziert.

Seit dieser Reform werden einheitliche Unfallverhütungsvorschriften vom DGUV herausgegeben, diese sind für die Mitgliedsbetriebe rechtsverbindlich. Die Arbeit der Berufsgenossenschaften und somit auch die Unfallverhütungsvorschriften dienen in erster Linie der Prävention mit dem Ziel, Arbeitsunfälle, arbeitsbedingte Gesundheitsgefahren oder Berufskrankheiten zu verhindern.

Die Berufsgenossenschaftlichen Vorschriften für Sicherheit und Gesundheit bei der Arbeit („BGV" bzw. „GUV-V", die Vorschriften der Gesetzlichen Unfallversicherung) sind wie folgt fachlich gegliedert:

- A – Allgemeine Vorschriften, betriebliche Arbeitsschutzorganisation (BGV A1 ff.),
- B – Einwirkungen (BGV B1 ff.),
- C – Betriebsart/Tätigkeiten (BGV C1 ff.),
- D – Arbeitsplatz/Arbeitsverfahren (BGV D1 ff.).

Wichtige allgemeine Vorschriften regeln zum Beispiel:

- Einrichtungen, Anordnungen und Maßnahmen des Unternehmers, Verhalten der Versicherten (BGV A1/GUV-V A1 – Grundsätze der Prävention),
- Maßnahmen zur Erfüllung der Pflichten aus dem Arbeitssicherheitsgesetz (DGUV Vorschrift 2 – Betriebsärzte und Fachkräfte für Arbeitssicherheit),
- Arbeitsmedizinische Vorsorgeuntersuchungen und sonstige arbeitsmedizinische Maßnahmen, die der Unternehmer zu veranlassen hat (BGV A4/GUV-V A4 – Arbeitsmedizinische Vorsorge).

Weitere Präventionsschriften und Merkblätter zu unterschiedlichen Themengebieten (Einsatz von Sicherheitsbeauftragten, Prüfungen und Unterweisungen) geben ebenfalls wichtige Hilfestellung zur Verbesserung der Arbeitssicherheit. Die Publikationen sind online beim DGUV verfügbar (http://www.dguv.de).

Im Falle eines Arbeitsunfalls oder einer Berufskrankheit übernehmen die Unfallversicherungsträger anfallende Kosten, wie z. B. für Entschädigung oder Rehabilitation.

■ 16.8 Detailbeschreibung verbundwerkstofftypischer Problemfelder

In diesem Kapitel soll auf ganz besondere Problembereiche eingegangen werden, die bei der Verarbeitung faserverstärkter Kunststoffe eine Rolle spielen können.

16.8.1 Allgemeine Arbeitsschutzmaßnahmen

Neben den technischen Betriebseinrichtungen ist die persönliche Hygiene des Mitarbeiters von großer Bedeutung. Gesundheitsgefährdungen entstehen durch leichtfertigen Umgang mit Arbeitsstoffen. Zu beachten sind die Betriebsanweisungen, aber auch die Gefahrenhinweise und Sicherheitsratschläge (R- und S-Sätze) auf den Behältern oder Gebinden. Nach Einführung des GHS (Global Harmonisiertes System) werden zukünftig anstelle der früheren „Risiko- und Sicherheitssätze" nur noch die neuen H- und P-Sätze für Stoffe und Zubereitungen verwendet („Hazard and Precautionary Statements").

Direkter Hautkontakt muss vermieden werden. Hierzu sind geeignete Schutzbekleidung, Schutzhandschuhe und Schutzbrillen zu tragen. Vor Arbeitsbeginn werden spezielle Hautschutzcremes aufgetragen. Verschmutzte Haut ist sofort gründlich zu reinigen. Arbeitskittel oder -overalls sollten von anderer Kleidung getrennt aufbewahrt und gewaschen werden.

Um ungewolltes Verschmutzen von Gegenständen und Einrichtungen (Fußböden, Telefonhörer, Türklinken etc.) zu vermeiden, sind verschüttete Chemikalien zu entfernen oder verschmutzte Gebinde (Tropfnasen) zu säubern. Um Unfälle mit Gefahrstoffen zu vermeiden, dürfen Chemikalienbehälter nie offen transportiert werden. Harz und Härter werden erst an der Verarbeitungsstelle gemischt.

Essen, Trinken und Rauchen während der Arbeit sollte unbedingt unterlassen werden. Gründliche, schonende Hautreinigung nach Arbeitsende und vor Benutzung der Toilette ist zwingend geboten, Lösungsmittel (Aceton o. ä.) sind hierfür nicht geeignet. Die Verwendung von Hautschutzsalben vor Arbeitsbeginn wird empfohlen. Hautpflegeprodukte dienen nach Arbeitsende der Rückfettung und Regeneration der belasteten Haut und können einer möglichen Sensibilisierung vorbeugen (Stichwort: „Hautschutzplan").

Die Wirkung von Chemikalien in reiner Form kann deutlich von der Wirkung der Stoffgemische abweichen. Dies gilt auch für die bei Verbundwerkstoffen verwendeten Rezepturen aus Harzen, Härtern und sonstigen Additiven. Für die spätere Verwendung z.B. in Laborversuchen oder bei der Verarbeitung im industriellen Maßstab spielen ebenfalls die eingesetzten Stoffmengen und Verfahren bei der Beurteilung der Gefährdungen eine wichtige Rolle.

Nach der Aushärtung sind die Formstoffe, bei Einhaltung der Verarbeitungsvorschriften (Mischungsverhältnis, Härtungsbedingungen), normalerweise inert und unschädlich.

16.8.2 Spezielle Gefahren beim Umgang mit Reaktionsharzen

Im verbundwerkstoffverarbeitenden Betrieb kommen ganz spezielle Arbeitsstoffe zum Einsatz. Dies sind im Einzelnen:

- *Epoxidharze:* Die toxischen Eigenschaften sind sehr unterschiedlich, sie reichen von keiner bzw. sehr geringer Reizwirkung bis zu sehr starker Sensibilisierung von Haut und Schleimhäuten. Es handelt sich hierbei um potente Allergene, die zu allergischen Kontaktekzemen führen können (Epoxidharzallergie, Epoxidharzekzem). Bei einzelnen Produkten ergeben sich Hinweise auf eine mögliche krebserzeugende Wirkung.
  (BGR 227 – Tätigkeiten mit Epoxidharzen)
- *Polyesterharze:* Auch hier können die Wirkungen auf den menschlichen Organismus unterschiedlich sein. Meist führen diese Stoffe zu einer Reizung von Augen, Haut und Atemwegen und besitzen eine sensibilisierende Wirkung. Gesundheitsgefahren ergeben sich aufgrund des als Monomer und Lösemittel eingesetzten Styrols.
  (BGI 729 – Faserverstärkte Polyesterharze - Handhabung und sicheres Arbeiten)
- *Vinylester-Harze:* VE-Harze enthalten, wie auch UP-Harze, Styrol in unterschiedlichen Konzentrationen. Auch sie können Augen, Haut und Atemwege reizen. Weitere Ausführungen zur Styrol-Problematik siehe Kapitel 16.8.3.
- *Härter für Epoxidharze:* Für die Vernetzung von Epoxidharzen kommen Amin- bzw. Amid- und Anhydrid-Härter zum Einsatz. Sie sind meist gesundheitsschädlich beim Verschlucken oder beim Einatmen von Dämpfen. Bei Kontakt mit Haut, Augen und Schleimhäuten wirken diese Stoffe reizend bis stark sensibilisierend und können sogar Verätzungen verursachen. Bei einigen Substanzen ist eine kanzerogene Wirkung nicht auszuschließen.

- *Organische Peroxide:* Hierunter versteht man Härter und Reaktionshilfsstoffe bei der Herstellung von Polyesterharzen, sogenannte Katalysatoren. Ihre Wirkungen sind sehr unterschiedlich. Sie sind gesundheitsschädlich beim Verschlucken und greifen Haut, Augen und Schleimhäute an, da sie auch in verdünnter Form noch stark ätzend sein können. Auch ist eine Gesundheitsgefährdung durch Einatmen von Dämpfen möglich. Aufgrund ihrer brandfördernden Eigenschaften müssen organische Peroxide von Zünd- und Wärmequellen ferngehalten werden. (BGV B4, BGI 8619 – Organische Peroxide)

- *Aceton, Dichlormethan:* Organische Lösungsmittel werden oft zum Reinigen verschmutzter Behälter, Geräte und Maschinenteile, insbesondere bei Handverfahren verwendet. Aceton ist leicht entzündlich, Dämpfe können mit Luft ein explosionsfähiges Gemisch bilden. Aceton (Arbeitsplatzgrenzwert gem. TRGS 900: 500 ppm) wirkt narkotisierend, reizt die Schleimhäute und kann bei hohen Konzentrationen und längerer Exposition zu Ekzemen, Hirn-, Nerven-, Leber- oder Nierenschäden führen. Es besitzt eine stark entfettende Wirkung. Die Wirkungen von Dichlormethan (AGW: 75 ppm) sind vergleichbar, es ist jedoch nicht brennbar. Es besteht der begründete Verdacht auf kanzerogenes Potential (Kategorie 3A). Beim Einsatz großer Mengen von Lösungsmitteln wird von den Behörden oft die Verwendung entsprechender Ersatzstoffe oder alternative Reinigungsverfahren verlangt, die sicherer beim Umgang und mit weniger schädlichen Emissionen verbunden sind. Die Verwendung wasserbasierter oder organischer Lösemittel ist insbesondere für kleine und mittelständische Betriebe interessant, die sich die hohen Investitions- und Betriebskosten für Absauganlagen mit zentraler Abgasreinigung (thermische Nachverbrennung oder Aktivkohlefilter) nicht leisten können.

Gefahrstoffverpackungen und Behälter müssen mit Piktogrammen und allgemeinen Hinweisen gekennzeichnet werden (s. z. B. BGI 8658 – GHS – Global Harmonisiertes System zur Einstufung und Kennzeichnung von Gefahrstoffen). Detaillierte Informationen über den verwendeten, gefährlichen Stoff oder die gefährliche Zubereitung kann der Verarbeiter den EG-Sicherheitsdatenblättern entnehmen, die ihm vom Hersteller bzw. Lieferant des Stoffes bei Lieferung ausgehändigt werden (siehe hierzu: „Bekanntmachung 220 – Sicherheitsdatenblatt", beinhaltet Erläuterungen zur REACH-Verordnung und § 6 GefStoffV). Sicherheitsdatenblätter sollten jährlich auf ihre Aktualität überprüft werden, auch wenn die REACH-Verordnung den Lieferanten verpflichtet, beim Vorliegen neuer Informationen, z. B. über Gefährdungen, unverzüglich die Datenblätter zu aktualisieren und den Anwender darüber zu informieren („Bringschuld").

Gemäß § 14 Gefahrstoffverordnung ist der Unternehmer verpflichtet, Betriebsanweisungen auf Basis einer Gefährdungsbeurteilung (s. § 6) für den sicheren Umgang mit gefährlichen Stoffen und Zubereitungen sowie für solche gefährlichen Stoffe, die beim Umgang mit Arbeitsstoffen frei werden können, zu erstellen. Diese müssen stoff- aber auch arbeitsbereichsbezogen sein und im Betrieb an geeigneter Stelle ausliegen. Sie sind als Grundlage für jährliche Unterweisungen zu verwenden. Näheres regelt die TRGS 555 – „Betriebsanweisung und Information der Beschäftigten".

16.8.3 Styrolemissionen und Möglichkeiten der Reduzierung

Styrol wird als Lösungsmittel (reaktionsfähiges Monomer) in ungesättigten Polyester- oder Vinylesterharzen (UP-, VE-Harze) verwendet und kann einen Massenanteil von bis zu 40 % erreichen. Ein großer Anteil verdunstet während der Verarbeitung (z. B. beim Wickeln bis zu 10 % bezogen auf die eingesetzte Harzmenge), somit erfolgt die Hauptaufnahme über die Atmung. Der Stoff diffundiert sehr schnell in die Blutbahn, nur ein geringer Teil wird unverändert ausgeatmet (2 – 3 %). Styrol wird über die Leber abgebaut, die Ausscheidung erfolgt mit dem Harn.

Die akuten Wirkungen auf den Körper sind die Reizung der Augen und der Schleimhaut des oberen Atemtraktes sowie Störungen des zentralen Nervensystems. Bekannte Symptome bei höheren Expositionen können Übelkeit, Schwindel, Sehstörungen, Kopfschmerz, Ermüdung, Konzentrationsschwäche oder verlängerte Reaktionszeiten sein. Die langzeitige Einwirkung von Styrol kann dosisabhängig zu einer Schädigung an Leber und Nieren oder des zentralen und peripheren Nervensystems führen. Ebenfalls aufgrund des bestehenden Verdachts auf mutagene bzw. krebserzeugende Wirkung ist Styrol weiterhin Gegenstand laufender medizinischer Untersuchungen. Darüber hinaus besitzt flüssiges Styrol eine stark entfettende Wirkung an der Haut, Entzündungen oder Ekzeme können die Folge sein.

Die gesundheitsschädliche Wirkung ist eingehend wissenschaftlich untersucht und führte zur Festlegung des AGW-Wertes (früher: MAK-Wert, dieser beträgt derzeit 20 ppm (Geruchsschwelle liegt bei 0,2 bis 3,4 mg/m³ [2]). Zur Überprüfung der beruflichen Exposition sollte neben Messungen der Luftkonzentration am Arbeitsplatz auch ggf. die Ausscheidung der Hauptmetaboliten Mandelsäure und Phenylglyoxylsäure im Harn herangezogen werden (Stichwort: „Biomonitoring").

Luftgrenzwerte sind in einer technischen Regel für Gefahrstoffe (TRGS 900 – Arbeitsplatzgrenzwerte) festgelegt. Das Einhalten der Luftgrenzwerte dient dem Schutz der Gesundheit von Arbeitnehmern vor einer Gefährdung durch das Einatmen von Stoffen. Bei der messtechnischen Überwachung der Luftgrenzwerte für Gefahrstoffe im Betrieb ist die TRGS 402 „Ermittlung und Beurteilung der Konzentrationen gefährlicher Stoffe in der Luft in Arbeitsbereichen" zu beachten. Sie sieht nach einer Arbeitsbereichsanalyse zunächst Maßnahmen zur Senkung der Exposition und dann regelmäßige Konzentrationsmessungen in der Luft am Arbeitsplatz vor [3].

Auf Styrol kann bei der Verarbeitung i. d. R. nicht verzichtet werden, da es Bestandteil der Harze ist. Fertigungsverfahren, bei denen große Mengen Styrol in die Atemluft gelangen können, sind:

- Nasswickeln,
- Handlaminieren,
- Faserspritzen und die
- Herstellung und Verarbeitung von SMC (Sheet Molding Compound).

Da die Verfahrensabläufe meist definiert sind, müssen bauliche Maßnahmen zur räumlichen Trennung verschiedener Arbeitsbereiche (Lagerung, Mischen, Produktion, Aushärtung) und verfahrenstechnische Maßnahmen (geschlossene Dosier- und Mischsysteme) zur Reduzierung der Styrolbelastung ergriffen werden [4]. Die Verwendung von Harzsystemen mit geringerer Styrolverdampfung (LSE – Low Styrene Emission) oder emissionsarme Auftragsverfahren bzw. geschlossene Verfahren (Harzinfusionsverfahren, RTM), bei denen wesentlich geringere Mengen an Styrol freigesetzt werden, können in Zukunft an Bedeutung gewinnen [2].

Hauptsächlich kommen lüftungstechnische Maßnahmen zum Einsatz (lokale Absaugungen, aufwendige Be- und Entlüftungssysteme für Arbeitsräume). Hiermit sind sehr hohe Investitionen verbunden, auch die laufenden Betriebskosten, wie z. B. Heizkosten, verteuern zusätzlich die Herstellkosten. Es ist zu beachten, dass Abluft nur mit den erlaubten Schadstoffkonzentrationen abgeleitet werden darf (vgl. hierzu auch BImSchG – Bundes-Immissionsschutzgesetz und TA Luft – Technische Anleitung zur Reinhaltung der Luft). Als Abluftreinigungsverfahren kommen Adsorber oder Biofilter zum Einsatz. Auch die Verbrennung der belasteten Abluft zur Energierückgewinnung ist möglich [5].

Wie bei der UP-Harzverarbeitung kann es, insbesondere jedoch bei gekapselten Anlagen mit angeschlossener Absaugung, im System zu einer Anreicherung mit Styrol und somit zu einem explosionsfähigen Gemisch kommen. Hier sind die entsprechenden Vorschriften zum Explosionsschutz (z. B. 11. ProdSV – Explosionsschutzverordnung, BGR 104 – Explosionsschutz-Regeln) zu beachten. In den Fällen, in denen technische Lüftungsmaßnahmen zur Reduzierung des Styrolgehalts nicht möglich sind, werden persönliche Schutzausrüstungen (PSA) verwendet. Neben Atemmasken mit Filtereinsätzen für organische Lösemittel kommen Frischlufthauben mit separater Zufuhr von sauberer Atemluft zum Einsatz.

Beim Wiederbefüllen von Tanklagern (UP-Harze), wobei das sich hier angesammelte Styrol unkontrolliert entweichen kann, sollten sog. Abgaspendelleitungen verwendet werden.

16.8.4 Sonstige Verfahren

Ergänzend soll hier der Bereich der thermoplastischen Verbundwerkstoffe ange-sprochen werden. Die wichtigsten Verfahren sind:

- Spritzgießen von kurzfaserverstärktem Kunststoff,
- Fließpressen von glasmattenverstärkten Thermoplasten (GMT),
- Plastifizierpressen von langglasfaserverstärkten Thermoplasten (LFT).

Bei den hier zum Einsatz kommenden technischen Kunststoffen, wie z. B. Polypropy-len (PP) oder Polyamide (PA) handelt es sich nicht um Gefahrstoffe. Allerdings kön-nen beim Aufschmelzen dieser Kunststoffe bei Verarbeitungstemperaturen, zum Teil weit über ihrem Schmelzpunkt, gesundheitsschädliche Dämpfe frei werden.

Da es sich hier jedoch um Verfahren handelt, die räumlich auf die entsprechende Anlage (Spritzgießmaschinen, Öfen oder hydraulische Pressen) begrenzt sind, ist die Installation von Absauganlagen problemlos möglich (Stichwort „Örtliche Entlüftung", LEV = local exhaust ventilation). Die Ablufthaube muss zur optimalen Erfassung der Gase und Dämpfe möglichst nahe an der Schadstoffquelle positioniert werden. Ihre Konstruktion ist entscheidend für die Wirksamkeit des gesamten Systems [6].

16.8.5 Umgang mit textilen Glasfasern

Künstliche Mineralfasern stehen im Verdacht, Krebs zu erzeugen. Die gesundheits-schädigende Wirkung der KMF ist jedoch abhängig von Größe und Zusammenset-zung der bei den Arbeiten freigesetzten Fasern. Insbesondere das Länge-zu-Durch-messer-Verhältnis von >3:1 ist bei der Beurteilung ein wichtiges Kriterium (sog. „WHO-Fasern", siehe hierzu: TRGS 905 – Verzeichnis krebserzeugender, erbgutver-ändernder oder fortpflanzungsgefährdender Stoffe).

Textile Glasfasern gehören zu der Kategorie der künstlichen Mineralfasern und sind daher ebenfalls in das Blickfeld der Öffentlichkeit geraten. Technische Endlosfila-ment-Fasern aus E-Glas (geschnittene Fasern, Glasfasermatten aus geschnittenen Fasern, Gewebe, Rovings und Glasgarne, gemahlene Fasern) sind allerdings nicht als gefährliche Substanz eingestuft. Sie haben einen Durchmesser von 5 bis 25 μm, meist über 9 μm, und sind aus diesem Grund nicht alveolengängig (>3 μm). Eine Längsspaltung (Fibrillieren) wie bei Asbest ist nicht möglich. Eine Krebsgefahr ist somit auszuschließen [7].

Allerdings können Fasern eingeatmet werden und in die oberen Bereiche der Atem-wege gelangen. Hier führen die Faserbruchstücke zu einer „mechanischen" Rei-zung, wie sie auch bei der Haut auftreten kann (Juckreiz, Rötung). Die Staubpartikel werden über die normale Reinigungsfunktion der Atemwege ausgeschieden (Fila-menthärchen, Husten).

Faserstäube entstehen beim Verarbeiten von Endlosfilamenten (Weben, SMC-Herstellung etc.), beim Schneiden (Handlaminieren) und bei der mechanischen Bearbeitung (Besäumen, Entgraten von Bauteilen). Technische Schutzmaßnahmen (Nassbearbeitung, Absaugungen) sind hier vorzusehen. Von den Mitarbeitern in diesen Bereichen sollten geeignete Staubschutzmasken getragen werden.

16.8.6 Umgang mit textilen Kohlenstofffasern

Kohlenstofffasern haben einen Durchmesser von über 5 bis 9 µm, meist größer 7 µm und sind i.d.R. endlos. Bei der industriellen Verarbeitung von Kohlenstofffasern (Weben, Vernähen, Schneiden etc.) entstehen Faserbruchpartikel, die wenige Millimeter lang sein können. Auch diese Faserbruchstücke, die über die Atemwege aufgenommen werden können, erfüllen nicht die WHO-Kriterien für die Alveolengängigkeit.

Zu beachten ist aber, dass reiner Kohlenstoff, aus dem die Fasern bestehen, nicht durch Körperflüssigkeiten gelöst wird. Die Partikel werden vom Immunsystem des Menschen nicht als Fremdstoff erkannt und verbleiben im Körper. Im Gegensatz zu Asbestfasern fibrillieren Kohlenstoff- wie auch die Glasfasern nicht.

Ist bei bestimmten Arbeiten (z.B. Schleifen) mit Staubentwicklung zu rechnen, sind die bereits beim Umgang mit Glasfasern genannten Schutzmaßnahmen zu treffen. Hierzu kommt, dass Kohlenstofffasern elektrisch leitend sind. Faserstäube, die sich in der Raumluft verteilen, können in elektrischen Maschinen und Anlagen zu Kurzschlüssen führen.

Je nach Fasertyp kommen unterschiedliche Oberflächenausrüstungen (Finishs) zum Einsatz, die ihrerseits wiederum gesundheitlich bedenklich sein können. Auch Kohlenstofffasern sollten daher nur mit geeigneten Schutzhandschuhen gehandhabt werden. In jedem Fall sind die jeweiligen Sicherheitsdatenblätter zu beachten.

16.8.7 Umgang mit Partikeln

Die Eigenschaften von Kunststoffen lassen sich durch die Modifizierung mit künstlich hergestellten Partikeln an die jeweiligen Anforderungen gezielt anpassen (z.B. Beschichtungen oder Klebstoffe). Zu diesen Mikro- bzw. Nanopartikeln, letztere mit einer Partikelgröße kleiner als 100 nm, zählen auch die neuartigen Nanokohlenstoffröhrchen (Carbon Nano Tubes, CNT).

Bei den meisten Stoffen, die verwendet werden, handelt es sich nicht um Gefahrstoffe im Sinne der Gefahrstoffverordnung. Der Umgang mit einatembaren Stäuben stellt jedoch ein potenzielles Gesundheitsrisiko für die Mitarbeiter dar. Partikel können über die Lunge, die Schleimhäute oder den Verdauungstrakt vom Körper aufgenommen werden. Daher wurde ein Grenzwert für die Staubkonzentration am Arbeitsplatz gesetzlich festgelegt (AGW-Wert = Arbeitsplatzgrenzwert nach TRGS 900). Der allgemeine Staubgrenzwert liegt bei 3 bzw. 10 mg/m^3 für die alveolengängige bzw. einatembare Fraktion.

Die Wirkungen und Wirkungsmechanismen von unterschiedlichen Nanopartikeln auf den Organismus werden in der Wissenschaft und Medizin zurzeit intensiv untersucht und diskutiert. Das Ausmaß der gesundheitlichen Risiken bestimmter Partikel kann daher noch nicht vollständig bewertet werden. Deshalb ist es wichtig, die Arbeitsverfahren so zu gestalten, dass eine Gefährdung der Mitarbeiter möglichst gering gehalten werden kann (Gefährdungsbeurteilung). Hierbei sind technische Schutzmaßnahmen, wie geschlossene Apparaturen oder Absauganlagen, den persönlichen Schutzausrüstungen vorzuziehen.

Arbeitsanweisungen und Unterweisungen sollen alle Schritte der Fertigung (Beschaffung, Lagerung, Verarbeitung bis zur Entsorgung) berücksichtigen und die Mitarbeiter hinsichtlich einer möglichen, von Partikeln ausgehenden Gesundheitsgefährdung besonders sensibilisieren. Grundsätzlich gilt es, jede Inhalation und Einnahme, Haut- oder Augenkontakt zu vermeiden.

■ 16.9 Anlagensicherheit

Ein wesentlicheres Augenmerk bei Planung, Beschaffung, Inbetriebnahme und Betrieb von Verarbeitungsmaschinen im häufig automatisierten Fertigungsprozess muss auf die eigentliche Anlagensicherheit gerichtet werden. Eine umfassende Einführung in die Problematik ist hier nicht möglich, es soll an dieser Stelle lediglich auf einige wichtige Gesetze und Vorschriften verwiesen werden:

- Gesetz über technische Arbeitsmittel und Verbraucherprodukte (Geräte- und Produktsicherheitsgesetz – GPSG),
- Gesetz zum Schutz vor schädlichen Umwelteinwirkungen durch Luftverunreinigungen, Geräusche, Erschütterungen und ähnliche Vorgänge (BImSchG – Bundes-Immissionsschutzgesetz, Stichwort: „Genehmigungsbedürftige Anlagen"),
- Verordnung über Sicherheit und Gesundheitsschutz bei der Bereitstellung von Arbeitsmitteln und deren Benutzung bei der Arbeit, über Sicherheit beim Betrieb überwachungsbedürftiger Anlagen und über die Organisation des betrieblichen Arbeitsschutzes (Betriebssicherheitsverordnung – BetrSichV)
- Verordnung zum Schutz der Beschäftigten vor Gefährdungen durch Lärm und Vibrationen (Lärm- und Vibrations-Arbeitsschutzverordnung – LärmVibrations-ArbSchV),

- Neunte Verordnung zum Produktsicherheitsgesetz (Maschinenverordnung – 9. ProdSV),
- EU-Richtlinie für Maschinen 2006/42/EG (EU-Maschinenrichtlinie),
- Div. VDI- und VDE-Richtlinien,
- DIN- und ISO-Normen,
- Unfallverhütungsvorschriften und berufsgenossenschaftliche Regeln und Informationen, z. B.: BGV A 3 – Elektrische Anlagen und Betriebsmittel, BGI 703 – Schutzeinrichtungen, BGI 724 – Pressenprüfung, BGR 500, Abschnitt 2.18 – Betreiben von Druck- und Spritzgießmaschinen.

Wie beim Umgang mit Gefahrstoffen gilt auch bei allen anderen Tätigkeiten, insbesondere auch bei Arbeiten an den in der Verbundwerkstoffindustrie eingesetzten Verarbeitungsmaschinen, die Pflicht des Unternehmers, die Mitarbeiter regelmäßig zu unterweisen.

Literatur

[1] *Bauer, M. J.:* Entwicklung eines Arbeitsschutz-Managementsystems für den deutschen Steinkohlenbergbau am Beispiel der Saarbergwerke AG, Aachener Beiträge zur Rohstofftechnik und -wirtschaft, Verlag der Augustinus Buchhandlung, Mainz, 1998

[2] BGIA-Report 4/2006 – Schutzmaßnahmen beim Umgang mit Styrol, Hauptverband der gewerblichen Berufsgenossenschaften, 2005

[3] Merkblatt M 054 Styrol – Polyesterharze und andere styrolhaltige Gemische (BGI 613), Berufsgenossenschaft Rohstoffe und chemische Industrie (BG RCI), 2011

[4] Möglichkeiten zur Einhaltung des neuen MAK-Wertes von Styrol, Informationsbroschüre der AVK-TV, 1990

[5] Be- und Entlüften von Arbeitsräumen, Informationsbroschüre der AVK-TV, 1993

[6] Korrekter Einsatz örtlicher Entlüftungen während der Kunststoffverarbeitung, Informationsbroschüre, Du Pont de Nemours International S. A., Genf, 1997

[7] Continuous Filament Glass Fibre and Human Health, European Glass Fibre Producers Association, 30 March 2002

17 Werkzeugbau

H. Franz, M. Päßler, K. Grebel, L. Medina

■ 17.1 Einleitung

Alle formgebenden Verfahren der Verarbeitung von FKV benötigen Werkzeuge, mit denen die vorgesehene geometrische Gestalt des Bauteils exakt abgebildet werden kann. Dabei bestimmen die technischen Spezifikationen des Bauteils, einschließlich der zu verwendenden Werkstoffe, und die geplanten Stückzahlen den Aufwand für die Herstellung und den Betrieb der Werkzeuge. Deren Spektrum reicht von einfachen, einseitigen, von Hand gefertigten Werkzeugen aus Gießharzen oder Verbundwerkstoffen bis zu beheizten Stahlwerkzeugen mit Schiebern und verchromten, hochglanzpolierten Oberflächen für Teile im Sichtbereich von Kraftfahrzeugen. Im Folgenden soll ein Überblick zu der Thematik gegeben werden, der das grundlegende Verständnis unterstützt und sich an den jeweiligen Verarbeitungsverfahren orientiert, aber wegen der Breite der Thematik nicht umfassend sein kann. Für eine Vertiefung wird auf die angefügten Quellen verwiesen.

■ 17.2 Fließpressverfahren

Der mengenmäßig größte Anteil an den GFK-Produktionsmengen in Europa, mit etwa 36 %, wird heute über Pressverfahren verarbeitet. Dies basiert wesentlich auch auf den Großserienanwendungen in der Automobilindustrie zur Herstellung von Bauteilen aus SMC/BMC (25 %), GMT und LFT (ca. 11 %) [1]. Die entsprechenden Werkzeugkonstruktionen unterscheiden sich in der Grundkonzeption bei diesen Werkstoffen nicht wesentlich voneinander. Die Festlegung und Auslegung der zum Einsatz kommenden Werkzeuge erfolgt nach folgenden Gesichtspunkten [2]:

- verwendete Pressmasse (duroplastisch, thermoplastisch),
- Art, Größe und Funktion des Bauteils,
- geforderte Toleranzen im fertigen Bauteil,
- Lebensdauer, geforderte Stückzahlen (Vorserien-, Prototypenwerkzeug),
- verfügbare Anlagentechnik (Größe der Presse oder Spritzgießmaschine).

Beim Verarbeiten von duroplastischen und thermoplastischen Pressmassen im Fließpressverfahren kommen hauptsächlich zweiteilige Tauchkanten-Werkzeuge (auch „Füllraumwerkzeug" [3]), aber auch Werkzeuge mit Quetschkanten zum Einsatz. Bild 17.1 zeigt ein typisches Tauchkantenwerkzeug mit den wichtigsten Elementen.

Vor Erreichen der Endposition taucht das Oberwerkzeug in die Unterform ein (u. U. mehrere Zentimeter), die beiden aneinander gleitenden, umlaufenden Flächen haben eine Passung von einigen hundertstel Millimetern [5]. Diese präzise gearbeiteten, geschliffenen und mindestens oberflächengehärteten Tauchkanten ermöglichen:

- die Abdichtung (eingewogenes Material wird nicht wieder aus der Form herausgepresst) und die gleichzeitige Entlüftung der Form,
- durch das Erreichen des erforderlichen Werkzeuginnendrucks eine ausreichende Kompaktierung der Pressmasse (bei GMT zwischen 200 und 400 bar [4]),
- somit die vollständige Füllung der Kavität, insbesondere bei komplexen Werkzeugen und langen Fließwegen und
- durch Ausbildung eines minimalen Grates die Reduzierung der Nacharbeit.

Aufgrund der engen Passungstoleranz kommt somit der ausreichend dimensionierten Werkzeugführung, aber auch der exakten Parallelhaltung der Presse besondere Bedeutung zu. Mit dem Einsatz einer modernen Parallelregelung kann heute bei Pressteilen aus faserverstärkten Thermoplasten auch auf eine Nachbearbeitung verzichtet werden.

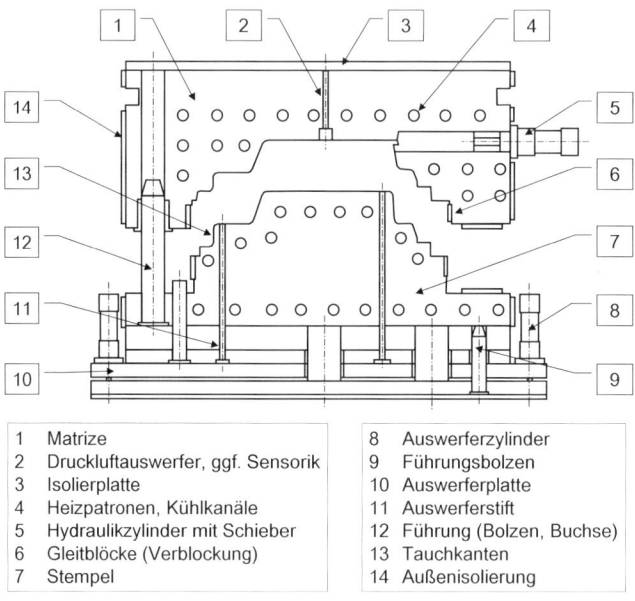

1	Matrize	8	Auswerferzylinder
2	Druckluftauswerfer, ggf. Sensorik	9	Führungsbolzen
3	Isolierplatte	10	Auswerferplatte
4	Heizpatronen, Kühlkanäle	11	Auswerferstift
5	Hydraulikzylinder mit Schieber	12	Führung (Bolzen, Buchse)
6	Gleitblöcke (Verblockung)	13	Tauchkanten
7	Stempel	14	Außenisolierung

Bild 17.1 Typisches GMT-Presswerkzeug [4]

17.2.1 Komponenten zum Werkzeugbau

Zum Bau von hochwertigen Spritzgieß- und Presswerkzeugen können häufig auch genormte Komponenten, sog. Normalien (Baukastenelemente), eingesetzt werden. Sie ermöglichen beliebiges Kombinieren und Zusammenstellen ungebohrter oder bereits gebohrter Elemente.

17.2.1.1 Führungs- und Zentrierelemente

Zur exakten Positionierung von Ober- zu Unterwerkzeug werden gehärtete und geschliffene Führungsbolzen und hierzu passende Buchsen oftmals mit eingelagertem Festschmierstoff eingesetzt. Es kommen aber auch Ausführungen mit Kugelbüchsen zur Anwendung. Die Führungsbolzen übernehmen auftretende Seitenkräfte. Insbesondere beim Fließpressen in asymmetrischen Großwerkzeugen oder wenn große Fließwege vorliegen (z. B. bei GMT-Werkzeugen) müssen darüber hinaus Stollen- oder Schwertführungen und Gleitplatten zur Übernahme der Seitenkräfte und zur Schonung der passgenau eingeschliffenen Tauchkanten vorgesehen werden.

17.2.1.2 Schieber

Bei Teilen mit komplizierter Geometrie und Hinterschnitten oder teilbaren Werkzeugen ist die Verwendung von Schiebern unumgänglich. Schieber werden mittels integrierter Hydraulikzylinder betätigt. Diese verfügen bei automatischer Ablaufsteuerung notwendigerweise über Verriegelungen und Endlagenüberwachung. Da diese Teile nicht starr mit dem Werkzeug verbunden sind, müssen sie getrennt und, meist elektrisch, beheizt werden [4].

17.2.1.3 Auswerfer

Bei automatisierten Fertigungsabläufen, aber insbesondere bei Bauteilen mit starker Verrippung, sind aufgrund der Materialschwindung Auswerfer zum Entformen notwendig. Die Auswerferstifte werden idealerweise unter Rippen platziert, da hier gleichzeitig eine Entlüftung ermöglicht wird und so keine Abdrücke auf der Gegenseite im Sichtbereich entstehen können. Die Abdrücktraverse (Auswerferplatte), auf der die Auswerferstifte montiert sind, benötigt eine eigene Führung. Die Betätigung erfolgt entweder durch Kolben im Pressentisch oder der Aufspannfläche der Spritzgießmaschine, Mitnehmerleisten oder durch integrierte Hydraulikzylinder. Auch sie können über Verriegelungen und Endlagenüberwachung verfügen. Der Traversen-Rückdrückstift verhindert Beschädigungen des Werkzeugs bei versehentlich nicht eingefahrenen Auswerfern. Luftauswerfer sind ebenso möglich wie die Auslegung des gesamten Werkzeugbodens oder von Segmenten als Auswerfer.

17.2.1.4 Werkzeugheizung und -kühlung

Die Pressverarbeitung von FKV erfordert hohe Drücke und Werkzeugtemperaturen. Die Werkzeugheizung soll

- das zügige Erwärmen des Werkzeugs auf Betriebstemperatur bewirken (Thermoplastverarbeitung: 60 bis 80 °C, SMC: 150 bis 160 °C),
- eine möglichst homogene Temperaturverteilung über das gesamte Werkzeugvolumen gewährleisten und
- eine gleichmäßige und konstante Temperaturverteilung über die gesamte Werkzeugoberfläche sicher stellen, auch in der laufenden Produktion.

Dies bedeutet permanentes Heizen bei duroplastischen bzw. Kühlen bei thermoplastischen Formmassen.

Es werden zwei Arten von Heizungen unterschieden. Bei der indirekten Heizung – meist bei einfachen, flachen Formen oder Vorserien-Werkzeugen – erfolgt die Wärmeübertragung über einen beheizten Pressentisch oder über Heizplatten. Dabei sind Wärmeverluste in der Energiebilanz zu berücksichtigen. Zur direkten Heizung kommen je nach Anwendungsfall externe Heizgeräte für Öl, Wasser oder Dampf und Regelgeräte für eine elektrische Heizung (Heizpatronen oder -manschetten) zum Einsatz. Öl und Wasser müssen verwendet werden, wenn geheizt und gekühlt werden muss.

Insbesondere bei SMC hat die Werkzeugtemperatur einen erheblichen Einfluss auf die Qualität der Bauteile, die Zykluszeit und ebenfalls auf die Lebensdauer der Werkzeuge. Aufgrund der hohen Passgenauigkeit der Tauchkanten ist eine ausgeglichene Temperaturverteilung im Werkzeug eine zwingende Voraussetzung [5].

Die Anordnung der Heiz- und Kühlbohrungen bzw. die Auswahl und Dimensionierung der elektrischen Heizelemente erfordert Erfahrung bei der Konstruktion und beim Werkzeugbau. Zur thermischen Auslegung sind heute Rechenmodelle für:

- dreidimensionale Wärmeströme,
- temperatur- und zeitabhängige Stoffwerte,
- schwer zu erfassende Randbedingungen,
- Wärmebilanz [6] verfügbar.

Mit Hilfe von FEM-Berechnungen können die Lage der Heizbohrungen und Anordnung der Temperierkanäle optimal bemessen und positioniert werden [5].

Die vollständige Isolierung der Werkzeugaußenseiten und die Verwendung spezieller temperaturbeständiger und druckfester Isolierplatten dienen der Minimierung der Energiekosten und verhindern eine unzulässige Erwärmung des Aufspanntischs von Presse oder Spritzgießmaschine.

17.2.1.5 Konstruktion und Maßgenauigkeit

Die Kosten für Konstruktion und Fertigung von Presswerkzeugen sind aufgrund ihrer Größe und Komplexität und der eng tolerierten Tauchkanten [1] sehr hoch. Dies gilt ebenfalls für notwendige spätere Änderungen [3]. In der Konstruktion kommen Computersoftware für CAD (2D- und 3D-CAD/CAM-Systeme), FEM, Fließsimulation und thermodynamische Berechnungen zum Einsatz. Mit modernen Simulationsprogrammen können folgende Vorteile für den Entwicklungsprozess erreicht werden [1]:

- Erkennen von Problemen bei der Herstellung und Problemzonen bei der Werkzeugfüllung, Änderungen der Werkzeuggeometrie, noch bevor die eigentliche Herstellung des Werkzeugs begonnen hat,
- Verkürzung der Entwicklungszeiten durch das Einsparen von Prototypenwerkzeugen,
- optimale Ausnutzung der Materialeigenschaften, exaktes Dimensionieren,
- Simulation des gesamten Fertigungsablaufs zur Kostenkalkulation.

Um die geforderte Maßgenauigkeit des fertigen Bauteils gewährleisten zu können, spielt die Dimensionierung der Werkzeugkonstruktion eine entscheidende Rolle. Folgende Aspekte müssen beachtet werden:

- Schwindung des Kunststoffs beim Aushärten oder Abkühlen (unterschiedliche Wanddicken, Volumenschwindung, Fertigungsschwankungen),
- Fließfrontbewegung und -verlauf,
- Verformungsverhalten des Werkzeugs [6] unter maximaler Presskraft und Werkzeuginnendruck (mehrfach statisch unbestimmte Systeme, FEM-Berechnung zur Auslegung erforderlich),
- Verformungsverhalten des Werkzeugs unter Temperatureinfluss (Wärmeausdehnung),
- allgemeine Toleranzen im fertigen Bauteil (Maßgenauigkeit, Formenverschleiß),
- zulässige Toleranzen bei der eigentlichen Fertigung des Werkzeugs (Härteverzug, mech. Bearbeitung).

Für die Herstellung von Fließpressbauteilen mit hoher Genauigkeit und engen Toleranzen sind Pressen mit präziser elektronischer Regelung für Kraft, Geschwindigkeit und Lage entwickelt worden und erfolgreich im Einsatz.

17.2.2 Werkzeugstähle für den Formenbau

Neben der Verwendung der üblichen Standard- bzw. Sonderstähle und Leichtmetalle kommt besonders der nachträglichen Wärme- und Oberflächenbehandlung eine große Bedeutung zu [3].

Verschleiß durch hohe Fließgeschwindigkeiten oder abrasive Füllstoffe (Glasfasern, Mineralstoffe, Farbpigmente) und Korrosion (PVC, PPS, mit Flammschutzmitteln ausgerüstete Produkte) und die damit verbundenen Ausfallzeiten und Nacharbeitungszeiten für Reparaturen verursachen laufend hohe Kosten. Oberflächenbehandlungen können Verschleiß und Korrosion erheblich reduzieren [7]. Harte Oberflächen schützen vor Verschleiß bei GF- und CF-verstärkten Kunststoffen während der Fließvorgänge und bei hohen Innendrücken.

Ausreichend dimensionierte Entformungsschrägen und eine gute Politur begünstigen das bessere Entformen [3]. Eine zusätzliche Hartverchromung ist hierbei empfehlenswert, sie schützt die Politur zusätzlich vor chemischem Angriff.

17.2.3 Oberflächenstrukturierung

Kunststoffformteile nehmen entsprechend der Natur der Matrix und den Verarbeitungsbedingungen die Oberflächenstruktur der Werkzeuge an [8]. Polierte Werkzeuge erzeugen glatte Teileoberflächen, haben aber den Nachteil, dass sämtliche chemischen oder physikalischen Vorgänge im Kunststoff aufgrund der Pressvorgänge (Einlegebereiche bei GMT/LFT, Fließbereiche etc.) und Härtungsreaktionen als unerwünschte Oberflächeneffekte sichtbar werden können.

Um die in Kapitel 13 diskutierte Problematik der sog. „Class-A"-Oberflächenqualität zu umgehen, bietet sich die Möglichkeit zur Gestaltung dekorativer Oberflächen an Kunststoffbauteilen im Sichtbereich über das Werkzeug an. Weit verbreitet ist dabei das chemische Strukturieren von Metalloberflächen mittels Behandlung im Säurebad. Hierfür wird eine säurefeste Schicht als Musterträger für das spätere Strukturbild aufgetragen [9]. Neben der gewünschten Oberflächennarbung stehen ästhetische Aspekte im Vordergrund. Kleinere Oberflächenfehler, die beim Formungsprozess entstehen, werden verdeckt, die Oberfläche des Werkzeugs wird unempfindlicher gegen Kratzer.

■ 17.3 Spritzgießen

Ebenso wie Presswerkzeuge bestehen Spritzgießwerkzeuge (Thermoplastspritzformen) aus zwei Hälften, von denen eine Hälfte des Angusssystems mit einer oder mehreren Düsen (Heißkanal-Spritzgießwerkzeuge) ausgerüstet ist. In der Kernseite ist das Auswerfersystem (Stiftauswerfer, Abstreifplatten, Pilzauswerfer oder Luftauswerfer) untergebracht. Auf die Einarbeitung von Tauchkanten kann verzichtet werden, da die Abdichtung der Kavität über die Trennfläche vor dem eigentlichen Einspritzzeitpunkt erfolgt.

Mehrfachwerkzeuge mit zwei oder mehreren Fächern werden dann eingesetzt, wenn die geforderte Stückzahl, die Gestalt der Teile, aber auch die Auslegung der Spritzgießmaschine (Zuhaltekraft, Verflüssigungsleistung) dies zulassen [3].

■ 17.4 Wickeltechnik

Bei den Wickelverfahren kommen als Kerne für kleinere Durchmesser meist zylindrische Stahlrohre mit geschliffener oder polierter Oberfläche zum Einsatz, die in bestimmten Fällen zusätzlich eine leichte Konizität zur besseren Entformung aufweisen können. Bei Rohren mit größerem Durchmesser und Zylindern für großvolumige Behälter verwendet man hierzu demontierbare Kerne. Aus anlagentechnischen Gründen ist die Kernlänge meist auf 6 m begrenzt. Bei kleineren Behältern, insbesondere für höhere Drücke, verwendet man auch sogenannte verlorene Kerne, die als Liner im Behälter verbleiben und zusätzliche Funktionen wie besondere chemische Beständigkeit oder Diffusionsdichtigkeit bewirken. Sie können z. B. aus tiefgezogenen und geschweißten Aluminium-Schalen bestehen oder als Blasformteile aus Thermoplasten hergestellt werden. Alle Kerne als einseitige Werkzeuge erlauben eine sehr gute Qualität der inneren Oberfläche der Rohre bzw. Behälter, sie entspricht der Oberflächengüte des Kerns.

■ 17.5 Pultrusionsverfahren

Bei dem Pultrusionsverfahren zur Herstellung von Endlosprofilen besteht das Werkzeug aus einer Düse, die den aus dem Tränkbad kommenden, harzgetränkten Faserstrang in das gewünschte Profil überführt. In dem leicht konischen Einlaufbereich wird die noch vorhandene Luft aus dem Strang gegen die Durchlaufrichtung ausgetrieben und ein konstanter Harzgehalt sichergestellt. In vielen Fällen wird das gesamte Werkzeug auf einem Heiztisch montiert und mit konstanter Temperatur betrieben. Es werden aber auch Werkzeuge mit einer Heiz- und Kühlzone verwendet, welche die Aushärtung und Kalibrierung bewirken. Die Werkzeuge können mehrteilig aufgebaut sein. Für alle Hohlprofile müssen die Werkzeuge einen entsprechenden Dorn aufweisen, der die Innenkontur bestimmt. Die Werkzeuge bestehen aus Stahl und sind poliert. Weitergehende ausführliche Details finden sich in [10].

Die Abmessungen der so erzeugten Profile können bis zu 1500 × 500 mm bei Wanddicken von mehreren Zentimetern betragen. Dabei werden die Fasern nicht mehr nur als Rovings, sondern in Form von Bändern aus Matten bzw. Geweben eingezogen.

▪ 17.6　Harzinjektionsverfahren

Die Vielfalt der Verfahrensvarianten bei der Harzinjektion bildet sich auch in den Optionen der Gestaltung entsprechender Formwerkzeuge ab. Sie gleichen sich zudem in ihren Grundfunktionen. Dies sind die Kompaktierung der Verstärkungshalbzeuge und die Konturgebung der Bauteile bis zur Aushärtung und Entformung. Weiterhin muss das Werkzeug es ermöglichen, die Kavität zu entlüften.

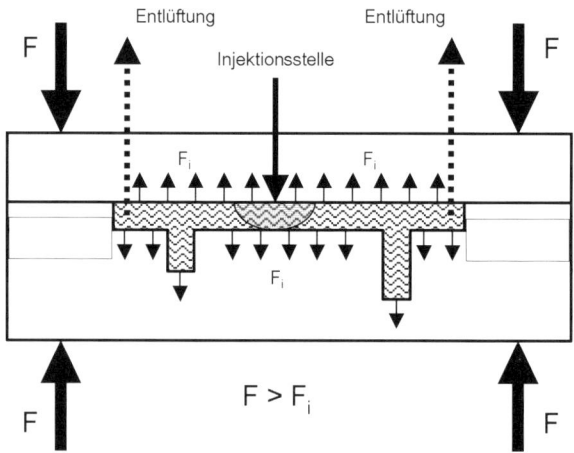

Bild 17.2 Geschlossenes RTM-Formwerkzeug (Resin Transfer Molding)

In Bild 17.2 sind diese Grundfunktionen eines geschlossenen RTM-Werkzeugs schematisch dargestellt. Bei diesem Werkzeug aus Ober- und Unterform muss die Kraft F zum Kompaktieren der Verstärkungslagen von außen auf die Form aufgebracht werden. Zudem muss die Zuhaltekraft auch die Form gegen den Innendruck des Harzes geschlossen halten. Darum ist bei der Auslegung des Werkzeugs und der Zuhaltevorrichtung zu gewährleisten, dass die Zuhaltekraft F stets größer ist als die maximale im Werkzeug vorherrschende resultierende Gesamtkraft F_i. Eine wichtige Hilfestellung kann hier durch die Prozesssimulation erreicht werden.

Bei den Vakuumsackverfahren (z. B. SCRIMP® oder DPRTM) erfolgt die Kompaktierung allein durch den Umgebungsluftdruck. Hierdurch vereinfachen sich die Werkzeuge erheblich, da ihre Hauptaufgabe nur noch in der Konturgebung besteht.

Ein großer Vorteil dieser Verfahren ist weiterhin, dass man Verteilerschichten einsetzen und somit das Bauteil sehr schnell injizieren kann, Bild 17.3, s.a. Abschnitt 11.3.4 (SCRIMP®-Verfahren).

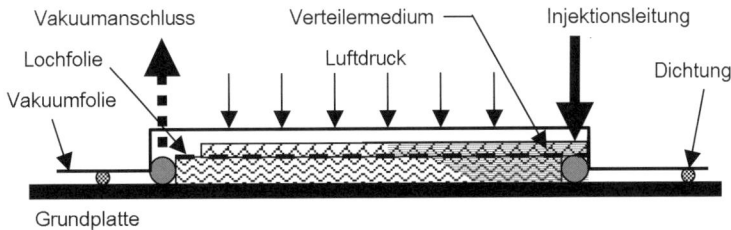

Bild 17.3 Ebenes Werkzeug für Vakuuminjektionsverfahren

Bei der in Bild 17.4 gezeigten Variante erhält man ein Bauteil mit definierter Unterseite und Seitenkontur. Hierbei werden ebenfalls Verteilerlagen eingesetzt.

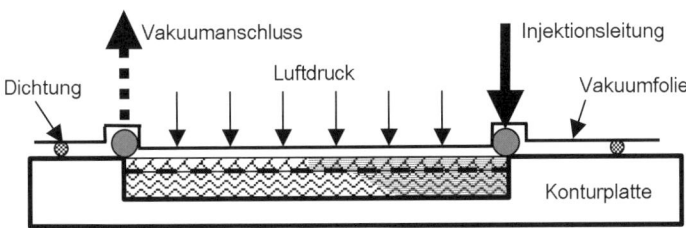

Bild 17.4 Werkzeug mit definierter Außenkontur (Vakuumverfahren)

Durch die vielfältigen Werkzeugvarianten lassen sich mit einfachen Mitteln auch relativ komplexe Bauteile kostengünstig herstellen.

Muss hingegen auf geschlossene Formen zurückgegriffen werden, sind bei der Werkzeugkonstruktion einige grundlegende Regeln zu beachten. Zum Entformen wird hier eine Entformungsschräge benötigt. Diese sollte bei senkrechten Flächen, die höher als 5 mm bis 10 mm sind, mindestens 2° bis 5° betragen. Weiterhin ist auf eine optimale Abdichtung der Kavität zu achten, damit es nicht zu einer Verklebung der Werkzeugteile kommt. So können Beschädigungen des Werkzeugs beim Entformen vermieden werden. Je nach eingesetztem Harzsystem ist eine Beheizung oder Kühlung der Form vorzusehen.

In Bild 17.5 sind die wesentlichen Bestandteile eines RTM-Werkzeugs am Beispiel eines Plattenwerkzeuges dargestellt, bei dem ein austauschbarer Kavitätsrahmen es erlaubt, die Kavitätshöhe zu verändern.

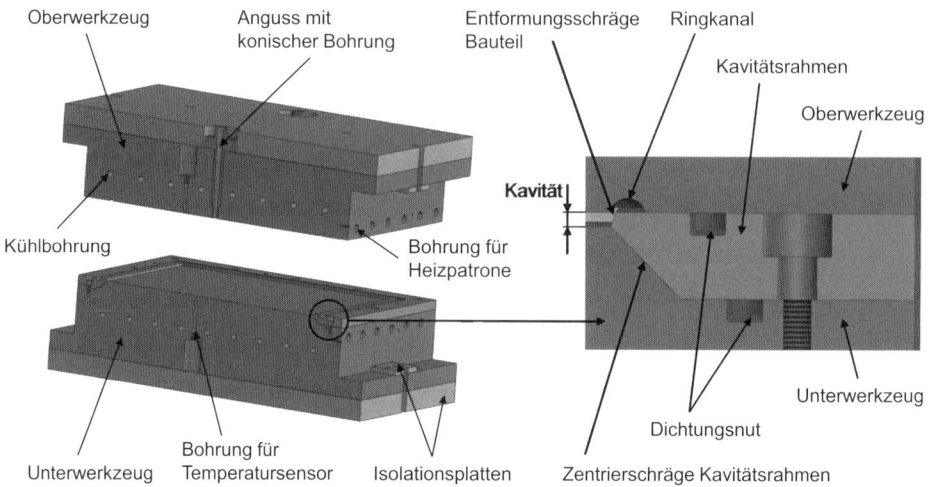

Bild 17.5 Prinzipieller Aufbau eines RTM-Plattenwerkzeugs *(links)* und Detailansicht des Kavitätsrahmens *(rechts)*

Auch bei den Angussarten unterscheiden sich die Werkzeuge in ihrer Komplexität. Die einfachste Angussart ist der Punktanguss, bei dem durch Bohrungen das Harz direkt an einer oder mehreren Stellen in die Verstärkungsstruktur injiziert wird. Technisch aufwendiger sind die anderen Angussarten. Hierbei handelt es sich um Linienangüsse, deren Vorteil die Erzielung kürzerer Injektionszeiten ist.

Die Konstruktion eines Werkzeuges für die Harzinjektionsverfahren richtet sich daher immer nach dem jeweiligen Injektionsverfahren und danach, welcher Aufwand für die konkrete Anwendung gerechtfertigt bzw. nötig ist.

In Bild 17.6 und Bild 17.7 ist ein komplexes Werkzeug für das Harzinjektionsverfahren dargestellt.

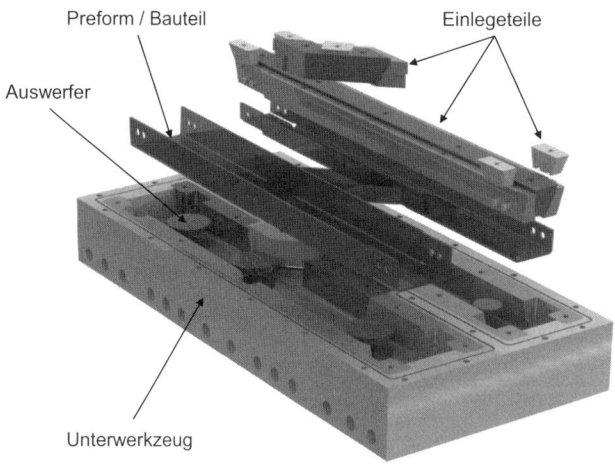

Bild 17.6
3D-CAD Modell eines
RTM-Werkzeugs

Bild 17.7
RTM-Werkzeug mit eingelegter
Verstärkungsstruktur (BMBF-
Projekt „Pro Preform RTM")

Für eine präzise und reproduzierbare Führung des Harzinjektionsprozesses und dessen Überwachung im Hinblick auf Qualitätssicherung lassen sich in Harzinjektionswerkzeuge neben den üblichen Druck- und Temperatursensoren auch solche für die Detektion des Fließfrontfortschritts und der Aushärtung integrieren. Hierbei können kapazitive Punkt- oder Liniensensoren oder Ultraschallsensoren eingesetzt werden. Diese erlauben es, punktuell das Erreichen der Fließfront an diskreten Orten im Werkzeug zu detektieren oder im Falle der Liniensensoren das Fortschreiten der Injektion kontinuierlich zu erfassen. Mit Hilfe dieser Sensordaten lassen sich über eine entsprechende Regelungstechnik automatisierte Anpassungen der Prozessparameter während des Injektionsvorgangs realisieren. Diese aktiven Eingriffsmöglichkeiten schaffen neue Freiheiten in der Prozessführung und -überwachung komplexer Harzinjektionsprozesse.

■ 17.7 Spezielle Werkzeugkonzepte

17.7.1 Prototypen- und Aluminium-Formwerkzeuge

Für Vorversuche kommen in kurzer Zeit herzustellende Werkzeuge aus hochfestem Modellholz, Kunstharz, Schwermetalllegierungen, Aluminium und niedrig legierten Stählen je nach Stückzahlen oder Komplexität des Bauteils zum Einsatz [4]. Der Vorteil ist, dass Teile seriennah gefertigt werden können. Die einzubauenden Musterteile stehen schnell zur Verfügung, und es können bereits Erkenntnisse für die spätere Serienfertigung gewonnen werden.

Mit der Weiterentwicklung der Zerspanungstechnik und der Verfügbarkeit entsprechend leistungsfähiger Maschinen werden heute Prototypenwerkzeuge und solche für Vorserien auch direkt aus massiven Aluminiumblöcken spanend hergestellt. Hierbei verbinden sich die Vorteile der niedrigen Dichte und der Korrosionsbeständigkeit der Aluminiumlegierungen mit den im Vergleich zu Stählen wesentlich höheren Schnittgeschwindigkeiten und gleichzeitig langen Standzeiten der Werkzeuge.

Bei der Konstruktion von Aluminium-Formwerkzeugen müssen gegenüber dem Einsatz von Stahl folgende Wechselwirkungen berücksichtigt werden:

- Niedrigerer E-Modul: Durchbiegung, Druckverhältnisse, Flächendruck
- Größere Wärmeausdehnung: Bei Werkstoffpaarungen, wenn Düsen, Führungsbuchsen, Schieber, Tauchkanten aufgrund hoher Belastungen aus Stahl gefertigt werden müssen
- Standzeit: Schonendere Behandlung beim Entformen, höherer Verschleiß beim Verpressen von FKV-Halbzeugen

Vorteile ergeben sich durch die bessere Wärmeverteilung, kürzere Aufwärm- und Abkühl- und damit kürzere Taktzeiten.

17.7.2 Formenbau mit FKV

Die Vorgehensweise beim Herstellen von Formwerkzeugen aus faserverstärkten Kunststoffen unterscheidet sich nicht wesentlich von der Herstellung entsprechender Bauteile. Bedingt durch die Vielfalt der verschiedenen Formbauverfahren und -werkstoffe ist ausreichende handwerkliche Erfahrung notwendig, um eine Form zu realisieren, die den qualitativen Anforderungen an das spätere Bauteil genügt.

Ein Universalverfahren für die Herstellung einer Kunststoffform gibt es nicht. Vielmehr müssen jeweils auf den speziellen Anwendungsfall zugeschnittene Lösungen gefunden werden. Dabei wird zur Herstellung der Form meist ein Entwurfs- oder Urmodell benötigt.

Aufgrund der schon angeführten Weiterentwicklung der Zerspanungs- und Oberflächentechnik kommt dem FKV-Formenbau für kleinere Bauteile heute nur noch eine begrenzte wirtschaftliche Bedeutung zu.

Für die Fertigung von Bauteilen aus CFK kann als Ersatz zum kostenintensiven Werkstoff Invar auf Formen aus CFK zurückgegriffen werden. Aufgrund der gleichen Materialpaarung kommt es dabei nicht zur unterschiedlichen Wärmedehnung während der Fertigung, die die Maßhaltigkeit negativ beeinflussen würden.

Ebenfalls gebräuchlich sind beheizbare Formen aus faserverstärkten Kunststoffen. Dazu werden Heizleiter einlaminiert oder direkt die Kohlenstofffasern der Form als Heizleiter verwendet.

17.7.3 Formen für großflächige Teile

Für die Herstellung von Teilen mit großen Abmessungen im Boots- oder Flugzeugbau kommen Faser-Kunststoff-Verbunde nach wie vor zum Einsatz. Der Aufbau der Fertigungsmittel besteht im Allgemeinen aus einer Tragstruktur aus Stahl oder Holz, auf der die formgebenden Schalen befestigt sind. Diese Schalensegmente können ebenfalls aus Holz, Metallblechen oder auch aus faserverstärkten Kunststoffen angefertigt sein. Sie entstehen oftmals als Abformung von einem Urmodell (z. B. Rotorblätter). Die Werkzeuge besitzen glatte Oberflächen und sind mit Trennlacken versiegelt, zusätzlich erleichtern Trennmittel das Entformen der Bauteile.

Hierbei handelt es sich in der Regel um Nasslaminate (Handlaminate, Faserspritzen) oder um Harzinfusionsverfahren. So werden heute Bootsrümpfe oder Rotorblätter für Windkraftanlagen mit einer Länge von 30 bis 50 m und darüber gefertigt. Bauteile aus Duromerprepregs werden mitsamt der Form und dem kompletten Vakuumaufbau in Autoklaven ausgehärtet.

Die Herstellung von großen Flugzeugteilen (z. B. Seitenleitwerke) mithilfe derartiger Formen ist Stand der Technik. Als ein Beispiel für großflächige Bauteile kann die Herstellung der Klebevorrichtung für die CFK-Kalotte des hinteren Druckspants im Airbus A 380 dienen, Bild 17.8.

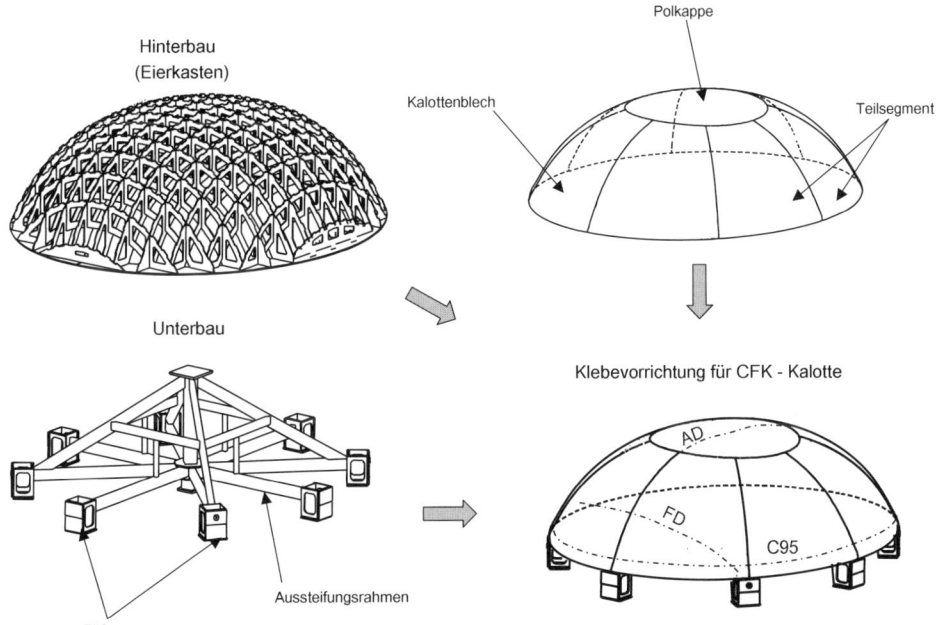

Bild 17.8 Klebevorrichtung für CFK-Kalotte [Bildquelle: Airbus Deutschland GmbH]

Man erkennt den Hinterbau, der die Kalotten-Formschale trägt und gleichzeitig durch einen Unterbau mit Aussteifungsrahmen gestützt wird. Der Aufbau des CFK-Laminates erfolgt mit Textilgelegen, die im Autoklavprozess über Harzfilme imprägniert werden. Die Durchmesser der elliptischen Kalotte betragen 4,6 m bzw. 6,2 m, die Werkzeugabmessungen 7,0 m × 7,30 m.

Ein grundsätzlicher Nachteil derart großer Formen ist, dass die Masse der Bauteile im Verhältnis zu der der Stahlwerkzeuge im Bereich von lediglich 0,1 % bis 0,2 % liegt. Damit sind die Fertigungsmittel nur noch sehr aufwendig handhabbar und beeinflussen aufgrund ihrer großen Wärmekapazität wesentlich die Verarbeitungsprozesse. Aus diesem Grund bietet sich auch ein verstärkter Einsatz von Fertigungsmitteln aus CFK an.

17.7.4 Schlauchblas-Werkzeuge

Zur Herstellung komplex geformter Hohlstrukturen, wie etwa Tennisschlägern oder Fahrradrahmen, kann das Schlauchblasverfahren eingesetzt werden. Der nötige Pressdruck wird dabei nicht von außen, sondern von innen durch einen innenliegenden flexiblen Schlauch aufgebracht. Um den, der Geometrie angepassten Schlauch herum werden die Fasern platziert und mittels eines statischen Überdrucks im Schlauch gegen ein äußeres formgebendes Werkzeug gepresst. Der Überdruck stellt dabei die Kompaktierung der Fasern und den Prozessdruck sicher. Werkzeuge für das Schlauchblasverfahren müssen daher druckstabil sein, um die Kräfte vom Innendruck aufzunehmen. Zumeist werden die Werkzeuge aus zwei Hälften zusammengesetzt, wobei für komplexe Geometrien und Hinterschneidungen mehrteilige Werkzeuge mit Schiebern und Einsätzen verwendet werden, Bild 17.9. Um die Prozesstemperatur einzustellen, verfügen die Werkzeuge häufig über integrierte Heizer. Geeignet ist das Schlauchblasverfahren für die Verarbeitung von duroplastischen oder thermoplastischen Prepregs, handlaminierten Textilien und für Harzinjektionsverfahren. Je nach Temperaturbereich kommen daher unterschiedliche flexible Materialien für die Schläuche, wie etwa Silikon oder Polyimid-Folien, zum Einsatz. Die Bestückung des Werkzeugs kann von innen nach außen oder von außen nach innen erfolgen. Werden zunächst die Fasern auf den Werkzeughälften platziert, muss beim Schließen darauf geachtet werden, dass die Fasern sich wie gewünscht überlappen. Alternativ können die Fasern auch auf dem Kern platziert werden, wodurch die Problematik des Überlappens beim Schließen entfällt. Die nötige Stabilität und Lage des Schlauchs kann mit verlorenen Kernen, z. B. aus Wachs, sichergestellt werden.

Bild 17.9 Schlauchblas-Werkzeug [Bildquelle: Canyon Bicycles GmbH]

17.7.5 Variotherme Werkzeuge

Typische Werkzeugtemperierungen arbeiten isotherm, sprich bei einer konstant gehaltenen Werkzeugtemperatur, oder können die Werkzeugtemperatur nur über Zeiträume von einigen Minuten signifikant verändern. Der Grund dieser geringen Heiz- und Kühlraten liegt bei den großen Wärmekapazitäten der Werkzeuge in Verbindung mit den geringen Leistungen der Temperiergeräte oder elektrischen Heizern. Demgegenüber stehen die in den letzten Jahren verstärkt aufkommenden variothermen Werkzeugtechnologien, die die Werkzeugoberflächen dynamisch mit mehreren Kelvin pro Sekunde heizen und kühlen können [11], [12], [13]. Zum Einsatz kommen variotherme Werkzeuge beim Spritzgießen und zunehmend auch beim RTM- oder Pressverfahren.

Es existieren unterschiedliche variotherme Technologien, die sich jedoch alle nach einem Grundgedanken richten: die Heiz- und Kühlleistung nur dort zu konzentrieren, wo sie für eine schnelle und effektive Temperierung der formgebenden Kavität benötigt wird. Normalerweise wird daher eine Trennung in einen variothermen Teil rund um die Kavität und einen davon thermisch isolierten Unterbau, der Hilfsfunktionen wie die Führung oder die Aufspannpunkte enthält, vorgenommen.

Das Unterscheidungsmerkmal der variothermen Technologien sind die eingesetzten Heizquellen. Die am weitesten verbreitete Technologie zur schnellen Temperierung auf zwei (oder mehr) Temperaturniveaus ist die Verwendung einer Fluidtemperierung mit zwei (oder mehr) getrennten Fluidkreisläufen: einem warmen und einem kalten. Zum Heizen wird aus einem Speicher warmes Wasser, Dampf oder Öl zum Werkzeug geleitet. Das Fluid zirkuliert möglichst nahe unter der Kavitätsoberfläche, um nur wenig thermische Masse vom Werkzeug mit zu heizen. Zum Kühlen wird auf den zweiten, kalten Kreislauf umgeschaltet. Typische Heiz- und Kühlraten von Fluidtemperierungen liegen im Bereich bis ca. 4 K/s bei Temperaturen bis ca. 220 °C [14].

Für eine schnelle Temperierung ist ein geringer Abstand zwischen der Kavität und den vom Fluid durchflossenen Kanälen wichtig. Bei komplexen Geometrien werden die Kanäle nicht gebohrt, sondern konturgefräst und mit einem Deckel verschlossen oder durch selektives Lasersintern (Rapid Tooling) zusammen mit dem Werkzeug generiert.

Einen anderen Weg geht das Konzept der Firma Quickstep GmbH, das gänzlich auf Kühlkanäle verzichtet, Bild 17.10. Das formgebende untere Werkzeug ist ein dünnwandiges Blech. Das obere Werkzeug ist eine dünnwandige flexible Membran. Das Fluid strömt direkt an den Rückseiten des dünnwandigen Werkzeugs und der Membran, sodass die Wege der Wärmeleitung besonders kurz sind. Der nötige Pressdruck wird über das Fluid aufgebracht [15].

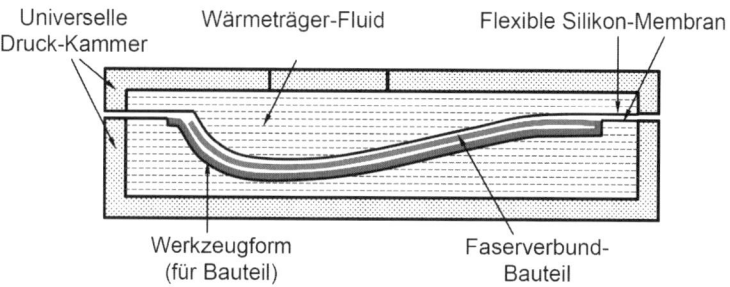

Bild 17.10 Variothemes Werkzeugkonzept mit Fluidtemperierung
[Bildquelle: Firma Quickstep GmbH]

Alternativ zur gängigen Fluidtemperierung können für höhere Heizleistungen oder Temperaturen in das Werkzeug andere Heizquellen wie Infrarotstrahlung, Induktionsheizung oder keramische Widerstandsheizelemente [16] eingesetzt werden.

Die Heizquellen werden je nach ihrer Anordnung in interne und externe Heizquellen unterschieden. Interne Heizquellen sind im Werkzeug fest eingebaut und können zu jedem Zeitpunkt eingeschaltet werden. Verwendet werden keramische Heizelemente oder fest eingebaute Induktoren für die Induktionsheizung. Externe Heizquellen, wie beispielsweise Induktionsspulen oder Infrarotstrahler, sind außerhalb des eigentlichen Werkzeugs beweglich gelagert und werden nur zum Heizen in das geöffnete Werkzeug eingefahren. Auf diese Weise wird gezielt nur die Kavitätsoberfläche geheizt. Nachteilig ist jedoch, dass die Temperaturverteilung bei komplexen Geometrien ungleichmäßig ist und nach dem Schließen des Werkzeugs die Temperatur nicht weiter erhöht werden kann.

Aufgrund der sehr hohen Flächenleistung und der Wärmeerzeugung direkt auf oder im geringen Abstand zur Kavitätsoberfläche, lassen sich aktuell Heizraten bis ca.

30 K/s erreichen und Temperaturen bis ca. 400 °C erzielen. Zur Wärmeabfuhr wird ein von der integrierten Heizung unabhängiger kalter Fluidkreislauf benötigt. Dementsprechend müssen im Werkzeug neben den Heizquellen auch Kühlkanäle vorgesehen werden.

Im Bereich der Verbundwerkstoffe sind induktiv beheizte Werkzeuge am häufigsten zu finden (Bild 17.11). Dabei erfolgt die Induktionsheizung über sehr starke Wirbelströme im ferromagnetischen Stahl, die durch elektromagnetische Induktion erzeugt werden. Aufgrund des elektrischen Widerstands des Stahls wird die Energie der Wirbelströme in Wärme umgewandelt. Die berührungslose Energieübertragung lässt hohe Energiedichten zu.

 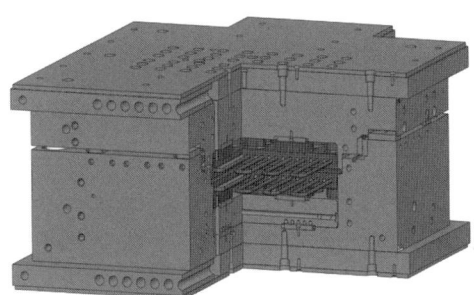

Bild 17.11 Variothermes Werkzeug mit integrierter Induktionsheizung und Schnittansicht im CAD

Literatur

[1] Arbeitsgemeinschaft Verstärkte Kunststoffe – Technische Vereinigung e. V. (AVK-TV), Composites-Marktbericht 2013 – Marktentwicklungen, Trends, Ausblicke und Herausforderungen, September 2013

[2] *Bucksch, W.:* Presswerkzeuge in der Kunststofftechnik, Springer, 1962

[3] *Mennig, G.:* Werkzeugbau für die Kunststoffverarbeitung, Hanser, München, 2008 (5. Auflage)

[4] *Meinert, H.-D.:* Anlagentechnik: Aufheizen, Pressen, Nachbearbeitung, Werkzeuge, AVK-Tagung, Sept. 1993

[5] *Benkler, H.:* Instationäre Temperaturberechnungen an SMC-Werkzeugen, Kunststoffe 76 (1986) 3, S. 221–223

[6] *Höfer, K.; Cherek, H.; Reichstein, H.:* Pressverfahren und Auslegung von Presswerkzeugen, IKV-Kolloquium, Aachen, 1984/12, S. 431–461

[7] *Thienel, P.; Saß, R.:* Oberflächenbehandlungen von Spritzgießwerkzeugen, Kunststoffe 81 (1991) 7, S. 591–602

[8] GMT glasmattenverstärkte Thermoplaste – Oberflächengestaltung von GMT-Teilen, überarbeitetes Informationsblatt 1.3 der Arbeitsgruppe GMT, AVK-TV, 1995

[9] Technische Informationen zur Oberflächen-Strukturierung, Standex International GmbH, Mold-Tech, Informationsbroschüre, 2002

[10] *Wilson, B. A.:* In: Handbook of Composites, Pultrusion, Chapman & Hall, London, 1998, pp. 488 – 524

[11] *Giessauf, J.; Pillwein G.; Steinbichler, G.:* Die variotherme Temperierung wird produktionstauglich, Kunststoffe, pp. 87 – 92, Heft 8, 2008

[12] Gesellschaft Wärme Kältetechnik mbH, „www.gwk.com," 10.07.2013, Online. Available: http://www.gwk.com/_pdf/prospect/integrat-evolution_en.pdf, Zugriff am 10.07.2013

[13] Werkzeugbau Siegfried Hofmann GmbH, Hochglanzoberflächen ohne Bindenähte mit Variotherm®, R. Weißmann und H. Günter, Hrsg., Lichtenfells, 2013

[14] *Mitschang, P.; Grebel, K.:* Zykluszeitverkürzung bei der Verarbeitung von FKV durch den Einsatz variothermer Werkzeuge, Carbon Composites Fachtagung, Augsburg, 2012

[15] *Griffiths, B.; Noble, N.:* Process and Tooling for Low Cost, Rapid Curing of Composites Structures, Sampe Journal, Vol. 40 No 1, 2004

[16] *Deckert, M. H.:* Beitrag zur Entwicklung eines hochdynamischen variothermen Temperiersystems für Spritzgießwerkzeuge, Chemnitz, Technische Universität, Diss., 2012

Weiterführende Literatur

Henning, F.; Moeller, E. (Hrsg.): Handbuch Leichtbau – Methoden, Werkstoffe, Fertigung, Carl Hanser Verlag, München Wien, 2011

Handbuch Faserverbund-Kunststoffe: Industrievereinigung Verstärkte Kunststoffe e.V. (Hrsg.), 3. Auflage 2010, Vieweg + Teubner

Baur, E. S.; Osswald, N.; Rudolph, H. J.; Saechtling, S.; Brinkmann, T. A.; Schmachtenberg, E. (Hrsg.): Saechtling Kunststoff Taschenbuch, 31. Auflage, Carl Hanser Verlag, München Wien, 2013

Gutowski, T. G.: Advanced Composites Manufacturing, John Wiley, New York, 1997

Åström, B. T.: Manufacturing of Polymer Composites, Chapman and Hall, London, 1997

Peters, S. T.: Handbook of Composites, Chapman and Hall, London, 1998

Ageorges, C.; Ye, L.: Fusion Bonding of Polymer Composites, Springer, London, 2002

Schürmann, H.: Konstruieren mit Faser-Kunststoff-Verbunden. Springer-Verlag, Berlin Heidelberg, 2007

Flemming, M.; Roth, S.: Faserverbundbauweisen. Eigenschaften: Mechanische, konstruktive, thermische, elektrische, ökologische, wirtschaftliche Aspekte. Springer-Verlag, Berlin, 2003

Wiedemann, J.: Leichtbau: Elemente und Konstruktion. Springer-Verlag, Berlin, 2006

Ehrenstein, G. W.: Polymer-Werkstoffe: Struktur – Eigenschaften – Anwendung, Hanser Verlag München Wien, 2011

Ehrenstein, G. W.; Riedel, G.; Trawlei, P.: Praxis der Thermischen Analyse von Kunststoffen, Hanser Verlag, München Wien, 2003

Michaeli, W.: Einführung in die Kunststoffverarbeitung, Hanser Verlag, München Wien, 2010

Cherif, Ch. (Hrsg.): Textile Werkstoffe für den Leichtbau: Techniken – Verfahren – Materialien – Eigenschaften, Springer-Verlag, Berlin Heidelberg, 2011

Gries, T.; Veit, T.; Wulfhorst, B.: Textile Fertigungsverfahren: Eine Einführung. Hanser-Verlag, München Wien, 2014

Die Autoren

■ Herausgeber

Prof. Dr.-Ing. Manfred Neitzel

Prof. Dr.-Ing. Manfred Neitzel, geb. 1934, studierte Maschinenbau und promovierte 1965 an der Technischen Universität Hannover. Ab 1969 war er bei der BASF tätig, wo er eine Arbeitsgruppe im Bereich Forschung Verbundwerstoffe aufbaute. Nach 21 Jahren Industrietätigkeit wurde er 1990 zum Geschäftsführer des Instituts für Verbundwerkstoffe GmbH bestellt und baute das Institut Schritt für Schritt mit großem Erfolg zu einem bedeutenden Partner für Wirtschaft und Wissenschaft aus. 1992 wurde er als apl-Professor an die TU Kaiserslautern berufen. Ende 2002 schied er aus dem Institut aus, um seinen wohlverdienten Ruhestand anzutreten.

Prof. Dr.-Ing. Peter Mitschang

Prof. Dr.-Ing. Peter Mitschang, geb. 1960, studierte Maschinenbau und promovierte 1990 an der Universität Kaiserslautern. Nach 9 Jahren Industrietätigkeit trat er 1996 in die Institut für Verbundwerkstoffe GmbH ein. Seit 1999 leitet er als Technisch-Wissenschaftlicher Direktor die Abteilung Verarbeitungstechnik und wurde 2010 zum Universitätsprofessor (W3) für „Verarbeitungstechnik der Faser-Kunststoff-Verbunde" an die Technische Universität Kaiserslautern berufen. Die Forschungsinteressen von Herrn Mitschang liegen im Bereich der Herstellung und Verarbeitung kontinuierlich faserverstärkter Polymere.

Prof. Dr.-Ing. Ulf Paul Breuer

Prof. Dr.-Ing. Ulf Paul Breuer, geb. 1968, studierte Maschinenbau in Darmstadt und Kaiserslautern. 1997 promovierte er an der TU Kaiserslautern. Nach 13 Jahren Industrietätigkeit, zuletzt als Vorentwicklungsleiter Struktur im Führungskreis bei Airbus in Toulouse, erhielt er 2010 einen Ruf auf die W3 Professur „Verbundwerkstoffe" an die Technische Universität Kaiserslautern und übernahm gleichzeitig die Geschäftsführung des Instituts für Verbundwerkstoffe. Seine besonderen Forschungsinteressen gelten fortschrittlichen und multifunktionalen Flugzeugstrukturen.

■ Mitverfasser

Institut für Verbundwerkstoffe

Matthias Arnold

Dr.-Ing. Thomas Bayerl

Markus Brzeski

Marcel Christmann

Dr. Miro Duhovic

Holger Franz

Karsten Grebel

Timo Grieser

Dr. Martin Gurka

Klaus Hildebrandt

Dr.-Ing. habil. Norbert Himmel

René Holschuh

Martina Hümbert

Dennis Maurer

Dr.-Ing. Luisa Medina

Jens Mack

Michael Päßler

Uwe Schmitt

Torsten Weick

AVK – Industrievereinigung Verstärkte Kunststoffe e.V.

Dr. Elmar Witten

Faculty of Mechanical Engineering – Department of Polymer Engineering, Budapest/Ungarn

Prof. Dr. Dr. h.c. József Karger-Kocsis

Lonza Group AG

Dr.-Ing. Marcel Sommer

Montanuniversität, Leoben/Österreich

Prof. Dr.-Ing. Ralf Schledjewski

SGL Carbon

Prof. Dr.-Ing. Michael Heine

■ Mitverfasser der ersten Auflage

Dr.-Ing. Dipl.-Wirtsch.-Ing. G. Beresheim

Dr.-Ing. M. Blinzler

Dr.-Ing. J. Breitel

Dr.-Ing. K. Edelmann

Prof. Dr.-Ing. Dr. h.c. mult. K. Friedrich

Dr.-Ing. F. Henninger

Dr.-Ing. C. Kissinger

Dr.-Ing. R. Lahr

Dr.-Ing. M. Latrille

Dr.-Ing. M. Louis

Dr.-Ing. A. Ogale

Dr.-Ing. R. Rudolf

Dr.-Ing. J. Schlimbach

Dr.-Ing. M. Schlottermüller

Dr.-Ing. M. Sommer

Dr.-Ing. H. C. Stadtfeld

Dr.-Ing. T. Stöven

Dr.-Ing. R. Velthuis

Dr.-Ing. C. Weimer

Dipl.-Ing. F. Weyrauch

Dr.-Ing. S. Wiedmer

Dr.-Ing. A. Wöginger

Index

Symbole

A

B